半導體元件物理學

Physics of Semiconductor Devices

第三版

施　敏　伍國珏　原著
張鼎張　劉柏村　譯著

封面照片敘述

施敏教授於1967年與Kahng博士共同發明的「浮停閘非揮發性記憶體」（floating-gate nonvolatile semiconductor memory），利用電荷進出浮停閘極來改變元件起始電壓，以達到記憶體寫入與抹除的目的。圖中的肉形石為台北故宮博物院的一項鎮院之寶，紋理層次分明如同浮停閘非揮發性記憶體，其中瘦肉層類似記憶體中的浮停閘，肥肉層有如記憶體中用來電性隔離的氧化層。「浮停閘非揮發性記憶體」現已廣泛地應用在隨身碟、手機、數位照相機、電子字典、PDA、MP3、智慧型IC卡等商業產品上，為目前應用最廣的電子商品之一。

序言

從二十世紀中葉起，電子工業開始驚人的成長，到現在已經成為世界上最大的工業。電子工業的基礎在於半導體元件。為滿足工業上的巨大需求，半導體元件領域也開始快速成長。隨著此領域的發展，半導體元件的文獻逐漸增加並呈現多元化。要吸收這方面的衆多資訊，則需一本對元件物理以及操作原理做全面性介紹的書籍。

第一版與第二版的半導體元件物理學分別在1969年以及1981年發行以符合如此的需求。令人驚訝的是，本書長期以來一直被作為主修應用物理、電機與電子工程以及材料科學的大學高年級生與研究生其主要的教科書之一。由於本書包括許多在材料參數以及元件物理上的有用資訊，因此也適合研究與發展半導體元件的工程師及科學家們當作主要的參考資料。直到目前為止，本書在當代電機以及應用科學領域上，已被引用超過15,000次(ISI, Thomson Scientific)，成為被引用最多次的書籍之一。

自從1981年起，已有超過250,000篇關於半導體元件方面的論文被發表，並且在元件概念以及性能上有許多突破。若要繼續達到本書的功能，顯然需要做一番大量的修正。第三版的半導體元件物理學，有超過50%的材料資訊已經被校正或是被更新，並將這些材料資訊全部重新整理。我們保留了基本的元件物理，並加上許多當代感興趣的元件，例如三維金氧半場效電晶體、非揮發性記憶體、調變摻雜場效電晶體、單電子電晶體、共振穿隧二極體、絕緣閘極雙載子電晶體、量子串聯雷射、半導體感測器等。另外我們也刪去或減化不重要的章節以維持整本書的長度。

我們在每章的最後加上問題集。這些問題集幫助主題發展的整合，而某些問題可以在課堂上作為教學範例。

在撰寫這本書的過程中，我們有幸得到許多人的幫助以及支持。首先，我們對於自己所屬的學術單位以及工業機構，國立交通大學、國家奈米元件實驗室、Agere System以及MVC，表示我們的謝意。沒有他們的支持，這本書則無法完成。我們感謝國立交通大學思源基金會在經濟上的支助。國珏想要感謝J. Huang 與B. Leung的持續鼓勵以及個人的幫忙。

以下學者在百忙中花了不少時間校閱本書並提供建議，使我們獲益良多：A. Alam, W. Aderson, S. Banerjee, J. Brews, H.C.Casey, Jr., P.Chow, N. de Rooij, H. Eisele, E. Kasper, S. Luryi, D. Monroe, P. Panayotatos, S. Pearton, E. F. Schubert, A. Seabaugh, M. Shur, Y. Taur, M. Teich, Y. Tsividis, R. Tung, E. Yang, 以及A. Zaslavsky。我們也感

謝各期刊以及作者允許我們重製並引用他們的原始圖。

我們很高興地感謝許多家庭成員以電子檔格式準備這份原稿。Kyle Eng以及 Valerie Eng 幫忙從第二版掃描重要的本文部份、Vivian Eng 幫忙編打方程式、以及 Jennifer Tao 幫忙準備所有重新繪製的圖片。我們更進一步感謝 Norman Erdos技術上的編輯整份原稿，以及林詩融和張乃華準備問題集與解答手冊。在 John Wiley and Sons，我們感謝 George Telecki 鼓勵我們進行這個計畫。最後，對我們的妻子 Therese Sze 以及 Linda Ng，在寫作這本書的過程的支持以及幫助表示謝意。

施敏
台灣 新竹

伍國珏
加州 聖荷西

2006年7月

譯者序

本書為施敏教授與Kwok K.Ng 博士所撰寫的「半導體元件物理」(Physics of Semiconductor Devices, Wiley)第三版之中譯本。第一版於1969年問世後就陸續被翻譯成6種語言，施敏教授撰寫第一版時，在短短的一年半當中，讀完兩千篇研究論文，並從中挑出六百篇做重點整理，幾乎看完當時所有的相關論文。第二版於1981年再度問世，在全世界銷售量已超過百萬冊以上，廣為大學、工業以及研究機構所採用，目前在學術界已被引用超過一萬五千次，為當代工程及應用科學領域中被引用最多的文獻，被奉為半導體的聖經。最近發行第三版，與第二版相隔26年，除了保存前二版的精華外，並增加許多符合時代潮流的內容，根據施敏老師的說法：「這26年間的半導體發展並沒有新的元件被商品化的產出，但是所有元件卻是高速地朝輕、薄、短、小，且速度倍增的發展。這次的新書內容超過了百分之五十的更新與重新編排，雖然基本的寫法不變，但其實是更淺顯易懂。基本上，只要讀完這本書的人都可以看得懂專業的論文期刊」。所以本書非常適合作為電機、電子、物理、材料等科系大學高年級生及研究生修習半導體相關課程使用。也適合作為半導體產業工程師與科學家的參考資料，可說是半導體相關領域人員必讀的聖經。

施敏教授為中研院院士，亦為美國國家工程院院士，是現今半導體領域中的宗師。現任國家實驗研究院榮譽顧問、工研院前瞻委員會委員、教育部國家講座教授、IEEE fellow、美國史丹福大學顧問教授、國立交通大學校級特聘講座教授等職，並獲獎無數。施敏教授在美國貝爾實驗室服務期間，於1967年與Kahng博士共同提出「沒有電也能記憶」的原創觀點，發明「浮停閘非揮發性半導體記憶體」（floating-gate nonvolatile semiconductor memory），現已大量使用在各種電子產品，尤其是可攜帶性產品，例如隨身碟、手機、數位照相機、電子字典、PDA、MP3、智慧型IC卡等等，所帶來的便利性，徹底的改變人類的生活。

本人在交通大學就讀博士期間曾受惠於施敏教授，目睹施敏教授大師級的風采，而另一位共同譯者劉柏村教授亦為施教授與本人共同指導的學生，後來本人在國家奈米元件實驗室擔任研究員，也很榮幸的與當時擔任主任的施敏教授共事，施敏教授學問非常好，卻沒有任何的架子，充滿學者的風範，這是我們最佩服的地方。本人在施敏教授的鼓勵下擔任翻譯本書的重責大任，在本實驗室葉炳宏、涂峻豪、陳世青、王敏全、楊富明、張大山等博士以及博士班學生陳致宏、蔡志宗、黃震鑠、簡富彥、郭原瑞、李泓緯、陳緯仁、盧皓彥、吳興華、馮立偉、鄒一德、胡志瑋、林昭正等人協助下，翻譯工作得以順利完成。本書分為五領域十四章節，其中所包含的元件幾乎囊括所有商業化及發展中的產品。

本書翻譯過程雖經再三斟酌與校對，確保用詞前後一致與維持每一章節的水準，兼顧內容之流暢而不失原意，然本書內容豐富，疏漏之處在所難免，敬請各方先進不吝指正，同時再次感謝施敏教授的鼎力協助才能有機會翻譯本書，企盼能為半導體教育盡一分棉薄的力量。

張鼎張　謹識於台灣高雄

2008年3月

譯者序二

積體電路技術的發展至今已有五十多年，其中，電晶體物理尺寸的微縮一直是技術進展的主要特徵。雖然不同尺寸的電晶體元件基本操作原理相同，但隨著元件尺寸進入奈米級領域，許多元件的特性已顯著地不同於微米級尺寸時的表現。由於目前坊間針對這方面元件物理介紹的中文書籍並不多見，因此，相信本書可提供元件物理領域最新及完整的知識，這也是翻譯本書的動機之一。

本人有幸能受到恩師　施敏教授的邀請，翻譯原著「Physics of Semiconductor Devices, 3th」，是我個人極大的一項榮耀。自從博士求學階段到進入大學任教，認識　施教授已有10多年的時間，個人的求學與生涯規劃也深受施教授的影響與提攜。心中一直感佩 施教授治學與待人處事的修為。施教授在半導體元件物理上的貢獻與成就更是令人難以望其項背，實堪為學術界的至寶與楷模。本人衷心地希望藉由本書中文版的出版，所用的文辭能翔實表達原書內容意義，能將半導體元件物理的奧妙與精髓逐一說明清楚，以降低國內讀者在學習上的困擾，並嘉惠眾多從事半導體積體電路與元件技術的研發人員與研究學者。如此，才能不負恩師撰寫本書所付出的心力以及託付。

劉柏村 謹識于

新竹國立交通大學光電工程學系

目 錄

導論

第一部份 半導體物理

第一章 半導體物理及特性—回顧篇 6

1.1 簡介 6

1.2 晶體結構 7

1.3 能帶與能隙 12

1.4 熱平衡狀態下的載子濃度 17

1.5 載子傳輸現象 31

1.6 聲子、光和熱特性 58

1.7 異質接面與奈米結構 66

1.8 基本方程式與範例 73

第二部份 元件建構區塊

第二章 *p-n*接面 95

2.1 簡介 95

2.2 空乏區 96

2.3 電流-電壓特性 109

2.4 接面崩潰 123

2.5 暫態行為與雜訊 138

2.6 終端功能 143

2.7 異質接面 151

第三章 金屬-半導體接觸 165

3.1 簡介 165

3.2 位障的形成 166

3.3 電流傳輸過程 187

3.4 位障高度的量測 208

3.5 元件結構 221

3.6 歐姆接觸 228

第四章 金屬-絕緣體-半導體電容器 241

4.1 簡介 241

4.2 理想**MIS**電容器 242

4.3 矽**MOS**電容器 259

第三部份 電晶體

第五章 雙載子電晶體（BJT） 292

5.1 簡介 292

5.2 靜態特性 293

5.3 微波特性 315

5.4 相關元件結構 330

5.5 異質接面雙載子電晶體 338

第六章 金氧半場效電晶體（MOSFET） 352

6.1 簡介 352

6.2 基本元件特性 357

6.3 非均勻摻雜與埋入式通道元件 383

6.4 元件微縮與短通道效應 392

6.5 MOSFET結構 404

6.6 電路應用 414

6.7 非揮發性記憶體元件 418

6.8 單電子電晶體 430

第七章 接面場效電晶體(JFET)、 449
金屬半導體場效電晶體(JFET)以及
調變摻雜場效電晶體(MODFET)

7.1 簡介 449

7.2 JFET和MESFET 450

7.3 MODFET 482

附錄 501

A. 符號表 502

B. 國際單位系統 **(SI Units)** 512

C. 單位前綴詞 513

D. 希臘字母 514

E. 物理常數 515

F. 重要半導體的特性 516

G. **Si**與**GaAs**之特性 517

H. **SiO2** 與**Si3N4** 之特性 518

索引 519

導論

本書的內容可分為五個部份:

第一部份:半導體物理

第二部份:元件建構區塊

第三部份:電晶體

第四部份:負電阻與功率元件

第五部份:光子元件與感測器

第一部份:包含第一章。此部份總覽半導體的基本特性,做為理解以及計算本書內元件特性的基礎。其中簡短地概述能帶、載子濃度以及傳輸特性,並將重點放在兩個最重要的半導體:矽(Si)以及砷化鎵(GaAs)。為便於參考,這些半導體的建議值或是最精確值將收錄於第一章的圖表以及附錄之中。

第二部份:包含第二章到第四章。其論述基本的元件建構區段,這些基本的區段可以構成所有的半導體元件。第二章探討*p-n*接面的特性。因為*p-n*接面的建構區塊出現在大部分半導體元件中,所以*p-n*接面理論為半導體元件物理的基礎。第二章也討論由兩種不同的半導體所形成的異質接面(heterojunction)結構。例如使用砷化鎵(GaAs)以及砷化鋁(AlAs)來形成異質接面。異質接面為高速元件以及發光元件的關鍵建構區塊。第三章則論述金屬-半導體接觸,即金屬與半導體之間做緊密接觸。當與金屬接觸的半導體只做適當的摻雜時,此接觸產生類似*p-n*接面的整流作用;然而對半導體做重摻雜時,則形成歐姆接觸。歐姆接觸可以忽略在電流通過時造成的電壓降,並讓任一方向的電流通過,可做為提供元件與外界的必要連結。第四章論述金屬-絕緣體-半導體(MIS)電容器，其中以矽材料為基礎的金屬-氧化層-半導體(MOS)結構為主。將表面物理的知識與MOS電容的觀念結合是很重要的，因為這樣不但可以了解與MOS相關的元件，像是金氧半場效電晶體(MOSFET)和浮停閘極非揮發性記憶體，同時也是因為其與所有半導體元件表面以及絕緣區域的穩定度與可靠度有關。

第三部份：包含第五章到第七章。討論電晶體家族。第五章探討雙載子電晶體，即由兩個緊密結合的*p-n*接面間的交互作用所形成之元件。雙載子電晶體為最重要的初始半導體元件之一。1947年因為雙載子電晶體的發明，而開創了現代的電子時代。第六章討論金氧半場效電晶體。場效電晶體與(電)位效應電晶體(例如雙載子電晶體)的差別在於前者的通道是由閘極越過電容來調變，而後者的通道則是與通道區域的直接接觸來控制。金氧半場效電晶體是先進積體電路中最重要的元件，並且廣泛地應用在微處理器(microprocessor)以及動態隨機存取記憶體(DRAM)上。第六章同時也論述非揮發性記憶體，這是一個應用在可攜帶式產品的主要記憶體，如行動電話、筆記型電腦、數位相機、影音播放器、以及全球定位系統(GPS)。第七章介紹了三種其它的場效電晶體：接面場效電晶體(JFET)、金半場效電晶體(MESFET)、以及調變摻雜場效電晶體(MODFET)。JFET是較早的成員，現在主要用在功率元件；而MESFET與MODFET則用在高速、高輸入阻抗放大器以及單晶微波積體電路上(monolithic microwave integrated circuits)。

第四部份：從第八章到第十一章，探討負電阻以及功率元件。第八章，我們討論穿隧二極體(重摻雜的*p-n*接面)和共振穿隧二極體(利用多個異質接面形成雙能障的結構)。這些元件展示出由量子力學穿隧所造成的負微分電阻。它們可以產生微波或作為功能性元件，也就是說，可以大幅地減少元件數量而達到特定的電路功能。第九章討論傳渡時間元件(transit-time device)。當一個*p-n*接面或者金屬-半導體接面操作在累增崩潰區域的時候，適當的條件可使其成為衝擊離子化累增渡時二極體(IMPATT diode)。在毫米波頻率(即30 GHz以上)下，IMPATT二極體能夠產生所有的固態元件中最高的連續波(continuous wave, CW)功率輸出。而與之相關的位障注入渡時二極體(BARITT diode)以及穿隧注入渡時二極體(TUNNETT diode)也會描其述操作特性。第十章論述轉移電子元件(transferred-electron device, TED)。轉移電子效應是導電帶的電子從高移動率的低能谷轉移到低移動率的高能谷(動量空間)，利用此機制，可以產生微波振盪。本章也論及實空間轉移元件(real-space-transfer device)，此兩種元件十分類似，然而相對於TED的動量空間，實空間轉移元件的電子轉移發生在窄能隙材料到臨接的寬能隙材料的真實空間上。閘流體(thyristor)，其基本上是由三個緊密串聯的*p-n*接面形成*p-n-p-n*結構，於第十一章討論之。此章也會討論金氧半控制閘流體(為MOSFET與傳統閘流體的結合)以及絕緣閘極雙載子電晶體(IGBT，為MOSFET與傳統雙載子電晶體的結合。)。這些元件具有廣泛的功率處理範圍以及切換能力；它們可以處理電流從幾個毫安培到數千安培以及超過5000伏特的電壓。

第五部份：從第十二章到第十四章在介紹光子元件(photonic device)與感測器。光子元件能夠作為偵測、產生、或是將光能轉換為電能，反之亦然。半導體光源—發光二極體(LED)以及雷射會在第十二章中討論。發光二極體有多方面的應用，例如作為電子設備以及交通號誌上的顯示元件；作為手電筒以及車前頭燈的照明元件等。半導體雷射用在光纖通訊、影視播放器以及高速雷射印表機上。各種具有高量子效率與高響應速度的光偵測器將在第十三章討論。本章也考量太陽能電池，其能夠將光能轉換成電能，與光偵測器相似，但卻有不同的重點以及元件配置。當全世界的能源需求增加，化石燃料供應將會很快消耗，因此迫切需發展替代性能源。太陽能電池被視為主要的替代方案之一，因為其擁有良好的轉換效率能夠直接將太陽光轉換為電，在低操作成本下提供幾乎無止盡的能量，並且實際上不會產生污染。第十四章討論重要的半導體感測器。感測器定義為可以偵測或量測外部訊號的元件。基本上可區分為六種訊號：電、光、熱、機械、磁、以及化學類型。藉由感測器，可以提供我們利用感官直接察覺這些訊號以外的其他資訊。基於感測器的定義，傳統的半導體元件都是感測器，因為它們具有輸入以及輸出，而且兩者皆為電的型式。我們從第二章到第十一章討論電訊號的感測器，而第十二及第十三章則探討光訊號感測器。在第十四章，我們考慮剩下四種訊號的感測器，即熱、機械、磁以及化學類型。

我們建議讀者在研讀本書的後面章節前，先研讀半導體物理（第一部份）以及元件建構區段（第二部份）。從第三部份到第四部份的每一章皆討論單一個主要元件或其相關的元件家族，而大致與其他章節獨立。所以，讀者可以將這本書來當作參考書，且教師可以在課堂上選擇適當的章節以及他們偏愛的順序。半導體元件有非常多的文獻。迄今已超過300,000篇的論文在這個領域中發表，而且在未來十年其總量可達到一百萬篇。這本書的每一個章節以簡單和一致的風格來闡述，沒有過於依賴原始文獻。然而，我們在每個章節的最後廣泛地列出關鍵性的論文以作為參考及進一步的閱讀。

參考文獻：K. K. Ng, Complete Guide to Semiconductor Devices, 2nd Ed., Wiley, New York, 2002.

PART I

第一部份

半導體物理

第一章　半導體物理及特性─回顧篇

1

半導體物理及特性—回顧篇

1.1 簡介
1.2 晶體結構
1.3 能帶與能隙
1.4 熱平衡狀態下的載子濃度
1.5 載子傳輸現象
1.6 聲子、光和熱特性
1.7 異質接面與奈米結構
1.8 基本方程式與範例

1.1 簡介

半導體元件物理，無疑地和半導體材料本身的物理有關。本章摘錄及回顧半導體的基本物理與特性。有鑒於和半導體相關的文獻很多，在此僅剖析其中的一小部份，其中包括了與元件操作相關的主題。若讀者想更詳細了解半導體物理，請查閱相關教科書或參考頓拉普 (Dunlap)[1]、麥迪蘭 (Madelung)[2]、摩拉 (Moll)[3]、摩斯 (Moss)[4]、密斯 (Smith)[5]、波爾 (Boer)[6]、席格 (Seeger)[7]和王 (Wang)[8]等人的著作。

為了將大量的資訊濃縮於一章，根據實驗數據編輯成 4 個表(有些位於附錄中)以及超過 30 個圖例刊載於本書之內。本章主要強調兩種最重要的半導體：矽 (Si)與砷化鎵 (GaAs)。矽已經被廣泛的研究並且使用在各種商業電子產品上。砷化鎵在最近幾年亦被深入的探討。在此亦會探討一些特殊的性質如直接能隙在光子上的應用，以及能谷間載子傳輸和較高移動率來產生微波。

1.2 晶體結構

1.2.1 原始晶胞與晶面

晶體 (crystal)是指一群原子完全依週期性而排列。一個最小的原子集合可以被重複的排列以形成晶體，稱做原始晶胞 (primitive cell)。原始晶胞的大小以晶格常數 (lattice constant) a 來表示。圖 1 顯示幾個重要的原始晶胞。

許多重要的半導體都是屬於四面體相的鑽石晶格 (diamond lattice)或閃鋅礦晶格 (zincblende lattice)結構；也就是說每個原子皆被位於四面體角落上等距而且最相鄰的四個原子所包圍。最相鄰間兩個原子的鍵結，則是由兩個自旋相反的電子所形成。鑽石與閃鋅礦晶格結構可以視為兩個面心立方晶格 (fabe-centered cubic lattice)彼此相互穿插所組成的。對於鑽石晶格，如 Si (圖 1d)，所有的原子皆相同；然而在閃鋅礦晶格，像是 GaAs (圖 1e)，鎵為其中一次晶格 (sublattice)而另一次晶格為砷。砷化鎵屬於 III–V 族化合物，因為其由周期表中 III 族與 V 族元素所構成。

大部分的 III–V 族化合物皆屬於閃鋅礦結構[2,9]；然而，許多半導體 (包含一部分的 III–V 族化合物)則結晶成岩鹽或纖鋅礦結構。圖 1f 表示岩鹽晶格 (rock-salt lattice)，同樣地亦可將其視為兩個面心立方晶格彼此相互穿插所組成。在岩鹽結構中，每個原子擁有六個最相鄰原子。圖 1g 表示纖鋅礦晶格 (wurtzite lattice)，它可視為兩個六方最密堆積晶格(hexagonal close-packed lattice)相互穿插而組成 (例如鎘和硫的次晶格)。由圖中觀察次晶格的排列 (Cd 或 S)，可以發現相鄰的兩個平面層會有一水平位移，使得兩個平面間的距離達到最小 (若層與層之間的原子距離不變)，因此稱為最密堆積。纖鋅礦結構擁有由四個等距最相鄰原子組成所排列而成的四面體相，與閃鋅礦結構相似。

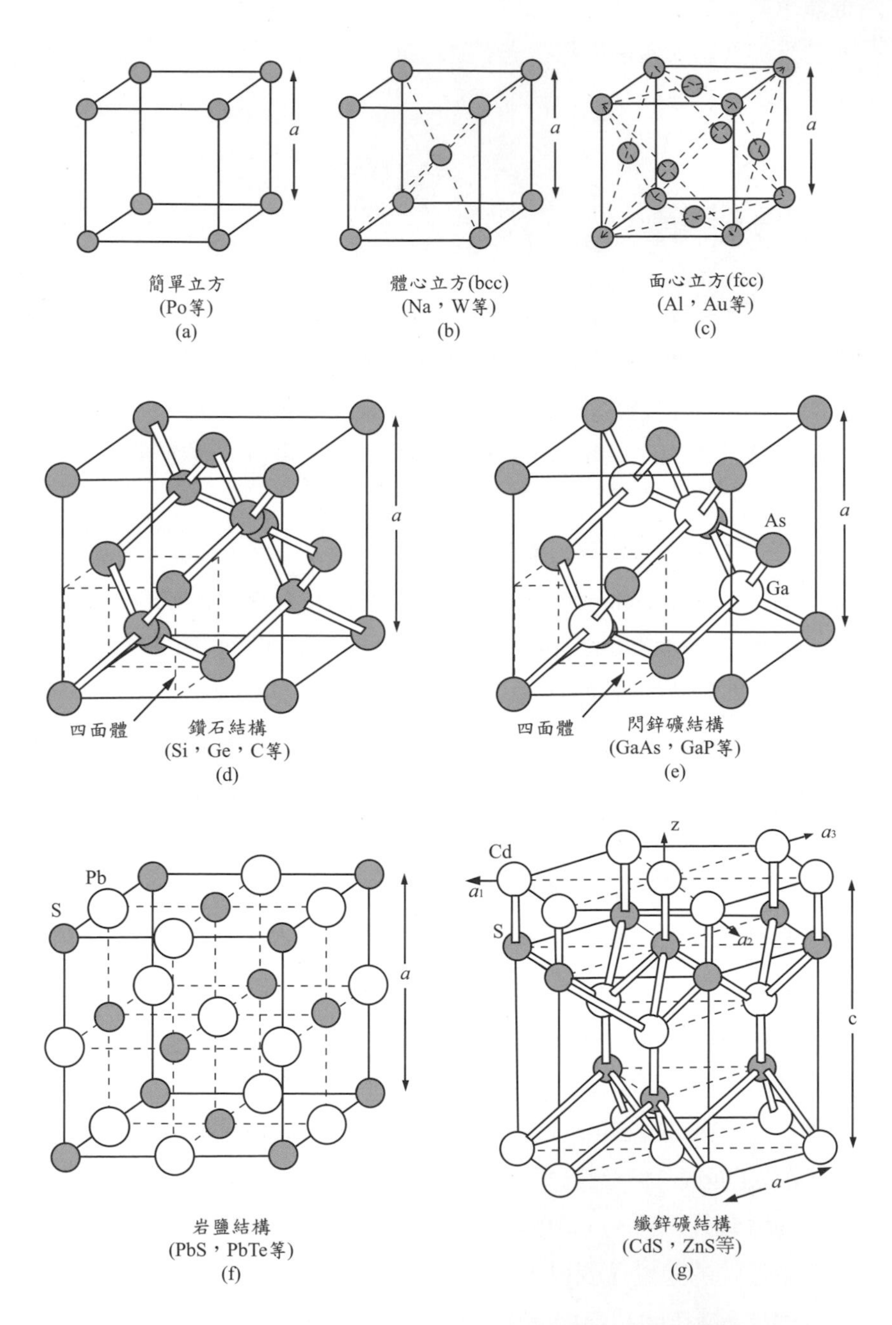

圖1　一些重要的原始晶胞(直接晶格)與其代表性的元素；a爲晶格常數。

附錄F列出重要半導體的晶格常數，以及其結晶結構[10,11]。值得注意的是某些化合物，如硫化鋅和硫化鎘，可以結晶成閃鋅或是纖鋅這兩種種晶格結構。

半導體元件是建立在半導體表面或者靠近半導體表面，因此晶體表層平面的方位與性質是很重要的。使用米勒指數（Miller indices）來定義晶體中的各種平面為一種便利的方式。要決定一個平面的米勒指數，首先必須先找出平面交於晶格常數（或是原始晶胞）三個基軸的截距，接著取出這些數目的倒數並化簡為相同比例之最小整數。括弧裡面（hkl）為一個面的米勒指數或是一組類似的平面 $\{hkl\}$。圖 2 表示立方晶格中一些重要平面的米勒指數。一些其它的慣例在表一列出。對於矽來說，其為單元素半導體，最容易由 {111} 面破壞或劈裂。反觀砷化鎵，雖然有相似的晶格結構，但其鍵結有輕微的離子性，而從 {110} 面裂開。

一個結晶固體可以用三個原始基底向量（primitive basis vector）$\boldsymbol{a}$、$\boldsymbol{b}$ 和 $\boldsymbol{c}$ 來描述其原始晶胞。晶胞經過任意向量轉移後為這些基底向量整數倍的總和，晶格結構仍然不變。換句話說，直接晶格位置可以用以下的組合來定義[12]

$$\boldsymbol{R} = m\boldsymbol{a} + n\boldsymbol{b} + p\boldsymbol{c} \tag{1}$$

其中 m、n 和 p 為整數。

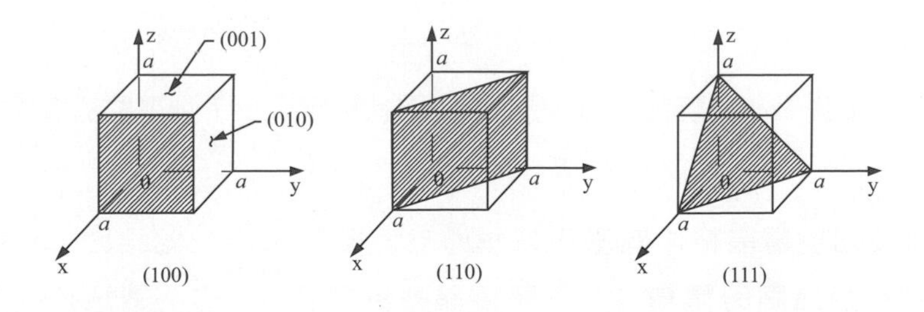

圖2 立方晶體中一些重要平面的米勒指數。

表一 米勒指數與其表示的晶體平面或方向

米勒指數	描述的平面或方向
(hkl)	表示一個平面相交於x、y和z軸上的截距分別爲$1/h$、$1/k$和$1/l$
$(\bar{h}kl)$	表示一個平面其交於x軸的截距爲負值
$\{hkl\}$	代表等效對稱的平面集合，例如在立方對稱中{100}包含(100)、(010)、(001)、$(\bar{1}00)$、$(0\bar{1}0)$和$(00\bar{1})$等面
$[hkl]$	表示晶體中的某個方向，例如[100]爲x軸的方向
$\langle hkl\rangle$	代表等效方向的全部集合
$[hklm]$	表示一個平面在六方晶格中(像是纖鋅礦結構)其交於a_1、a_2、a_3和z軸上的截距分別爲$1/h$、$1/k$、$1/l$和$1/m$(圖1g)

1.2.2 倒置晶格(Reciprocal Lattice)

對已知直接基底向量的組合，則倒置晶格基底向量組合 $\boldsymbol{a}^*$，$\boldsymbol{b}^*$，$\boldsymbol{c}^*$ 可被定義為：

$$\boldsymbol{a}^* \equiv 2\pi \frac{\boldsymbol{b}\times\boldsymbol{c}}{\boldsymbol{a}\cdot\boldsymbol{b}\times\boldsymbol{c}} \tag{2a}$$

$$\boldsymbol{b}^* \equiv 2\pi \frac{\boldsymbol{c}\times\boldsymbol{a}}{\boldsymbol{a}\cdot\boldsymbol{b}\times\boldsymbol{c}} \tag{2b}$$

$$\boldsymbol{c}^* \equiv 2\pi \frac{\boldsymbol{a}\times\boldsymbol{b}}{\boldsymbol{a}\cdot\boldsymbol{b}\times\boldsymbol{c}} \tag{2c}$$

因此有 $\boldsymbol{a}\cdot\boldsymbol{a}^* = 2\pi$，$\boldsymbol{a}\cdot\boldsymbol{b}^* = 0$ 等性質。分母完全相同，其值 $\boldsymbol{a}\cdot\boldsymbol{b}\times\boldsymbol{c} = \boldsymbol{b}\cdot\boldsymbol{c}\times\boldsymbol{a} = \boldsymbol{c}\cdot\boldsymbol{a}\times\boldsymbol{b}$ 代表是由這些向量圍成的體積。通常倒置晶格向量可寫為

$$\boldsymbol{G} = h\boldsymbol{a}^* + k\boldsymbol{b}^* + l\boldsymbol{c}^* \tag{3}$$

其中 h、k 以及 l 為整數。直接晶格與倒置晶格向量有下列重要的關係

$$\boldsymbol{G}\cdot\boldsymbol{R} = 2\pi \times 整數 \tag{4}$$

因此每個倒置晶格中向量正好垂直於直接晶格的一組平面。倒置晶格中原始晶胞的體積 V_C^* 與直接晶格的體積 V_C 的倒數成比例，即 $V_C^* = (2\pi)^3/V_C$，其中$V_C \equiv \boldsymbol{a}\cdot\boldsymbol{b}\times\boldsymbol{c}$。

在倒置晶格中原始晶胞可以利用威格納-塞茲晶胞（Wigner-Seitz cell)表示。威格納-塞茲晶胞的結構，是由選擇的中心點，與其最

接近的等效倒晶格位置在倒置晶格空間中繪出垂直平分面而構成。此方法亦可應用於直接晶格中。在倒置晶格空間中的威格納-塞茲晶胞被稱為第一布里淵區（first Brillouin zone）。圖 3a 為一典型的體心立方倒置晶格（body-centered cubic reciprocal lattice）結構[13]。如果我們首先於中心點（Γ）到立方體的八個角落各繪一條直線，然後找出其中垂面，結果就形成了一個被截斷角的八面體在立方體內部－一個威格納-塞茲晶胞。若進一步推導[14]可知，一晶格常數為 a 的面心立方（fcc）結構轉換到倒置晶格中則變成一間距為 $4\pi/a$ 的體心立方（bcc）結構。換句話說，圖 3a 中 bcc 倒置晶格的威格納-塞茲晶胞是由直接晶格中 fcc 結構的原始晶胞轉換過來的。bcc 和六方晶格結構的威格納-塞茲晶胞來說，也可利用相似的方法構成，如圖 3b 和圖 3c 所示[15]。在倒置晶格空間中，波向量 $\boldsymbol{k}$（$|\boldsymbol{k}| = k = 2\pi/\lambda$）座標可以繪製成倒置晶格座標，因此以倒置晶格用來表示能量-動量（E-k）關係式是非常有用的。此外，fcc 晶格的布里淵區（Brillouin zone）和大部分半導體材料的特性有關，需要特別注意。圖 3a 使用的標記之後會有詳細討論。

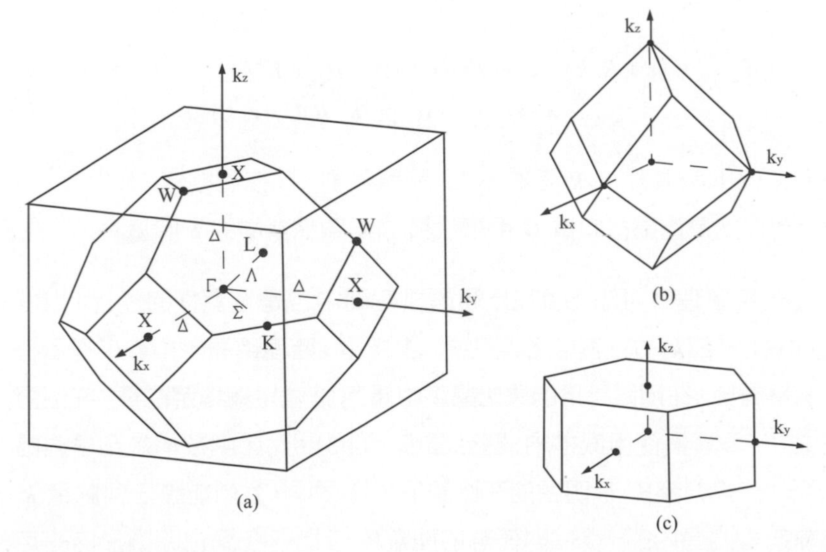

圖3 各種晶格的布里淵區：(a) fcc、鑽石以及閃鋅礦晶格；(b) bcc 晶格；以及(c) 纖鋅礦晶格。

1.3 能帶與能隙

晶格中載子的能量–動量（E-k）關係式影響許多重要特性，舉例來說，在載子與光子以及聲子（phonon）的交互作用時必需能量與動量守衡；載子間的彼此交互作用[電子和電洞（hole）]則導入了能隙的概念。此關係式亦表現於有效質量和群速度上。這些特性都將於之後討論。

固態晶體的能帶結構，也就是能量–動量關係式，通常藉由近似單電子問題之薛丁格方程式（Schrödinger equation）來求得。能帶結構最重要的理論之一布拉區理論（Bloch theorem），其假設在週期性的晶格中電位能 $V(\boldsymbol{r})$ 亦為週期性的，則可以解出薛丁格方程式的波函數 $\psi(\boldsymbol{r},\boldsymbol{k})$[14,16]

$$\left[-\frac{\hbar^2}{2m^*}\nabla^2 + V(\boldsymbol{r})\right]\psi(\boldsymbol{r},\boldsymbol{k}) = E(\boldsymbol{k})\psi(\boldsymbol{r},\boldsymbol{k}) \tag{5}$$

其解為一布拉區函數

$$\psi(\boldsymbol{r},\boldsymbol{k}) = \exp(j\boldsymbol{k}\cdot\boldsymbol{r})U_b(\boldsymbol{r},\boldsymbol{k}) \tag{6}$$

在此 b 為能帶指標。$\psi(\boldsymbol{r},\boldsymbol{k})$以及 $U_b(\boldsymbol{r},\boldsymbol{k})$ 在晶格中對 $\boldsymbol{R}$ 做週期性變化。然而

$$\begin{aligned}\psi(\boldsymbol{r}+\boldsymbol{R},\boldsymbol{k}) &= \exp[j\boldsymbol{k}\cdot(\boldsymbol{r}+\boldsymbol{R})]U_b(\boldsymbol{r}+\boldsymbol{R},\boldsymbol{k}) \\ &= \exp(j\boldsymbol{k}\cdot\boldsymbol{r})\exp(j\boldsymbol{k}\cdot\boldsymbol{R})U_b(\boldsymbol{r},\boldsymbol{k})\end{aligned} \tag{7}$$

與 $\psi(\boldsymbol{r},\boldsymbol{k})$ 相等，所以 $\boldsymbol{k}\cdot\boldsymbol{R}$ 必然為 2π 的整倍數。此性質與式（4）相同，因此我們可以把倒置晶格向量 $\boldsymbol{G}$ 用來代替 E-k 關係式中的 $\boldsymbol{k}$ 向量。

從布拉區理論可知能量在倒置晶格空間中也是週期性的變化，也就是說，$E(\boldsymbol{k}) = E(\boldsymbol{k}+\boldsymbol{G})$，其中 $\boldsymbol{G}$ 可由式（3）求得。若使用能帶指數來標示特定的能量層級，在倒置晶格的原始晶胞中僅用 $\boldsymbol{k}$ 就足夠指定能量。在倒置晶格中，一般習慣使用威格納–塞茲晶胞（圖 3）。此晶胞被稱為布里淵區或者第一布里淵區[13]。很明顯的在倒置晶格空間中，我們能將任何動量 $\boldsymbol{k}$ 簡化為布里淵區內的一點，對任意的能量態位均可在簡化區圖形內給定標示。

對於鑽石晶格和閃鋅礦晶格，其布里淵區均與 fcc 結構相同，如圖 3a 所示。表二列出其布里淵區內最重要的對稱點以及對稱線，像是區域中心，區域邊緣還有其對應的 k 軸。

表二 面心立方、鑽石以及閃鋅礦晶格的布里淵區：區域邊緣和其對應軸（Γ爲中心點）

點	簡併數	軸
Γ, (0,0,0)	1	
X, $2\pi/a(\pm1,0,0)$, $2\pi/a(0,\pm1,0)$, $2\pi/a(0,0,\pm1)$	6	Δ, ⟨1,0,0⟩
L, $2\pi/a(\pm1/2,\pm1/2,\pm1/2)$	8	Λ, ⟨1,1,1⟩
K,$i2\pi/a(\pm3/4,\pm3/4,0)$,$i2\pi/a(0,\pm3/4,\pm3/4)$, $2\pi/a(\pm3/4,0,\pm3/4)$	12	Σ, ⟨1,1,0⟩

固體能帶結構已利用不同的數值方法來理論分析。對於半導體來說，三種最常用的方法分別為正交平面波法（orthogonalized plane-wave method）[17,18]，虛位能法（pseudopotential method）[19]以及 $\boldsymbol{k}\cdot\boldsymbol{p}$ 法[5]。圖 4 為 Si 與 GaAs 能帶結構。值得注意的是，對於任何半導體都有不允許態位存在的禁止能量範圍。能量態位或能帶只能准許在能隙的上方或下方。在上方的能帶稱為導電帶（conduction band），在下方的則稱為價電帶（valence bands）。分隔導電帶的最低點與價電帶的最高點的能量差被稱作能隙（bandgap 或是 energy gap）E_g，為半導體物理中最重要的參數之一。在圖中導電帶最低處命名為 E_C，而價電帶的最高處則命名為 E_V。在能帶圖中，一般習慣定義電子能量由 E_C 向上為正值，而電洞能量由 E_V 向下為正。幾個重要的半導體能隙列於附錄 F 中。

當忽略電子自旋效應時，薛丁格方程式所算出閃鋅礦結構的價電帶，例如圖 4b 的 GaAs，是由四個次能帶（subband）所組成。若考慮電子自旋時，每個次能帶又可區分為兩個。四個次能帶其中的三個在 $k = 0$ 時為簡併態（Γ 點），形成能帶的頂部邊緣；第四個次能帶則形成能帶的底部（未顯示）。此外，若發生自旋軌道的交互作用，在 $k = 0$ 處則造成次能帶分離。

在靠近能帶邊緣，也就是說，E_C 的底部或是 E_V 的頂端，E-k 關係式可以利用二次方程式近似

$$E(k)=\frac{\hbar^2k^2}{2m^*} \tag{8}$$

其中 m^* 為有效質量 (effective mass)。然而由圖 4 可知，沿著已知的方向，兩個頂部的價電帶可以用不同曲率的拋物線能帶近似之：重電洞 (heavy-hole)帶 (在 k 軸中較寬的能帶而 $\partial^2E/\partial k^2$ 較小)以及輕電洞 (light-hole)帶(在 k 軸中有較窄能帶與較大的 $\partial^2E/\partial k^2$ 值)。有效質量通常為一張量，其 (m^*_{ij})可定義為重要半導體的有效質量編列於附錄 F 內。

$$\frac{1}{m^*_{ij}}\equiv\frac{1}{\hbar^2}\frac{\partial^2E(k)}{\partial k_i\partial k_j} \tag{9}$$

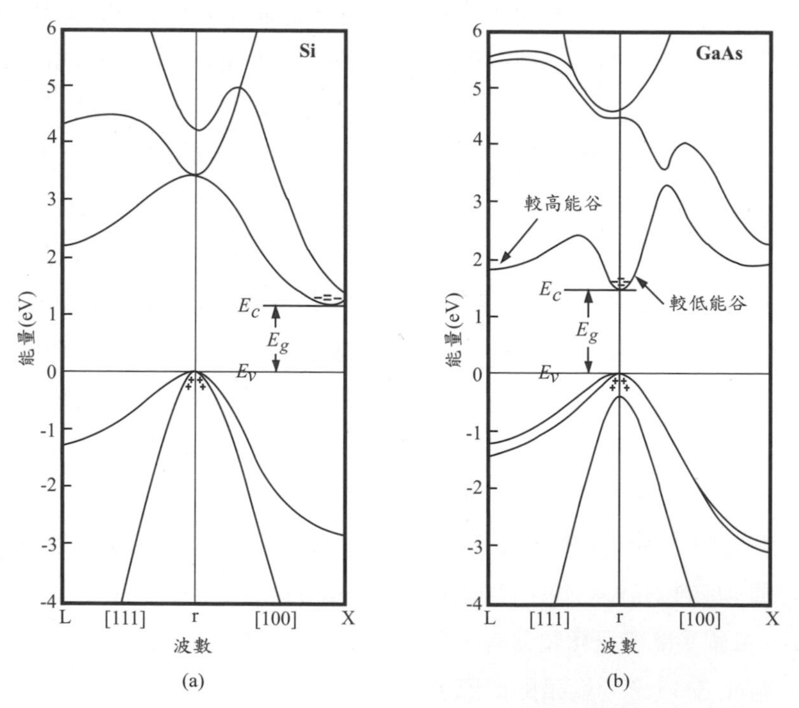

圖4 (a) Si，以及(b) GaAs的能帶結構圖，其中 E_g 爲能隙。正號(+) 代表價電帶中的電洞，而負號 (−) 則是導電帶之中的電子。(參考文獻 20)

載子的移動通常以群速度 (group velocity)表示，

$$\upsilon_g = \frac{1}{\hbar}\frac{dE}{dk} \tag{10}$$

並且具有動量值為

$$p = \hbar k \tag{11}$$

導電帶則是由許多次能帶組成（圖 4）。導電帶的底部可以位於 $k = 0(\Gamma)$的中心或者是沿著不同的 k 軸遠離中心。單獨就對稱性分析是無法決定導電帶的底部位置。然而，實驗結果顯示，Si 的導電帶底部沿著 [100]軸 (Δ)而離開中心點，而 GaAs 則是位於 $k = 0(\Gamma)$ 的位置。考慮價電帶的最大值 (E_V)發生在 Γ，在決定半導體能隙時，k 空間中導電帶最小值會對準 E_V 或是有一偏移。此即為 GaAs 的直接能隙 (direct bandgap) 與Si 的非直接能隙 (indirect bandgap)。也就是說，當載子在最小的能隙間轉移時，就直接能隙來說動量（或是 k)是守恆的，但是非直接能隙的載子動量卻會改變。

圖 5 顯示 Si 與 GaAs 的等能量面形狀。對於 Si 來說，其能量面為沿著 <100> 軸的六個橢球，位於距布里淵區中央四分之三的位置。而 GaAs 的等能量面則是位於布里淵區中央的球型。藉由拋物線能帶近似的實驗結果，我們可獲得電子的有效質量，GaAs 有一個，Si 有兩個；m_l^* 表示沿著對稱軸而 m_t^* 為與對稱軸垂直方向。這些數值也包括於附錄 G 中。

當處於室溫以及正常大氣壓下，Si 的能隙為 1.12 eV 而 GaAs 為 1.42 eV。這些數值是針對高純度材料。對於高摻雜的情形能隙會變得較小。另一方面，實驗結果顯示能隙亦會隨著溫度增加而遞減。圖 6 表示 Si 與GaAs 的能隙隨溫度的函數而變化。當此二半導體在 0 K 時其能隙分別到達 1.17 與 1.52 eV。能隙隨溫度的變化可以用一個通用函數來近似

$$E_g(T) \approx E_g(0) - \frac{\alpha T^2}{T+\beta} \tag{12}$$

其中 $E_g(0)$、α 以及 β 附於圖 6 插圖中。對於這兩個半導體來說溫度係數 dE_g/dT 為負值。有些半導體 dE_g/dT 的係數為正，例如 PbS(附錄 F)的能

隙從 0 K 的 0.286 eV 的 300 K 到 0.41 eV。當溫度接近室溫時，GaAs 的能隙隨壓力 P 而增加[24]，而 dE_g/dP 約為 $12.6\text{x}10^{-6}$ eV-cm^2/N，然而 Si 的能隙卻會隨著壓力而減少，$dE_g/dP = -2.4\text{x}10^{-6}$ eV-cm^2/N。

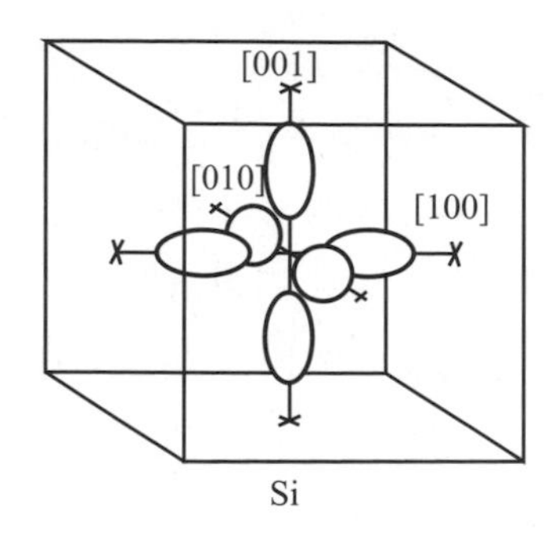

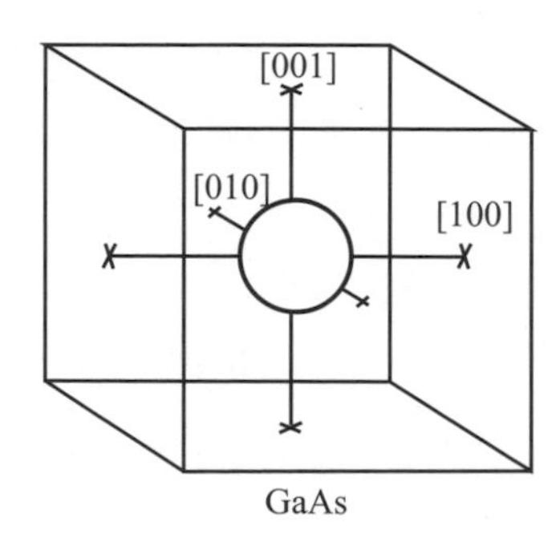

圖5　Si 與 GaAs 的電子等能量面。對於 Si 來說，其能量面為沿著 <100> 軸的六個橢球，位於距布里淵區中央四分之三的位置。而 GaAs 的等能量面則是位於布里淵區中央的球型。(參考文獻 21)

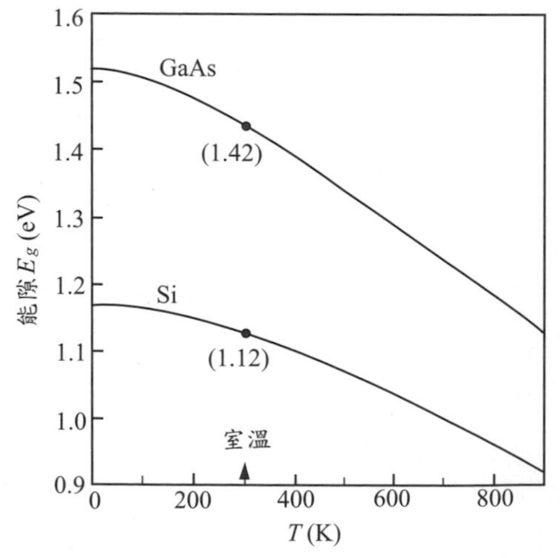

	$E_g(0)$ (eV)	α (eV/K)	β (K)
GaAs	1.519	5.4×10^4	204
Si	1.169	4.9×10^4	655

$$E_g(T) = E_g(0) - \frac{\alpha T^2}{T+\beta}$$

圖6　Si 與 GaAs 的能隙對應溫度的函數關係。(參考文獻 22-23)

1.4 熱平衡狀態下的載子濃度

半導體最重要的特性之一為其可利用摻雜 (dope)的方式變化半導體類型以及雜質 (impurity)濃度來改變其電阻率 (resistivity)。此外，當這些雜質被游離而且載子被空乏時，其會留下一電荷密度而產生電場，有時候成為半導體內部的位能障礙。這種特性是金屬或是絕緣體所缺乏的。

圖 7 表示半導體的三種基本鍵結。圖 7a 為本質 (intrinsic)矽，也就是高純度而雜質非常少可忽略不計。其中每個矽原子與鄰近的四個原子共同分配四個價電子，形成四個共價鍵結(也可由圖1看出)。圖 7b 表示 n 型矽，其中擁有五個價電子的磷原子取代了矽原子位置，並且提供一個帶負電的電子到晶格導電帶之中。磷原子被稱為施體 (donor)。圖 7c 也是相似的情形，當含有三個價電子的硼原子取代矽的位置，接受了一個額外的電子在硼週圍形成四個共價鍵，因而在價電帶中產生了一個正電荷的電洞故稱矽為 p 型，而硼為受體 (acceptor)。

n 型與 p 型這些名詞是由實驗所觀察的現象而創造出來的。若金屬晶鬚擠壓在 p 型材料上而構成蕭特基位障二極體 (見第三章)時，我們需要施加〝正〞(positive)的偏壓於半導體上才能產生明顯的電流[25,26]。同樣的，若是暴露在光源下相對於金屬晶鬚會引起正電位能。相對地，n 型材料需要施加〝負〞(native)偏壓才能觀察到大電流產生。

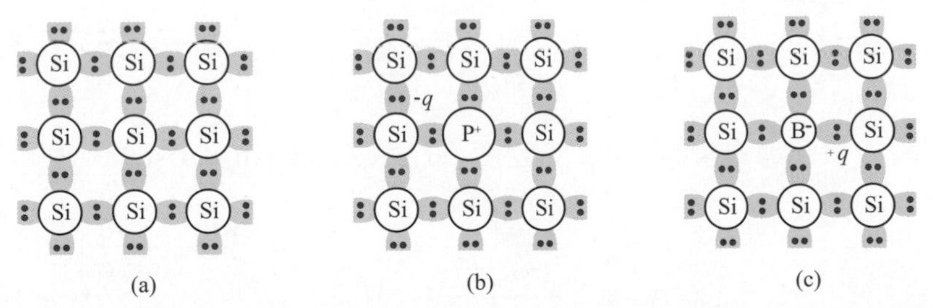

圖7　半導體的三種基本鍵結圖：(a) 本質的 Si 無任何雜質；(b) 含有施體(磷)的 n 型 Si；(c) 含有受體(硼)的 p 型 Si。

1.4.1 載子濃度與費米能階

我們首先考慮本質半導體無添加任何雜質的情形。電子個數（佔據於導電帶能階中）為態位數目 $N(E)$ 乘上佔據的機率 $F(E)$，並對整個導電帶做積分

$$n = \int_{E_C}^{\infty} N(E)F(E)dE \tag{13}$$

在載子密度以及溫度足夠低的情形下，態位密度 $N(E)$（density of states）可以用靠近導電帶底部的密度近似之

$$N(E) = M_C \frac{\sqrt{2}}{\pi^2} \frac{m_{de}^{3/2}(E-E_C)^{1/2}}{\hbar^3} \tag{14}$$

M_C 表示導電帶內等效最低值的數目，而 m_{de} 為電子的態位密度有效質量（density-of-state effective mass）[5]：

$$m_{de} = (m_1^* m_2^* m_3^*)^{1/3} \tag{15}$$

其中 m_1^*、m_2^* 和 m_3^* 為沿著等能面橢球體主軸的有效質量。例如，矽的 $m_{de}=(m_l^* m_t^{*2})^{1/3}$。另一方面，電子佔據機率是一個與溫度以及能量的強烈函數，可用費米-狄拉克分佈函數表示

$$F(E) = \frac{1}{1+\exp[(E-E_F)/kT]} \tag{16}$$

其中 E_F 為費米能階（Femi level），其大小可由電中性條件來決定（見1.4.3節）。

對式 (13) 積分可得到

$$n = N_C \frac{2}{\sqrt{\pi}} F_{1/2}\left(\frac{E_F - E_C}{kT}\right) \tag{17}$$

其中 N_C 表示導電帶的有效態位密度（effective density of state），可以寫為

$$N_C \equiv 2\left(\frac{2\pi m_{de} kT}{h^2}\right)^{3/2} M_C \tag{18}$$

將式 (17) 中的費米-狄拉克積分（Fermi-Diraciintegral），利用變數變換

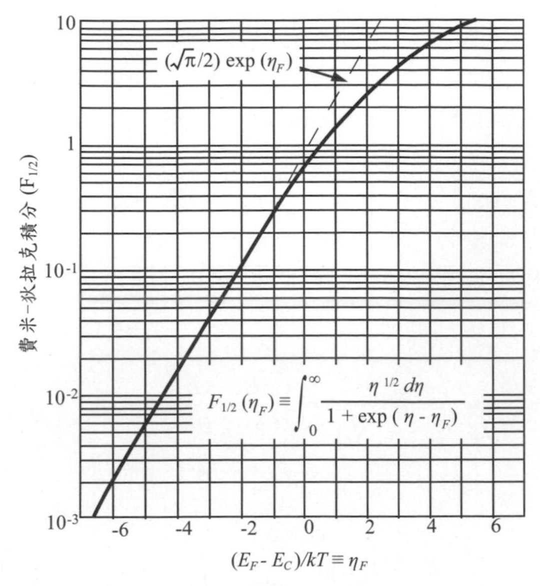

圖8　費米-狄拉克積分 $F_{1/2}$ 爲費米能量的函數圖(參考文獻 27)。其中虛線爲波茲曼統計近似。

$\eta \equiv (E-E_C)/kT$ 以及 $\eta_F \equiv (E_F-E_C)/kT$，可得

$$F_{1/2}\left(\frac{E_F-E_C}{kT}\right) \equiv F_{1/2}(\eta_F) = \int_{E_C}^{\infty} \frac{[(E-E_C)/kT]^{1/2}}{1+\exp[(E-E_F)/kT]}\frac{dE}{kT}$$

$$= \int_0^{\infty} \frac{\eta^{1/2}}{1+\exp(\eta-\eta_F)}d\eta \tag{19}$$

上式求得的值繪於圖 8。注意當 $\eta_F < -1$ 時，整個積分可用指數函數近似。當 $\eta_F = 0$ 時費米能階與導電帶邊緣一致，其積分值 ≈ 0.6，以及 $n \approx 0.7\,N_C$。

非簡併半導體　由定義可知，非簡併 (nondegenerate) 半導體摻雜濃度比 N_C 少很多，費米能階大約在 E_C 以下數個 kT 的地方 (負的 η_F)。費米-狄拉克積分趨近為

$$F_{1/2}\left(\frac{E_F - E_C}{kT}\right) = \frac{\sqrt{\pi}}{2}\exp\left(-\frac{E_C - E_F}{kT}\right) \tag{20}$$

上式是利用波茲曼統計 (Boltzmann statistics) 近似。式 (17) 變為

$$n = N_C \exp\left(-\frac{E_C - E_F}{kT}\right) \quad \text{or} \quad E_C - E_F = kT\ln\left(\frac{N_C}{n}\right) \tag{21}$$

同理，我們可求得 p 型半導體的電洞密度以及靠近價電帶頂部的費米能階：

$$p = N_V \frac{2}{\sqrt{\pi}} F_{1/2}\left(\frac{E_V - E_F}{kT}\right) \tag{22}$$

可簡化為

$$p = N_V \exp\left(-\frac{E_F - E_V}{kT}\right) \quad \text{or} \quad E_F - E_V = kT\ln\left(\frac{N_V}{p}\right) \tag{23}$$

其中 N_V 為價電帶的有效態位密度，可寫為

$$N_V \equiv 2\left(\frac{2\pi m_{dh} kT}{h^2}\right)^{3/2} \tag{24}$$

式中 m_{dh} 為價電帶的態位密度有效質量[5]：

$$m_{dh} = (m_{lh}^{*\,3/2} + m_{hh}^{*\,3/2})^{2/3} \tag{25}$$

其中下標表示輕電洞與重電洞的有效質量，已於前面式 (9) 說明。

簡併半導體　由圖 8 可知，對於簡併能階，即 n 型或 p 型濃度相當甚至超過有效態位密度 (N_C 或 N_V) 的數目時，需改成費米–狄拉克積分來取代簡化的波茲曼統計近似。當 $\eta_F > -1$ 時，積分值與載子濃度開始呈現弱相依性。注意此時費米能階位於能隙之外。對於 n 型半導體，費米能階為載子濃度的函數可以大略估計為[28]

$$E_F - E_C \approx kT\left[\ln\left(\frac{n}{N_C}\right) + 2^{-3/2}\left(\frac{n}{N_C}\right)\right] \tag{26a}$$

以及對 p 型為

$$E_V - E_F \approx kT\left[\ln\left(\frac{p}{N_V}\right) + 2^{-3/2}\left(\frac{p}{N_V}\right)\right] \tag{26b}$$

本質載子濃度　在有限溫度下，本質半導體會因熱而發生擾動，導致電子連續地由價電帶激發到導電帶，並留下等數目的電洞在價電帶上。上述的過程會經由導電帶的電子與價電帶的電洞復合（recombination）而取得平衡。在穩定狀態（steady state）下，電荷數的淨值為 $n = p = n_i$，其中 n_i 為本質載子密度。

由本質半導體的費米能階（由定義為非簡併態）可由式（21）和（23）計算出：

$$\begin{aligned} E_F = E_i &= \frac{E_C + E_V}{2} + \frac{kT}{2}\ln\left(\frac{N_V}{N_C}\right) \\ &= \frac{E_C + E_V}{2} + \frac{3kT}{4}\ln\left(\frac{m_{dh}}{m_{de}M_C^{2/3}}\right) \end{aligned} \tag{27}$$

一般而言，本質半導體的費米能階 E_i 非常靠近能隙的中央（但並不是正好在正中央）。本質載子密度 n_i 可由式（21）和（23）獲得：

$$\begin{aligned} n_i &= N_C \exp\left(-\frac{E_C - E_i}{kT}\right) = N_V \exp\left(-\frac{E_i - E_V}{kT}\right) = \sqrt{N_C N_V}\exp\left(-\frac{E_g}{2kT}\right) \\ &= 4.9\times10^{15}\left(\frac{m_{de}m_{dh}}{m_0^2}\right)^{3/4} M_C^{1/2} T^{3/2}\exp\left(-\frac{E_g}{2kT}\right) \end{aligned} \tag{28}$$

圖 9 表示 Si 以及 GaAs 的 n_i 與溫度之相依性。如預期地，當能隙愈大時，其本質載子密度愈小[30]。

對於非簡併半導體而言，多數載子與少數載子濃度的乘積維持一定值：

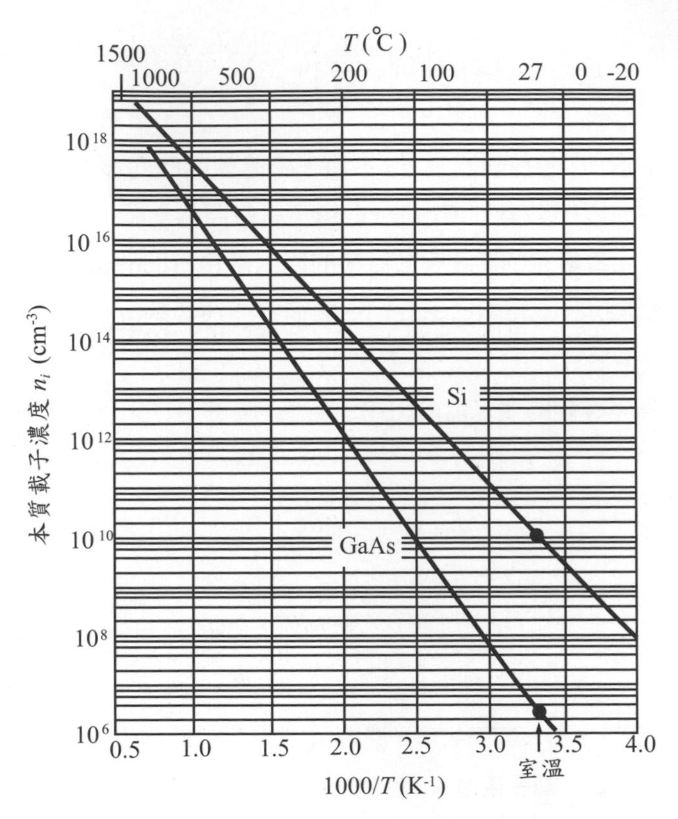

圖9　Si 和 GaAs 的本質載子濃度對應溫度倒數的函數圖。(參考文獻 22 和 29)

$$
\begin{aligned}
pn &= N_C N_V \exp\left(-\frac{E_g}{kT}\right) \\
&= n_i^2
\end{aligned}
\tag{29}
$$

這就是有名的群體作用定律（mass-action law）。但對於簡併半導體，$pn < n_i^2$。同樣地，我們也能夠利用式（28），而 E_i 做為參考能量，將 n 型材料的電子濃度選擇以另一方程式表示之：

$$
n = n_i \exp\left(\frac{E_F - E_i}{kT}\right) \quad \text{or} \quad E_F - E_i = kT \ln\left(\frac{n}{n_i}\right)
\tag{30a}
$$

p 型材料則為：

$$p = n_i \exp\left(\frac{E_i - E_F}{kT}\right) \qquad \text{or} \qquad E_i - E_F = kT \ln\left(\frac{p}{n_i}\right) \tag{30b}$$

1.4.2 施體與受體

當半導體摻雜施體或受體雜質時，雜質能階就會產生，且通常位於能隙之內。當施體雜質產生的施體能階（donoer level）填入電子時，我們定義為電中性，若空著則為正。相對地，空著的受體能階（acceptor level）為中性，而填入電子則為負的。這些能階在計算摻雜物的游離率或是電性的活化率時非常重要。將於 1.4.3 節中討論。

為了解雜質的游離能階（ionization energy）大小，最簡單的計算方法為依據氫原子模型（hydrogen-atom model）。在真空中氫原子的游離能為

$$E_H = \frac{m_0 q^4}{32\pi^2 \varepsilon_0^2 \hbar^2} = 13.6 \text{ eV} \tag{31}$$

晶格中施體的游離能（$E_C - E_D$）可經由電子的導電有效質量（conductivity effective mass）[5] 取代 m_0

$$m_{ce} = 3\left(\frac{1}{m_1^*} + \frac{1}{m_2^*} + \frac{1}{m_3^*}\right)^{-1} \tag{32}$$

並且以半導體的介電常數 ε_s 取代式（31）中的 ε_0，可得：

$$E_C - E_D = \left(\frac{\varepsilon_0}{\varepsilon_s}\right)^2 \left(\frac{m_{ce}}{m_0}\right) E_H \tag{33}$$

經由式（33）可計算出 Si 的施體游離能 0.025 eV，而 GaAs 則為 0.007 eV。使用氫原子計算受體游離能的方式亦與施體相似。計算出的受體游離能[由價電帶邊緣計算，$E_a \equiv (E_A - E_V)$] Si 與 GaAs 皆約為 0.05 eV。

雖然上述簡單的氫原子模型不能詳細地描述游離能，特別是半導體的深層能階（deep level）[31-33]，但對淺層雜質卻能夠正確地預估真實游離能的數量級大小。這些計算值明顯比能隙小很多，若靠近能帶邊緣通常被稱為淺層雜質（shallow impurity）。此外，由於游離能大小與熱能 kT 相

當，所以通常室溫下便能完全游離。圖10 顯示 Si 與 GaAs 所量測到的各種雜質的游離能。值得注意的一個原子可能擁有數個能階；舉例來說，金在矽的禁止能隙中同時有一個受體能階與兩個施體能階。

1.4.3費米能階的計算

本質半導體的費米能階[式(27)]非常接近能隙中央。圖 11a 描述了此情況。其由左至右為能帶簡圖、態位密度 $N(E)$、費米–狄拉克分佈函數 $F(E)$，以及載子濃度的圖解。在導電帶與價電帶的陰影面積分別表示電子與電洞。它們的數目相同；也就是說，本質狀態下 $n = p = n_i$。

當雜質被引入半導體晶體中，由於雜質能階與晶格溫度的關係，並非所有的摻雜物都會離子化。施體的游離數目為[36]

$$N_D^+ = \frac{N_D}{1 + g_D \exp[(E_F - E_D)/kT]} \tag{34}$$

其中 g_D 為施體雜質能階的基態簡併 (ground-state degeneracy)數。其值為 2，因為施體能階能夠接受一個任意自旋的電子 (或是無電子於能階中)。同樣的若濃度為 N_A 的受體雜質加入半導體晶體中，游離化的受體個數可以寫成相似的表示式

$$N_A^- = \frac{N_A}{1 + g_A \exp[(E_A - E_F)/kT]} \tag{35}$$

其中受體能階的基態簡併因子 g_A 為 4。數值 4 是因為對於大部分的半導體其每個受體雜質能階可接受一個任意自旋的電洞，而且雜質能階為雙重簡併態 (由於在 $\boldsymbol{k} = 0$ 處有兩個簡併的價電帶)。

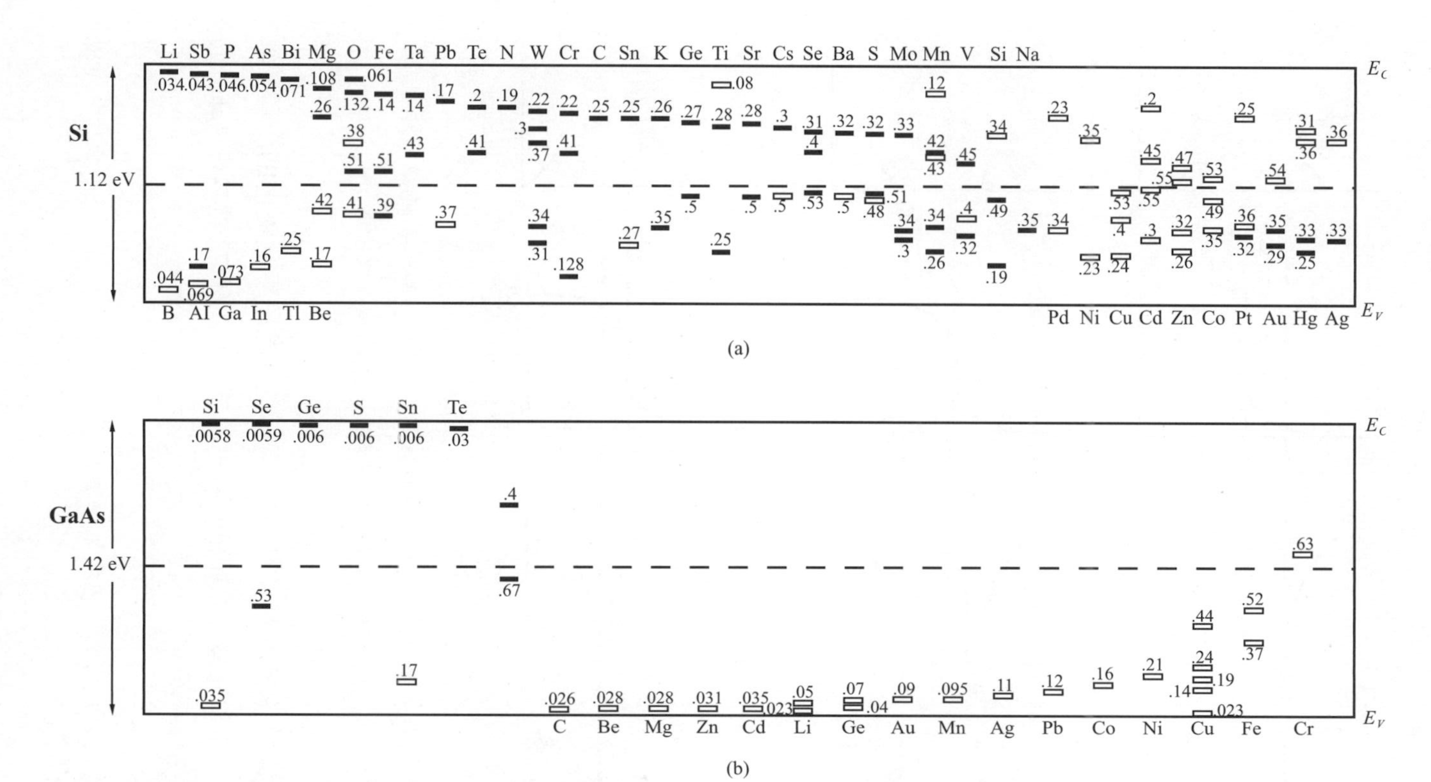

圖 10 各種雜質在(a)Si 與(b)GaAs 所測量到的游離能。低於能隙中央的能階由 E_V 開始量測，之上則測自 E_C。實心橫槓代表施體能階，而空心橫槓為受體能階。（參考文獻 29、31、34 及 35）

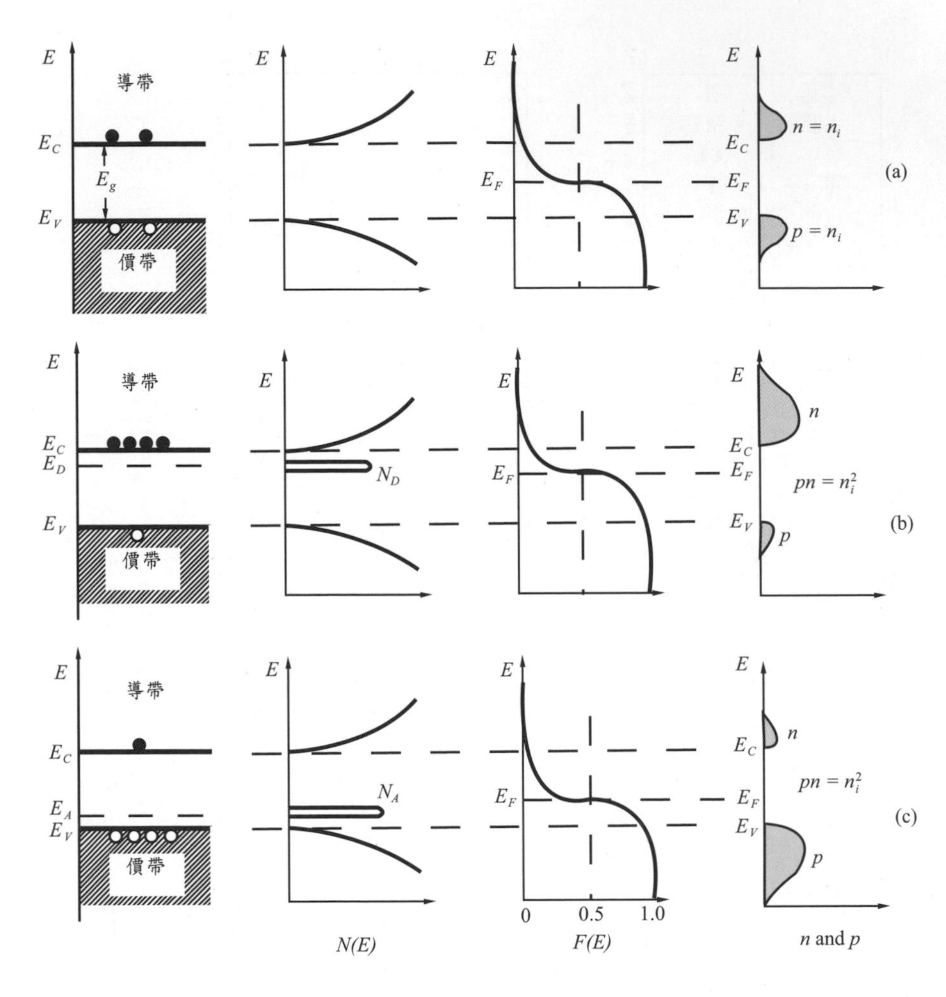

圖11　在熱平衡狀態下，(a) 本質，(b) n 型，以及(c) p 型半導體的能帶、態位密度、費米–狄拉克分佈以及載子濃度圖。注意三種情況皆爲 $pn = n_i^2$。

當雜質原子被引入，所有的負電荷量（電子和游離化的受體）必須等於所有正電荷量（電洞和游離化的施體），以保持電中性（charge neutrality）：

$$n + N_A^- = p + N_D^+ \tag{36}$$

隨著雜質加入，式 (29) 的群體作用定律 ($pn = n_i^2$) 仍然成立（直到發生簡併），且 pn 乘積總是與加入的雜質量無關。

考慮另一種狀況，如圖 11b，濃度為 N_D (cm^{-3}) 的施體雜質被加入晶體中。則電中性條件變為

$$n = N_D^+ + p \approx N_D^+ \tag{37}$$

利用代換法，我們可得到

$$N_C \exp\left(-\frac{E_C - E_F}{kT}\right) \approx \frac{N_D}{1 + 2\exp[(E_F - E_D)/kT]} \tag{38}$$

因此若給定一組 N_D、E_D、N_C 以及 T 等數值，則特定的費米能階 E_F 便能決定。若獲得 E_F，便能計算載子濃度 n。式 (38) 亦能應用於圖解法。在圖 12，n 和 N_D^+ 的值都以 E_F 的函數表示並繪於圖中。找出這兩條線的交會點便能決定 E_F 的位置。

在解式 (38) 之前，可看出 $N_D \gg ½N_C\exp[-(E_C-E_D)/kT] \gg N_A$，因此電子濃度可以近似[5]

$$n \approx \sqrt{\frac{N_D N_C}{2}} \exp\left[-\frac{(E_C - E_D)}{2kT}\right] \tag{39}$$

對於補償 n 型材料 ($N_D > N_A$)，其受體濃度不能被忽略，當 $N_A \gg ½N_C\exp[-(E_C-E_D)/kT]$ 時，電子密度的近似表示式為

$$n \approx \left(\frac{N_D - N_A}{2N_A}\right) N_C \exp\left[-\frac{(E_C - E_D)}{kT}\right] \tag{40}$$

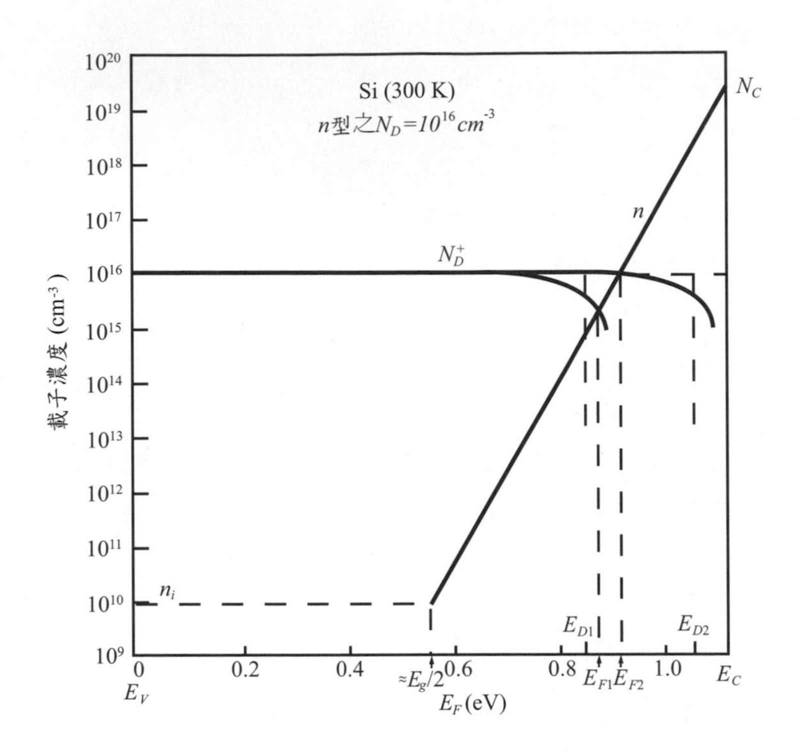

圖12　當離子化不完全時可利用圖解法來決定費米能階 E_F 以及載子濃度 n。圖中舉出兩個不同雜質能階 E_D 的情形。

圖13 為典型的例子，其中 n 對溫度的倒數做作圖。在高溫時，由於 $n \approx p \approx n_i > N_D$，故可得本質區域。在中間溫度範圍 $n \approx N_D$。而非常低的溫度下，大部分的雜質被凍結住，而由式 (39)或 (40)可求出隨著補償條件變化的斜率。然而電子密度，在寬廣的溫度區域範圍（≈100 to 500 K）基本上仍為一常數。

圖 14 顯示 Si 和 GaAs 的費米能階為溫度與雜質濃度的函數，以及能隙大小與溫度的相依性（見圖 6）。

當處於相對高溫時，大部分的施體和受體被游離，所以電中性條件可以被近似為

$$n + N_A = p + N_D \tag{41}$$

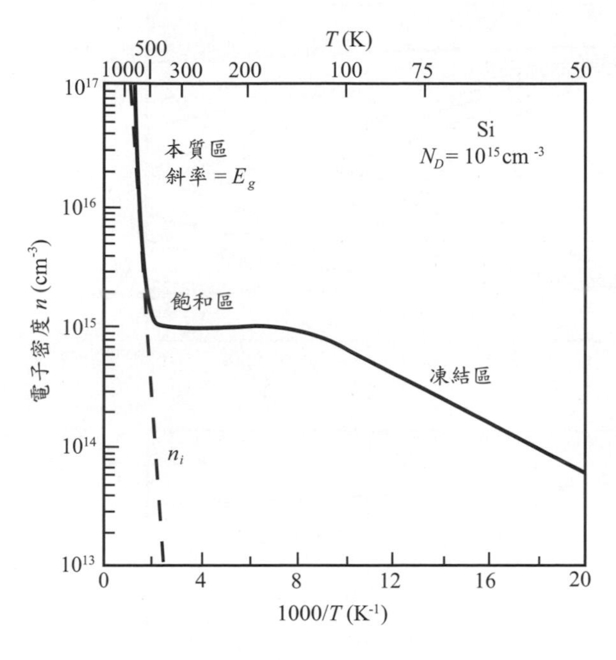

圖13 施體摻雜濃度爲 10^{15} cm^{-3} 之矽半導體其電子密度對溫度變化情形。(參考文獻 5)

式 (29) 和 (41)解聯立解可以得到電子和電洞濃度。在 n 型半導體中，$N_D > N_A$：

$$n_{no} = \frac{1}{2}[(N_D - N_A) + \sqrt{(N_D - N_A)^2 + 4n_i^2}\,] \tag{42}$$

$$\approx N_D \qquad \text{if } |N_D - N_A| >> n_i \text{ or } N_D >> N_A$$

$$p_{no} = \frac{n_i^2}{n_{no}} \approx \frac{n_i^2}{N_D} \tag{43}$$

因此可獲得費米能階

$$n_{no} = N_D = N_C \exp\left(-\frac{E_C - E_F}{kT}\right) = n_i \exp\left(-\frac{E_F - E_i}{kT}\right) \tag{44}$$

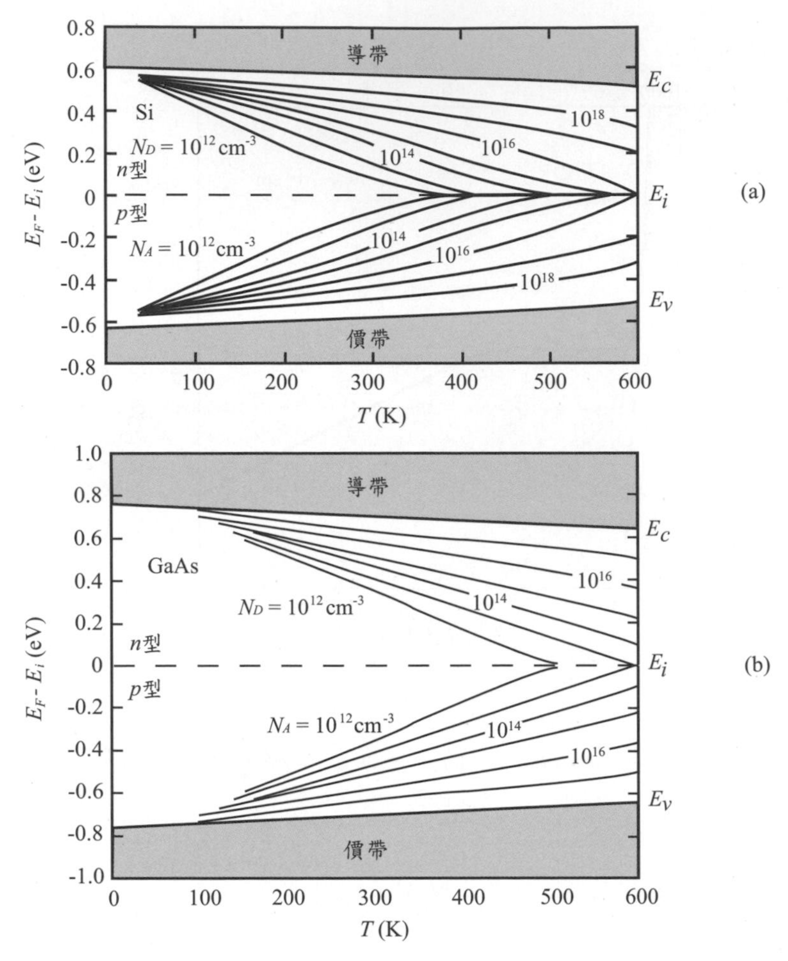

圖14 費米能階在 (a) Si 和 (b) GaAs 中與溫度及雜質濃度的關係。圖中也顯示能隙大小與溫度相關。(參考文獻 37)

同樣地，p 型半導體的載子濃度 ($N_A > N_D$) 可寫為

$$p_{po} = \frac{1}{2}[(N_A - N_D) + \sqrt{(N_A - N_D)^2 + 4n_i^2}\,] \approx N_A \quad \text{if } |N_A - N_D| >> n_i \text{ or } N_A >> N_D \tag{45}$$

$$n_{po} = \frac{n_i^2}{p_{po}} \approx \frac{n_i^2}{N_A} \tag{46}$$

以及

$$p_{po}=N_A=N_V\exp\left(-\frac{E_F-E_V}{kT}\right)=n_i\exp\left(-\frac{E_i-E_F}{kT}\right) \tag{47}$$

在上述公式中，下標 n 以及 p 指示半導體的類型，而下標符號“o”表示處於熱平衡條件下。對於n型半導體，電子為多數載子（majority carrier），而電洞為少數載子（minority carrier），這是因為電子濃度為兩者間較大者。而在 p 型半導體中其角色對調。

1.5 載子傳輸現象

1.5.1 漂移（drift）和移動率

在低電場情況下，漂移速度（drift velocity）υ_d 和電場強度 $\mathscr{E}$ 成正比，其比例常數定義為移動率（mobility）μ，單位為 cm²/V-s，即

$$\upsilon_d=\mu\mathscr{E} \tag{48}$$

對於非極化（nonpolar）半導體，例如 Ge 和 Si，聲頻聲子（acoustic phonon）（參見 1.6.1 節）以及游離雜質的存在會導致載子的散射現象（scattering）。這對移動率的影響頗為顯著。晶格中受到聲頻聲子交互作用的影響之移動率 μ_l 為[38]

$$\mu_l=\frac{\sqrt{8\pi}\,q\hbar^4C_l}{3E_{ds}^2m_c^{*5/2}(kT)^{3/2}}\quad\propto\quad\frac{1}{m_c^{*5/2}T^{3/2}} \tag{49}$$

其中 C_l 為半導體的平均縱向彈性常數，E_{ds} 為每單位晶格擴張之能帶邊緣位移大小，而 m_C^* 為導電有效質量。從式（49）可看出移動率隨著溫度以及有效質量的增加而減少。

受到游離雜質作用的移動率 μ_i 可描述如下[39]

$$\mu_i=\frac{64\sqrt{\pi}\,\varepsilon_s^2(2kT)^{3/2}}{N_Iq^3m^{*1/2}}\left\{\ln\left[1+\left(\frac{12\pi\varepsilon_s kT}{q^2N_I^{1/3}}\right)^2\right]\right\}^{-1}\quad\propto\quad\frac{T^{3/2}}{N_Im^{*1/2}} \tag{50}$$

其中 N_I 為游離雜質密度。由上式可預知移動率隨著有效質量增加而減少，但卻會隨著溫度上升而增加。這是因為載子在高溫時擁有較高的熱速度（thermal velocity）使得因庫倫散射而偏向的影響減少。注意有效質量對此二散射情況有共同的相依性，然而對溫度的關係卻是相反的。我們可將上述兩式結合，也就是同時考慮上面兩個機制，可獲得馬西森定則（Matthiessen rule）

$$\mu = \left(\frac{1}{\mu_l} + \frac{1}{\mu_i}\right)^{-1} \tag{51}$$

除了上述討論的散射機制外，其他的作用亦會影響實際的移動率，像是（1）能谷內散射（intravalley scattering），為電子在能量橢球內（圖 5）造成的散射，主要與長波長的聲子（聲頻聲子）有關；以及（2）能谷間散射（intervalley scattering），電子由鄰近能量橢球的最低點散射到另一能量橢球最低點，此與具有較高能量的聲子［光頻聲子（optical phonon）］有關。對於極化（polar）半導體而言，例如 GaAs，極化光頻聲子散射（polar-optical-phonon scattering）對其影響想則較為明顯。

定性上來說，既然移動率被散射所限制，必定也與平均自由時間（mean free time）τ_m 或是平均自由徑（mean free path）λ_m 相關

$$\mu = \frac{q\,\tau_m}{m^*} = \frac{q\lambda_m}{\sqrt{3kTm^*}} \tag{52}$$

最後一項是利用關係式

$$\lambda_m = \upsilon_{th}\tau_m \tag{53}$$

其中 υ_{th} 為熱速度，又可寫為

$$\upsilon_{th} = \sqrt{\frac{3kT}{m^*}} \tag{54}$$

若是同時考慮多個散射機制，則等效平均自由時間可由個別的散射平均自由時間來導出

$$\frac{1}{\tau_m} = \frac{1}{\tau_{m1}} + \frac{1}{\tau_{m2}} + \ldots \tag{55}$$

可看出式 (51) 和 (55)的形式相同。

圖15 表示室溫下 Si 和 GaAs 的移動率對雜質濃度關係。當雜質濃度增加時 (在室溫時大部分的淺層雜質皆被游離) 移動率下降，如式 (50) 所預測。同樣地 m^* 愈大，μ 愈小。由此可推知，在相同的雜質濃度下，半導體的電子移動率比電洞移動率還大。(附錄 F 和 G 列出半導體的有效質量)

圖 16 表示 n 型與 p 型矽樣本的移動率其溫度效應。當雜質濃度很低時移動率主要被聲子散射 (phonon scattering)所限制，其隨溫度增加而降低，一如式 (49) 所預測。然而測量其斜率，卻與 −3/2 有所差異。這是因為其它散射機制導致。對於高純度的材料，在接近室溫時 n 型和 p 型 Si 的移動率分別為 $T^{-2.42}$ 與 $T^{-2.20}$，而 n 型與 p 型 GaAs 則分別為 $T^{-1.0}$ 和 $T^{-2.1}$ (未顯示)。

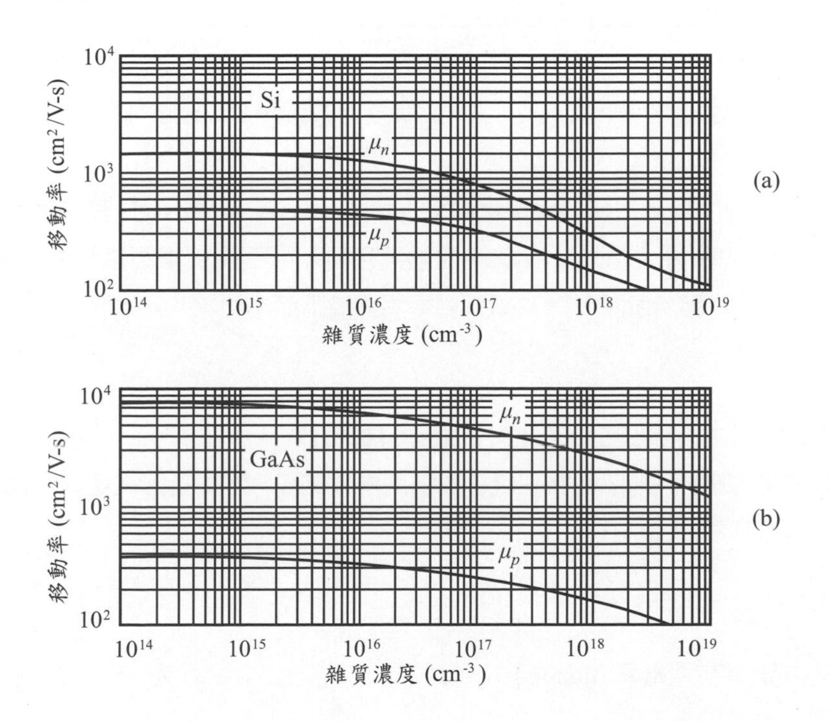

圖15 在 300 K 時 (a) Si (參考文獻 40)以及(b) GaAs 的漂移移動率與雜質濃度的關係。(參考文獻 11)

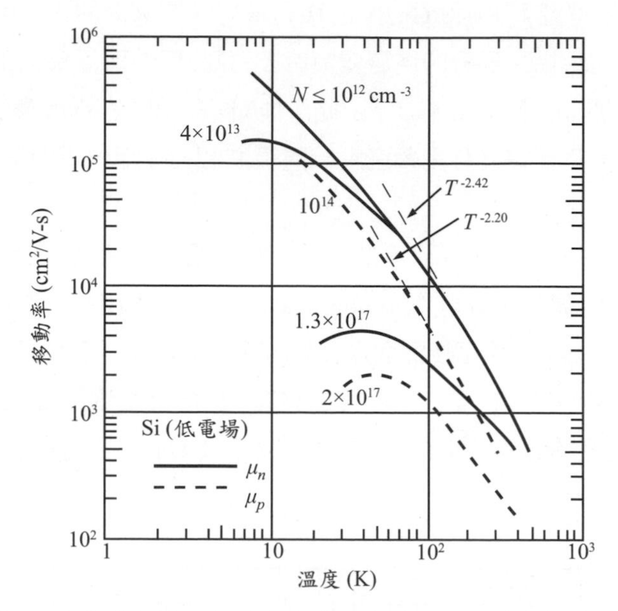

圖16　在 Si 中電子和電洞的移動率爲溫度的函數。(參考文獻 41)

上面所討論的皆為導電移動率 (conductivity mobility)，其顯示等於漂移移動率 (drift mobility)[34]。這兩種移動率卻不同於霍爾移動率 (Hall mobility) (但有所關聯)，霍爾移動率將會於下節中討論。

1.5.2 電阻率與霍爾效應(Hall effect)

對於半導體，其內部皆含有電子與電洞兩種載子，因此受到電場作用而產生的漂移電流 (drift current)可寫為

$$\begin{aligned} J &= \sigma\mathscr{E} \\ &= q(\mu_n n + \mu_p p)\mathscr{E} \end{aligned} \tag{56}$$

其中 σ 稱為導電率 (conductivity)

$$\sigma = \frac{1}{\rho} = q(\mu_n n + \mu_p p) \tag{57}$$

上式中 ρ 為電阻率 (resistivity)。若在 n 型半導體中，$n >> p$，則

$$\rho = \frac{1}{q\mu_n n} \tag{58}$$

以及

$$\sigma = q\mu_n n \tag{59}$$

最常見的量測電阻率方式為四點探針（four-point probe）法（圖17插圖）[42,43]，其利用一個小的定電流經過最外面的兩個探針，同時以內部的兩探針量測電壓。在厚度 W 遠小於 a 或 d 的薄晶片中，片電阻（sheet resistance）$R_\square$ 等於

$$R_\square = \frac{V}{I} \cdot \mathrm{CF} \qquad \Omega/\square \tag{60}$$

其中 CF 為修正因子（correction factor），如圖 17 所示。於是電阻率

$$\rho = R_\square W \qquad \Omega\text{-cm} \tag{61}$$

在 $d >> S$ 的極限條件下（其中 S 為探針的間距），則修正因子變為 $\pi/\ln 2$（= 4.54）。

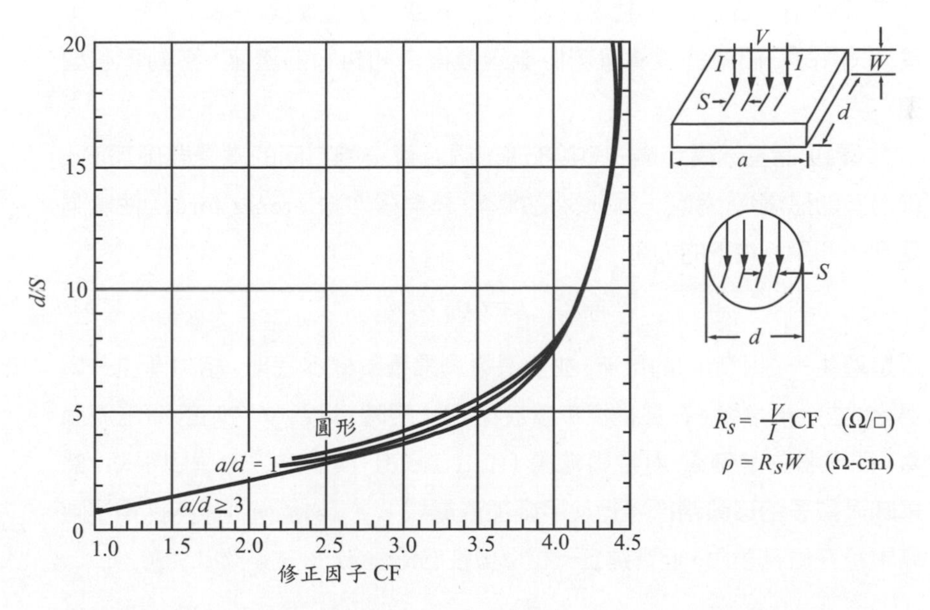

圖17 使用四點探針量測電阻率所需使用的修正因子。（參考文獻 42）

圖 18a 表示矽電阻率的量測值（在 300 K）與雜質濃度（n 型磷和 p 型硼）的關係。電阻率並非雜質濃度的線性函數。這是因為移動率不為定值，通常會隨濃度的增加而下降。圖 18b 表示測得 GaAs 的電阻率。利用圖 18，若已知電阻率的大小，我們可以反向推知半導體的雜質濃度。注意由於不完全游離的關係，雜質濃度也許會不同於載子濃度。舉例來說，在摻雜受體雜質 10^{17} cm^{-3} 的鎵之 p 型矽中，室溫下沒有游離的受體約高達 23% [由式（35）、圖 10 和 14 可知]。換句話說，真正的載子濃度只有 7.7×10^{16} cm^{-3}。

霍爾效應 量測的電阻率只是移動率和載子濃度的乘積。要直接量測每個參數最普遍的方法，就是使用霍爾效應（Hall effect）。其命名是為了紀念這位科學家於 1879 年發現霍爾效應[44]。此效應兼顧基本與實際的研究，所以即使到今天它還是最迷人的現象之一。例如最近分數量子化霍爾效應（fractional quantum Hall effect）的研究以及作為磁場感測器的應用等。霍爾效應一般的實際應用在於量測半導體性質：像是載子濃度（即使濃度低到 10^{12} cm^{-3}）、移動率以及型態（n 或 p）。它是非常重要的分析工具，只需做一簡單的電導量測便能夠獲得未知材料的濃度、移動率和型態。

圖19 為基本構造圖，其中施加一個沿著 x 軸方向的電場與施加於 z 軸方向的磁場[45]。考慮一個 p 型的樣本，羅侖茲力（Lorentz force）使電洞受到一個平均往下的力量

$$\text{羅侖茲力} = q\upsilon_x \times \mathscr{B}_z \tag{62}$$

於是產生一往下方向的電流，並使得電洞累積於樣本底部，結果產生一電場 $\mathscr{E}_y$ 並逐漸增強。在最後樣本處於穩定狀態時，沿著 y 方向的淨電流為零，即沿著的 y 軸電場[霍爾電場（Hall field）]與羅侖茲力達到平衡；此意味著載子的移動路徑平行於所施加的電場 $\mathscr{E}_x$。（對於 n 型材料，電子同樣累積在底部表面，但會建立一相反極性的電壓。）

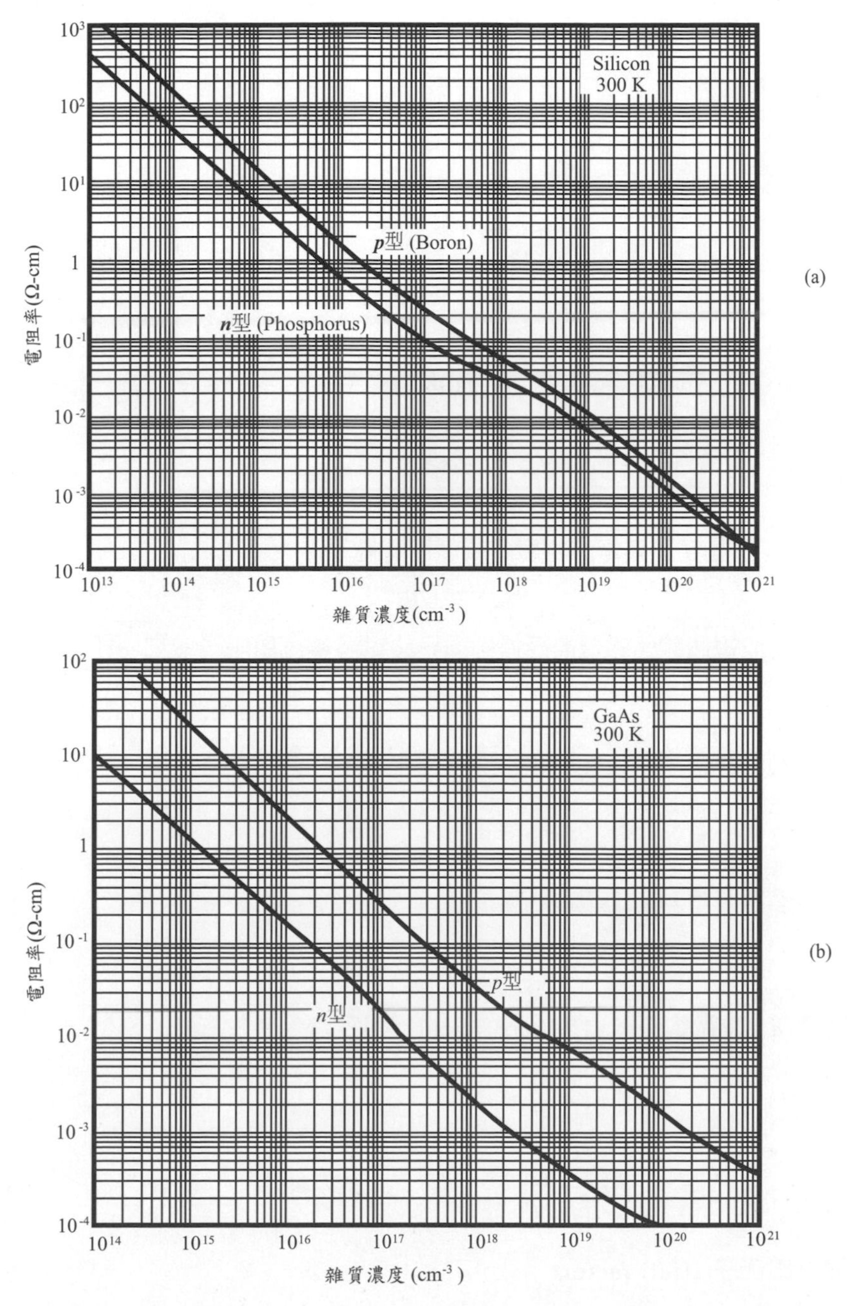

圖18　300 K 時電阻率對雜質濃度之關係：(a) 矽(參考文獻 40)，以及 (b) GaAs (參考文獻 35)。

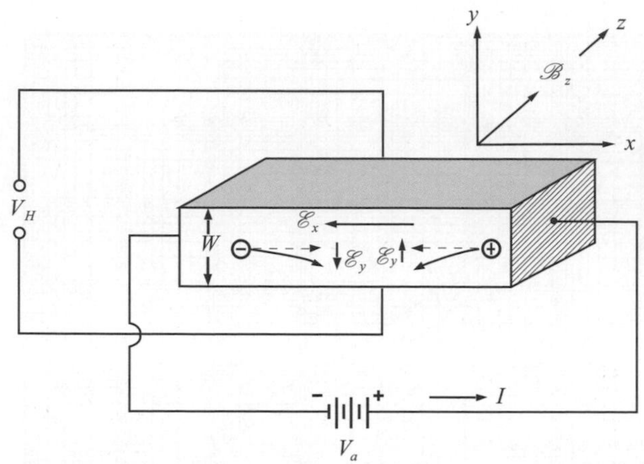

圖19　利用霍爾效應量測載子濃度的基本架構。

載子速度 υ 與電流密度的關係可寫為

$$J_x = q\upsilon_x p \tag{63}$$

既然對於每個載子的羅侖茲力必須等於霍爾電場所施予的力，則

$$q\mathscr{E}_y = q\upsilon_x \mathscr{B}_z \tag{64}$$

在此霍爾電壓 (Hall voltage) 可以由外部量測而得到

$$V_H = \mathscr{E}_y W = \frac{J_x \mathscr{B}_z W}{qp} \tag{65}$$

當考慮散射時，霍爾電壓變為

$$V_H = R_H J_x \mathscr{B}_z W \tag{66}$$

其中 R_H 為霍爾係數 (Hall cofficient)，可寫為

$$R_H = \frac{r_H}{qp} \qquad p >> n \tag{67a}$$

$$R_H = -\frac{r_H}{qn} \qquad n >> p \tag{67b}$$

而霍爾因子 (Hall factor)

$$r_H \equiv \frac{\langle \tau_m^2 \rangle}{\langle \tau_m \rangle^2} \tag{68}$$

因此，若材料為單一種載子主導且 r_H 已知，則載子濃度和載子型態(由霍爾電壓的極性推知是電子還是電洞)可直接從霍爾量測獲得。
式 (67a) 和 (67b) 都是假設只有一種型態的載子傳導。一個更廣義的解可寫為[5]

$$R_H = \frac{r_H}{q}\frac{\mu_p^2 p - \mu_n^2 n}{(\mu_p p + \mu_n n)^2} \tag{69}$$

由式 (69) 可以看到 R_H 以及 V_H 的正負號顯示半導體中多數載子的型態。

霍爾移動率 μ_H 定義為霍爾係數與電導率的乘積：

$$\mu_H = |R_H|\sigma \tag{70}$$

霍爾移動率應該與漂移移動率 (drift mobility) μ_n (或是 μ_p)區分開來，因為在式 (59) 中並不包括霍爾因子 r_H。它們之間的關係為

$$\mu_H = r_H \mu \tag{71}$$

在霍爾因子中的參數 τ_m 為載子碰撞間隔的平均自由時間，與載子的能量有關。舉例來說，對於一個擁有球形等能量面的半導體來說其聲子散射 $\tau_m \propto E^{-1/2}$，而游離雜質散射 (impurity scattering) $\tau_m \propto E^{3/2}$。一般來說

$$\tau_m = C_1 E^{-s} \tag{72}$$

其中 C_1 與 s 為常數。對於非簡併半導體，由波茲曼分佈 (Boltzmann distribution)，其 n 次方的 τ_m 平均值為

$$\langle \tau_m^n \rangle = \int_0^\infty \tau_m^n E^{3/2} \exp\left(-\frac{E}{kT}\right) dE \Big/ \int_0^\infty E^{3/2} \exp\left(-\frac{E}{kT}\right) dE \tag{73}$$

所以利用 τ_m 的一般形式，我們得到

$$\langle \tau_m^2 \rangle = \frac{C_1^2 (kT)^{-2s} \Gamma(\frac{5}{2} - 2s)}{\Gamma(\frac{5}{2})} \tag{74}$$

以及

$$\langle \tau_m \rangle = \frac{C_1 (kT)^{-s} \Gamma(\frac{5}{2} - s)}{\Gamma(\frac{5}{2})} \tag{75}$$

其中 $\Gamma(n)$ 為伽瑪函數（gamma function），定義為

$$\Gamma(n) \equiv \int_0^\infty x^{n-1}e^{-x}dx \tag{76}$$

$[\Gamma(1/2) = \pi]$。由上式我們可得到聲子散射的$r_H = 3\pi/8 = 1.18$，而雜質游離散射之$r_H = 315\pi/512 = 1.93$。通常 r_H 的範圍介於 1 到 2 之間。若處於非常高的磁場下，其值會比 1 還小一些。

先前討論的是在假設施加的磁場足夠小，而不會改變樣本電阻率的情況下。然而，在一強磁場下，則會觀察到電阻率明顯地增加，此即所謂的磁電阻效應（magnetoresistance effect）。其原因為載子在行進的路徑偏離了施加電場的方向。對於球形能量表面而言，電阻率的增量對在零磁場下的塊材電阻率之比值可寫為[5]

$$\frac{\Delta\rho}{\rho_0} = \left\{\left[\frac{\Gamma^2(\frac{5}{2})\Gamma(\frac{5}{2}-3s)}{\Gamma^3(\frac{5}{2}-s)}\right]\left(\frac{\mu_n^3 n+\mu_p^3 p}{\mu_n n+\mu_p p}\right)-\left[\frac{\Gamma(\frac{5}{2})\Gamma(\frac{5}{2}-2s)}{\Gamma^2(\frac{5}{2}-s)}\right]^2\left(\frac{\mu_n^2 n+\mu_p^2 p}{\mu_n n+\mu_p p}\right)^2\right\}\mathscr{B}_z^2 \tag{77}$$

其比值與垂直電流方向的磁場分量平方成正比。

當 $n >> p$，$(\Delta\rho/\rho_0) \propto \mu_n^2\mathscr{B}_z^2$。在 $p >> n$ 時我們亦可得到相似的結果。

1.5.3 高電場特性

先前的章節只考慮低電場下的半導體載子傳輸效應。在本節中我們將簡單地探討當電場增加到中等以及更強的狀況下，一些半導體的特別現象與性質。

在 1.5.1 節論述中可知半導體在低電場下，漂移速度和電場大小成正比，而其比例常數為移動率，與電場無關。然而，當電場足夠大時，移動率則呈現非線性變化，並且在某些狀況下，可以觀察到漂移速度趨於飽和。若持續增強電場，則會發生衝擊離子化作用。我們首先來探討非線性移動率。

若處於熱平衡狀態下時，載子會同時釋放和吸收聲子，但交換能量的淨速率為零。而熱平衡時的能量分佈符合馬克斯威爾（Maxwellian）分佈函數。在電場施加的過程中，載子從電場獲得能量，並且傳遞能量給聲子（放出的聲子比吸收的聲子還多）。在中高強度電場下，最主要的散

射與聲頻聲子的放射有關。而載子獲得的平均能量比在熱平衡狀態時還要多。當電場強度增加時，載子的平均能量也跟著提升，使得其有效溫度(effective temperature) T_e 比晶格溫度 T 還高。藉由平衡其能量轉移速率(由電場轉移給載子的能量與流失至晶格的能量速率相同)我們可以得到一比例關係式(假設半導體無轉移電子效應，如 Ge 及 Si)[3]：

$$\frac{T_e}{T} = \frac{1}{2}\left[1+\sqrt{1+\frac{3\pi}{8}\left(\frac{\mu_0\mathscr{E}}{c_s}\right)^2}\right] \tag{78}$$

以及

$$\upsilon_d = \mu_0\mathscr{E}\sqrt{\frac{T}{T_e}} \tag{79}$$

其中 μ_0 為低電場移動率 (low-field mobility)，而 c_s 為聲速。對於中強度的電場，當 $\mu_0\mathscr{E}$ 與 c_s,相當時，載子速度 υ_d 與施加電場開始脫離線性關係，此時需乘上 $\sqrt{T/T_e}$ 的修正因子。最後，在足夠高的電場下，載子和光頻聲子開始產生交互作用，式 (78)再也無法準確地描述其現象。於是 Ge 和 Si 的漂移速度與施加電場的關係愈來愈小，而逐漸達到飽和速度(saturation velocity)

$$\upsilon_s = \sqrt{\frac{8E_p}{3\pi m_0}} \approx 10^7 \text{ cm/s} \tag{80}$$

其中 E_p 為光頻聲子能量 (optical-phonon energy) (列於附錄 G)。

為了消除式 (78)- (80) 間的不連續性，一個經驗式經常被用來描述從低電場到飽和的所有範圍之漂移速度[46]：

$$\upsilon_d = \frac{\mu_0\mathscr{E}}{[1+(\mu_0\mathscr{E}/\upsilon_s)^{C_2}]^{1/C_2}} \tag{81}$$

對於電子來說，數值 C_2 接近二，而電洞則接近一，其為溫度的函數。

對於 GaAs，速度–電場的關係更為複雜，必須先考慮它的能帶結構 (見圖 4)。高移動率能谷 ($\mu \approx$ 4,000 to 8,000 cm^2/V-s)係位於布里淵區的中央，而沿著 <111> 軸，約高於能量 0.3 eV 的地方另有一低移動率衛星能谷 (satellite valley) ($\mu \approx$ 100 cm^2/V-s)[47]。移動率的不同是因為電子有效質量[式(52)]：0.063 m_0 於較低的能谷以及約 0.55m_0 在較高的能谷中。當電場增加，在較低能谷的電子會被激發到平時未被佔據的較高能谷，導致 GaAs 形成微分負電阻 (differential negative resistance)。這種能谷間轉換機制，又稱轉移電子效應 (transferred-electron effect)，其速度–電場的關係在第十章中有更詳細的討論。

圖 20a 表示室溫下高純度 (低雜質濃度)的 Si 和 GaAs 所量測出漂移速度對電場的關係。若是高雜質摻雜，由於雜質散射的影響，在低電場下的漂移速度或是移動率則比低摻雜時來的小。然而，高電場的速度基本上與雜質摻雜無關，因此也會達到飽和速度[52]。電子和電洞在 Si 中的飽和速度約為 1×10^7 cm/s。對 GaAs 來說，其存在一大範圍的負微分移動率區域約在電場強度 3×10^3 V/cm的地方，而高電場時其飽和速度趨近 6×10^6 cm/s。圖 20b 表示電子飽和速度與溫度的關係。可知 Si 和 GaAs 的飽和速度隨溫度上升而減少。

到目前為止，我們所討論的漂移速度皆是在穩定態條件下，載子可以經由足夠的散射事件而達到平衡值。然而在近代的元件中，載子須穿越的臨界尺寸變的愈來愈小。當尺寸變得與平均自由徑相當甚至更短時，載子在遭遇到散射前就已經通過，此即為彈道傳輸 (ballistic transport)。圖 21 表示漂移速度和通過距離之間的關係。由於沒有散射作用，速度將隨載子的通過時間 (以及通過距離)而增加，其大小 ≈ $q\mathscr{E}t/m^*$。當處於高電場下，漂移速度在一狹小的空間 (平均自由徑的級數)或時間 (平均自由時間的級數)範圍內能夠短暫地達到比穩定態更高的值，此現象稱為速度過衝 (velocity overshoot)。(在本文章中，圖 20a 所示的 GaAs，其由於轉移電子效應造成隆起的速度，也被稱為速度過衝。這也許會造成讀者些許的困擾。)而在低電場下，電場產生的加速度並不高，而且散射開始發生，因此載子所能達到的速度不夠高，速度過衝效應並不會發生。注意，速度過衝在圖中顯示的外型和轉移電子效應相似，但在此橫座標的單位為距離 (或是時間)，然而後者則為電場強度。

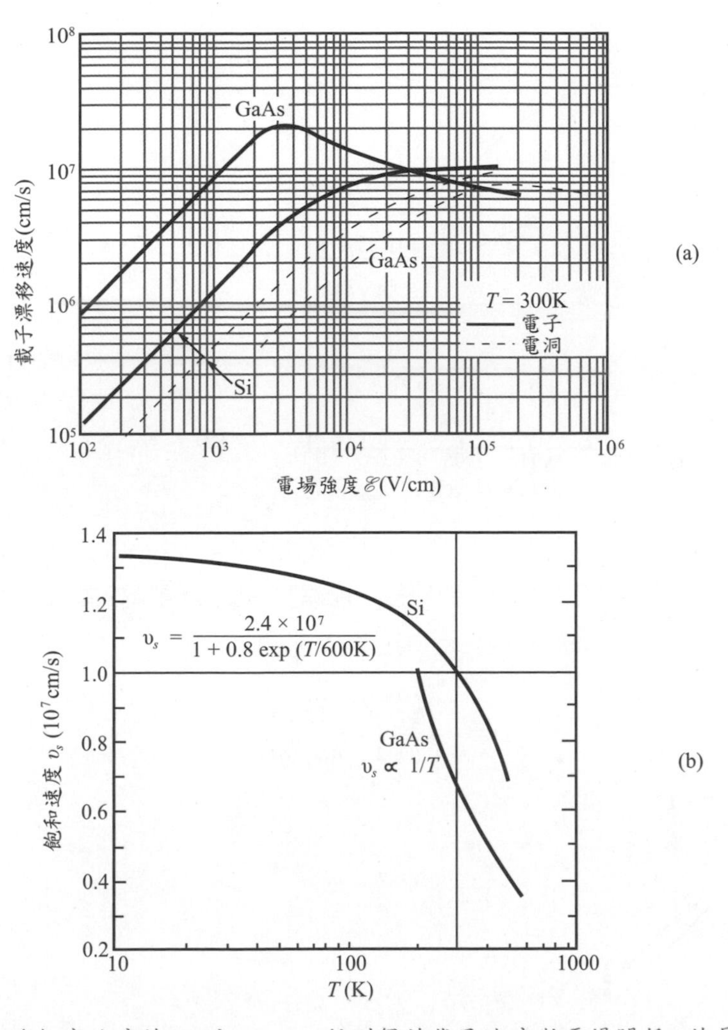

圖20 (a) 高純度的 Si 和 GaAs 所測得的載子速度對電場關係。若是高摻雜的樣本，低電場時的速度(移動率)會比圖中指示的還低。然而在高電場強度的區域，速度基本上與摻雜無關。(參考文獻 41、48、49 和 50)(b) Si 和 GaAs的電子飽和速度。(參考文獻41 和 51)

接下來我們討論衝擊離子化效應。當半導體內的電場增加超過某個值時，載子可以獲得足夠的能量來激發電子-電洞對，此過程稱為衝擊離子化 (impact ionization)。很明顯地，其所需的起始能量必須要大於能隙。此倍增過程可用游離率 (ionization rate) α 來說明。游離率的定義為

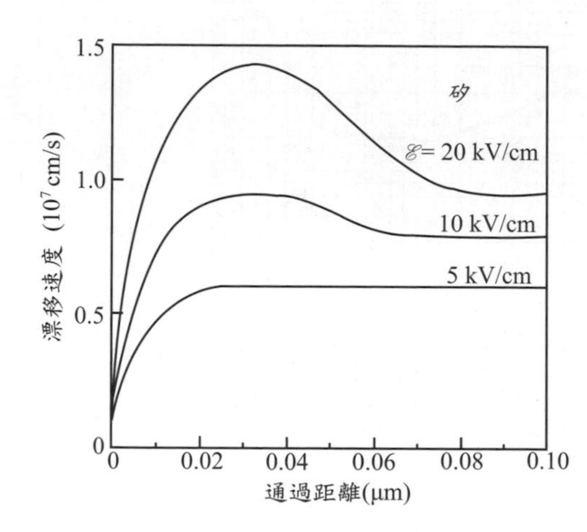

圖21　在超短距離傳輸時產生速度過衝。當橫座標的『距離』被『時間』所取代亦可觀察到相似的行爲。圖中以矽爲例。（參考文獻35）

一個載子在行進每單位距離後所能產生之電子–電洞對數目（圖 22 ）。對於主要載子為電子，且其行進速度為 υ_n，則

$$\alpha_n = \frac{1}{n}\frac{dn}{d(t\upsilon_n)} = \frac{1}{n\upsilon_n}\frac{dn}{dt} \tag{82}$$

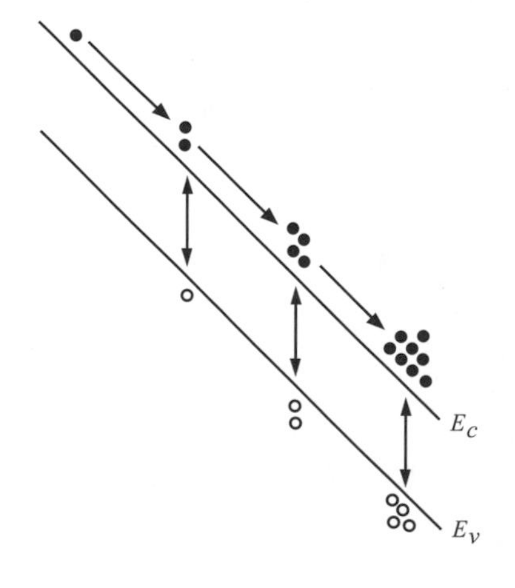

圖22　由於衝擊離子化導致電子和電洞發生倍乘現象。圖中以電子(α_n)爲例（即$\alpha_p = 0$）。

若同時考慮電子和電洞的效應，則在任何固定位置的產生速率 (generation rate) 可以寫為

$$\frac{dn}{dt}=\frac{dp}{dt}=\alpha_n n \upsilon_n+\alpha_p p \upsilon_p \\ =\frac{\alpha_n J_n}{q}+\frac{\alpha_p J_p}{q} \tag{83}$$

相對地，在任何時間下，載子密度或電流會隨距離而改變，可以表示為：

$$\frac{dJ_n}{dx}=\alpha_n J_n+\alpha_p J_p \tag{84a}$$

$$\frac{dJ_n}{dx}=-\alpha_n J_n-\alpha_p J_p \tag{84b}$$

然而總電流 (J_n+J_p) 在所有距離內仍為定值，且 $dJ_n/dx = -dJ_p/dx$。

游離率 α_n 和 α_p 隨電場強度+的變化甚劇。游離率的物理表示式可以寫為 [54]

$$\alpha(\mathscr{E})=\frac{q\mathscr{E}}{E_I}\exp\left\{-\frac{\mathscr{E}_I}{\mathscr{E}[1+(\mathscr{E}/\mathscr{E}_p)]+\mathscr{E}_T}\right\} \tag{85}$$

其中 E_I 為高電場下發生有效游離的起始能量，而 $\mathscr{E}_T$、$\mathscr{E}_p$ 和 $\mathscr{E}_I$ 分別為載子克服熱，光頻聲子及游離化等散射產生的減速效應其所需之起始電場強度。例如 Si，電子的 E_I 測量值為 3.6 eV，電洞則為 5.0 eV。超過限制的電場範圍後，則式 (85) 可以化簡為

$$\alpha(\mathscr{E})=\frac{q\mathscr{E}}{E_I}\exp(-\frac{\mathscr{E}_I}{\mathscr{E}}), \qquad \text{if} \quad \mathscr{E}_p>\mathscr{E}>\mathscr{E}_T \tag{86}$$

或是

$$\alpha(\mathscr{E})=\frac{q\mathscr{E}}{E}\exp(-\frac{\mathscr{E}_I\mathscr{E}_p}{\mathscr{E}^2}), \qquad \text{if} \ \mathscr{E}>\mathscr{E}_p \ \text{and} \ \mathscr{E}>\sqrt{\mathscr{E}_p\mathscr{E}_T} \tag{87}$$

圖 23a 顯示 Ge、Si、SiC 以及 GaN 的游離率之實驗結果。圖 23b 則為 GaAs 和其他少部分二元以及三元化合物測得之游離率。這些結果皆是利用光倍增量測法 (photomultiplication measurements) 在 p-n 接面上測得的。注意對於某些半導體，像是 GaAs，其游離率與晶體方位有關。一

般來說，游離率隨著能隙的增加而減小。其原因為高能隙的材料擁有較高的崩潰電壓（breakdown voltage）。注意，式（86）對圖 23 中大部分的半導體都適用，但 GaAs 和 GaP 例外，必須使需用式（87）。

在固定的電場下，遊離率會隨著溫度的增加而減少。圖 24 表示矽半導體其電子游離率的理論預測值，以及三種不同溫度的實驗值。

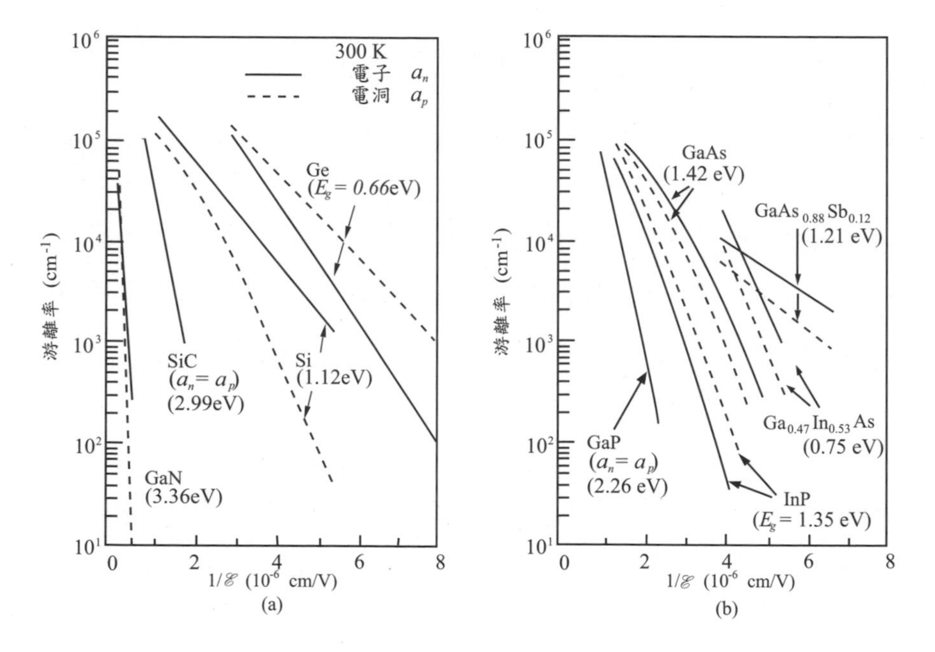

圖23　Si、GaAs 以及一些 IV-IV 族和 III-V 族化合物半導體其在 300 K 時，游離率對電場強度的倒數之關係。(參考文獻 55-56)

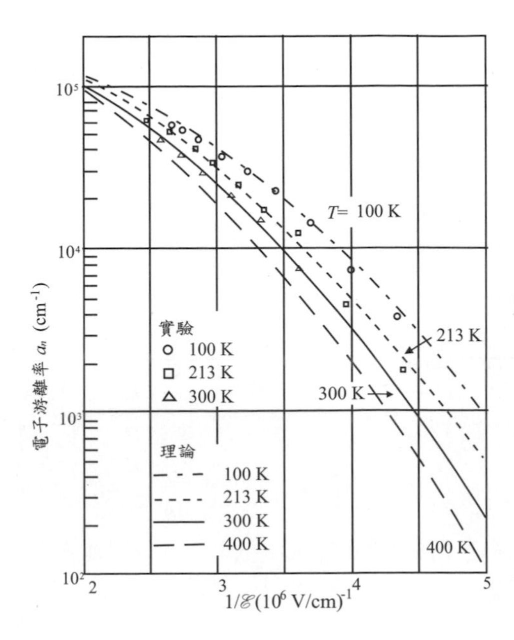

圖24 四種溫度下 Si 的電子游離率對電場強度的倒數之關係。(參考文獻 66)

1.5.4 復合、產生以及載子生命期

每當半導體系統的熱平衡條件被擾亂時(也就是說,$pn \neq n_i^2$),可經由某些過程使系統回復熱平衡狀態($pn = n_i^2$)。例如當系統 $pn > n_i^2$ 時的復合(recombination)過程,以及當 $pn < n_i^2$ 時的熱產生(generation)過程。圖 25a 說明能帶到能帶(band-to-band)的電子–電洞復合過程。當電子從導電帶躍遷至價電帶時必須維持能量守衡,因此過多的能量可藉由放出光子(輻射過程),或是將能量傳遞給另一個自由電子或電洞[歐傑過程(Auger process)]。前者可視為逆向的直接光學吸收,而後者則為逆向的衝擊離子化過程。

能帶到能帶的躍遷(band-to-band transition)較常發生於直接能隙半導體中,一般大多為 III-V 族化合物。此類半導體躍遷時,其復合速率(recombination rate)與電子和電洞濃度的乘積成正比,可以寫為

$$R_e = R_{ec}pn \tag{88}$$

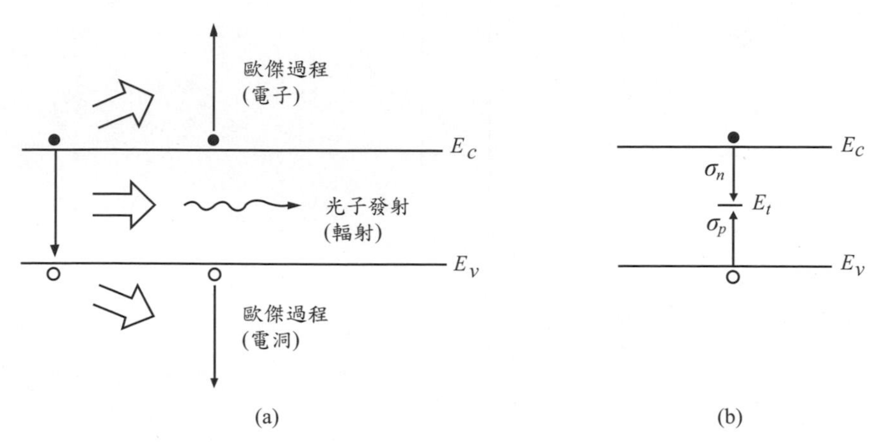

圖25 各種復合過程(逆向爲產生過程)(a) 能帶到能帶的復合。能量交換產生輻射或歐傑過程(b) 經由單一能階缺陷復合(非輻射過程)。

式中的 R_{ec} 項稱為復合係數 (recombination coefficient)，與熱產生速率 (thermal generation rate) G_{th} 有關

$$R_{ec} = \frac{G_{th}}{n_i^2} \tag{89}$$

其中 R_{ec} 與溫度以及半導體的能帶結構有關。對於直接能隙半導體 ($R_{ec} \approx 10^{-10}$ cm^3/s)，其能帶到能帶的躍遷效率比非直接能隙半導體大很多($R_{ec} \approx 10^{-15}$ cm^3/s)。在熱平衡時，既然 $pn=n_i^2$，且$R_e=G_{th}$，則淨躍遷速率 $U(=R_e-G_{th})$ 為零。若發生低階注入時 (low-level injection)，也就是當超量載子 (excess carriers) 濃度 $\Delta p = \Delta n$ 比多數載子小很多的情形下，對 n 型材料其載子濃度變為 $p_n = p_{no} + \Delta p$ 和 $n_n \approx N_D$，而淨躍遷速率可寫為

$$\begin{aligned} U = R_e - G_{th} &= R_{ec}(pn - n_i^2) \\ &\approx R_{ec}\Delta p N_D \equiv \frac{\Delta p}{\tau_p} \end{aligned} \tag{90}$$

其中電洞的載子生命期 (carrier lifetime) 為

$$\tau_p = \frac{1}{R_{ec}N_D} \tag{91a}$$

而在 p 型材料中，電子的載子生命期

$$\tau_n = \frac{1}{R_{ec}N_A} \tag{91b}$$

然而，非直接能隙半導體例如 Si 和 Ge，其最主要的躍遷方式是經由塊材缺陷的非直接復合/產生 (圖 25b)。單一能階的復合可分為電子捕獲和電洞捕獲兩過程。假設缺陷在能隙中的能階為 E_t，密度 N_t，則淨躍遷速率可以利用蕭克萊-瑞得-厚爾統計 (Shockley-Read-Hall statistics) 來描述[67-69]

$$U = \frac{\sigma_n \sigma_p \upsilon_{th} N_t (pn - n_i^2)}{\sigma_n \left[n + n_i \exp\left(\frac{E_t - E_i}{kT} \right) \right] + \sigma_p \left[p + n_i \exp\left(\frac{E_i - E_t}{kT} \right) \right]} \tag{92}$$

其中 σ_n 和 σ_p 分別為電子和電洞的捕獲截面。在推導這個方程式之前，一些定性的觀察能夠幫助我們整理成最後的形式。第一，淨躍遷速率與 $pn-n_i^2$ 成比例，與式 (90) 相似，此外可以藉由式子的正負值來決定其為淨復合還是產生過程。第二，當 $E_t = E_i$ 時，U 擁有最大值，這意味著在塊材的缺陷能譜中，只有靠近能隙中央的缺陷能階才是有效的復合/產生中心。若只考慮這些缺陷，式 (92) 可化簡為

$$U = \frac{\sigma_n \sigma_p \upsilon_{th} N_t (pn - n_i^2)}{\sigma_n (n + n_i) + \sigma_p (p + n_i)} \tag{93}$$

對於低階注入的 n 型半導體，則淨復合速率變為

$$\begin{aligned} U &= \frac{\sigma_n \sigma_p \upsilon_{th} N_t [(p_{no} + \Delta p) n - n_i^2]}{\sigma_n n} \\ &\approx \sigma_p \upsilon_{th} N_t \Delta p \equiv \frac{\Delta p}{\tau_p} \end{aligned} \tag{94}$$

其中

$$\tau_p = \frac{1}{\sigma_p \upsilon_{th} N_t} \tag{95a}$$

同樣地，在 p 型半導體，電子生命期可以表示為

$$\tau_n = \frac{1}{\sigma_n \upsilon_{th} N_t} \tag{95b}$$

如所預期的，非直接躍遷的少數載子生命期與缺陷密度 N_t 成反比，然而先前直接躍遷的情形下，載子生命期則是和摻雜濃度成倒數關係[式(91a)和 (91b)]。

對於多個能階組合的缺陷，其復合過程在定性上的表現大略與單一能階相似，但行為的細節卻不相同。特別是處於高階注入 (high-level injection)的條件下 (也就是說，$\Delta n = \Delta p$ 與多數載子的濃度相當)，其漸進的生命期為對應之所有正電荷、負電荷和中性缺陷能階的生命期平均值。

在高階注入 ($\Delta n = \Delta p > n$ 及 p)下，能帶到能帶之復合其載子生命期變為

$$\tau_n = \tau_p = \frac{1}{R_{ec}\Delta n} \tag{96}$$

而經由缺陷復合的載子生命期可由式 (93) 導出

$$\tau_n = \tau_p = \frac{\sigma_n + \sigma_p}{\sigma_n \sigma_p \upsilon_{th} N_t} \tag{97}$$

將式 (97) 與式 (95a)、(95b) 比較，高階注入時載子確實擁有較長的生命期。值得注意的是，能帶到能帶之復合其生命期會隨著注入量的增加而減少，而經由缺陷復合的載子其生命期則由於注入量增加而變長。

式 (95a) 和 (95b) 可由固態擴散和高能輻射實驗證明之。許多的雜質擁有接近能隙中央的能階 (圖 10)，這些雜質為有效的復合中心。典型的例子如金原子在矽中[70]，少數載子生命期在金原子濃度由10^{14} cm^{-3} 到10^{17} cm^{-3} 的範圍內增加時，呈現線性遞減，τ 從 2×10^{-4} s 變化到 2×10^{-9} s。此項效應在某些元件上是十分有利的，例如一些高速應用，需要非常短暫的載子生命期以減少電荷儲存時間。另一項縮短少數載子生命

期方法是利用高能粒子輻射，造成主體原子的位移與晶格破壞，結果在能隙中產生能階。舉例來說，Si 經過電子輻射後，會產生價電帶上方 0.4 eV 的受體能階與導電帶下方 0.36 eV 的施體能階。中子輻射也可以造成 0.56 eV 處的受體能階；此外，中子輻射還會於價電帶上方 0.25 eV 產生間隙 (interstitial)態位。對於 Ge、GaAs 以及其他的半導體，亦能獲得類似的結果。與固態擴散不同的是，輻射所引起的缺陷中心可以用低溫退火 (anneal) 的方式去除。

接下來我們討論產生過程。當載子濃度低於熱平衡的值時，即 $pn < n_i^2$，載子產生過程將取代超量載子復合。由式 (93) 可得知產生速率

$$U = -\frac{\sigma_p \sigma_n \upsilon_{th} N_t n_i}{\sigma_p[1+(p/n_i)]+\sigma_n[1+(n/n_i)]} \equiv -\frac{n_i}{\tau_g} \tag{98}$$

其中 τ_g 為產生載子生命期，又等於

$$\begin{aligned}\tau_g &= \frac{1+(n/n_i)}{\sigma_p \upsilon_{th} N_t} + \frac{1+(p/n_i)}{\sigma_n \upsilon_{th} N_t} \\ &= \left(1+\frac{n}{n_i}\right)\tau_p + \left(1+\frac{p}{n_i}\right)\tau_n\end{aligned} \tag{99}$$

其與電子和電洞濃度相關。由上式可知，產生生命期 (generation lifetime) 的時間比復合生命期還長，而且當 n 和 p 比本質濃度 n_i 小很多時有一最小值，大約為兩倍的復合生命期。

少數載子生命期 τ 一般是利用光電導效應 (photoconductive effect, PC effect)[71] 或是光電磁效應 (photoelectromagnetic effect, PEM effect)[72] 來量測。光電導效應的基本方程式可以寫為

$$\begin{aligned}J_{\mathrm{PC}} &= q(\mu_n+\mu_p)\Delta n\mathscr{E} \\ &= q(\mu_n+\mu_p)\frac{G_e}{\tau}\mathscr{E}\end{aligned} \tag{100}$$

其中 J_{PC} 為光照射下因產生速率 G_e 而增加的電流密度，$\mathscr{E}$ 為施加於樣本上之電場。Δn 則為光照射時所增加的載子密度，也可視為單位體積內增加的電子-電洞對數目。它等於產生速率 G_e 和生命期 τ 的乘積，即

$\Delta n = \tau G_e$。至於光電磁效應的量測法，我們測其短路電流，此電流是在磁場 $\mathscr{B}_z$ 垂直於入射光的方向下所產生的。電流密度可以表示為

$$J_{\text{PEM}} = q(\mu_n + \mu_p)\mathscr{B}_z \frac{D}{L_d}\tau G_e = q(\mu_n + \mu_p)\mathscr{B}_z \sqrt{D\tau}\, G_e \tag{101}$$

其中 D 和 L_d $[\equiv (D\tau)^{1/2}]$ 分別為擴散係數和擴散長度，將於下一節討論。而另一種量測載子生命期的方法將在 1.8.2 節中討論。

1.5.5 擴散

在上一節中，超量載子均勻的分佈在樣本空間中。在本節我們所要討論的是在局部的位置發生超量載子，導致載子非均勻分佈的情況。例如載子從接面注入，或是非均勻的照光條件。然而無論是哪種局部注入，都會造成載子濃度梯度，導致擴散（diffusion）過程發生。載子從高濃度區遷移至低濃度區，驅使系統回復均勻的狀態。載子流量或通量，以電子為例，依照費克定律（Fick's law）

$$\left.\frac{d\Delta n}{dt}\right|_x = -D_n \frac{d\Delta n}{dx} \tag{102}$$

可知與濃度梯度成比例。而其比例常數稱為擴散係數（diffusion coefficient 或是 diffusivity）D_n。此載子通量構成擴散電流（diffusion current），可寫為

$$J_n = qD_n \frac{d\Delta n}{dx} \tag{103a}$$

以及

$$J_p = -qD_p \frac{d\Delta p}{dx} \tag{103b}$$

物理上，擴散和散射一樣都是因為載子受熱而任意移動。因此，我們得到

$$D = \upsilon_{th}\tau_m \tag{104}$$

由上述之方程式我們合理推測擴散係數和移動率應該存在某種關係。要推導這樣的關係，考慮一局佈摻雜濃度的 n 型半導體，但無任何外加電

場。總淨電流應為零，也就是漂移電流與擴散電流間達到平衡

$$qn\mu_n \mathscr{E} = -qD_n \frac{dn}{dx} \tag{105}$$

要達到上式的平衡條件，非均勻摻雜的半導體內部會產生一電場（$\mathscr{E} = dE_C/qdx$，而 E_F 在平衡時為一常數）。利用式 (21) 取代 n，我們得到

$$\begin{aligned}\frac{dn}{dx} &= \frac{-q\mathscr{E}}{kT} N_C \exp\left(-\frac{E_C - E_F}{kT}\right) \\ &= \frac{-q\mathscr{E}}{kT} n\end{aligned} \tag{106}$$

最後再將上式代入式 (105)，即可獲得擴散係數和移動率的關係

$$D_n = \left(\frac{kT}{q}\right)\mu_n \tag{107a}$$

對於 p 型半導體亦可用相似的方式導出

$$D_p = \left(\frac{kT}{q}\right)\mu_p \tag{107b}$$

這就是有名的愛因斯坦關係式 (Einstein relation)（適用於非簡併半導體）。在 300 K 時，熱電壓 (thermal voltage) kT/q = 0.0259 V，再從圖 15 中決定移動率，即可獲得 D 值。

另一個與擴散關係密切的參數為擴散長度 (diffusion length)，定義為

$$L_d = \sqrt{D\tau} \tag{108}$$

一般解擴散問題時會以固定的注入源作為邊界條件，而解出的濃度輪廓隨距離呈現自然指數變化，直到到達特徵長度 L_d。擴散長度亦可視為載子在被消滅之前所能擴散的距離。

1.5.6 熱離子發射

另一個電流傳導機制為熱離子發射 (thermionic emission)。此為多數載子電流，並且總是與位能障礙有關。注意其關鍵參數為能障高度，而

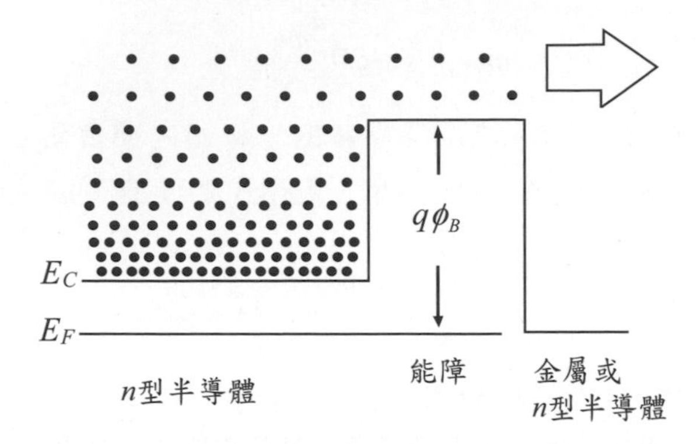

圖26 電子熱離子發射越過能障的能帶圖。注意能障形狀(圖中爲矩形)並不重要。

不是能障形狀。這種機制最一般的元件為蕭特基位障二極體(Schottky-barrier diode)或金屬–半導體接面(metal-semiconductor junction)(見第三章)。參考圖 26，當熱離子發射成為主導機制時，即在能障層以內的碰撞或是漂移–擴散過程都可被忽略。同樣的，能障寬度必須比平均自由徑還窄，或是為一個三角形能障，造成能障非常地陡峭，使得載子在一個平均自由徑的範圍內能障下降量超過一個 kT。此外，當載子注入並超越能障後，另一區的擴散電流不再成為限制因子。因此在能障之後必定是另一個 n 型半導體或是金屬層。

由費米–狄拉克統計(Fermi-Dirac statistics)可知，導電帶以上的電子密度(對於 n 型基板)隨能量呈指數遞減。在任何有限的(非零)溫度下，載子密度在任何有限的能量皆不為零。在此我們特別感興趣的是超過能障高度的載子之數量。這一部份由熱產生具有較高能量的載子不會再被能障所限制，而成為熱離子–發射電流(thermionic-emission current)。因此所有越過能障的電子電流可以表示為(見第三章)

$$J = A^* T^2 \exp\left(-\frac{q\phi_B}{kT}\right) \tag{109}$$

其中 ϕ_B 為能障高度 (barrier height),以及

$$A^* \equiv \frac{4\pi q m^* k^2}{h^3} \tag{110}$$

稱之為有效李查遜常數 (effective Richardson constant),其為有效質量的函數。A^* 可以進一步地利用量子力學的穿隧以及反射來修正。

1.5.7 穿隧

穿隧 (tunneling) 是一種量子力學現象。在古典力學中,載子會被完全限制在位能障壁之中。只有獲得的能量高於能障之載子才能夠逃脫,如上面討論的熱離子發射情形。然而在量子力學,電子是以波函數的形式來表示。對於有限高度的位能障壁,波函數並不會突然的終止,反而會進入能障並穿透之 (圖 27)。因此電子穿過一有限高度與寬度的能障之機率並不為零。

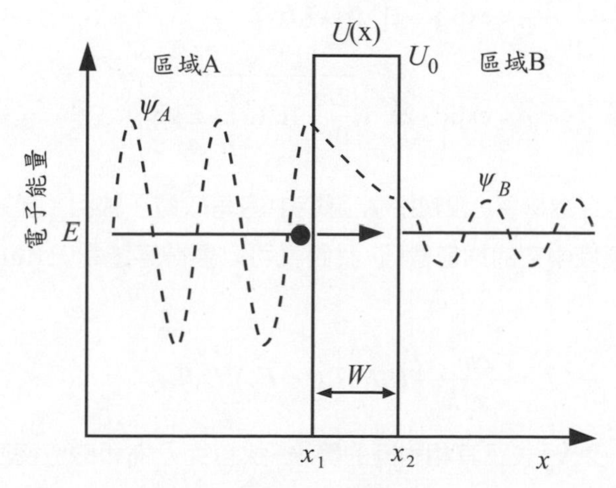

圖27 電子穿透過一矩形能障時的波函數。

要計算穿隧機率 (tunneling probability)，波函數 ψ 可由薛丁格方程式解出

$$\frac{d^2\psi}{dx^2}+\frac{2m^*}{\hbar^2}[E-U(x)]\psi=0 \tag{111}$$

若是一簡單的矩型能障，其高度 U_0 和寬度 W，解出的 ψ 一般為 exp $(\pm ikx)$ 的形式，其中 $k=\sqrt{2m^*(E-U_0)}/\hbar$。注意當穿隧發生時，載子能量 E 小於位障高度 U_0，即平方根內為負值而 k 為虛數。波函數以及穿隧機率可以計算出

$$\begin{aligned} T_t &= \frac{|\psi_B|^2}{|\psi_A|^2}=\left[1+\frac{U_0^2\sinh^2(|k|W)}{4E(U_0-E)}\right]^{-1} \\ &\approx \frac{16E(U_0-E)}{U_0^2}\exp\left(-2\sqrt{\frac{2m^*(U_0-E)}{\hbar^2}}W\right) \end{aligned} \tag{112}$$

假設能障的形狀更為複雜，但位能 $U(x)$ 的隨位置的改變並不快，則可利用溫茲爾–卡門爾–布里淵近似 (Wentzel-Kramers-Brillouin approximation, WKB approximation) 來簡化薛丁格方程。則波函數的一般形式變為 $\exp\int ik(x)dx$。而計算出的穿遂機率

$$\begin{aligned} T_t &= \frac{|\psi_B|^2}{|\psi_A|^2}\approx\exp\left\{-2\int_{x_1}^{x_2}|k(x)|dx\right\} \\ &\approx \exp\left\{-2\int_{x_1}^{x_2}\sqrt{\frac{2m^*}{\hbar^2}[U(x)-E]}dx\right\} \end{aligned} \tag{113}$$

結合已知的穿遂機率，和初始 A 區域中的有效載子數目 (圖 27)，再乘上目的地 B 區域中空的態位數目，我們就可以獲得穿遂電流(tunneling current) J_t

$$J_t=\frac{qm^*}{2\pi^2\hbar^3}\int F_AN_AT_t(1-F_B)N_BdE \tag{114}$$

其中 F_A、F_B、N_A 及 N_B 表示其相對應的費米–狄拉克分佈和態位密度。

1.5.8 空間電荷效應(space charge effect)

半導體的空間電荷(space charge)是由摻雜濃度以及自由載子濃度來決定

$$\rho = (p - n + N_D - N_A)q \tag{115}$$

在半導體之中性區內，$n = N_D$和 $p = N_A$，所以空間電荷密度(space-charge density)為零。但是在由不同的材料、摻雜型態，以及摻雜濃度所形成的接面附近，載子濃度 n 和 p 可能小於或大於 N_D 和 N_A。在空乏近似(depletion approximation)下，n 和 p 假設皆為零，而空間電荷之數目等於多數載子的摻雜量。然而施加偏壓時，載子濃度 n 和 p 能夠增加甚至遠超過其平衡時的值。當注入的 n 或 p 大於平衡值以及摻雜濃度時，就會發生空間電荷效應(space-charge effect)。注入載子能夠控制空間電荷進而改變電場分佈，於是產生一種回饋機制：施加電場驅動電流，而電流的注入又會再重新建立電場。空間電荷效應一般常見於輕摻雜的材料，於空乏區(depletion region)外部發生。

在發生空間電荷效應的過程中，若電流是由注入載子的漂移項所主導，則此電流稱為空間電荷限制電流(space-charge-limited current)。既然其為漂移電流，於是對於電子的注入可寫為

$$J = qn\upsilon \tag{116}$$

由於空間電荷被注入載子所決定，因此波松方程式(Poisson equation)的形式為

$$\frac{d^2\psi_i}{dx^2} = \frac{qn}{\varepsilon_s} \tag{117}$$

載子速度 υ 隨電場強度的不同，與電場的關係會有所變化。在低電場移動率區中

$$\upsilon = \mu\mathscr{E} \tag{118}$$

若是在速度飽和區，則速度 υ_s 與電場無關。而當樣本大小或載子漂移的時間限制在超短的尺度內，可以觀察到無散射發生的彈道區

$$\upsilon = \sqrt{\frac{2qV}{m^*}} \tag{119}$$

由式 (116)- (119)，空間電荷限制電流在移動率區[莫特–甘尼定律 (Mott-Gurney law)]的解為 (見參考文獻 4 第四冊)

$$J = \frac{9\varepsilon_s \mu V^2}{8L^3} \tag{120}$$

而在速度飽和區下

$$J = \frac{2\varepsilon_s \upsilon_s V}{L^2} \tag{121}$$

以及彈道區[柴耳得–蘭牟定律 (Child-Langmuir law)]

$$J = \frac{4\varepsilon_s}{9L^2}\left(\frac{2q}{m^*}\right)^{1/2} V^{3/2} \tag{122}$$

上面三式中的 L 為沿著電流方向的樣本長度。注意不同區域中電流密度與電壓的相依性並不一致。

1.6 聲子、光和熱特性

在先前的章節我們已探討過半導體不同載子傳輸機制。本節我們將簡要地介紹其他的效應與性質。這些特性對於半導體元件的操作非常重要。

1.6.1 聲子頻譜

聲子其實就是量子化的晶格震動，主要是由於晶格的熱能產生。與光子和電子類似，每個聲子皆擁有其獨特的特徵頻率 (或是能量)與波數 (動量或波長)。以眾所熟悉的一維空間晶格來說明，其排列方式為不同的質量 m_1 和 m_2 交替，並且只有最近相鄰的原子相連結，則碰撞頻率為[3]

$$\nu_{\pm} = \sqrt{\alpha_f}\left[\left(\frac{1}{m_1}+\frac{1}{m_2}\right) \pm \sqrt{\left(\frac{1}{m_1}+\frac{1}{m_2}\right)^2 - \frac{4\sin^2(k_{ph}a/2)}{m_1 m_2}}\,\right]^{1/2} \tag{123}$$

其中 α_f 為虎克定律(Hooke's law)的力常數，k_{ph} 為聲子波數，a 則是晶格間距。當接近 k_{ph}=0 時頻率 ν_- 與 k_{ph} 成正比關係。此分支稱為聲頻

支 (acoustic branch)，因為在此模式下晶格做長波長振動，而且在晶格中的傳播速度 ω/k 接近聲速。而頻率 ν_+ 在 k_{ph} 趨近於零時為一常數 $\approx[2\alpha(1/m_1+1/m_2)]^{1/2}$。這分支與聲頻模式 (acoustic mode) 不同，稱作光頻支 (optical branch)，因為頻率 ν_+ 一般位於光學頻率範圍。對於聲頻模式，兩個不同質量的副晶格原子作同方向的移動，但光頻模式下它們的方向移動相反。

聲子的模式總數等於每個晶胞內的原子數乘上其晶格維度。在實際的三維空間晶格中，若一個原始晶胞內只含有一個原子，如簡單立方，體心或是面心立方晶格等，只能存在三種聲頻模式。對於三維空間晶格中擁有兩個原子的原始晶胞，像是 Si 和 GaAs，則存在著三種聲頻模式與三種光頻模式 (optical mode)。由偏振與波行進方向的觀點來看，縱向偏振模式 (longitudinally polarized mode) 其原子的位移向量與波向量的方向平行；因此包含一種縱向聲頻模式 (LA) 以及一種縱向光頻模式 (LO)。至於原子移動的平面垂直於波向量者稱為橫向偏振模式 (transversely polarized mod)，其中包括了兩種橫向聲頻模式 (TA) 以及兩種橫向光頻模式 (TO)。

圖 28 表示 Si 和 GaAs 沿著某晶格方向所測得的聲子能譜。圖中的範圍 $k_{ph}=\pm\pi/a$ 定義在布里淵區內，超過此範圍其頻率 -k_{ph} 的關係式將再次重複。注意當 k_{ph} 很小時，LA 和 TA 模式的能量 (或頻率) 與k_{ph} 成正比。而縱向光頻聲子之能量在 $k_{ph}=0$ 時為第一級拉曼散射 (first-order Raman scattering) 能量。其值於 Si 中為 0.063 eV，GaAs 為 0.035 eV。這些結果與其他重要的性質一並列於附錄 G 中。

1.6.2 光特性

光學量測為決定半導體能帶結構最重要的方式。當光照射引起電子躍遷到不同的能帶時，可決定半導體能隙。若電子仍在同一個能帶內則為自由載子吸收。光學量測也能被用來研究晶格振動 (聲子)。半導體的光學性質可以用複雜的折射率 (refractive index) 來表示

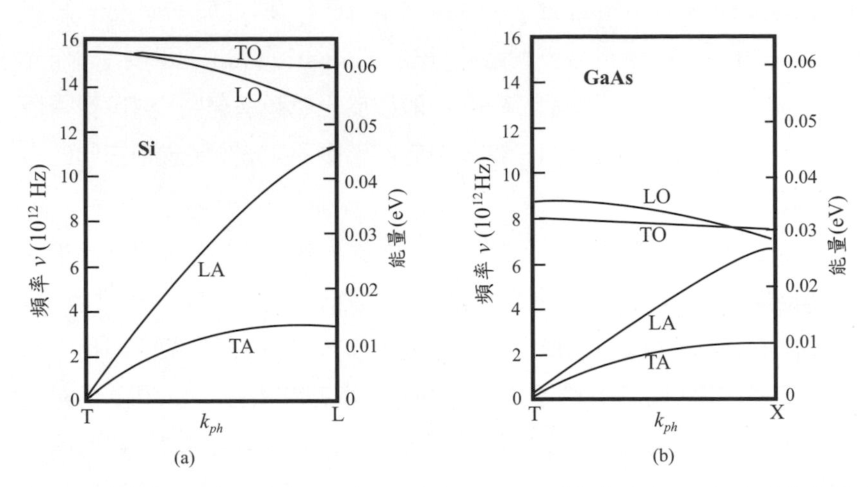

圖28　在(a) Si(參考文獻 73)，以及(b) GaAs (參考文獻 74)所測量的聲子能譜。TO 和 LO 分別表示橫向及縱向光頻模式，而 TA 和 LA 爲橫向與縱向聲頻模式。

$$\bar{n} = n_r - ik_e \tag{124}$$

式中的實部折射率 n_r 是由介質中的傳遞速度（υ 和波長 λ）來決定（假設真空環境下波長為 λ_0）

$$n_r = \frac{c}{\upsilon} = \frac{\lambda_0}{\lambda} \tag{125}$$

而折射率的虛數部分 k_e 被稱為消光係數（extinction coefficient），與吸收係數（absorption coefficient）有關

$$\alpha = \frac{4\pi k_e}{\lambda} \tag{126}$$

在半導體中，吸收係數為波長或是光子能量的函數。當靠近吸收邊緣時，吸收係數可以表示為[5]

$$\alpha \propto (h\nu - E_g)^{\gamma} \tag{127}$$

其中 $h\nu$ 為光子能量而 γ 為一常數。能帶到能帶的躍遷包含兩種型態：允許和禁帶的。（禁帶的躍遷是考慮光子的動量非常小但仍為有限的值，和

允許的躍遷相比其機率非常的低)。對於直接能隙材料，通常躍遷發生時兩能帶之 k 值相同，如圖 29a 和 29b 所示。然而允許的直接躍遷能發生於所有的 k 值，禁帶的直接躍遷只會發生在 $k \neq 0$。在單一電子近似中，γ 等於 1/2 和 3/2 分別為允許和禁帶直接躍遷。注意當 $k = 0$ 時，即能隙的定義位置，只有允許躍遷 ($\gamma = 1/2$) 存在，因此在實驗上可以用來決定能隙大小。若是非直接躍遷[圖 29c 的躍遷]，聲子會參與其中以維持動量守衡。也就是當躍遷發生時，聲子 (其能量 E_p)會被吸收或是放出，吸收係數可被修改為

$$\alpha \propto (h\nu - E_g \pm E_p)^\gamma \tag{128}$$

對於允許和禁帶非直接躍遷，在此常數 γ 分別等於 2 或 3。

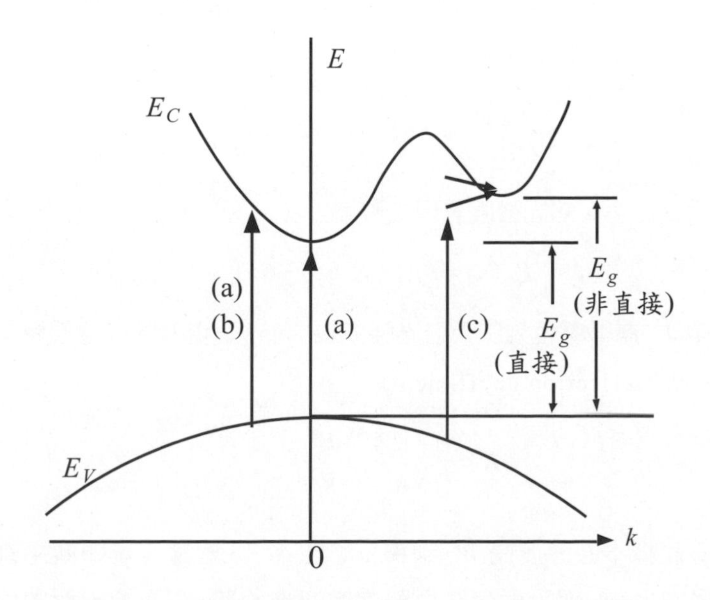

圖29 光學躍遷：(a) 允許與和(b) 禁帶的直接躍遷；(c) 非直接躍遷過程包含聲子的放出(上面箭頭)以及吸收(下面箭頭)。

另外，激子（exciton）的形成也會造成吸收峰值和等級的提升。所謂的激子其實是相互束縛的電子–電洞對，其束縛能量在能隙範圍之內，並且可以視為一個單位在晶格中移動。在靠近吸收邊緣，差值（$E_g - h\nu$）近似激子的束縛能（binding energy），所以必須考慮自由電子和電洞間的庫倫（Coulomb）交互作用。由於束縛能使得吸收所需要的光子能量降低。對於 $h\nu < E_g$，激子的吸收與基本的吸收範圍連續而合併在一起。當 $h\nu >> E_g$，更高的能帶參與躍遷過程，其複雜的能帶結構反應於吸收係數中。

圖 30 繪出 Si 和 GaAs 之吸收係數 α 在接近以及超過基本吸收邊緣（能帶到能帶的躍遷）的實驗結果。低溫時曲線會往較高的光子能量移動是由於能隙隨溫度而變化造成（圖 6）。α 的值為 10^4 cm^{-1} 意味著 63 % 的光會在半導體一微米內被吸收。

當光通過一半導體，會同時造成光的吸收與電子–電洞對產生（G_e），而光強度 P_{op} 隨著距離而減少，式子如下

$$\frac{dP_{op}(x)}{dx} = -\alpha P_{op}(x) = G_e h\nu \tag{129}$$

由上式的解可知光強度呈現指數減少

$$P_{op}(x) = P_0(1-R)\exp(-\alpha x) \tag{130}$$

其中 P_0 為半導體外的入射光強度，R 為光垂直入射半導體時其界面的反射係數（reflection coefficient）

$$R = \frac{(1-n_r)^2 + k_e^2}{(1+n_r)^2 + k_e^2} \tag{131}$$

假設半導體樣本的厚度為 W，乘積 αW 並不大，則會在半導體兩端的界面發生多次反射。總計所有在反射方向的光分量，可計算出反射係數的總和

$$R_\Sigma = R\left[1 + \frac{(1-R)^2\exp(-2\alpha W)}{1-R^2\exp(-2\alpha W)}\right] \tag{132}$$

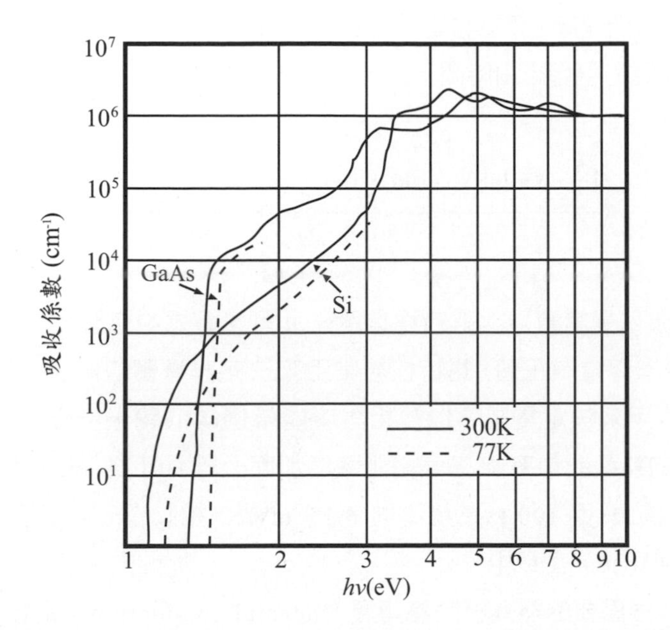

圖30　對於 Si 和 GaAs，在接近以及超過基本吸收邊緣所量測的吸收係數。(參考文獻 75-78)

以及總穿透係數 (transmission coefficient)

$$T_{\Sigma} = \frac{(1-R)^2 \exp(-\alpha W)}{1-R^2 \exp(-2\alpha W)} \tag{133}$$

穿透係數 T_{Σ} 和反射係數 R_{Σ} 為量測中兩個重要的物理量。藉由分析垂直入射時 T_{Σ}-λ 或 R_{Σ}-λ 的資料，或是由不同的入射角度觀察 R_{Σ} 或 T_{Σ}，可獲得 n_r 和 k_e 以及相關之能帶間躍遷能量。

1.6.3 熱特性

當一半導體同時有溫度梯度和電場存在時，總電流密度 (在一維空間)為[5]

$$J = \sigma\left(\frac{1}{q}\frac{dE_F}{dx} - \mathscr{P}\frac{dT}{dx}\right) \tag{134}$$

其中 $\mathscr{P}$ 為熱電能功率 (thermoelectric power)，其名稱緣自於在斷路條件下淨電流為零，而電場是由溫度梯度所造成。對於非簡併半導體，兩次碰撞之間的平均自由時間 $\tau_m \propto E^{-s}$ 如先前所述，則熱電能功率可寫為

$$\mathscr{P} = -\frac{k}{q}\left\{\frac{[\frac{5}{2}-s+\ln(N_C/n)n\mu_n]-[\frac{5}{2}-s-\ln(N_V/p)p\mu_p]}{n\mu_n+p\mu_p}\right\} \tag{135}$$

(k 為波茲曼常數)。上述方程指示在 n 型半導體中熱電能功率為負值，而 p 型半導體為正值，此特性經常用來決定半導體的傳導型態。熱電能功率可用來決定電阻率以及相對於能帶邊緣的費米能階。在室溫下，p 型矽的熱電能功率 $\mathscr{P}$ 隨著電阻率增加而上升：0.1 Ω-cm 的樣本具有 1 m V/K的值，而 100 Ω 的樣本則為 1.7 mV/K。相似的結果 (除了 $\mathscr{P}$ 符號改變) 亦可見於 n 型矽中。

而另一個重要的熱效應為熱傳導 (thermal conduction) 現象，為一種擴散的過程。若存在一溫度梯度使得熱流 Q 產生

$$Q = -\kappa\frac{dT}{dx} \tag{136}$$

熱導率 (thermal conductivity) κ 主要分為兩個部份，聲子 (晶格) 傳導 κ_L 以及混合的自由載子 (電子和電洞) 傳導 κ_M

$$\kappa = \kappa_L + \kappa_M \tag{137}$$

晶格能夠傳遞熱能主要是由於聲子的擴散和散射。其中散射包括幾種型態，例如聲子對聲子、聲子對缺陷、聲子對載子、晶界以及表面等。而總體的效應可表示為

$$\kappa_L = \frac{1}{3}C_\upsilon \upsilon_{ph}\lambda_{ph} \tag{138}$$

其中 C_υ 為比熱 (specific heat)，υ_{ph} 為聲子速度，而 λ_{ph} 為聲子平均自由徑。至於混合載子的貢獻，對於電子以及電洞散射，如果 $\tau_m \propto E^{-s}$，可寫為

$$\kappa_M = \frac{(\frac{5}{2}-s)k^2\sigma T}{q^2} + \frac{k^2\sigma T}{q^2}\frac{[5-2s+(E_g/kT)]^2 np\mu_n\mu_p}{(n\mu_n+p\mu_p)^2} \tag{139}$$

圖 31 顯示 Si 和 GaAs 所量測的熱導率為晶格溫度的函數。其室溫值亦於附錄 G 中列出。一般來說，傳導載子對熱導率貢獻非常小，因此熱導率隨溫度之關係與 κ_L 一致而形成倒 V 的形狀。在低溫下，比熱與溫度呈現 T^3 的關係，即 κ 隨溫度猛烈地上升。在高溫時，聲子輔助型散射主導，以致 λ_{ph}（和 κ_L）以 $1/T$ 的速率下降。圖 31 亦表示銅，鑽石，SiC 和 GaN 的熱導率。銅為 p-n 接面元件最常使用的熱傳導金屬；鑽石在目前已知的材料中擁有最高的室溫熱導率，對半導體雷射與 TMPATT 振盪器的熱散逸非常有用。SiC 和 GaN 對於功率元件則是十分重要的半導體。

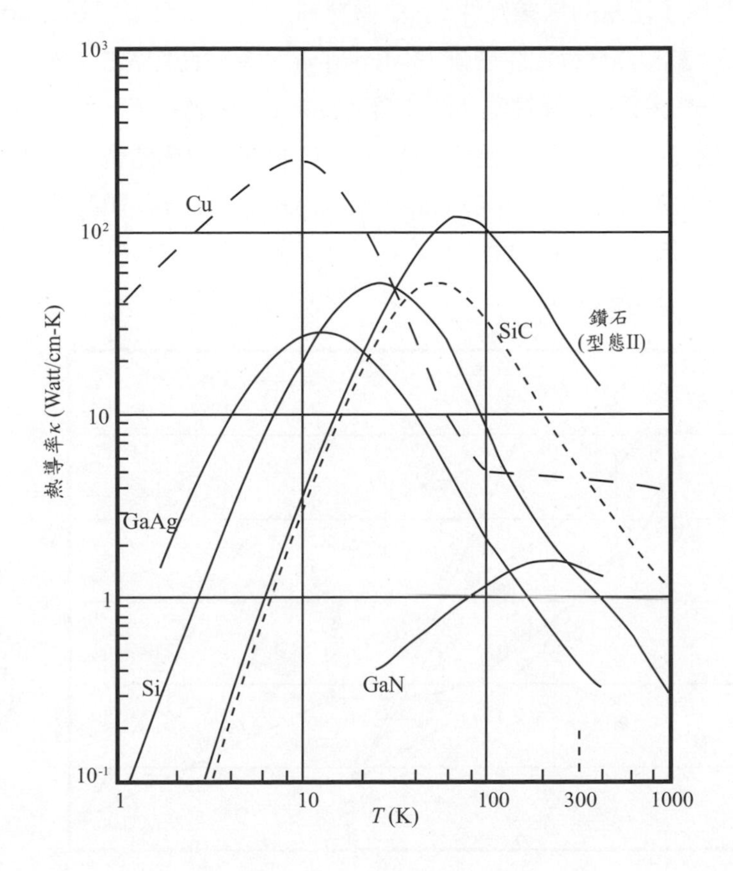

圖31　量測純 Si、GaAs、SiC、GaN、Cu 以及鑽石(型態 II)的熱導率對溫度的關係圖。(參考文獻 79-83)

1.7 異質接面與奈米結構

異質接面（heterojunction）是兩個不同半導體間所形成的接面。對於半導體元件的應用，其能隙間的差異提供額外的自由度因而產生許多有趣的現象。異質接面要能夠成功地應用於各種元件上，必須利用磊晶（epitaxy）技巧使半導體上成長另一層與其晶格匹配（lattice-matched）的半導體材料而無任何界面缺陷。到目前為止，異質接面已經廣泛的使用在各式元件的應用。異質接面磊晶其最基本物理為晶格常數匹配，這是物理上原子配置的需求條件。若是兩材料嚴重的晶格不匹配（lattice mismatch）結果在界面產生差排（dislocation），進而造成電性上界面缺陷的問題。一些常見的半導體晶格常數顯示於圖 32，它們的能隙也一併附於圖中。一個良好接合的異質接面元件，其兩個材料的晶格常數相近然而能隙 E_g 卻有所差異。例如圖中的 GaAs/AlGaAs（或 /AlAs）即為很好的例子。

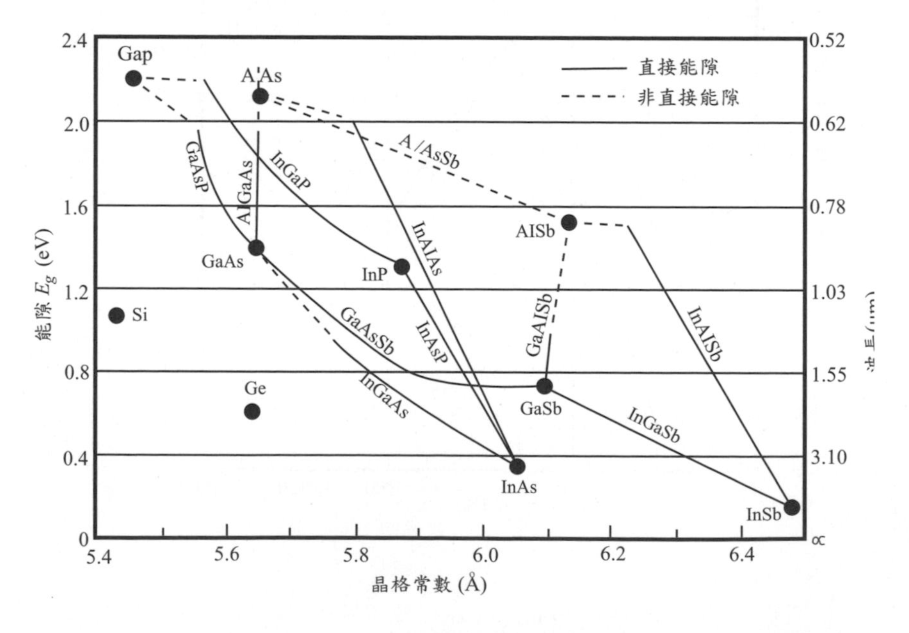

圖32　一些常見的元素及二元半導體其對應之能隙與晶格常數。

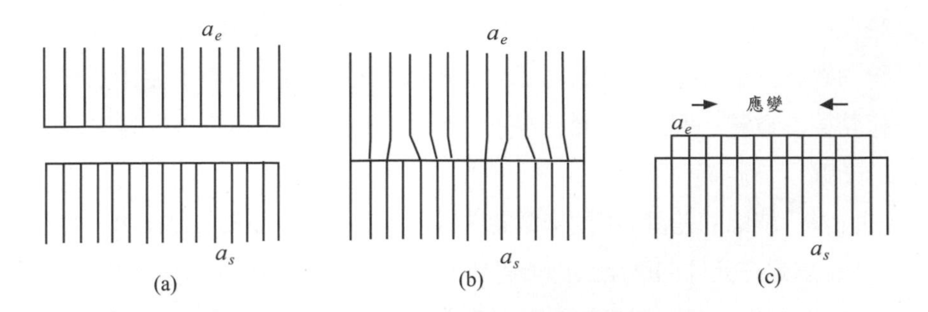

圖33　兩材料分別擁有輕微不匹配的晶格常數 α_s 和 α_e。(a) 分離的情形。(b)若是以異質磊晶法成長之厚且鬆弛的磊晶層，會在界面產生差排。(c)若成長薄且產生應變的磊晶層，則在界面處沒有差排發生。磊晶層的晶格常數 α_e 會發生應變而與變得基板 α_s 相同。

若是晶格常數不匹配性並不嚴重，高品質的異質磊晶(heteroepitaxy)能夠持續的成長，前提是磊晶層厚度必須足夠小，這是因為晶格常數不匹配和所能允許的最大磊晶層厚度有直接的關係。我們可利用圖 33 來幫助說明。對於一層厚而且鬆弛(relax)的異質磊晶層，由於界面終端的鍵結在物理上並不匹配，因此界面的差排是無法避免的。然而，若是異質磊晶層足夠薄，使得磊晶層產生物理應變(strain)，則晶格常數會變得與基板相同(圖 33c)。當此現象發生，則差排就能夠被消除。

為了估計應變層的臨界厚度(critical thickness)，讓我們從頭想像異質磊晶的過程。在一開始時，磊晶層的原子依照基板的晶格而排列。但當薄膜厚度逐漸變增加，其應變能量也跟著累積起來。最後薄膜累積太多的能量以致無法再維持應變，於是轉變為鬆弛的狀態，也就是圖 33c 到圖 33b 的過程。晶格的不匹配程度定義為

$$\Delta \equiv \frac{|a_e - a_s|}{a_e} \tag{140}$$

其中 a_e 和 a_s 分別為磊晶層與基板的晶格常數。由一個經驗式中可發現臨界厚度可表示為

$$t_c \approx \frac{a_e}{2\Delta} \approx \frac{a_e^2}{2|a_e - a_s|} \tag{141}$$

舉例來說，若 a_e 為 5 Å，而不匹配程度 2 %，則臨界厚度大約 10 nm。應變的異質磊晶成長技術在製作元件上擁有更大的自由度，容許使用的材料範圍更為寬廣。其對於新穎元件的製作以及改良元件操作特性帶來巨大的衝擊。

除了能隙的差異，不同半導體間電子親和力 (electron affinity) 也不一樣，這是在元件的應用上必須考慮的。當不同材料結合時，其界面的 E_C 和 E_V 會發生校準。依能帶校準的結果，異質接面可分成三類，如圖 34 所示：(1) 型態 I，跨坐的異質接面 (straddling Heterojunction) (2) 型態 II，錯開的異質接面 (staggered Heterojunction) 以及 (3) 型態 III，破碎能隙異質接面 (broken-gap Heterojunction)。對於型態 I (跨坐的) 之異質接面，其中一材料同時擁有相對較低 E_C 的與相對較高的 E_V，即較小的能隙值。而型態 II (錯開的) 之異質接面，較低的 E_C 與較高的 E_V 之位置於能帶上產生一平移，以至於能夠在較低 E_C 的一邊收集電子，而在較高 E_V 的一端收集電洞，將兩種載子侷限在不同的空間中。至於型態 III (破碎能隙) 之異質接面，可視為型態II的特例，其中一邊的 E_C 比另一端的 E_V 還低。即在界面處的導電帶與價電帶部分的重疊，因此命名為破碎能隙。

量子井與超晶格　異質接面其中一項重要的應用為利用 ΔE_C 和 ΔE_V 來形成載子的能障。量子井 (quantum well) 的形成是利用兩個異質接面或是三層的材料接合，而中間的材料具有最低的 E_C 作為電子的量子井，或者為最高 E_V 的電洞的量子井。因此量子井能夠將電子或電洞侷限於

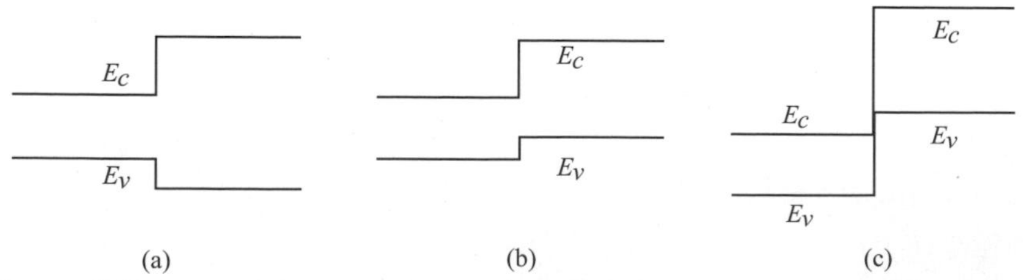

圖34　異質接面之分類：(a) 型態 I，跨坐的異質接面 (b) 型態 II，錯開的異質接面以及 (c) 型態 III，破碎能隙異質接面。

二維空間 (2-D) 系統中。當自由電子於半導體塊材內，往所有的方向移動 (3-D)，其高於導電帶邊緣的能量為連續的，利用能量與動量關係式[式(8)]可得到

$$E - E_C = \frac{\hbar^2}{2m_e^*}(k_x^2 + k_y^2 + k_z^2) \tag{142}$$

在量子井中，載子其中一個移動方向被限制住。假設被限制方向為 x 座標，使得 $k_x = 0$。我們會發現在量子井內 x 方向的能量態位將不再連續，而是變為量子化的次能帶。

對於一個量子井其最重要的參數為能井寬度 L_x 與能井高度 ϕ_b。圖35a 之能帶圖顯示位能障礙是由導電帶和價電帶的偏移 (ΔE_C 和 ΔE_V)所造成。利用薛丁格方程式解出能井內部的波函數為

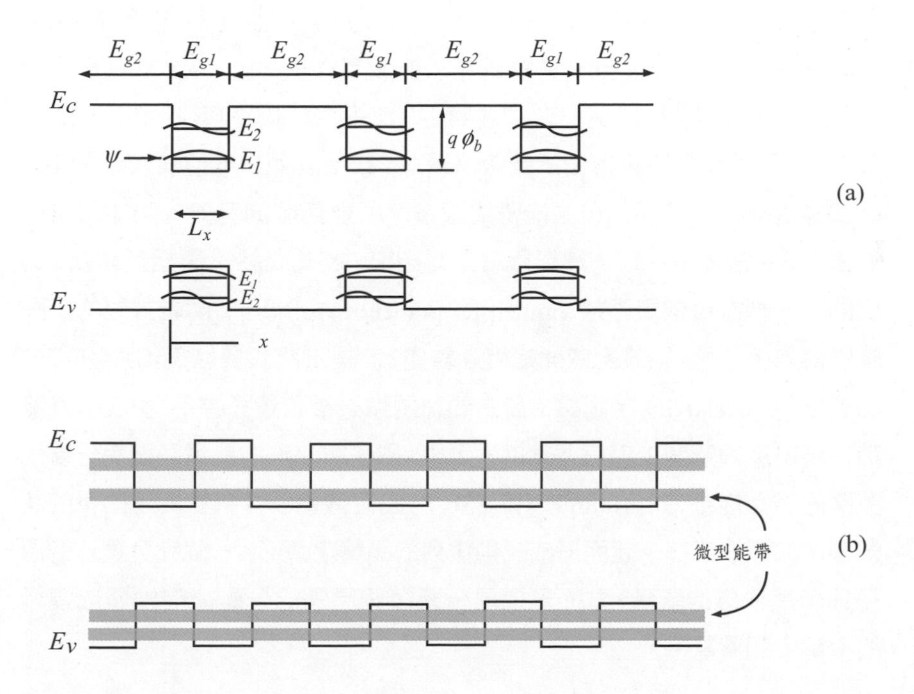

圖35 能帶結構：(a) 異質結構(所組成的)複數量子位能井，以及(b) 異質結構超晶格。

$$\psi(x)=\sin\left(\frac{i\pi x}{L_x}\right) \tag{143}$$

其中 i 為整數。值得注意的是在能井邊界，只有 ϕ_b 為無限大時 ψ 確實為零。在若 ϕ_b 為有限值，則載子在有限機率下會〝洩漏〞(經由穿遂作用)到位能井外。此現象對於超晶格 (superlattice) 的形成非常重要，我們將於之後討論。總和上述的結果可知，固定能井邊界的條件將導致量子化的次能帶產生，其能量為 (相對於能帶邊緣)

$$E_i=\frac{\hbar^2\pi^2 i^2}{2m^* L_x^2} \tag{144}$$

上式的解並未考慮有限的能障高度。若是 L_x 改變，量子井將可能失去其意義。要在能井內產生分離的能階其最低需求為量子化能量 $\hbar^2\pi^2/2m^*L_x^2$ 必須比 kT 大很多，而 L_x 則要小於平均自由徑與德布洛依波長 (de Broglie wavelength)[注意德布洛依波長 $\lambda = h/(2m^*E)^{1/2}$，其形式與式 (144) 的 L_x 相似]。另一個需注意的地方則是連續的導電帶被分離成次能帶，因此載子不再存留於能帶邊緣 E_C 或 E_V，而只能位於次能帶中。此效應使得在量子井內發生能帶間躍遷時所要克服的有效能隙比塊材中的還要大。當量子井被一厚能障層分離出來，彼此間將不再相互影響，這樣的系統稱為複數量子井 (multiple quantum wells)。然而能井間的能障層變得愈來愈薄，則波函數開始相互重疊，於是形成異質結構 (所組成的) 超晶格 (superlattice)。超晶格最主要有兩點與複數量子井不同：(1) 其能階在橫越能障空間後仍為連續的，及 (2) 載子所允許的能量範圍為分離而寬闊的微型能帶 (miniband) (圖 35b)。由複數量子井轉變成超晶格的狀況類似於原子聚在一起而形成規則排列的晶格之情形。一個完全獨立的原子擁有其分離的能階，然而形成晶格時每個原子的分離能階匯聚成連續的導電帶和價電帶。

另一種製作量子井和超晶格的方式是隨空間位置改變摻雜濃度[84]。其位能障礙是由於空間電荷電場產生而造成 (圖36a)，能障形狀也由矩形變為

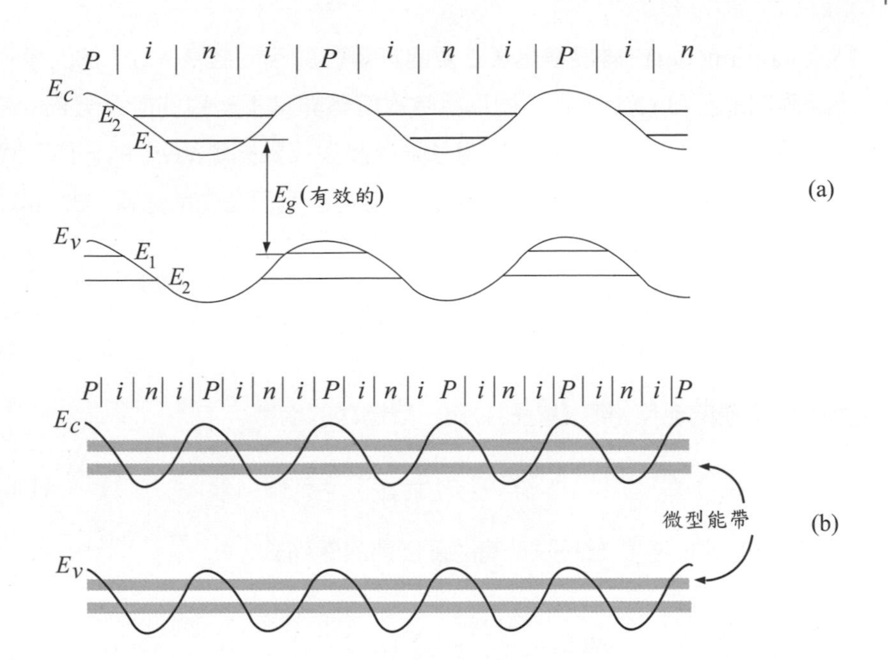

圖36 (a) 摻雜的 (n-i-p-i) 複數量子井，以及 (b) 摻雜的超晶格之能帶圖。

拋物線的形狀。這種摻雜的（或 n-i-p-i）複數量子井結構有兩種有趣的特性。首先，導電帶最小值與價電帶最大值同時發生變動，因此電子和電洞會分別在不同的位置聚積。此結果導致電子–電洞複合速率降到最小，即非常長的載子生命期，高於一般材料很多個數量級。此情形與型態 II 之異質接面相似。第二，其有效能隙為電子和電洞第一量子化能階之間的差值，並且可由基本材料來降低能隙。這種可調變的有效能隙能夠加強光在更長的波長的放射與吸收。這是一種非常獨特的結構，其擁有“真實空間”的非直接能隙，相對於 k 空間。當摻雜的量子井之間愈來愈靠近，將再次形成摻雜 (n-i-p-i) 的超晶格結構 (圖 36b)。

量子線與量子點　當半導體的物理尺度縮減到德布洛依波長的級數等級時，其半導體維度將與電性有密切的關聯。若將載子的限制進一步延伸到一維與零維的維度中，即為大家所熟知的量子線 (quantum wire) 和量子

點 (quantum dot)。維度變化最主要的影響在於態位密度 $N(E)$ 的改變。依照限制的程度，$N(E)$ 在不同形狀時會擁有非常不一樣的能量分佈。定性上，對於塊材半導體、量子井、量子線以及量子點，其 $N(E)$ 的分佈形狀表示於圖37。在一個三維 (3-D) 系統，其態位密度已在先前提過［式 (14)］，這裏我們再寫一次

$$N(E)=\frac{m^*\sqrt{2m^*E}}{\pi^2\hbar^3} \tag{145}$$

而 2-D 系統的態位密度 (量子井)為一階梯狀的函數

$$N(E)=\frac{m^*i}{\pi\hbar^2 L_x} \tag{146}$$

1-D 系統的態位密度 (量子線)有能量倒數的關係式

$$N(E)=\frac{\sqrt{2m^*}}{\pi\hbar L_x L_y}\sum_{i,j}(E-E_{i,j})^{-1/2} \tag{147}$$

其中

$$E_{i,j}=\frac{\hbar^2\pi^2}{2m^*}\left(\frac{i^2}{L_x^2}+\frac{j^2}{L_y^2}\right) \tag{148}$$

0-D 系統的態位密度 (量子點)為一不連續函數且與能量大小無關

$$N(E)=\frac{2}{L_x L_y L_z}\sum_{i,j,k}\delta(E-E_{i,j,k}) \tag{149}$$

其中

$$E_{i,j,k}=\frac{\hbar^2\pi^2}{2m^*}\left(\frac{i^2}{L_x^2}+\frac{j^2}{L_y^2}+\frac{k^2}{L_z^2}\right) \tag{150}$$

由於載子濃度以及在能量上的分佈可由態位密度乘上費米-狄拉克分佈得到，當物體尺度縮小到接近德布洛依波長 (≈ 20 nm)，態位密度函數對於元件操作極其重要。

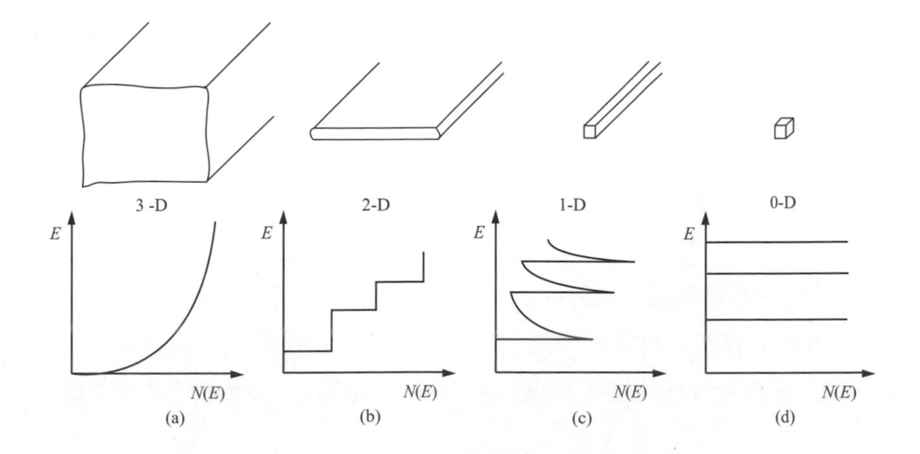

圖37 能帶密度 $N(E)$ 於 (a) 塊材半導體 (3-D)，(b) 量子井 (2-D)，(c)量子線 (1-D)，以及(d) 量子點 (0-D)。

1.8 基本方程式與範例

1.8.1 基本方程式

基本方程式是用來描述在半導體元件操作時，其內部載子靜態的 (static) 與動態的 (dynamic) 行為。當一半導體受到外部的干擾，像是外加電場或光學激發，都會造成熱平衡條件的偏移[36]。基本方程式大約可區分為三類：靜電方程式 (electrostatic equation)、電流密度方程式 (current-density equation) 以及連續方程式 (continuity equation)。

靜電方程式 有兩個重要的方程式與電荷轉換到電場相關[$= \mathscr{D}/\varepsilon_s$，其中$\mathscr{D}$為電位移 (electric displacement)。]。第一個為馬克斯威爾方程式 (Maxwell equation) 的其中一個方程式

$$\nabla \cdot \mathscr{D} = \rho(x, y, z) \tag{151}$$

上式同時也是大家所熟知的高斯定律（Gauss' law）或波松方程式（Poisson equation）。對於一維空間的問題，我們可將上式化簡為更有用的形式

$$\frac{d^2\psi_i}{dx^2} = -\frac{d\mathscr{E}}{dx} = -\frac{\rho}{\varepsilon_s} = \frac{q(n-p+N_A-N_D)}{\varepsilon_s} \tag{152}$$

（$\psi_i \equiv -E_i/q$）。通常用來解決的問題，舉例來說，決定由空乏層內的電荷密度 ρ 所造成之位能以及電場分佈。第二個方程式主要是處理沿著界面之電荷密度，用來取代塊材電荷。在越過界面的片電荷 Q 其邊界條件可寫為

$$\mathscr{E}_1(0^-)\varepsilon_1 = \mathscr{E}_2(0^+)\varepsilon_2 - Q \tag{153}$$

電流密度方程式　一般來說電流的傳導主要由兩部分所組成：由電場驅動的漂移項，以及載子濃度梯度造成的擴散項。電流密度方程式如下所示：

$$\boldsymbol{J}_n = q\mu_n n\mathscr{E} + qD_n\nabla n \tag{154a}$$

$$\boldsymbol{J}_p = q\mu_p p\mathscr{E} + qD_p\nabla p \tag{154b}$$

$$\boldsymbol{J}_{\text{cond}} = \boldsymbol{J}_n + \boldsymbol{J}_p \tag{155}$$

其中 $\boldsymbol{J}_n$ 和 $\boldsymbol{J}_p$ 分別為電子與電洞電流密度。電子和電洞的移動率（μ_n 和 μ_p）已在 1.5.1 節描述。對於非簡併半導體，載子的擴散常數（D_n 和 D_p）和移動率之間可由愛因斯坦關係式[$D_n = (kT/q)\mu_n$，等]取得關聯。對於一維空間情形，式 (154a) 和 (154b) 化簡為

$$J_n = q\mu_n n\mathscr{E} + qD_n\frac{dn}{dx} = q\mu_n\left(n\mathscr{E} + \frac{kT}{q}\frac{dn}{dx}\right) = \mu_n n\frac{dE_{Fn}}{dx} \tag{156a}$$

$$J_p = q\mu_p p\mathscr{E} - qD_p\frac{dp}{dx} = q\mu_p\left(p\mathscr{E} - \frac{kT}{q}\frac{dp}{dx}\right) = \mu_p p\frac{dE_{Fp}}{dx} \tag{156b}$$

其中 E_{Fn} 和 E_{Fp} 為電子與電洞的準費米能階 (quasi Fermi level)。這些方程式在低電場時是有效的。若是在一足夠高的電場下，$\mu_n\mathscr{E}$ 和 $\mu_p\mathscr{E}$ 項應該要用飽和速度 υ_s 取代（E_{Fn} 和 E_{Fp} 不再固定）。這些方程式並不包含外加磁場效應，磁電阻效應會降低電流大小。

連續方程式 當電流密度方程式處於穩定狀態下，連續方程式可以處理與時間有關的現象，例如低階注入，產生以及復合。定性上，淨載子濃度為產生與復合之間的差值，再加上流進或流出此區域的淨電流。連續方程式為：

$$\frac{\partial n}{\partial t} = G_n - U_n + \frac{1}{q}\nabla \cdot \boldsymbol{J}_n \tag{157a}$$

$$\frac{\partial p}{\partial t} = G_p - U_p - \frac{1}{q}\nabla \cdot \boldsymbol{J}_p \tag{157b}$$

其中 G_n 和 G_p 分別為電子和電洞之產生速率 ($\text{cm}^{-3}\text{-s}^{-1}$)。其產生的原因是由於外部的影響，如光子激發或是大電場下的衝擊離子化。而復合速率，$U_n = \Delta n/\tau_n$ 和 $U_p = \Delta p/\tau_p$，已於 1.5.4 節中討論過。在一維空間中，低階注入的條件下，式 (157a) 和 (157b) 可化簡為

$$\frac{\partial n_p}{\partial t} = G_n - \frac{n_p - n_{po}}{\tau_n} + n_p \mu_n \frac{\partial \mathscr{E}}{\partial x} + \mu_n \mathscr{E} \frac{\partial n_p}{\partial x} + D_n \frac{\partial^2 n_p}{\partial x^2} \tag{158a}$$

$$\frac{\partial p_n}{\partial t} = G_p - \frac{p_n - p_{no}}{\tau_p} - p_n \mu_p \frac{\partial \mathscr{E}}{\partial x} + \mu_p \mathscr{E} \frac{\partial p_n}{\partial x} + D_p \frac{\partial^2 p_n}{\partial x^2} \tag{158b}$$

1.8.2 範例

在本節中，我們將示範利用連續方程式來研究與時間相依或是空間相依的超量載子。超量載子能夠由光學激發或是鄰近接面注入的方式產生。在下列的範例中我們考慮光學激發以簡化情況

超量載子隨時間衰減 考慮一 n 型樣本，如圖 38a 所示，受到光的照射，電子–電洞對均勻地產生於樣本各處，而產生速率為 G_p。此範例中假設樣本的厚度小於吸收係數的倒數 $1/\alpha$，而且載子不隨空間而變化。其邊界條件為 $\mathscr{E} = \partial\mathscr{E}/\partial x = 0$ 以及 $\partial p_n/\partial x = 0$。我們可由式 (158b)：

$$\frac{dp_n}{dt} = G_p - \frac{p_n - p_{no}}{\tau_p} \tag{159}$$

在穩定態時，$\partial p_n/\partial t = 0$，則

$$p_n - p_{no} = \tau_p G_p = \text{定值} \tag{160}$$

若在任一時刻 $t = 0$ 時，突然關掉光源，微分方程式變為

$$\frac{dp_n}{dt} = -\frac{p_n - p_{no}}{\tau_p} \tag{161}$$

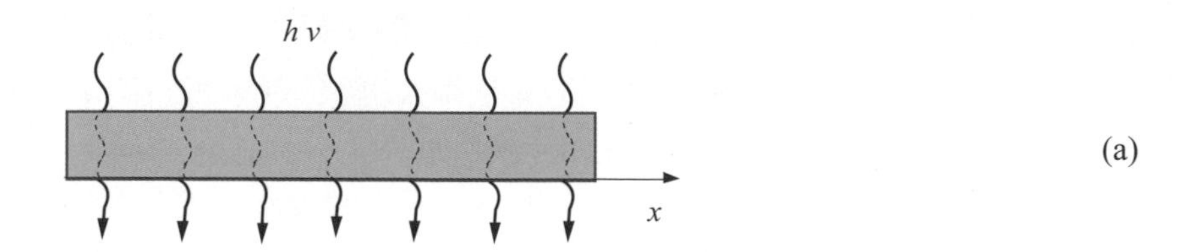

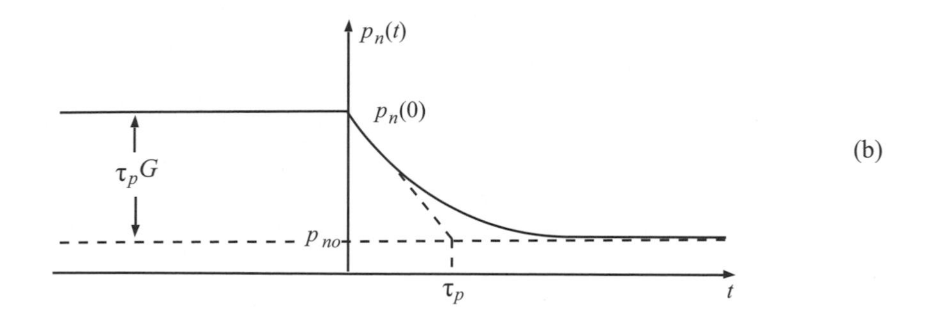

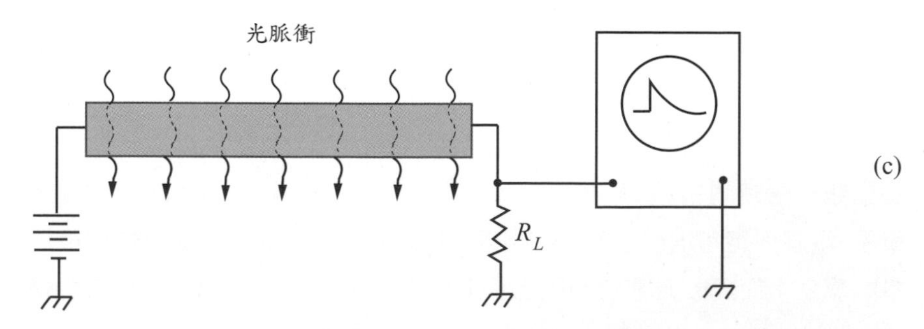

圖38 光激發載子的衰減。(a) n 型樣本受到一固定照射。(b) 少數載子(電洞)隨時間而衰減。(c) 量測少數載子生命期之實驗裝置圖。(參考文獻 71)

由式 (160) 的邊界條件 $p_n\ (t = 0) = p_{no} + \tau_p G_p$，以及 $p_n\ (\infty) = p_{no}$，可解出少數載子隨時間的變化

$$p_n(t) = p_{no} + \tau_p G_p \exp\left(-\frac{t}{\tau_p}\right) \tag{162}$$

圖 38b 表示 p_n 隨時間的變化。

上面的例子即為史蒂文生–凱耶斯法 (Stevenson-Keyes method) 量測少數載子生命期主要的概念[71]。圖 38c 說明其實驗裝置。在光脈衝照射下使得超量載子均勻產生於樣本各處，進而造成導電率與電流短暫的增加。當光脈衝移除後，光電導率持續下降一段時間，利用示波器監視電阻負載 R_L 的壓降可以觀察到此現象，並量測生命期。

超量載子隨距離衰減 圖 39a 表示另一個簡單的範例當過量載子由一端注入 (亦可視為高能光子只在表面製造電子–電洞對)。參考圖 30，注意若光子能量 $h\nu = 3.5$ eV，則吸收係數約為 10^6 cm^{-1}，換句話說，半導體內部在距離 10 nm 的光強度以指數因子 e 的方式衰減。

在穩定狀態時在靠近表面的位置存在一濃度梯度。假設 n 型樣本未施加偏壓下，由式 (185b)，可寫下微分方程

$$\frac{\partial p_n}{\partial t} = 0 = -\frac{p_n - p_{no}}{\tau_p} + D_p \frac{\partial^2 p_n}{\partial x^2} \tag{163}$$

其邊界條件為 $p_n\ (x = 0)$ =常數，由注入的數量來決定，此外 $p_n(\infty) = p_{no}$。$p_n(x)$ 解為

$$p_n(x) = p_{no} + [p_n(0) - p_{no}] \exp\left(-\frac{x}{L_p}\right) \tag{164}$$

其中擴散長度 (diffusion length) 為 $L_p = (D_p\tau_p)^{1/2}$ (圖 39a)。L_p 與 L_n 的最大值在矽中約 1 cm 的左右的級數，而在砷化鎵只有 10^{-2} cm。

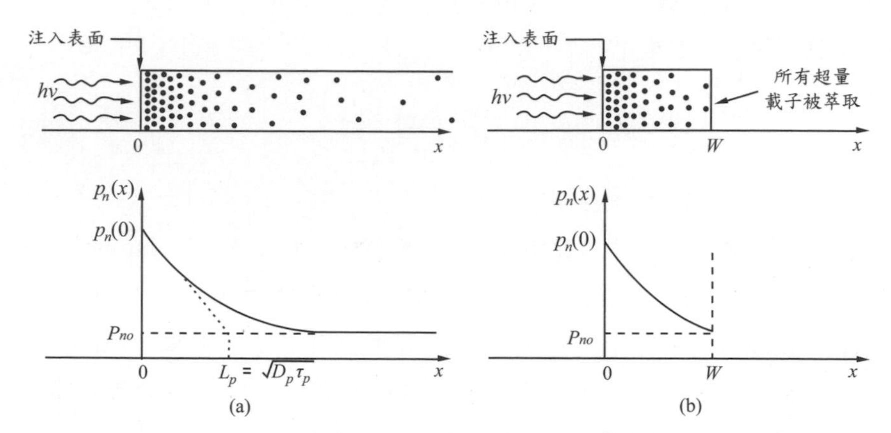

圖39　從一端注入載子時的穩定狀態。(a) 半無限長的樣本。(b) 長度W爲的樣本。

在此需要特別注意的情況是若第二個邊界條件改變為所有的超量載子於背面（$x = W$）被萃取出或 $p_n(W) = p_{no}$，則由式(163)可獲得新的解為

$$p_n(x) = p_{no} + [p_n(0) - p_{no}]\left\{\frac{\sinh[(W - x)/L_p]}{\sinh(W/L_p)}\right\} \tag{165}$$

結果表示於圖 39b。在 $x = W$ 時其電流密度可利用式 (156b)：

$$J_p = -qD_p \left.\frac{dp}{dx}\right|_W = \frac{qD_p[p_n(0) - p_{no}]}{L_p \sinh(W/L_p)} \tag{166}$$

後面我們將會說明式 (166) 與雙載子電晶體電流增益的關係 (參考第五章)。

超量載子隨距離以及時間衰減　當光脈衝只有局佈照射到半導體而產生超量載子時（圖 40a），未施加偏壓下其傳輸方程式可由式（158b）獲得。令式中的 $G_p = \mathscr{E} = \partial\mathscr{E}/\partial x = 0$：

$$\frac{\partial p_n}{\partial t} = -\frac{p_n - p_{no}}{\tau_p} + D_p \frac{\partial^2 p_n}{\partial x^2} \tag{167}$$

其解可寫為

$$p_n(x,t) = \frac{N'}{\sqrt{4\pi D_p t}} \exp\left(-\frac{x^2}{4D_p t} - \frac{t}{\tau_p}\right) + p_{no} \tag{168}$$

其中 N' 為單位面積內，電子或電洞最初產生的數目。圖 40b 表示載子由注入的地方向兩邊擴散開來。而擴散期間亦伴隨著復合進行（曲線以下的面積隨時間進行而遞減）。

若對樣本施加電場，其解的形式與上述相同，只是需將 x 以 $(x - \mu_p \mathscr{E} t)$ 取代（圖 40c）；整個“超量載子包”以漂移速度 $\mu_p \mathscr{E}$ 向樣本的負值末端移動。而在移動的同時亦向外擴散，與無施加電場的情況一樣。

上述的範例即為著名的海恩-蕭克萊實驗（Haynes-Shockley experiment），用於量測半導體內部的載子漂移移動率[85]。只要知道樣本長度、外加電場強度、信號間的延遲時間（施加偏壓與關掉光源的時間差）以及樣本末端偵測到信號的時間（都會顯示於示波器上），就能計算漂移移動率 $\mu = x/\mathscr{E}t$。

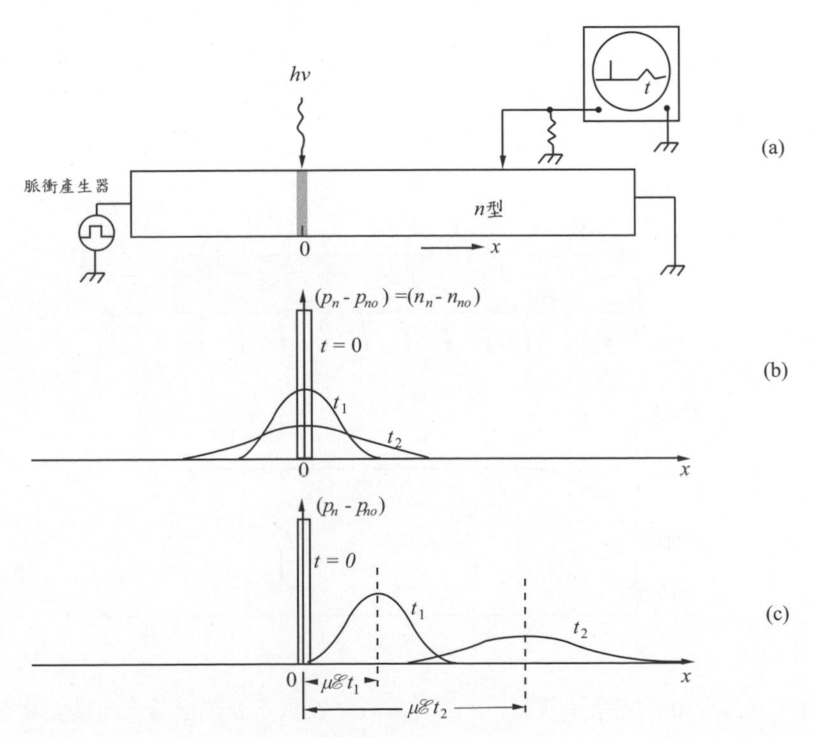

圖40　局部的光脈衝照射後其暫態載子擴散。(a) 實驗裝置圖解。(b) 未施加電場的情況。(c) 施加電場。

表面復合 當半導體樣本的一邊發生表面復合時（圖 41），在 $x = 0$ 的邊界條件可用下列表示

$$qD_p \frac{dp_n}{dx}\bigg|_{x=0} = qS_p[p_n(0) - p_{no}] \tag{169}$$

上式是在描述少數載子抵達半導體表面且發生復合。常數 S_p 的單位為 cm/s，定義為電洞表面復合速度（recombination velocity）。在 $x = \infty$ 的邊界條件參考式（160）。穩定態下，無外加偏壓的微分方程

$$0 = G_p - \frac{p_n - p_{no}}{\tau_p} + D_p \frac{d^2 p_n}{dx^2} \tag{170}$$

將上述邊界條件代入可獲得方程式的解為

$$p_n(x) = p_{no} + \tau_p G_p \left[1 - \frac{\tau_p S_p \exp(-x/L_p)}{L_p + \tau_p S_p}\right] \tag{171}$$

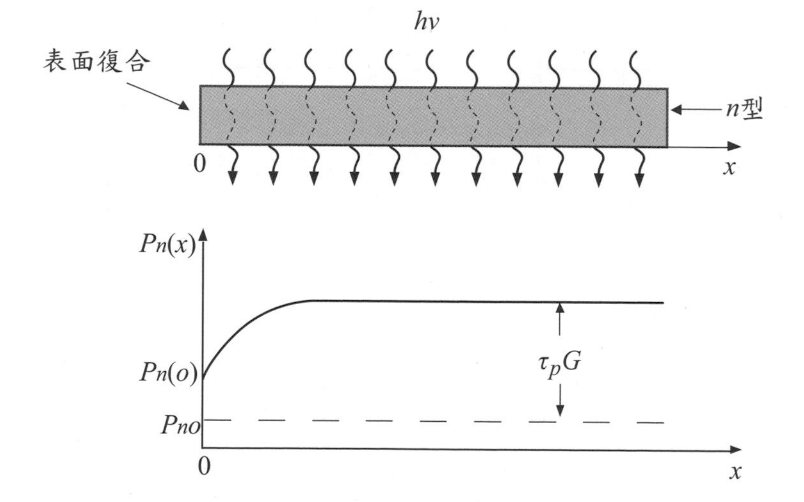

圖41 在 $x = 0$ 處的表面復合。靠近表面的少數載子分佈受其表面復合速度所影響。

對於一有限的 S_p 值其分佈繪於圖 41。當 $S_p \to 0$，則 $p_n(x) \to p_{no} + \tau_p G_p$，可得到先前的式（160）。而若是 $S_p \to \infty$，電洞濃度則變成 $p_n(x) \to p_{no} + \tau_p G_p \quad [1-\exp(-x/L_p)]$，於是表面的少數載子密度接近熱平衡值$p_{no}$。類似於低階注入塊材的復合過程，少數載子生命期之倒數（$1/\tau$）等於 $\sigma_p \upsilon_{th} N_t$［式(95a)］，因此表面復合速度可寫為

$$S_p = \sigma_p \upsilon_{th} N'_{st} \tag{172}$$

其中 N'_{st} 為邊界區域內每單位面積的表面缺陷中心數目。

參考文獻

1. W. C. Dunlap, *An Introduction to Semiconductors*, Wiley, New York, 1957.

2. O. Madelung, *Physics of III-V Compounds*, Wiley, New York, 1964.

3. J. L. Moll, *Physics of Semiconductors*, McGraw-Hill, New York, 1964.

4. T. S. Moss, Ed., *Handbook on Semiconductors*, Vols. 1-4, North-Holland, Amsterdam, 1980.

5. R. A. Smith, Semiconductors, 2nd Ed., Cambridge University Press, London, 1979.

6. K. W. Boer, *Survey of Semiconductor Physics*, Van Nostrand Reinhold, New York, 1990.

7. K. Seeger, *Semiconductor Physics,* 7th Ed., Springer-Verlag, Berlin, 1999.

8. S. Wang, *Fundamentals of Semiconductor Theory and Device Physics*, Prentice-Hall, Englewood Cliffs, New Jersey, 1989.

9. R. K. Willardson and A. C. Beer, Eds., *Semiconductors and Semimetals,* Vol. 2, Physics of III-V Compounds, Academic, New York, 1966.

10. W. B. Pearson, *Handbook of Lattice Spacings and Structure of Metals and Alloys*, Pergamon, New York, 1967.

11. H. C. Casey, Jr. and M. B. Panish, *Heterostructure Lasers,* Academic, New York, 1978.

12. See, for example, C. Kittel, *Introduction to Solid State Physics*, 7th Ed., Wiley, New York, 1996.

13. L. Brillouin, *Wave Propagation in Periodic Structures*, 2nd Ed., Dover, New York, 1963.

14. J. M. Ziman, *Principles of the Theory of Solids*, Cambridge University Press, London, 1964.

15. M. L. Cohen, "Pseudopotential Calculations for *II-VI Compounds*," in D. G. Thomas, Ed., II-VI Semiconducting Compounds, W. A. Benjamin, New York, 1967, p. 462.

16. C. Kittel, *Quantum Theory of Solids*, Wiley, New York, 1963.

17. L. C. Allen, "Interpolation Scheme for Energy Bands in Solids," *Phys. Rev.*, **98**, 993 (1955).

18. F. Herman, "The Electronic Energy Band Structure of Silicon and Germanium," *Proc. IRE*, **43**, 1703 (1955).

19. J. C. Phillips, "Energy-Band Interpolation Scheme Based on a Pseudopotential," *Phys. Rev.*, **112**, 685 (1958).

20. M. L. Cohen and J. R. Chelikowsky, *Electronic Structure and Optical Properties of Semiconductors*, 2nd Ed., Springer-Verlag, Berlin, 1988.

21. J. M. Ziman, *Electrons and Phonons*, Clarendon, Oxford, 1960.

22. C. D. Thurmond, "The Standard Thermodynamic Function of the Formation of Electrons and Holes in Ge, Si, GaAs and GaP," J. *Electrochem. Soc.*, **122**, 1133 (1975).

23. V. Alex, S. Finkbeiner, and J. Weber, "Temperature Dependence of the Indirect Energy Gap in Crystalline Silicon," J. *Appl. Phys.*, **79**, 6943 (1996).

*24.*W. Paul and D. M. Warschauer, Eds., *Solids under Pressure*, McGraw-Hill, New York, 1963.

*25.*R. S. Ohl, "Light-Sensitive Electric Device," U.S. Patent 2,402,662. Filed May 27. 1941. Granted June 25, 1946.

*26.*M. Riordan and L. Hoddeson, "The Origins of the *pn* Junction" *IEEE Spectrum*, **34**-6, 46 (1997).

*27.*J. S. Blackmore, "Carrier Concentrations and Fermi Levels in Semiconductors,", *Electron. Commun.*, **29**, 131 (1952).

*28.*W. B. Joyce and R. W. Dixon, "Analytic Approximations for the Fermi Energy of an Ideal Fermi Gas,"*Appl. Phys. Lett.*, **31**, 354 (1977).

*29.*O. Madelung, Ed., *Semiconductors-Basic Data*, 2nd Ed., Springer-Verlag, Berlin, 1996.

*30.*R. N. Hall and J. H. Racette, "Diffusion and Solubility of Copper in Extrinsic and Intrinsic Germanium, Silicon, and Gallium Arsenide," *J. Appl. Phys.*, **35**, 379 (1964).

*31.*A. G. Milnes, *Deep Impurities in Semiconductors*, Wiley, New York, 1973.

*32.*J. Hermanson and J. C. Phillips, "Pseudopotential Theory of Exciton and Impurity States," *Phys. Rev.*, 150, 652 (1966).

*33.*J. Callaway and A. J. Hughes, "Localized Defects in Semiconductors," *Phys. Rev.*, **156**, 860 (1967).

*34.*E. M. Conwell, "Properties of Silicon and Germanium, Part II," *Proc. IRE*, **46**, 1281 (1958).

*35.*S. M. Sze and J. C. Irvin, "Resistivity, Mobility, and Impurity Levels in GaAs, Ge, and Si at 300 K," *Solid-State Electron.,* **11**, 599 (1968).

*36.*W. Shockley, *Electrons and Holes in Semiconductors*, D. Van Nostrand, Princeton, New Jersey, 1950.

*37.*A. S. Grove, *Physics and Technology of Semiconductor Devices*, Wiley, New York, 1967.

*38.*J. Bardeen and W. Shockley, "Deformation Potentials and Mobilities in Nonpolar Crystals,"*Phys. Rev.*, **80**, 72 (1950).

*39.*E. Conwell and V. F. Weisskopf, "Theory of Impurity Scattering in Semiconductors," *Phys. Rev.*, 77, 388 (1950).

*40.*C. Bulucea, "Recalculation of Irvin Resistivity Curves for Diffused Layers in Silicon Using Updated Bulk Resistivity Data," *Solid-State Electron.*, **36**, 489 (1993).

*41.*C. Jacoboni, C. Canali, G. Ottaviani, and A. A. Quaranta, "Review of Some Charge Transport Properties of Silicon," *Solid-State Electron.*, **20**, 77 (1977).

*42.*W. E. Beadle, J. C. C. Tsai, and R. D. Plummer, Eds., *Quick Reference Manual for Silicon Integrated Circuit Technology,* Wiley, New York, 1985.

*43.*F. M. Smits, "Measurement of Sheet Resistivities with the Four-Point Probe," *Bell Syst. Tech. J.*, **37**, 711 (1958).

*44.*E. H. Hall, "On a New Action of the Magnet on Electric Currents," *Am. J. Math.*, **2**, 287 (1879).

45. L. J. Van der Pauw, "A Method of Measuring Specific Resistivity and Hall Effect of Disc or Arbitrary Shape," *Philips Res. Rep.*, **13**, 1 (Feb. 1958).

46. D. M. Caughey and R. E. Thomas, "Carrier Mobilities in Silicon Empirically Related to Doping and Field," *Proc. IEEE*, **55**, 2192 (1967).

47. D. E. Aspnes, "GaAs Lower Conduction-Band Minima: Ordering and Properties," *Phys. Rev.*, **B14**, 5331 (1976).

48. P. Smith, M. Inoue, and J. Frey, "Electron Velocity in Si and GaAs at Very High Electric Fields," *Appl. Phys. Lett.*, **37**, 797 (1980).

49. J. G. Ruch and G. S. Kino, "Measurement of the Velocity-Field Characteristics of Gallium Arsenide," *Appl. Phys. Lett.*, **10**, 40 (1967).

50. K. Brennan and K. Hess, "Theory of High-Field Transport of Holes in GaAs and InP," *Phys. Rev. B*, **29**, 5581 (1984).

51. B. Kramer and A. Mircea, "Determination of Saturated Electron Velocity in GaAs," *Appl. Phys. Lett.*, **26**, 623 (1975).

52. K. K. Thornber, "Relation of Drift Velocity to Low-Field Mobility and High Field Saturation Velocity," *J. Appl. Phys.*, **51**, 2127 (1980).

53. J. G. Ruch, "Electron Dynamics in Short Channel Field-Effect Transistors," *IEEE Trans. Electron Devices*, **ED-19**, 652 (1972).

54. K. K. Thornber, "Applications of Scaling to Problems in High-Field Electronic Transport," *J. Appl. Phys.*, **52**, 279 (1981).

55. R. A. Logan and S. M. Sze, "Avalanche Multiplication in Ge and GaAs p-n Junctions," Proc. Int. Conf. Phys. Semicond., Kyoto, and *J. Phys. Soc. Jpn. Suppl.*, **21**, 434 (1966).

56. W. N. Grant, "Electron and Hole Ionization Rates in Epitaxial Silicon at High Electric Fields," *Solid-State Electron.*, **16**, 1189 (1973).

57. G. H. Glover, "Charge Multiplication in Au-SiC (6H) Schottky Junction," *J. Appl. Phys.*, **46**, 4842 (1975).

58. T. P. Pearsall, F. Capasso, R. E. Nahory, M. A. Pollack, and J. R. Chelikowsky, "The Band Structure Dependence of Impact Ionization by Hot Carriers in Semiconductors GaAs," *Solid-State Electron.*, **21**, 297 (1978).

59. I. Umebu, A. N. M. M. Choudhury, and P. N. Robson, "Ionization Coefficients Measured in Abrupt InP Junction," *Appl. Phys. Lett.*, **36**, 302 (1980).

60. R. A. Logan and H. G. White, "Charge Multiplication in GaP p-n Junctions," *J. Appl. Phys.*, **36**, 3945 (1965).

61. T. P. Pearsall, "Impact Ionization Rates for Electrons and Holes in Ga0.47In0.53As,"*Appl. Phys. Lett.*, **36**, 218 (1980).

62. T. P. Pearsall, R. E. Nahory, and M. A. Pollack, "Impact Ionization Rates for Electrons and Holes in GaAs1-xSbx Alloys," *Appl. Phys. Lett.*, **28**, 403 (1976).

63. L. W. Cook, G. E. Bulman, and G. E. Stillman, "Electron and Hole Impact Ionization Coefficients in InP Determined by Photomultiplication Measurements," *Appl. Phys. Lett.*, **40**, 589 (1982).

64. I. H. Oguzman, E. Bellotti, K. F. Brennan, J. Kolnik, R. Wang, and P. P. Ruden, "Theory of Hole Initiated Impact Ionization in Bulk Zincblende and Wurtzite GaN," *J. Appl. Phys.*, **81**, 7827 (1997).

65. M. R. Brozel and G. E. Stillman, Eds., *Properties of Gallium Arsenide*, 3rd Ed., INSPEC, London, 1996.

66. C. R. Crowell and S. M. Sze, "Temperature Dependence of Avalanche Multiplication in Semiconductors," *Appl. Phys. Lett.*, **9**, 242 (1966).

67. C. T. Sah, R. N. Noyce, and W. Shockley, "Carrier Generation and Recombination in *p-n* Junction and *p-n* Junction Characteristics," *Proc. IRE,* **45**, 1228 (1957).

68. R. N. Hall, "Electron-Hole Recombination in Germanium," *Phys. Rev.*, **87**, 387 (1952).

69. W. Shockley and W. T. Read, "Statistics of the Recombination of Holes and Electrons," *Phys. Rev.*, **87**, 835 (1952).

70. W. M. Bullis, "Properties of Gold in Silicon," *Solid-State Electron.*, **9**, 143 (1966).

71. D. T. Stevenson and R. J. Keyes, "Measurement of Carrier Lifetime in Germanium and Silicon," *J. Appl. Phys.*, **26**, 190 (1955).

72. W. W. Gartner, "Spectral Distribution of the Photomagnetic Electric Effect," *Phys. Rev.*, **105**, 823 (1957).

73. S. Wei and M. Y. Chou, "Phonon Dispersions of Silicon and Germanium from First-Principles Calculations," *Phys. Rev.* B, **50**, 2221 (1994).

74. C. Patel, T. J. Parker, H. Jamshidi, and W. F. Sherman, "Phonon Frequencies in GaAs," *Phys. Stat. Sol.* (b), **122**, 461 (1984).

75. W. C. Dash and R. Newman, "Intrinsic Optical Absorption in Single-Crystal Germanium and Silicon at 77°K and 300°K," *Phys. Rev.*, **99**, 1151 (1955).

76. H. R. Philipp and E. A. Taft, "Optical Constants of Silicon in the Region 1 to 10 eV," *Phys. Rev. Lett.*, **8**, 13 (1962).

77. D. E. Hill, "Infrared Transmission and Fluorescence of Doped Gallium Arsenide," *Phys. Rev.*, **133**, A866 (1964).

78. H. C. Casey, Jr., D. D. Sell, and K. W. Wecht, "Concentration Dependence of the Absorption Coefficient for n- and p-type GaAs between 1.3 and 1.6 eV," *J. Appl. Phys.*, **46**, 250 (1975).

79. C. Y. Ho, R. W. Powell, and P. E. Liley, *Thermal Conductivity of the Elements Comprehensive Review*, Am. Chem. Soc. and Am. Inst. Phys., New York, 1975.

80. M. G. Holland, "Phonon Scattering in Semiconductors from Thermal Conductivity Studies," *Phys. Rev.*, **134**, A471 (1964).

81. B. H. Armstrong, "Thermal Conductivity in SiO2,"in S. T. Pantelides, Ed., *The Physics of SiO2 and Its Interfaces*, Pergamon, New York, 1978.

82. G. A. Slack, "Thermal Conductivity of Pure and Impure Silicon, Silicon Carbide, and Diamond," *J. Appl. Phys.*, **35**, 3460 (1964).

83. E. K. Sichel and J. I. Pankove, "Thermal Conductivity of GaN, 25-360 K," *J. Phys. Chem. Solids,* **38**, 330 (1977).

84.G. H. Dohler, "Doping Superlattices-Historical Overview" in P. Bhattacharya, Ed., *III-V Quantum Wells and Superlattices*, INSPEC, London, 1996.

85.J. R. Haynes and W. Shockley, "The Mobility and Life of Injected Holes and Electrons in Germanium," *Phys. Rev.*, **81**, 835 (1951).

習題

1. (a)若在鑽石晶格點上填入相同的硬球，求出其傳統單位晶胞內所能填入的最大體積百分率。

   (b)求在溫度 300 K 時，在矽 (111) 晶面中每平方公分的原子數目(cm^{-2})。

2. 請計算四面體鍵結的鍵角，即四個鍵結間任一對之間的夾角。(提示：將此四個鍵結視為等長的向量，則此四個向量總和必須為多少?找出此向量方程式中沿著其中一個向量方向的部份)。

3. 對於面心立方體，其傳統單位晶胞的體積為 a^3。請利用基底向量：$(0,0,0 \rightarrow \frac{a}{2},0,\frac{a}{2})$、$(0,0,0 \rightarrow \frac{a}{2},\frac{a}{2},0)$ 以及$(0,0,0 \rightarrow 0,\frac{a}{2},\frac{a}{2})$來求 fcc 原始晶胞的體積。

4. (a)請利用晶格常數 a 來推導鑽石晶格的鍵結長度 d 之表示式。

   (b) 在一個矽晶體中，若一個平面與笛卡兒的三個座標相切的截距分別為 10.86 Å、16.29 Å 和 21.72 Å，試求這個平面的米勒指數。

5. 試證明：(a) 每一個倒置晶格向量皆垂直於一組直接晶格的平面；以及(b) 倒置晶格其單位晶胞的體積反比於直接晶格的單位晶胞體積。

6. 請證明晶格常數為 a 之 bcc 晶格其倒置晶格為一 fcc 晶格，且其立方晶胞的邊長為 $\frac{4p}{a}$。[提示：使用一組對稱的 bcc 向量：

$$\boldsymbol{a} = \frac{a}{2}(y+z-x), \quad \boldsymbol{b} = \frac{a}{2}(z+x-y), \quad \boldsymbol{c} = \frac{a}{2}(x+y-z)$$

7. 其中 a 是一個傳統原始晶胞的晶格常數，而 x、y、z 是笛卡兒座標的單位向量，對 fcc 而言：

$$\boldsymbol{a} = \frac{a}{2}(y+z), \quad \boldsymbol{b} = \frac{a}{2}(z+x), \quad \boldsymbol{c} = \frac{a}{2}(x+y)$$

接近於導電帶最小值附近的能量可以表示為 $E = \frac{\hbar^2}{2}\left(\frac{k_x^2}{m_x} + \frac{k_y^2}{m_y} + \frac{k_z^2}{m_z}\right)$。在矽中，沿著 [100] 方向有六個橢球狀的能量最小值。若等能量橢球的軸長比為 5:1，試求縱向有效質量 m_l^* 對橫向有效質量 m_t^* 的比值。

8.在半導體的導電帶中，一個較低能量的能谷位在布里淵區的中心處，而六個較高的能谷在沿著 [100] 方向的布里淵區邊界上。若較低能谷的有效質量為 $0.1m_0$，而較高能谷的有效質量為 $1.0m_0$，求較高能谷對較低能谷的有效態位密度比值。

9.請推導導電帶的態位密度方程式，即式 (14)。(提示：駐波的波長λ與半導體L的關係為 $L/\lambda = n_x$，其中 n_x 是一個整數。波長可以利用德布洛依假說 $\lambda = h/p_x$ 來表示。考慮一個邊長為 L 之三維的立方體)。

10.請計算非簡併態之 n 型半導體其導電帶電子的平均動能。其中態位密度以式 (14) 來計算。

11.試證明 $N_D^+ = \dfrac{N_D}{1+2\exp\left(\dfrac{E_F - E_D}{kT}\right)}$

(提示：佔據機率為 $F(E) = \dfrac{1}{1+\dfrac{h}{g}\exp\left(\dfrac{E-E_F}{kT}\right)}$

其中 h 為可以實際佔據能階 E 的電子數目，而 g 則是可以被能階所接受的電子數目，又稱作施體雜質能階之基態簡併($g = 2$)。

12.若一個矽樣品摻雜 10^{16}/cm^3 的磷，求在溫度 77 K 下游離化的施體密度。請假設磷施體雜質的游離能以及電子的有效質量與溫度無關。(提示：先選擇一個 N_D^+ 值去計算費米能階，接著再求相對應的 N_D^+ 值。假如它們不一致，則選擇另一個 N_D^+ 值並重複上述的程序直到 N_D^+ 值一致為止。

13.利用圖解法決定在 300 K 時其硼原子摻雜濃度為 10^{15} cm^{-3} 之矽樣品的費米能階(其中 $n_i = 9.65 \times 10^9$ cm^{-3})。

14.費米–狄拉克分佈函數為 $F(E) = \dfrac{1}{1+e^{(E-E_F)/kT}}$。而 $F(E)$ 對能量的微分是 $F'(E)$ 。求 $F'(E)$ 的寬度，即 $2\left[E\left(\text{at } F'_{max}\right) - E\left(\text{at } \dfrac{1}{2}F'_{max}\right)\right]$，其中 $|F'_{max}|$ 為 $F'(E)$ 的最大值。

15.試求在 300 K 下，摻雜施體 2×10^{10} cm^{-3} 且完全游離化之矽樣品，其費米能階相對於導電帶底部的位置($E_C - E_F$)。

16. 金會在矽的能隙間產生兩個能階: $E_C - E_A = 0.54$ eV，$E_D - E_V = 0.29$ eV。假設第三個能階 $E_D - E_V = 0.35$ eV 未活化。

(a)若在矽中摻雜高濃度的硼，則金能階的電荷狀態將為何？為什麼？

(b)金對電子與電洞濃度的影響是什麼？

17. 從圖 13 計算以及決定在摻雜的矽樣品中為何種種類的雜質原子？

18. 對於一個摻雜磷原子 2.86×10^{16} cm^{-3} 的 n 型矽樣品，試求在 300 K 下中性原子對游離化施體的比例。($E_C - E_F$) = 0.045 eV。

19. (a)假設在 Si 中移動率比值 $\mu_n/\mu_p \equiv b$ 是一個與雜質濃度無關的常數。請使用本質電阻率 ρ_i 來表示在 300 K 時的最大電阻率 ρ_m。若 $b = 3$ 且本質 Si 的電洞移動率為 450 cm^2/V-s，請計算 ρ_i 與 ρ_m。

(b)試求在 300 K 下，摻雜5×10^5 鋅原子/cm^3，10^{17} 硫原子/cm^{3}以及10^{17} 碳原子/cm^{3}之 GaAs 樣品的電子與電洞濃度，移動率以及電阻率。

20. 伽瑪 (Gamma) 函數的定義為 $\Gamma(n) \equiv \int_0^\infty x^{n-1}e^{-x}\, dx$ 。

(a)試求 $\Gamma(1/2)$

(b)請證明 $\Gamma(n) = (n-1)\,\Gamma(n-1)$。

21. 考慮一在 $T = 300$ K時具有導電率 $\sigma = 16$ S/cm 以及受體摻雜濃度為 10^{17} cm^{-3} 之補償 n 型矽。請決定施體濃度以及電子移動率。[補償半導體(compensated semiconductor) 的定義為在相同區域之中同時含有施體與受體雜質原子。]

22. 試求在 300 K 下，一個摻雜 1.0×10^{14} cm^{-3} 的磷原子、8.5×10^{12} cm^{-3} 的砷原子以及 1.2×10^{13} cm^{-3} 的硼原子之矽樣品的電阻率。假設雜質完全游離化而移動率為 $\mu_n = 1500$ cm^2/V-s，$\mu_p = 500$ cm^2/V-s 並且與雜質濃度無關。

23. 一個半導體具有電阻率 1.0 Ω-cm 和霍爾係數 −1250 cm^2/庫倫。假設僅有一種類型的載子存在且平均自由時間正比於載子的能量，即 $\tau \propto E$。請計算的載子濃度與移動率。

24.請推導非直接復合的復合速率方程式，即式(92)。(提示：參考圖 25b，一個復合中心對一個電子的捕捉率正比於 $R_e \propto nN_t(1-F)$，其中n是導電帶中電子之密度，N_t 是復合中心密度，F 是費米分佈函數，而 $N_t(1-F)$ 則是能捕捉電子的未被佔據之復合中心密度。)

25.由式 (92) 可得知復合速率。在低階注入條件下，U 可以表示為 $(p_n-p_{no})/\tau_r$，其中 τ_r 是復合生命期。若 $\sigma_n = \sigma_p = \sigma_o$，$n_{no} = 10^{15}$ cm^{-3}，與 $\tau_{ro} \equiv (\upsilon_{th}\sigma_o N_t)^{-1}$，請找出當復合生命期 τ_r 變為 $2\tau_{ro}$ 時 (E_t-E_i) 的值。

26.對於單一能階之復合其電子與電洞具有相同的捕捉截面。試求在載子完全空乏的條件下，每單位體積、單位產生速率之缺陷中心的數目。假設缺陷中心位於能隙的中間，而 $\sigma = 2 \times 10^{-16}$ cm^2 以及 $\upsilon_{th} = 10^7$ cm/s。

27.在一個載子完全空乏的半導體區域中(即 $n \ll n_i$，$p \ll n_i$)，電子－電洞對的產生乃經由缺陷中心交替的發射電子以及電洞。請推導發生發射過程其間隔的平均時間(假設$\sigma_n = \sigma_p = \sigma$)；此外，試求當 $\sigma = 2 \times 10^{-16}$ cm^2，$\upsilon_{th} = 10^7$ cm/s，以及 $E_t = E_i$ ($T = 300$ K) 時之平均時間。

28.對於單一能階復合過程，在一個$n = p = 10^{13}$ cm^{-3}，$\sigma_n = \sigma_p = 2 \times 10^{-16}$ cm^2，$\upsilon_{th} = 10^7$ cm/s，$N_t = 10^{16}$ m^{-3}，以及$(E_t-E_i) = 5kT$的矽樣品中，請求出其每次發生復合過程之間隔的平均時間。

29. (a)請推導式(123)。

(提示：假設原子串接成一直線，且原子僅與其最近的原子有交互作用。偶數編號的原子其質量為 m_1 而奇數的原子質量為 m_2。)

(b)對一個矽晶體而言，其 $m_1 = m_2$，且$\sqrt{\alpha_f/m_1} = 7.63 \times 10^{12}$ Hz，試求在布里淵區邊界之光頻聲子的能量。

30. 假設在 500℃ 時 $Ga_{0.5}In_{0.5}As$ 與 InP 的基板晶格匹配。當溫度降到 27 ℃ 時，試求這兩層之間晶格不匹配的程度。

31. 試求異質接面 $Al_{0.4}Ga_{0.6}As/GaAs$ 對 $Al_{0.4}Ga_{0.6}As$ 能隙的導電帶不連續性之比值。

32. 在海恩–蕭克萊實驗中，少數載子的最大值在 $t_1 = 25\ \mu s$ 與 $t_2 = 100\ \mu s$ 時相差十倍。試求少數載子的生命期。

33. 由海恩–蕭克萊實驗裡描述載子漂移與擴散之表示式中，請找出 $t = 1$ s 下載子脈衝的半高寬。假設擴散係數為 10 cm^2/s。

34. 超量載子從寬度 $W = 0.05$ mm 的 n 型矽($3 \times 10^{17}\ cm^{-3}$)表面 ($x = 0$) 注入，並且在另一邊的表面得到密度 $p_n(W) = p_{no}$，假如載子生命期為 50 μs，試求注入電流中是藉由擴散而到達另一邊表面的部份為何。

35. 用光照射一 $N_D = 5 \times 10^{15}\ cm^{-3}$ 之 n 型 GaAs 樣品。樣品均勻的吸收光且產生 10^{17} 電子–電洞對 /cm^3-s。生命期 τ_p 為 10^{-7} s，$L_P = 1.93\times10^{-3}$ cm，表面復合速度 S_P 為10^5 cm/s。試求單位面積單位時間下電洞在表面復合的數目。

36. 一 n 型半導體具有過量的電洞 $10^{14}\ cm^3$，其在塊材內少數的載子生命期為 10^{-6} s，而在表面處的少數載子生命期則為 10^{-7} s。假設外加電場為零且 $D_p = 10\ cm^2/s$。請決定穩態下超量載子的濃度，其為一個與半導體表面 ($x = 0$) 距離相關的函數。

PART II

第二部份

元件建立區塊

第二章　p-n 接面（p-n junction）

第三章　金屬-半導體接觸

第四章　金屬-絕緣體-半導體電容器

2

第二章 *p-n*接面(*p-n* junction)

2.1 簡介
2.2 空乏區
2.3 電流-電壓特性
2.4 接面崩潰
2.5 暫態行為與雜訊
2.6 終端功能
2.7 異質接面

2.1 簡介

p-n 接面(*p-n* junction)在現代電子應用與了解其他半導體元件上扮演重要角色。*p-n* 接面的理論為半導體元件物理的基礎。其基本的電流-電壓特性是由蕭克萊(Shockley)所建立[1,2]。其後由薩(Sah)、諾斯(Noyce)、蕭克萊(Shockley)[3] 與摩拉(Moll)[4] 所發展。

第一章中所建立的基本方程式用來發展 *p-n* 接面的理想靜態與動態特性。而空乏區內的載子複合與產生、高載子注入效應、以及串聯電阻效應使接面偏離理想特性,將在後續討論。接面崩潰,特別是由累增倍乘所造成的接面崩潰將詳細地被討論。隨後,也會討論 *p-n* 接面的暫態行為以及雜訊特性。

p-n 接面為兩端點元件。而其各種最終的功用取決於摻雜濃度分佈(doping profile)、元件幾何結構與偏壓條件,將在 2.6 節中做簡短的說明。本章最後探討一項重要的元件—異質接面,亦即不同的半導體接面(例如:*n* 型 GaAs 在 *p* 型 AlGaAs 上)。

2.2 空乏區 (Depletion Region)

2.2.1 陡峭接面 (Abrupt Junction)

內建電位與空乏層寬度 當半導體中的摻雜濃度在接面處快速地由受體摻雜濃度 N_A 變為施體摻雜濃度 N_D 時，如圖 1a 所示，則此接面稱為陡峭接面。特別是當 $N_A >> N_D$ (反之亦然)，此時將形成單邊陡峭接面 p^+-n (或 n^+- p 接面) 接面。

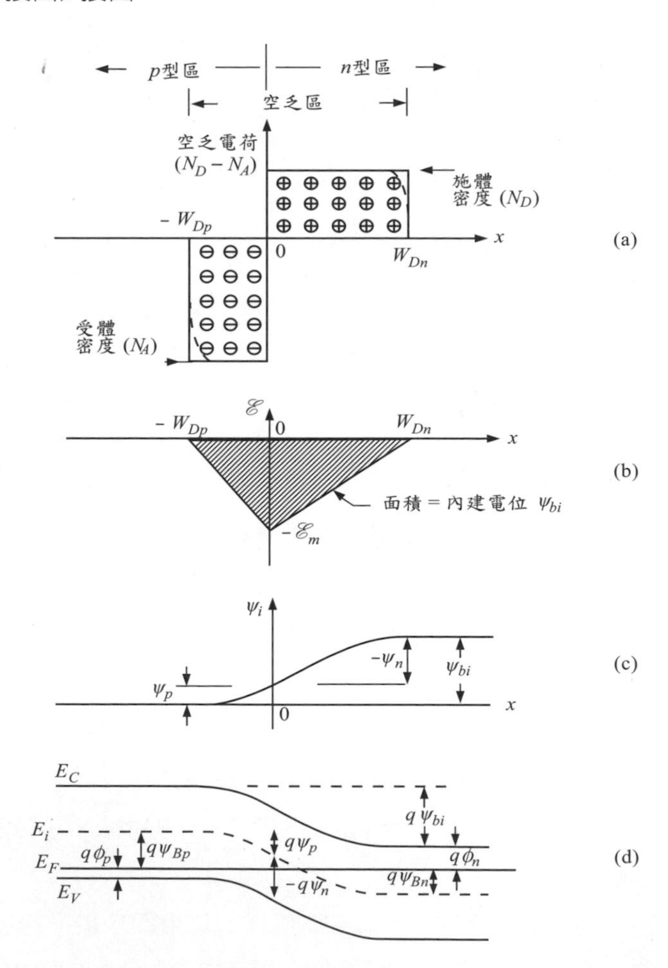

圖1 熱平衡時的陡峭 p-n 接面的(a)空間電荷(space-charge)分佈，虛線表示在考慮空乏區近似的修正；(b) 電場分佈；(c) 位能分佈，ψ_{bi} 爲內建電位；(d) 能帶圖。

我們首先考慮熱平衡狀態，也就是在 p-n 接面上沒有外加偏壓與電流。由漂移電流與擴散電流方程式[第一章的式 (156a)]，可得

$$J_n = 0 = q\mu_n\left(n\mathscr{E} + \frac{kT}{q}\frac{dn}{dx}\right) = \mu_n n\frac{dE_F}{dx} \tag{1}$$

或

$$\frac{dE_F}{dx} = 0 \tag{2}$$

相同地，

$$J_p = 0 = \mu_p p\frac{dE_F}{dx} \tag{3}$$

由上可知，在淨電子電流或電洞電流為零的狀態，p-n 接面內各處的費米能階（ Fermi level ）必須相同。內建電位 ψ_{bi}，或稱為擴散電位（ diffusion potential ），如圖 1b、c、d 所示，將等於

$$q\psi_{bi} = E_g - (q\phi_n + q\phi_p) = q\,\psi_{Bn} + q\,\psi_{Bp} \tag{4}$$

對非簡併(nondegenerate ）的半導體而言，

$$\begin{aligned}\psi_{bi} &= \frac{kT}{q}\ln\left(\frac{n_{no}}{n_i}\right) + \frac{kT}{q}\ln\left(\frac{p_{po}}{n_i}\right) \\ &\approx \frac{kT}{q}\ln\left(\frac{N_D N_A}{n_i^2}\right)\end{aligned} \tag{5}$$

在平衡狀態下，$n_{no}p_{no} = n_{po}p_{po} = n_i^2$

$$\psi_{bi} = \frac{kT}{q}\ln\left(\frac{p_{po}}{p_{no}}\right) = \frac{kT}{q}\ln\left(\frac{n_{no}}{n_{po}}\right) \tag{6}$$

上式則可得知在 p-n 接面任一邊的載子密度關係。

若 p-n 接面的單邊或雙邊為簡併（ degenerate ）態，則必須注意費米能階與內建電位的計算。此時必須使用式 (4)，這是因為波茲曼統計（ Boltzmann statistics) 不能用來簡化取代費米–迪拉克積分（ Fermi-Dirac integral)。除此之外，必須考慮摻雜原子的不完全離子化，即 $n_{no} \neq N_D$ 與/或 $p_{po} \neq N_A$[第一章，式 (34) 及 (35)]。

接下來，我們將計算空乏區（depletion region）內的電場與位能分佈；為了簡化分析，空乏區內的空間電荷將近似為理想的盒狀分佈。由於處於熱平衡狀態下，半導體內中性區（遠離接面的任一邊）的電場必定為零；p 型端內單位面積的總負電荷數目將相等於 n 型端內單位面積的總正電荷數目，即

$$N_A W_{Dp} = N_D W_{Dn} \tag{7}$$

由波松方程式（Poisson equation），我們可推得

$$-\frac{d^2\psi_i}{dx^2} = \frac{d\mathscr{E}}{dx} = \frac{\rho(x)}{\varepsilon_s} = \frac{q}{\varepsilon_s}[N_D^+(x) - n(x) - N_A^-(x) + p(x)] \tag{8}$$

在空乏區中，$n(x) \approx p(x) \approx 0$，且假設摻雜原子完全游離化

$$\frac{d^2\psi_i}{dx^2} \approx \frac{qN_A}{\varepsilon_s} \quad \text{for} \quad -W_{Dp} \le x \le 0 \tag{9a}$$

$$-\frac{d^2\psi_i}{dx^2} \approx \frac{qN_D}{\varepsilon_s} \quad \text{for} \quad 0 \le x \le W_{Dn} \tag{9b}$$

由上式積分後可得空乏區的電場，其電場分佈如圖 1b 所示

$$\mathscr{E}(x) = -\frac{qN_A(x + W_{Dp})}{\varepsilon_s} \quad \text{for} \quad -W_{Dp} \le x \le 0 \tag{10}$$

$$\begin{aligned} \mathscr{E}(x) &= -\mathscr{E}_m + \frac{qN_D x}{\varepsilon_s} \\ &= -\frac{qN_D}{\varepsilon_s}(W_{Dn} - x) \quad \text{for} \quad 0 \le x \le W_{Dn} \end{aligned} \tag{11}$$

其中 $\mathscr{E}_m$ 為 $x = 0$ 處之最大電場，且可由下式表示

$$|\mathscr{E}_m| = \frac{qN_D W_{Dn}}{\varepsilon_s} = \frac{qN_A W_{Dp}}{\varepsilon_s} \tag{12}$$

將式(10) 與 (11) 再進行積分可獲位能分佈 $\psi_i(x)$，其電位分佈如圖 1c 所示

$$\psi_i(x) = \frac{qN_A}{2\varepsilon_s}(x + W_{Dp})^2 \quad \text{for} \quad -W_{Dp} \le x \le 0 \tag{13}$$

$$\psi_i(x) = \psi_i(0) + \frac{qN_D}{\varepsilon}\left(W_{Dn} - \frac{x}{2}\right)x \quad \text{for} \quad 0 \le x \le W_{Dn} \tag{14}$$

利用上面的關係，可求出跨越不同區域的電位能大小

$$\psi_{Bp} = \frac{qN_A W_{Dp}^2}{2\varepsilon_s} \tag{15a}$$

$$|\psi_{Bn}| = \frac{qN_D W_{Dn}^2}{2\varepsilon_s} \tag{15b}$$

（其中，ψ_n 為相對於 n 型塊材，其值因此為負；參見附錄 A 的定義）

$$\psi_{bi} = \psi_{Bp} + |\psi_{Bn}| = \psi_i(W_{Dn}) = \frac{|\mathscr{E}_m|}{2}(W_{Dp} + W_{Dn}) \tag{16}$$

而 $\mathscr{E}_m$ 也可由下式表示

$$|\mathscr{E}_m| = \sqrt{\frac{2qN_A\psi_{Bp}}{\varepsilon_s}} = \sqrt{\frac{2qN_D|\psi_{Bn}|}{\varepsilon_s}} \tag{17}$$

由式 (16) 與 (7)，可計算出空乏區寬度為

$$W_{Dp} = \sqrt{\frac{2\varepsilon_s\psi_{bi}}{q}\frac{N_D}{N_A(N_A + N_D)}} \tag{18a}$$

$$W_{Dn} = \sqrt{\frac{2\varepsilon_s\psi_{bi}}{q}\frac{N_A}{N_D(N_A + N_D)}} \tag{18b}$$

$$W_{Dp} + W_{Dn} = \sqrt{\frac{2\varepsilon_s}{q}\left(\frac{N_A + N_D}{N_A N_D}\right)\psi_{bi}} \tag{19}$$

並可進一步的推論出下列的關係式

$$\frac{|\psi_{Bn}|}{\psi_{bi}} = \frac{W_{Dn}}{W_{Dp} + W_{Dn}} = \frac{N_A}{N_A + N_D} \tag{20a}$$

$$\frac{\psi_{Bp}}{\psi_{bi}} = \frac{W_{Dp}}{W_{Dp} + W_{Dn}} = \frac{N_D}{N_A + N_D} \tag{20b}$$

對單邊陡峭接面（p^+-n 或 n^+-p）而言，式 (4) 可直接用來計算內建電位。在此種情況下，主要的電位變化區域與空乏區區域將坐落在輕摻雜端的半導體內；而式 (19) 簡化成

$$W_D = \sqrt{\frac{2\varepsilon_s \psi_{bi}}{qN}} \tag{21}$$

其中，N 為 N_A 或 N_D，其值由是否 $N_A >> N_D$ 來決定，或反之亦然。另外

$$\psi_i(x) = |\mathscr{E}_m|\left(x - \frac{x^2}{2W_D}\right) \tag{22}$$

這個討論是使用空乏區電荷為盒狀分佈，即空乏近似（depletion approximation）。為了更精準的獲得空乏層的特性，則得考量多數載子（majority-carrier）的貢獻，以及波松方程式內的雜質濃度，也就是在 p 型端內的電荷密度 $\rho \approx -q[N_A - p(x)]$ 與在 n 型端內的電荷密度 $\rho \approx q[N_D - n(x)]$。空乏層寬度基本上與式 (19) 相同，但 ψ_{bi} 由 $(\psi_{b_i} - 2kT/q)$ 所取代*。而校正因子 $2kT/q$ 源自於接近空乏區邊緣的兩個多數載子分佈末端[5,6]所造成 [n 型端為電子以及 p 型端為電洞，如圖 1(a) 中虛線所示]，每一邊皆貢獻一個 $2kT/q$ 因子。因此，對單邊陡峭接面而言，熱平衡下的空乏層寬度變成

$$W_D = \sqrt{\frac{2\varepsilon_s}{qN}\left(\psi_{bi} - \frac{2kT}{q}\right)} \tag{23}$$

此外，在施加電壓 V 於此接面時，跨在接面上的總淨電位變化可以（$\psi_{bi} - V$）表示；其中，在施加順偏壓時 V 為正 (相對於 n 型區正電壓在 p 型區上)，施加逆偏壓時 V 為負。將式 (23) 中的 ψ_{bi} 以（$\psi_{b_i} - V$）取代，可獲得空乏層寬度與施加電壓的函數關係。而矽半導體的單邊陡峭接面，其函數關係表示於圖 2 中。在零偏壓下的淨電位對矽而言接近 0.8 V，對砷化鎵而言為 1.3 V。內建電位在順偏 (forward bias) 時將降低，而在逆偏 (reverse bias) 時則增加；由於矽與砷化鎵具有大約相同的靜態介電係數，因此上述的結果也適用於砷化鎵。為了獲得其他不同半導體的空乏層寬度，例如鍺，則需將矽半導體的結果乘上 ($\sqrt{\varepsilon_s(\text{Ge})/\varepsilon_s(\text{Si})} = 1.16$) 的因子。對大多數的陡峭 p-n 接面而言，上述的簡單模型可以給予適當的準確性。

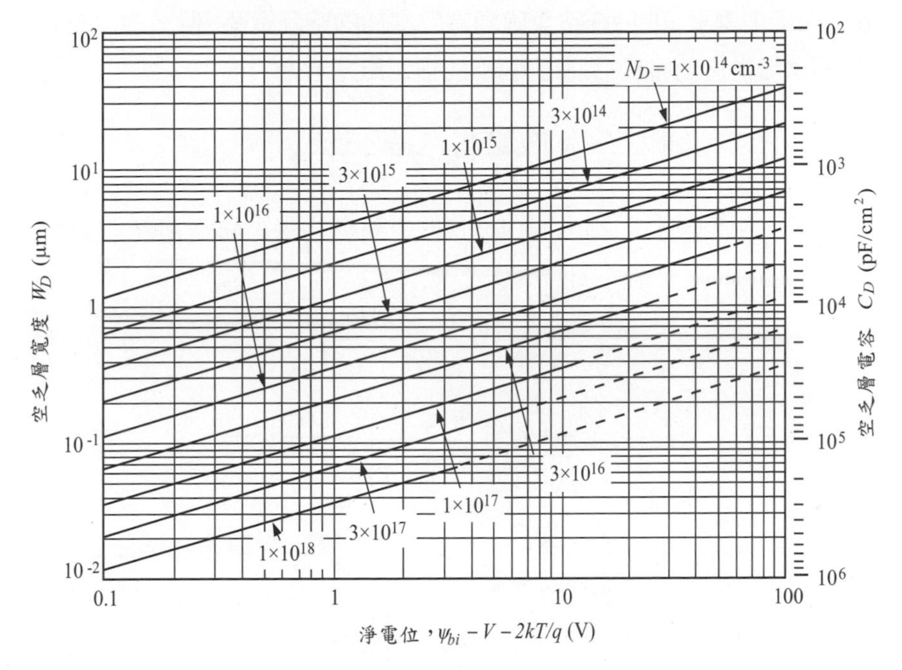

圖2　在矽半導體所製作的單邊陡峭接面，其單位面積空乏層寬度以及空乏層電容爲淨電位 ($\psi_{bi}-V-2kT/q$) 的函數。而輕摻雜端的摻雜濃度爲 N。虛線表示崩潰條件。

annotation・註釋

*在 p 型區域中，包含有電洞濃度的波松方程式為

$$\frac{d^2\psi_i}{dx^2} = \frac{q}{\varepsilon_s}[N_A - p(x)] = \frac{qN_A}{\varepsilon_s}[1-\exp(-\beta_{th}\psi_i)]$$

兩邊對 $d\psi_i$ 積分，並使用 $d\psi_i/dx = -\mathscr{E}$

$$\int_0^{\psi_p} -\frac{d\mathscr{E}}{dx} d\psi_i = \frac{qN_A}{\varepsilon_s}\int_0^{\psi_p}[1-\exp(-\beta_{th}\psi_i)]d\psi_i$$

$$\frac{\mathscr{E}_m^2}{2} = \frac{qN_A}{\beta_{th}\varepsilon_s}[\beta_{th}\psi_p + \exp(-\beta_{th}\psi_p) - 1] \approx \frac{qN_A}{\varepsilon_s}\left(\psi_p - \frac{kT}{q}\right)$$

將上式與式 (17) 比較，接面兩端的電位皆降低 kT/q。

空乏層電容 單位面積的空乏層電容定義為 $C_D = dQ_D/dV = \varepsilon_S/W_D$，其中 dQ_D 為施加偏壓 dV 時在空乏區兩端所增加的空間電荷（但總電荷為零）。對單邊陡峭接面而言，其單位面積的空乏層電容為

$$C_D = \frac{\varepsilon_s}{W_D} = \sqrt{\frac{q\varepsilon_s N}{2}}\left(\psi_{bi} - V - \frac{2kT}{q}\right)^{-1/2} \tag{24}$$

當處於順/逆偏壓時，V 為正/負值；其空乏層電容值如圖 2 所示。改寫上式可得：

$$\frac{1}{C_D^2} = \frac{2}{q\varepsilon_s N}\left(\psi_{bi} - V - \frac{2kT}{q}\right) \tag{25}$$

$$\frac{d(1/C_D^2)}{dV} = -\frac{2}{q\varepsilon_s N} \tag{26}$$

由式（25）與式（26）可知，將 $1/C^2$ 對 V 的作圖，從單邊陡峭接面可得直線關係（圖3）。由斜率可知基板的雜質濃度（N），並將直線外插至 $1/C^2 = 0$ 的位置得到（$\psi_{bi} - 2kT/q$ ）。要注意的是，在順向偏壓下會產生額外的擴散電容，其存在於前述的空乏層電容中。擴散電容將在 2.3.4 節中討論。

值得注意的是，當摻雜分佈的改變小於狄拜長度（ Debye length ）[7] 時，半導體內的電位分佈與電容−電壓值不再隨著摻雜分佈而有靈敏的變化。而狄拜長度為半導體的特性長度，定義為

$$L_D \equiv \sqrt{\frac{\varepsilon_s kT}{q^2 N}} = \sqrt{\frac{\varepsilon_s}{qN\beta_{th}}} \tag{27}$$

狄拜長度的涵義為，電位的改變極限值反應摻雜濃度的陡峭變化。例如，考慮相對於背景濃度 N_D 增加微小的摻雜 ΔN_D 時，則接面附近的電位能改變量 $\Delta\psi_i(x)$ 可表示為

$$n = N_D \exp\left(\frac{\Delta\psi_i q}{kT}\right) \tag{28}$$

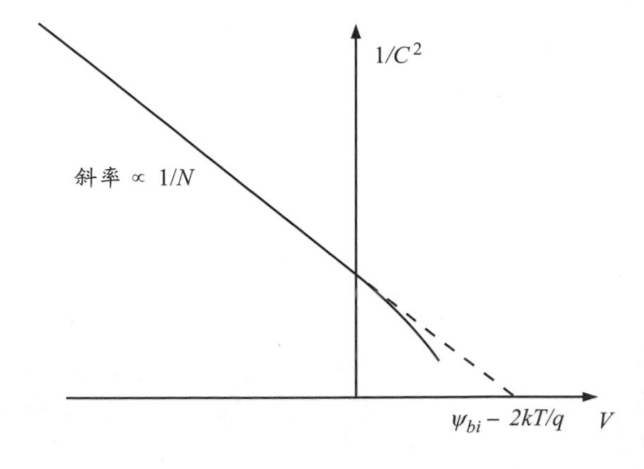

圖3　$1/C^2$ 對 V 作圖，由圖中可獲得內建電位大小與輕摻雜端的摻雜濃度 N。

$$\frac{d^2\Delta\psi_i}{dx^2}=-\frac{q}{\varepsilon_s}(N_D+\Delta N_D-n)=-\frac{qN_D}{\varepsilon_s}\left[1+\frac{\Delta N_D}{N_D}-\exp\left(\frac{\Delta\psi_i q}{kT}\right)\right] \tag{29}$$

$$\approx-\frac{qN_D}{\varepsilon_s}\left[1+\frac{\Delta N_D}{N_D}-\left(1+\frac{\Delta\psi_i q}{kT}\right)\right]\approx\frac{q^2N_D}{\varepsilon_s kT}\Delta\psi_i$$

其方程式的解具有式（27）的衰減長度。這意謂著若摻雜分佈陡峭地改變，在尺度上小於狄拜長度時，這個變動不具效果，且不能被解析；若空乏區寬度小於狄拜長度，則不再能用波松方程式做分析。通常矽與砷化鎵半導體所製作之陡峭接面在熱平衡下的空乏區寬度約為 $8L_D$ 與 $10L_D$。在室溫下狄拜長度與矽摻雜濃度的關係如圖 4 所示。當摻雜濃度為 10^{16} cm^{-3} 時，狄拜長度為 40 nm；對其它摻雜濃度，L_D 將隨著 $1/\sqrt{N}$ 變化，也就是說每數量級減少 3.16 的因子。

2.2.2 線性漸變接面 (Linear Graded Junction)

在實際的元件中，摻雜濃度並非陡峭分佈，特別是接近冶金接面，也就是當兩接面接觸並互相補償。當空乏區寬度終止於此過度區，其摻雜分佈可近似為線性函數。首先考慮在熱平衡的情況下，線性漸變接面的雜質

分佈如圖 5a 所示。其波松方程式在這個情形下為

$$-\frac{d^2\psi_i}{dx^2}=\frac{d\mathscr{E}}{dx}=\frac{\rho(x)}{\varepsilon_s}=\frac{q}{\varepsilon_s}(p-n+ax)$$
$$\approx\frac{qax}{\varepsilon_s} \qquad -\frac{W_D}{2}\le x\le\frac{W_D}{2} \tag{30}$$

其中，a 為摻雜梯度，其單位為 cm^{-4}。式 (30) 積分可得電場分佈，如圖 5(b) 所示。

$$\mathscr{E}(x)=-\frac{qa}{2\varepsilon_s}\left[\left(\frac{W_D}{2}\right)^2-x^2\right] \qquad -\frac{W_D}{2}\le x\le\frac{W_D}{2} \tag{31}$$

在 $x = 0$ 的位置，具有最大電場 $\mathscr{E}_m$。

$$\left|\mathscr{E}_m\right|=\frac{qaW_D^{\ 2}}{8\varepsilon_s} \tag{32}$$

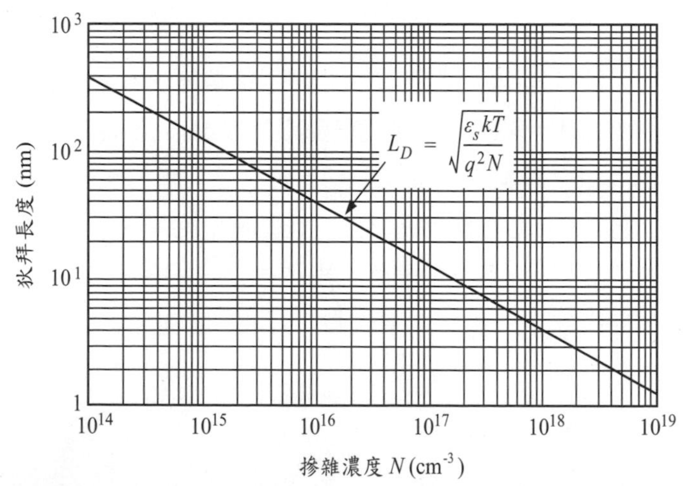

圖4 矽半導體在室溫下，其狄拜長度與摻雜密度 N 的函數關係圖。

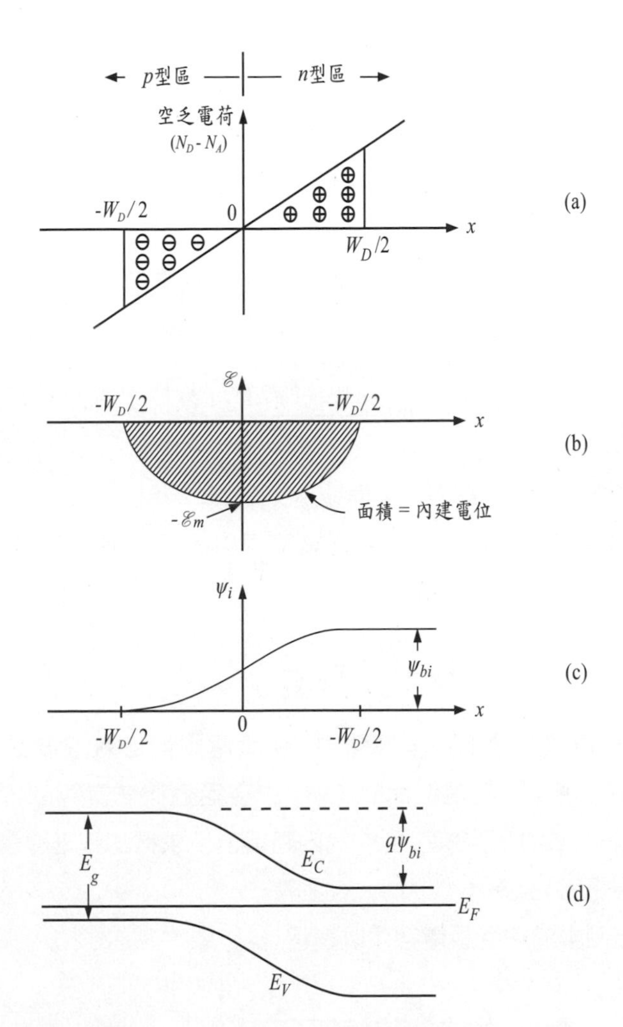

圖5　在熱平衡狀態下，線性漸變接面的(a) 空間電荷分佈，(b) 電場分佈，(c) 電位分佈及(d) 能帶圖。

對式 (30) 再積分一次，可得電位分佈，如圖 5(c) 所示

$$\psi_i(x)=\frac{qa}{6\varepsilon_s}\left[2\left(\frac{W_D}{2}\right)^3+3\left(\frac{W_D}{2}\right)^2x-x^3\right]\qquad -\frac{W_D}{2}\le x\le\frac{W_D}{2} \tag{33}$$

而由上式可得知內建電位與空乏區寬度之關係為

$$\psi_{bi} = \frac{qaW_D^3}{12\varepsilon_s} \tag{34}$$

或

$$W_D = \left(\frac{12\varepsilon_s \psi_{bi}}{qa}\right)^{1/3} \tag{35}$$

由於空乏區兩端（$-W_D/2$ 與 $W_D/2$）的摻雜濃度大小皆為 $aW_D/2$，因此線性漸變接面的內建電位可由類似於式 (5) 的表示式近似之

$$\psi_{bi} \approx \frac{kT}{q}\ln\left[\frac{(aW_D/2)(aW_D/2)}{n_i^2}\right] \tag{36}$$

因此，式 (35)與 (36)可解得 W_D 與 ψ_{bi}。

基於精確的數值計算後[8]，內建電位可以被精確地計算，並以梯度電壓（gradient voltage）V_g 來表示：

$$V_g = \frac{2kT}{3q}\ln\left(\frac{a^2\varepsilon_s kT}{8n_i^3 q^2}\right) \tag{37}$$

在矽半導體與砷化鎵半導體中，梯度電壓與摻雜濃度之分佈梯度的關係如圖 6 所示。其電位比式 (36) 由空乏近似法計算的內建電位低 100 mV 以上。圖7所示為使用 V_g 為內建電位所求得的矽半導體空乏層寬度與空乏層電容，且為（$V_g - V$）的函數。

線性漸變接面中的空乏層電容可以表示為

$$C_D = \frac{\varepsilon_s}{W_D} = \left[\frac{qa\varepsilon_s^2}{12(\psi_{bi} - V)}\right]^{1/3} \tag{38}$$

其中，在外加偏壓為順偏/逆偏時，V 為正/負值。

2.2.3 任意摻雜分佈 (Arbitrary Doping Profile)

在此節中，我們將考慮接面附近的摻雜濃度為任意分佈。其討論限於 p^+-n 接面的 n 型端，可藉由積分橫跨空乏區的總電場得到接面淨位能的改變。

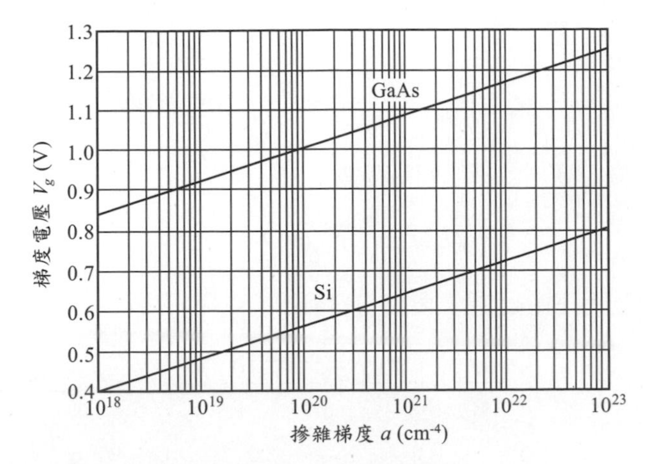

圖6 矽以及砷化鎵之線性漸變接面的漸變電壓。

$$\psi_n = \psi_{n0} - V = -\int_0^{W_D} \mathscr{E}(x)dx = -x\mathscr{E}(x)\Big|_0^{W_D} + \int_{\mathscr{E}(0)}^{\mathscr{E}(W_D)} xd\mathscr{E} \tag{39}$$

ψ_n。因為電場在空乏區邊緣處 $\mathscr{E}(W_D)$ 為零，所以上式的第一項為零。介面電位變為

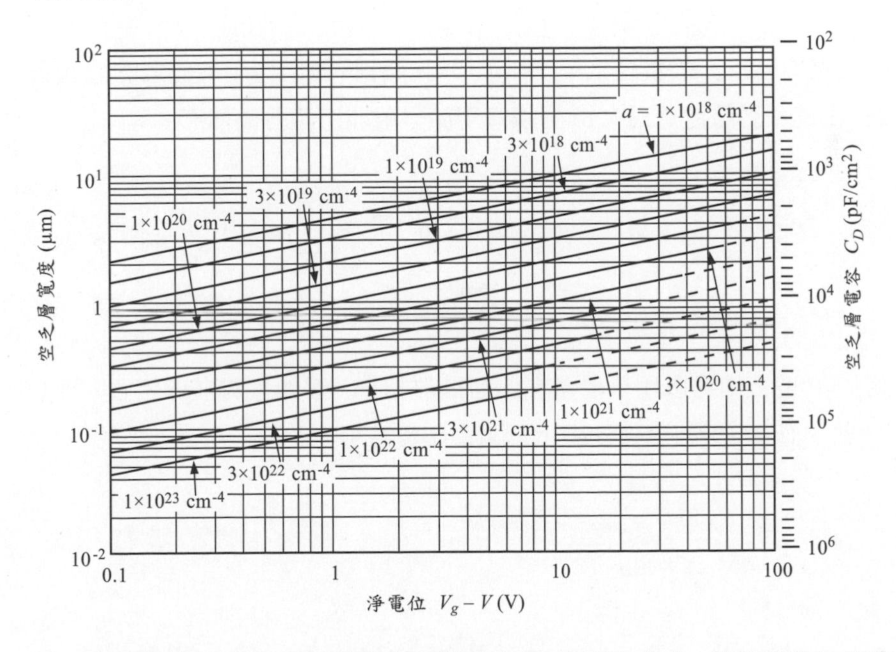

圖7 在矽所製作之不同雜質線性漸變接面中，空乏層寬度、單位面積空乏層電容與淨電位 ($V_g - V$) 的關係。虛線表示崩潰條件。

其中 ψ_{n0} 為零偏壓下的

$$\psi_n = \int_{\mathscr{E}(0)}^{\mathscr{E}(W_D)} x \frac{d\mathscr{E}}{dx} dx = \frac{q}{\varepsilon_s} \int_0^{W_D} x N_D(x) dx \tag{40}$$

除此之外，空乏區內的總空間電荷為

$$Q_D = q \int_0^{W_D} N_D(x) dx \tag{41}$$

將上面兩式分別對空乏區寬度微分得到

$$\frac{dV}{dW_D} = -\frac{d\psi_n}{dW_D} = -\frac{qN_D(W_D)W_D}{\varepsilon_s} \tag{42}$$

$$\frac{dQ_D}{dW_D} = qN_D(W_D) \tag{43}$$

由此，可得空乏層電容

$$C_D = \left| \frac{dQ_D}{dV} \right| = \left| \frac{dQ_D}{dW_D} \times \frac{dW_D}{dV} \right| = \frac{\varepsilon_s}{W_D} \tag{44}$$

空乏層電容的一般表達式 ε_s / W_D 可再次得到，並且適用於任意的摻雜分佈。由此我們可推知式 (26) 可以適用於一般非均勻分佈情形。

$$\begin{aligned} \frac{d(1/C_D^2)}{dV} &= \frac{d(1/C_D^2)}{dW_D} \frac{dW_D}{dV} = \frac{2W_D}{\varepsilon_s^2} \frac{dW_D}{dV} \\ &= -\frac{2}{q\varepsilon_s N_D(W_D)} \end{aligned} \tag{45}$$

此 C-V 的技術可以用來量測非均勻摻雜分佈。假如摻雜並非定值，則 $1/C^2$ 對 V 作圖 (類似圖 3 所顯示)，將會偏離直線。

2.3 電流-電壓特性 (Current-Voltage Characteristics)

2.3.1 理想情況 - 蕭克萊方程式 (Ideal Case - Shockley Equation)[1,2]

理想的電流-電壓特性基於下列四項假設：(1) 陡峭空乏層近似；此時內建電位與外加偏壓以一個具有陡峭邊界的電偶層所提供。且假設在此邊界外的半導體為中性。(2) 可利用波茲曼近似，如第一章中的式(21) 及(23)。(3) 低階注入（low-injection）假設；即，注入的少數載子（minority carrier）密度低於多數載子（majority carrier）密度。(4)在空乏層中沒有產生-複合電流（generation recombination current）存在，且電子流以及電洞流經過空乏層後，仍為定值。

首先，我們考慮波茲曼關係式。在熱平衡下，其濃度關係為

$$n = n_i \exp\left(\frac{E_F - E_i}{kT}\right) \tag{46a}$$

$$p = n_i \exp\left(\frac{E_i - E_F}{kT}\right) \tag{46b}$$

明顯地，在熱平衡時，上述方程式 pn 的乘值等於本質半導體載子密度平方 (n_i^2)。在外加偏壓下，接面兩端的半導體內之少數載子密度將有所改變；且 pn 的相乘值不再等於 n_i^2。我們必需定義準費米能階（quasi-Fermi level, imref），如下所示

$$n \equiv n_i \exp\left(\frac{E_{Fn} - E_i}{kT}\right) \tag{47a}$$

$$p \equiv n_i \exp\left(\frac{E_i - E_{Fp}}{kT}\right) \tag{47b}$$

其中，E_{Fn} 與 E_{Fp} 分別表示電子與電洞的準費米能階。由式 (47a)、(47b) 可得 E_{Fn} 與 E_{Fp}

$$E_{Fn} \equiv E_i + kT \ln\left(\frac{n}{n_i}\right) \tag{48a}$$

$$E_{Fp} \equiv E_i - kT\ln\left(\frac{p}{n_i}\right) \tag{48b}$$

而 pn 的乘積變為

$$pn = n_i^2 \exp\left(\frac{E_{Fn} - E_{Fp}}{kT}\right) \tag{49}$$

當順向偏壓時，$(E_{Fn} - E_{Fp}) > 0$，且 $pn > n_i^2$；當逆向偏壓時，$(E_{Fn} - E_{Fp}) < 0$，且 $pn < n_i^2$。

由第一章的式 (156a)，以及本章之式 (47a) 和因子 $\mathscr{E} \equiv \nabla E_i / q$，我們可推得通過接面的電子電流密度為

$$\begin{aligned} J_n &= q\mu_n\left(n\mathscr{E} + \frac{kT}{q}\nabla n\right) = \mu_n n\nabla E_i + \mu_n kT\left[\frac{n}{kT}(\nabla E_{Fn} - \nabla E_i)\right] \\ &= \mu_n n\nabla E_{Fn} \end{aligned} \tag{50}$$

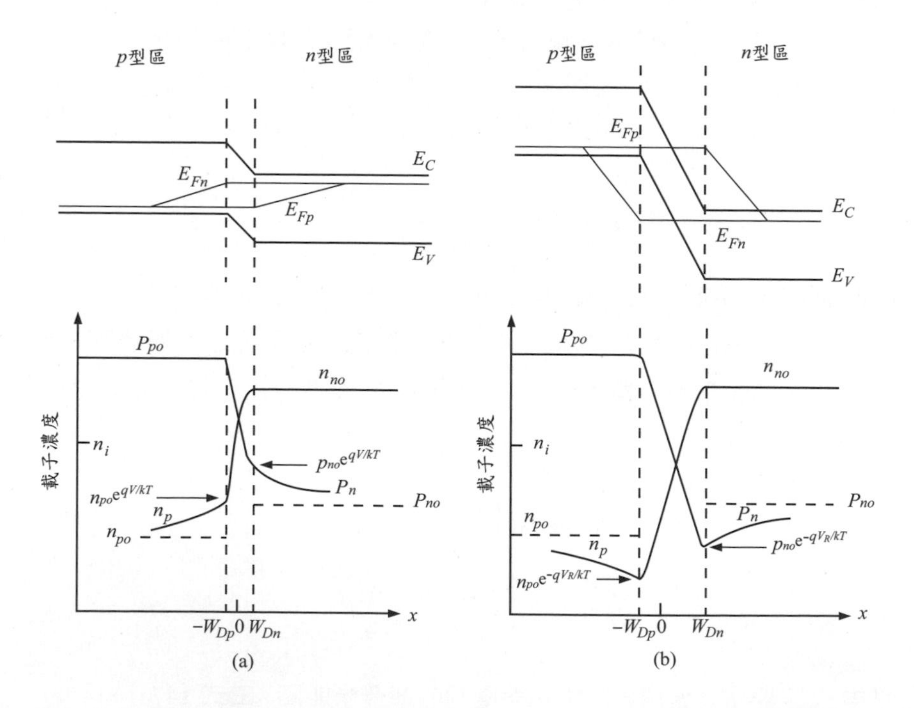

圖8 (a) 順偏；以及(b) 逆偏時的能帶圖與載子濃度分佈圖。圖中並顯示電子與電洞的準費米能階。

同樣地，電洞電流密度為

$$\boldsymbol{J}_p = \mu_p p \nabla E_{Fp} \tag{51}$$

因此，電子、電洞電流密度分別正比於電子、電洞之準費米能階的梯度。如果 $E_{Fn} = E_{Fp}$ = 定值（熱平衡時），則 $J_n = J_p = 0$。p-n 接面在順偏與逆偏情況下，其理想電位分佈以及載子濃度表示於圖 8。E_{Fn} 與 E_{Fp} 隨著距離而變化，這是因為與載子濃度相關［式（48a）與式（48b）］，而其相對應的電流如式（50）及（51）。在空乏區中，E_{Fn} 與 E_{Fp} 仍然為相對的常數。這是因為雖然在空乏區內部擁有相對較高的載子濃度，但電流仍然是個常數，所以準費米能階的梯度必須是要小。除此之外，典型地空乏層寬度遠小於載子的擴散長度，因此準費米能階在空乏區內的掉落不明顯。基於這些理由，下式在空乏區中將可成立

$$qV = E_{Fn} - E_{Fp} \tag{52}$$

結合式（49）以及（52），可求得在 p 型端之空乏區邊界（$x = -W_{Dp}$）的電子密度

$$n_p(-W_{Dp}) = \frac{n_i^2}{p_p}\exp\left(\frac{qV}{kT}\right) \approx n_{po}\exp\left(\frac{qV}{kT}\right) \tag{53a}$$

其中，在低階注入時，$p_p \approx p_{po}$；而 n_{po} 為 p 型端平衡時的電子密度。相似地，對於 n 型端邊界是在 $x = W_{Dn}$ 處。先前所述的方程式皆為理想電流-電壓方程式中最重要的邊界條件

$$p_n(W_{Dn}) = p_{no}\exp\left(\frac{qV}{kT}\right) \tag{53b}$$

由連續方程式（continuity equation），我們可以得到接面的 n 型端穩定狀態條件

$$-U + \mu_n \mathscr{E}\frac{dn_n}{dx} + \mu_n n_n \frac{d\mathscr{E}}{dx} + D_n \frac{d^2 n_n}{dx^2} = 0 \tag{54a}$$

$$-U - \mu_p \mathscr{E}\frac{dp_n}{dx} - \mu_p p_n \frac{d\mathscr{E}}{dx} + D_p \frac{d^2 p_n}{dx^2} = 0 \tag{54b}$$

在這些方程式中，U 為淨復合速率。注意由於電荷電中性，多數載子必需調整其濃度，例如（$n_n - n_{no}$）=（$p_n - p_{no}$），且需符合 $dn_n/dx = dp_n/dx$。將式 (54a) 乘上 $\mu_p p_n$，以及式 (54b) 乘上 $\mu_n p_n$，並且結合愛因斯坦關係（Einstein relation）$D = (kT/q)\mu$，由此可得

$$-\frac{p_n - p_{no}}{\tau} - \frac{n_n - p_n}{(n\ /\ \mu\ )+(\ p\ /\mu\ )}\frac{\mathscr{E} dp_n}{dx} + D_a \frac{d^2 p_n}{dx^2} = 0 \tag{55}$$

其中，

$$D_a = \frac{n_n + p_n}{n_n / D_p + p_n / D_n} \tag{56}$$

為雙載子擴散常數（ambipolar diffusion coefficient），且

$$\tau_p \equiv \frac{p_n - p_{no}}{U} \tag{57}$$

從低階注入假設，[例如在 n 型半導體中，$p_n << (n_n \approx n_{no})$]，式 (55) 可簡化為

$$-\frac{p_n - p_{no}}{\tau_p} - \mu_p \mathscr{E} \frac{dp_n}{dx} + D_p \frac{d^2 p_n}{dx^2} = 0 \tag{58}$$

上式即為式 (54b)，但缺少了 $\mu_p p_n dE/dx$ 項，因其在低階注入假設的條件下，可以被忽略。

在沒有電場的中性區內，式 (58) 可再次簡寫為

$$\frac{d^2 p_n}{dx^2} - \frac{p_n - p_{no}}{D_p \tau_p} = 0 \tag{59}$$

利用式 (53b) 以及 $p_n(x = \infty) = p_{no}$ 之邊界條件，式 (59) 的解為

$$p_n(x) - p_{no} = p_{no}\left[\exp\left(\frac{qV}{kT}\right) - 1\right]\exp\left(-\frac{x - W_{Dn}}{L_p}\right) \tag{60}$$

其中

$$L_p \equiv \sqrt{D_p \tau_p} \tag{61}$$

在 $x = W_{Dn}$，電洞的擴散電流（diffusion current）為

$$J_p = -qD_p \frac{dp_n}{dx}\Big|_{W_{Dn}} = \frac{qD_p p_{no}}{L_p}\left[\exp\left(\frac{qV}{kT}\right)-1\right] \tag{62a}$$

相似地，我們也可得到在 p 型端的電子擴散電流

$$J_n = qD_n \frac{dn_p}{dx}\Big|_{-W_{Dp}} = \frac{qD_n n_{po}}{L_n}\left[\exp\left(\frac{qV}{kT}\right)-1\right] \tag{62b}$$

圖 9 所示為分別在順向偏壓以及逆向偏壓時的少數載子密度以及電流密度。有趣的是，電洞電流是由 p 型端注入到 n 型端的電洞所導致，但電流大小卻是只由 n 型端內的特性（ D_p, L_p, p_{no} ）所決定。而電子電流具有相同的相似性。

由式 (62a) 與 (62b) 的總和可獲得總電流為

$$J = J_P + J_n = J_0\left[\exp\left(\frac{qV}{kT}\right)-1\right] \tag{63}$$

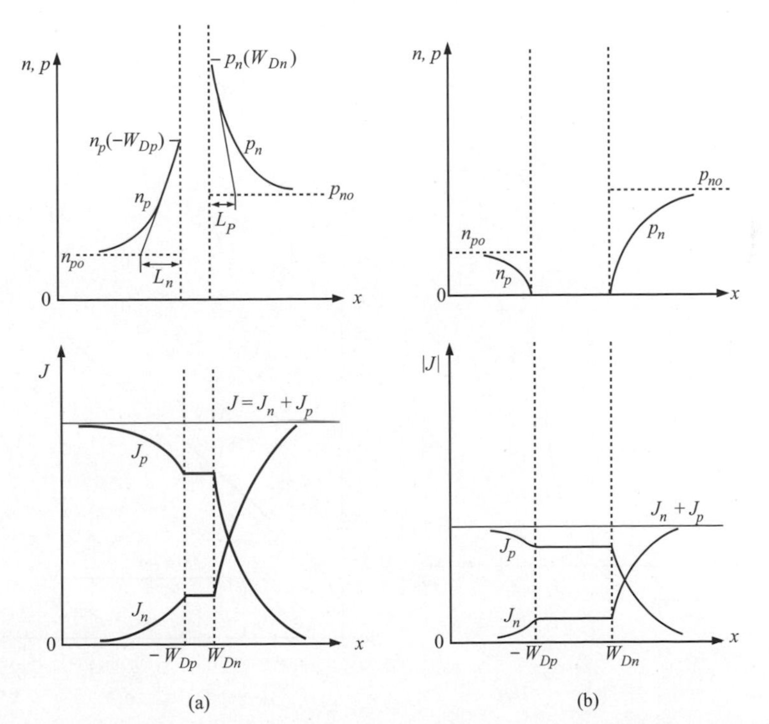

圖9 載子分佈與電流密度(兩者都是線性圖)在(a) 順向偏壓條件，以及(b)逆向偏壓條件下。

$$J_0 \equiv \frac{qD_p p_{no}}{L_p} + \frac{qD_n n_{po}}{L_n} \equiv \frac{qD_p n_i^2}{L_p N_D} + \frac{qD_n n_i^2}{L_n N_A} \tag{64}$$

式 (63) 為著名的蕭克萊方程式 (Shockley equation)[1,2]，其為理想的二極體 (diode) 定律。而圖 10a 及 b 為理想的電流-電壓關係，分別以線性與半對數做描繪。在順偏方向 (在 p 型端施加正偏壓)，當 $V > 3kT/q$ 時，電流上升速率為定值[圖10(b)]；在 300 K 的溫度下，要使電流改變一個級數 (decade)，則電壓必須改變 59.5 mV ($= 2.3kT/q$)。在反向時，會發現電流密度飽和在 $-J_0$ 的大小。

現在我們考慮溫度效應對飽和電流密度 J_0 的影響。由於式 (64) 內的第二項與第一項具有相似的行為，因此我們只考慮式 (64) 內的第一項；對於單邊陡峭 p^+-n 接面 (其具有施體濃度 N_D)，$p_{no} >> n_{po}$，所以第二項也可被省略。n_i、D_p、p_{no} 以及 L_p [$\equiv \sqrt{D_p \tau_p}$] 等量值都與溫度相關。如果 D_p/τ_p 正比於 T^γ，其中 γ 為定值，則

$$J_0 \approx \frac{qD_p p_{no}}{L_p} \approx q\sqrt{\frac{D_p}{\tau_p}}\frac{n_i^2}{N_D} \propto T^{\gamma/2}\left[T^3 \exp\left(-\frac{E_g}{kT}\right)\right] \\ \propto T^{(3+\gamma/2)} \exp\left(-\frac{E_g}{kT}\right) \tag{65}$$

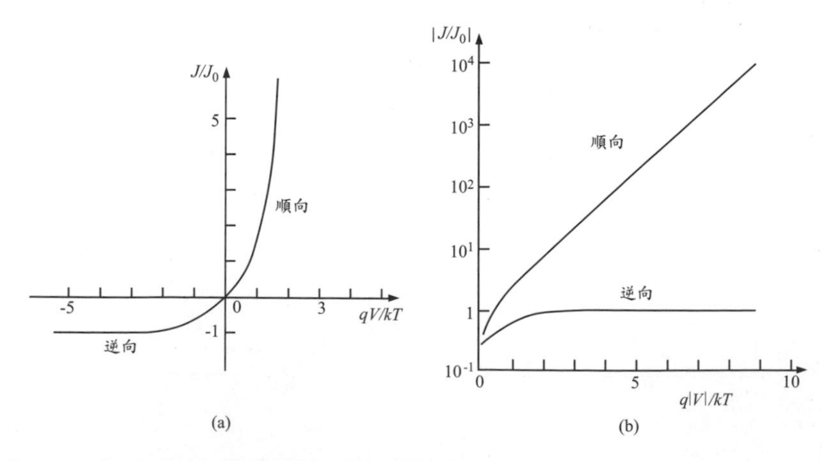

圖10 理想的電流-電壓特性。(a) 線性圖，(b) 半對數圖。

和溫度相依性有關的 $T^{(3+\gamma/2)}$ 項與指數項相比並不重要。J_0 對 $1/T$ 作圖，其斜率主要由能隙（energy gap）E_g 所決定。可預期在反向的情況下，$|J_R| \approx J_0$，其電流大約隨著溫度以 $\exp(-E_g/kT)$ 的關係增加；而在順向的情況下，$J_F \approx J_0 \exp(qV/kT)$，電流的增加量將大約正比於 $\exp[-(E_g - qV)/kT]$。

蕭基特方程式足以預測鍺半導體的 *p-n* 接面在小電流密度下的電流-電壓特性。然而，對於矽半導體與砷化鎵半導體所製作的 *p-n* 接面，理想方程式只能定性上的符合。會產生偏離理想情況的原因主要為：(1) 在空乏層內發生的載子產生（generation）與復合（recombination），(2) 即使在相對小的順偏壓的情況下，仍有可能發生高階注入（high-injection）的情況，(3) 串聯電阻造成的寄生 *IR* 壓降，(4) 在能隙（bandgap）的能階（state）之間發生載子穿隧（tunneling）現象，(5) 表面效應。除此之外，在相對的高反向電場下將造成接面的崩潰現象(Breakdown)，例如：累增倍乘（avalanche multiplication）所產生的崩潰。關於接面崩潰將在 2.4 節討論。

p-n 接面的表面效應主要來自於介面上的游離電荷在半導體表面上或外面所引起的半導體影像電荷（image charge），造成所謂的表面通道或表面空乏層的形成。一旦通道形成，將會改變接面的空乏區，並產生表面漏電流。對於矽半導體所製作的平面 *p-n* 接面（planar *p-n* junction）而言，表面漏電流通常遠小於在空乏區內的產生-復合電流（generation-recombination current）。

2.3.2 產生-復合過程(Generation-Recombination Process)[3]

首先來考慮逆向偏壓時的產生電流（generation current）；因為載子濃度在逆向偏壓下會減少（此時 $pn \ll n_i^2$），所以在此主要的產生過程為 1.5.4 節所討論的發射（emission）。而電子-電洞對（electron-hole pairs）的產生速率可由第一章的式（92）獲得，在 $p << n_i$ 以及 $n << n_i$ 的條件下

$$U = -\left\{\frac{\sigma_p \sigma_n \upsilon_{th} N_t}{\sigma_n \exp[(E_t - E_i)/kT] + \sigma_p \exp[(E_i - E_t)/kT]}\right\} n_i \equiv -\frac{n_i}{\tau_g} \tag{66}$$

其中 τ_g 為產生生命期（Lifetime），其定義為上式括號內的倒數 [請參見第一章內的式（98）以及後續討論]。而空乏區內所產生的電流可表示為

$$J_{ge} = \int_0^{W_D} q|U|dx \approx q|U|W_D \approx \frac{qn_i W_D}{\tau_g} \tag{67}$$

其中，W_D 為空乏區寬度。如果載子的生命期隨溫度緩慢變化，則產生電流與本質濃度 n_i 有相同的溫度相依性。在給定溫度下，J_{ge} 正比於空乏層寬度，而寬度與施加的逆偏壓大小有關。由上述可預期對於陡峭接面而言，

$$J_{ge} \propto (\psi_{bi} + V)^{1/2} \tag{68}$$

而對線性漸變接面，

$$J_{ge} \propto (\psi_{bi} + V)^{1/3} \tag{69}$$

總逆向電流（當 $p_{no} >> n_{po}$ 且 $|V| > 3kT/q$ 時），約略為中性區內擴散電流與空乏區內產生電流的總和，

$$J_R = q\sqrt{\frac{D_p}{\tau_p}}\frac{n_i^2}{N_D} + \frac{qn_i W_D}{\tau_g} \tag{70}$$

對於具有較高的本質濃度 n_i 的半導體（例如：鍺），則在室溫下的逆偏電流將以擴散電流主導，使得逆向電流符合蕭克萊方程式。若是半導體內的本質濃度 n_i 較低（例如:矽），產生電流將有主導的可能。圖 11 中的曲線（e）即為典型矽半導體的例子。然而當溫度足夠高時，擴散電流會主導逆偏電流。

在順向偏壓下，在空乏區內的主要復合-產生過程為捕捉過程（capture processes）；此時除了原本的擴散電流外，還多了複合電流

J_{re}(recombination current)。將式 (49) 代入第一章中的式(92) 可得

$$U = \frac{\sigma_p \sigma_n \upsilon_{th} N_t n_i^2 [\exp(qV/kT) - 1]}{\sigma_n \{n + n_i \exp[(E_t - E_i)/kT]\} + \sigma_p \{p + n_i \exp[(E_i - E_t)/kT]\}} \quad (71)$$

在 $E_t = E_i$，以及 $\sigma_n = \sigma_p = \sigma$ 的假設下，則式 (71)簡化為

$$U = \frac{\sigma \upsilon_{th} N_t n_i^2 [\exp(qV/kT) - 1]}{n + p + 2n_i} = \frac{\sigma \upsilon_{th} N_t n_i^2 [\exp(qV/kT) - 1]}{n_i \{\exp[(E_{Fn} - E_i)/kT] + \exp[(E_i - E_{Fp})/kT] + 2\}} \quad (72)$$

空乏區最大的復合速率發生於 E_i 在 E_{Fn} 與 E_{Fp} 中間一半的位置，則式 (72) 的分母變成 $2n_i[\exp(qV/2kT) + 1]$。當 $V > kT/q$ 時，我們可得

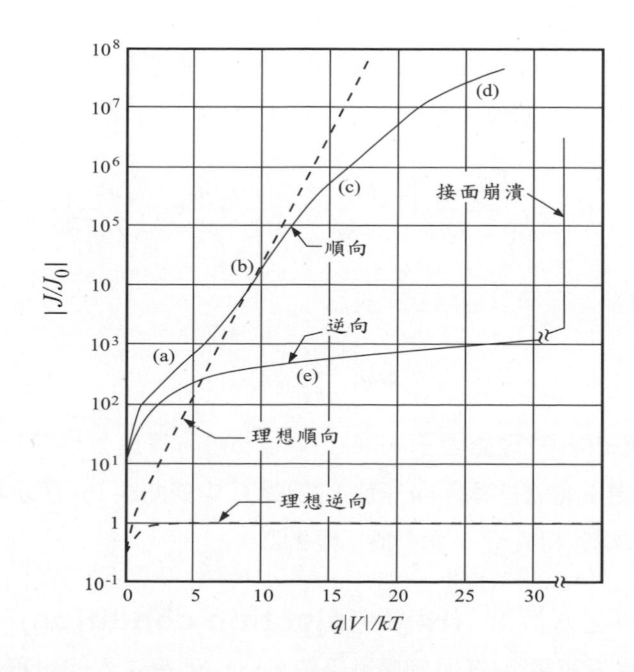

圖11 實際的 Si 二極體之電流-電壓特性圖。(a) 產生-復合電流區，(b) 擴散電流區，(c) 高階注入區，(d) 串聯電阻效應區，(e) 由產生-復合與表面效應所造成的逆向漏電流。

$$U \approx \frac{1}{2}\sigma\upsilon_{th}N_t n_i \exp\left(\frac{qV}{2kT}\right) \tag{73}$$

以及

$$J_{re} = \int_0^{W_D} qUdx \approx \frac{qW_D}{2}\sigma\upsilon_{th}N_t n_i \exp\left(\frac{qV}{2kT}\right) \approx \frac{qW_D n_i}{2\tau}\exp\left(\frac{qV}{2kT}\right) \tag{74}$$

上式中所使用的近似，是假設空乏層內大部分區域處於最大複合速率；因此式 (74) 中的 J_{re} 將高於實際情況。以更嚴謹的推導則會得到[9]

$$J_{re} = \int_0^{W_D} qUdx = \sqrt{\frac{\pi}{2}}\frac{kTn_i}{\tau\mathscr{E}_o}\exp\left(\frac{qV}{2kT}\right) \tag{75}$$

其中，$\mathscr{E}_o$ 為複合速率最大之位置的電場，其值等於

$$\mathscr{E}_o = \sqrt{\frac{qN(2\psi_B - V)}{\varepsilon_s}} \tag{76}$$

類似逆向偏壓時產生電流（generation current），在順向偏壓下的復合電流也是正比於本質濃度 n_i。全部的順偏電流可近似為式 (63) 與式 (75) 的總和。對於 p^+-n 接面（$p_{no} >> n_{po}$），且 V -1 >> kT/q 時，順偏電流為

$$J_F = q\sqrt{\frac{D_p}{\tau_p}}\frac{n_i^2}{N_D}\exp\left(\frac{qV}{kT}\right) + \sqrt{\frac{\pi}{2}}\frac{kTn_i}{\tau_p\mathscr{E}_o}\exp\left(\frac{qV}{2kT}\right) \tag{77}$$

一般而言實驗結果可以經驗式來表示

$$J_F \propto \exp\left(\frac{qV}{\eta kT}\right) \tag{78}$$

當復合電流主導時，理想因子（ideality factor）η 等於 2［如圖 11 中的曲線 (a)］；當擴散電流主導時，η 等於 1［如圖 11 中的曲線 (b) 所示］。當復合電流與擴散電流相當時，η 值介於 1 與 2 間。

2.3.3 高階注入情況 (High-injection condition)

在高電流密度時(在順向偏壓條件下)，也就是注入的少數載子濃度已高到與多數載子濃度相當，則必須同時考慮擴散電流與漂移電流。個別的傳導電流密度可以由式 (50) 與 (51) 得到。由於 J_p、q、μ_p 與 p 為正值，

電洞的準費米能階 E_{Fp} 將單調地朝圖 8(a) 的右邊增加；同樣地，電子的準費米能階 E_{Fn} 則向圖的左邊而單調地降低。換句話說，不論在哪個位置上，電子與電洞之準費米能階的相差值必須等於或小於外加偏壓；因此[10]

$$pn \le n_i^2 \exp\left(\frac{qV}{kT}\right) \tag{79}$$

即使在高階注入情況下亦成立。[注意，上述的討論並沒有考慮空乏區內的載子復合]

為了說明高階注入的情況，我們在圖 12 中畫出矽半導體 p^+-n 階梯接面（step junction）的各種數值模擬結果，包含載子濃度分佈、以及具有準費米能階分佈的能帶。在圖 12a、b 與 c 中的電流密度分別為 10、10^3、10^4 A/cm^2。二極體在電流密度為 10/cm^2 時為低階注入區段；此時，幾乎所有的電位降都發生在接面上，而n型端內的電洞濃度也遠小於電子濃度。在10^3 A/cm^2 時，接面附近的電子濃度明顯超過原先的施體摻雜濃度(基於電中性的原理，入射載子數 $\Delta p = \Delta n$)；在 n 型端內將產生歐姆電位降（ohmic potential drop）。在 10^4 A/cm^2 時，即非常高的注入下；而跨在接面上的電位降與半導體兩邊的中性區的歐姆位降相比並不明顯。雖然圖 12 只顯示在二極體中間的區域，但也能夠看出兩個準費米能階的差值等於或小於外加偏壓 qV。

由圖 12b 與 c 可發現在 n 型端接面，載子濃度是相當的 (即 $n = p$)。將此條件帶入式 (79)，我們可獲得$p_n(x = W_{Dn}) \approx n_i\exp(qV/2kT)$。而電流大致上也正比於 $\exp(qV/2kT)$，如圖 11 中的曲線 (c)。

在高電流的情況下，我們須額外考慮準中性區內的有限電阻效應。此電阻在二極體端點之間吸收了相當大量的外加偏壓，如圖 11 中的曲線 (d)。藉由實驗所得之曲線與理想曲線（$\Delta V = IR$）比較，可估計出串聯電阻的大小。利用磊晶（epitaxial）材料 p^+-n-n^+ 可有效地減少串聯電阻效應。

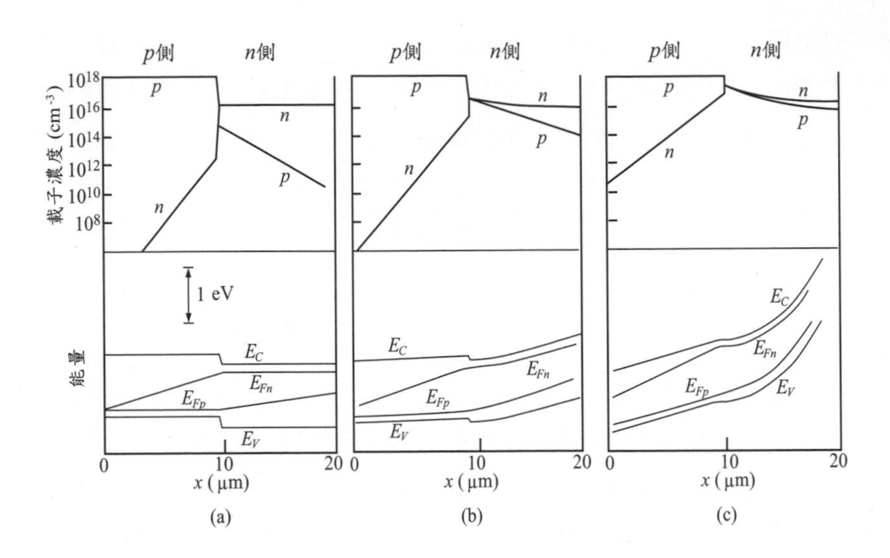

圖12 對於 Si 的 p^+-n 接面，操作在不同電流密度時的載子濃度分佈與能帶圖；(a)10 A/cm²，(b) 10^3 A/cm²，(c) 10^4 A/cm²。元件參數：$N_A=10^{18}$ cm^{-3}，$N_D = 10^{16}$ cm^{-3}，$\tau_n = 3\times10^{-10}$ s，$\tau_p = 8.4\times10^{-10}$ s。(參考文獻 10)

2.3.4 擴散電容 (Diffusion Capccitance)

當接面為逆偏時，接面電容主要是由之前討論的空乏層電容所構成的；在順偏時，由於少數載子密度重新分佈，而成為接面電容的主要貢獻，即是所謂的擴散電容。換句話說，後者主要是由於注入的電荷所造成，而前者是因空乏層中的空間電荷所造成。

假設接面在順偏時在直流電壓為 V_0，而電流密度 J_0 若在此時加入一個小的交流訊信號；此時，總電壓與電流密度可定義為：

$$V(t) = V_0 + V_1 \exp(j\omega t) \tag{80}$$

$$J(t) = J_0 + J_1 \exp(j\omega t) \tag{81}$$

其中，V_1 與 J_1 分別為小訊號偏壓與小訊號電流密度。分離其導納（admittance）J_1/V_1 的虛數部分，可得擴散電導（diffusion conductance）與擴散電容：

$$Y \equiv \frac{J_1}{V_1} \equiv G_d + j\omega C_d \tag{82}$$

在空乏區邊界的電子與電洞密度可利用 $[V_0 + V_1 \exp(j\omega t)]$ 取代 V，並代入式 (53a) 與 (53b) 而得到。在 $V_1 << V_0$ 的條件下，接面之 n 型端

$$p_n(W_{Dn}) = p_{no} \exp\left\{\frac{q[V_0 + V_1 \exp(j\omega t)]}{kT}\right\}$$
$$\approx p_{no} \exp\left(\frac{qV_0}{kT}\right) + \frac{p_{no} qV_1}{kT} \exp\left(\frac{qV_0}{kT}\right) \exp(j\omega t) \approx p_{no} \exp\left(\frac{qV_0}{kT}\right) + \tilde{p}_n(t) \tag{83}$$

而接面 p 型端內的電子密度也可利用相似的式子表示。式 (83) 中的第一項為直流部分，而第二項為小信號交流部分。將 $\tilde{p}_n$ 代入連續方程式［第一章的式 (158b)，其中 $G_p = \mathscr{E} = d\mathscr{E}/dx = 0$］則產生

$$j\omega \tilde{p}_n = -\frac{\tilde{p}_n}{\tau_p} + D_p \frac{d^2 \tilde{p}_n}{dx^2} \tag{84}$$

或

$$\frac{d^2 \tilde{p}_n}{dx^2} - \frac{\tilde{p}_n}{D_p \tau_p /(1 + j\omega \tau_p)} = 0 \tag{85}$$

若是載子生命期表示如下時，則式 (85) 相同於式 (59)

$$\tau_p^* = \frac{\tau_p}{1 + j\omega \tau_p} \tag{86}$$

藉由適當的數學代換，我們可由式 (63) 獲得交流電的電流密度：

$$J = \left(qp_{no}\sqrt{\frac{D_p}{\tau_p^*}} + qn_{po}\sqrt{\frac{D_n}{\tau_n^*}}\right) \exp\left\{\frac{q[V_0 + V_1 \exp(j\omega t)]}{kT}\right\}$$
$$\approx \left(qp_{no}\sqrt{\frac{D_p}{\tau_p^*}} + qn_{po}\sqrt{\frac{D_n}{\tau_n^*}}\right)\left[\exp\left(\frac{qV_0}{kT}\right)\right]\left[1 + \frac{qV_1}{kT}\exp(j\omega t)\right] \tag{87}$$

其中，交流部分的電流密度為

$$J_1 = \left(\frac{qD_p p_{no} \sqrt{1+j\omega\tau_p}}{L_p} + \frac{qD_n n_{po} \sqrt{1+j\omega\tau_n}}{L_n} \right) \left[\exp\left(\frac{qV_0}{kT} \right) \right] \frac{qV_1}{kT} \qquad (88)$$

由 J_1/V_1，可得 G_d、C_d，且與頻率相關。

在相對低頻下（即 $\omega\tau_p$、$\omega\tau_n << 1$），擴散電導 G_{d0} 為

$$G_{d0} = \frac{q}{kT} \left(\frac{qD_p p_{no}}{L_p} + \frac{qD_n n_{po}}{L_n} \right) \exp\left(\frac{qV_0}{kT} \right) \quad \text{mho/cm}^2 \qquad (89)$$

對式(63)微分也可獲得與上式相同的結果。低頻下的擴散電容可利用近似式 $\sqrt{1+jwt} \approx (1+0.5jwt)$ 而得到

$$C_{d0} = \frac{q^2}{2kT} (L_p p_{no} + L_n n_{po}) \exp\left(\frac{qV_0}{kT} \right) \quad \text{F/cm}^2 \qquad (90)$$

此擴散電容與順向電流成正比。對 n^+-p 單邊接面而言，其擴散電容為

$$C_{d0} = \frac{q^2 L_n^2}{2kTD_n} J_F \qquad (91)$$

擴散電導及電容和頻率的關係如圖 13 所示，為歸一化頻率 $\omega\tau$ 的函數［在此只考慮式 (88) 的其中一項 (例如:若 $p_{no} >> n_{po}$，則為包含 p_{no} 的那一項)］。

插圖為等效的交流導納電路。在圖 13 中擴散電容明顯地隨訊號頻率增加而降低。對高頻操作而言，C_d 大約正比於 $\omega^{-1/2}$；而擴散電容也正比於直流電流的大小

$[\propto \exp(qV_0/kT)]$。基於這些結果可知，在低頻以及順向偏壓條件下，C_d 將變的特別重要。

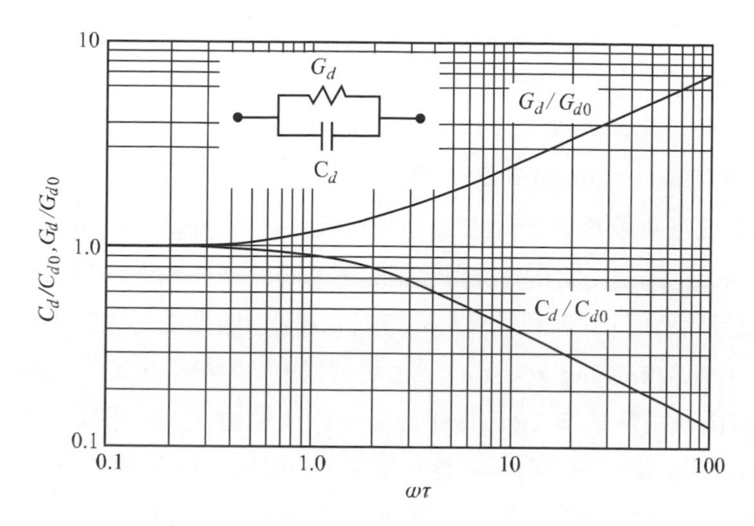

圖13 歸一化後的擴散電導、擴散電容對頻率 $\omega\tau$ 的關係圖。插圖爲 p-n 接面在順向偏壓下的等效電路圖。

2.4 接面崩潰(Junction Breakdown)

當施加足夠大的電場在 p-n 接面時，接面將會崩潰並造成非常大的電流[11]。崩潰現象只發生於逆向偏壓的情況下，這是由於逆向偏壓造成接面上具有很高的電場。基本的崩潰機制主要可分為三種：(1) 熱不穩定度，(2) 穿隧（tunneling），以及(3) 累增倍乘（avadlanche multiplication）。在此，我們將簡短地說明前面兩項機制；並詳細討論累增倍乘的機制。

2.4.1 熱不穩定度(Thermal Instability)

在室溫下由熱不穩定度所造成的崩潰現象，為決定大多數絕緣體最大介電強度的主要因素；對於能隙較小的半導體(例如：鍺)，也是主要的效應。由於高逆向偏壓下的逆向電流造成大量的熱能消耗，將使得接面的溫度提高；當溫度提高時，又會使得逆向電流提高。這種正向回饋是崩潰的原因；溫度效應對逆向電壓特性的影響可由圖 14 說明。在圖中，水平線組表示逆向電流密度 J_0，而每條水平線表示接面在不同溫度下的逆向電流密度大小，並與溫度呈現 $T^{3+\gamma/2}\exp(-E_g/kT)$ 的變化關係，正如先前所討論之趨勢。元件所產生的熱損耗雙曲線正比於電功率，即 *I-V* 之乘積，也就是在此對數–對數圖中的斜直線。這些斜線也必須滿足在固定的接面溫度的條件。因此逆向電流–電壓特性曲線可以由這兩組曲線的交點而得知。在圖中可發現此特性曲線具有負微分電阻（negative differential resistance），這是由於在高逆向偏壓的造成的熱損耗。在此情況下，二極體將會受到破壞，除非利用一些的方式來量測，像是使用大的串聯限流電阻（series-limiting resistor）。上述的效應稱為熱不穩定度（thermal instability）或熱散逸（thermal runaway）。電壓 V_U 則稱為翻轉電壓（turnover voltage）。如果*p-n*接面有相當大的飽和電流時（例如鍺半導體），則熱不穩定度在室溫下就很重要；但如果在非常低溫下，則熱不穩定度的影響將小於其他機制所造成的效應。

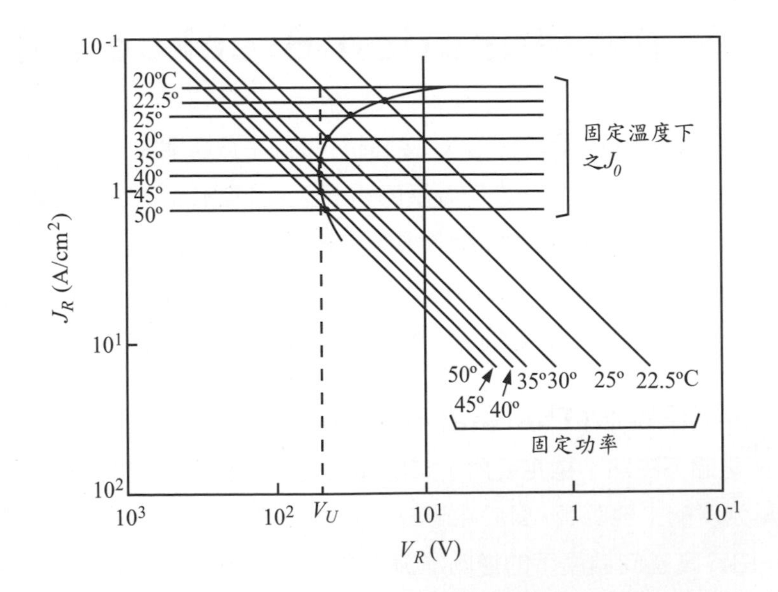

圖14　逆向偏壓下的電流–電壓特性與熱崩潰（thermal breakdown）的關係圖，其中 V_U 爲翻轉電壓。[注意座標中數值遞減的方向]（參考文獻 12）

2.4.2 穿隧（Tunneling）

接下來我們將考慮接面在受到一大的逆向偏電壓下所發生之穿隧效應（tunneling effect）（參見第一章的 1.5.7 節）。當位能障礙（potential barrier）很薄時，載子將因高電場的影響而直接穿過位能障礙，如圖15(a)所示。在這個特殊的例子中，載子的能障為三角形，且最大高度由能隙大小所決定。 p-n 接面的穿隧電流推導將在第八章中詳細討論（穿隧二極體， ，在此先寫下其推導結果

$$J_t = \frac{\sqrt{2m^*}q^3\mathscr{E}V_R}{4\pi^2\hbar^2\sqrt{E_g}}\exp\left(-\frac{4\sqrt{2m^*}E_g^{3/2}}{3q\mathscr{E}\hbar}\right) \tag{92}$$

由於電場並非為定值，$\mathscr{E}$ 為接面中的平均電場。

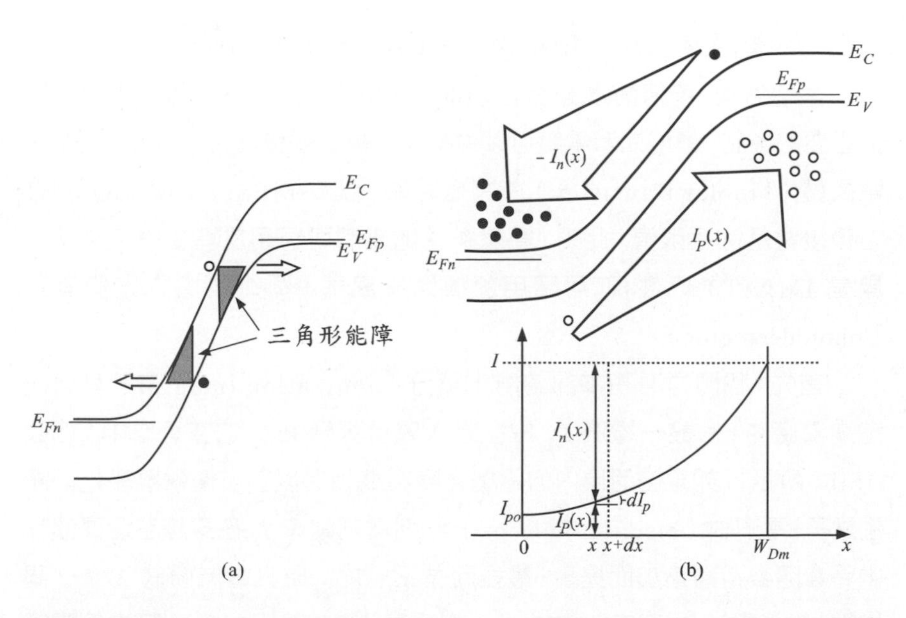

圖15 崩潰機制的能帶示意圖：(a) 穿隧，(b) 累增倍乘(本例初始時爲由電洞電流 I_{po})。

在矽半導體中，當電場接近 10^6 V/cm 時，顯著的電流開始藉由能帶到能帶的穿隧過程（band to band tunneling）開始流動；為了獲得這麼高的電場，在接面上的 n 型端與 p 型端必須具有相當高的雜質濃度。如果在接面的崩潰電壓小於 $4E_g/q$，則造成崩潰的機制為穿隧效應；若接面的崩潰電壓高於 $6E_g/q$，則造成崩潰的機制為累增倍乘效應。當崩潰電壓介於 $4\sim6E_g/q$ 時，崩潰現象則是由穿隧與累增倍乘機制共同造成的。既然矽與砷化鎵的能隙E_g會隨著溫度上升而變小（參考第一章），對這些半導體而言，穿隧效應的崩潰電壓呈現一負的溫度係數，即崩潰電壓隨溫度的上升而降低。這主要是因為在較高溫下，可在較低的逆向電壓（或電場）就達到崩潰電流密度 J_t [式(92)]。此溫度效應通常可用來分辨崩潰現象是由穿隧機制或累增倍乘機制所造成。其中，累增倍增機制有正溫度係數，即崩潰電壓隨溫度上升而提高。

2.4.3 累增倍乘 (Avalanche Multiplication)

累增倍乘，或稱衝擊離子化（impact ionization），是接面崩潰現象最重要的機制。累增崩潰電壓可以視為大多數二極體之逆向偏壓、雙載子電晶體（bipolar transistor）的集極電壓、以及 MESFET 與 MOSFET 之汲極電壓的上限值。此外，衝擊離子化機制可應用於產生微波功率，像是 IMPATT 元件；亦可應用於放大光訊號，例如累增式光偵測器（photodectector）。

首先，我們推導基本的游離化積分（ionization integral）其可決定崩潰條件。假設一電流 I_{po} 由左方入射至寬度 W_{Dm} 的空乏區中 [如圖 15(b) 所示]，如果空乏區內的電場強度夠高到足以引發衝擊離子化而產生電子－電洞對（electron-hole pair），則電洞電流 I_p 在穿越空乏區過程中將會隨著距離增加而提高，最後到達 $x = W_{Dm}$ 時其電流值為 M_pI_{po}。同樣地，電子電流 I_n 亦由 $I_n(W_{Dm}) = 0$ 提高到 $I_n(0) = I - I_{po}$，其中總電流 I（$= I_p + I_n$）在穩定狀態時為定值。電洞電流的增加量等於空乏區內單位距離 dx 下每秒所產生的電子－電洞對數目

$$dI_p = I_p\alpha_p dx + I_n\alpha_n dx \tag{93}$$

或

$$\frac{dI_p}{dx} - (\alpha_p - \alpha_n)I_p = \alpha_n I \tag{94}$$

電子與電洞的游離率（α_n 與 α_p）曾在第一章中探討過。

利用邊界條件 $I = I_p(W_{Dm}) = M_p I_{po}$ 求解式 (94)，可得*

$$I_p(x) = I\left\{\int_0^x \alpha_n \exp\left[-\int_0^x (\alpha_p - \alpha_n)dx'\right]dx + \frac{1}{M_p}\right\} \Big/ \exp\left[-\int_0^x (\alpha_p - \alpha_n)dx'\right] \tag{95}$$

其中，M_p 為電洞的倍乘因子（multiplication factor），並定義為

$$M_p \equiv \frac{I_p(W_{Dm})}{I_p(0)} \equiv \frac{I}{I_{po}} \tag{96}$$

利用關係式+

$$\int_0^{W_{Dm}} (\alpha_p - \alpha_n)\exp\left[-\int_0^x (\alpha_p - \alpha_n)dx'\right]dx = -\exp\left[-\int_0^x (\alpha_p - \alpha_n)dx'\right]$$
$$= -\exp\left(\left[-\int_0^{W_{Dm}} (\alpha_p - \alpha_n)dx'\right] + 1\right) \tag{97}$$

可求出式 (95) 在 $x = W_{Dm}$ 處的值，並可重寫為

$$1 - \frac{1}{M_p} = \int_0^{W_{Dm}} \alpha_p \exp\left[-\int_0^x (\alpha_p - \alpha_n)dx'\right]dx \tag{98}$$

注意，M_p 同時為 α_n 與 α_p 的函數。累增崩潰電壓的定義為當 M_p 趨近無窮大時的電壓值。因此崩潰條件可以從游離化積分而得到

註釋 • *annotation*

* 式 (94) 具有微分方程 $y' + Py = Q$ 的形式，其中，$y = I_p$。其標準解為

$$y = \left[\int_0^x Q\left(\exp\int_0^x Pdx'\right)dx + C\right] \Big/ \exp\int_0^x Pdx'$$

其中 C 為積分常數。

$$\int_0^{W_{Dm}} \alpha_p \exp\left[-\int_0^x (\alpha_p - \alpha_n)dx'\right]dx = 1 \tag{99a}$$

如果累增過程是由電子取代電洞所造成，則游離化積分如下式

$$\int_0^{W_{Dm}} \alpha_n \exp\left[-\int_x^{W_{Dm}} (\alpha_n - \alpha_p)dx'\right]dx = 1 \tag{99b}$$

式 (99a) 與 (99b) 是相同的[13]；也就是說，崩潰條件只取決於空乏區內所發生的現象，而與是由何種載子 (或主要電流)造成無關。即使崩潰現象是由一混合的主要電流所引發，情況也不會有任何改變。所以只需要式 (99a) 或 (99b) 其中一式即可決定崩潰條件。如果半導體中具有相同的游離率($\alpha_n = \alpha_p = \alpha$)，例如磷化鎵半導體，則式 (99a) 與 (99b) 可簡化成簡單的表示式

$$\int_0^{W_{Dm}} \alpha\, dx = 1 \tag{100}$$

由上述的崩潰條件以及與電場相關的游離率，可計算出崩潰電壓、電場最大值以及空乏層寬度。如先前所討論的，空乏層內的電場與電位能可由波松方程式得到。空乏層邊界滿足式 (99a) 或 (99b)，並可以由數值上的疊代法 (iteration method) 計算。藉由已知的邊界條件，對於單邊陡峭接面，我們可得到崩潰電壓為

$$V_{BD} = \frac{\mathscr{E}_m W_{Dm}}{2} = \frac{\varepsilon_s \mathscr{E}_m^2}{2qN} \tag{101}$$

annotation • **註釋**

+令

$$U = \int_0^x y dx' \quad , \quad \frac{dU}{dx} = y \quad , \quad \frac{d}{dU} e^U = e^U$$

此積分式可簡化為

$$\int y\left(\exp\int_0^x y dx'\right)dx = \int y e^U dx = \int e^U dU = e^U = \exp\int_0^x y dx'$$

對線性漸變接面，崩潰電壓為

$$V_{BD} = \frac{2\mathscr{E}_m W_{Dm}}{3} = \frac{4\mathscr{E}_m^{3/2}}{3}\left(\frac{2\varepsilon_s}{qa}\right)^{1/2} \tag{102}$$

其中 N 為淺摻雜端的背景雜質濃度，a 為雜質分佈梯度，以及 $\mathscr{E}_m$ 為最大電場。

圖 16(a) 顯示矽、<100> 晶面的砷化鎵以及磷化鎵半導體以陡峭接面所計算之崩潰電壓與雜質濃度N的關係。而計算所得的崩潰電壓與實驗結果相當符合[15]。圖中的虛線表示摻雜濃度 N 的上限值，在這個範圍內其累增崩潰計算是有效的；此上限值是基於 $6E_g/q$ 的標準。當超過符合此標準的 N 值後，穿隧機制將參與崩潰過程且最後會主導整個崩潰現象。
在砷化鎵半導體中，游離率以及崩潰電壓除了和摻雜濃度有關外，也和晶面方向有關(參見第一章)[16]。當摻雜濃度接近 10^{16} cm^{-3} 時，崩潰電壓基本上將不再與晶面方向有關。在較低摻雜時，崩潰電壓在 <111> 晶面為最大；但在高摻雜時，最大崩潰電壓則發生在 <100> 晶面。

圖 16(b) 為線性漸變接面所計算之崩潰電壓與雜質濃度梯度的關係。虛線表示雜質濃度梯度 a 的上限值，在這個範圍內其累增崩潰計算是有效的。

上述的三種半導體在崩潰發生時其最大電場強度與空乏區寬度可經由計算而得到。其中圖 17a 表示單邊陡峭接面，而 17b 為線性漸變接面的計算數。對於矽的陡峭接面而言，在崩潰發生時的最大電場為

$$\mathscr{E}_m = \frac{4\times10^5}{1-(1/3)\log_{10}(N/10^{16}\text{ cm}^{-3})} \quad \text{V/cm} \tag{103}$$

在此，N 的單位為 cm^{-3}。

因為游離率與電場強度有強烈的相依性，所以在崩潰發生時的電場，有時也稱為臨界電場 (critical field)，其隨著雜質濃度 N 或梯度 a 緩慢變化(係數為 4 的因子高於 N 與 a 的函數有數個級數值)。因此，在一次近似下，我們可以假設半導體其最大電場 $\mathscr{E}_m$ 為定值，進而由式(101)與(102) 得到 V_{BD} 正比於 $N^{-1.0}$ (對陡峭接面而言)與 V_{BD} 正比於

$N^{-0.5}$（對線性漸變接面而言）。圖 16 所示為一般常用的對照表（係數為 3）。正如預期，對給定摻雜濃度 N 或梯度 a 時，崩潰電壓會隨材料的能隙增加而提高；這是由於累增過程需要能帶到能帶的激發（band-to-band excitation）。在此必須注意到，臨界電場只是一項約略的參考而非為半導體的基本材料特性，其還必須假設一個均勻的電場涵蓋很大的距離。舉例來說：如果只有高電場，但在十分短的距離內發生，則不會產生崩潰現象，這是因為此時並無法滿足式（100）。總電位差（電場乘上距離）也必須大於能隙，能帶到能帶間的載子倍乘才可能產生。例如高電場下，但卻只有很小的電位降落在聚積層（accumulation layer），則也無法造成累增崩潰。

研究過上述比較的所有半導體材料後，我們可以獲得一般性的近似表示式。對於陡峭接面：

$$V_{BD} \approx 60\left(\frac{E_g}{1.1\ \text{eV}}\right)^{3/2}\left(\frac{N}{10^{16}\ \text{cm}^{-3}}\right)^{-3/4} \quad \text{V} \tag{104}$$

其中，E_g 是室溫下的半導體能隙，單位為電子伏特（eV）；N 為背景摻雜濃度，單位為 cm^{-3}。對於線性漸變接面 ：

$$V_{BD} \approx 60\left(\frac{E_g}{1.1\ \text{eV}}\right)^{6/5}\left(\frac{a}{3\times 10^{20}\ \text{cm}^{-4}}\right)^{-2/5} \quad \text{V} \tag{105}$$

其中，a 為摻雜濃度梯度，單位為 cm^{-4}。

對於擴散接面（diffused junction），即靠近一邊為線性梯度變化，而另一側為固定摻雜的情況（如圖 18 中的插圖），則崩潰電壓將介於上述兩種極端狀況之間[18]（如圖 16）。正如圖 18 所示，當 a 值很大時，此種接面的崩潰電壓將可用單邊陡峭接面之結果來決定（底部的線）；另一方面，當 a 值很小時，則此種接面的崩潰電壓將以線性漸變接面之結果來給定（平行線），且與雜質濃度 N_B 無關。

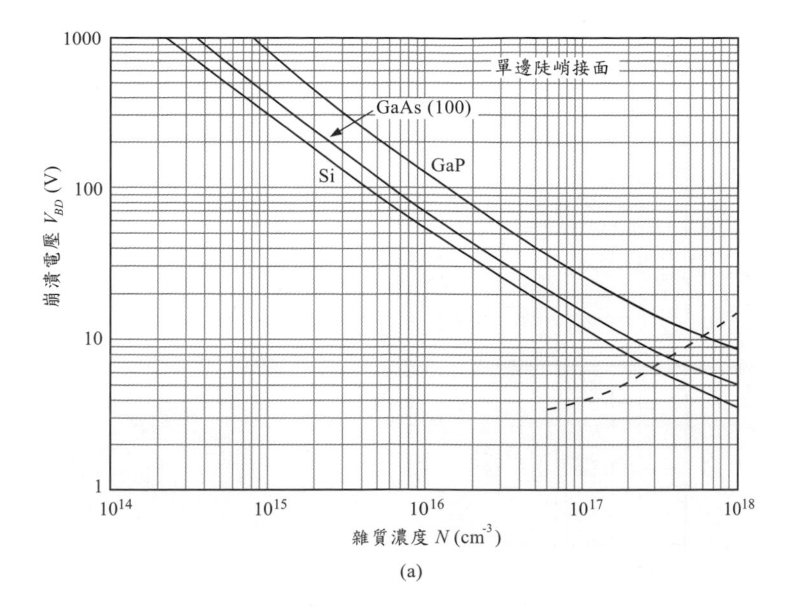

(a)

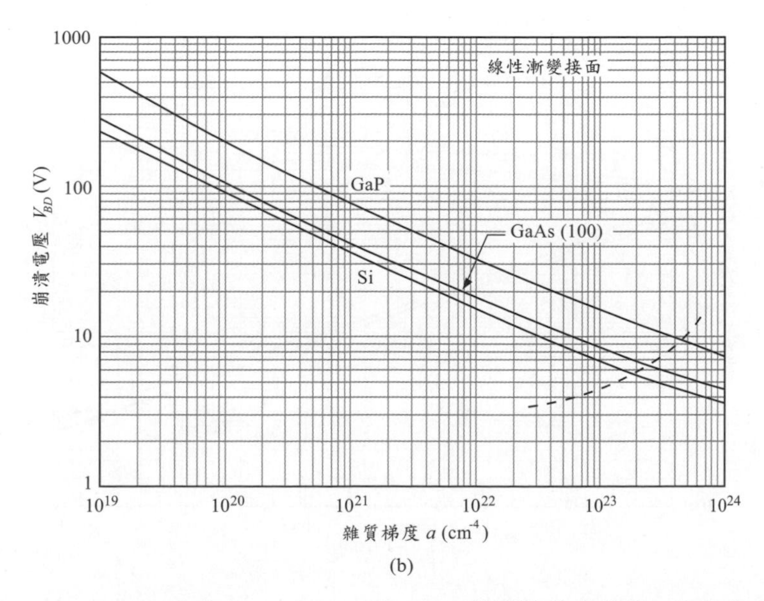

(b)

圖16 Si、<100>方向之 GaAs、以及 GaP 的累增崩潰電壓，分別在 (a) 單邊陡峭接面(對應雜質濃度)，和(b) 線性漸變接面(對應雜質梯度)的情況。圖中虛線表示最大摻雜濃度或梯度；超過此數值後，崩潰特性將由穿隧機制所主導。(參考文獻 14)

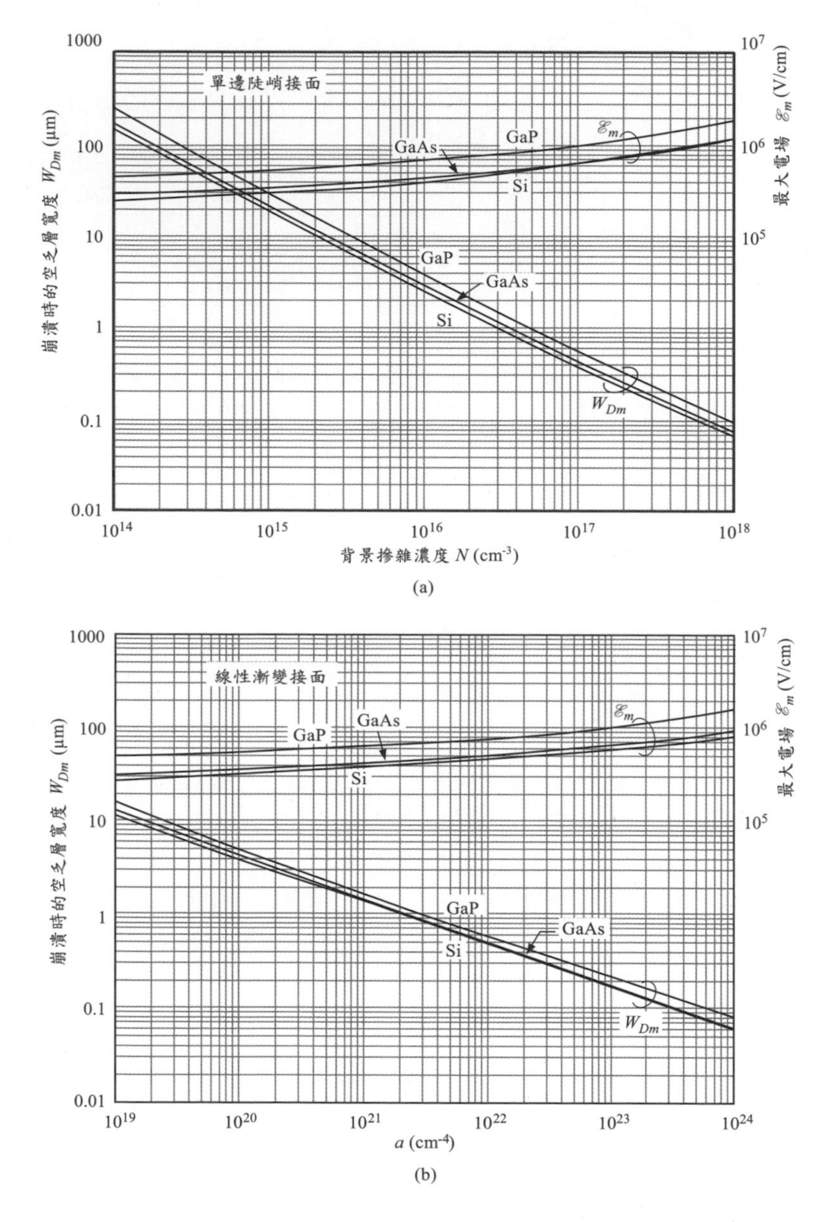

圖17 在 Si、<100> 方向之 GaAs、以及 GaP 中，其崩潰發生時的空乏層寬度與最大電場強度，分別在(a) 單邊陡峭接面，(b) 線性漸變接面的情形。(參考文獻 14)

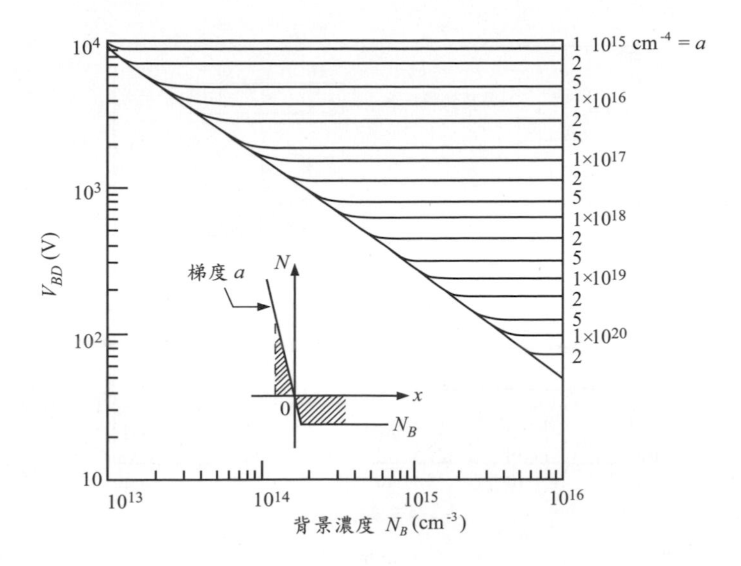

圖18　在 300 K 溫度下，Si 擴散接面的崩潰電壓；插圖表示空間電荷分佈。（參考文獻 18）

在圖 16、17 中，其假設在接面崩潰時，半導體層厚度夠厚而足以產生使最大空乏區寬度 W_{Dm}。但如果半導體厚度 W 小於空乏區寬度 W_{Dm}（如圖 19 中的插圖），則元件將會再崩潰前被貫穿（punched through）[也就是說，空乏區到達 n^+ 區域]。此時若逆向偏壓進一步增加，空乏區寬度不能繼續擴張，而且元件將會提前崩潰。這時候的最大電場 $\mathscr{E}_m$ 基本上與沒有產生貫穿現象之二極體是相同的。

因此，對於發生貫穿的二極體，其崩潰電壓降減低為 V'_{BD}，而相較於正常元件的崩潰電壓 V_{BD}，其關係如下：

$$\frac{V'_{BD}}{V_{BD}} = \frac{\text{插圖中的陰影面積}}{(\mathscr{E}_m W_{Dm})/2} = \left(\frac{W}{W_{Dm}}\right)\left(2-\frac{W}{W_{Dm}}\right) \tag{106}$$

貫穿現象通常都發生於摻雜濃度 N 很低的時候，像是 p^+-π-n^+ 或 p^+-

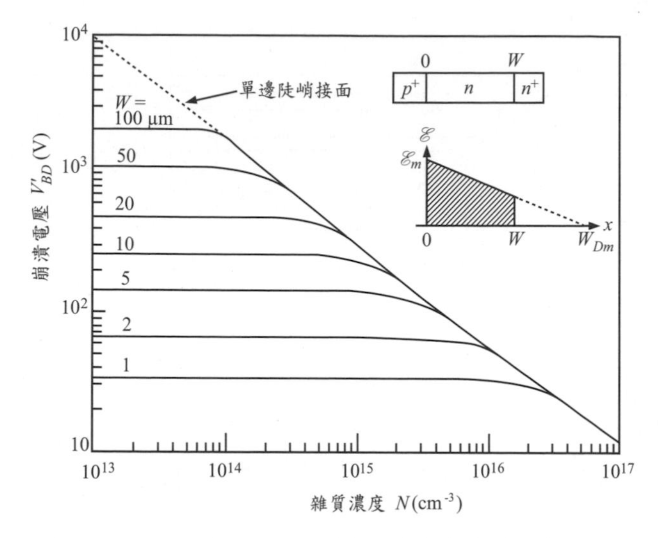

圖19 Si 之 p^+–π–n^+ 與 p^+-ν–n^+ 接面的崩潰電壓，其中 π 表示輕摻雜濃度的 p 型半導體，而 ν 表示輕摻雜濃度的 n型 半導體。W 則爲 π 或 ν 區域的寬度。

ν–n^+ 的二極體，其中 π 表示輕摻雜的 p 型半導體，ν 為輕摻雜的 n 型半導體。對於這種二極體的崩潰電壓可利用式 (106) 計算求出其與背景摻雜濃度的關係。如圖 19 中所示，而此接面元件是在磊晶基板 (epitaxial substrates) 上用矽半導體所製作的單邊陡峭接面(即，在 n^+ 上磊晶一層ν 區域，而磊晶層厚度 W 作為參數)。在固定厚度 W 下，當摻雜濃度降低時，崩潰電壓幾乎為固定值，這是由於磊晶層產生貫穿現象所造成。

到目前為止的結果顯示室溫下的累積崩潰。在較高溫度下，崩潰電壓將會提升。定性上對崩潰電壓增加的解釋為熱載子 (hot carrier)在通過空乏區時，會經由散射而損失部份的能量給光頻聲子 (optical phonons)，並降低游離率 (參見第一章，圖 24)。因此，在固定電場下，載子移動同樣的距離則會損失更多的能量給晶體晶格 (crystal lattice)；這意味著載子必須經過更大的位能差 (或更大的電壓) 才可以獲得足夠的能量產生電子–電洞對。圖 20 預測矽半導體的 V_{BD} 歸一到室溫的值。注意當溫度提高時，崩潰電壓會明顯的提高，特別是較低摻雜濃度 (或是低濃度梯度)[20]。

邊際效應（Edge Effects）當接面為平面製程所形成，其周圍的接面曲率效應則應該被考慮，如圖 21a 所示。特別注意在周圍處，空乏區會變的較窄且電場較大。由於在接面的圓柱形和（或）球形區域內會有較高的電場密度，因此崩潰電壓大小將由此區域決定。在圓柱形或球形區域內的 p-n 接面內的其電位能 $\psi(r)$ 與電場強度 $\mathscr{E}(r)$ 可由波松方程式計算而得

$$\frac{1}{r^n}\frac{d}{dr}[r^n\mathscr{E}(r)]=\frac{\rho(r)}{\varepsilon_s} \tag{107}$$

其中，接面為圓柱形時，$n=1$；接面為圓形時，$n=2$。而電場 $\mathscr{E}(\mathrm{r})$ 可利用下式求解

$$\mathscr{E}(r)=\frac{1}{\varepsilon_s r^n}\int_{r_j}^{r} r^n\rho(r)dr+\frac{C_1}{r^n} \tag{108}$$

其中，r_j 表示冶金接面的曲率半徑。而常數 C_1 必須經過適當的調整，使電場 $\mathscr{E}(r)$ 對距離積分後會等於內建電位能（built-in potential）。

在 300K 溫度下，對矽半導體所製作之單邊陡峭接面，計算所得的崩潰電壓可以簡單的方程式表示[18]：

當接面為圓柱形時，

$$\frac{V_{CY}}{V_{BD}}=\left[\frac{1}{2}(\eta^2+2\eta^{6/7})\ln(1+2\eta^{-8/7})-\eta^{6/7}\right] \tag{109}$$

當接面為球形時，

$$\frac{V_{SP}}{V_{BD}}=\left[\eta^2+2.14\eta^{6/7}-(\eta^3+3\eta^{13/7})^{2/3}\right] \tag{110}$$

其中，V_{CY} 和 V_{SP} 分別表示圓柱形與球形接面的崩潰電壓，而 V_{BD} 及 W_{Dm} 則表示與其相同背景摻雜濃度之平面結構接面的崩潰電壓與最大空乏區寬度，且 $\eta\equiv r_j/W_{Dm}$。圖 21(b) 表示出數值結果對 η 的函數關係。明顯地，崩潰電壓會隨曲率半徑縮小而降低。然而，對於線性漸變的圓柱形與球形接面，經由計算後所得的崩潰電壓並不會因曲率半徑大小而有所改變 21。

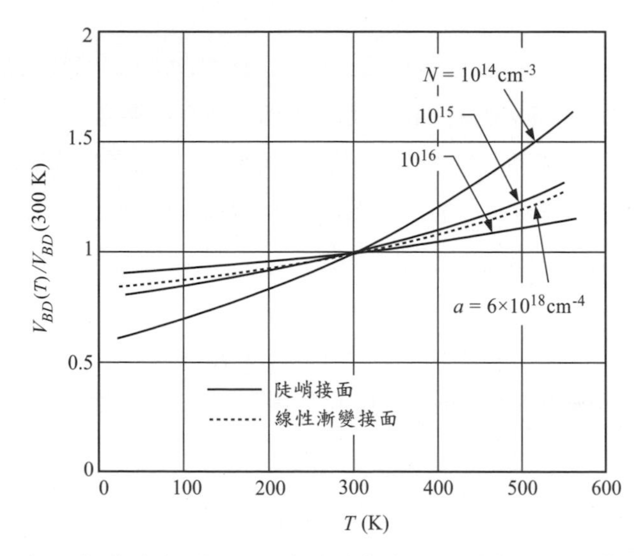

圖20 在矽半導體中，歸一化的累增崩潰電壓對應晶格溫度之關係。一般來說，崩潰電壓將隨著溫度而增加。(參考文獻 19)

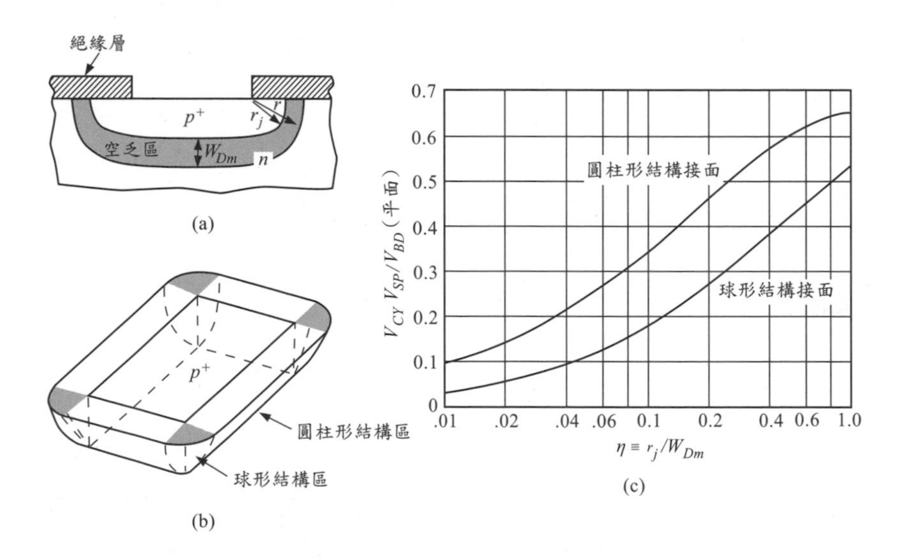

圖21 (a) 利用平面擴散或離子佈值方式所製作的接面，在靠近遮罩 (mask) 的地方會形成彎曲的接面結構。其中r_j爲曲率半徑。(b) 接面彎曲結構的三維度示意圖，在四個端點上表示球形結構。(c) 圓柱形以及球形結構接面之歸化崩潰電壓與歸一化曲率半徑關係。(參考文獻 18)

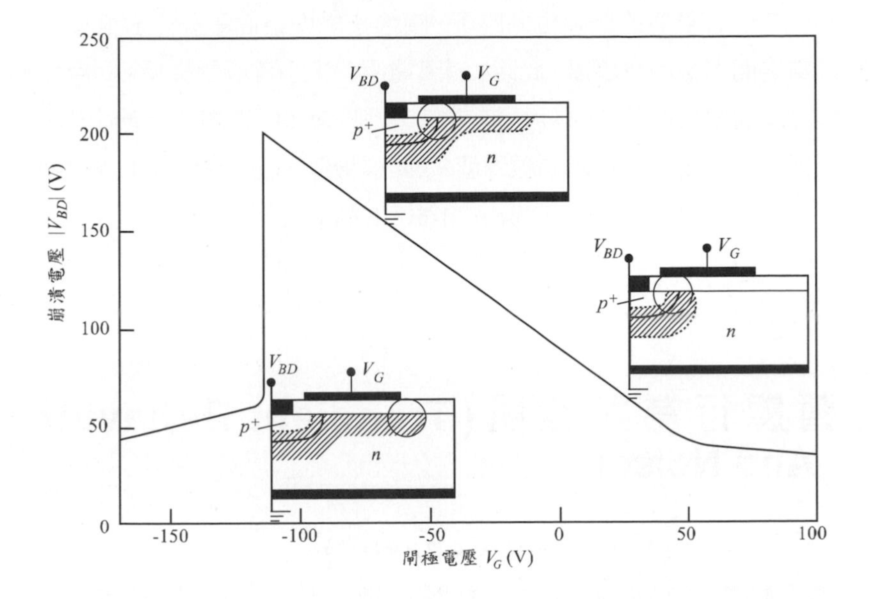

圖22 在閘極二極體（gated diode）中，閘極偏壓與崩潰電壓的關係；其中，電場所引發之崩潰現象的位置會因閘極偏壓而移動。(參考文獻 22）

另一個造成崩潰現象提早發生的邊際效應，是源自於金屬-氧化物-半導體（metal-oxide-semiconductor, MOS）結構，其閘極表面會超過 *pn* 接面。這種結構通常也被稱為閘極二極體（gated diode）。在某些閘極電壓下，閘極邊際的電場強度會高於接面之平面區域的電場強度，且崩潰的發生點會由冶金接面表面區域轉移到閘極的邊際。此崩潰與閘極電壓相依性，如圖 22 所示。當較高的正閘極電壓施加在 p^+-n 接面，p^+ 的表面將會被空乏，而 *n* 表面會發生聚積；此時，崩潰現象會發生在冶金接面表面附近。當閘極偏壓往負的方向掃的時候，則發生崩潰現象的位置將會朝著 *n* 型端（朝著右邊）移動。在中等強度的閘極偏壓下，崩潰電壓與閘極偏壓具有線性關係，如下式[23]

$$V_{BD} = mV_G + 常數 \tag{111}$$

其中，$m \leqq 1$。在更高的負閘極偏壓下，閘極邊緣與接面重疊之表面會有足夠的電場而直接引發崩潰，此時，崩潰電壓的大小會瞬間降低。此閘極二極體之崩潰現象是可逆的、且可被重複量測。為了使邊際效應最小化，必須將閘極介電層的厚度超過臨界值[22]。此種機制也是 MOSFET 中之閘極引發的汲極漏電流（gate-induced drain leakage, GIDL）的主要原因（參見 6.4.5 節）。

2.5 暫態行為與雜訊(Transient Behavior And Noise)

2.5.1 暫態行為 (Tranisent Behavior)

為了應用於切換（switching）電路，由順向偏壓過渡到逆向偏壓必須是陡峭的且暫態時間必須是短暫的，反之亦然。對於 p-n 接面而言，由逆向偏壓切換至順向偏壓時可以快速地反應，然而由順向偏壓到逆向偏壓的響應則會被少數載子的電荷儲存所限制。圖 23a 所示為一個簡單的電路，電路中的 p-n 接面有一順偏壓電流 I_F 流通。當 $t = 0$ 時，切換 S 突然轉向右邊電路，此時有一初始逆向電流 $I_R = (V_R - V_F)/R$ 流通。暫態時間定義為：當電流降低到初始逆向偏電流 I_R 的 10 %，其所需要花費的時間，即圖 23b 中，t_1、t_2 的總和時間，其中而 t_1、t_2 分別表示定電流相（constant-current phase）與衰減相（decay phase）的時間間格。

首先，考慮定電流相[或稱為儲存相（storage phase）]。利用第一章所提及的連續方程式（continuity equation）且改寫來表示 p^+-n 接面（$p_{po} >> n_{no}$）中的 n 型端，可得

$$\frac{\partial p_n(x, t)}{\partial t} = D_p \frac{\partial^2 p_n(x, t)}{\partial x^2} - \frac{p_n(x, t) - p_{no}}{\tau_p} \tag{112}$$

而邊界條件為：在 $t = 0$ 時，電洞的初始分佈為擴散方程式中穩定態的解；而在順向偏壓下，跨越接面的電壓可由式（53b）得知

$$V_j(t) = \frac{kT}{q}\ln\left[\frac{p_n(0,\ t)}{p_{no}}\right] \tag{113}$$

圖 23c 表示出，少數載子密度 p_n 在不同時間間隔下的分佈情況。由式 (113) 可以計算得知，只要在 $p_n(0,\ t)$ 遠大於 p_{no}（在 $0 < t < t_1$ 的時間間格內），則接面上的電位 V_j 仍為 kT/q 的級數，如圖 23d 所示。在此時間間隔內，逆向電流幾乎為定值可以得到定電流相。

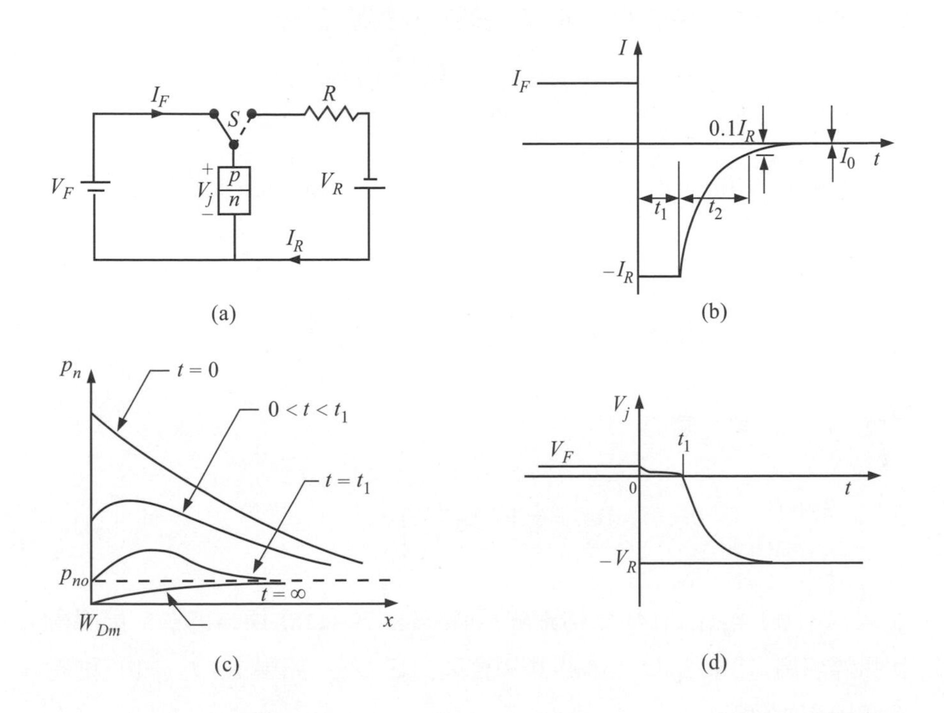

圖23　p-n 接面的暫態行爲。(a) 基本的切換電路，(b) 暫態電流響應，(c) 在不同時間間隔下少數載子在空乏區邊界外的分佈，(d) 暫態接面-電壓響應。(參考文獻 24)

利用超越方程式在給定 t_1 後可以解出與時間相關之連續方程式[24]

$$\mathrm{erf}\sqrt{\frac{t_1}{\tau_p}} = \frac{1}{1+(I_R/I_F)} \tag{114}$$

然而，利用電荷控制模型（charge-control model）能提供更清晰的概念而獲得明確 t_1 表示式；在輕摻雜端所儲存的少數載子電荷可由積分來獲得

$$Q_s = qA\int \Delta p_n dx \tag{115}$$

當 p-n 接面切換到逆向模式後，對連續方程式進行積分後會變為

$$-I_R = \frac{dQ_s}{dt} + \frac{Q_s}{\tau_p} \tag{116}$$

將順向電流 $Q_s(0) = I_F\tau_p$ 的初始條件（initial conduction）帶入上式可得解為

$$Q_s(t) = \tau_p\left[-I_R + (I_F + I_R)\exp\left(\frac{-t}{\tau_p}\right)\right] \tag{117}$$

設定 $Q_s = 0$，則 t_1 變為

$$t_1 = \tau_p \ln\left(1+\frac{I_F}{I_R}\right) \tag{118}$$

比較式 (118) 與式 (114) 的精確解，可得知由式 (118) 所得的估計值將會比實際值高；如果 $I_F/I_R = 0.1$，則將會高出約 2 倍；如果 $I_F/I_R = 10$，則將會高出約 20 倍。

在經過 t_1 後，電洞密度將會開始降低並低於平衡值 p_{no}；而接面上的電壓也開始傾向變為 $-V_R$，且形成新的邊界條件。此為衰減相（decay phase），並具有初始條件為 $p_n(0, t_1) = p_{no}$。t_2 的解可以藉由另一超越方程式得到

$$\mathrm{erf}\sqrt{\frac{t_2}{\tau_p}} + \frac{\exp(-t_2/\tau_p)}{\sqrt{\pi t_2/\tau_p}} = 1 + 0.1\left(\frac{I_R}{I_F}\right) \tag{119}$$

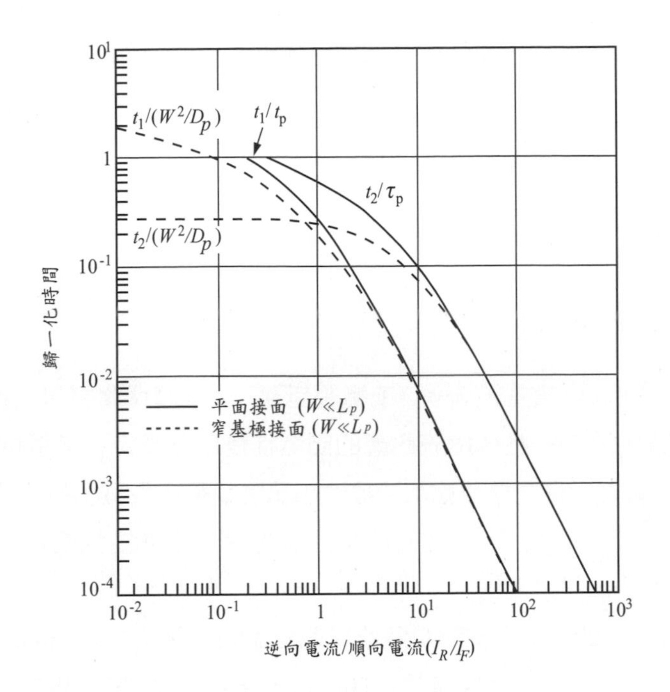

圖24　歸一化時間對不同 I_R/I_F 的關係，W 為 p^+-n 接面中的 n 型區域寬度。(參考文獻 24)

圖 24 所示為對 t_1 以及 t_2 的總結果。其中，實線表示 n 型端的平面接面，其厚度W遠大於擴散長度 (diffusion length) 時的結果 (即：$W >> L_p$)；虛線表示窄的基極接面 (即 $W << L_p$ 的結果)。對大的 I_R/I_F 比例，則暫態時間可近似為

如果 $W >> L_p$

$$t_1 + t_2 \approx \frac{\tau_p}{2}\left(\frac{I_R}{I_F}\right)^{-2} \tag{120}$$

如果 $W << L_p$

$$t_1 + t_2 \approx \frac{W^2}{2D_p}\left(\frac{I_R}{I_F}\right)^{-2} \tag{121}$$

舉例而言，將接面 (其 $W >> L_p$) 由順向電流 10 mA 切換轉為逆向電流

10 mA 時（$I_F/I_R = 1$），則定電流相（constant-current phase）、衰減相（decay phase）的時間間格分別為 0.3 τ_p 與 0.6 τ_p；而全部的暫態時間為 0.9 τ_p。在任何情況下，快速切換必須具有較低的電洞生命期 τ_p；藉由引入雜質以在禁止能隙中形成深能階（deep levels），可以有效降低 τ_p，例如：摻雜金於矽中。

2.5.2 雜訊 (Noise)

雜訊所指的是：當電流流過（或電壓跨落）半導體塊體材料、元件時的自發性變動。這些電壓或電流訊號的自發性變動要設定在較低的極限值，是因為半導體元件主要是應用於放大小訊號或是測量微小的物理量。了解造成這些極限的因子、藉此知識來最佳化操作條件並找出新方法和新技術來減低雜訊是重要的。

觀察到的雜訊一般可分為(1)熱雜訊或稱為強生雜訊（thermal noise or Johnson noise），(2) 閃爍雜訊（flicker noise），(3) 散粒雜訊（shot noise）。熱雜訊在任何導體或半導體元件中都會發生，且這是由於電流載子的隨機熱運動（thermal motion）所造成；由於在任何訊號頻率下的熱訊號皆具相同程度的影響，所以熱雜訊也可稱為白雜訊（white noise）。在開路電路（open-circuit）中，其熱雜訊電壓的均方值為[25,26]

$$\left\langle V_n^2 \right\rangle = 4kTBR \tag{122}$$

其中，B 為頻寬（bandwidth），單位為赫茲；R 是端點（terminals）間之動態阻抗（dV/dI）的實部項（real part）。在室溫下，對具有 1 kΩ 電阻的半導體而言，當訊號頻寬為 1 Hz 時，熱雜訊電壓的均方根 $\sqrt{<V_n^2>}$ 大約只為 4 nV。

閃爍雜訊可藉由跟 $1/f^\alpha$ 成正比的獨特頻譜分佈來區別，其中 a 通常接近 1（所謂的 $1/f$ noise）。閃爍雜訊在較低頻訊號操作下是非常重要的；對大多數的半導體而言，閃爍雜訊的來源是源自表面效應（surface effect）。閃爍雜訊的能量頻譜（$1/f$ noise-power spectrum）

可以藉由 MIS（metal- insulator-semiconductor）閘極端阻抗的損失項（lossy part）來做定性上以及定量上的修正。這損失相是源自於載子在介面缺陷上的複合（recombination）。

散粒雜訊是由於帶電載子的分離（discreteness）並造成電流，為大多數半導體元件中的主要雜訊來源。散粒雜訊在低、中頻時，是與頻率無關的(為white spectrum)；而在較高頻時，則將會變的與頻率相關。對於 *p-n* 接面，其散粒雜訊的雜訊電流（noise current）均方值為

$$\left\langle i_n^2 \right\rangle = 2qB\left|I\right| \tag{123}$$

其中，I 可為順向電流或逆向電流。在低階注入時，全部雜訊電流的均方值(忽略 $1/f$ 雜訊)的總和為

$$\left\langle i_n^2 \right\rangle = \frac{4kTB}{R} + 2qB\left|I\right| \tag{124}$$

由蕭克萊方程式，我們可以獲得

$$\frac{1}{R} = \frac{dI}{dV} = \frac{d}{dV}\left\{ I_0\left[\exp\left(\frac{qV}{kT}\right) - 1\right]\right\} = \frac{qI_0}{kT}\exp\left(\frac{qV}{kT}\right) \tag{125}$$

將式 (125) 帶入式 (124) 操作在順向偏壓的條件

$$\begin{aligned}\left\langle i_n^2 \right\rangle &= 4qI_0B\exp\left(\frac{qV_F}{kT}\right) + 2qI_0B\left[\exp\left(\frac{qV_F}{kT}\right) - 1\right] \\ &\approx 6qI_0B\exp\left(\frac{qV_F}{kT}\right)\end{aligned} \tag{126}$$

在實驗的測量結果也明確證實雜訊電流的均方值是正比於飽和電流 I_0，並會因外界的輻射而增加。

2.6 終端功能(Terminal Function)

p-n 接面為一個可執行各種終端功能的兩端點元件，而終端功能主要取決於外加偏壓條件、摻雜濃度分佈以及元件幾何結構。在這個章節，我

們將簡短地探討幾種特別元件的特性，包含電流−電壓特性、電容−電壓特性和前面章節所提到的崩潰現象。許多其它相關的兩端點元件，將在後續的章節中探討［例如，第八章的穿隧二極體（tunnel diode）、以及第九節衝擊離子化累增渡時二極體（IMPATT diode)］。

2.6.1 整流器 (Rectifier)

整流器為一兩端點元件，在特定方向電流流動時只有很小的電阻值，而在其它方向電流流動時則有非常大的電阻值（即整流器只允許單邊電流流通）。由實際二極體的電流−電壓關係可以得到整流器的順向及逆向電阻

$$I = I_0\left[\exp\left(\frac{qV}{\eta kT}\right) - 1\right] \tag{127}$$

其中，I_0 為飽和電流、而理想因子（ideality factor）η 通常介於 1（此時為擴散電流主導）和 2（此時為復合電流主導）之間。順向直流（或靜態）電阻 R_F 以及小訊號（或動態）電阻 r_F 可由式（127）得到

$$R_F = \frac{V_F}{I_F} \approx \frac{V_F}{I_0}\exp\left(\frac{-qV_F}{\eta kT}\right) \tag{128}$$

$$r_F \equiv \frac{dV_F}{dI_F} \approx \frac{\eta kT}{qI_F} \tag{129}$$

而逆向直流電阻 R_R 以及小訊號電阻 r_R 可由下式得到

$$R_R \equiv \frac{V_R}{I_R} \approx \frac{V_R}{I_0} \tag{130}$$

$$r_R \equiv \frac{dV_R}{dI_R} = \frac{\eta kT}{qI_0}\exp\left(\frac{q|V_R|}{\eta kT}\right) \tag{131}$$

比較式（128)~(131）顯示，直流整流比例 R_R/R_F 隨著（V_R/V_F）exp（$qV_F/\eta kT$）改變，而交流整流比例 r_R/r_F 隨著（I_F/I_0）exp（$q|V_R|/\eta kT$）改變。

通常 p-n 接面所製作之整流器的切換速度較慢；這是由於在順向

導通態轉為逆向阻絕態時，需要較長的時間延遲（time delay）以獲得高阻抗。在整流 60Hz 電流時，時間延遲（正比於少數載子生命期，如圖 24 所示）並不會造成太大的影響；但是在高頻應用上，則必須有效地降低少數載子的生命期，以維持整流效率。大多數的整流器所承受的功率損耗（power- dissipation）能力從 0.1 到 10 W，逆向崩潰電壓從 50 到 2500 V（兩個或以上的 *p-n* 接面串聯在高壓整流器），而低功率二極體的切換時間約為 50 ns，高功率二極體的切換時間約為 500 ns。

整流器在電路上有許多的應用[27]。可用來將交流電壓訊號轉變為各種不同波形。例如：半波形（half-wave）與全波形（full-wave）整流器、限位（clipper）與鉗位（clamper）電路、峰值偵測器［解調器（demodulator）］等等。整流器也可以用來做釋放靜電（electrostatic discharge, ESD）防護元件。

2.6.2 曾納二極體 (Zener diode)

曾納二極體（也稱為電壓調節器）具有可控制的崩潰電壓［稱為曾納電壓（Zener voltage）］；在逆偏電壓下，曾納二極體具有陡峭的崩潰特性。在崩潰發生前，二極體具有很高的電阻；在發生崩潰後，二極體只有很小的動態電阻（dynamic resistance）。因此，端點電壓可被崩潰電壓限制（或調節），且可用來建立固定的參考電壓。

大多數的曾納二極體都是以半導體矽所製作，這是由於矽半導體的二極體具有低飽和電流以及先進矽半導體技術；曾納二極體是兩邊具有較高摻雜濃度的 *p-n* 接面。正如 2.4 節中所討論的，當崩潰電壓 V_{BD} 大於 $6E_g/q$（≈7 V，矽半導體）時，崩潰機制主要為累增崩潰，且 V_{BD} 的溫度係數為正；當 V_{BD} 小於 $4E_g/q$（≈ 5 V，矽半導體）時，崩潰機制為能帶到能帶的穿隧（band-to-band tunneling），且 V_{BD} 的溫度係數為負。當崩潰電壓 V_{BD} 介於 $6E_g/q$ 到 $4E_g/q$ 之間時，崩潰現象是由兩種機制同時主導；此時可聯想到，將正溫度係數二極體串聯負溫度係數二極體可製造出與溫度無關的電壓調節器［溫度影響的因子每 °C 只有約 0.002%］。

2.6.3 變阻器 (Varistor)

變阻器或可變電阻器(Varistor or varisable resistor)是一種兩端點元件，且具有非歐姆行為，即：電阻會隨電壓而改變[28]。式(128)、(129)顯示出，p-n接面二極體在順向偏壓下具有非歐姆特性；而相似的非歐姆特性也在金屬-半導體接觸時出現，此現象將會在第三章中討論。一項關於可變電阻器的應用為：極性相反地併聯兩個二極體，藉此可作為對稱分壓限制器 [symmetrical fractional-voltage (≈ 0.5 V) limiter]；而這種雙二極體所組成的元件不論在何種方向的偏壓下都可以獲得順向電流-電壓特性。非線性關係的可變電阻器元件也可應用於微波的調節器 (modulation)，混和器 (mixing) ，檢波器 (delection or demodulation)。以金屬-半導體接觸 (metal-semiconductor contact) 為基礎的可變電阻器元件更常見。這是因為缺乏少數載子電荷儲存，所以具有較快的反應速度。

2.6.4 變容器 (Varactor)

變容器 (varactor) 術語源自於可變的電抗器(variable reactor)，意指可以藉由控制直流偏壓來調變元件的電抗 (或電容)；而變容器二極體已廣泛應用於參量放大器 (parametric amplification)、諧波產生器 (harmonic generation)、混合器 (mixing)、偵伺器 (detection) 以及電壓調節器 (voltage-variable tuning)。

為了上述地應用，元件必須避免操作在順向偏壓，這是因為過量電流將會影響電容的運作；而逆向偏壓時的基本電容-電壓特性已經在 2.2 節中討論過。我們現在將之前陡峭和線性漸變摻雜分佈推導延伸為廣義的運用。一維的波松方程式為

$$\frac{d^2\psi_i}{dx^2} = -\frac{qN}{\varepsilon_s} \tag{132}$$

其中，N 是廣義的摻雜濃度分佈 (施體摻雜時，符號為負)，如圖 25(a) 所示為：[假設接面其中一端為重摻雜 (heavily doped)]

$$N = Bx^m \qquad \text{for} \qquad x \geq 0 \tag{133}$$

如果 $m = 0$，則 $N = B$，即表示為均勻摻雜濃度分佈（或單邊陡峭接面）；如果 $m = 1$，則摻雜濃度分佈為線性漸變接面。當 $m < 0$，則稱為"超陡峭"（hyper-abrupt）接面；而超陡峭接面的摻雜分佈可用磊晶方式（epitaxial process）或是離子佈植（ion implantation）的方式達成。此時邊界條件為 $\psi(x = 0) = 0$ 以及 $\psi(x = W_D) = V_R + \psi_{bi}$；其中，$V_R$ 是外加逆向偏壓，ψ_{bi} 是內建電位。對波松方程式進行積分，並帶入邊界條件後可以獲得空乏層寬度與單位面積的微分電容（differential capacitance）[29]

$$W_D = \left[\frac{\varepsilon_s (m+2)(V_R + \psi_{bi})}{qB} \right]^{1/(m+2)} \tag{134}$$

$$C_D \equiv \frac{\varepsilon_s}{W_D} = \left[\frac{qB\varepsilon_s^{m+1}}{(m+2)(V_R + \psi_{bi})} \right]^{1/(m+2)} \propto (V_R + \psi_{bi})^{-s} \tag{135}$$

$$s \equiv \frac{1}{m+2} \tag{136}$$

變容器（varactor）的一個重要特性參數為敏感度（sensitivity），敏感度的定義為

$$-\frac{dC_D}{C_D}\frac{V_R}{dV_R} = -\frac{d(\log C_D)}{d(\log V_R)} = \frac{1}{m+2} = s \tag{137}$$

較大的 s 值表示空乏層電容容易隨逆偏電壓而改變。對於線性漸變接面，$m = 1$，$s = 1/3$；對於陡峭接面，$m = 0$，$s = 1/2$；對於超陡峭接面，$m = -1$、$-3/2$、$-5/3$，$s = 1$、2、3。這些接面的電容-電壓關係如圖 25(b) 所示；如預期的，超陡峭接面具最高的敏感度及電容改變量。

2.6.5 快速回復二極體 (Fast-Recovery Diode)

快速回復二極體被設計用於超高切換速度。一般而言可分為兩種類

型：(1) p-n 接面二極體，(2) 金屬-半導體二極體。這兩種二極體的切換行為描述於圖 23(b)。

對 p-n 接面二極體而言，可藉由摻入復合中心來減少總復合時間（$t_1 + t_2$），例如：摻雜金原子於矽半導體中，可有效減少載子生命期。雖然復合時間與載子生命期τ成正比，如圖 24 所示；但很可惜地，不能藉由大量的摻入復合中心（N_t）而無限制地減少復合時間，這是由於 p-n 接面的逆向產生電流亦正比於 N_t［式 (66) 與 (67)］。對於直接能隙半導體，例如：砷化鎵，其少數載子生命期通常是遠小於矽；因此，超高速砷化鎵 p-n 接面二極體復合時間可到達 0.1 ns 的級數甚至更小。對矽而言，實際復合時間約為 1~5 ns。

金屬-半導體二極體［蕭克萊二極體（Schottky diode）］，亦顯示出超高速的特性；這是由此種元件的運作幾乎全是靠主要載子即主要載子元件（majority-carrier devices），而少數載子的儲存效應可忽略。金屬-半導體二極體的特性將會在第三章中進行詳細討論。

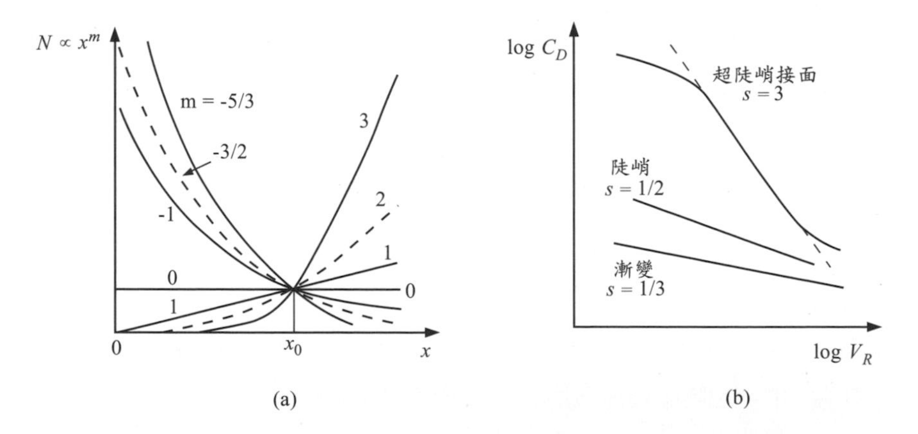

圖25 (a) 變容器中，各種不同摻雜濃度之分佈（以 x_0 濃度做歸一化）。(b) 空乏區電容對逆偏電壓的對數-對數圖。(參考文獻 29、30)

2.6.6電荷儲存二極體 (Charge-storage diode)

與快速復合二極體相反，電荷儲存二極體被設計成在順向導通時儲存電荷，切換為逆向時僅導通極短的時間。一種實際應用的電荷儲存二極體為步復式二極體（step-recovery diode），或稱為突返二極體（snapback diode）；這種二極體在逆向偏壓時僅導通極的短時間，當儲存電荷消耗完時則突然快速關閉。換句話說，這種二極體可用於減少衰減相位（相對於 t_2），但不須減少儲存相位（相對於 t_1）。大多數的電荷儲存二極體是利用矽所製作，具有相對而言較長的少數載子生命期，約 0.5~5 μs（約為快速復合二極體載子生命期的 1000 倍）。減少衰減相位的機制是利用特別的摻雜濃度分佈，被注入的載子被侷限在靠近接面的區域。元件快速關閉約為 *ps* (10^{-12}) 秒的範圍，造成由許多諧波組成的快速上升波前（fast-rising wavefront）。基於這些特性，步復式二極體用於諧波產生器（harmonic generation）及脈衝整形器（pulse shaping)。

2.6.7 *p-i-n*二極體 (*p-i-n* Diode)

p-i-n 二極體是在 *p* 層與 *n* 層半導體中夾入一層本質層（i-region）。然而，實際上理想的本質層可近似為高阻值的 *p*- 層（稱為 π-layer）或高阻值的 *n*- 層（稱為 ν- 層）；而 *p-i-n* 二極體廣泛的應用於微波電路（microwave circuits）。這種二極體的本質層提供了許多特別的性質，例如：低且固定的電容值、逆向偏壓時的高崩潰電壓；其中最特別的是作為可變衰減器（variolosser；variable），藉由控制元件電阻（在順向電流下可線性近似調變）。其切換時間大約為 $W/2v_s$，W 為本質層的寬度[31]。可將訊號調變到 GHz 的範圍。除此之外，ON 狀態閘流體 thyristor；參見第十一章)的順偏特性與 *p-i-n* 二極體相似。

在接近零或小的逆向偏壓時，輕摻雜的本質層則開始到達完全空乏；此時，電容為

$$C = \frac{\varepsilon_s}{W} \tag{138}$$

一旦到達完全空乏，則電容不再隨逆向電壓而改變。圖 19 為 p-i-n 二極體在逆偏下的崩潰電壓；由於本質區只有少量的淨電荷，所以此區域內的電場幾乎為定值，而崩潰電壓可近似為

$$V_{BD} \approx \mathscr{E}_m W \tag{139}$$

其中對低摻雜的矽半導體而言，最大崩潰電場強度約為 2.5×10^5 V/cm。由式 (138)、(139) 知本質層的寬度 W 可控制頻率響應與功率 (來自於最大電壓)間的取捨。

在順向偏壓時，電洞由 p- 型端注入，電子由 n- 型端注入；由於電中性，所注入的電洞、電子密度約相等，且遠高於本質層的背景摻雜濃度；所以 p-i-n 二極體一般操作在高階注入的情況，即：$\Delta p = \Delta n >> n_i$。而傳導的電流由 i- 區域內的復合過程所主導，而復合電流為 [參見式 (74)]：

$$J_{re} = \int_0^W qUdx = \frac{qWn_i}{2\tau}\exp\left(\frac{qV_F}{2kT}\right) \tag{140}$$

直流偏壓下電流-電壓特性更詳細的討論，可參考 11.2.4 節。

然而，p-i-n 二極體元件最有趣的現象，在高頻($> 1/2\pi\tau$)小訊號下，儲存在本質層內的載子不會被 RF 訊號或復合過程所完全消除，在這樣的高頻率下，將不再具有整流的功能，p-i-n 二極體可視為單純電阻；阻值僅由注入的電荷決定，因此正比於直流偏壓電流。此時的動態射頻 (RF) 電阻可簡單地表示為

$$\begin{aligned} R_{RF} &= \rho\frac{W}{A} = \frac{W}{q\Delta n(\mu_n + \mu_p)A} \\ &= \frac{W^2}{J_F\tau(\mu_n + \mu_p)A} \end{aligned} \tag{141}$$

其中，我們假設 $J_F = qW\Delta n/\tau$；而射頻電阻可由直流偏壓電流控制，如圖 26 所示。

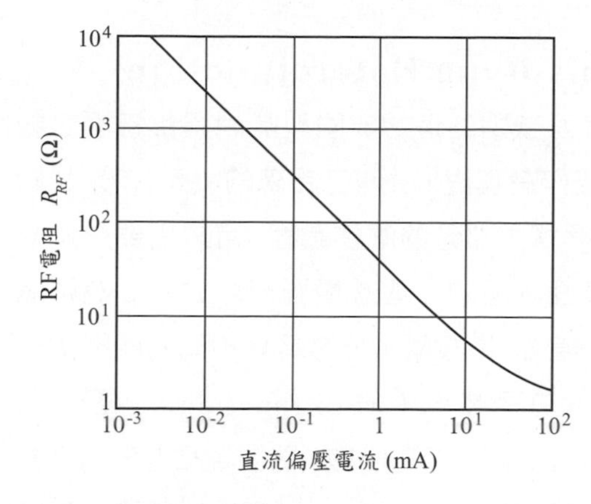

圖26 典型的 *RF* 電阻是直流順偏電流的函數。(參考文獻 32)

2.7 異質接面 (Heterojunction)

部分異質接面的特性已在 1.7 節中討論過。當兩半導體具有相同型態的導電性時，此接面稱為同型異質接面（isotype heterojunction）；當兩導電性型態不同，此接面稱為非同型異質接面（anisotype heterojunction），同時也是較具有應用價值及最常見的結構。1951 年，蕭克萊（Shockley）提出陡峭異質接面做為雙載子電晶體（bipolar transistor）中的有效射極-基極注入器[33]（emitter-base injector）。古巴諾夫（Gubanov）在同一年發表一篇關於異質接面理論的論文[34]。較晚，克羅麥（Kroemer）也發表出分析異質接面做為寬能隙（wide-bandgap）射極的研究[35]。因此，異質接面開始被廣泛地研究，也有許多重要的應用被發展出來，例如：室溫注入雷射(room-temperature injection laser)、發光二極體（light-emitting diode，LED）、光偵測器（photo-detector）、太陽能電池(solar cell)等。在這許多應用裡，藉由製作多層厚度約為 10 nm 的週期性異質接面，可用來研究量子井(quantum-wells）與超晶格（superlattices）特性。異質接面的額外相關知識可參見參考文獻 36-39。

2.7.1 非同型異質接面 (Anisotype Heterojunction)

Anoderson 提出不具有表面缺陷的理想非同型陡峭異質接面之能帶模型[40]，以先前蕭基特的研究作為基礎，所建立起來的。接下來，我們探討此能帶模型，它可充分地解釋大部分的傳輸過程，且只需要透過一小部分的修正即可解釋具有表面缺陷的非理想情況。圖 27a、c 為兩隔離半導體 (具有相反型態)的能帶圖。假設兩半導體具有不同的能隙 E_g、介電常數 ε_s (permittivities)、功函數 ϕ_m (work function) 以及不同的電子親和力 χ (electron affinities)；而功函數、電子親和力分別定義為：將電子由費米能階、導帶 (conduction band) 最底端移至真空能階 (vacuum level)所需要的能量。兩半導體導帶邊緣的能階差為 ΔE_C，價帶邊緣能階差為ΔE_V。如圖 (27) 所示，電子親和力規則 ($\Delta E_C = q\Delta\chi$)，在所有情況中並非都是有效的假設。然而，藉由經驗選擇適當的 ΔE_C，Anderson 模型仍然適合且不須變更。[41]

當接面由上述的半導體所組成時，在平衡狀態下，n-p 非同型異質接面的能帶分佈如圖 27b 所示，其中窄能隙 (narrow-bandgap) 材料為 n 型半導體。由於在平衡態時，接面兩端的費米能階高度必須相同，而真空能階在任何位置皆平行能帶邊緣 (band edge) 且連續；因此當能隙寬度、電子親和力與摻雜無關時 (非簡併半導體)，在接面不連續的導帶能階差 (ΔE_C) 與價帶能階差 (ΔE_V) 不因摻雜而改變。總內建電位能 ψ_{bi} 等於($\psi_{b1} + \psi_{b2}$)，其中 ψ_{b1}、ψ_{b2} 分別為半導體 1、2 在平衡態下的內建電位能。* 由圖 27 可明顯看出當平衡時 ($E_{F1} = E_{F2}$)，總內建電位為

$$\psi_{bi} = \left|\phi_{m1} - \phi_{m2}\right| \tag{142}$$

解接面兩端階梯接面 (step junction) 的波松方程式，可得空乏區寬度與空乏電容；其邊界條件為，電位移連續 (electric displacement)，即：接面介面上，$\mathscr{D}_1 = \mathscr{D}_2 = \varepsilon_{s1}\mathscr{E}_1 = \varepsilon_{s2}\mathscr{E}_2$。可得

$$W_{D1} = \left[\frac{2N_{A2}\varepsilon_{s1}\varepsilon_{s2}(\psi_{bi} - V)}{qN_{D1}(\varepsilon_{s1}N_{D1} + \varepsilon_{s2}N_{A2})}\right]^{1/2} \tag{143a}$$

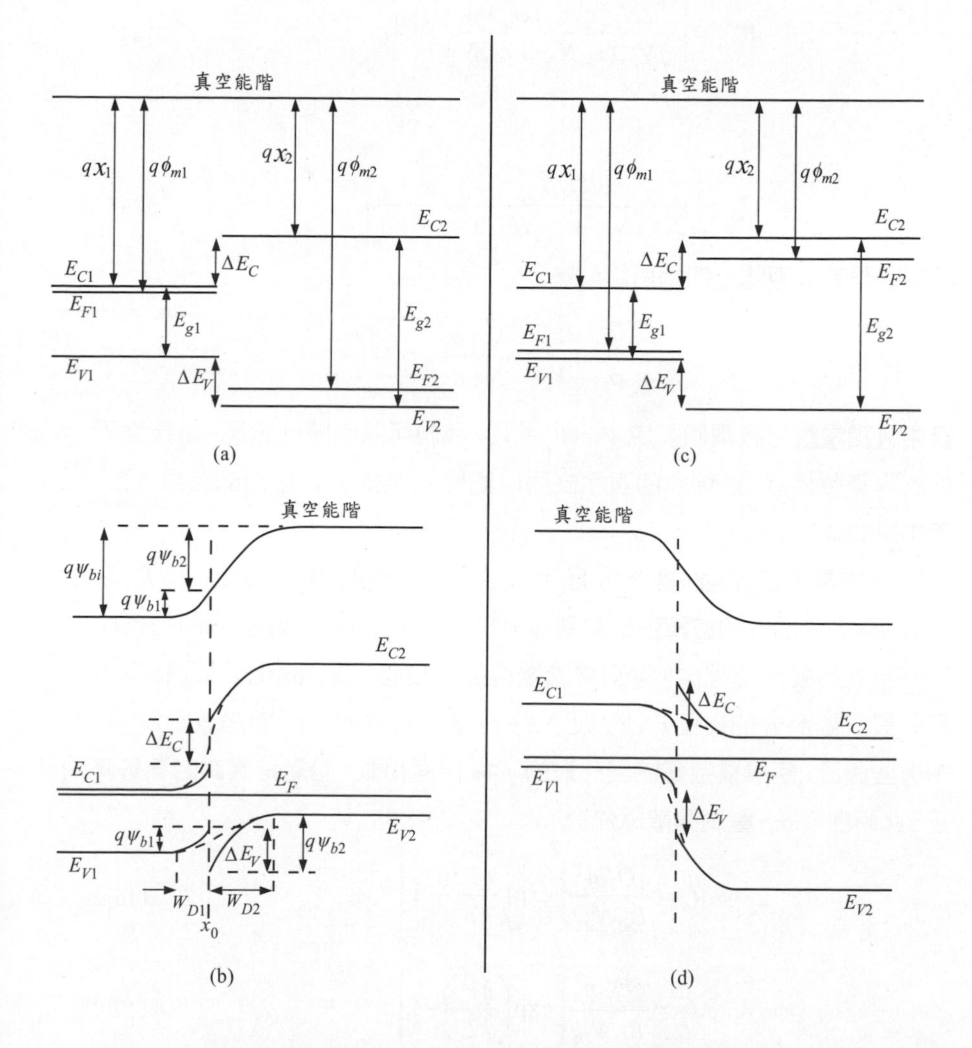

圖27　能帶分佈圖對於(a) 摻雜型態、能隙 E_g 皆不同的兩個半導體，在未接觸時的情形(能隙較小者爲 n 型半導體)，以及(b) 理想的非同型異質接面在熱平衡時的能帶分佈。(c)、(d) 與 (a)、(b) 相同，而能隙較小者爲 p 型半導體。在 (b)、(d) 中，跨越接面的虛線表示能帶逐漸變化的部分。(參考文獻 40)

$$W_{D2} = \left[\frac{2N_{D1}\varepsilon_{s1}\varepsilon_{s2}(\psi_{bi} - V)}{qN_{A2}(\varepsilon_{s1}N_{D1} + \varepsilon_{s2}N_{A2})} \right]^{1/2} \tag{143b}$$

以及

$$C_D = \left[\frac{qN_{D1}N_{A2}\varepsilon_{s1}\varepsilon_{s2}}{2(\varepsilon_{s1}N_{D1} + \varepsilon_{s2}N_{A2})(\psi_{bi} - V)} \right]^{1/2} \tag{144}$$

而接面兩端半導體上的相對電位為

$$\frac{\psi_{b1} - V_1}{\psi_{b2} - V_2} = \frac{N_{A2}\varepsilon_{s2}}{N_{D1}\varepsilon_{s1}} \tag{145}$$

其中外加電壓分成兩個區域 $V = V_1 + V_2$。我們可以明顯地發現，當接面兩端的半導體相同時，前述的表示式可以回歸到傳統 p-n 接面的結果（2.2 節中所討論）。

考慮電流的流通，圖 27b 顯示當 E_V 通過接面附近的尖端時，E_C 單調遞增。由於額外的位障造成熱離子發射（thermionic emission）瓶頸，在一系列的擴散過程中，電洞電流變得更為複雜。為了簡化分析過程，我們假設一個漸變的接面，ΔE_C 與 ΔE_V 在空乏區內的過渡變為較平滑；藉由這些假設，使得擴散電流與一般的 p-n 接面相似，但需有適當的參數修正。此時的電子、電洞擴散電流為：

$$J_n = \frac{qD_{n2}n_{i2}^2}{L_{n2}N_{A2}} \left[\exp\left(\frac{qV}{kT} \right) - 1 \right] \tag{146a}$$

$$J_p = \frac{qD_{p1}n_{i1}^2}{L_{p1}N_{D1}} \left[\exp\left(\frac{qV}{kT} \right) - 1 \right] \tag{140b}$$

註釋・*annotation*

* 慣例上，能隙較小的材料，會較先標記，即：下標的數字越小。

需注意能帶邊緣差（band offset）ΔE_C、ΔE_V 並沒有出現在上述的方程式中，且擴散電流只與接收端的半導體特性有關，與同質接面（homojunction）的結果相似。總電流密度為

$$J = J_n + J_p = \left(\frac{qD_{n2} n_{i2}^2}{L_{n2} N_{A2}} + \frac{qD_{p1} n_{i1}^2}{L_{p1} N_{D1}} \right) \left[\exp\left(\frac{qV}{kT} \right) - 1 \right] \tag{147}$$

另一個讓人感興趣的是兩種擴散電流的比例

$$\frac{J_n}{J_p} = \frac{L_{p1} D_{n2} N_{D1} n_{i2}^2}{L_{n2} D_{p1} N_{A2} n_{i1}^2} = \frac{L_{p1} D_{n2} N_{D1} N_{C2} N_{V2} \exp(-E_{g2}/kT)}{L_{n2} D_{p1} N_{A2} N_{C1} N_{V1} \exp(-E_{g1}/kT)}$$
$$\approx \frac{N_{D1}}{N_{A2}} \exp\left(\frac{-\Delta E_g}{kT} \right) \tag{148}$$

由上式發現，載子注入比例除了與摻雜比例成正比外，並與能隙差（bandgap difference）ΔE_g 成指數關係。此為雙載子電晶體設計的重要依據，其中載子注入比例與電流增益（current gain）直接相關；異質接面雙載子電晶體（heterojunction bipolar transistor, HBT）利用寬能隙半導體做為射極抑制基極電流，在第五章中將會有更詳細的探討。

2.7.2 同型異質接面 (Isotype Heterojunction)

同型異質接面的情況與前述的非同型異質接面有些許不同。在 n-n 型異質接面中，因為寬能隙半導體的功函數較小，所以能帶的彎曲與 n-p 型異質接面相反 [如圖28a][42]。（$\psi_{b1} - V_1$）與（$\psi_{b2} - V_2$）之間的關係可由介面電位移連續（$\mathscr{D} = \varepsilon_s \mathscr{E}$）邊界條件得到。區域 1 的介面為聚積模式（accumulation），介面的載子增加滿足波茲曼統計，而 x_0 處的電場強度為（詳細的推導可參見p.84的注解）

$$\mathscr{E}_1(x_0) = \sqrt{\frac{2qN_{D1}}{\varepsilon_{s1}} \left\{ \frac{kT}{q} \left[\exp\frac{q(\psi_{b1} - V_1)}{kT} - 1 \right] - (\psi_{b1} - V_1) \right\}} \tag{149}$$

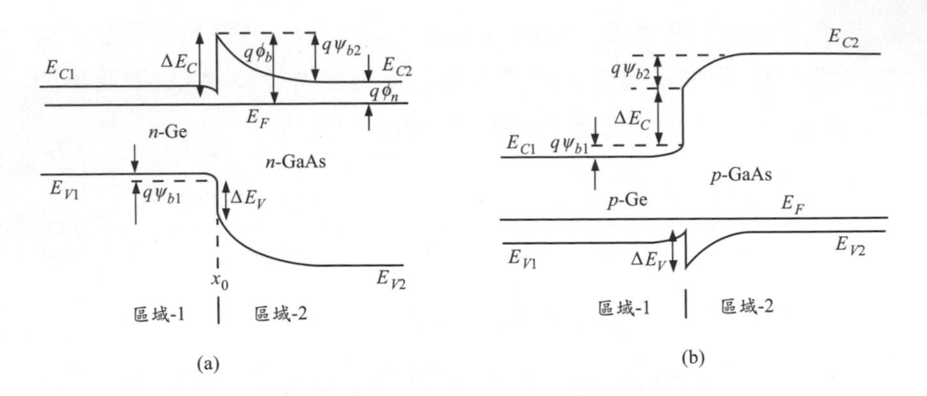

圖28 理想之(a) n-n 型，與(b) p-p 型同型異質接面能帶圖。(參考文獻 40、42)

在區域 2 的介面為空乏模式（depletion），介面處的電場強度為：

$$\mathscr{E}_2(x_0)=\sqrt{\frac{2qN_{D2}(\psi_{b2}-V_2)}{\varepsilon_{s2}}} \tag{150}$$

由式 (149) 以及(150) 的電位移方程式 $\mathscr{D} = \varepsilon_s\mathscr{E}$，得知 ($\psi_{b1}-V_1$) 與 ($\psi_{b2}-V_2$) 之間的複雜關係式。然而，如果 $\varepsilon_{s1}N_{D1}/\varepsilon_{s2}N_{D2}$ 的比值為1的數量級，且 $\psi_{bi} = \psi_{b1}+\psi_{b2}>>kT/q$，我們可得[42]

$$\exp\left[\frac{q(\psi_{b1}-V_1)}{kT}\right]\approx\frac{q}{kT}(\psi_{bi}-V) \tag{151}$$

其中 $V = V_1 + V_2$ 為總外加偏壓。圖28b顯示平衡時的理想 p-p 異質接面能帶圖。

對載子的傳輸而言，如圖28a的位障所示，傳導機制由主要載子的熱離子發射所主導，本例子的主要載子為電子(詳述請見第三章)。因此，電流密度為：

$$J=qN_{D2}\sqrt{\frac{kT}{2\pi m_2^*}}\exp\left(\frac{-q\psi_{b2}}{kT}\right)\left[\exp\left(\frac{qV_2}{kT}\right)-\exp\left(\frac{-qV_1}{kT}\right)\right] \tag{152}$$

結合式 (151) 與 (152)，可得電流−電壓的關係：

$$J = \frac{q^2 N_{D2} \psi_{bi}}{\sqrt{2\pi m_2^* kT}} \exp\left(\frac{-q\psi_{bi}}{kT}\right)\left(1-\frac{V}{\psi_{bi}}\right)\left[\exp\left(\frac{qV}{kT}\right)-1\right] \tag{153}$$

由於當金屬−半導體接觸時，電流為熱離子發射所主導，指數項前的因子通常表示成等效 Richardson 常數 A^* 以及位障 ϕ_b。藉由 A^* 以及適當的 N_{D2} 表示式代換，上述的電流密度方程式變為：

$$\begin{aligned} J &= \frac{q\psi_{bi} A^* T}{k}\left(1-\frac{V}{\psi_{bi}}\right)\exp\left(\frac{-q\psi_{b1}}{kT}\right)\exp\left(\frac{-q\phi_b}{kT}\right)\left[\exp\left(\frac{qV}{kT}\right)-1\right] \\ &= J_0\left[\exp\left(\frac{qV}{kT}\right)-1\right] \end{aligned} \tag{154}$$

此關係不同於金屬−半導體接觸，不但 J_0 值 [$A^*T^2 exp\ (-q\phi_B/kT)$]不同，且與溫度的關係也不同。逆向電流在高電壓 $-V$下線性地增加且不會飽和。在順偏時，J 與 V 可近似為指數關係 $J \propto \exp\ (qV/\eta kT)$。

參考文獻

1. W. Shockley, "The Theory of *p-n* Junctions in Semiconductors and *p-n* Junction Transistors," *Bell Syst*. Tech. J., **28**, 435 (1949);
2. W. Shockley, *Electrons and Holes in Semiconductors*, D. Van Nostrand, Princeton, New Jersey, 1950.
3. C. T. Sah, R. N. Noyce, and W. Shockley, "Carrier Generation and Recombination in *p-n* Junction and *p-n* Junction Characteristics," *Proc. IRE*, **45**, 1228 (1957).
4. J. L. Moll, "The Evolution of the Theory of the Current-Voltage Characteristics of *p-n* Junctions," *Proc. IRE*, **46**, 1076 (1958).
5. C. G. B. Garrett and W. H. Brattain, "Physical Theory of Semiconductor Surfaces," *Phys. Rev*., **99**, 376 (1955).
6. C. Kittel and H. Kroemer, *Thermal Physics*, 2nd Ed., W. H. Freeman and Co., San Francisco, 1980.
7. W. C. Johnson and P. T. Panousis, "The Influence of Debye Length on the *C-V* Measurement of Doping Profiles," *IEEE Trans. Electron Devices*, **ED-18**, 965 (1971).
8. B. R. Chawla and H. K. Gummel, "Transition Region Capacitance of Diffused *p-n* Junctions," *IEEE Trans. Electron Devices*, **ED-18**, 178 (1971).
9. M. Shur, *Physics of Semiconductor Devices*, Prentice-Hall, Englewood Cliffs, New Jersey, 1990.
10. H. K. Gummel, "Hole-Electron Product of *p-n* Junctions," *Solid-State Electron*., **10**, 209 (1967).
11. J. L. Moll, *Physics of Semiconductors,* McGraw-Hill, New York, 1964.
12. M. J. O. Strutt, *Semiconductor Devices*, Vol. 1, *Semiconductor and Semiconductor Diode*s, Academic, New York, 1966, Chapter 2.
13. P. J. Lundberg, private communication.
14. S. M. Sze and G. Gibbons, "Avalanche Breakdown Voltages of Abrupt and Linearly Graded *p-n* Junctions in Ge, Si, GaAs, and GaP," *Appl. Phys. Lett*., **8**, 111 (1966).
15. R. M. Warner, Jr., "Avalanche Breakdown in Silicon Diffused Junctions," *Solid-State Electron*., **15,** 1303 (1972).
16. M. H. Lee and S. M. Sze, "Orientation Dependence of Breakdown Voltage in GaAs," *Solid-State Electron*., **23,** 1007 (1980).
17. F. Waldhauser, private communication.

18. S. K. Ghandhi, *Semiconductor Power Devices*, Wiley, New York, 1977.

19. C. R. Crowell and S. M. Sze, "Temperature Dependence of Avalanche Multiplication in Semiconductors," *Appl. Phys. Lett.*, **9**, 242 (1966).

20. C. Y. Chang, S. S. Chiu, and L. P. Hsu, "Temperature Dependence of Breakdown Voltage in Silicon Abrupt *p-n* Junctions," IEEE *Trans. Electron Devices,* **ED-18**, 391 (1971).

21. S. M. Sze and G. Gibbons, "Effect of Junction Curvature on Breakdown Voltages in Semiconductors," *Solid-State Electron.*, **9**, 831 (1966).

22. A. Rusu, O. Pietrareanu, and C. Bulucea, "Reversible Breakdown Voltage Collapse in Silicon Gate-Controlled Diodes," *Solid-State Electron.*, **23**, 473 (1980).

23. A. S. Grove, O. Leistiko, Jr., and W. W. Hooper, "Effect of Surface Fields on the Breakdown Voltage of Planar Silicon p-n Junctions," *IEEE Trans. Electron Devices*, **ED-14**, 157 (1967).

24. R. H. Kingston, "Switching Time in Junction Diodes and Junction Transistors," *Proc. IRE*, **42**, 829 (1954).

25. A. Van der Ziel, *Noise in Measurements*, Wiley, New York, 1976.

26. A. Van der Ziel and C. H. Chenette, "Noise in Solid State Devices," *in Advances in Electronics and Electron Physics,* Vol. 46, Academic, New York, 1978.

27. K. K. Ng, *Complete Guide to Semiconductor Devices*, 2nd Ed., Wiley, New York, 2002.

28. J. P. Levin, "Theory of Varistor Electronic Properties", *Crit. Rev. Solid State Sci.*, **5,** 597 (1975).

29. M. H. Norwood and E. Shatz, "Voltage Variable Capacitor Tuning-Review," *Proc. IEEE*, **56,** 788 (1968).

30. R. A. Moline and G. F. Foxhall, "Ion-Implanted Hyperabrupt Junction Voltage Variable Capacitors," IEEE *Trans. Electron Devices*, **ED-19**, 267 (1972).

31. G. Lucovsky, R. F. Schwarz, and R. B. Emmons, "Transit-Time Considerations in *p-i-n* Diodes," *J. Appl. Phys.*, **35**, 622 (1964).

32. A. G. Milnes, *Semiconductor Devices and Integrated Electronics*, Van Nostrand, New York, 1980

33. W. Shockley, U.S. Patent 2,569,347 (1951).

34. A. I. Gubanov, *Zh. Tekh. Fiz.*, **21**, 304 (1951); *Zh. Eksp. Teor. Fiz.*, **21**, 721 (1951).

35. H. Kroemer, "Theory of a Wide-Gap Emitter for Transistors," *Proc. IRE*, **45**, 1535 (1957).

36. H. C. Casey, Jr., and M. B. Panish, *Heterostructure Lasers,* Academic, New York, 1978.

37. A. G. Milnes and D. L. Feucht, *Heterojunctions and Metal-Semiconductor Junctions,* Academic, New York, 1972.

38. B. L. Sharma and R. K. Purohit, *Semiconductor Heterojunctions,* Pergamon, London, 1974.

39. P. Bhattacharya, Ed., *III-V Quantum Wells and Superlattices,* INSPEC, London, 1996.

40. R. L. Anderson, "Experiments on Ge-GaAs Heterojunctions," *Solid-State Electron.*, **5**, 341 (1962).

41. W. R. Frensley and H. Kroemer, "Theory of the Energy-Band Lineup at an Abrupt Semiconductor Heterojunction," *Phys. Rev. B*, **16**, 2642 (1977).

42. L. L. Chang, "The Conduction Properties of Ge-GaA_{sl}-xP_x *n-n* Heterojunctions," *Solid-State Electron.*, **8**, 721 (1965).

習題

1.一個面積為 1 cm^2 之矽 p–n 階梯接面（step junction）由摻雜 10^{17} 個施體/cm^3 的 n- 區域以及 2×10^{17} 個受體/cm^3 的 p- 區域所構成[所有施體與受體都離子化]。求內建電位。

2.如下圖所示為一個矽 p^+–n 接面所量測的空乏電容值(在 n- 型磊晶層內形成)。元件的面積為 10^{-5} cm^2，p^+ 層的厚度為 0.07 μm。求磊晶層的厚度。

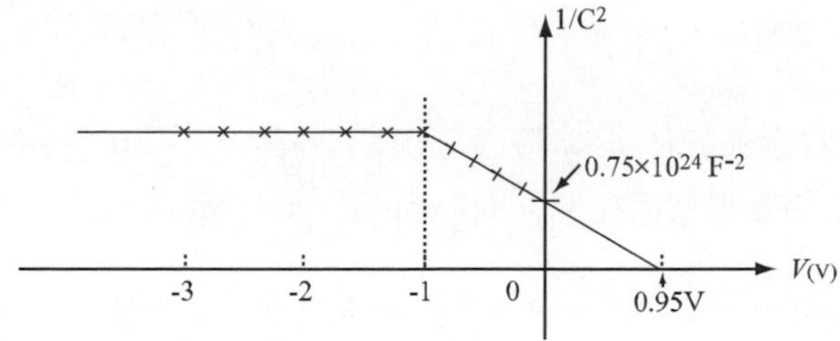

3.一個矽 p–n 接面，在 p 端為具 10^{19} cm^{-4} 雜質梯度的線性漸變接面，在 n 端上有 3×10^{14} cm^{-3} 的均勻摻雜。(a) 若在零偏壓時p端的空乏區寬度為 0.8 μm，求熱平衡時空乏區的總寬度，內建電位以及最大電場值。(b) 畫出此接面之雜質與電場分佈圖。

4.在熱平衡狀況下，求出 p^+-n_1-n_2 結構的空乏區寬度以及最大電場。

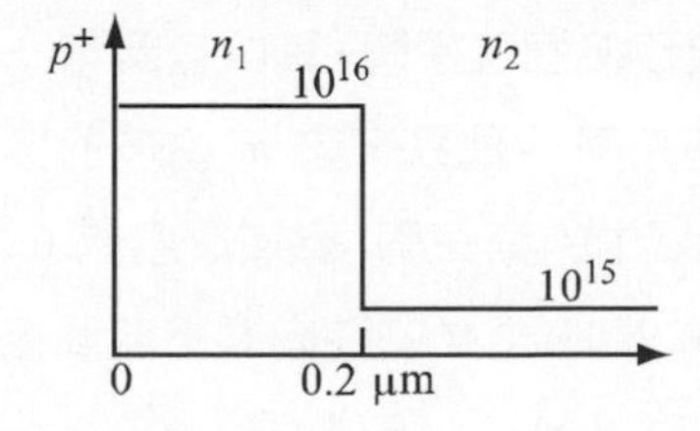

5.(a) 一矽 p^+-n 接面在 300 K 時之參數如下: $\tau_p = \tau_g = 10^{-6}$ s，$N_D = 10^{15}$ cm^{-3}。求 5 V 偏壓下，空乏區的產生電流密度與總逆向電流密度。(b)若 τ_p 降 100 倍而 τ_g 維持不變，總逆向電流密度是否將有任何顯著的改變嗎?

6. 一p^+-n 接面在摻雜 $N_D = 10^{15}\ cm^{-3}$ 的 n- 型基板上形成。若接面處有 $10^{15}\ cm^{-3}$ 密度的產生-復和中心並位於矽的本質費米能階上方 0.02 eV 處，且 $\sigma_n = \sigma_p = 10^{-15}\ cm^2 (v_{th} = 10^{7}cm/s)$，請計算在 $-0.5V$ 下產生與復和的電流值。

7. 給予一 p-n 接面，在 p 端摻雜 $1 \times 10^{17}\ cm^{-3}$ 雜質而 n 端摻雜 $1\times10^{19}\ cm^{-3}$ 雜質，且置於逆向偏壓 -2 V下，若有效生命期為 1×10^{-5} 秒，請計算產生-復和電流密度。

8. 設計一陡峭摻雜分佈的矽 p^+-n 接面二極體(假設 $\tau_p = 10^{-7}$ s)使其具備 130 V 之逆向崩潰電壓且在 V = 0.7 volt下，順向電流為 2.2 mA。

9. (a) 假設$\alpha = \alpha_0\ (\mathscr{E}/\mathscr{E}_0)^m$，其中 α_0，$\mathscr{E}_0$ 以及 m 為常數；並假設 $\alpha_n = \alpha_p = \alpha$。請推導一個均勻摻雜受體濃度 N_A 以及介電常數為 ε_s 之 n^+-p 接面的累增崩潰電壓表示式。(b) 若 $\alpha_0 = 10^4\ cm^{-1}$，$\mathscr{E}_0 = 4\times10^5$ V/cm，$m = 6$，$N_A = 2\times10^{16}\ cm^{-3}$ 以及 $\varepsilon_s = 10^{-12}$ F/cm，則崩潰電壓為何？

10. 當一矽 p^+-n 接面逆偏 30 V時，其空乏層電容為 1.75 nF/cm^2。若最大電崩潰電場為 3.1×10^5 V/cm，求崩潰電壓值。

11. 一個具有 p^+-i-n^+-i-n^+ 摻雜輪廓之矽接面二極體，其中包含有一個非常窄的n$^+$區域(被兩個 i- 區域所包夾著)。此狹窄之 n^+ 區域的摻雜為$10^{18}\ cm^{-3}$，其寬度為 10 nm。包夾n區域中的第一個i-區域厚度為 0.2 μm，而第二個 i- 區域厚度為 0.8 μm。當外加 20 V 的逆向偏壓於此接面二極體上，求第二個 i- 區域中電場的大小。

12. 對於一個矽 p^+-n-n^+ 單邊陡峭接面，其施體摻雜濃度為 $5\times10^{14}\ cm^{-3}$，最大崩潰電場為 3×10^5 V/cm。若n-型磊晶層的厚度降至 5 μm，求崩潰電壓值。

13.對於一個矽 p^+-n 單邊陡峭接面，其施體摻雜 $N_D = 2\times10^{16}$ cm^{-3}，崩潰電壓為 32 V[圖(a)]。若摻雜之濃度分佈改為圖(b)，求崩潰電壓。

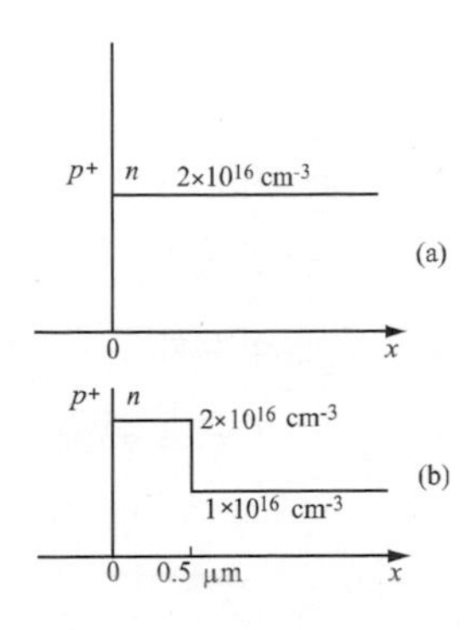

14.對於一逆向偏壓為 200 V 的矽 p^+-i-n^+ 二極體，其相對應的電容值為 1.05 nF/cm^2，求電子之倍乘因子 Mn 的值。

15.在一摻雜 $N_A = 10^{16}$cm^{-3} 之"理想"矽 n^+-p 接面，少數載子生命期為 10^{-8} s，移動率為 966 cm^2/V-s，求順向偏壓 1 V下，1 μm 寬之中性p-區域內所儲存的少數載子數目。

16.對於一個摻雜 $N_D = 10^{15}$cm^{-3} 之理想矽 p^+-n 陡峭接面，求順向偏壓 1 V下，在中性區中所儲存的少數載子 (C/cm^2)。假設中性區的長度為 1 μm 以及電洞的擴散長度為 5 μm。電洞的分佈為

$$p_n \cdot p_{n0} = p_{n0}\left[\exp\left(\frac{qV}{Kt}\right)-1\right]\exp\left[\frac{-(x-x_n)}{L_p}\right]$$

17.對於一個超陡峭 p^+-n 接面之變容器，其 n 端摻雜的輪廓為 $n(x) = Bx^m$，其中 B 為常數、$m = -3/2$。請推導微分電容的表示式。

18.考慮一內建電位為1.6 V之理想陡峭異質接面。雜質濃度在半導體 1 與 2 中分別為 1×10^{16} 施體/cm^3 以及 3×10^{19} 受體/cm^3，而介電常數分別為 12 以及 13。求外加 0.5 V 以及 −5 V下每個材料內之靜電位能以及空乏區寬度。

19.在室溫下，對於一個 n-GaAs / p-Al$_{0.3}$Ga$_{0.7}$As 的異質接面（$\Delta E_C = 0.21$ eV）。(1) 此異質接面屬於何種型態？(2) 當兩邊摻雜濃度均為 5×10^{15} cm^{-3} 時，根據Anderson 模型，求熱平衡下空乏區的總寬度；(3) 繪出其能帶圖。(提示：對於AlGaAs的能隙請參考第一章的圖 32。Al$_x$Ga$_{1-x}$As 介電常數為12.4–3.12x。並假設 Al$_x$Ga$_{1-x}$As 之 N_C 和 N_V 相等，其中 $0 < x$

< 0.4)。

20.異質接面在 GaAs 以及 $Al_{0.4}Ga_{0.6}As$ 的對齊屬於 *I*- 型態。$Al_{0.4}Ga_{0.6}As$ 與 GaAs 兩者分別摻雜有濃度為 10^{20} cm^{-3} 以及 10^{16} cm^{-3} 的碳。(a) 假設兩個半導體的介電常數相同，求熱平衡下全部的空乏寬度。(b) 請繪出 $V = 0$ 之能帶圖。

3

金屬－半導體接觸

3.1 簡介
3.2 位障的形成
3.3 電流傳輸過程
3.4 位障高度的量測
3.5 元件結構
3.6 歐姆接觸

3.1 簡介

最早且有系統性的研究金屬-半導體整流系統，一般認為該歸功於貝朗（Braum）；1874 年他提出點接觸的總電阻與施加電壓極性、以及表面的詳細狀態之間的關係[1]。自 1904 年開始，各種形式的點接觸整流器才獲得實際的應用[2]。在 1931 年，威爾森（Wilson）基於固態能帶理論將半導體的傳輸理論公式化[3]。此後這個理論被應用在金屬-半導體接觸上。在 1938 年，蕭特基（Schottky）提出，在半導體中無化學層的情況，位障會因固定的空間電荷而提升[4]。基於上述構想而產生的模型被稱為蕭特基位障（Schottky barrier）。而在 1938 年，莫特（Mott）也推導出更適合的金屬-半導體接觸之理論模型，被稱為莫特位障（Mott barrier）[5]。在 1942 年，這個模型被貝特（Bethe）更進一步地改進，變成熱電子發射模型（thermionic-emission model），藉此來精確地描述電性的行為[6]。關於整流金屬-半導體接觸之基本理論、歷史發展以及元件技術可以在參考文獻 7-11 中找到。

由於金屬-半導體接觸在直流與微波應用,以及作為半導體元件中複雜結構的一部份有相當的重要性,所以金屬-半導體接觸一直被廣泛地研究。像是特別應用在光偵測器、太陽能電池,或像是金屬半導體場效應電晶體(MESFET)的閘極電極等。其中最重要地,為了使電流可在各半導體元件內進出,會在與金屬接觸的半導體上進行高摻雜來形成歐姆接觸。

3.2 位障的形成

當金屬與半導體接觸時,在金屬與半導體的介面上會形成一位障(barrier)。此位障會反應在電流的傳導與電容行為上。在此章節,我們考慮基本的能帶圖來說明位障高度的形成,以及一些效應對此位障的影響。

3.2.1 理想狀況

首先我們考慮在沒有表面態位(surface state)以及其他異常因素時的理想狀態。圖 1*a* 顯示在沒有相互接觸且各別為獨立系統時,高功函數金屬與 *n* 型半導體的電子能量關係。如果允許此兩個材料互相連接,譬如透過外部金屬線連接,則電荷將會從半導體流到金屬,並且建立起如同單一系統般的熱平衡狀態。兩端的費米能階將連成一直線。相對於金屬的費米能階,半導體的費米能階下降量等於此兩種材料之功函數的差值。

功函數定義為:真空能階與費米能階之間的能量差。對金屬而言,功函數以 $q\phi_m$ 表示;而對與半導體,功函數等於$q(\chi+\phi_n)$,其中 $q\chi$ 為電子親和力(electron affinity),為半導體導電帶底部 E_C 到真空能階的測量值,而 $q\phi_n$ 則是 E_C 與費米能階的能量差。這兩個功函數之間的電位差ϕ_m-$(\chi+\phi_n)$稱為接觸電位(contact potential)。當間隙距離 δ 減少,則間隙的電場增加,並且在金屬表面增加負電荷;此時,等量的正電荷必定存在於半導體的空乏區中。

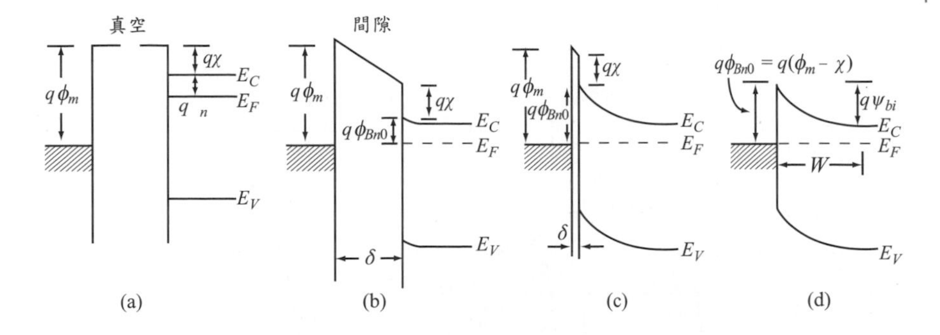

圖1　金屬–半導體接觸能帶圖。金屬與半導體(a) 在分開的系統中，以及(b) 連接成為一系統。當間隙 δ (c) 減少，以及 (d) 變為零。(參考文獻7)

在空乏層中電位的變化類似於單邊的 p-n 接面。當 δ 小到與原子之間的距離相當時，對電子而言則能夠穿透此間隙，因此在圖的最右邊可以獲得此極限的情形（圖 1d）。明顯地，該位障高度 $q\phi_{Bn0}$ 的極限值為：

$$q\phi_{Bn0} = q(\phi_m - \chi) \tag{1}$$

簡單來說，位障高度是金屬的功函數與半導體的電子親和力之間的差值。當金屬與 p 型半導體間為理想的接觸時，此位障高度 $q\phi_{Bp0}$ 通常可寫為：

$$q\phi_{Bp0} = E_g - q(\phi_m - \chi) \tag{2}$$

因此，對任何半導體與金屬的結合，預期 n 型與 p 型基材上的位障高度總和將與能隙相等，或：

$$q(\phi_{Bn0} + \phi_{Bp0}) = E_g \tag{3}$$

然而，由式 (1) 和式 (2) 所給的位障高度簡單表示式，事實上並未從實驗中得到驗證。半導體的電子親和力和金屬功函數已被建立。對於金屬，$q\phi_m$ 為幾個電子伏特的數量級（2 ~ 6 eV），而 $q\phi_m$ 的值通常對於表面污染非常敏感。對於潔淨的表面最可信的數值顯示於圖 2 中。實驗所得之位障高度與理想情況的主要差異來自：(1) 不可避免的介面層，即在圖 1c 中 $\delta \neq 0$，和 (2) 介面態位（interface state）的出現；此外，由於影像力降低（image-force lowering）的影響，此位障高度也會被改變。這些影響將會在後續的章節中討論。

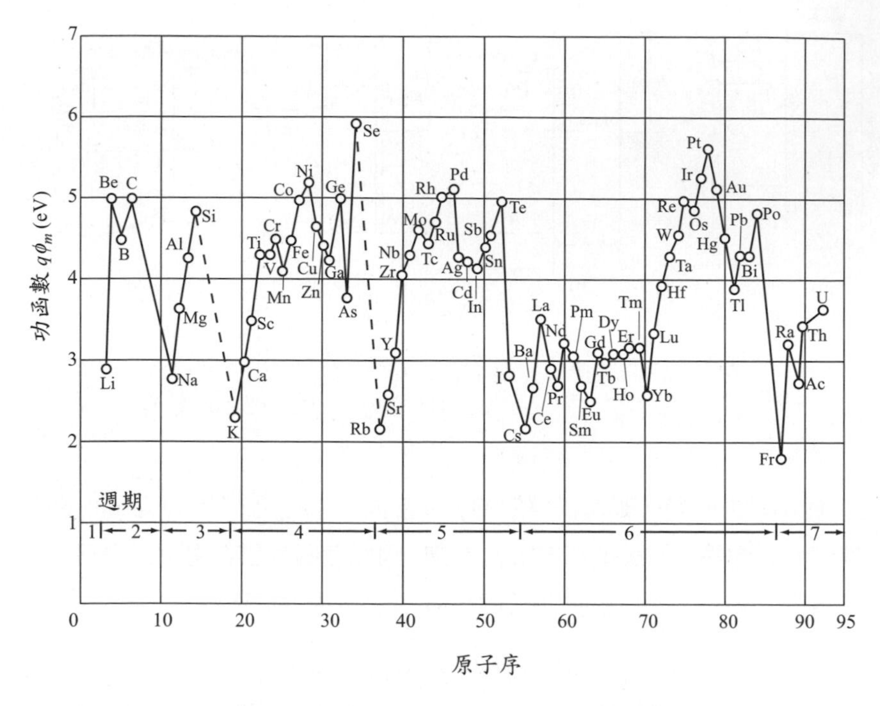

圖2　在眞空中乾淨的金屬表面之金屬功函數與其對應之原子序。注意在每一族中的功函數具有週期性增加與減少的特性。(參考文獻 12)

3.2.2 空乏層

金屬-半導體接觸的空乏層與單邊陡峭接面類似 (例如，p^+-n 接面)。由上文的討論，當金屬緊密地與半導體接觸時，在介面上，半導體的導電帶及價電帶會與金屬費米能階構成一明確的能量關係。此關係一旦建立，它將成為解半導體內的波松方程式 (Poisson equation) 之邊界條件，而處理過程與 p-n 接面的方式相同。圖 3 顯示不同的偏壓情況下，金屬在 n 型和 p 型材料上的能帶圖。

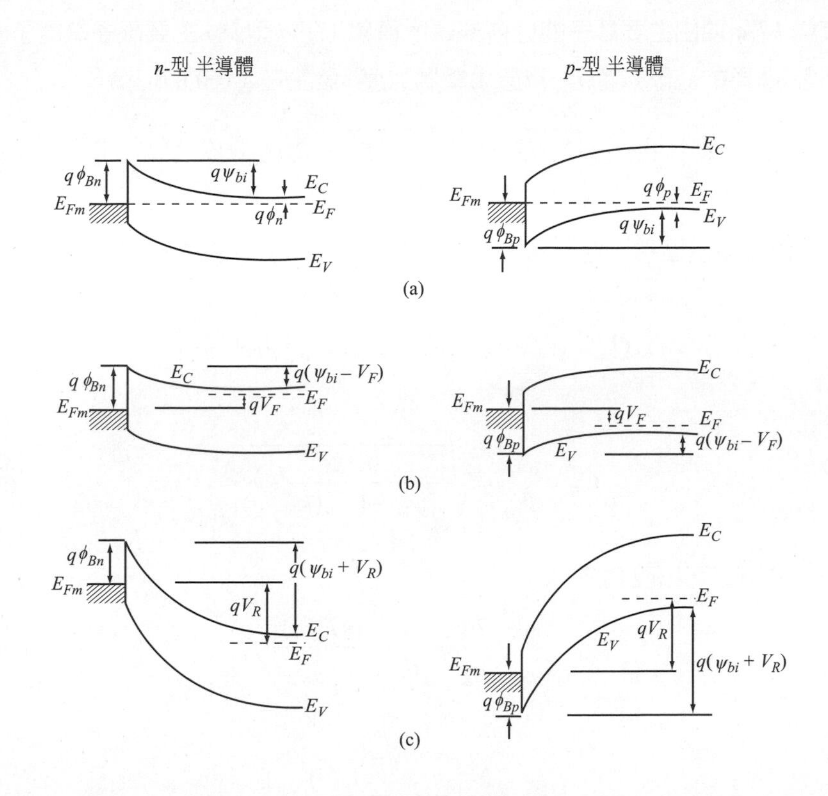

圖3 金屬在 n 型(左半部)以及 p 型(右半部)半導體上不同偏壓情況下的能帶圖。(a) 熱平衡。(b) 順向偏壓。(c) 逆向偏壓。

在陡峭近似下，對於金屬與 n 型半導體接觸，$\rho \approx qN_D$ 在 $x < W_D$，而 $\rho \approx 0$ 以及 $\mathscr{E} \approx 0$ 在 $x > W_D$，其中 W_D 為空乏寬度，我們得到

$$W_D = \sqrt{\frac{2\varepsilon_s}{qN_D}\left(\psi_{bi} - V - \frac{kT}{q}\right)} \tag{4}$$

$$\left|\mathscr{E}(x)\right| = \frac{qN_D}{\varepsilon_s}(W_D - x) = \mathscr{E}_m - \frac{qN_D x}{\varepsilon_s} \tag{5}$$

$$E_C = q\phi_{Bn} - \frac{q^2 N_D}{\varepsilon_s}\left(W_D x - \frac{x^2}{2}\right) \tag{6}$$

其中 kT/q 項由主要載子的分佈末端所貢獻（在 n 型端，主要載子為電子；參考 84 頁的註解），而 $\mathscr{E}_m$ 為最大電場強度，發生在 $x = 0$ 的位置：

$$\mathscr{E}_m = \mathscr{E}(x=0) = \sqrt{\frac{2qN_D}{\varepsilon_s}\left(\psi_{bi} - V - \frac{kT}{q}\right)} = \frac{2[\psi_{bi} - V - (kT/q)]}{W_D} \tag{7}$$

半導體其單位面積之空間電荷 Q_{sc} 以及單位面積空乏層電容 C_D 為：

$$Q_{sc} = qN_D W_D = \sqrt{2q\varepsilon_s N_D\left(\psi_{bi} - V - \frac{kT}{q}\right)} \tag{8}$$

$$C_D \equiv \frac{\varepsilon_s}{W_D} = \sqrt{\frac{q\varepsilon_s N_D}{2[\psi_{bi} - V - (kT/q)]}} \tag{9}$$

式（9）可以改寫成

$$\frac{1}{C_D^2} = \frac{2[\psi_{bi} - V - (kT/q)]}{q\varepsilon_s N_D} \tag{10}$$

或

$$N_D = \frac{2}{q\varepsilon_s}\left[-\frac{1}{d(1/C_D^2)/dV}\right] \tag{11}$$

如果 N_D 在整個空乏區為定值，則 $1/C_D^2$ 對電壓做圖可獲得一直線。如果 N_D 不為定值，則可以利用微分電容，由式（11）來決定摻雜分佈，類似 2.2.1 節所討論的單邊 p-n 接面情況。

電容-電壓量測（ C-V measurement ）也可以用來研究深層的雜質能階。圖 4 表示具有一個淺施體能階與一個深施體能階之半導體[13]。所有在費米能階上面的淺能階施體都被游離，而深能階的施體只有在半導體表面附近，其能階位於費米能階之上才會游離，因此在介面附近有較大的有效摻雜濃度。在 C-V 量測中 [一小交流（ac）訊號疊加於直流（dc）偏壓]，因為深雜質只跟得上緩慢的訊號變化，也就是說高頻測量中 dN_T/dV 並不存在，所以電容具有頻率相依性。比較不同頻率的 C-V 量測可以顯示出這些深能階雜質（ deep-level impurity ）的特性。

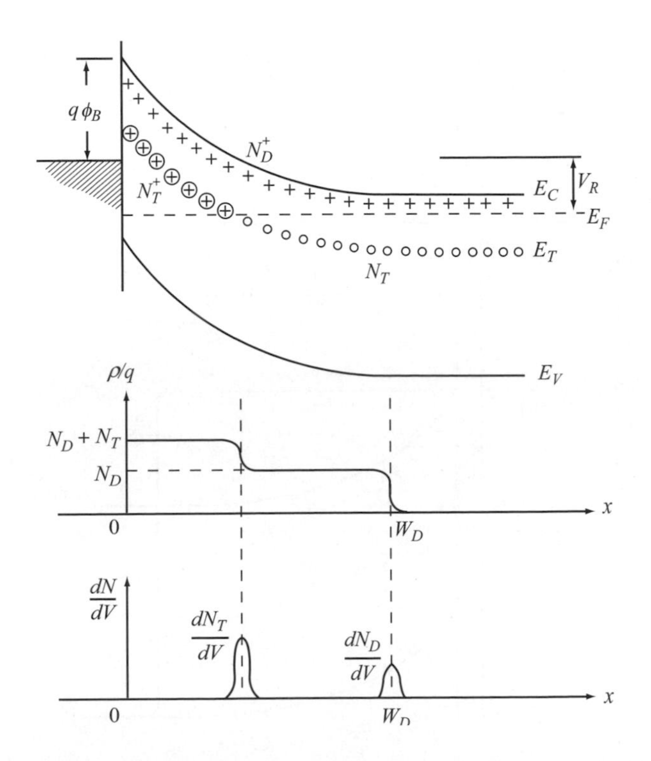

圖4　具有一個淺施體能階與一個深施體能階的半導體。N_D 和 N_T 分別爲淺能階施體與深能階施體之濃度。(參考文獻 13）

3.2.3 介面態位

一般而言，金屬功函數與介面態位兩者決定了金屬-半導體的位障高度。位障高度的一般表示式可以從以下兩個假設獲得[14]：(1) 金屬與半導體緊密地接觸，介面層為原子級的尺度，而此介面層允許電子穿透並可經得起電位跨越。(2) 在介面上每單位面積單位能量的介面態位由半導體表面性質決定，而與金屬無關。更詳細之實際金屬 $-n$ 型半導體接觸能帶圖顯示於圖 5。圖中並列出各種衍生的參數量並定義之。我們第一個關心的參數量為能階 $q\phi_0$，其位於半導體表面且高於 E_V。稱為中性能階（neutral level）；若半導體表面的態位高於它則為受體形式（當態位空缺時為中性，填滿電荷時呈現負電性），而低於它則為施體形式（當填滿電子時為中性，空缺則為正電性)。因此，當表面費米能階與中性能階位置相同時，介面缺陷電荷的淨總合為零[15]。在形成金屬接觸之前，此能階也有固定半導體表面的費米能階之作用。

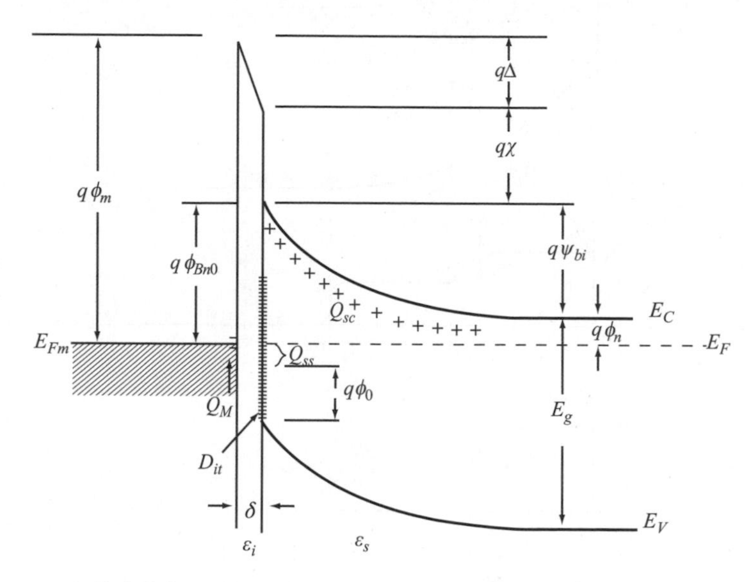

ϕ_m = 金屬功函數

ϕ_{Bn0} = 位障高度(未受影像力降低之效應)

ϕ_0 = 介面態位之中性能階(在E_V之上)

Δ = 介面層之跨越電位

χ = 半導體之電子親和力

ψ_{bi} = 內建電位

δ = 介面層厚度

Q_{sc} = 半導體之空間電荷密度

Q_{ss} = 介面缺陷電荷

Q_M = 金屬之表面電荷密度

D_{it} = 介面缺陷密度

ε_i = 介面層(真空)之介電係數

ε_s = 半導體之介電係數

圖5 金屬 -n 型半導體接觸之詳細能帶圖，金屬與半導體間具有原子等級距離的介面層(介面層爲眞空)。(參考文獻 14)

第二個量為 $q\phi_{Bn0}$，即金屬－半導體接觸的位障高度；它是電子由金屬流向半導體所必須克服的位障。假設此介面層厚度只有幾個 Å (10^{-10} m) 而已，因此基本上電子可以穿透。

我們考慮具有受體介面缺陷(在圖 5 的例子中，費米能階高於中性能階)，其密度為 D_{it} 態位數 /cm²-eV 的半導體，而密度從 $q\phi_0 + E_V$ 到費米能階的能量範圍內皆為定值。則在半導體中介面缺陷電荷密度 Q_{ss} 為負值並可表示如下：

$$Q_{ss} = -qD_{it}(E_g - q\phi_0 - q\phi_{Bn0}) \qquad \text{C/cm}^2 \tag{12}$$

簡言之，括號內的量是表面費米能階及中性能階的能量差異。介面缺陷密度 D_{it} 乘以此量即為高於中性能階並且填滿電荷之表面態位數目。

在熱平衡下半導體的空乏層所形成的空間電荷密度如下

$$Q_{sc} = qN_D W_D = \sqrt{2q\varepsilon_s N_D\left(\phi_{Bn0} - \phi_n - \frac{kT}{q}\right)} \tag{13}$$

半導體表面上所有的等效表面電荷密度為式 (12) 和 (13) 的總和。由於介面層無任何的空間電荷效應，因此金屬表面形成一等量且電性相反的電荷 Q_M (C/cm²)。對於一薄介面層而言，其空間電荷效應可以忽略不計而且 Q_M 可以表示為

$$Q_M = -(Q_{ss} + Q_{sc}) \tag{14}$$

介面層的跨越電位 Δ 可由金屬與半導體上的表面電荷應用高斯定律 (Gauss' law) 而獲得

$$\Delta = -\frac{\delta Q_M}{\varepsilon_i} \tag{15}$$

其中 ε_i 為介面層之介電係數，δ 則為其厚度。而 Δ 另一個關係可觀察圖 5 的能帶圖來獲得。

$$\Delta = \phi_m - (\chi + \phi_{Bn0}) \tag{16}$$

此關係為熱平衡情況下，整個系統的費米能階必須為定值所造成的結果。

若由式 (15) 和 (16) 消除 Δ，且利用式 (14) 取代 Q_M，我們可以獲得

$$\phi_m - \chi - \phi_{Bn0} = \sqrt{\frac{2q\varepsilon_s N_D \delta^2}{\varepsilon_i^2}\left(\phi_{Bn0} - \phi_n - \frac{kT}{q}\right)} - \frac{qD_{it}\delta}{\varepsilon_i}(E_g - q\phi_0 - q\phi_{Bn0}) \quad (17)$$

現在可以由式 (17) 解出 ϕ_{Bn0}。我們引入參數

$$c_1 \equiv \frac{2q\varepsilon_s N_D \delta^2}{\varepsilon_i^2} \quad (18)$$

$$c_2 \equiv \frac{\varepsilon_i}{\varepsilon_i + q^2 \delta D_{it}} \quad (19)$$

上面的參數包含所有的介面特性。如果已獲得 ε_i 和 δ，則可以用式 (18) 來計算 c_1。對於真空劈開或是非常乾淨的半導體基材，此介面層的厚度為原子尺寸（約 4 或 5 Å）。對於如此薄的介面層其介電係數可以用自由空間值作為近似，又因此近似法的 ε_i 是最低極限值，結果將高估 c_2 的值。對於 $\varepsilon_s \approx 10\ \varepsilon_0$、$\varepsilon_i = \varepsilon_0$ 和 $N_D < 10^{18}$ cm^{-3} 而言，c_1 值很小，其大約為 0.01 V 之級數，而在式 (17) 裡的平方根項計算出來小於 0.1 V。忽略平方根項，式 (17) 簡化為

$$\phi_{Bn0} = c_2(\phi_m - \chi) + (1 - c_2)\left(\frac{E_g}{q} - \phi_0\right) \equiv c_2\phi_m + c_3 \quad (20)$$

利用不同的 ϕ_m 進行實驗可以決定 c_2 和 c_3，則介面特性如下

$$D_{it} = \frac{(1 - c_2)\varepsilon_i}{c_2 \delta q^2} \quad (21)$$

$$\phi_0 = \frac{E_g}{q} - \frac{c_2\chi + c_3}{1 - c_2} \quad (22)$$

利用之前 δ 以及 ε_i 的假設，我們獲得 $D_{it} \approx 1.1 \times 10^{13}(1 - c_2) / c_2$ 態位數/ cm^2-eV。

我們可從式 (20) 直接獲得兩個極限情形：

1. 當 $D_{it} \to \infty$，則 $c_2 \to 0$，且

$$q\phi_{Bn0} = E_g - q\phi_0 \quad (23)$$

在這個例子裡，位於介面的費米能階被表面態位“釘札 (pin)”在高於

價電帶 $q\phi_0$ 的地方。此時位障高度完全由半導體表面特性所決定而與金屬功函數無關。

2.當 $D_{it} \to 0$，則 $c_2 \to 1$，且

$$q\phi_{Bn0} = q(\phi_m - \chi) \tag{24}$$

此方程式是為理想的蕭特基位障之位障高度，其忽略表面效應，與式 (1) 完全相同。

圖 6a 顯示金屬 $-n$ 型半導體系統的實驗結果。將數據作最小平方直線可獲得

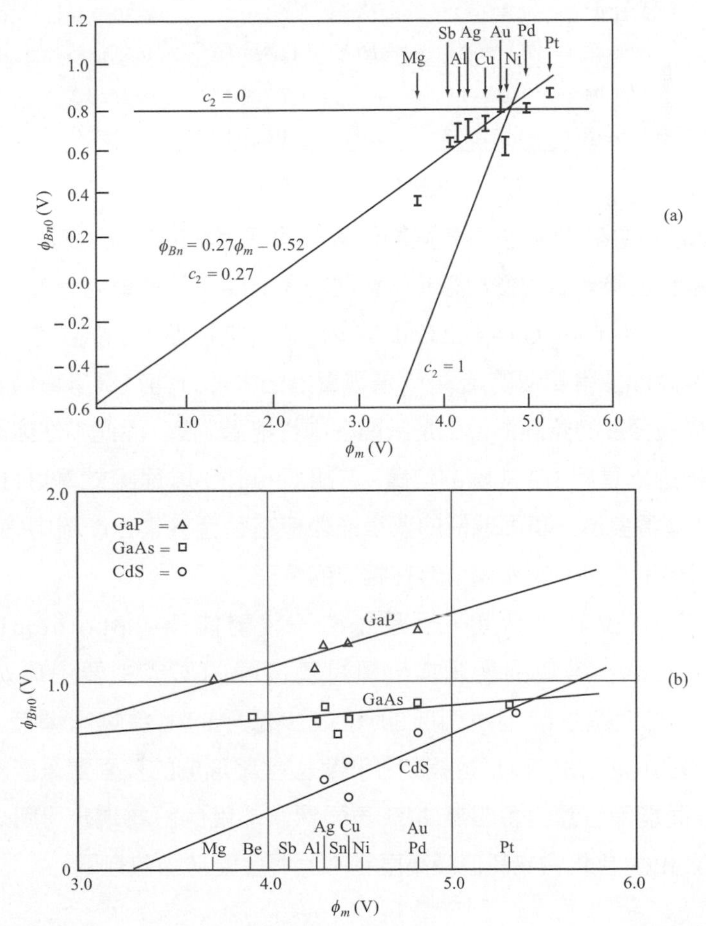

圖6 不同金屬在 n 型(a) 矽，以及 (b) GaAs、GaP 和 CdS 上的位障高度實驗值。(參考文獻 14)

$$q\phi_{Bn0} = 0.27q\phi_m - 0.52 \quad (25)$$

比較式 (20) ($c_2 = 0.27$，$c_3 = -0.52$) 並利用式 (21) 及 (22)，我們可以獲得 $q\phi_0 = 0.33$ eV，而,$_t$ $D_{it} = 4 \times 10^{13}$ 態位數/cm^2-eV。GaAs、GaP 和 CdS 可獲得類似的結果，其顯示於圖 6b 以及列於表一之中。

表一　Si、GaAs、GaP以及CdS之位障高度資料與介面特性之計算。(參考文獻14)

半導體	c_2	c_3 (V)	χ (V)	D_{it} (10^{13} /eV-cm^2)	$q\phi_0$ (eV)	$q\phi_0/E_g$
Si	0.27±0.05	−0.52±0.22	4.05	2.7±0.7	0.30±0.36	0.27
GaAs	0.07±0.05	0.51±0.24	4.07	12.5±10.0	0.53±0.33	0.38
GaP	0.27±0.03	0.02±0.13	4.0	2.7±0.4	0.66±0.2	0.294
Cds	0.38±0.16	−1.17±0.77	4.8	1.6±1.1	1.5±1.5	0.6

在此必須指出，儘管有表面態位等非理想因素的存在，式 (3) 中 n 型和 p 型基材位障高度的總和等於半導體能隙的關係還是普遍有效的。

我們注意到 Si、GaAs 和 GaP 的 $q\phi_0$ 值非常接近 1/3 能隙的位置。而其他半導體亦獲得相似的結果[16]。這事實指出大部分的共價半導體表面具有一高峰值密度的表面態位或是缺陷在中性能階附近，而此中性能階約在從價電帶邊緣算起 1/3 能隙的位置。普胡 (Pugh) 以理論計算 ⟨111⟩ 方向的鑽石，確實發現一表面態位的狹窄能帶位在稍低於禁止能隙中心之處[17]。因此可預期在其他半導體亦存在相似的情形。

對於 III-V 族化合物，經過光電子發射能譜 (photoemission spectroscopy) 廣泛的量測指出蕭特基位障的形成主要由於沈積金屬時介面附近產生缺陷所引起的[18]。在少部分的化合物半導體上，像 GaAs、GaSb 和 InP 等，已經證明了和某些金屬形成的表面費米能階會被侷限住，而能階位置與金屬無關[19]。表面費米能階的釘札現象可用來解釋大部分的 III-V 族化合物其位障高度基本上與金屬功函數無關。

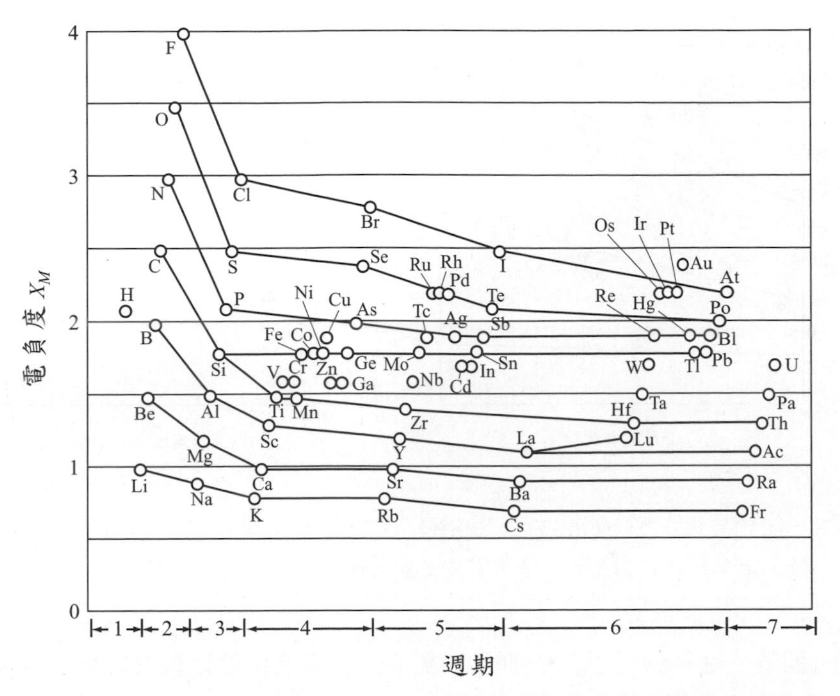

圖7　庖立電負度的大小。注意同一族元素之電負度會隨原子序遞減。(參考文獻20)

對於離子性半導體，如 CdS 和 ZnS 等，其位障高度通常與金屬有強烈地相關性，且其表面特性與電負度也存在著一些關連性。電負度（electronegativity）X_M 的定義為在分子中的原子吸引電子的能力。圖7顯示庖立電負度（Pauling's electronegativity）的大小。注意其週期性類似於功函數的週期（圖 2）。

圖 8a 顯示沉積在 Si、GaSe 以及 SiO_2 上的金屬其位障高度與電負度之關係。從此圖中，我們定義斜率為介面行為指標（index of interface）：

$$S \equiv \frac{d\phi_{Bn0}}{dX_M} \tag{26}$$

注意 S 與 c_2 (= $d\phi_{Bn0}/d\phi_m$) 的比較。我們可以畫出指標 S 和半導體電負度

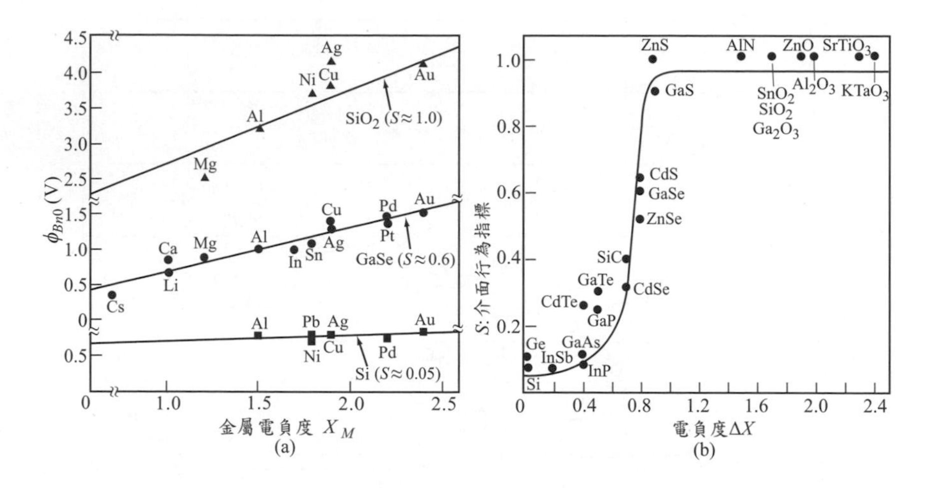

圖8 (a) 沉積在 Si、GaSe 以及 SiO_2 上的金屬其位障高度與電負度的關係。(b) 介面行爲指標S爲半導體電負度差的函數。(參考文獻 21)

差(即離子性，ΔX)的關係，顯示於圖 8b。此電負度差定義為於半導體中陽離子與陰離子之間的庖立電負度差。注意從共價半導體(例如 $\Delta X = 0.4$ 的 GaAs)到離子半導體(例如 $\Delta X = 1.5$ 的 AlN)的劇烈轉變。對於$\Delta X<1$的半導體，其 S 指標很小，顯示出位障高度與金屬電負度(或是功函數)僅有微弱的關係。另一方面，對於 $\Delta X > 1$，S 指標接近 1，而其位障高度與金屬電負度(或是功函數)有強烈的關依性。

對於矽積體電路的技術應用上，由於金屬會與下層的矽發生化學反應而形成矽化物，故蕭特基位障接觸的發展成為一個重要課題[22]。透過固態-固態冶金反應而構成的金屬矽化物會形成更可靠且具有再現性的蕭特基位障，這是由於介面的化學反應能夠明確被定義並且可以維持在良好控制下。因為矽化物表面特性與共晶溫度(eutectic temperature)有關，可以想像位障高度和共晶溫度應該也具有某種關連性。圖 9 顯示過渡金屬矽化物在 n 型矽上的位障高度與矽化物的共晶溫度其經驗配適關係圖。若位障高度與形成矽化物之生成熱作圖，亦可以觀察到類似的相關性[24]。

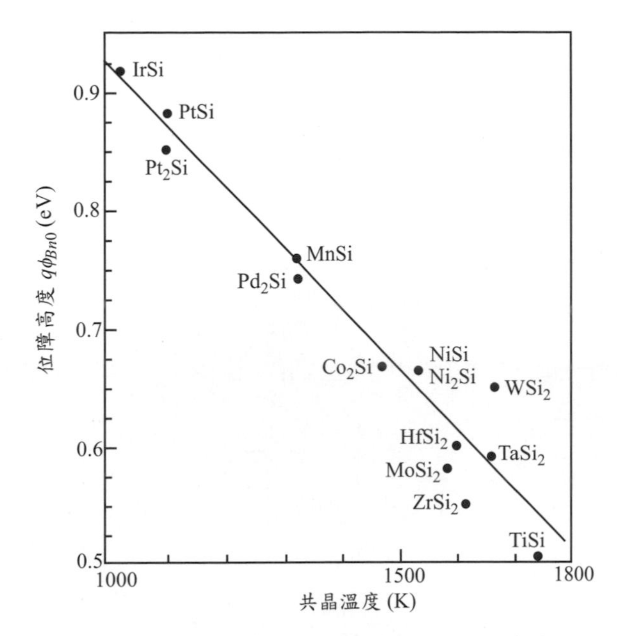

圖9 過渡金屬矽化物其位障高度與共晶溫度之關係。(參考文獻23)

3.2.4 影像力降低

影像力降低，也就是所謂的蕭特基效應（Schottky effect）或是蕭特基位障降低（Schottky-barrier lowering），為施加電場的情況下，發射的帶電載子產生影像力而引發位障能量降低。首先考慮一金屬-真空系統。最初電子由費米能階逃脫進入真空所需的最小能量為功函數 $q\phi_m$，如圖 10 所示。若一電子與金屬的距離為 x，在金屬表面將因感應作用而產生一正電荷。而電子和感應正電荷之吸引力，等於電子和在 $-x$ 位置的等量正電荷所產生之力量。此正電荷稱為影像電荷（image charge)。而朝向金屬的吸引力稱為影像力 (image force），其大小如下

$$F = \frac{-q^2}{4\pi\varepsilon_0(2x)^2} = \frac{-q^2}{16\pi\varepsilon_0 x^2} \tag{27}$$

其中 ε_0 為自由空間（真空）的介電係數。電子由無限遠移動到點 x 所做的功為

$$E(x)=\int_{\infty} F dx = \frac{-q^2}{16\pi\varepsilon_0 x} \tag{28}$$

此能量相當於電子距離金屬表面 x 之位能，如圖 10 所示，由x軸向下量測。當施於一外加電場 $\mathscr{E}$ 時(在此例子中為 $-x$ 方向)，總電位能 PE 為距離的函數，表示為

$$PE(x)=-\frac{q^2}{16\pi\varepsilon_0 x}-q|\mathscr{E}|x \tag{29}$$

此式具有一最大值。利用 $d(PE)/dx=0$，可得影像力降低值 $\Delta\phi$ 和降低位置 x_m（圖 10 所示）即

$$x_m=\sqrt{\frac{q}{16\pi\varepsilon_0|\mathscr{E}|}} \tag{30}$$

$$\Delta\phi=\sqrt{\frac{q|\mathscr{E}|}{4\pi\varepsilon_0}}=2|\mathscr{E}|x_m \tag{31}$$

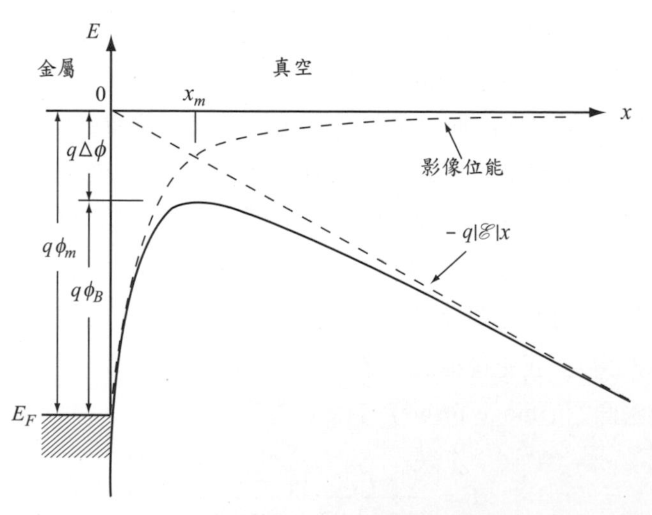

圖10　金屬表面和眞空之間的能帶圖。金屬功函數爲 $q\phi_m$。當表面受到電場作用，有效位障便會下降。其位障降低是由於電場與影像力的綜合效應。

由式 (30) 和 (31)，對於 $\mathscr{E} = 10^5$ V/cm，可得 $\Delta\phi = 0.12$ V 和 $x_m = 6$ nm；而對於 $\mathscr{E} = 10^7$ V/cm，得到 $\Delta\phi = 1.2$ V 和 $x_m = 1$ nm。因此在高電場下蕭特基位障顯著地下降，而且對於熱離子發射而言有效金屬功函數（effective metal work function）$q\phi_B$ 減少。

這些結果可以應用於金屬-半導體系統。然而，電場必須由介面的適當電場所取代，而自由空間介電係數 ε_0 應也需由適當的半導體介電係數 ε_s 來取代，亦即

$$\Delta\phi = \sqrt{\frac{q\mathscr{E}_m}{4\pi\varepsilon_s}} \tag{32}$$

注意在元件的內部中，例如金屬-半導體接觸，由於內建電位的存在，因此就算沒有外加偏壓電場也不會為零。另外在金屬-半導體系統中有較大的介電係數 ε_s，所以位障降低值會小於所對應的金屬-真空系統。例如以 $\varepsilon_s = 12\,\varepsilon_0$ 而言，對於 $\mathscr{E} = 10^5$ V/cm，從式 (32) 所得到的 $\Delta\phi$ 只有 0.035 V，而且對於更小的電場則會獲得更小的值。雖然位障降低值很小，它對金屬-半導體系統之電流傳輸過程卻有深遠的影響。在 3.3 節將會考慮到。

在實際的蕭特基位障二極體（Schottky-barrier diode），電場會隨著距離變化而並非定值，以空乏近似法為基礎可得到位於表面的最大電場

$$\mathscr{E}_m = \sqrt{\frac{2qN|\psi_s|}{\varepsilon_s}} \tag{33}$$

其中表面電位（surface potential）ψ_s（在 n 型半導體上）為

$$|\psi_s| = \phi_{Bn0} - \phi_n + V_R \tag{34}$$

將 $\mathscr{E}_m$ 代入式 (32) 中的可獲得

$$\Delta\phi = \sqrt{\frac{q\mathscr{E}_m}{4\pi\varepsilon_s}} = \left[\frac{q^3 N|\psi_s|}{8\pi^2\varepsilon_s^3}\right]^{1/4} \tag{35}$$

圖 11 顯示在不同偏壓條件下，金屬在 n 型半導體上包含蕭特基效應的能帶圖。注意在順向偏壓下 ($V > 0$)，電場以及影像力較小，而且位障高度 $q\phi_{Bn0} - q\Delta\phi_F$ 約略大於零偏壓下的位障高度

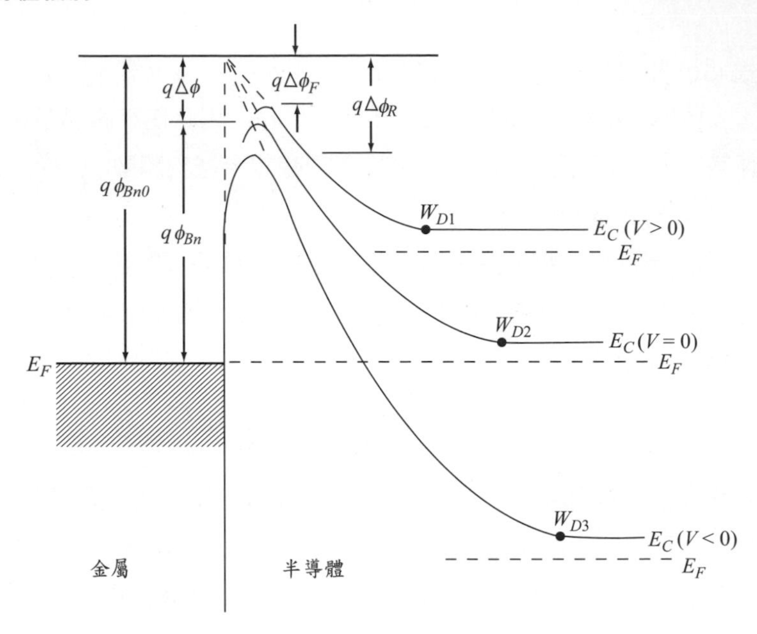

圖11　在不同偏壓條件下的金屬-n型半導體接觸包含蕭特基效應之能帶圖。本質位障高度爲 $q\phi_{Bn0}$。於熱平衡下的位障高度爲 $q\phi_{Bn}$。而在順向偏壓與逆向偏壓下位障降低量分別爲 $\Delta\phi_F$ 和 $\Delta\phi_R$。(參考文獻 10)

$$\phi_{Bn} = \phi_{Bn0} - q\Delta\phi \tag{36}$$

對於逆向偏壓下（$V_R > 0$），位障高度 $q\phi_{Bn0} - q\Delta\phi_F$ 略小。實際上，位障高度變得與電壓有關。

ε_s 值也可能和半導體靜態介電係數不同。如果在發射過程中，電子由金屬-半導體介面到位障最大值 x_m 的傳渡時間（transit time）小於介電質鬆弛時間（dielectric relaxation time）的話，半導體介質則沒有足夠時間來極化，而介電係數可以預期較靜態的值來得小。然而對於矽，其對應的介電係數大約與靜態值相同。

利用光電量測法（將於 3.4.4 節介紹）來獲得金-矽位障的介電常數（$K_s = \varepsilon_s/\varepsilon_0$），其實驗結果顯示於圖 12。圖中所量測的位障降低值隨著最大電場的平方根變化[25]。從式(35) 可計算此影像力介電常數（image-force dielectric constant）為 12 ± 0.5。當 $\varepsilon_s/\varepsilon_0 = 12$，圖 12 中電場的變化範圍對

應其 x_m 的距離應在 1 到 5 nm 之間。假設一載子速率為 10^7 cm/s 的數量級時，對這些距離的傳渡時間為 1-5×10^{-14} s。因此，對於週期相近的電磁輻射波(波長介於 3 到 15 μm 間)[26]，此影像力介電常數也大約在 12 左右。從直流到 $\lambda = 1$ μm 範圍內，矽塊材的介電常數基本上為常數 (11.9)，因此當電子橫越過空乏層時，此晶格有足夠的時間極化。光電量測和由光學常數所推導的數據極為一致。對於 Ge 和 GaAs，光學介電常數對波長之相依性與 Si 類似。因此預期這些半導體在上述的電場範圍其影像力介電係數 (image-force permittivity) 大約與對應的靜態塊材數值相同。

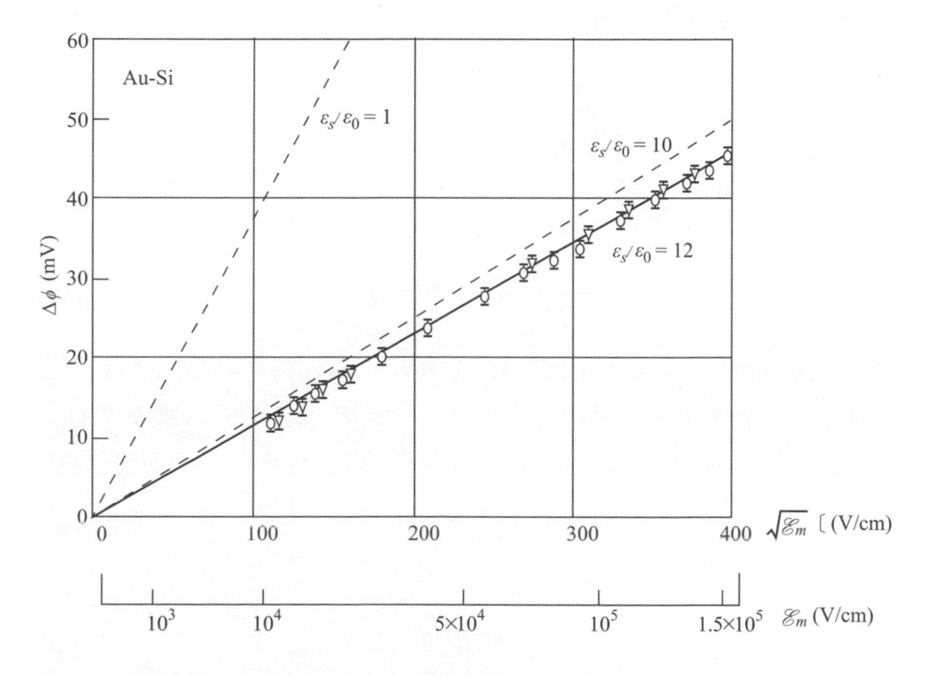

圖12 在 Au-Si 二極體中，量測的位障降低值爲電場的函數。(參考文獻 25)

3.2.5 位障高度調整

對於理想的蕭特基位障，位障高度主要由金屬以及金屬-半導體介面特性所決定而幾乎與摻雜無關。因此一般的蕭特基位障在決定半導體後(例如 n 型或是 p 型 Si)，其可以選擇的位障高度有限。然而，藉由在半導體表面引入一層可控制雜質數量(像是透過離子佈值)的薄層(約為 10 nm 或更小)，對於一給定的金屬-半導體的有效位障高度便可加以改變[27-29]。對於可靠性高的元件操作，必須選擇一最佳冶金性質的金屬，並同時又能調整金屬和半導體的有效位障高度，而此方法特別有用。

圖 13a 顯示藉由薄的 n^+ 層或是薄的 p^+ 層分別與 n 型半導體接觸來控制位障，使得位障減低或是增加之理想情形。首先考慮位障減低的情形，在圖 13b 中的電場分佈為

$$\begin{aligned} \mathscr{E} &= -|\mathscr{E}_m| + \frac{qn_1 x}{\varepsilon_s} \qquad \text{for} \quad 0 < x < a \\ &= -\frac{qn_2}{\varepsilon_s}(W - x) \qquad \text{for} \quad a < x < W \end{aligned} \tag{37}$$

其中 $\mathscr{E}$ 為在金屬-半導體介面處的最大電場，可表示如下

$$|\mathscr{E}_m| = \frac{q}{\varepsilon_s}[n_1 a + n_2(W - a)] \tag{38}$$

因 $\mathscr{E}$ 所導致的影像力降低如式 (35) 所示。對於 n_2 數量級為 10^{16} cm^{-3} 等級或更少的 Si 和 GaAs 蕭特基位障而言，$n_2(W - a)$ 的零偏壓值大約為 10^{11} cm^{-2}。因此，如果 $n_1 a$ 比 10^{11} cm^{-2} 大許多，則式 (38) 和 (35) 可簡化為

$$|\mathscr{E}_m| \approx \frac{qn_1 a}{\varepsilon_s} \tag{39}$$

$$\Delta\phi \approx \frac{q}{\varepsilon_s}\sqrt{\frac{n_1 a}{4\pi}} \tag{40}$$

對於 $n_1 a = 10^{12}$ 和 10^{13} cm^{-2}，所對應的降低值分別為 0.045 以及 0.14 V。

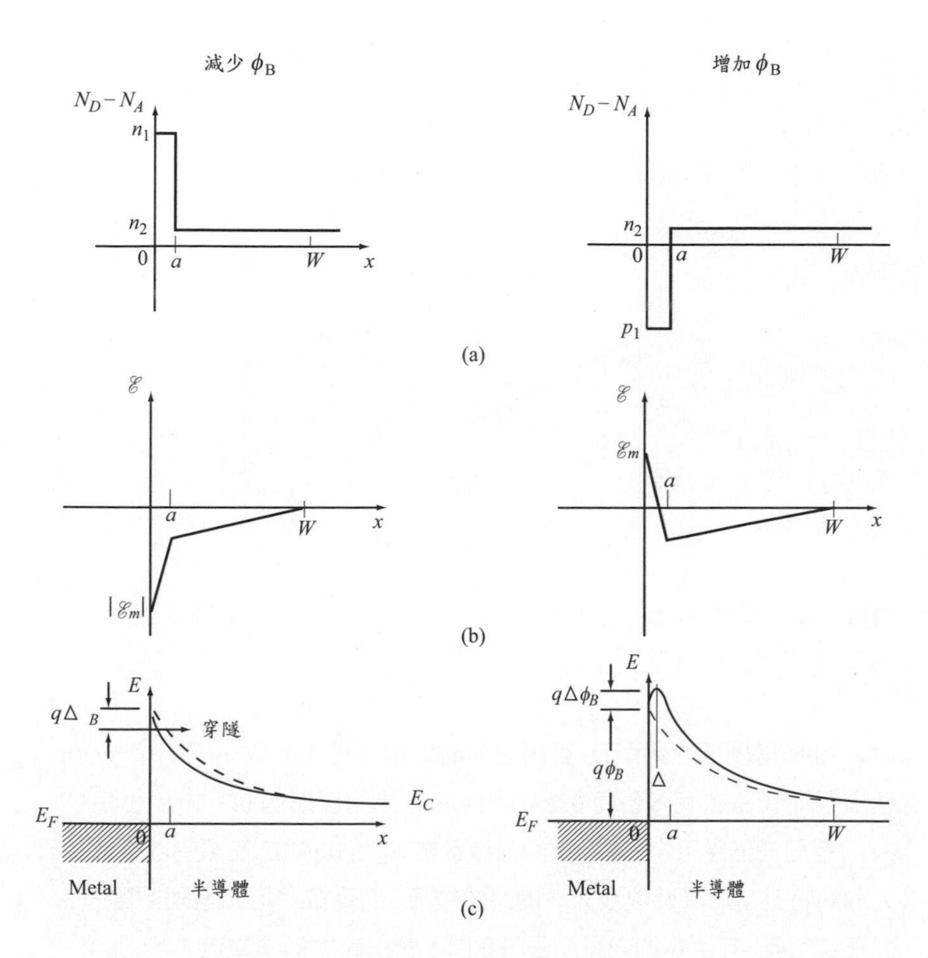

圖13 理想的控制位障。利用薄的 p^+ 層或 n^+ 層與n型基材接觸分別使位障減低(左)或增加(右)。虛線指出均勻摻雜下原本的位障。

雖然影像力降低對位障減少有所貢獻，然而一般說來穿遂效應會更為顯著。對於 $n_1a = 10^{13}$ cm^{-2}，由式(39)得到的最大電場為 1.6×10^6 V/cm，等於摻雜濃度為 10^{19} cm^{-3} 之 Au-Si 蕭特基二極體的零偏壓電場。這樣的二極體因為穿遂而增加的飽和電流密度約為 10^{-3} A/cm^2，所對應有效位障高度為 0.6 V(參考之後電流對位障高度的討論)，即原本金–矽二極體的 0.8 V位障，降低了0.2 V。對於 Si 以及 GaAs 位障，計算的有效位障高度

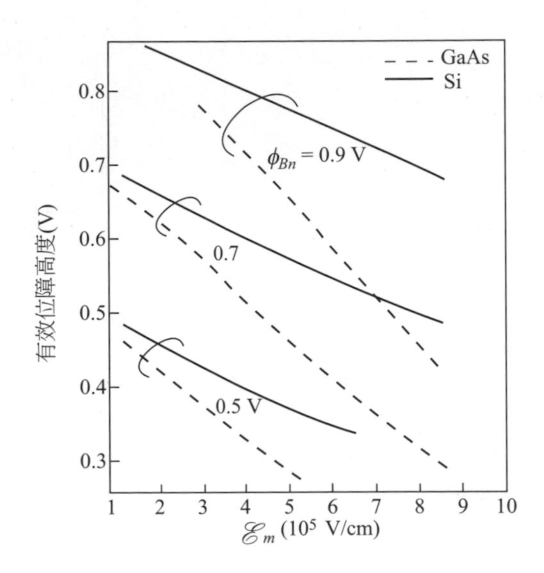

圖14　對於 Si 和 GaAs 之金屬-半導體接觸，由穿遂效應所計算出來有效位障高度的減少。(參考文獻 30)

與 $\mathscr{E}_m$ 的函數如圖 14 所示。藉由增加最大電場從 10^5 V/cm 到 10^6 V/cm，通常可降低 Si 的有效位障 0.2 V，而 GaAs 則可以超過 0.3 V。

在已知的應用中，應適當的選擇參數 n_1 和 a，如此在順向才不會因較大的蕭特基位障降低以及額外的穿遂電流，而實質上地降低理想因子 η。而在逆方向，在所需的偏壓範圍內它們不會引起大的漏電流。

如果在介面形成相反摻雜之薄半導體層，有效位障可以增加。如圖 13a 所指出的，如果以 p^+ 區域取代 n^+ 區域，則能帶輪廓在 $x = 0$ 會是 $q\phi_B$ 並且於 $x = \Delta$ 達到最大值，其中

$$\Delta = \frac{1}{p_1}[ap_1 - (W-a)n_2] \tag{41}$$

發生在 $x = \Delta$ 的有效位障高度為

$$\phi_B' = \phi_B + \mathscr{E}_m \Delta - \frac{qp_1\Delta^2}{2\varepsilon_s} \tag{42}$$

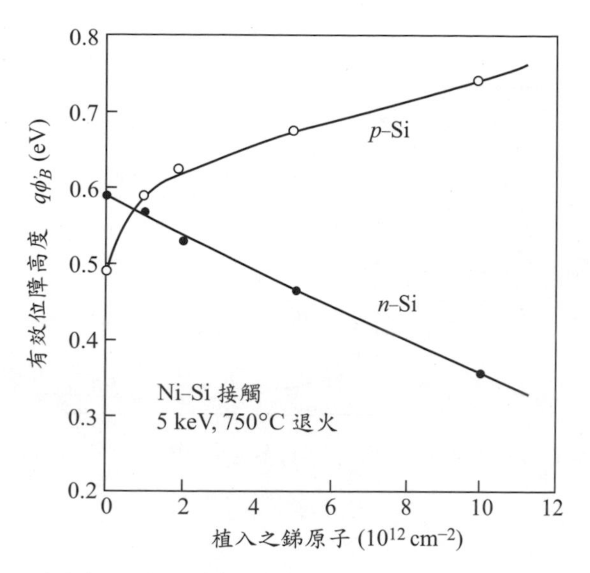

圖15　對於 p 型基材內的電洞與 n 型基材內的電子其有效位障高度爲銻佈植劑量的函數。(參考文獻 30)

若 $p_1 \gg n_2$ 以及 $ap_1 \gg W_{n2}$，式 (42) 則近似為 $(\phi_B + qp_1a^2/2\varepsilon_s)$。因此，當乘積 ap_1 增加時，此有效位障會隨之增加。

圖 15 顯示在半導體表面形成淺的銻植入層之 Ni-Si 二極體的量測結果。當佈植的劑量增加，有效位障高度在 n 型基材為減少，而對 p 型基材則為增加。

3.3 電流傳輸過程

在金屬-半導體接觸的電流主要藉由多數載子傳輸，不同於 p-n 接面是少數載子為電流傳輸載子。在圖 16 顯示在順向偏壓下的五種基本傳輸過程(其相反的過程發生於逆向偏壓下)[8]。此五種過程為：(1)電子從半導體中克服位障發射進入金屬 [對於適當摻雜半導體 (例如具有 $N_D \leq 10^{17}$ cm^{-3} 的矽)，且操作在適當的溫度下 (例如 300 K)之蕭特基二極體，此項為其主要過程]；(2) 電子穿遂過位障之量子力學穿隧效應(對重摻雜半導體來說很重要且是用來產生歐姆接觸的主要因素)；(3) 在空間

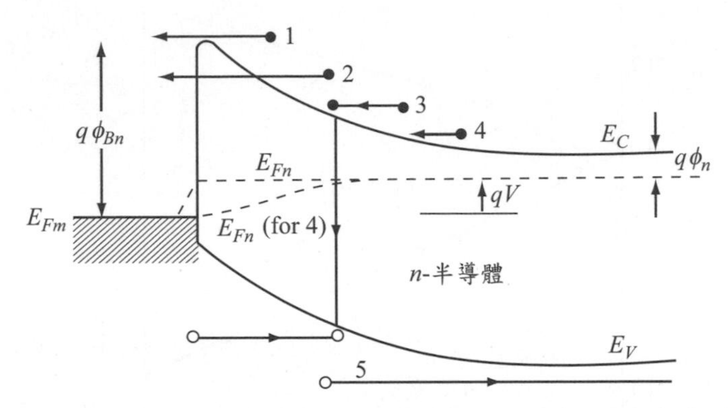

圖16　在順偏下五種基本傳輸過程：(1)熱離子發射；(2)穿遂；(3)複合；(4)電子擴散；(5)電洞擴散。

電荷區的複合［與 p-n 接面的複合過程相同(參考第二章)］；(4) 在空乏區內電子的擴散；和(5) 從金屬注入之電洞擴散至半導體中 (等效於中性區的複合)。另外，還可能具有在金屬周邊的高電場所引起的邊緣漏電流或是因金屬-半導體介面缺陷所引起的介面電流。目前已有不同的方法用來改進介面品質，以及許多元件結構被提出來減少或是消除邊緣漏電流 (參考 3.5 節)。

對於一般高移動率的半導體 (例如：Si 和 GaAs)，可以透過熱離子-發射理論 (thermionic-emission theory) 適當地描述傳輸過程。我們也應考慮擴散理論應用在低移動率的半導體上，而廣義的熱離子-發射-擴散理論 (thermionic-emission-diffusion theory) 為前面兩個理論的綜合。

蕭特基二極體的行為在某種程度上有點類似於單邊陡峭 p-n 接面二極體，然而蕭特基二極體本質上具有快速反應，可進行如同多數載子元件的操作。因此除了電荷儲存二極體外，p-n 接面二極體的終端功能可利用蕭特基二極體來完成。這是因為在多數載子元件中的電荷儲存時間是非常小的。另外一個差異為，因蕭特基二極體有較小的內建電位，熱離子發射比擴散方式容易，因此有較大的電流密度。而這也導致更小的順向壓降。同樣地，蕭特基二極體的缺點為較大的逆向電流以及較低的崩潰電壓。

3.3.1 熱離子−發射理論

貝特所提出的熱離子發射理論[6]，根據下列假設：(1) 位障高度 $q\phi_B$ 遠大於 kT；(2) 熱平衡建立在決定發射之平面處；(3) 淨電流流動並不會影響熱平衡，因此可以疊加兩個電流通量一其一為從金屬到半導體，另一項則是半導體到金屬，而個別的準費米能階都不相同。如果熱離子發射為限制機制，則整個空乏區的 E_{Fn} 為平的（圖 16）。由於這些假設，位障輪廓的形狀變得無關緊要而電流流動僅與位障高度有關。利用能量足以克服位障而且在 x 方向流動的電子濃度，可求出由半導體到金屬的電流密度 $J_{s\to m}$ 為：

$$J_{s\to m} = \int_{E_{Fn}+q\phi_{Bn}}^{\infty} q\upsilon_x dn \tag{43}$$

其中 $E_{Fn} + q\phi_{Bn}$ 為熱離子發射至金屬所需最小能量，而 υ_x 為傳輸方向的載子速率。在增加的能量範圍中，電子密度為

$$\begin{aligned} dn &= N(E)F(E)dE \\ &\approx \frac{4\pi(2m^*)^{3/2}}{h^3}\sqrt{E-E_C}\exp\left(-\frac{E-E_C+q\phi_n}{kT}\right)dE \end{aligned} \tag{44}$$

其中 $N(E)$ 和 $F(E)$ 分別為態位密度以及分佈函數。

如果我們假設在導電帶內所有的電子能量均視為動能，則

$$E - E_C = \frac{1}{2}m^*\upsilon^2 \tag{45}$$

$$dE = m^*\upsilon d\upsilon \tag{46}$$

$$\sqrt{E-E_C} = \upsilon\sqrt{\frac{m^*}{2}} \tag{47}$$

將式 (45)-(47) 代入式 (44) 可得

$$dn \approx 2\left(\frac{m^*}{h}\right)^3 \exp\left(-\frac{q\phi_n}{kT}\right)\exp\left(-\frac{m^*\upsilon^2}{2kT}\right)(4\pi\upsilon^2 d\upsilon) \tag{48}$$

由式 (48) 得到在速度 υ 到 $\upsilon + d\upsilon$ 之間每單位體積的電子數目，並分佈在

所有的方向。假如傳輸方向只平行於 x 軸，我們將速度化為三個分量

$$\upsilon^2 = \upsilon_x^2 + \upsilon_y^2 + \upsilon_z^2 \tag{49}$$

利用轉換形式，我們從式 (43)、(48) 和 (49) 獲得

$$\begin{aligned} J_{s\to m} &= 2q\left(\frac{m^*}{h}\right)^3 \exp\left(-\frac{q\phi_n}{kT}\right)\int_{\upsilon_{0x}}^{\infty} \upsilon_x \exp\left(-\frac{m^*\upsilon_x^2}{2kT}\right)d\upsilon_x \\ &\qquad \int_{-\infty}^{\infty} \exp\left(-\frac{m^*\upsilon_y^2}{2kT}\right)d\upsilon_y \int_{-\infty}^{\infty} \exp\left(-\frac{m^*\upsilon_z^2}{2kT}\right)d\upsilon_z \\ &= \left(\frac{4\pi q m^* k^2}{h^3}\right)T^2 \exp\left(-\frac{q\phi_n}{kT}\right)\exp\left(-\frac{m^*\upsilon_{0x}^2}{2kT}\right) \end{aligned} \tag{50}$$

υ_{0x} 為在 x 方向越過位障所需之最小速度，另外

$$\frac{1}{2}m^*\upsilon_{0x}^2 = q(\psi_{bi} - V) \tag{51}$$

將式 (51) 代入式 (50) 則產生

$$\begin{aligned} J_{s\to m} &= \left(\frac{4\pi q m^* k^2}{h^3}\right)T^2 \exp\left(-\frac{q\phi_{Bn}}{kT}\right)\exp\left(\frac{qV}{kT}\right) \\ &= AT^2 \exp\left(-\frac{q\phi_{Bn}}{kT}\right)\exp\left(\frac{qV}{kT}\right) \end{aligned} \tag{52}$$

及

$$A = \frac{4\pi q m^* k^2}{h^3} \tag{53}$$

為熱離子發射時的有效李查遜常數（effective Richardson constant），其忽略光頻聲子散射（optical phonon scattering）和量子力學反射等效應(參考 3.3.3 節)。對自由電子（$m^* = m_0$）而言，李查遜常數 A 為 120 A/cm^2-K^2。注意當考慮影像力降低時，在式 (52)中的位障高度 ϕ_B 減少 $\Delta\phi$。

對於導電帶的最低點擁有等向性有效質量（isotropic effective mass）的半導體而言（例如 n 型的 GaAs），A^*/A 可以簡化為 m^*/m_0。對於多能帶谷（mutivalley）的半導體而言，其查遜常數則結合了單一能量最小值[31]

$$\frac{A_1^*}{A} = \frac{1}{m_0}\sqrt{l_1^2 m_y^* m_z^* + l_2^2 m_z^* m_x^* + l_3^2 m_x^* m_y^*} \tag{54}$$

其中 l_1、l_2 和 l_3 為相對於橢球體主軸，垂直放射平面方向的方向餘弦，而 m_x^*、m_y^* 和 m_z^* 為有效質量張量的分量。

對於 Si，導電帶的最小值發生在 ⟨100⟩ 方向，而 $m_l^* = 0.98\ m_0$，$m_t^* = 0.19\ m_0$。A^* 的最小值發生在 ⟨100⟩ 方向：

$$\left(\frac{A^*}{A}\right)_{n-\mathrm{Si}\langle 100\rangle} = \frac{2m_t^*}{m_0} + \frac{4\sqrt{m_l^* m_t^*}}{m_0} = 2.1 \tag{55}$$

在 ⟨111⟩ 方向上所有的最小值提供相等的電流，並產生最大的 A^* 值

$$\left(\frac{A^*}{A}\right)_{n-\mathrm{Si}\langle 111\rangle} = \frac{6}{m_0}\sqrt{\frac{(m_t^*)^2 + 2m_l^* m_t^*}{3}} = 2.2 \tag{56}$$

對於 Si 以及 GaAs 的電洞而言，在 $\boldsymbol{k} = 0$ 處有兩個能量極大值，其輕、重電洞所引起的電流在各方向大致相同。這些載子所增加的電流，可表示為

$$\left(\frac{A^*}{A}\right)_{p-\mathrm{type}} = \frac{m_{lh}^* + m_{hh}^*}{m_0} \tag{57}$$

表二列出關於 Si 和 GaAs 的 A^*/A 值。

表二 A^*/A 的值(參考文獻 31）

半導體	Si	GaAs	
p 型	0.66	0.62	
n 型〈100〉	2.1	0.063(高電場)	0.55(低電場)
n 型〈111〉	2.2	„	„

由於在偏壓下，對於電子從金屬移動到半導體的位障高度保持一樣，因此流入半導體的電流不受施加電壓影響。它必等於在熱平衡狀況下(即

$V = 0$) 由半導體進入金屬的電流。由式 (52) 設 $V = 0$ 得到所對應的電流密度，

$$J_{m\to s} = -A^* T^2 \exp\left(-\frac{q\phi_{Bn}}{kT}\right) \tag{58}$$

由式 (52) 和 (58) 的和可獲得總電流密度

$$\begin{aligned} J_n &= \left[A^* T^2 \exp\left(-\frac{q\phi_{Bn}}{kT}\right)\right]\left[\exp\left(\frac{qV}{kT}\right)-1\right] \\ &= J_{TE}\left[\exp\left(\frac{qV}{kT}\right)-1\right] \end{aligned} \tag{59}$$

其中

$$J_{TE} \equiv A^* T^2 \exp\left(-\frac{q\phi_{Bn}}{kT}\right) \tag{60}$$

式 (59) 類似 p-n 接面的傳輸方程式。然而飽和電流密度的表示式卻相當不一樣。

另一種用來計算熱離子發射電流的方法如下[8]。不需分解速度分量，只有能量超過位障的電子才對順向電流有貢獻。越過位障的電子數目為

$$n = N_C \exp\left[\frac{-q(\phi_{Bn}-V)}{kT}\right] \tag{61}$$

根據馬克斯威爾 (Maxwellian) 的速率分佈，載子隨機移動穿越過平面而形成的電流可寫成

$$J = nq\frac{\upsilon_{ave}}{4} \tag{62}$$

其中 υ_{ave} 為平均熱速率，

$$\upsilon_{ave} = \sqrt{\frac{8kT}{\pi m^*}} \tag{63}$$

式 (61) 和 (63) 代入式 (62) 獲得

$$J = \frac{4(kT)^2 q\pi m^*}{h^3}\exp\left[\frac{-q(\phi_{Bn}-V)}{kT}\right] \tag{64}$$

與式 (52) 相同。

3.3.2 擴散理論

蕭特基所提出的擴散理論[4]提出了下列假設：(1) 位障高度 $q\phi_B$ 遠大於 kT；(2) 包含了電子在空乏區內的碰撞效應，亦即擴散；(3) 在 $x = 0$ 和 $x = W_D$ 的載子濃度不受電流影響（也就是說，它們具有各自的平衡值）；以及(4) 半導體的雜質濃度為非簡併態（nondegenerate）。

因為在空乏區的電流與該處的電場、濃度梯度有關，我們必須使用電流密度方程式：

$$\begin{aligned} J_x = J_n &= q\left(n\mu_n\mathscr{E} + D_n\frac{dn}{dx}\right) \\ &= qD_n\left(\frac{n}{kT}\frac{dE_C}{dx} + \frac{dn}{dx}\right) \end{aligned} \tag{65}$$

在穩態的條件下，電流密度與 x 無關；而式 (65) 可以用 $\exp[E_C(x)/kT]$ 做為積分因子來進行積分。然後我們得到

$$J_n\int_0^{W_D}\exp\left[\frac{E_C(x)}{kT}\right]dx = qD_n\left\{n(x)\exp\left[\frac{E_C(x)}{kT}\right]\right\}\Bigg|_0^{W_D} \tag{66}$$

而邊界條件是使用 $E_{Fm} = 0$ 做為參考點（參照圖 16，但忽略影像力對擴散的影響）：

$$E_C(0) = q\phi_{Bn} \tag{67}$$

$$E_C(W_D) = q(\phi_n + V) \tag{68}$$

$$n(0) = N_C\exp\left[-\frac{E_C(0) - E_{Fn}(0)}{kT}\right] = N_C\exp\left(-\frac{q\phi_{Bn}}{kT}\right) \tag{69}$$

$$n(W_D) = N_D = N_C\exp\left(-\frac{q\phi_n}{kT}\right) \tag{70}$$

將式 (67) - (70) 代入式 (66) 獲得

$$J_n = qN_CD_n\left[\exp\left(\frac{qV}{kT}\right) - 1\right]\Bigg/\int_0^{W_D}\exp\left[\frac{E_C(x)}{kT}\right]dx \tag{71}$$

對於蕭特基位障而言，忽略影像力的影響，位能分佈可以由式 (6) 獲得。將此 $E_C(x)$ 的表示式代入式 (71)，並以 $\Psi_{bi}+V$ 項來表示 W_D，可推得：

$$J_n \approx \frac{q^2 D_n N_C}{kT}\sqrt{\frac{2qN_D(\psi_{bi}-V)}{\varepsilon_s}}\exp\left(-\frac{q\phi_{Bn}}{kT}\right)\left[\exp\left(\frac{qV}{kT}\right)-1\right]$$
$$\approx q\mu_n N_C \mathscr{E}_m \exp\left(-\frac{q\phi_{Bn}}{kT}\right)\left[\exp\left(\frac{qV}{kT}\right)-1\right] = J_D\left[\exp\left(\frac{qV}{kT}\right)-1\right] \tag{72}$$

擴散以及熱離子–發射理論的電流密度表示式，即式 (59) 與式 (72)，基本上非常類似。然而，和熱離子發射理論之電流飽和密度 J_{TH} 相比，擴散理論的飽和電流密度 J_D 與偏壓有關，並且對溫度的敏感度較低。

3.3.3 熱離子–發射–擴散理論

上述有關熱離子發射和擴散方式的綜合方程式，是由克羅威爾 (Crowell) 和施 (Sze) 所提出[32]。此式是利用在金屬–半導體介面附近的熱離子複合速率 υ_R 做為邊界條件所推得。

既然擴散的載子容易受到擴散區域的電位環境影響，所以我們考慮併入蕭特基位障降低效應，其電子位能 [或 $E_C(x)$] 和距離的關係如圖17所示。我們考慮當位障高度大到足以使金屬表面到 $x = W_D$ 之間的電荷密度為游離化施體(即空乏近似)的情況。如圖所示，在金屬和半導體塊材之間所施加的電壓 V 將引起電子朝向金屬流動。圖中也顯示位障內的電子準費米能階 E_{Fn} 為位置的函數。在整個 x_m 和 W_D 之間的區域中，

$$J = n\mu_n \frac{dE_{Fn}}{dx} \tag{73}$$

其中，在任一 x 處的電子密度

$$n = N_C \exp\left(-\frac{E_C - E_{Fn}}{kT}\right) \tag{74}$$

我們將假設 x_m 到 W_D 之間的區域是等溫的，而且電子溫度 (electron temperature) T 等於晶格溫度。

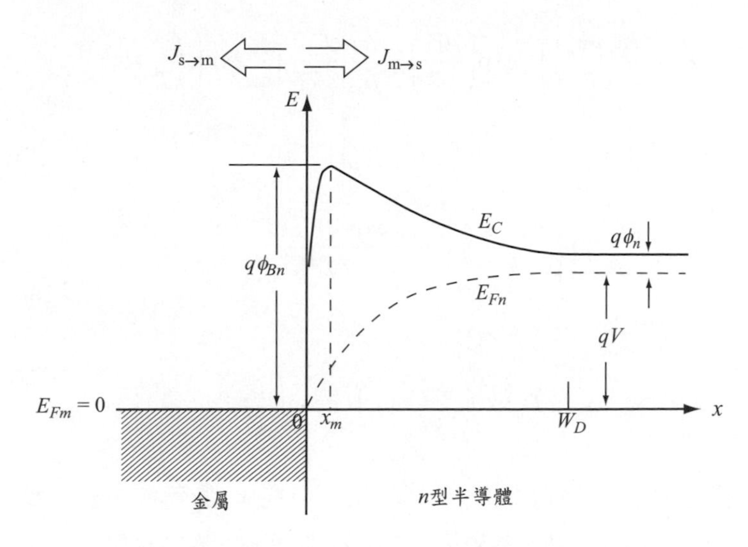

圖17　包含蕭特基效應的能帶圖，說明衍生之熱離子−發射−擴散理論和穿遂電流。

如果將 x_m 到介面 $(x=0)$ 之間的位障作用視為電子的吸收，則可利用一有效複合速率為 υ_R 來描述位於最大位能處 x_m 的電流：

$$J=q(n_m-n_0)\upsilon_R \tag{75}$$

其中，n_m 為電流流動時，位於 x_m 的電子密度

$$n_m=N_C\exp\left[\frac{E_{Fn}(x_m)-E_C(x_m)}{kT}\right]=N_C\exp\left[\frac{E_{Fn}(x_m)-q\phi_{Bn}}{kT}\right] \tag{76}$$

n_0 是在準平衡態（quasi-equilibrium）時 x_m 的電子密度；如果在最大位能的大小與位置不變的情況下達到平衡狀態，此密度將會發生。也就是當 $E_{Fn}(x_m)=E_{Fm}$時

$$n_0=N_C\exp\left(-\frac{q\phi_{Bn}}{kT}\right) \tag{77}$$

另一邊界條件（以 $E_{Fm}=0$ 為參考點）為

$$E_{Fn}(W_D)=qV \tag{78}$$

如果利用式 (73) 和 (74) 消除 n，並將其 E_{Fn} 之表示式由 x_m 積分到 W_D

$$\exp\left[\frac{E_{Fn}(x_m)}{kT}\right]-\exp\left(\frac{qV}{kT}\right)=\frac{-J}{\mu_n N_C kT}\int_{x_m}^{W_D}\exp\left(\frac{E_C}{kT}\right)dx \tag{79}$$

由式 (75) 和式 (79)，可以求解出 $E_{Fn}(x_m)$

$$\exp\left[\frac{E_{Fn}(x_m)}{kT}\right]=\frac{\upsilon_D\exp(qV/kT)+\upsilon_R}{\upsilon_D+\upsilon_R} \tag{80}$$

其中

$$\upsilon_D\equiv D_n\exp\left(\frac{q\phi_{Bn}}{kT}\right)\Big/\int_{x_m}^{W_D}\exp\left(\frac{E_C}{kT}\right)dx \tag{81}$$

上式為電子從空乏層邊緣 W_D 傳輸到最大位能 x_m 的有效擴散速度。將式 (80) 代入式 (75)，可獲得熱離子–發射–擴散理論的最後結果

$$J_{TED}=\frac{qN_C\upsilon_R}{1+(\upsilon_R/\upsilon_D)}\exp\left(-\frac{q\phi_{Bn}}{kT}\right)\left[\exp\left(\frac{qV}{kT}\right)-1\right] \tag{82}$$

在此方程式中，υ_R 和 υ_D 的相對值決定了熱離子發射與擴散的相對貢獻。參數 υ_D 可以利用道森積分（Dawson's integral）求得，並且在空乏區中可以用 $\upsilon_D\approx\mu_n\mathscr{E}_m$ 近似[8]。如果在 $x\geq x_m$ 時電子為馬克斯威爾分佈，且除了與電流密度 $qn_0\upsilon_R$ 相關的電子外，沒有其他電子由金屬跳回，則此半導體可視為一個熱離子發射器。而熱速率 υ_R 可由下式所得

$$\begin{aligned}\upsilon_R&=\int_0^{\infty}\upsilon_x\exp\left(\frac{-m^*\upsilon_x^2}{2kT}\right)d\upsilon_x\Big/\int_{-\infty}^{\infty}\exp\left(\frac{-m^*\upsilon_x^2}{2kT}\right)d\upsilon_x\\&=\sqrt{\frac{kT}{2m^*\pi}}=\frac{A^*T^2}{qN_C}\end{aligned} \tag{83}$$

A^* 是有效的李查遜常數（effective Richardson constant），如表二所示。300 K 時，n 型 Si 和 n 型 GaAs 在<100>方向的 υ_R 分別為 5.2×10^6 和 1.0×10^7 cm/s。由此可見，如果 $\upsilon_D\gg\upsilon_R$，在式 (82) 前面的指數項由 υ_R 所主導，此時與熱離子–發射理論（$J_{TED}=J_{TE}$）相符。然而，若 $\upsilon_D\ll\upsilon_R$，則擴散過程成為限制因子 ($J_{TED}=J_D$)。

總而言之，式 (82) 為綜合蕭特基擴散理論和貝特熱離子−發射理論的結果。當 $\mu\mathscr{E}(x_m) > \upsilon_R$，可推測電流大致符合熱離子−發射理論。此標準比貝特的條件 $\mathscr{E}(x_m) > kT/q\lambda$ 更為精確，其中 λ 為載子的平均自由徑。

在先前的章節中，與熱離子發射有關的複合速率 υ_R 被引入做為一邊界條件，用來描述蕭特基位障內金屬的載子收集行為。在許多例子中，電子躍過最大位能後，仍存有相當的機率會因電子的光頻聲子散射（optical-phonon scattering）而被散射回來[33,34]。最初電子發射躍過最大位能的機率為 $f_p = \exp(-x_m/\lambda)$；此外，由於蕭特基位障所造成的量子力學反射以及電子穿隧通過蕭特基位障，會使電子能量分佈更進一步地偏離馬克斯威爾分佈[35,36]。總電流通量比例 f_Q（為考慮量子力學的穿隧與反射之總電流以及忽略這些效應之總電流比值）和電場與電子能量（由最大電位能所測得）有很強的相關性。

若考慮 f_p 和 f_Q，則 J-V 特性的完全表示式為

$$J = A^{**}T^2 \exp\left(-\frac{q\phi_{Bn}}{kT}\right)\left[\exp\left(\frac{qV}{kT}\right)-1\right] \tag{84}$$

其中

$$A^{**} = \frac{f_p f_Q A^*}{1+(f_p f_Q \upsilon_R/\upsilon_D)} \tag{85}$$

這些效應的影響會反應在有效李查遜常數上，A^* 會降低 50 % 而變成 A^{**}。圖 18 顯示在雜質濃度為 10^{16} cm^{-3} 的金屬- Si 系統，其在室溫下計算所得的 A^{**}。注意到電子（n 型 Si），其 A^{**} 在電場為 10^4 到 2×10^5 V/cm 的範圍內，基本上都維持在 110 A/cm^2-K^2 左右；而對於電洞（p 型 Si），A^{**} 在相同電場範圍內也都維持一定值，但其數值明顯較低（$\approx$ 30 A/cm^2-K^2）。對於 n 型 GaAs，計算所得的 A^{**} 為 4.4 A/cm^2-K^2。

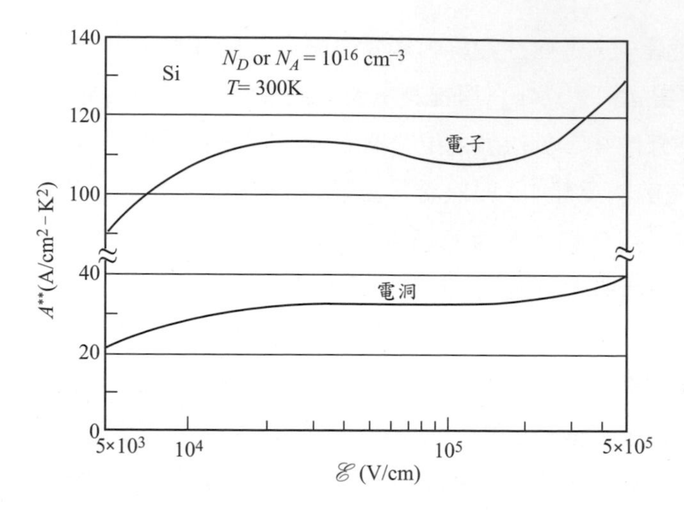

圖18　對於金屬–矽位障，計算其有效李查遜常數 A^{**} 對應電場的關係。(參考文獻 37)

我們總結上述的討論，在室溫下而電場範圍由 10^4 到 10^5 V/cm 左右，大部分 Si 和 GaAs 蕭特基位障二極體的電流傳輸機制主要是由多數載子的熱離子發射所主導。將式 (6) 和 (74) 代入式 (73)，藉此可用來研究電子費米能階 E_{Fn} (在金屬–半導體介面附近) 與空間的相依性，並計算其差異值 $E_{Fn}(W_D) - E_{Fn}(0)$。圖 16 所顯示的 E_{Fn}，基本上在整個空乏區內是水平的[38]。對於 $N_D = 1.2 \times 10^{15}$ cm^{-3} 的 Au-Si 二極體，在溫度為 300 K，順偏電壓為 0.2 V 時，此二極體的 $E_{Fn}(W_D) - E_{Fn}(0)$ 差異值只有 8 meV。在較高的摻雜濃度下，此差異值會更小。這些結果進一步地驗證：對於具有適當摻雜的高移動率半導體，熱離子–發射理論是適用的。

3.3.4 穿隧電流

對於摻雜較重或是低溫操作的半導體，穿隧電流可能會變的更明顯。在極端的歐姆接觸情形下(金屬接觸在簡併半導體上)，穿隧電流為主要的傳輸過程。在此章最後一節，我們將專注於討論歐姆接觸。

從半導體到金屬的穿隧電流 $J_{s\to m}$ 正比於量子穿透係數(穿隧機率)乘上半導體內的佔據機率以及金屬內的非佔據機率，其為[36]

$$J_{s\to m} = \frac{A^{**}T^2}{kT}\int_{E_{Fm}}^{q\phi_{Bn}} F_s T(E)(1-F_m)dE \tag{86}$$

F_s 和 F_m 分別為半導體和金屬的費米–狄拉克分佈函數（Fermi-Dirac distribution），而 $T(E)$ 為穿隧機率(與特定能量的位障寬度有關)。反方向流動的電流 $J_{m\to s}$，可以由一個相似的表示式所獲得。此時只需將 F_s 和 F_m 互換並且使用相同的方程式。而淨電流密度為這兩分量的代數總和。對於上述的方程式，要獲得更詳細的表示式是有困難的，其結果可以利用電腦之數值計算來獲得。

對於 Au-Si 位障，其典型的電流–電壓特性之理論和實驗值顯示於圖 19。我們注意到總電流密度由熱離子發射和穿隧電流所構成，可以方便地表示如下

$$J = J_0\left[\exp\left(\frac{qV}{\eta kT}\right)-1\right] \tag{87}$$

其中 J_0 為飽和電流密度，可藉由圖 19 的對數–線性圖，使用外差法在 $V=0$ 時而得之。η 為理想因子（ideality factor），與對數–線性圖之斜率有關。在穿隧電流很小、沒有穿隧電流或空乏層複合的情況下，J_0 主要由熱離子發射所決定，而且 η 非常接近 1。對於高摻雜和/或是低溫下，穿隧電流開始發生，而且 J_0 和 η 兩者都會提高。

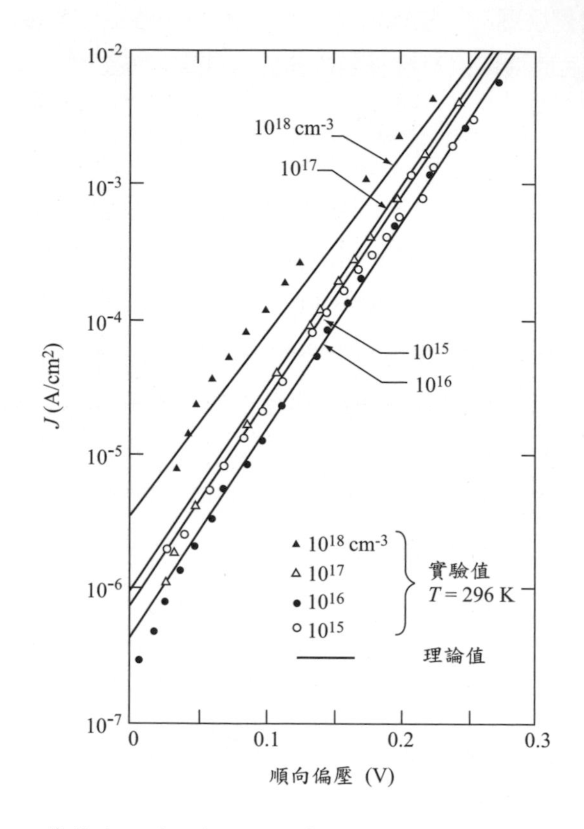

圖19　Au-Si 蕭特基位障，其理論和實驗之電流−電壓特性。電流會因爲穿隧而增加。(參考文獻 36)

對於 Au-Si 二極體，其飽和電流密度 J_0 以及 η 與摻雜濃度的關係(包含溫度參數)繪製於圖 20。注意，J_0 在低摻雜下確實為一常數，但是當 $N_D > 10^{17}$ cm^{-3} 時，J_0開始迅速增加。理想因子 η 在低摻雜以及高溫下是非常接近 1；然而，當摻雜增加或是溫度降低，η 會大幅地遠離 1。

圖 21 顯示 Au-Si 二極體的穿隧電流對熱離子電流的比例值。注意，在 $N_D \leq 10^{17}$ cm^{-3} 和 $T \geq 300$ K 時，此比例會遠小於 1 並且可以忽略穿隧分量。然對在高摻雜以及低溫下，此值變成遠大於 1，顯示出穿隧電流成為主導項。

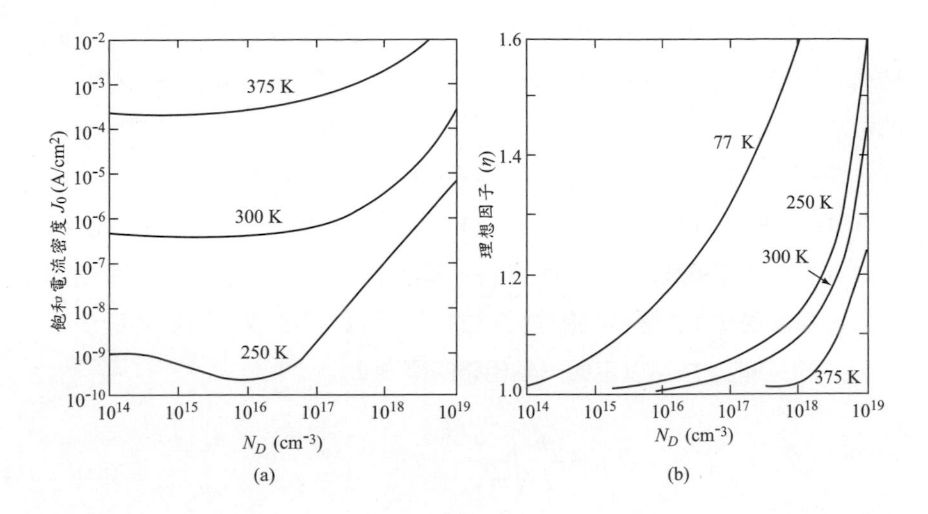

圖20 (a) Au-Si 蕭特基位障在三種溫度下，其飽和電流密度對摻雜濃度的關係。(b) 在不同溫度下，理想因子η對摻雜濃度的關係。(參考文獻 36)

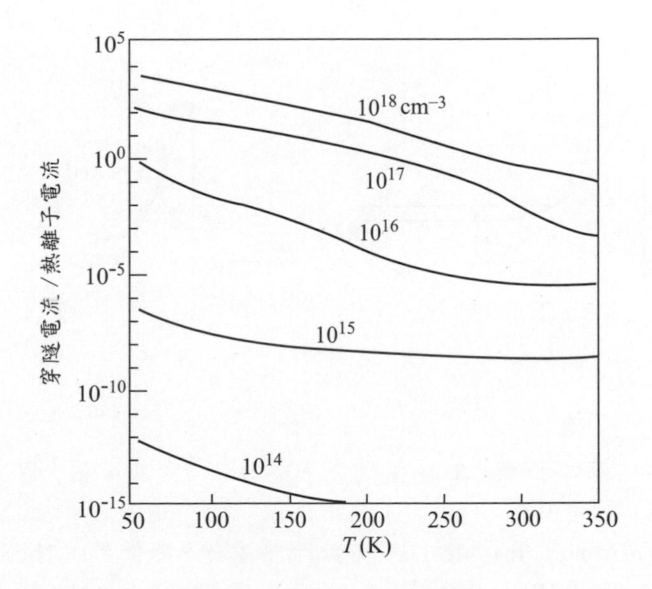

圖21 Au-Si 位障的穿遂電流對熱離子電流之比值。在高摻雜以及低溫時以穿隧電流做爲主導。(參考文獻 36)

穿隧電流也可以用解析的方式來表示，這樣能夠給予更多的物理觀點。此公式經由巴杜法尼（Padovani）和史特拉頓（Stratton）的努力[39]，也可用來推導歐姆接觸電阻。參考圖 22 的能帶圖，我們可以概略地將電流分類為三種分量：(1) 躍過位障的熱離子發射（TE）；(2) 費米能階附近的場發射（FE）；(3) 能量位在 TE 和 FE 之間的熱離子–場發射（TFE）。其中，FE 為一種單純的穿隧過程；TFE 是熱激發的載子進行穿隧，其所遇到的位障寬度比 FE 更薄。這些分量的相對貢獻與溫度以及摻雜程度相關。相較於熱能 kT，可以定義一個粗略的標準 E_{00}

$$E_{00} \equiv \frac{q\hbar}{2}\sqrt{\frac{N}{m^{*}\varepsilon_{s}}} \tag{88}$$

當 $kT \gg E_{00}$ 時，電流由 TE 主導，原本的蕭特基位障行為佔優勢，排除穿隧現象。當 $kT \ll E_{00}$ 時，由 FE 主導(或穿隧)。而當 $kT \approx E_{00}$ 時，結合 TE 和 FE 兩者的 TFE 為主要機制。

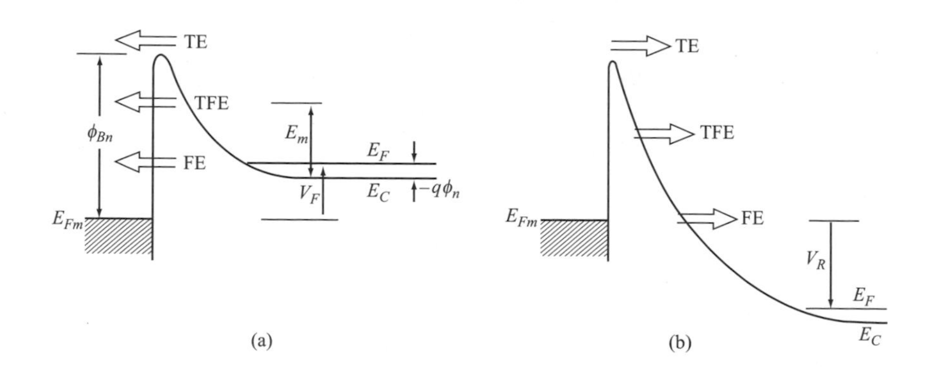

圖22　蕭特基二極體(在 n 型簡併半導體上)之能帶圖。圖中定性地表示在(a) 順向偏壓，以及(b) 逆向偏壓下的穿遂電流。TE=熱離子發射（thermionic emission)。TFT ＝ 熱離子–場發射（thermionic-field emission）。FE＝場發射（field emission）。

在順偏壓下，因 FE 而產生的電流可以表示為[39]

$$J_{FE} = \frac{A^{**}T\pi \exp[-q(\phi_{Bn} - V_F)/E_{00}]}{c_1 k \sin(\pi c_1 kT)}[1 - \exp(-c_1 q V_F)] \approx \frac{A^{**}T\pi \exp[-q(\phi_{Bn} - V_F)/E_{00}]}{c_1 k \sin(\pi c_1 kT)} \tag{89}$$

其中

$$c_1 \equiv \frac{1}{2E_{00}} \log\left[\frac{4(\phi_{Bn} - V_F)}{-\phi_n}\right] \tag{90}$$

(對於簡併半導體而言 ϕ_n 為負。)注意，與 TE 相比，FE 電流對於溫度的相依性較弱(溫度參數不在指數項中)，這是穿隧現象的特性。因 TFE 而產生的電流如下

$$J_{TFE} = \frac{A^{**}T\sqrt{\pi E_{00} q(\phi_{Bn} - \phi_n - V_F)}}{k \cosh(E_{00}/kT)} \exp\left[\frac{-q\phi_n}{kT} - \frac{q(\phi_{Bn} - \phi_n)}{E_0}\right] \exp\left(\frac{qV_F}{E_0}\right) \tag{91}$$

$$E_0 \equiv E_{00} \coth\left(\frac{E_{00}}{kT}\right) \tag{92}$$

其 TFE 峰值的位置大約在能量為

$$E_m = \frac{q(\phi_{Bn} - \phi_n - V_F)}{\cosh^2(E_{00}/kT)} \tag{93}$$

E_m 是以中性區的 E_C 為基準所量測的。

在逆偏壓下，因為大的電壓差是有可能的，所以穿隧電流可以變的更大。因 FE 和 TFE 所產生的電流為

$$J_{FE} = A^{**}\left(\frac{E_{00}}{k}\right)^2 \left(\frac{\phi_{Bn} + V_R}{\phi_{Bn}}\right) \exp\left(-\frac{2q\phi_{Bn}^{3/2}}{3E_{00}\sqrt{\phi_{Bn} + V_R}}\right) \tag{94}$$

$$J_{TFE} = \frac{A^{**}T}{k}\sqrt{\pi E_{00} q\left[V_R + \frac{\phi_{Bn}}{\cosh^2(E_{00}/kT)}\right]} \exp\left(\frac{-q\phi_{Bn}}{E_0}\right) \exp\left(\frac{qV_R}{\varepsilon'}\right) \tag{95}$$

其中

$$\varepsilon' = \frac{E_{00}}{(E_{00}/kT) - \tanh(E_{00}/kT)} \tag{96}$$

雖然這些解析的表示式為複雜的，但如果所有的參數都已知，還是能簡單地把這些表示式計算出來。在本章最後一節中，這些方程式也可以用來推導歐姆接觸電阻。

3.3.5 少數載子注入

蕭特基位障二極體主要是一種多數載子元件。因為少數載子的擴散遠小於多數載子的熱離子發射電流，所以少數載子的注入比例（injection ratio）γ 很小（γ 為少數載子電流對總電流的比例）。然而，在足夠大的順偏壓下，少數載子的漂移分量是不能被忽略的，而此漂移分量將會增加整體的注入效應。電洞漂移和擴散所產生的總電洞電流為

$$J_p = q\mu_p p_n \mathscr{E} - qD_p \frac{dp_n}{dx} \tag{97}$$

大量的多數載子熱離子–發射電流會造成電場增加

$$J_n = q\mu_n N_D \mathscr{E} \tag{98}$$

我們考慮圖 23 所示的能帶圖，其中 x_1 為空乏層的邊界、x_2 標示出 n 型磊晶層和 n^+ 基材之間的介面。由第二章所討論的接面理論，在 x_1 的少數載子密度為

$$p_n(x_1) = p_{no}\exp\left(\frac{qV}{kT}\right) = \frac{n_i^2}{N_D}\exp\left(\frac{qV}{kT}\right) \tag{99}$$

從式 (84) 和式 (99)，$p_n(x_1)$ 也可以表示為順偏電流密度的函數：

$$p_n(x_1) \approx \frac{n_i^2}{N_D}\frac{J_n}{J_{n0}} \tag{100}$$

其中 J_{n0}(飽和電流密度)和 J_n 可用熱離子發射電流 [式(84)] 來表示，形式如下：

$$J_n = J_{n0}\exp\left[\left(\frac{qV}{kT}\right) - 1\right] \tag{101}$$

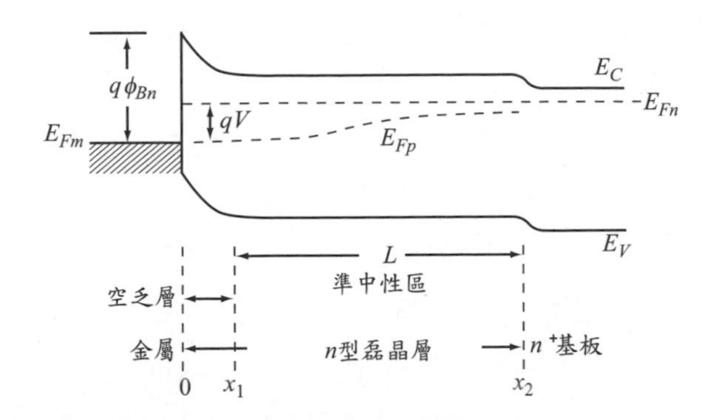

圖23 磊晶蕭特基位障在順向偏壓下之能帶圖。

要計算擴散電流，也需要 $p_n(x_2)$ 的其他邊界條件。對少數載子而言，我們使用傳輸速度 (transport velocity) S_p [或表面複合速率 (surface recombination velocity)] 來描述少數載子的電流和濃度，表示如下

$$J_p(x_2) = qS_p[p_n(x_2) - p_{no}] \tag{102}$$

我們首先考慮 $S_p = \infty$ 的情況 [或是 $p_n(x_2) = p_{no}$，此兩者相等]。在這邊界條件下，此擴散分量有一標準形式，與 p-n 接面的相同。從式 (97)、(98) 和(100)，我們獲得的總電洞電流如下 (在 $L \ll L_p$ 時)

$$\begin{aligned} J_p &= q\mu_p p_n \mathscr{E} + \frac{qD_p n_i^2}{N_D L}\exp\left[\left(\frac{qV}{kT}\right) - 1\right] \\ &= \frac{\mu_p n_i^2 J_n^2}{\mu_n N_D^2 J_{n0}} + \frac{qD_p n_i^2}{N_D L}\exp\left[\left(\frac{qV}{kT}\right) - 1\right] \end{aligned} \tag{103}$$

注入比例為

$$\gamma \equiv \frac{J_p}{J_p + J_n} \approx \frac{J_p}{J_n} \approx \frac{\mu_p n_i^2 J_n}{\mu_n N_D^2 J_{n0}} + \frac{qD_p n_i^2}{N_D L J_{n0}} \tag{104}$$

對於 Au-Si 二極體，所量測到的注入比例值非常小，其級數為 10^{-5}，符合先前的方程式[40]。注意，此γ具有兩個項。第二項由擴散電流所形成，與偏壓無關。在低偏壓時，注入比例為

$$\gamma_0 = \frac{qD_p n_i^2}{N_D L J_{n0}} \tag{105}$$

第一項由漂移過程所形成，並且和偏壓（或是電流）有關。在高電流下，它可以超越擴散分量。

明顯的，為了降低少數載子的注入比例（這是為了減少電荷儲存時間，後續將會討論到），所使用的金屬-半導體系統必須具有大的 N_D（即低阻值材料）、大的 J_{n0}（小的位障高度）和小的 n_i（大的能隙）。除此之外，需避免高偏壓操作。舉例而言，具有 $N_D = 10^{15}$ cm^{-3} 和 $J_{n0} = 5\times10^{-7}$ A/cm^{2}的金 -n 型矽二極體在低偏壓時的注入比例 $\gamma_0 \approx 5\times10^{-4}$；但是在電流密度為 350 A/cm^2 時，預測注入比例會高達大約 5 %。

先前的敘述是假設 $p_n(x_2) = p_{no}$。注意在 x_2 的位置，這裡對電洞而言多了一個位障並造成電洞堆積。沙菲特 (Scharfetter) 利用 S_p 做為參數來考慮這些中間的狀況[41]。這些計算的結果顯示於圖 24a，其中歸一化因子是透過 γ_0 和下式所給予的

$$J_{00} \equiv \frac{qD_n N_D}{L} \tag{106}$$

J_{00} 為電洞的漂移和擴散分量相等時的多數載子電流；使式 (103) 中的兩項相等，就可以求得 J_{00}。

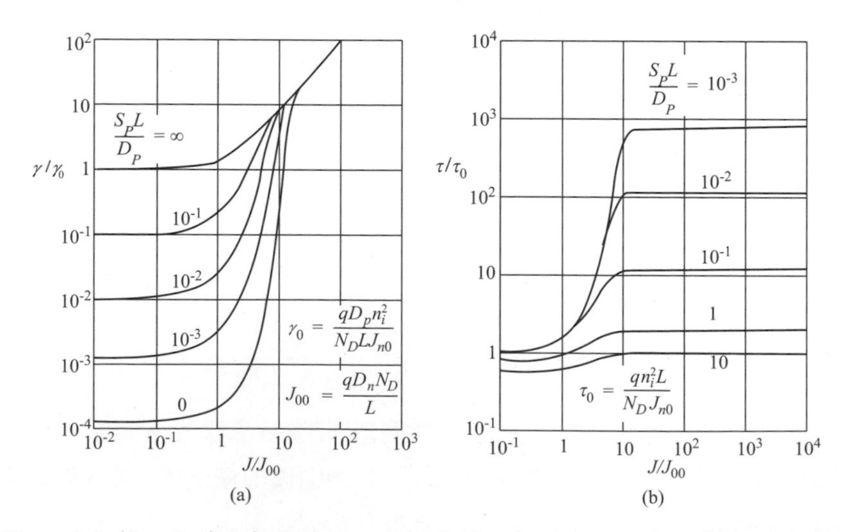

圖24 (a) 歸一化的少數載子注入比例對歸一化的電流密度之關係。(b) 歸一化的少數載子儲存時間對歸一化的電流密度之關係。$L/L_p = 10^{-2}$。(參考文獻 41)

另一個與注入比例相關的量為少數載子儲存時間（minority-carrier storage tim）τ_s，其定義為每單位電流密度儲存在準中性區的少數載子量：

$$\tau_s \equiv \int_{x_1}^{x_2} qp(x)dx \Big/ J \tag{107}$$

在低電流限制時，τ_s 與 $p_n(x_2)$ 或 S_p 有關，可以近似如下（在 $L \ll L_p$）

$$\tau_s \approx \frac{qn_i^2 L}{N_D J_{n0}} \tag{108}$$

此參數與電流無關。在高電流偏壓時，$P_n(x_2)$ 可以變的非常高，甚至比準中性區 L 內的其他位置還高；也就是說，載子分佈會隨位置而增加。再次利用 S_p 為參數，τ_s 對電流密度的一般性結果顯示於圖 24b。由圖可以觀察到，對於有限的 S_p（$S_p \neq \infty$），τ_s 的增加量能夠以級數的方式增加。另外，高摻雜對於任何情形下的降低儲存時間也非常重要。

3.3.6 MIS穿隧二極體

在金屬-絕緣體-半導體（MIS）穿隧二極體中，在沉積金屬前會故意地（有時並是非故意地）引入一層薄的介面層（例如一層氧化物）[42,43]。此介面層的厚度大約是在 1-3 nm 範圍。此元件與 MIS 電容（將在第4章中探討）不同，它擁有相當的電流，而且在施加偏壓下半導體並非處於平衡態（也就是說，電子和電洞的準費米能階 E_{Fn} 與 E_{Fp} 是分開的。）。此結構相較於傳統金屬-半導體接觸的主要差異為：(1) 因介面層的加入而使得電流減少；(2) 有較低的位障高度（部份的位能是跨在介面層上的）；以及(3) 較高的理想因子 η。其能帶圖與圖 5 類似。

電流方程式可以寫為[42]

$$J = A^* T^2 \exp(-\sqrt{\zeta}\,\delta)\exp\left(\frac{-q\phi_B}{kT}\right)\left[\exp\left(\frac{qV}{\eta kT}\right) - 1\right] \tag{109}$$

此方程式的推導可以在 8.3.2 節找到。對於相同的位障，電流被穿隧機率 exp（$-\sqrt{\zeta}\delta$）所抑制。其中 ζ（以 eV 為單位）和 δ（以 Å 為單位）分別為介面層的有效位障和厚度。[省略 $[2(2m^*/\hbar)]^{1/2}$ 之常數，其值為 1.01 $eV^{-1/2}Å^{-1}$。]這個額外的穿隧機率可視為有效李查遜常數的修正，正如前所討論的。理想因子增加為[42]

$$\eta = 1 + \left(\frac{\delta}{\varepsilon_i}\right)\frac{(\varepsilon_s / W_D) + qD_{its}}{1 + (\delta/\varepsilon_i)qD_{itm}} \tag{110}$$

其中 D_{its} 和 D_{itm} 分別為平衡時半導體和金屬的介面缺陷。一般而言，當氧化物厚度小於 3 nm 時，介面缺陷與金屬達成平衡；然而對於較厚的氧化物，這些缺陷傾向與半導體達成平衡。

此介面層會減少多數載子熱離子-發射電流，但不影響擴散所形成的少數載子電流，並且可提升少數載子注入效率。此現象用來改善電致發光二極體（electroluminescent diode）的注入效率，以及蕭特基位障太陽能電池的開路電壓。

3.4 位障高度的量測

基本上，有四種方法可用來量測金屬-半導體接觸的位障高度：(1) 電流-電壓法；(2) 活化能法；(3) 電容-電壓法；以及(4) 光電方法。

3.4.1 電流-電壓量測

對於適量摻雜的半導體，在順偏方向 ($V>3kT/q$) 的 I-V 特性可以透過式 (84) 獲得：

$$J = A^{**}T^2 \exp\left(\frac{-q\phi_{B0}}{kT}\right)\exp\left[\frac{q(\Delta\phi + V)}{kT}\right] \tag{111}$$

由於 A^{**} 和 $\Delta\phi$（影像力降低）兩者都與所施加的電壓呈現微弱的函數關係，因此順偏之 J-V 特性可以用先前式 (87) 的 $J = J_0\exp(qV/\eta kT)$ 來表示（當 $V > 3kT/q$），其中 η 為理想因子：

$$\begin{aligned}\eta &\equiv \frac{q}{kT}\frac{dV}{d(\ln J)} \\ &= \left[1 + \frac{d\Delta\phi}{dV} + \frac{kT}{q}\frac{d(\ln A^{**})}{dV}\right]^{-1}\end{aligned} \tag{112}$$

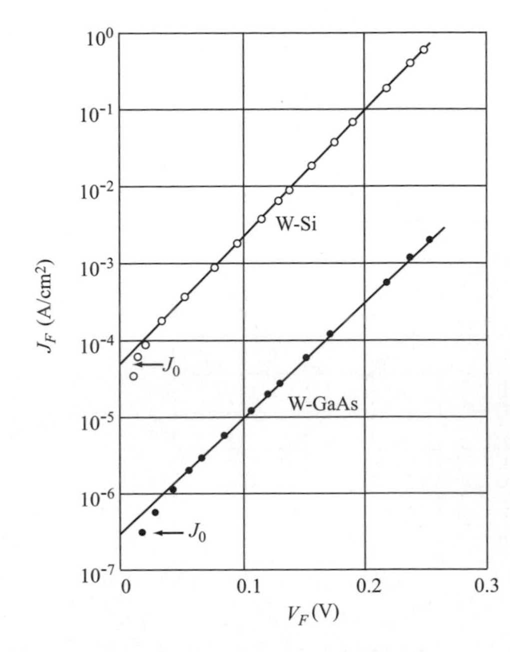

圖25 W-Si 以及 W-GaAs 二極體之順向電流密度對電壓的關係。(參考文獻44)

典型的例子如圖 25 所顯示，圖中對於 W-Si 二極體，其 $\eta = 1.02$；而對於 W-GaAs 二極體，其 $\eta = 1.04$。利用外插法獲得電壓為零時的電流密度值，即飽和電流密度 J_0。而位障高度可以從下面方程式獲得

$$\phi_{Bn} = \frac{kT}{q} \ln\left(\frac{A^{**}T^2}{J_0}\right) \tag{113}$$

由於在室溫下，位障高度 ϕ_{Bn} 對於 A^{**} 的選擇並不是非常靈敏，所以就算增加 100 % 的 A^{**} 也只會使 ϕ_{Bn} 增加 0.018 V。在室溫下 J_0 和 ϕ_B（ϕ_{Bn} 或是 ϕ_{Bp}）的理論關係繪製於圖 26。要求其他的 A^{**} 值，可以在此圖中畫出平行線以獲得適當的關係。

在逆偏方向，電壓關係的影響主要是因為蕭特基位障降低，或

$$\begin{aligned} J_R &\approx J_0 \qquad\qquad (\text{for } V_R > 3kT/q) \\ &\approx A^{**}T^2 \exp\left[-\frac{q(\phi_{B0} - \sqrt{q\mathscr{E}_m / 4\pi\varepsilon_s})}{kT}\right] \end{aligned} \tag{114}$$

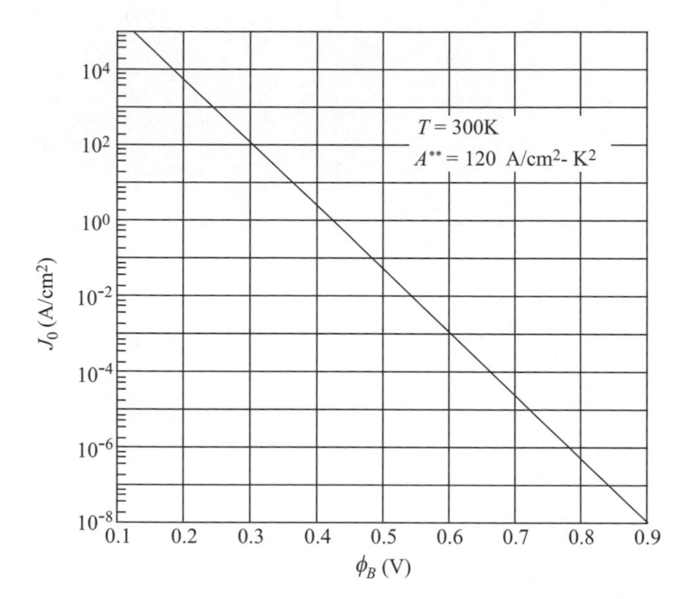

圖26　在 300 K，有效李查爾遜常數爲 120 A/cm²-K² 時，其理論飽和電流密度對位障高度關係。

其中

$$\mathscr{E}_m = \sqrt{\frac{2qN_D}{\varepsilon_s}\left(V_R + \psi_{bi} - \frac{kT}{q}\right)} \tag{115}$$

如果位障高度 $q\phi_{Bn}$ 是比能隙還小的話，則空乏層的產生-複合電流相較於蕭特基發射電流是比較小的，這使得逆向電流會如式(114)隨著逆向偏壓而逐漸地增加，這主要是因為影像力降低所造成。

然而，對於大部分實際的蕭特基二極體，其構成逆向電流的主要部分為邊際的漏電流，此漏電流是由金屬電極板周圍的陡峭邊際所造成。這種陡峭邊際效應類似第二章所討論的接面曲率效應（當 $r_j \to 0$）。為了消除此效應，可以在製作金屬-半導體二極體時加入一擴散的防護環（guard ring）（此結構將在後續討論）。此防護環為一深摻雜的 p 型擴散區，其特定的摻雜分布使得 p-n 接面比金屬-半導體接觸有更高的崩潰電壓。由於陡峭邊際效應的消除，我們可以獲得近乎理想的順向偏壓與逆向

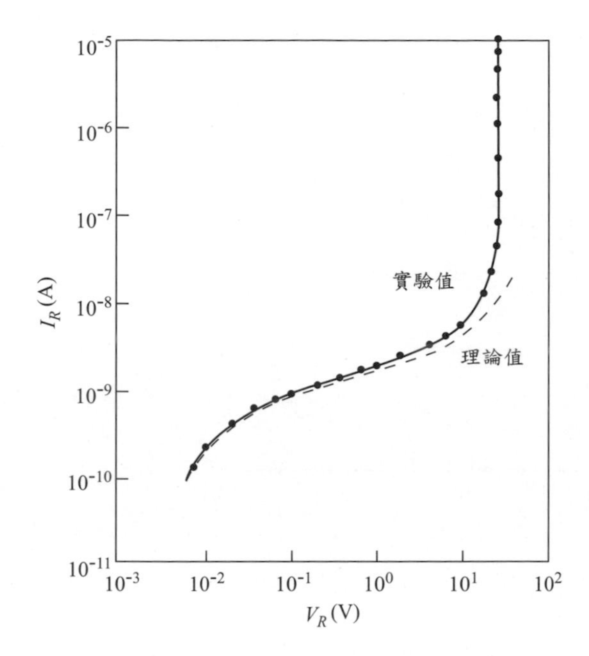

圖27 PtSi-Si二極體所量測的逆向偏壓電流與式(114)之理論預測值比較。(參考文獻45)

偏壓 I-V 特性。圖27顯示具有防護環之 PtSi-Si 二極體的實驗量測值和基於式(114)理論計算值的比較，其特性幾乎是一致的。接近 30 V 時電流的急遽地增加是因為累增崩潰所造成，對於施體摻雜濃度為 2.5×10^{16} cm^{-3} 的二極體而言，此現象可以被預期。

要了解防護環結構對於防止提前崩潰和表面漏電流的效能，可以在固定的逆向偏壓下，研究二極體的直徑與逆向漏電流之間的函數關係而得知。基於此目的，可以在半導體上製作不同直徑之蕭特基二極體陣列，再量測其逆向漏電流，並繪出漏電流與二極體直徑之間的函數關係[46]。如果實驗數據的所得到斜率為 2，表示漏電流大小正比於元件面積；另一方面，若是漏電流是由邊際效應所主導，則預期數據將落在斜率為 1 的直線上。

對於某些蕭特基二極體，其逆向電流還具有額外的成分；此成分來自於如果金屬-半導體的介面沒有插入氧化物或是其他污染，則在金屬內電子的波函數能夠使其穿透半導體能隙。這是量子力學效應，它導致金屬-半導體的介面形成一靜態電偶極層；此電偶極層導致本質位障高度會輕微地隨著電場而變化，使得 $d\phi_{B0}/d\mathscr{E}_m \neq 0$。利用一次近似，此靜態的位障降低

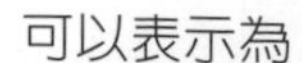

可以表示為

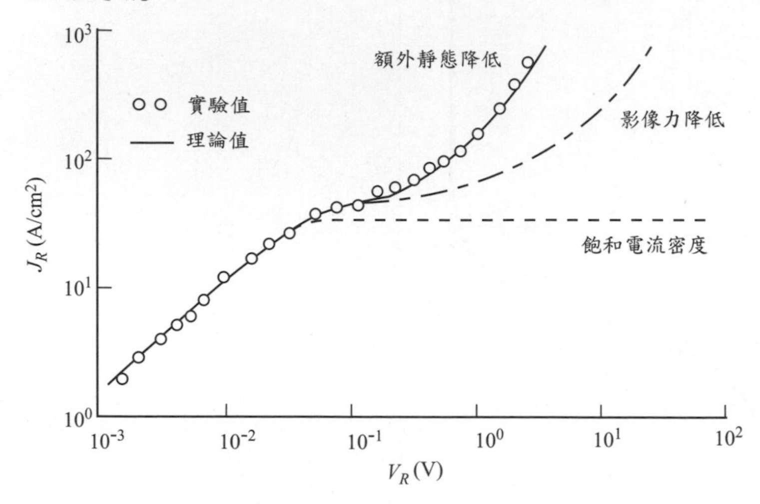

圖28 RhSi-Si 二極體其逆偏特性的理論與實驗結果。(參考文獻 37)

$$\Delta\phi_{\text{static}} \approx \alpha\mathscr{E}_m \tag{116}$$

或 $\alpha \equiv d\phi_{B0}/d\mathscr{E}_m$。圖 28 顯示 RhSi-Si 二極體的逆向電流，在 $\alpha = 1.7$ nm 的經驗值下，其理論值與量測值極為吻合。

3.4.2 活化能量測

以活化能量測來決定蕭特基位障其主要的優點為不需要假設任何的電性作用面積（electrically active area）。此特點在研究新穎或不尋常的金屬-半導體介面上特別重要，因為通常會不知道實際的接觸面積大小。在不夠乾淨或是未反應完全的表面上，電性作用面積可能只占幾何面積中的一小部分。另一方面，劇烈的冶金反應可能會使得金屬-半導體的介面變得粗糙不平，其結果導致電性作用面積會大於表面的幾何面積。

如果將式（84）乘上電性作用面積 A，我們得到

$$\ln\left(\frac{I_F}{T^2}\right) = \ln(AA^{**}) - \frac{q(\phi_{Bn} - V_F)}{kT} \tag{117}$$

其中 $q(\phi_{Bn} - V_F)$ 可視為活化能。當溫度超過某一限制範圍（其大約為在室溫附近）後，A^{**} 和 ϕ_{Bn} 基本上與溫度無關。因此若固定順向偏壓 V_F，並將 $\ln(I_F/T^2)$ 對 $1/T$ 作圖，求其斜率則可獲得位障高度 ϕ_{Bn}，而由 $1/T = 0$ 的縱座標截距可以得到電性作用面積 A 與有效李查遜常數 A^{**} 的乘積。

為了說明活化能法在研究介面冶金反應的重要性，圖 29 顯示 Al-n-Si 接觸在各種退火溫度下，其不同位障高度之飽和電流與活化能的關係[47]。圖中的斜率指出，退火溫度在 450℃ 到 650℃ 時，其有效位障高度幾乎線性地由 0.71 增加至 0.81 V，而此結果也可由 I-V 和 C-V 量測獲得驗證。另外也能推測，當到達 Al-Si 共晶溫度(≈ 580℃) 時，金屬-半導體介面的實際冶金特性必定是明顯的改變。當退火溫度超過 Al-Si 共晶溫度時，由圖 29 的縱座標截距可知電性作用面積變大，其增加的因子為 2。

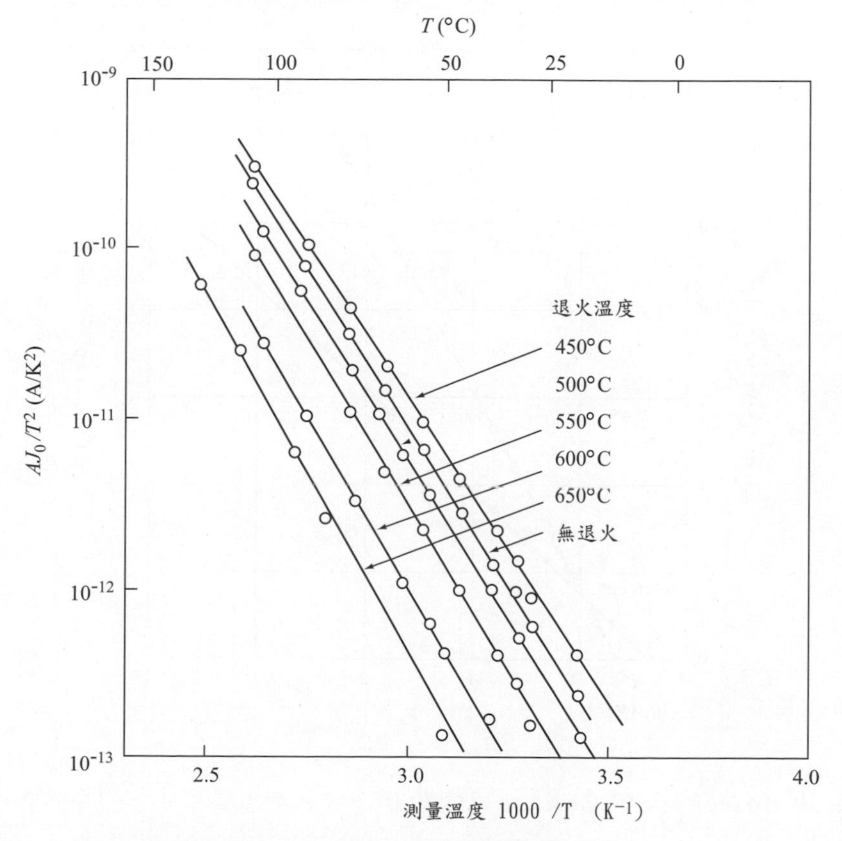

圖29 決定位障高度所繪製之活化能圖。(參考文獻 47)

3.4.3 電容-電壓量測

位障高度也可以透過電容量測來決定。當一小交流電壓疊加於一直流偏壓上，在金屬表面上會導入額外的電荷，而在半導體處則感應出電性相反之電荷。電容 C（每單位面積之空乏層電容）和電壓 V 之間的關係可由式（10）獲得。圖 30 乃 $1/C^2$ 對外加電壓作圖，顯示了一些典型的結果。在電壓軸上的截距可獲得內建電位 ψ_{bi}，而得知內建電位便能決定位障高度[44,48]

$$\phi_{Bn} = \psi_{bi} + \phi_n + \frac{kT}{q} - \Delta\phi \tag{118}$$

圖中斜率也能決定出載子密度［式（11）］，並可將之用來計算 ϕ_n。

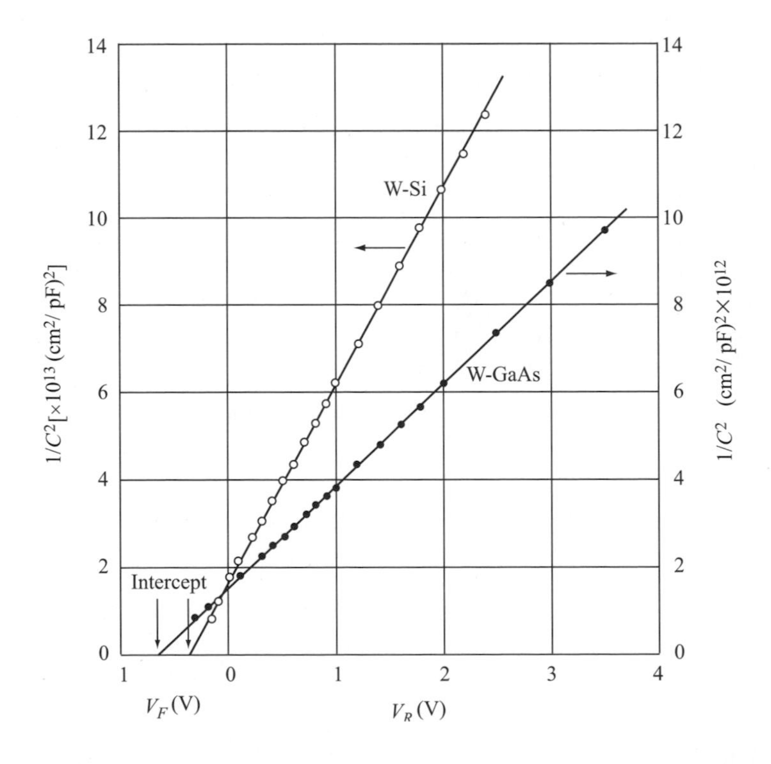

圖30 W-Si 以及 W-GaAs 二極體其 $1/C^2$ 與施加電壓之關係。（參考文獻44）

為了獲得包含淺能階雜質（shallow-level impurity）和深能階雜質的半導體位障高度（如圖 4 所示），我們需要在兩個不同的溫度下以各種頻率來量測 C-V 曲線[49]。

3.4.4 光電量測

光電量測（photoelectric measurement）為一個精確且直接的方法來決定位障高度[50]。當單色光射向金屬表面時，將可能產生光電流。其基本架設如圖 31 所示。在蕭特基位障二極體中，有兩種載子激發方式能夠發生並造成光電流；這兩種激發方式分別為：躍過位障的激發（過程 -1）以及能帶到能帶的激發（band-to-band excitation）（過程 -2）。在量測位障高度時，只有過程 -1 有用，產生此過程最有用的波長應該介於 $q\phi_{Bn} < h\nu < E_g$ 的範圍內。此外，最重要的光吸收區域位於金屬–半導體的介面。對於前照光，金屬薄膜的厚度必須很薄，如此才可讓光穿透並到達介面；但如果光能量 $h\nu < E_g$，則可以穿透半導體，所以使用背照光的方式並沒有前照光的限制，而最高的光強度會在金屬–半導體介面上。注意，此光電流可以在未加偏壓時收集到。

每單位被吸收的光子其產生之光電流［光響應（photoresponse）R］為光子能量 $h\nu$ 的函數，可由福勒理論（Fowler theory）獲得[51]

$$R \propto \frac{T^2}{\sqrt{E_s - h\nu}}\left\{\frac{x^2}{2}+\frac{\pi^2}{6}-\left[\exp(-x)-\frac{\exp(-2x)}{4}+\frac{\exp(-3x)}{9}-...\right]\right\} \quad \text{for} \quad x \geq 0 \quad (119)$$

這裡的 E_s 為 $h\nu_0$（= 位障高度 $q\phi_{Bn}$）的總和，而費米能量是從金屬的導電帶底端開始量測，而 $x \equiv h(\nu-\nu_0)/kT$。在 $E_s \gg h\nu$ 以及 $x > 3$ 條件之下，式（119）簡化為

$$R \propto (h\nu - h\nu_0)^2 \quad (120)$$

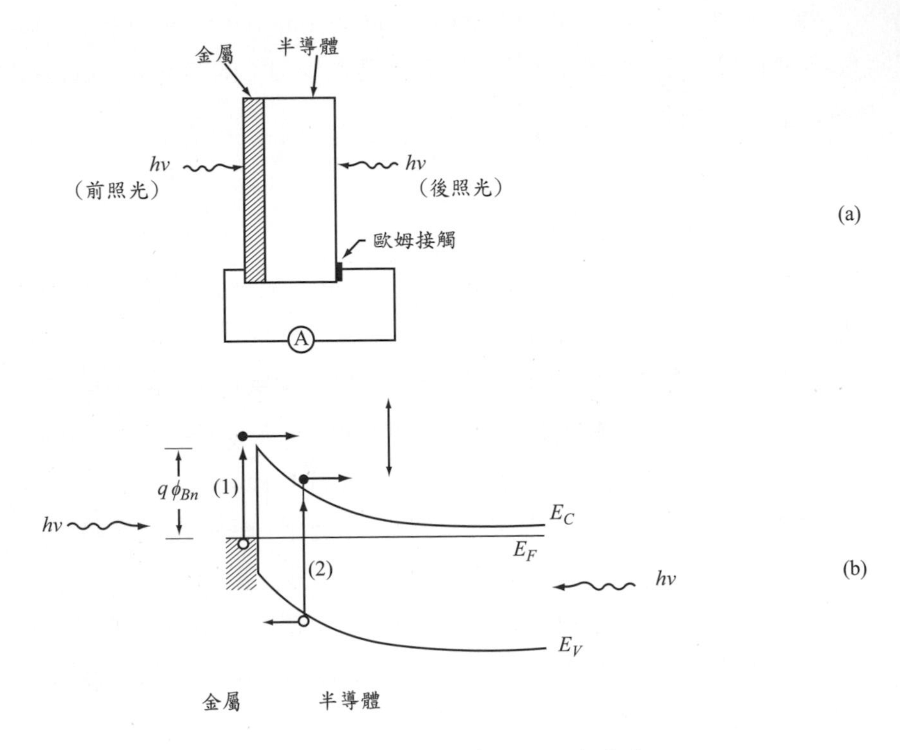

圖31 (a) 光電量測的架設圖。(b) 光激發過程之能帶圖。

當光響應的平方根對光子能量作圖時，應該可以獲得一直線，並且由能量軸上的外差值可直接得到位障高度。圖 32 顯示 W-Si 和 W-GaAs 二極體的光響應，所求出的位障高度分別為 0.65 和 0.80 eV。

光電量測可以被利用來研究其它元件與材料的參數。它曾被利用來決定 Au-Si 二極體的影像力介電常數[25]。藉由量測不同的逆向偏壓下光起始（photothreshold）能量的偏移，我們可以出決定影像力降低值 $\Delta\phi$。將 $\Delta\phi$ 對 $\mathscr{E}_m$ 做圖，則介電常數（$\varepsilon_s/\varepsilon_0$）可以被決定，如先前圖 12 中所示。光電量測法經常被用來研究能障高度與溫度間的相依關係[52]。測量的光起始值為 Au-Si 二極體溫度的函數。光起始的偏移合理地被認為與矽的能隙-溫度相依性有關。此結果暗示在 Au-Si 介面之費米能階發生的釘札現象與價電帶邊緣有關，並且與 3.2.3 節所討論的一致。

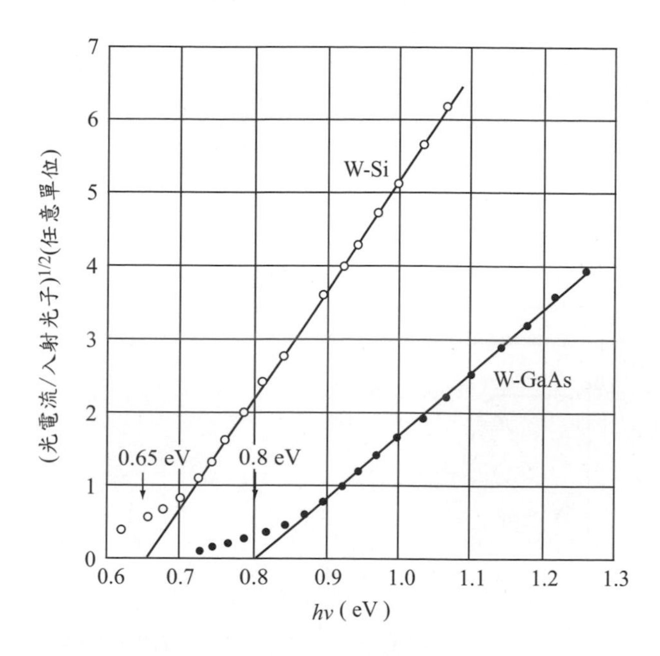

圖32 W-Si 和 W-GaAs 二極體其光響應之平方根對光子能量的關係。圖中的外差值相當於位障高度 $q\phi_{Bn}$。(參考文獻 44)

3.4.5 量測位障高度

I-V、*C-V*、活化能和光電法皆經常用來量測位障高度。對於乾淨介面的緊密接觸，這些方法所獲得的位障高度一般來說大致相同（誤差在 ±0.02 V之內）。若不同量測方法之間的差異甚大，其可能是來自於介面的污染、介入其中間的絕緣層、邊際漏電流或是深雜質能階所造成的結果。

一些元素以及化合物半導體所量測到的蕭特基位障列於表三；這些位障高度代表其金屬-半導體接觸是在良好的真空系統中切割或經過化學清潔的半導體表面上沉積高純度金屬製作而成。如預期地，Si 和 GaAs 的金屬-半導體接觸是最廣泛地被研究。在所有金屬中，金、鋁和鉑是一般最常用的材料。而在 *n* 型矽上之金屬矽化物其位障高度以及一些性質都列於表四中。

位障高度通常易受沉積前的表面處理與沉積後的熱處理所影響[63]。

圖 33 顯示 *n* 型 Si 和 GaAs 經過不同退火溫度後在室溫下量測的位障高度值。當 Al-Si 二極體的退火溫度超過 450 ℃，其位障高度將會增加[47]，推測這可能是 Si 在 Al 中擴散所造成（也可參考圖 29）。

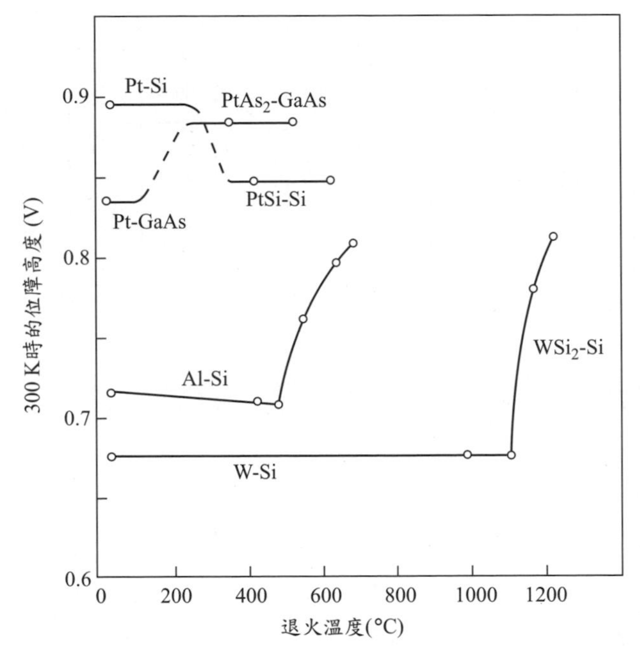

圖33　經過不同的溫度退火後，*n* 型 Si 和 GaAs 在室溫下所量測到的位障高度。

表三 n 型半導體於 300 K 時所量測到的蕭特基位障高度ϕ_{Bn} (V)。每項登記值皆爲該系統所報導過之最高值。在 p 型半導體上的位障高度可利用 $\phi_{Bp}+\phi_{Bn}\approx E_g/q$ 來計算。(參考文獻 8、53-59)

	Si	GaAs	Ge	AlAs	SiC	GaP	GaSb	InP	ZnS	ZnSe	ZnO	CdS	CdSe	CdTe	PbO
E_g	1.12	1.42	0.66	2.16	3.0	2.24	0.67	1.29	3.6	2.82	3.2	2.43	1.7	1.6	
Ag	0.83	1.03	0.54			1.2	0.45	0.54	1.81	1.21		0.56	0.43	0.8	0.95
Al	0.81	0.93	0.48		1.3	1.06	0.6	0.5	0.8	0.75	0.68			0.76	
Au	0.83	1.05	0.59	1.2	1.4	1.3	0.61	0.52	2.2	1.51	0.65	0.78	0.7	0.86	
Bi		0.9					0.2			1.14				0.78	
Ca	0.4	0.56													
Co	0.81	0.86	0.5		1.4										
Cr	0.60	0.82			1.2	1.18		0.45							
Cu	0.8	1.08	0.5		1.3	1.2	0.47	0.42	1.75	1.1	0.45	0.5	0.33	0.82	
Fe	0.98	0.84	0.42							1.11				0.78	
Hf	0.58	0.82				1.84									
In		0.83	0.64				0.6		1.5	0.91	0.3			0.69	0.93
Ir	0.77	0.91	0.42												
Mg	0.6	0.66				1.04	0.3		0.82	0.49					
Mo	0.69	1.04			1.3	1.13									
Ni	0.74	0.91	0.49		1.4	1.27		0.32				0.45		0.83	0.96
Os	0.7		0.4									0.53			
Pb	0.79	0.91	0.38							1.15		0.59		0.68	0.95
Pd	0.8	0.93			1.2		0.6	0.41	1.87		0.68	0.62		0.86	
Pt	0.9	0.98		1.0	1.7	1.45			1.84	1.4	0.75	1.1	0.37	0.89	
Rh	0.72	0.90	0.4												
Ru	0.76	0.87	0.38												
Sb		0.86					0.42			1.34				0.76	
Sn		0.82						0.35							
Ta		0.85							1.1		0.3				
Ti	0.6	0.84										0.84			
W	0.66	0.8	0.48												

表四　金屬矽化物於n型矽上的位障高度。每項系統的位障高度爲文獻曾報告過之最高值。(參考文獻 8、22、56、60-62)

金屬矽化物	ϕ_{Bn} (V)	結構	形成溫度(℃)	熔點(℃)
CoSi	0.68	立方	400	1460
$CoSi_2$	0.64	立方	450	1326
$CrSi_2$	0.57	六方	450	1475
$DySi_2$	0.37			
$ErSi_2$	0.39			
$GdSi_2$	0.37			
$HfSi_2$	0.53	正交	550	2200
$HoSi_2$	0.37			
IrSi	0.93		300	
Ir_2Si_3	0.85			
$IrSi_3$	0.94			
MnSi	0.76	立方	400	1275
$Mn_{11}Si_{19}$	0.72	四方	800[a]	1145
$MoSi_2$	0.69	四方	1000[a]	1980
Ni_2Si	0.75	正交	200	1318
NiSi	0.75	正交	400	992
$NiSi_2$	0.66	立方	800[a]	993
Pd_2Si	0.75	六方	200	1330
PtSi	0.87	正交	300	1229
Pt_2Si	0.78			
RhSi	0.74	立方	300	
$TaSi_2$	0.59	六方	750[a]	2200
$TiSi_2$	0.60	正交	650	1540
VSi_2	0.65			
WSi_2	0.86	四方	650	2150
YSi_2	0.39			
$ZrSi_2$	0.55	正交	600	1520

[a] 在乾淨的介面條件下其溫度可低於 700 ℃。

對於在矽表面形成矽化物的金屬，當達到共晶溫度時，位障高度也會突然改變。Pt-Si 二極體的位障高度為 0.9 V，在 300℃ 或是更高溫度的退火後，介面會形成 PtSi 而使 ϕ_{Bn} 降低為 0.85 V 左右[64]。對於 Pt-GaAs 接觸，當 $PtAs_2$ 在介面形成時，位障則由 0.84 V 增加到 0.87 V 的高度[65]。對於 W-Si 二極體，位障高度則一直保持定值，直到退火溫度超過 1000℃，形成 WSi_2 的矽化物為止[66]。

到目前為止，所有先前討論過的蕭特基二極體其金屬層是使用沉積的方式，所以它們在結構上為多晶態或非晶態。對於接觸在矽上的某些矽化物，可以由底下的單晶矽開始磊晶而獲得單晶態形式[67]；這些可磊晶的矽化物包含 $NiSi_2$、$CoSi_2$、$CrSi_2$、Pd_2Si、$ErSi_{2-x}$、$TbSi_{2-x}$、YSi_{2-x} 和 $FeSi_2$。磊晶的矽化物具有高均勻和熱穩定的性質，它們提供很好的機會去研究位障高度與介面的微觀組成其兩者間的基本關係。已經有研究證實，即使在相同排列方位的 Si 表面，仍然可以形成不同的型態（A 和 B）與介面結構（6-、7- 或 8- 重次），而它們之間的位障高度差可到達 0.14 eV 之多。根據瞭解，由統計上介面結構的空間分佈，可以合理的解釋在相同的金屬-半導體系統所觀察到的位障高度為一範圍。

3.5 元件結構

最早期的元件結構為點接觸式整流器，這是使用一具有陡峭的的小金屬線端點與半導體接觸；此接觸可能只是一個簡單的機械式接觸，或者是利用放電過程來產生一微小的 *p-n* 接面合金。

點接觸整流器與平面蕭特基二極體相較下具有差的順偏和逆偏 *I-V* 特性。由於這種整流器容易被許多因素所影響，像是晶鬚壓力、接觸面積、晶體結構、表面條件、晶鬚成分、熱製程或是製作過程等，因此很難用理論來預測它的特性。點接觸整流器的優點為面積小，可以產生非常小的電容，這正是微波應用上所希望的特性。而其缺點包括具有很高的展阻（spreading resistance）（$R_s \approx \rho/2\pi r_0$，其中 r_0 為接觸點形成之半球的半徑）；主要因表面效應所引起的大漏電電流，這會造成很差的整流比例；另外還有金屬點下高度集中的電場所造成之軟性逆向崩潰（soft reverse -breakdown）特性。

現今的金屬-半導體二極體大部分由平面製程所製作；金屬-半導體的接觸可經由各種的方法形成，其中包括熱蒸鍍（利用電阻或電子束加熱）、濺鍍、化學分解或是電鍍金屬。而表面預先處理的方式包括化學蝕刻、機械研磨、真空切割、背部濺射、熱處理或是離子轟擊。由於大部分的金屬-半導體接觸是在真空系統中形成[68]，一個與真空沉積金屬有關的重要參數為蒸氣壓（vapor pressure）[69]，其定義為：當固體或液體與其本身的蒸汽達成平衡時所具有的壓力。具有高蒸氣壓的金屬在蒸鍍過程可能會有問題。

在整合電路中最常見的結構是在金屬周邊用氧化物作為隔絕層。小面積接觸元件，如圖 34a，是利用平面製程在 n^+ 基材上的 n 型磊晶層上製作小面積的接觸元件，其在微波混和二極體上非常有用[70,71]。為了達到良好的效能，我們必須將串聯電阻和二極體電容最小化。金屬堆疊結構[72]，如圖 34 b，可給予幾乎理想的順偏 I-V 特性以及在適當逆向偏壓下的低漏電電流；但是在施加大逆向電壓時，電極的陡峭邊際效應將使逆向電流增加。由於此結構可以成為金屬積體化的一部分，所以此結構大量地被用在積體電路上。另一個方法為使用局部氧化絕緣（local-oxide isolation）[73]來減少邊緣電場，如圖 34c 所示。此方法需要特別的平面化製程來合併局部氧化步驟。在圖 34d 中，此二極體是被孔隙或是溝渠所圍繞[74]。在此例子中，埋在溝渠中的污染物會造成可靠度上的問題。

為了消除電極的陡峭邊際效應，許多元件結構都曾經被提出過。圖 34e 是用一擴散的防護環[45] 來給予近乎理想的順偏和逆偏特性。此結構在研究靜態特性上是非常有用的工具；然而，它會有較長的回復時間以及因鄰近的 p-n 接面而產生較大的寄生電容。圖 34f 使用雙擴散防護環[75]來減少回復時間，但此製程相對較為複雜。圖 34g 使用另一種防護環結構，它在主動層（active layer）的頂端具有一層高電阻層[76]。由於半導體的介電常數高於絕緣體，所以此結構的寄生電容通常也會高於圖 34b 所示的結

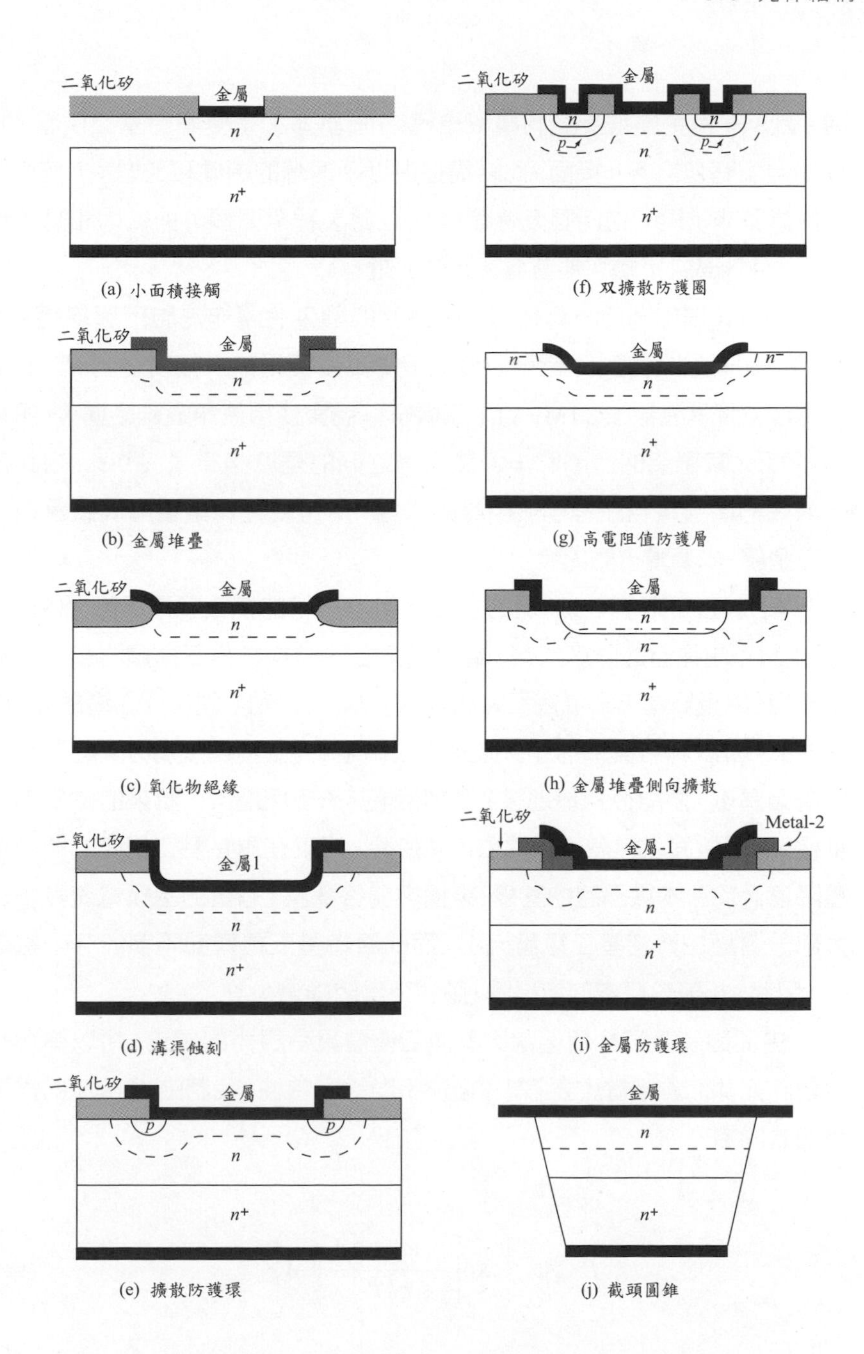

圖34 各種金屬–半導體元件結構。虛線表示空乏區寬度位置。

構。圖 34h 為金屬堆疊側向擴散結構[77]，它基本上是雙蕭特基二極體（並聯），但沒有包含 p-n 接面。此結構提供近乎理想的順偏和逆偏 I-V 特性，並且具有非常短的逆向回復時間。然而，此製程需要額外的氧化和擴散步驟，而且外部的 n^- 環可能會增加元件的電容。

圖 34i 提出利用一具有高位障高度的額外金屬作為防護環結構。然而，對於共價半導體，通常難以使其位障高度獲得的大幅度變動。對於某些微波功率產生器（如 IMPATT 二極體），將會使用截頭圓錐結構[78]，如圖 34j 所示。其懸突的金屬和半導體圓錐之間的角度必須大於 90°，如此在接觸端的周邊電場總是小於中心的電場。這角度確保累增崩潰將會均勻地在金屬-半導體接觸內發生。

蕭特基二極體其中一項的重要應用為夾箝的雙載子電晶體[79]（圖35）。（雙載子電晶體的詳細討論，請參考第五章。）蕭特基二極體可以藉由聯結基極-集極終端來形成飽和時間常數非常短的夾箝（組合式）電晶體（參考 5.3.3 節）。利用標準的埋入式集極技術中[54]，讓基極接觸分叉延伸至集極周圍區域，便能很容易地達到製作目的。在飽和區中，原來的電晶體的基極-集極接面以輕微的順偏取代了逆偏。如果在蕭特基二極體的順向電壓降遠低於原本電晶體的基極-集極之開啟電壓，過量的基極電流其中一大部分將經由蕭特基二極體流出，而此蕭特基二極體卻不會儲存少數載子。因此，相較於原本的電晶體，飽和時間明顯減少許多。

由於蕭特基二極體通常比其他二極體具有更大的電流，所以串聯電阻對此元件而言相當重要。為了描述串聯電阻特性，我們由式（87）的電流修正式開始，

$$I = AJ_0\left\{\exp\left[\frac{q(V-IR_s)}{\eta kT}\right]-1\right\} \tag{121}$$

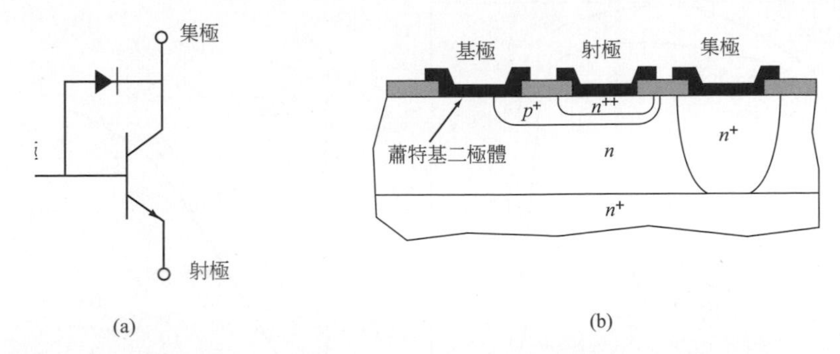

圖35 具有一蕭特基二極體的組合式雙載子電晶體（npn），其蕭特基二極體夾箝並連接於基極和n型集極之間：(a) 電路表示圖。(b) 結構剖面圖。

由此，在順向偏壓區域的微分電阻與偏壓（或電流）有關，

$$\frac{dV}{dI}=\frac{\eta kT+qIR_s}{qI} \tag{122}$$

此式表示二極體的微分電阻在低偏壓下與電流成反比（$=\eta kT/qI$）。在 $IR_s \gg \eta kT/q$ 的高電流下，微分電阻將會飽和於 R_s 的值。對於 Au-Si 和 Au-GaAs 二極體，其微分電阻與電流關係的典型實驗結果圖顯示於圖 36a。圖中也顯示先前所討論的 Si 點接觸之結果。我們注意到，在足夠高的順向偏壓下，此接面電阻趨向一固定值，此值即為串聯電阻值 R_s：

$$R_s=\frac{1}{A}\int\rho(x)dx+\frac{\rho_S}{2\pi r}\tan^{-1}\left(\frac{2h}{r}\right)+R_{co} \tag{123}$$

其中右邊的第一項是對整個準中性區（位於空乏層邊緣與重摻雜基材之間，如圖 23 所示。）進行積分所得的電阻。第二項為在電阻率為 ρ_S、厚度為 h 之基材上的展阻，其中二極體具有半徑為 r 的圓形面積（參考最後一節）。最後一項 R_{co} 是與基材做歐姆接觸產生的電阻。對於位在塊材半導體基底上的蕭特基二極體而言，其第一項並不存在。

另一種簡單萃取串聯電阻的方法是利用 I-V 曲線的半對數函數圖，如圖 36b 所示。在電流偏離指數上升的區域，串聯電阻可以透過 $\Delta V=IR_s$ 來估算。

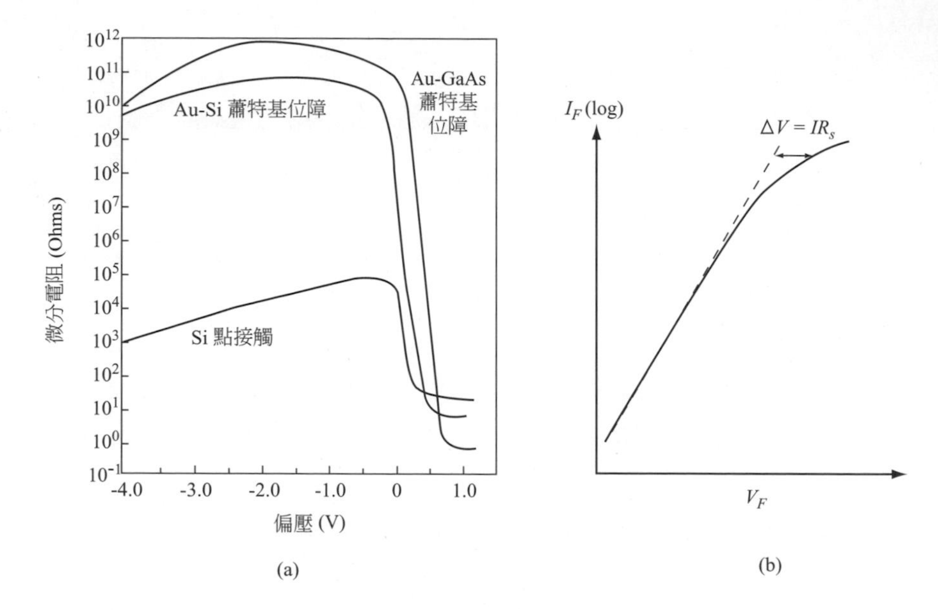

圖36 (a) 對於 Au-Si、Au-GaAs 以及點接觸式二極體，量測其微分電阻與外加電壓的關係。(參考文獻 80) (b) 從順偏 I-V 曲線估算串聯電阻值。

對於蕭特基二極體在微波的應用上，一項重要的價值指標為順向偏壓的截止頻率 (cutoff frequency) f_{c0}，其定義如下

$$f_{c0} \equiv \frac{1}{2\pi R_F C_F} \tag{124}$$

其中 R_F 和 C_F 是在約 0.1 V 到平帶 (flat band) 之順向偏壓條件範圍內的微分電阻與電容[81]。與零偏壓時的截止頻率相比，f_{c0} 的值非常小，在實際考量下可用來當作最低的極限值。一典型結果顯示於圖 37。注意，較低的接面直徑具有較高的截止頻率。除此之外，在相同的摻雜和接面直徑 (例如，10 μm) 下，n 型 GaAs 上的蕭特基二極體可獲得較高的截止頻率，這主要是因為 GaAs 有很高的電子移動率，所以造成較低的串聯電阻。

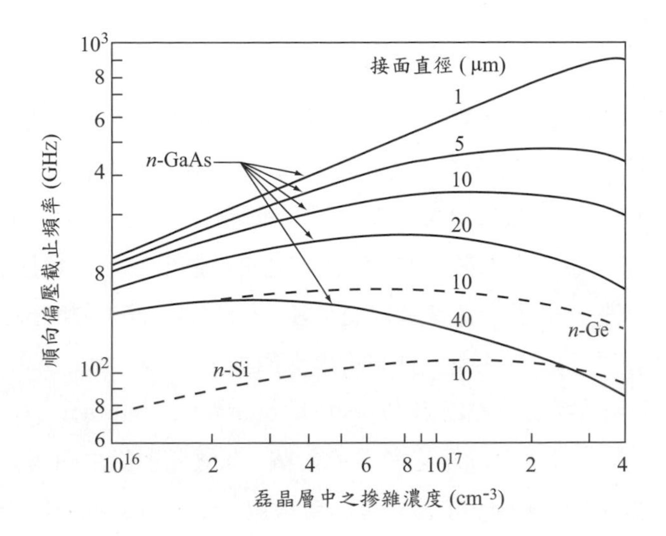

圖37 磊晶層(0.5 μm厚)上各種尺寸的接面直徑對應的順向偏壓截止頻率與摻雜濃度之關係圖。(參考文獻 80)

為了增進高頻效能，通常會希望元件具有較小的電容但卻有較大的接觸面積。莫特位障 (Mott barrier)可以符合這樣的需求。莫特位障是一種金屬-半導體接觸，而接觸的半導體為相當輕摻雜的磊晶層，如此可使整個磊晶層能被完全空乏，因而產生較低的電容。此現象即使在正偏壓下仍然成立，因此電容為一定值，而與偏壓無關。圖 38 顯示莫特位障的能帶圖。在相同的截止頻率下，此二極體的電容明顯低於標準蕭特基二極體的電容值，所以莫特二極體的直徑可以大很多[82]。由於空乏區域內的多數載子濃度較低，所以莫特位障的電流傳輸被擴散過程主導，其可由式 (72) 描述之。

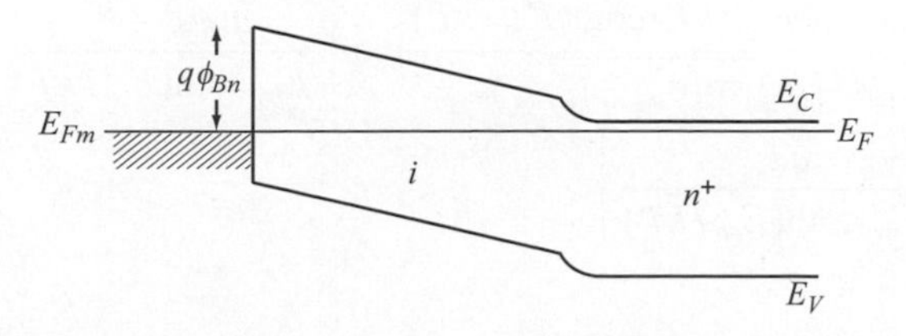

圖38 在零偏壓下莫特位障的能帶圖。

3.6 歐姆接觸

歐姆接觸定義為：金屬-半導體接觸的接面電阻於與半導體元件整個的電阻相較下可以忽略不計。一個良好的歐姆接觸並不會影響元件效能，而且當電流流通時，歐姆接觸上的電壓降會遠小於跨在元件主動區上的電壓降。對於任意的半導體元件，其最後總是會連接於晶片金屬層上。因此，所有半導體元件最少都會有兩個金屬-半導體接觸來形成連接。所以良好的歐姆接觸對於半導體元件來說是必須的。

巨觀參數—特徵接觸電阻（specific contact resistance），其定義為電流密度對跨越介面上電壓之微分的倒數。在零偏壓時所計算之特徵接觸電阻 R_c 為歐姆接觸的一項重要之品質指數（figure-of-merit）[83]：

$$R_c \equiv \left(\frac{dJ}{dV} \right)^{-1}_{V=0} \tag{125}$$

利用進行電腦數值模擬可以獲得此解[83,84]。另外也可以使用本章先前所描述的 I-V 關係解析地推導出 R_c。再次地，我們利用摻雜（E_{00}）和溫度（kT）之間的比較來決定主導的電流機制。

對於適度的低摻雜和/或適度的高溫（$kT \gg E_{00}$），利用標準的熱離子發射表示式［式（84）］可獲得：

$$R_c = \frac{k}{A^{**}Tq} \exp\left(\frac{q\phi_{Bn}}{kT} \right) \propto \exp\left(\frac{q\phi_{Bn}}{kT} \right) \tag{126}$$

由於只和小的外加電壓有關，位障高度與電壓的相依性可以忽略。由式（126）可知，為了獲得小的 R_c，應該使用低位障高度的材料。

對於高摻雜等級（$kT \approx E_{00}$），TFE為主導，而 R_c 如下[39,85]

$$R_c = \frac{k\sqrt{E_{00}}\cosh(E_{00}/kT)\coth(E_{00}/kT)}{A^{**}Tq\sqrt{\pi q(\phi_{Bn}-\phi_n)}} \exp\left[\frac{q(\phi_{Bn}-\phi_n)}{E_{00}\coth(E_{00}/kT)} + \frac{q\phi_n}{kT} \right] \propto \exp\left[\frac{q\phi_{Bn}}{E_{00}\coth(E_{00}/kT)} \right] \tag{127}$$

（對於簡併半導體而言，ϕ_n 是負的。）

此種類型的穿遂發生於能量高於導電帶時；而載子密度和穿遂機率的乘積之最大值，可由式 (93) 的 E_m 得到。

在更高的摻雜，$kT \ll E_{00}$，則 FE 為主導，而特徵接觸電阻如下[39,85]

$$R_c = \frac{k\sin(\pi c_1 kT)}{A^{**}\pi qT}\exp\left(\frac{q\phi_{Bn}}{E_{00}}\right) \propto \exp\left(\frac{q\phi_{Bn}}{E_{00}}\right) \tag{128}$$

假如無法產生非常小的位障高度，要得到一個良好的歐姆接觸應該操作在穿遂機制的範圍內。

特徵接觸電阻為位障高度（所有區域皆然）、摻雜濃度（在 TFE 和 FE 下）和溫度（在 TE 和 TFE 的區域會更靈敏）的函數。對於同樣的半導體材料，這些參數在定性上的關係顯示於圖 39。此圖也指出各種機制的操作趨勢以及範圍。在 TE 範圍中，R_c 和摻雜的濃度無關，只與位障高度 ϕ_B 有關；而在另外的末端 FE，除了 ϕ_B 之外，R_c 也和摻雜濃度呈現 $\exp(N^{-1/2})$ 的相依性。在矽基材上所計算得到的特徵接觸電阻其結果顯示於圖 40。

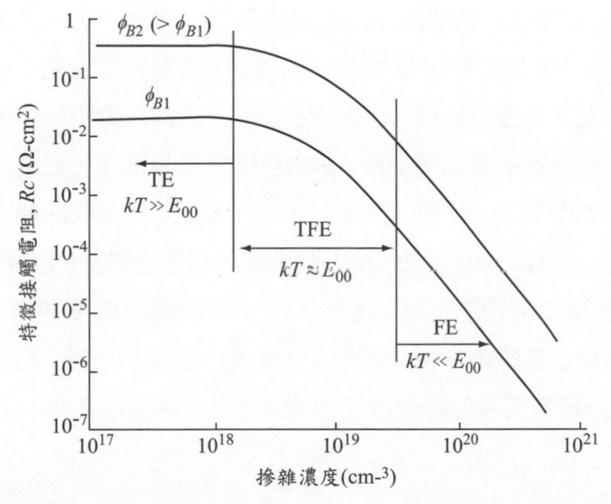

圖39　特徵接觸電阻與摻雜濃度(以及 E_{00})、位障高度和溫度的關係。圖中分別標示 TE、TFE 和 FE 的區域。

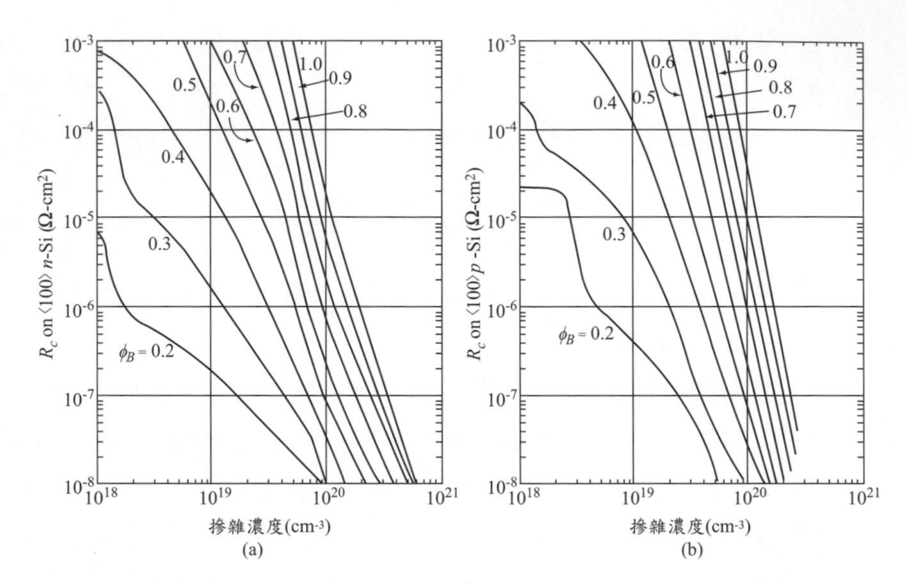

圖40　在室溫下，其(a) n 型，和(b) p 型的⟨100⟩ Si表面對於不同位障高度(單位 eV)所計算的特徵接觸電阻值 R_c。(參考文獻 86)

明顯地，為了要得到低 R_c 值，必須使用高摻雜濃度、低位障高度或兩者並用；對於所有歐姆接觸而言，採用這些方式非常恰當。在寬能隙的半導體上，要製作良好的歐姆接觸是很困難的，因為通常沒有一種金屬具有夠低的功函數來產生低位障。在這樣的情況下，製作歐姆接觸的技術一般是建立一更高摻雜的表面層；另一個常見的技術是增加一層能隙小但高度摻雜同型態的異質接面。對於 GaAs 和 III-V 化合半導體，為了獲得歐姆接觸而發展出各種不同技術[87]。表五列出在半導體上常見的接觸材料。

當先進積體電路的元件微型化時，元件的電流密度通常會增加。此時不只需要更小的歐姆接觸電阻，也需要更小的接觸面積。隨著元件微型化，製作良好歐姆接觸的難度隨之也增加。總接觸電阻如下

$$R = \frac{R_c}{A} \tag{129}$$

然而，此式只在電流密度均勻地跨越全部的面積時才成立。我們在此提出兩個實際情況來說明額外的電阻成分對歐姆接觸影響之重要性。對於半徑為 r 的小接觸，如圖 41a 所示，有一個展阻與歐姆接觸串聯，其值如下[89]

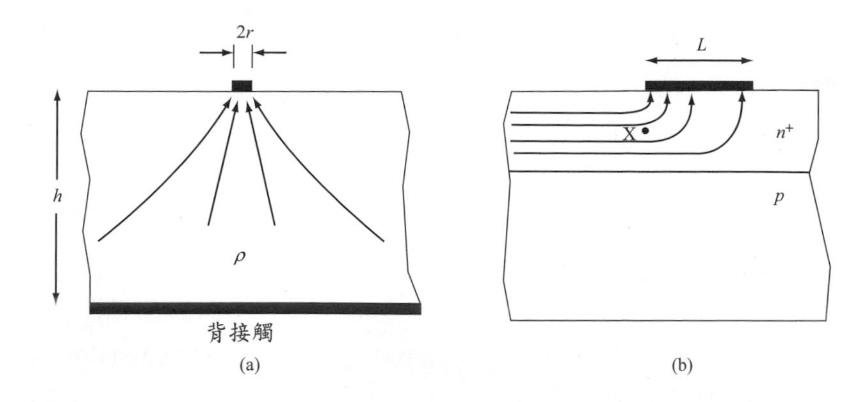

圖41 (a)當 $r \ll h$，小接觸的電流示意圖。r 爲接觸的半徑。(b) 對於水平擴散層之接觸的電流示意圖。如果擴散層的片電阻很高，電流將被迫趨向接觸端邊緣。

$$R_{sp} = \frac{\rho}{2\pi r}\tan^{-1}\left(\frac{2h}{r}\right) \tag{130}$$

對於高 r/h 比例，此成分近似塊材電阻 $\rho h/A$。如果此接觸製作在水平擴散面上(圖 41b，類似 MOSFET 的例子)，在位置 X（接觸的邊緣）到金屬接觸點之間的總電阻為[90]

$$R = \frac{\sqrt{R_{\square}R_c}}{W}\coth\left(L\sqrt{\frac{R_{\square}}{R_c}}\right) \tag{131}$$

其中 $R_{\square}$ 為擴散層的片電阻（Ω/□）。此式包含了非均勻電流密度流過接觸（電流擁擠效應）的情況和片電阻本身的貢獻；在 $R_{\square} \to 0$ 的極限下，式 (131) 可以簡化為式 (129)。

表五 各種半導體的金屬歐姆接觸。(參考文獻 88)

半導體	金屬	半導體	金屬
n-Ge	Ag-Al-Sb, Al, Al-Au-P, Au, Bi, Sb, Sn, Pb-Sn	*p*-Ge	Ag, Al, Au, Cu, Ga, Ga-In, In, Al-Pd, Ni Pt, Sn
n-Si	Ag, Al, Al-Au, Ni, Sn, In, Ge-Sn, Sb, Au-Sb, Ti, TiN	*p*-Si	Ag, Al, Al-Au, Au, Ni, Pt, Sn, In, Pb, Ga, Ge, Ti, TiN
n-GaAs	Au(.88)Ge(.12)-Ni, Ag-Sn, Ag(.95)In(.05)-Ge	*p*-GaAs	Au(.84)Zn(.16), Ag-In-Zn, Ag-Zn
n-GaP	Ag-Te-Ni, Al, Au-Si, Au-Sn, In-Sn	*p*-GaP	Au-In, Au-Zn, Ga, In-Zn, Zn, Ag-Zn
n-GaAsP	Au-Sn	*p*-GaAsP	Au-Zn
n-GaAlAs	Au-Ge-Ni	*p*-GaAlAs	Au-Zn
n-InAs	Au-Ge, Au-Sn-Ni, Sn	*p*-InAs	Al
n-InGaAs	Au-Ge, Ni	*p*-InGaAs	Au-Zn, Ni
n-InP	Au-Ge, In, Ni, Sn		
n-InSb	Au-Sn, Au-In, Ni, Sn	*p*-InSb	Au-Ge
n-CdS	Ag, Al, Au, Au-In, Ga, In, Ga-In		
n-CdTe	In	*p*-CdTe	Au, In-Ni, Indalloy 13, Pt, Rh
n-ZnSe	In, In-Ga, Pt, InHg		
n-SiC	W	*p*-SiC	Al-Si, Si, Ni

參考文獻

1. F. Braun, "Uber die Stromleitung durch Schwefelmetalle,"*Ann. Phys. Chem.,* **153**, 556 (1874).
2. J. C. Bose, U.S. Patent 775,840 (1904).
3. A. H. Wilson, "The Theory of Electronic Semiconductors," *Proc. R. Soc. Lond. Ser. A,* **133**, 458 (1931).
4. W. Schottky, "Halbleitertheorie der Sperrschicht," *Naturwissenschaften*, **26**, 843 (1938).
5. N. F. Mott, "Note on the Contact between a Metal and an Insulator or Semiconductor," *Proc. Cambr. Philos. Soc.,* **34**, 568 (1938).
6. H. A. Bethe, "Theory of the Boundary Layer of Crystal Rectifiers," *MIT Radiat. Lab. Rep.,* 43-12 (1942).
7. H. K. Henisch, *Rectifying Semiconductor Contacts*, Clarendon, Oxford, 1957.
8. E. H. Rhoderick and R. H. Williams, *Metal-Semiconductor Contacts*, 2nd Ed., Clarendon, Oxford, 1988.
9. E. H. Rhoderick, "Transport Processes in Schottky Diodes," in K. M. Pepper, Ed, *Inst. Phys. Conf. Ser.,* No. 22, Institute of Physics, Manchester, England, 1974, p. 3.
10. V. L. Rideout, "Review of the Theory, Technology and Applications of Metal-Semiconductor Rectifiers,"*Thin Solid Films,* **48**, 261 (1978).
11. R. T. Tung, "Recent Advances in Schottky Barrier Concepts,"*Mater. Sci. Eng. R.,* **35**, 1 (2001).
12. H. B. Michaelson, "Relation between an Atomic Electronegativity Scale and the Work Function,"*IBM J. Res. Dev.,* **22**, 72 (1978).
13. G. I. Roberts and C. R. Crowell, Capacitive Effects of Au and Cu Impurity Levels in Pt n-type Si Schottky Barriers," *Solid-State Electron.,* **16**, 29 (1973).
14. A. M. Cowley and S. M. Sze, "Surface States and Barrier Height of Metal-Semiconductor Systems,"*J. Appl. Phys.,* **36**, 3212 (1965).
15. J. Bardeen, "Surface States and Rectification at a Metal Semiconductor Contact," *Phys. Rev.,* **71**, 717 (1947).
16. C. A. Mead and W. G. Spitzer, "Fermi-Level Position at Metal-Semiconductor Interfaces," *Phys. Rev.,* **134**, A713 (1964).

17. D. Pugh, "Surface States on the <111> Surface of Diamond,"*Phys. Rev. Lett.,* **12**, 390 (1964).

18. W. E. Spicer, P. W. Chye, C. M. Garner, I. Lindau, and P. Pianetta, "The Surface Electronic Structure of III-V Compounds and the Mechanism of Fermi Level Pinning by Oxygen (Passivation) and Metals (Schottky Barriers),"*Surface Sci.,* **86**, 763 (1979).

19. W. E. Spicer, I. Lindau, P. Skeath, C. Y. Su, and P. Chye, "Unified Mechanism for Schottky-Barrier Formation and III-V Oxide Interface States," *Phys. Rev. Lett.,* **44**, 420 (1980).

20. L. Pauling, *The Nature of The Chemical Bond,* 3rd Ed., Cornell University Press, Ithaca, New York, 1960.

21. S. Kurtin, T. C. McGill, and C. A. Mead, "Fundamental Transition in Electronic Nature of Solids,"*Phys. Rev. Lett.,* **22**, 1433 (1969).

22. S. P. Murarka, *Silicides for VLSI Applications*, Academic Press, New York, 1983.

23. G. Ottaviani, K. N. Tu, and J. W. Mayer, "Interfacial Reaction and Schottky Barrier in Metal-Silicon Systems,"*Phys. Rev. Lett.,* **44**, 284 (1980),

24. J. M. Andrews, *Extended Abstracts*, Electrochem. Soc. Spring Meet., Abstr. 191 (1975), p. 452.

25. S. M. Sze, C. R. Crowell, and D. Kahng, "Photoelectric Determination of the Image Force Dielectric Constant for Hot Electrons in Schottky Barriers,"*J. Appl. Phys.,* **35**, 2534 (1964).

26. C. D. Salzberg and G. G. Villa, "Infrared Refractive Indexes of Silicon Germanium and Modified Selenium Glass," *J. Opt. Soc. Am.,* **47**, 244 (1957).

27. J. M. Shannon, "Reducing the Effective Height of a Schottky Barrier Using Low-Energy Ion Implantation,"*Appl. Phys. Lett.,* **24**, 369 (1974).

28. J. M. Shannon, "Increasing the Effective Height of a Schottky Barrier Using Low-Energy Ion Implantation," *Appl. Phys. Lett.,* **25**, 75 (1974).

29. J. M. Andrews, R. M. Ryder, and S. M. Sze, "Schottky Barrier Diode Contacts,"U.S. Patent 3,964,084 (1976).

30. J. M. Shannon, "Control of Schottky Barrier Height Using Highly Doped Surface Layers," *Solid-State Electron.,* **19**, 537 (1976).

31. C. R. Crowell, "The Richardson Constant for Thermionic Emission in Schottky Barrier Diodes,"*Solid-State Electron.,* **8**, 395 (1965).

32. C. R. Crowell and S. M. Sze, "Current Transport in Metal-Semiconductor Barriers," *Solid-State Electron.,* **9**, 1035 (1966).

33. C. R. Crowell and S. M. Sze, "Electron-Optical-Phonon Scattering in the Emitter and Collector Barriers of Semiconductor-Metal-Semiconductor Structures,"*Solid-State Electron.,* **8**, 979 (1965).

34. C. W. Kao, L. Anderson, and C. R. Crowell, "Photoelectron Injection at Metal-Semiconductor Interface,"*Surface Sci.,* **95**, 321 (1980).

35. C. R. Crowell and S. M. Sze, "Quantum-Mechanical Reflection of Electrons at Metal-Semiconductor Barriers: Electron Transport in Semiconductor-Metal-Semiconductor Structures,"*J. Appl. Phys.,* **37**, 2685 (1966).

36. C. Y. Chang and S. M. Sze, "Carrier Transport across Metal-Semiconductor Barriers,"*Solid-State Electron.,* **13**, 727 (1970).

37. J. M. Andrews and M. P. Lepselter, "Reverse Current-Voltage Characteristics of Metal-Silicide Schottky Diodes,"*Solid-State Electron.,* **13**, 1011 (1970).

38. C. R. Crowell and M. Beguwala, "Recombination Velocity Effects on Current Diffusion and Imref in Schottky Barriers,"*Solid-State Electron.,* **14**, 1149 (1971).

39. F. A. Padovani and R. Stratton, "Field and Thermionic-Field Emission in Schottky Barriers,"*Solid-State Electron.,* **9**, 695 (1966).

40. A. Y. C. Yu and E. H. Snow, "Minority Carrier Injection of Metal-Silicon Contacts,"*Solid-State Electron.,* **12**, 155 (1969).

41. D. L. Scharfetter, "Minority Carrier Injection and Charge Storage in Epitaxial Schottky Barrier Diodes,"*Solid-State Electron.,* **8**, 299 (1965).

42. H. C. Card, "Tunnelling MIS Structures,"*Inst. Phys. Conf. Ser.,* **50**, 140 (1980).

43. M. Y. Doghish and F. D. Ho, "A Comprehensive Analytical Model for Metal-Insulator-Semiconductor (MIS) Devices," *IEEE Trans. Electron Dev.,* **ED-39**, 2771 (1992).

44. C. R. Crowell, J. C. Sarace, and S. M. Sze, "Tungsten-Semiconductor Schottky-Barrier Diodes,"*Trans. Met. Soc. AIME,* **233**, 478 (1965).

45. M. P. Lepselter and S. M. Sze, "Silicon Schottky Barrier Diode with Near-Ideal I-V Characteristics,"*Bell Syst. Tech. J.,* **47**, 195 (1968).

46. J. M. Andrews and F. B. Koch, "Formation of NiSi and Current Transport across the NiSi-Si Interface,"*Solid-State Electron.,* **14**, 901 (1971).

47. K. Chino, "Behavior of Al-Si Schottky Barrier Diodes under Heat Treatment,"*Solid-State Electron.,* **16**, 119 (1973).

48. A. M. Goodman, "Metal-Semiconductor Barrier Height Measurement by the Differential Capacitance Method-One Carrier System," *J. Appl. Phys.*, **34**, 329 (1963).

49. M. Beguwala and C. R. Crowell, "Characterization of Multiple Deep Level Systems in Semiconductor Junctions by Admittance Measurements," *Solid-State Electron.*, **17**, 203 (1974).

50. C. R. Crowell, W. G. Spitzer, L. E. Howarth, and E. Labate, "Attenuation Length Measurements of Hot Electrons in Metal Films," *Phys. Rev.*, **127**, 2006 (1962).

51. R. H. Fowler, "The Analysis of Photoelectric Sensitivity Curves for Clean Metals at Various Temperatures," *Phys. Rev.*, **38**, 45 (1931).

52. C. R. Crowell, S. M. Sze, and W. G. Spitzer, "Equality of the Temperature Dependence of the Gold-Silicon Surface Barrier and the Silicon Energy Gap in Au n-type Si Diodes," *Appl. Phys. Lett.*, **4**, 91 (1964).

53. J. 0. McCaldin, T. C. McGill, and C. A. Mead, "Schottky Barriers on Compound Semiconductors: The Role of the Anion," *J. Vac. Sci. Technol.*, **13**, 802 (1976).

54. J. M. Andrews, "The Role of the Metal-Semiconductor Interface in Silicon Integrated Circuit Technology," *J. Vac. Sci. Technol.*, **11**, 972 (1974).

55. A. G. Milnes, *Semiconductor Devices and Integrated Electronics*, Van Nostrand, New York, 1980.

56. *Properties of Silicon*, INSPEC, London, 1988.

57. *Properties of Gallium Arsenide*, INSPEC, London, 1986. 2nd Ed., 1996.

58. G. Myburg, F. D. Auret, W. E. Meyer, C. W. Louw, and M. J. van Staden, "Summary of Schottky Barrier Height Data on Epitaxially Grown n- and p-GaAs," *Thin Solid Films*, **325**, 181 (1998).

59. N. Newman, T. Kendelewicz, L. Bowman, and W. E. Spicer, "Electrical Study of Schottky Barrier Heights on Atomically Clean and Air-Exposed n-InP (110) Surfaces," *Appl. Phys. Lett.*, **46**, 1176 (1985).

60. J. M. Andrews and J. C. Phillips, "Chemical Bonding and Structure of Metal-Semiconductor Interfaces," *Phys. Rev. Lett.*, **35**, 56 (1975).

61. G. J. van Gurp, "The Growth of Metal Silicide Layers on Silicon," in H. R. Huff and E. Sirtl, Eds., *Semiconductor Silicon 1977*, Electrochemical Society, Princeton, New Jersey, 1977, p. 342.

62. I. Ohdomari, K. N. Tu, F. M. d'Heurle, T. S. Kuan, and S. Petersson, "Schottky-Barrier Height of Iridium Silicide," *Appl. Phys. Lett.*, **33**, 1028 (1978).

63. J. L. Saltich and L. E. Terry, "Effects of Pre- and Post-Annealing Treatments on Silicon Schottky Barrier Diodes,"*Proc. IEEE*, **58**, 492 (1970).

64. A. K. Sinha, "Electrical Characteristics and Thermal Stability of Platinum Silicide-to-Silicon Ohmic Contacts Metallized with Tungsten,"*J. Electrochem. Soc.,* **120**, 1767 (1973).

65. A. K. Sinha, T. E. Smith, M. H. Read, and J. M. Poate, "n-GaAs Schottky Diodes Metallized with Ti and Pt/Ti,"*Solid-State Electron.,* **19**, 489 (1976).

66. Y. Itoh and N. Hashimoto, "Reaction-Process Dependence of Barrier Height between Tungsten Silicide and n-Type Silicon,"*J. Appl. Phys.,* **40**, 425 (1969).

67. R. Tung, "Epitaxial Silicide Contacts,"in R. Hull, Ed., *Properties of Crystalline Silicon*, INSPEC, London, 1999.

68. For general references on vacuum deposition, see L. Holland, *Vacuum Deposition of Thin Films,* Chapman & Hall, London, 1966; A. Roth, *Vacuum Technology*, North-Holland, Amsterdam, 1976.

69. R. E. Honig, "Vapor Pressure Data for the Solid and Liquid Elements,"*RCA Rev.,* **23**, 567 (1962).

70. D. T. Young and J. C. Irvin, "Millimeter Frequency Conversion Using Au-n-type GaAs Schottky Barrier Epitaxy Diode with a Novel Contacting Technique,"*Proc. IEEE.,* **53**, 2130 (1965).

71. D. Kahng and R. M. Ryder, "Small Area Semiconductor Devices,"U.S. Patent 3,360,851 (1968).

72. A. Y. C. Yu and C. A. Mead, "Characteristics of Al-Si Schottky Barrier Diode,"*Solid-State Electron.,* **13**, 97 (1970).

73. N. G. Anantha and K. G. Ashar, *IBM J. Res. Dev.,* **15**, 442 (1971).

74. C. Rhee, J. L. Saltich, and R. Zwernemann, "Moat-Etched Schottky Barrier Diode Displaying Near Ideal I-V Characteristics,"*Solid-State Electron.,* **15**, 1181 (1972).

75. J. L. Saltich and L. E. Clark, "Use of a Double Diffused Guard Ring to Obtain Near Ideal I-V Characteristics in Schottky-Barrier Diodes,"*Solid-State Electron.,* **13**, 857 (1970).

76. K. J. Linden, "GaAs Schottky Mixer Diode with Integral Guard Layer Structure,"*IEEE Trans. Electron Dev.,* **ED-23**, 363 (1976).

77. A. Rusu, C. Bulucea, and C. Postolache, "The Metal-Overlap-Laterally-Diffused (MOLD) Schottky Diode,"*Solid-State Electron.,* **20**, 499 (1977).

78. D. J. Coleman Jr., J. C, Irvin, and S. M. Sze, "GaAs Schottky Diodes with Near-Ideal Characteristics,"*Proc. IEEE*, **59**, 1121 (1971).

79. K. Tada and J. L. R. Laraya, "Reduction of the Storage Time of a Transistor Using a Schottky-Barrier Diode,"*Proc. IEEE,* **55**, 2064 (1967).

80. J. C. Irvin and N. C. Vanderwal, "Schottky-Barrier Devices,"in H. A. Watson, Ed., *Microwave Semiconductor Devices and Their Circuit Applications,* McGraw-Hill, New York, 1968.

81. N. C. Vanderwal, "A Microwave Schottky-Barrier Varistor Using GaAs for Low Series Resistance,"*Tech. Dig. IEEE IEDM,* (1967).

82. M. McColl and M. F. Millea, "Advantages of Mott Barrier Mixer Diodes,"*Proc. IEEE,* **61**, 499 (1973).

83. C. Y. Chang, Y. K. Fang, and S. M. Sze, "Specific Contact Resistance of Metal-Semiconductor Barriers,"*Solid-State Electron.,* **14**, 541 (1971).

84. A. Y. C. Yu, "Electron Tunneling arid Contact Resistance of Metal-Silicon Contact Barriers,"*Solid-State Electron.,* **13**, 239 (1970).

85. C. R. Crowell and V. L. Rideout, "Normalized Thermionic-Field (T-F) Emission in Metal-Semiconductor (Schottky) Barriers,"*Solid-State Electron.,* **12**, 89 (1969).

86. K. K. Ng and R. Liu, "On the Calculation of Specific Contact Resistivity on <100> Si,"*IEEE Trans. Electron Dev.,* **ED-37**, 1535 (1990).

87. V. L. Rideout, "A Review of the Theory and Technology for Ohmic Contacts to Group III-V Compound Semiconductors,"*Solid-State Electron.,* **18**, 541 (1975).

88. S. S. Li, *Semiconductor Physical Electronics*, Plenum Press, New York, 1993.

89. R. H. Cox and H. Strack, "Ohmic Contacts for GaAs Devices,"*Solid-State Electron.,* **10**, 1213 (1967).

90. H. Murrmann and D. Widmann, "Current Crowding on Metal Contacts to Planar Devices,"*IEEE Trans. Electron Dev.,* **ED-16**, 1022 (1969).

習題

1. 請繪出 n 型 GaAs 之金屬-半導體接觸其導電帶與費米能階的能帶圖，其中 n 型摻雜濃度為 (a) 10^{15}cm^{-3}，(b) 10^{17}cm^{-3}，以及 (c) 10^{18}cm^{-3}。位障高度（$q\phi_{Bn0}$）為 0.80 eV。

2. 對於一 Au-n-Si 之金屬-半導體接觸，其施體摻雜濃度為 2.8×10^{16} cm^{-3}，試問在熱平衡下蕭特基位障的降低值為何，並且請找出位障降低的相對應位置。位障高度（$q\phi_{Bn0}$）為 0.80 eV。

3. 推導式 (72)。請寫出推導之詳細步驟。

4. 對於一 Au-Si 蕭特基位障二極體，其 ϕ_{Bn} = 0.80 V。請求出在低階注入條件下其少數載子的電流密度以及注入比例。其中 n 型矽的參數為 1 Ω-cm，τ_p = 100 μs。

5. 請依據 Chang/Sze 的論文 [*Solid State Electronics.,* **13**, p.727 (1970)] 之理論結果（第**732**頁)，找出溫度 77 K，$N_D = 10^{18}$ cm^{-3} 時蕭特基接觸的理想因子。

6. 推導式(42)，並求出當 $p_1 > n_2$ 和 $ap_1 \gg Wn_2$ 時，ϕ'_B 的極限值。

7. 一蕭特基二極體以及一 p-n 接面二極體的逆向飽和電流在 300 K 下分別為 5×10^{-8} A 與 10^{-12} A。二極體間相互串聯並且被 0.5 mA 的定電流所驅動。試求二極體上全部的電壓降。

8. (a)求圖 30 中 W-GaAs 的蕭特基位障高度以及施體濃度。

(b)請與圖 25 中，飽和電流密度為 5×10^{-7} A/cm^2 時所得到的位障高度來做比較，假設 A^{**} = 4 A/cm^2/K^2。

(c)倘若存在位障高度差，則此位障高度差是否與蕭特基位障降低一致?

9. 對一個金屬 -n 型矽接觸，由光電量測所獲得的位障高度為 0.65 V，然而從 C-V 量測所獲得的電壓軸之截距為 0.5 V。求此均勻摻雜之矽基板的摻雜濃度。

10. 一 Au-n-GaAs 蕭特基位障二極體其電容的關係式為

$1/C^2 = 1.57\times10^{15} - 2.12\times10^{15}\,V$，其中 C 的單位以 μF 表示，而 V 以伏特表示。二極體面積為 0.1 cm^2，請計算內建電位，位障高度以及施體濃度。

11. 在 0.5 μm 的 n 型磊晶層上製作之 Pd-GaAs 接觸其順向偏壓截止頻率為 370 GHz。若圓形接觸面積為 1.96×10^{-7} cm^2，試求順向偏壓條件下的空乏區寬度。

12. 在 $N_D = 3\times10^{20}$ cm^{-3} 之 n 型矽上形成一面積 10^{-6} cm^2 的歐姆接觸。其中位障高度

ϕ_{Bn} 為 0.8 V，電子有效質量 $m^*_n = 0.26\,m_0$。試求順向電流為 1 A 時歐姆接觸的電壓降。{提示：穿過接觸的電流值可以表示為 $I = I_0 \exp\left[-C_2(\phi_{Bn}-V)/\sqrt{N_D}\right]$，其中 I_0 為常數以及 $C_2 \equiv 4\sqrt{m_n^* \varepsilon_s}/\hbar$。}

4

金屬-絕緣體-半導體電容器

4.1 簡介
4.2 理想MIS電容器
4.3 矽MOS電容器

4.1 簡介

金屬-絕緣體-半導體(MIS)電容器為研究半導體表面最有用的元件，因為所有半導體元件之可靠度及穩定性問題，實際上大部分和表面的狀態息息相關。藉由 MIS 電容器的協助以了解表面物理，對元件操作來說非常有用。本章我們主要關心金屬-氧化物-矽(MOS)系統，本系統已廣泛的為人所研究，因為它直接和多數的矽平面元件以及積體電路有關。

1959年摩拉(Moll)[1]、普凡(Pfann)以及賈瑞特(Garrett)[2]首先提出以 MIS 結構做為電壓控制之可變電阻器(varistor)(可變電容器)，它的特性隨後被法蘭克(Frankl)[3]以及林德納(Lindner)[4]分析。而里吉納(Ligenza)以及史匹哲(Spitzer)於1960[5]年利用SiO_2在矽表面上熱成長成功的做出第一個 MIS 結構，這項重要實驗的成功立刻導致姜(Kahng)以及亞特拉(Atalla)[6]發表第一個金氧半場效電晶體(MOSFET)。SiO_2-Si 系統更進一步的研究由塔門(Terman)[7]、赫飛(Lehovec)，以及索博基(Slobodskoy)[8]所發表，MOS 電容器廣泛且深入的處理可在尼克萊(Nicollian)以及布雷斯(Brews)[9]所編著的 *MOS physics and Technology* 中找到。SiO_2-Si 系統迄今仍是最理想且最實用的 MIS 結構。

4.2 理想MIS電容器

金屬-絕緣體-半導體(MIS)結構如圖 1 所示，其中 d 為絕緣體厚度，而 V 為外加電壓。在本章中當金屬板相對於半導體為正偏壓時，電壓為正。

理想沒有偏壓的 n 型及 p 型半導體 MIS 結構能帶圖如圖 2 所示。一理想 MIS 電容器定義如下:(1)只有在施加任意偏壓下，結構中才會有的電荷存在。而位於半導體內的電荷與位於絕緣體相鄰的金屬表面上的電荷，其數量相等且符號相反，也就是 MIS 結構內沒有任何的介面缺陷以及任何種類的氧化層電荷;(2)在直流偏壓狀態下，無任何載子經過絕緣體傳輸，亦即絕緣體的電阻為無窮大。另外，為簡化問題，我們假設金屬功函數 ϕ_m 以及半導體功函數的差為零，或 $\phi_{ms} = 0$，由圖 2 的協助，以上條件相當於

n 型半導體:

$$\phi_{ms} \equiv \phi_m - \left(\chi + \frac{E_g}{2q} - \psi_{Bn} \right) = \phi_m - (\chi + \phi_n) = 0 \qquad \text{for} \quad n\text{-type} \tag{1a}$$

p型半導體

$$\phi_{ms} \equiv \phi_m - \left(\chi + \frac{E_g}{2q} + \psi_{Bp} \right) = \phi_m - \left(\chi + \frac{E_g}{q} - \phi_p \right) = 0 \qquad \text{for} \quad p\text{-type} \tag{1b}$$

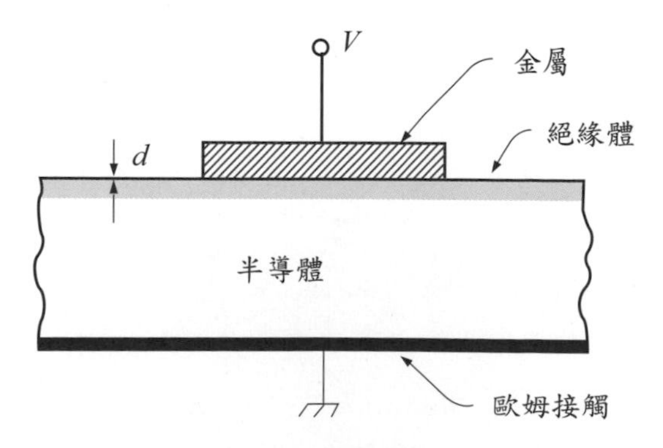

圖1 最簡單的金屬-絕緣體-半導體電容器。

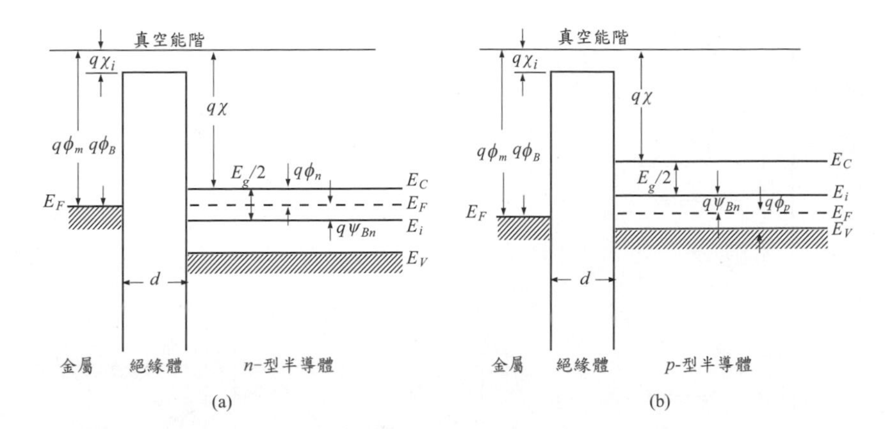

圖2 理想MIS電容器在平衡狀態($V = 0$)時的能帶圖：(a)n型半導體；(b)p型半導體。

其中χ 及χ_i 分別為半導體及絕緣體的電子親和力(electron affinities)，而 ψ_{Bn}、ψ_{Bp}、ϕ_n、ϕ_p 為相對於能帶中間（midgap）以及邊緣(band edges)的費米能階。換言之，在無外加偏壓之下，能帶為平的[稱為平帶（flat-band）條件]。本節所考慮的理想 MIS 電容理論，為了解實際 MIS 結構的基礎，且用來探究半導體表面物理。

當一理想的 MIS 電容器偏壓在正或負的電壓時，基本上半導體表面可能會出現三種狀況(圖 3)。首先考慮p型半導體(上半部的圖)。當負電壓($V < 0$)施加於金屬板，半導體表面之價電帶邊緣 E_V 向上彎曲而且靠近費米能階(圖 3a)。對一個理想的 MIS 電容器而言，結構中並無任何電流流動(或 $dE_F / dx = 0$)，所以在半導體內的費米能階將維持平坦。因載子密度與能量差($E_F - E_V$)成指數關係，能帶彎曲引起靠近半導體表面的主要載子(電洞)聚積，這是聚積(accumulation)狀態。當外加一小量正電壓($V>0$)，能帶向下彎曲，而多數載子形成空乏(圖3b)，這是空乏(depletion)狀態。當外加一更大的正電壓時，能帶向下彎曲更形嚴重，因此表面的本質能階E_i 低於費米能階 E_F。在這裡表面的電子(少數載子)數目大於電洞，表面因此反轉，這是反轉狀態。n 型半導體可以得到類似的結果，然而 n 型半導體的電壓極性應該改變。

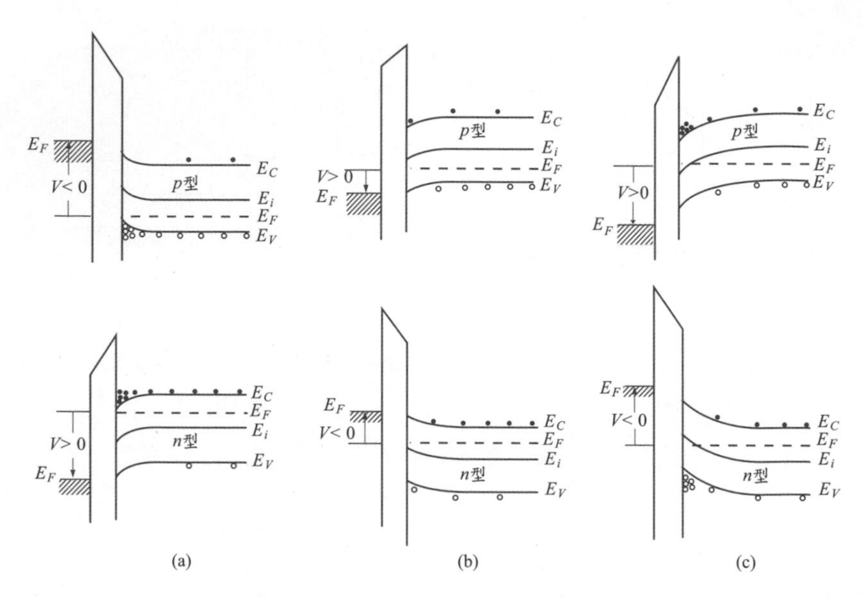

圖3　在不同偏壓下理想之 MIS 電容器的能帶圖，狀態爲：(a)聚積(b)空乏，以及(c)反轉。上下圖型爲 p 型 n 型半導體基材。

4.2.1 表面空間電荷區

本節我們推導表面位能、空間電荷以及電場的關係，這些關係在下一節用來獲得理想 MIS 結構之電容-電壓特性。

圖4為 p 型半導體更為詳細的表面能帶圖。電位 $\psi_p(x)$ 定義為相對於半導體塊材(bulk)之電位 $E_i(x)/q$；

$$\psi_p(x) \equiv -\frac{[E_i(x)-E_i(\infty)]}{q} \tag{2}$$

在半導體表面，$\psi_p(0) \equiv \psi_s$，ψ_s 稱為表面電位(surface potential)，電子與電洞濃度為 ψ_p 的函數，由下列關係式得到：

$$n_p(x) = n_{po} \exp\left(\frac{q\psi_p}{kT}\right) = n_{po} \exp(\beta\psi_p) \tag{3a}$$

$$p_p(x) = p_{po} \exp\left(\frac{-q\psi_p}{kT}\right) = p_{po} \exp(-\beta\psi_p) \tag{3b}$$

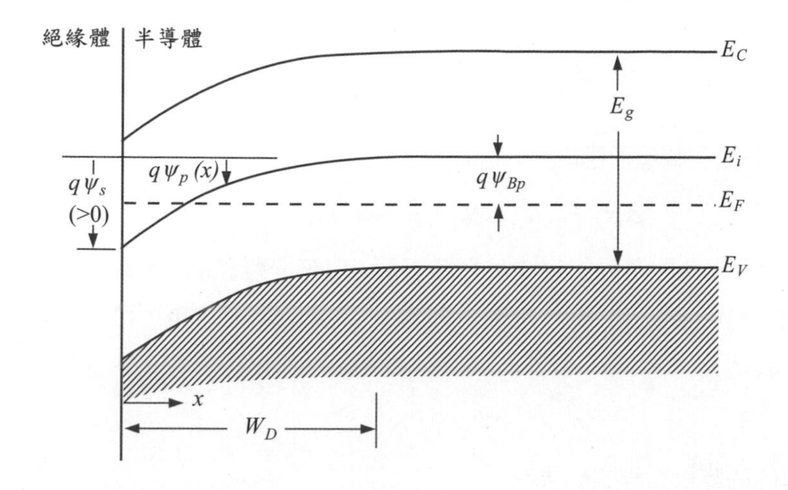

圖4 p 型半導體表面的能帶圖。電位能 $q\psi_p$ 的測量，爲相對於塊材内的本質費米能階 E_i。圖中顯示表面電位 ψ_s 爲正。當 $\psi_s < 0$ 時則聚積發生。而 $\psi_{BP} > \psi_s > 0$ 時空乏發生。當 $\psi_s > \psi_{BP}$ 時反轉發生。

其中能帶向下彎曲時 ψ_p 為正(如圖 4 所示)，n_{po} 及 p_{po} 分別為半導體塊材內部電子與電洞的平衡密度，以及 $\beta \equiv q/KT$。在表面密度為

$$n_p(0) = n_{po} \exp(\beta\psi_s) \tag{4a}$$

$$p_p(0) = p_{po} \exp(-\beta\psi_s) \tag{4b}$$

從以上討論以及上述方程式的協助，以下各區間的表面電位可以區分為

$\psi_s < 0$　　電洞聚積(能帶向上彎曲)

$\psi_s = 0$　　平帶狀態

$\psi_{Bp} > \psi_s > 0$　　電洞空乏(能帶向下彎曲)

$\psi_s = \psi_{Bp}$　　費米能階在能隙中心(midgap)，$E_F = E_i(0)$，$n_p(0) = p_p(0) = n_i$

$2\psi_{Bp} > \psi_s > \psi_{Bp}$　　弱反轉　[電子增加，$n_p(0) > p_p(0)$]

$\psi_s > 2\psi_{Bp}$　　強反轉[$n_p(0) > p_{po}$ 或 N_A]

電位 $\psi_p(x)$ 為距離的函數，可由一維的波松方程式求得

$$\frac{d^2\psi_p}{dx^2}=-\frac{\rho(x)}{\varepsilon_s} \tag{5}$$

其中 $\rho(x)$ 為總空間電荷密度

$$\rho(x)=q(N_D^+-N_A^-+p_p-n_p) \tag{6}$$

$N_D{}^+$ 及 $N_A{}^-$ 分別為已游離的施體及受體密度。現在遠離表面，半導體塊材內部電荷中性必須成立，因此在無窮遠處 ψ_p 為零[$\psi_p(\infty)=0$]，可以得到 $\rho(x)=0$ 以及

$$N_D^+-N_A^-=n_{po}-p_{po} \tag{7}$$

解空乏區內的波松方程式結果為

$$\begin{aligned}\frac{d^2\psi_p}{dx^2}&=-\frac{q}{\varepsilon_s}\left(n_{po}-p_{po}+p_p-n_p\right)\\&=-\frac{q}{\varepsilon_s}\left\{p_{po}[\exp(-\beta\psi_p)-1]-n_{po}[\exp(\beta\psi_p)-1]\right\}\end{aligned} \tag{8}$$

式(8)由表面積分至塊材[10]

$$\int_0^{d\psi_p/dx}\left(\frac{d\psi_p}{dx}\right)d\left(\frac{d\psi_p}{dx}\right)=\frac{-q}{\varepsilon_s}\int_0^{\psi_p}\left\{p_{po}[\exp(-\beta\psi_p)-1]-n_{po}[\exp(\beta\psi_p)-1]\right\}d\psi_p \tag{9}$$

可得電場 ($\mathscr{E}=-d\psi_p/\mathrm{d}x$) 及電位 ψ_p 的關係

$$\mathscr{E}^2=\left(\frac{2kT}{q}\right)^2\left(\frac{qp_{po}\beta}{2\varepsilon_s}\right)\left\{[\exp(-\beta\psi_p)+\beta\psi_p-1]+\frac{n_{po}}{p_{po}}[\exp(\beta\psi_p)-\beta\psi_p-1]\right\} \tag{10}$$

我們將使用下列縮寫

$$L_D\equiv\sqrt{\frac{kT\varepsilon_s}{p_{po}q^2}}\equiv\sqrt{\frac{\varepsilon_s}{qp_{po}\beta}} \tag{11}$$

$$F\left(\beta\psi_p\,,\ \frac{n_{po}}{p_{po}}\right)\equiv\sqrt{[\exp(-\beta\psi_p)+\beta\psi_p-1]+\frac{n_{po}}{p_{po}}[\exp(\beta\psi_p)-\beta\psi_p-1]}\geq 0 \tag{12}$$

其中 L_D 為電洞的外質狄拜長度(Debye length)

[注意 $n_{p0}/p_{p0} = \exp(-2\beta\psi_{BP})$],因此電場為

$$\mathscr{E}(x) = \pm\frac{\sqrt{2}kT}{qL_D}F\left(\beta\psi_p, \frac{n_{po}}{p_{po}}\right) \tag{13}$$

當 $\psi_p > 0$ 為正號,$\psi_p < 0$ 為負號,為了決定表面電場 $\mathscr{E}_s$,令 $\psi_p = \psi_S$

$$\mathscr{E}_s = \pm\frac{\sqrt{2}kT}{qL_D}F\left(\beta\psi_p, \frac{n_{po}}{p_{po}}\right) \tag{14}$$

由表面電場,利用高斯定律可得總單位面積空間電荷

$$Q_s = -\varepsilon_s\mathscr{E}_s = \mp\frac{\sqrt{2}\varepsilon_s kT}{qL_D}F\left(\beta\psi_s, \frac{n_{po}}{p_{po}}\right) \tag{15}$$

典型的空間電荷密度 Q_s 變化,為表面電位 ψ_s 的函數,圖5 顯示室溫時 $N_A = 4\times10^{15}\ \mathrm{cm}^{-3}$ 的 p 型矽。注意對於負 ψ_s,Q_s 為正,相當於聚積狀態,則式(12)中函數F為第一項所主導,也就是 Q_s 正比於 $\exp(q|\psi_s|/2kT)$。當 $\psi_s = 0$ 時為平帶狀態而且 $Q_s = 0$。而當 $2\psi_B > \psi_s > 0$ 時,Q_s 為負且為空乏以及弱反轉的情形,此時函數 F 為第二項所主導,也就是 Q_s 正比於 $\sqrt{\psi_s}$。對於 $\psi_s > 2\psi_B$ 為強反轉狀態,函數F則將為第四項所主導,也就是 Q_s 正比於 $\exp(q\psi_s/2kT)$。注意強反轉開始時其表面電位為

$$\psi_s(\text{強反轉}) \approx 2\psi_{Bp} \approx \frac{2kT}{q}\ln\left(\frac{N_A}{n_i}\right) \tag{16}$$

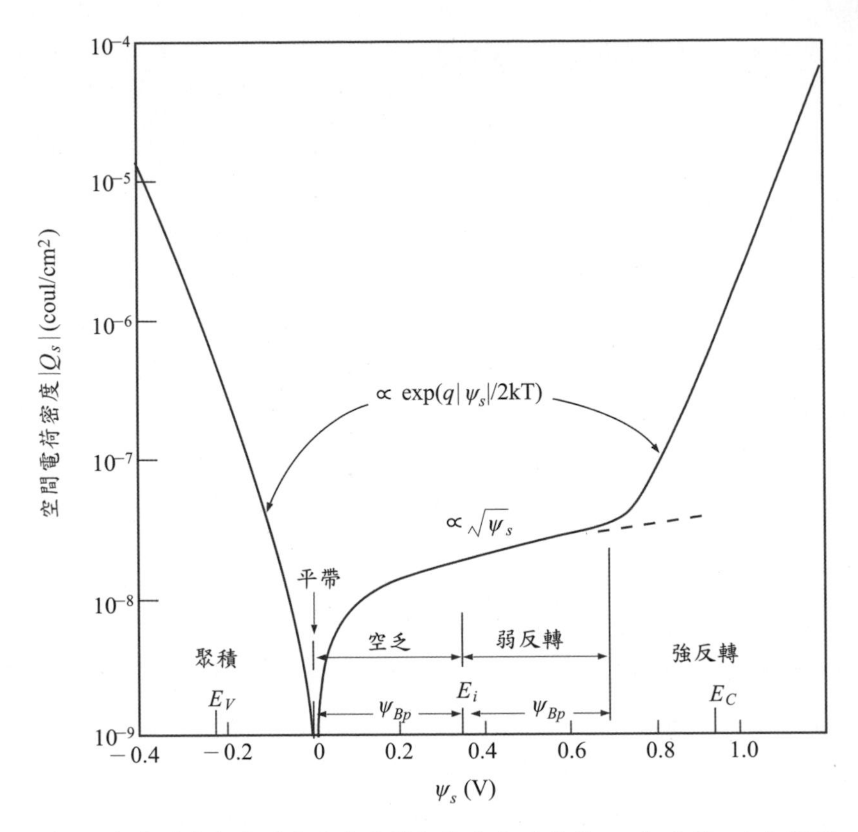

圖5 半導體內部空間電荷密度變化量爲表面電位 ψ_s 之函數。在室溫下，p 型矽 $N_A = 4\times10^{15}\ \text{cm}^{-3}$。

4.2.2 理想 MIS 電容曲線

圖 6a 為一理想 MIS 結構之能帶圖，其半導體能帶彎曲情形與圖 4 類似，但在強反轉狀況。電荷的分佈則如圖 6b 所示，由於系統電荷中性

$$Q_M = -(Q_n + qN_A W_D) = -Q_s \tag{17}$$

其中 Q_M 為金屬上的單位面積電荷，Q_n 為反轉區表面附近的單位面積電子，$qN_A W_D$ 為空間電荷區每單位面積的游離受體電荷，其中 W_D 為空乏區寬度；而 Q_s 為半導體內部總單位面積電荷。圖 6c 及 d 之電場以及電位分別由波松方程式一次及二次積分得到。

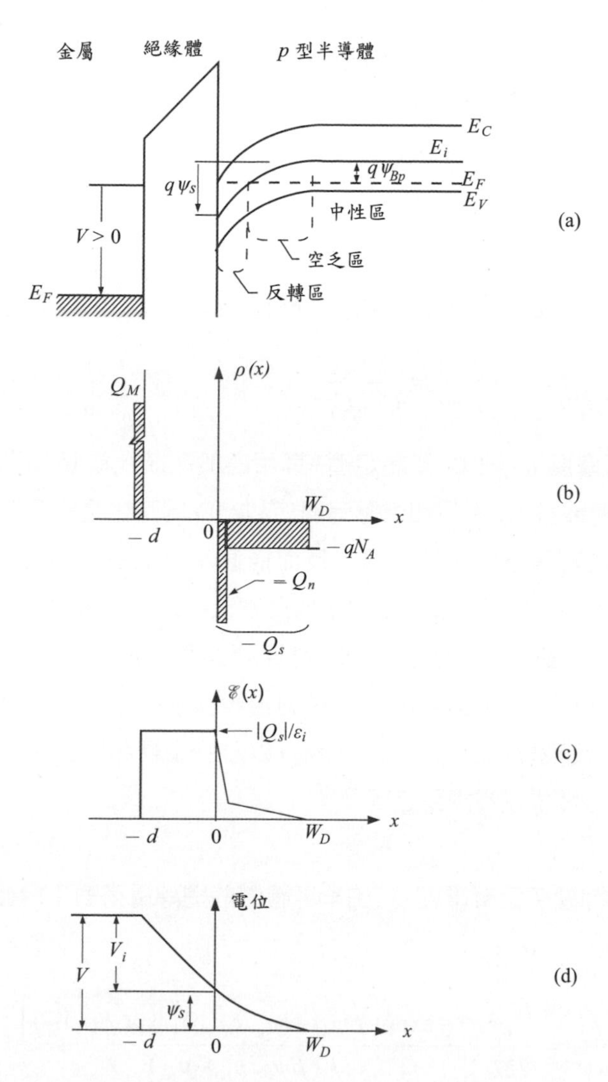

圖6 理想 MIS 電容器在強反轉狀態之(a)能帶圖(b)電荷分佈(c)電場分佈(d)電位分佈。(相對於半導體塊材)。

沒有任何功函數差時，外加電壓部份跨過絕緣層，部份跨過半導體，因此

$$V = V_i + \psi_s \tag{18}$$

其中 V_i 為跨過絕緣層的電壓，且由圖6c可得

$$V_i = \mathscr{E}_i d = \frac{|Q_s| d}{\varepsilon_i} = \frac{|Q_s|}{C_i} \tag{19}$$

系統的總電容 C 是由絕緣層電容 C_i

$$C_i = \frac{\varepsilon_i}{d} \tag{20}$$

與半導體的空乏層電容(depletion-layer capacitance) C_D 相互串聯而成：

$$C = \frac{C_i C_D}{C_i + C_D} \tag{21}$$

若給定絕緣體厚度 d，則 C_i 值為定值，其相當於系統所能量測到的最大電容。但半導體電容 C_D 不只和偏壓有關(或 ψ_s)，同時也是測量頻率的函數，圖 7 廣泛地解釋不同測量頻率以及掃描速率(sweep rate)的 C-V 曲線特性。主要差別在於反轉區，特別是強反轉區，圖 7 也顯示不同區域所對應的表面電位。對於理想的 MIS 電容器而言(而且沒有功函數差)，平帶發生在 $V = 0$ 處，該處 $\psi_s = 0$，空乏區對應表面電位的範圍從 $\psi_s = 0$ 到 $\psi_s = \psi_{BP}$ 之間。弱反轉則從 $\psi_s = \psi_{BP}$ 開始，以及強反轉起始於 $\psi_s = 2\psi_{BP}$，而最小低頻電容發生在這兩點之間。

低頻電容 半導體空乏層電容，可由半導體側的總靜電荷對半導體表面電位微分得到，

$$C_D \equiv \frac{dQ_s}{d\psi_s} = \frac{\varepsilon_s}{\sqrt{2}L_D} \frac{1-\exp(-\beta\psi_s)+(n_{po}/p_{po})[\exp(\beta\psi_s)-1]}{F(\beta\psi_s, n_{po}/p_{po})} \tag{22}$$

此電容可以想像成圖5的斜率。結合式(18)至(22)完整的描述理想低頻 C-V 曲線，如圖 7 中曲線(a)所示。

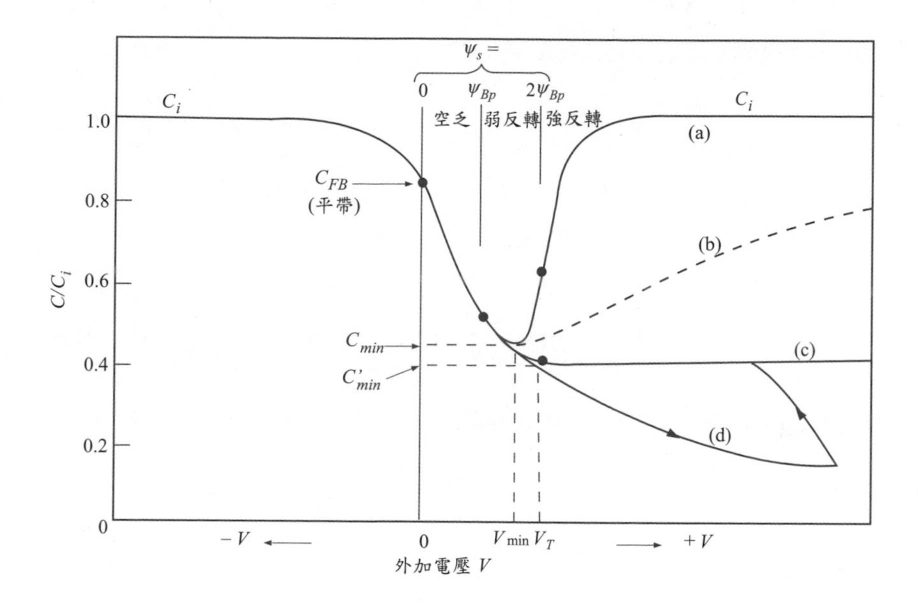

圖7 MIS C-V 曲線。相對於 p 型半導體，電壓施加於金屬板上(a)低頻(b)中間的頻率(c)高頻(d)高頻快速掠過(深空乏)。假設平帶電壓 V=0。

我們由左邊開始敘述低頻曲線（負電壓以及 ψ_s），在此電洞聚積，因此半導體為大的微分電容，結果總電容接近絕緣體電容。當負電壓減少到零時，為平帶狀態，即 $\psi_s = 0$。因為函數 F 接近零，C_D 必須由式(22)展開指數項為數列後獲得，我們得到

$$C_D(\text{平帶}) = \frac{\varepsilon_s}{L_D} \tag{23}$$

由式(21)及式(23)可得平帶狀態的總電容

$$C_{FB}(\psi_s = 0) = \frac{\varepsilon_i \varepsilon_s}{\varepsilon_s d + \varepsilon_i L_D} = \frac{\varepsilon_i \varepsilon_s}{\varepsilon_s d + \varepsilon_i \sqrt{kT\varepsilon_s / N_A q^2}} \tag{24}$$

其中 ε_i 及 ε_s 分別為絕緣體及半導體的介電係數。而 L_D 為式(11)之狄拜長度。

在空乏及弱反轉狀態下，即 $2\psi_{BP} > \psi_s > kT/q$，函數 F 可以簡化為

$$F \approx \sqrt{\beta\psi_s} \qquad (2\psi_{Bp} > \psi_s > kT/q) \tag{25}$$

依此，空間電荷密度（式(15)）可以簡化為

$$Q_s = \sqrt{2\varepsilon_s q p_{po}\psi_s} = qW_D N_A \qquad (2\psi_{Bp} > \psi_s > kT/q) \tag{26}$$

為常見的的空乏近似。由式（18），（19），以及（26），可將空乏寬度表示為端電壓的函數，解二次方程式得到

$$W_D = \sqrt{\frac{\varepsilon_s^2}{C_{ox}^2} + \frac{2\varepsilon_s V}{qN_D}} - \frac{\varepsilon_s}{C_{ox}} \tag{27}$$

的解，一旦知道 W_D，可得 C_D 及 ψ_s。空乏電容[式（22）]可以估計為

$$C_D = \sqrt{\frac{\varepsilon_s q p_{po}}{2\psi_s}} = \frac{\varepsilon_s}{W_D} \qquad (2\psi_{Bp} > \psi_s > kT/q) \tag{28}$$

當正電壓持續增加，空乏區寬度變寬，作用如同半導體表面的介電質串聯絕緣體，而且總電容持續減少。當電子的反轉層在表面形成，電容經過極小值之後再度增加。電容極小值及對應的極小電壓分別以 C_{min} 及 V_{min} 表示（圖 7）。因為C_i為固定值，可由 C_D 極小值獲得 C_{min}。C_D 極小值所對應的 ψ_s 值，可以令式（22）的微分為零得到，結果為超越函數[9]

$$\sqrt{\cosh(\beta\psi_s - \beta\psi_B)} = \frac{\sinh(\beta\psi_s - \beta\psi_B) - \sinh(-\beta\psi_B)}{\sqrt{N_A/n_i}F(\beta\psi_s, n_{po}/p_{po})} \tag{29}$$

若是知道 ψ_s，由式（18）至（22）可以得到 C_{min} 及 V_{min}。

注意到電子濃度跟隨外加交流訊號的能力決定電容的增加量，只有在低頻時少數載子（我們以電子為例）的複合-產生率可以跟上小訊號變化，與測量訊號同步，電荷與反轉層交換。不像空乏及弱反轉，強反轉所增加的電荷不再位於空乏區的邊緣，而是在半導體表面的反轉層，結果呈現較大的電容。圖 8 敘述不同低頻、高頻及深空乏狀態，半導體端所增加的電荷位置。實驗上發現，對於金屬-二氧化矽-半導體系統，電容和頻率最有關的範圍介於 5 Hz 和 1 kHz 之間[11,12]，和矽基板的載子生命期以及

熱產生率有關。結果如圖 7 曲線(c)顯示，強反轉區量測到的高頻 MOS 曲線，電容並沒有增加。

高頻電容 高頻曲線可以利用類似單邊陡峭 p-n 接面[13,14](One-sided abrupt p-n junction)的方法獲得。當半導體表面空乏，空乏區內已游離之受體表示為 $-qN_AW_D$，其中 W_D 為空乏寬度，積分波松方程式產生在空乏區內的電位分佈:

$$\psi_p(x) = \psi_s\left(1-\frac{x}{W_D}\right)^2 \tag{30}$$

其中表面電位 ψ_s 為

$$\psi_s = \frac{qN_AW_D^2}{2\varepsilon_s} \tag{31}$$

當外加電壓增加，ψ_s 及 W_D 跟著增加，最後強反轉將發生。如所示，強反轉起於 $\psi_s \approx 2\psi_B$。一旦強反轉發生，空乏寬度達到最大。當能帶向下彎曲足以達到 $\psi_s = 2\psi_B$，反轉層有效的屏障半導體避免電場更深的穿透，即使

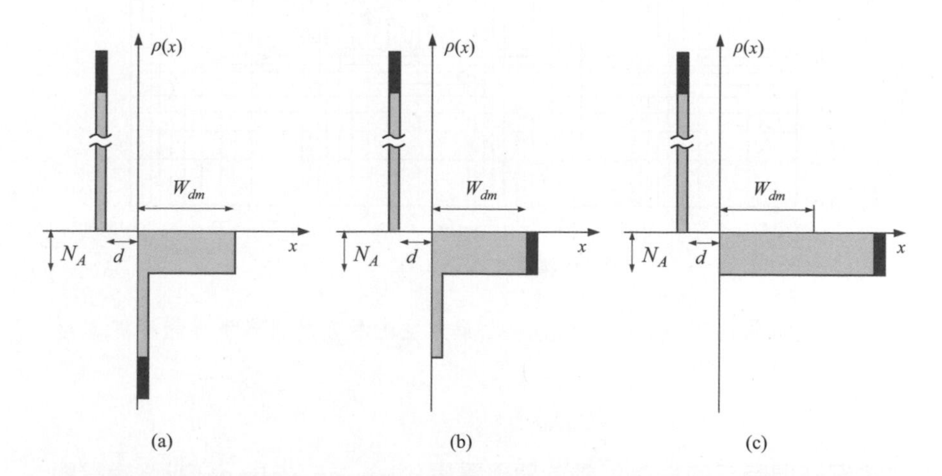

圖8 強反轉狀態下，電容爲小訊號頻率以及靜態掃描速率之函數。增加的位移電荷(黑色區域)顯示在(a)低頻，(b)高頻，以及(c)高頻快速掠過(深空乏，$W_D > W_{Dm}$)的情況。

能帶彎曲增加非常小（對應增加非常小的空乏區寬度）結果在反轉區增加非常多的電荷密度。因此，由式（16）可獲得穩定情況下空乏區的最大寬度 W_{Dm}，

$$W_{Dm} \approx \sqrt{\frac{2\varepsilon_s \psi_s(\text{強反轉})}{qN_A}} \approx \sqrt{\frac{4\varepsilon_s kT \ln(N_A / n_i)}{q^2 N_A}} \tag{32}$$

在 Si 與 GaAs 中，W_{Dm} 與摻雜濃度的關係如圖 9 所示，其中 p 型半導體 N等於 N_A，n 型半導體 N 等於 N_D。只有在 MIS 結構才有最大空乏區寬度的現象，在 p-n 接面或蕭特基位障(Schottky barrier)並不會發生。

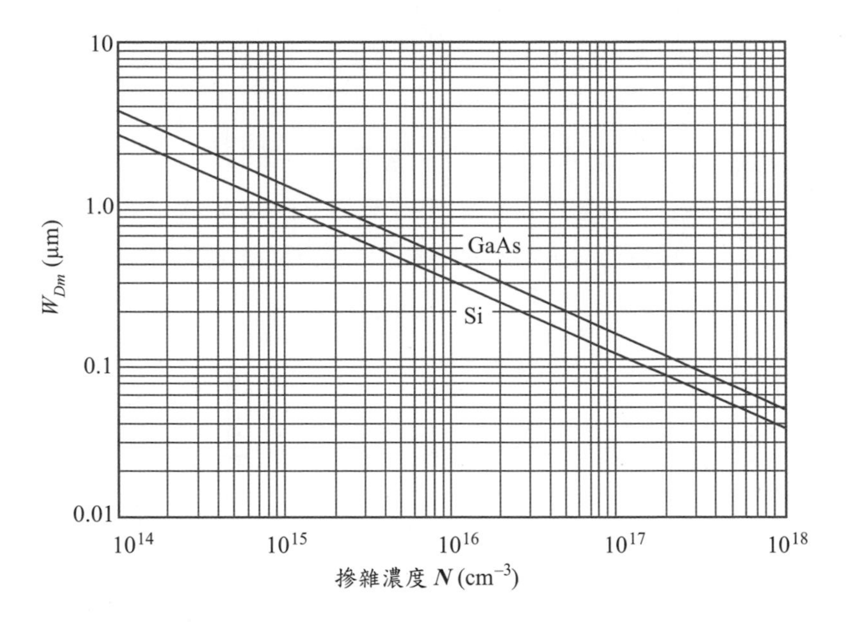

圖9 強反轉狀態下，Si 以及 GaAs 之最大空乏層寬度對應半導體摻雜濃度的圖形。

另一項有趣的量為所謂的開啓電壓(turn–on voltage)或啓始電壓(threshold voltage)，在強反轉發生。由式（18）以及適當的代換得到

$$\begin{aligned} V_T &= \frac{|Q_s|}{C_i} + 2\psi_{Bp} \\ &= \frac{\sqrt{2\varepsilon_s qN_A(2\psi_{Bp})}}{C_i} + 2\psi_{Bp} \end{aligned} \tag{33}$$

注意，即使緩慢變化的靜態電壓將額外的電荷放在反轉層表面，高頻小訊號對少數載子而言仍然太快，且增加的電荷放在空乏區的邊緣如圖 8b 所示。空乏電容簡單表示為 ε_i/W_D，其最小值對應最大的空乏寬度 W_{Dm}

$$C'_{\min} = \frac{\varepsilon_i \varepsilon_s}{\varepsilon_s d + \varepsilon_i W_{Dm}} \tag{34}$$

不同氧化物厚度以及摻雜密度[15] 之金屬-二氧化矽-矽(metal-SiO2-Si)系統，理想的 C-V 曲線已經完整的計算出來。圖 10a 顯示典型的 p 型矽理想 C-V 曲線。注意當氧化物變得更薄時得到較大的電容變化，曲線也更銳利，並減小啓始電壓 V_T。圖 10b 顯示相同系統的 ψ_s 和外加電壓的關係。同理，更薄的氧化物調整 ψ_s 更有效率。

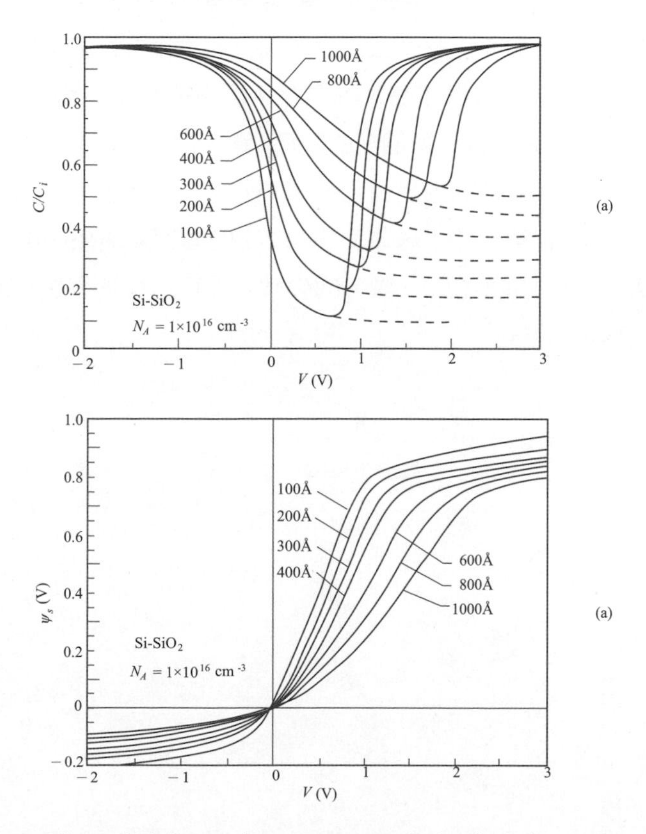

圖10 (a)不同氧化層厚度之理想 MOS C-V 曲線。實線表示低頻，虛線表示高頻。(b)表面電位 ψ_s 對應外加電壓的圖形(參考文獻15)。

關鍵性的參數 C_{FB}、C_{min}、C'_{min}、V_T以及V_{min} 計算並繪製於圖 11。這些理想的 MIS 曲線將在隨後段落中用來比較實驗的結果，以瞭解實際的 MIS 系統。要轉變成 n 型矽可簡單地藉由改變電壓軸的正負號來達成。而轉變成其他的絕緣體，則需將氧化物厚度乘以 SiO_2 和其他絕緣體之介電常數比

$$d_c = d_i \frac{\varepsilon_i(\mathrm{SiO_2})}{\varepsilon_i(\text{絕緣層})} \tag{35}$$

其中 d_c 為用在這些曲線之等效 SiO_2 厚度，d_i 及 ε_i 為新的絕緣體厚度及介電常數，對於其他半導體可利用式 (24) 到 (33) 建立和圖 10 類似的 MIS 曲線。

高頻且迅速向強反轉方向掃過，半導體沒有足夠的時間達到平衡，甚至是大訊號的變化。當空乏寬度大於平衡時的最大值，深空乏發生，這是一般電荷耦合元件(CCD)操作在大的偏壓脈衝下的情況，將在 13.6 節討論。圖 8c 比較空乏寬度以及所增加的電荷。圖 7 曲線(d)顯示電容將隨偏壓持續減小，類似 p-n 接面或蕭特基位障。在較大的電壓下，衝擊離子化(impact ionization)可能在半導體產生，將在後面的累增效應中討論。然而，照光情況下 (詳見4.3.5節)，額外的少數載子可以快速產生，以及曲線(d)將回到曲線(c)

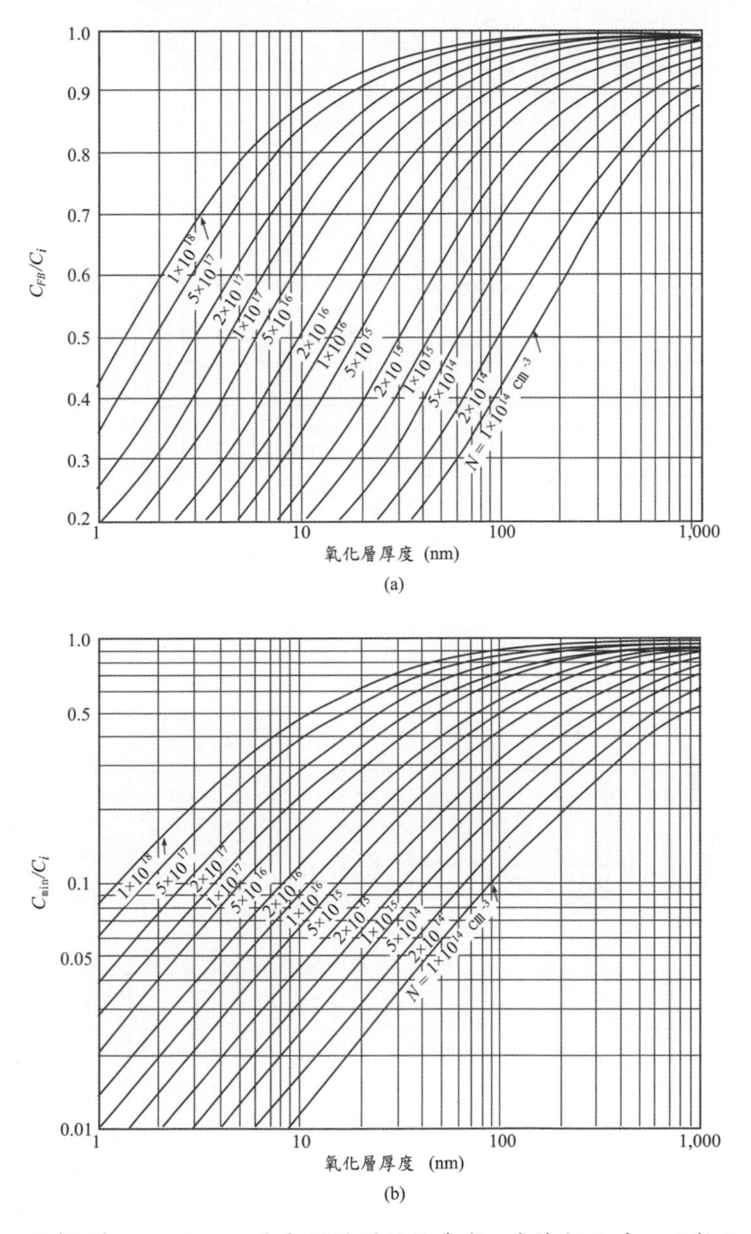

圖11 理想 SiO_2-Si MOS 電容器的關鍵性參數，爲摻雜程度以及氧化層厚度的函數。(a)平帶電容(歸一化)(b)低頻 C_{min}(歸一化)(c)高頻(歸一化)(d)V_T 及低頻 V_{min}。

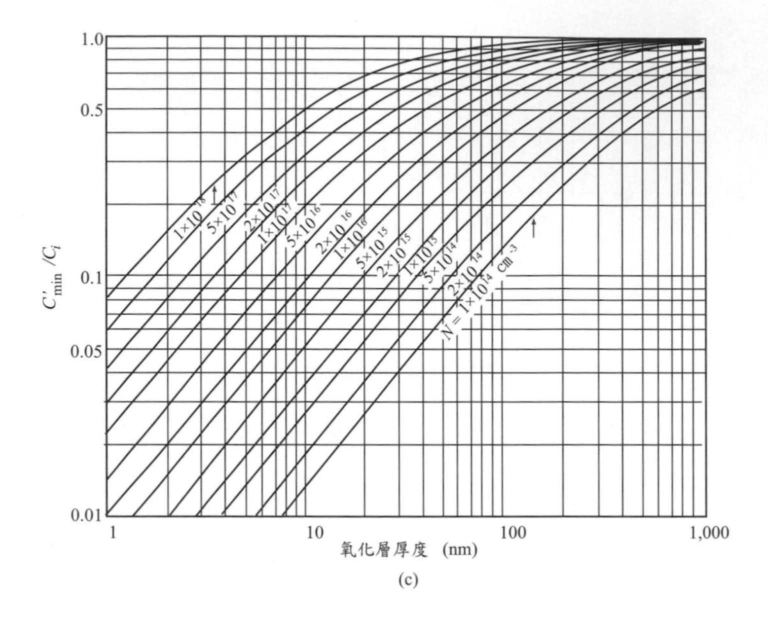
1.0
0.5
0.1
0.05
0.01
C'_{min}/C_i
1
10
100
1,000
氧化層厚度 (nm)
1×10^18
5×10^17
2×10^17
1×10^17
5×10^16
2×10^16
1×10^16
5×10^15
2×10^15
1×10^15
5×10^14
2×10^14
N = 1×10^14 cm^-3
(c)

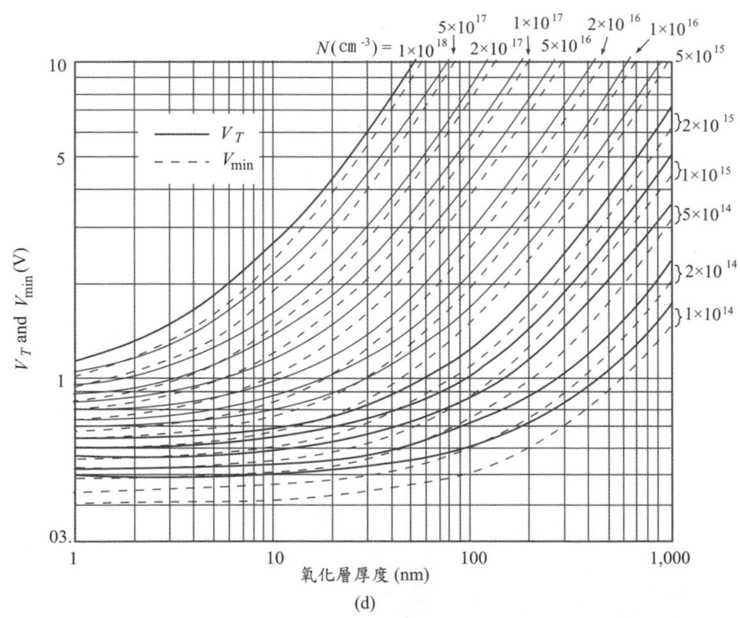
N(cm^-3) = 1×10^18
5×10^17
2×10^17
1×10^17
5×10^16
2×10^16
1×10^16
5×10^15
2×10^15
1×10^15
5×10^14
2×10^14
1×10^14
V_T
V_{min}
10
5
1
03.
V_T and V_{min} (V)
1
10
100
1,000
氧化層厚度 (nm)
(d)

圖11 (接續前頁)

4.3 矽MOS電容器

金屬-二氧化矽-矽(metal-SiO_2-Si)電容器為所有的 MIS 電容器中，最實際且最為重要的元件，在此用來當做例子。而以熱氧化[9]方式成長之二氧化矽薄膜可用其介面區域的化學組成來解釋。首先單晶矽上方為一層 SiO_x，即不完全氧化矽，接著是薄的 SiO_2 應變區域，而其他為化學計量(stoichiometric)態，且不受應變的非結晶 SiO_2 [化合物 SiO_x 當 $x = 2$ 時為化學計量態，而 $2 > x > 1$ 時為非化學計量(nonstoichiometric)態]，對於實際上的 MOS 電容器，介面缺陷(interface trap)及氧化層電荷存在，將以一種或其他的方式影響理想 MOS 特性。

這些缺陷及電荷的基本類型如圖 12 所示：(1)介面缺陷密度 D_{it} 以及捕獲電荷 Q_{it}，位於 Si-SiO_2 介面處，而其能量態位則位於矽的禁止能隙中(forbidden bandgap)，且可以在短時間內和矽交換電荷；Q_{it} 也由佔據的情況或費米能階所決定，因此其數量和偏壓有關。介面缺陷或許可以由過多的矽(三價矽)、損壞的 Si-H 鍵結、過多的氧以及摻雜所產生。(2)固定氧化層電荷 Q_f，位於介面附近且在外加電場下不能移動。(3)氧化層捕獲電荷 Q_{ot}，舉例而言，這些電荷可由 X 光輻射或熱電子注入所引起；這些缺陷在氧化層內部分佈。(4)移動離子電荷 Q_m，例如鈉離子，能夠在熱偏壓測試(bias-temperature stress)狀況下於氧化層內移動。

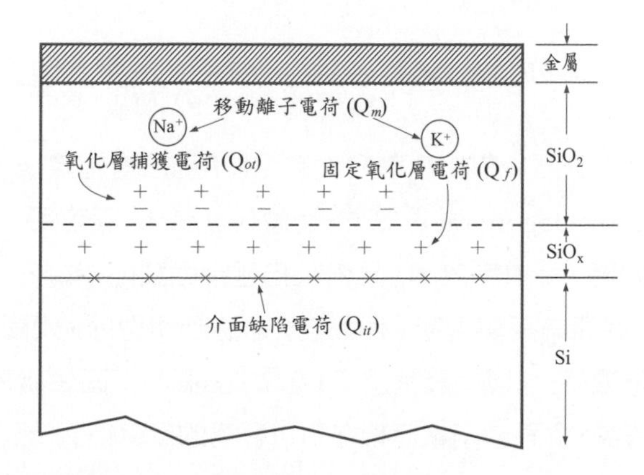

圖12 與矽熱氧化相關的電荷之術語。(參考文獻16)

4.3.1 介面缺陷

特姆(Tamm)[17]，蕭克萊(Shockley)[18]及其他學者[9]已研究過介面缺陷電荷 Q_{it} [傳統上也稱為介面狀態(interface state),快速狀態(fast state)或表面狀態(surface state)]，並且表示由於晶體表面上週期性晶格結構中斷，使得 Q_{it} 存在於禁止能隙(forbidden gap)中。蕭克萊及皮爾森(Pearson)在表面電導測量[19]實驗中發現 Q_{it} 的存在。而在超高真空系統中測量乾淨的表面[20]，證實 Q_{it} 可以非常的高-約為表面原子密度的數量級(~ 10^{15} 原子/cm^2)，目前 MOS 電容使用熱氧化成長(thermally grown)二氧化矽於矽表面，可利用低溫(450 °C)的氫退火(anneal)將大部分的介面缺陷電荷加以中和。總表面電荷可以小於 10^{10} cm^{-2} 相當於大約每 10^5 個表面原子會存在一個介面缺陷。

類似塊材雜質，如果介面缺陷為電中性，以及可以捐出(放棄)一個電子而變成正電荷，可視為施體，同理受體介面缺陷為電中性且接受一個電子而變成負電荷，介面缺陷的分佈函數(佔據)類似第一章所討論的塊材雜質能階

$$F_{SD}(E_t)=\left[1-\frac{1}{1+(1/g_D)\exp[(E_t-E_F)/kT]}\right]$$
$$=\frac{1}{1+g_D\exp[(E_F-E_t)/kT]} \tag{36a}$$

表示施體介面缺陷

$$F_{SA}(E_t)=\frac{1}{1+g_A\exp[(E_t-E_F)/kT]} \tag{36b}$$

表示受體介面缺陷。式中 E_t 為介面缺陷能量，且對施體(g_D)而言基態簡併(ground-state degeneracy)為 2，受體(g_A)為 4。假定每一個介面擁有兩種型態的缺陷。藉由等效 D_{it} 分佈來描述介面缺陷的總和，並以中性能階 E_0 上面的狀態為受體型態，下面的狀態為施體型態，如圖 13 所示。要計算這些缺陷電荷，可以假設室溫下，在 E_F 上面及下面佔據率為 0 與 1 值，利用這些假設，介面缺陷電荷現在可以輕易的計算得到

$$Q_{it} = -q\int_{E_0}^{E_F} D_{it}dE \qquad E_F \text{ above } E_0$$
$$= +q\int_{E_F}^{E_0} D_{it}dE \qquad E_F \text{ below } E_0 \tag{37}$$

上述電荷為單位面積有效淨電荷(即 C/cm^2)。由於介面缺陷的能階在能隙間分佈，他們以介面缺陷密度分佈表示

$$D_{it} = \frac{1}{q}\frac{dQ_{it}}{dE} \qquad \text{缺陷數/cm}^2\text{-eV} \tag{38}$$

這是實驗上用來決定 D_{it} 的概念–從 D_{it} 的改變反應 E_F 或表面電位 ψ_s 的改變，換句話說，式(38)不能區分介面缺陷是否為施體型態或受體型態，而只是決定 D_{it} 的大小。

當施加電壓，費米能階相對介面缺陷能階向上或向下移動，而且介面缺陷電荷發生變化。這些電荷的變化影響 MIS 電容，並且改變了理想的 MIS 曲線。包含介面缺陷效應的基本等效電路[21]如圖14a所示。圖中，C_i 及 C_D 分別表示絕緣體電容以及半導體空乏層電容。C_{it} 及 R_{it} 為與介面缺陷有關的電容及電阻，同時也是能量的函數。$C_{it}R_{it}$ 的乘積定義為介面缺陷的生命期 τ_{it}，決定介面缺陷的頻率特性。圖 14a 的等效電路並聯部分，可

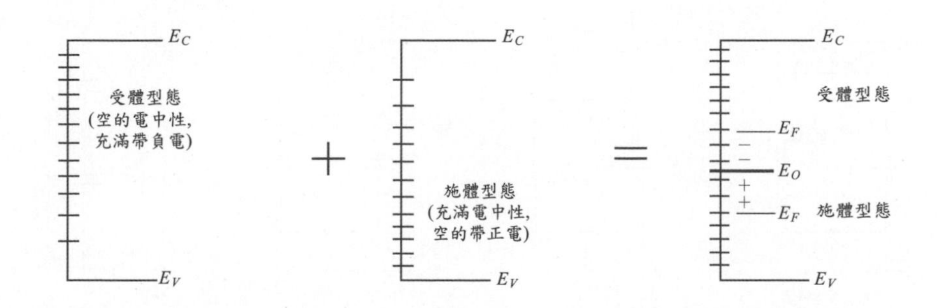

圖13 任何介面缺陷系統，由受體及施體狀態兩者組成，可由以下的等效分佈解釋：中性能階 E_0 以上爲受體狀態而以下爲施體狀態。當 E_F 在 E_0 上面(下面)，淨電荷爲 – (+)。

以轉換為一與頻率相關的電容 C_p 並聯一頻率相關的電導 G_p，如圖 14b 所示，其中

$$C_p = C_D + \frac{C_{it}}{1+\omega^2\tau_{it}^2} \tag{39}$$

以及

$$\frac{G_p}{\omega} = \frac{C_{it}\,\omega\tau_{it}}{1+\omega^2\tau_{it}^2} \tag{40}$$

圖 14 中包含了在低頻及高頻極限下的等效電路。在低頻極限中，可將設 R_{it} 為零且 C_D 與 C_{it} 並聯。而在高頻極限中，忽略 C_{it}-R_{it} 部分或者視為開路；其物理意義為缺陷不足以迅速的反應快速訊號。這兩種情況的總電容（低頻 C_{LF} 及高頻 C_{HF}）為

$$C_{LF} = \frac{C_i(C_D + C_{it})}{C_i + C_D + C_{it}} \tag{41}$$

$$C_{HF} = \frac{C_i C_D}{C_i + C_D} \tag{42}$$

這些方程式及等效電路將在測量介面缺陷時用到，將在以下討論。

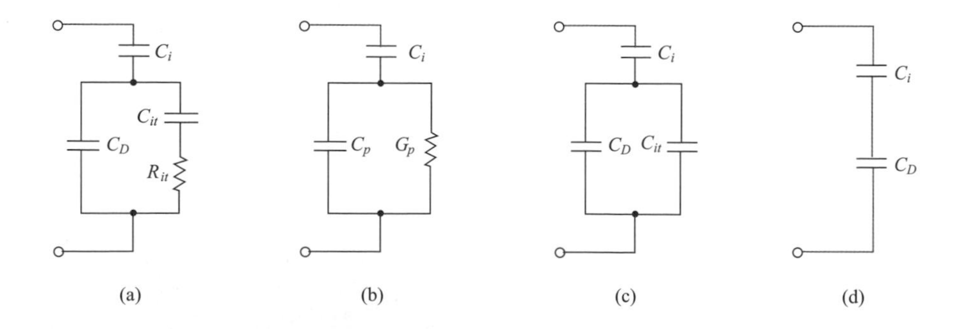

圖14 (a)-(b)包含介面缺陷效應的等效電路，C_{it} 以及 R_{it} 分爲介面缺陷之等效電容與電阻(參考文獻21)。(c)在極端低頻的情況。(d)極端高頻的情形。

4.3.2 介面缺陷的測量

不論是由電容量測或者電導量測，其輸入電導及輸入電容之等效電路都包含類似的介面缺陷訊息，因此可以用來計算介面缺陷密度。電導測試可獲得較準確的結果，特別是較低介面缺陷密度（$\approx 10^{10}$ cm^{-2}-ev^{-1}）的 MOS 電容。然而，電容測試法可迅速計算出平帶位移大小及全部介面缺陷電荷。

圖 15a 定性顯示有無介面缺陷之高頻及低頻 C–V 特性。有一項非常值得注意的介面缺陷效果為曲線沿電壓方向伸展。這是因為額外的電荷必須填缺陷，所以耗費更多的總電荷或外加電壓去完成相同的表面電位 ψ_s（或能帶彎曲）。圖 15b 更清楚的顯示有以及沒有介面缺陷情況下，ψ_s 直接對外加電壓做圖。稍後我們會看到 ψ_s-V 曲線圖可以用來決定 D_{it}。另

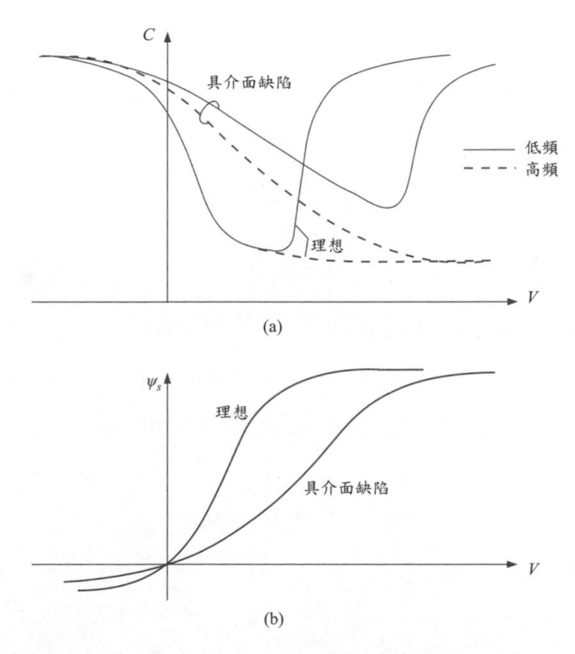

圖15 (a)介面缺陷在高頻以及低頻 C-V 曲線上的影響。(b)C-V 曲線向外伸展，是因爲外加電壓V對有效的表面電位 ψ_s 的調整減少。本圖以 p 型半導體爲例。

一項需注意的為強反轉附近 V_{min} 點之前的高、低頻電容曲線差距，這項差異正比於 D_{it}。

或者可由另一個觀點來幫助了解。介面缺陷有 2 個方式影響總電容，一項經由額外的電路成分 C_{it} 及 R_{it} 直接影響。第 2 項為間接影響 C_D。對於固定偏壓，因部分電荷將用來填介面缺陷，其他放在空乏層的電荷減少且將減少表面電位 ψ_s 或能帶彎曲。

但因為 C_D 與 ψ_s 之間的關係固定[式 (22) 或式 (28)]，改變 ψ_s 也意謂著 C_D 改變。這解釋高頻極限下即使圖 14d 等效電路不含 C_{it} 成分，圖 15a 的高頻 C-V 曲線，仍藉由 C_D 為介面缺陷所影響。

觀察圖 15a 的 4 條曲線有助於瞭解決定 D_{it} 的各種不同電容方法。基本上可分為 3 種：(1) 低頻電容-比較測得之低頻曲線與理論之理想曲線；(2) 高頻電容-比較量測到的高頻曲線與理論之理想曲線；以及 (3) 高-低頻率電容-比較所量測到的高、低頻率曲線。

在我們討論每一項電容方法之前，首先推導一些有用的項目，這些對所有方法都有效。首先 C_{it} 及 D_{it} 之間的關係推導如下。因為 $dQ_{it} = qD_{it}dE$，且 $dE = qd\psi_s$，我們得到

$$C_{it} \equiv \frac{dQ_{it}}{d\psi_s} = q^2 D_{it} \tag{43}$$

接著我們將導出 ψ_s-V 曲線伸展與介面缺陷的關係。利用圖 14c 的低頻等效電路，外加電壓可分為氧化層以及半導體層部分[式(18)]。其中跨越半導體的電壓部分 ψ_s 可由電容網路的分壓來簡化，即

$$\frac{d\psi_s}{dV} = \frac{C_i}{C_i + (C_D + C_{it})} \tag{44}$$

式(43)帶入式(44)得到

$$D_{it} = \frac{C_i}{q^2}\left[\left(\frac{d\psi_s}{dV}\right)^{-1} - 1\right] - \frac{C_D}{q^2} \tag{45}$$

如果 ψ_s-V 關係（圖15b）可以由電容測量得到，則 D_{it} 可以從這條方程式計算。

高頻電容方法 塔門(Terman)[7]首先發展出高頻量測方式。如圖 14d 等效電路所示，這項方法的優點為不含電路 C_{it} 成分。由式(42)測量 C_{HF} 可直接得到 C_D，一旦 C_D 知道，ψ_s 可由理論計算並得到 ψ_s-V 關係。然後利用式(45)決定 D_{it}。

低頻電容方法 貝爾格隆(Berglund)[22]首先利用低頻電容積分得到 ψ_s-V 關係，然後利用式 (45) 決定 D_{it}。

由式(44)開始，以圖14c低頻等效電路為基礎

$$\begin{aligned}\frac{d\psi_s}{dV} &= \frac{C_i}{C_i + C_D + C_{it}} = 1 - \frac{C_D + C_{it}}{C_i + C_D + C_{it}} \\ &= 1 - \frac{C_{LF}}{C_i}\end{aligned} \tag{46}$$

兩外加電壓之間積分式(46)得到

$$\psi_s(V_2) - \psi_s(V_1) = \int_{V_1}^{V_2} \left(1 - \frac{C_{LF}}{C_i}\right) dV + \text{常數} \tag{47}$$

式(47)指出在任何外加電壓下，表面電位可以由積分($1\text{-}C_{LF}/C_i$)得到。積分常數可由聚積或強反轉出發，其 ψ_s 為已知且和外加電壓關係不大。一旦知道 ψ_s，以及摻雜的輪廓，D_{it} 可由式(45)計算。低頻電容方法缺點為當氧化層較薄時則直流漏電增加，測量將變得困難。

高-低頻電容方法 此方法結合高頻以及低頻電容，由凱斯特康(Castague)及威派勒(Vapaille)[23]所發展出來，此方法的優點為不需比較任何理論計算(其他方法則需要理論計算，即使摻雜的輪廓已全然知道，此計算對於不均勻摻雜來說仍然相當複雜。)。由高頻及低頻極限的方程式開始[式(41)及式(42)]，可以寫出

$$\begin{aligned}C_{it} &= \left(\frac{1}{C_{LF}} - \frac{1}{C_i}\right)^{-1} - C_D \\ &= \left(\frac{1}{C_{LF}} - \frac{1}{C_i}\right)^{-1} - \left(\frac{1}{C_{HF}} - \frac{1}{C_i}\right)^{-1}\end{aligned} \tag{48}$$

定義電容差距為$\Delta C \equiv C_{LF}\text{-}C_{HF}$，並且利用 $D_{it} = C_{it}/q^2$ 關係，我們直接得到每一偏壓點的缺陷密度

$$D_{it}=\frac{C_i}{q^2}\left[\left(\frac{1}{\Delta C/C_i+C_{HF}/C_i}-1\right)^{-1}-\left(\frac{1}{C_{HF}/C_i}-1\right)^{-1}\right]$$
$$=\frac{\Delta C}{q^2}\left(1-\frac{C_{HF}+\Delta C}{C_i}\right)^{-1}\left(1-\frac{C_{HF}}{C_i}\right)^{-1} \quad (49)$$

本方程式顯示缺陷密度在一階近似下正比於電容差距ΔC，如果已知 D_{it} 能譜分佈，則可用低頻電容積分法或高頻方法來反求 ψ_s。

電導方法 尼克萊及郭茲伯格(Goetzberger)對電導法[24]做詳細且廣泛的討論。電容法困難處在於介面缺陷電容必須由測量電容中萃取，包含氧化層電容，空乏層電容及介面缺陷電容。如同之前所描述的，不論電容及電導均為電壓及頻率的函數，包含相同的介面缺陷訊息。由於測量電容來萃取介面缺陷資料，必須計算兩電容之間的差距，因此產生大的誤差。而測量電導直接和介面缺陷有關，這項困難並不會發生，因此電導測量產生更精確且可靠的結果，特別是當 D_{it} 很低的時候，例如熱氧化產生的 SiO_2-Si 系統。圖 16 顯示在 5 及 100 KHz 範圍內測量到的電容及電導，其中最大電容變化只有 14 %，此時在這頻率範圍內電導峰值大小變化超過一個數量級。

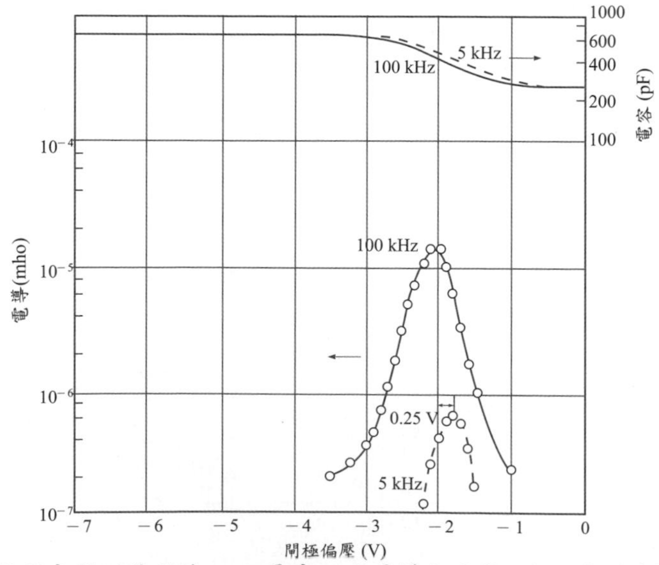

圖16 兩種頻率所測量到的 MIS電容以及電導之比較，顯示對於頻率電導比電容更爲敏感(參考文獻24)。

圖 14b 為簡化的等效電路，也是 MIS 電導量測技巧的原理。MIS 電容的阻抗(impedance)可由跨接電容兩端的橋式電路測得，並且在強聚積情況下測量到絕緣體電容 C_i。等效並聯電導 G_p 除以 ω 得到式(40)，這裏不含 C_D 項，且只和等效電路中介面缺陷部份有關。測量到的導納與介面缺陷電導的轉換關係為

$$\frac{G_p}{\omega}=\frac{\omega C_i^2 G_{in}}{G_{in}^2+\omega^2(C_i-C_{in})^2}=\frac{C_{it}\omega\tau_{it}}{1+\omega^2\tau_{it}^2} \tag{50}$$

其中最後一項與式(40)重複。在已知偏壓作用下，可以測得 G_p/ω 為頻率的函數。G_p/ω 對 ω 作圖，在 $\omega\tau_{it}=1$ 時達到極大值，並且可以直接求出 τ_{it}。G_p/ω 最大值為 $C_{it}/2$，因此在修正 C_i 的等效並聯電導中，直接由測量到的電導求出 C_{it} 及 τ_{it} ($=R_{it}C_{it}$)，一旦 C_{it} 知道，介面缺陷密度利用 $D_{it}=C_{it}/q^2$ 關係可以得到。

$Si\text{-}SiO_2$ 系統[25] 典型的結果顯示，接近能隙中間的 D_{it} 幾乎為定值，但朝向導電帶及價電帶邊緣增加。而矽晶面的方位非常重要，在(100)方向 D_{it} 大約比(111)方向小一個數量級。這項結果與矽表面[26,27] 單位面積有效的鍵結數有關，

表一 矽晶體平面的特性

方向	單位晶格面積(cm²)	面積內之原子數	面積內之有效鍵	原子/cm²	有效鍵/cm²
⟨111⟩	$\sqrt{3}a^2/2$	2	3	7.85×10^{14}	11.8×10^{14}
⟨110⟩	$\sqrt{2}a^2$	4	4	9.6×10^{14}	9.6×10^{14}
⟨100⟩	a^2	2	2	6.8×10^{14}	6.8×10^{14}

表一顯示矽晶體平面沿著(111)，(110)以及(100)方向的特性。明顯的(111)面有最多的單位面積有效鍵結數，而在(100)面最少，所以預期在(100)面有最低的氧化速率，這對薄的氧化層來說為有利的。如果假設介面缺陷源自於氧化層中過多的矽，那麼氧化速率越慢，過多的矽數量越少；因此(100)表面將有最少的介面缺陷密度，故現代製造的矽1MOSFET，均選擇(100)方向的基板。

$Si\text{-}SiO_2$ 系統內的介面缺陷包含許多能階，能量非常靠近，因此不能區分個別的能階，實際上在整個半導體能隙中，呈現連續能譜分佈。因此以單一能階時間常數（圖14a）的 MIS 電容等效電路來說，應解釋為某特定的偏壓或缺陷能階。

圖 17 顯示利用濕式氣化氧化層於(100)矽基板的 MOS 電容，其時間常數 τ_{it} 隨表面電位（或缺陷能階）的變化情形，其中 $\overline{\Psi}_s$ 為平均表面電位（將於後面討論）這些曲線可利用下列方程式匹配：

$$\tau_{it} = \frac{1}{\bar{\upsilon}\sigma_p n_i}\exp\left[-\frac{q(\psi_{Bp} - \overline{\psi}_s)}{kT}\right] \qquad \text{for } p\text{-type} \tag{51a}$$

$$\tau_{it} = \frac{1}{\bar{\upsilon}\sigma\ n}\exp\left[-\frac{q(\psi_{Bn} - \overline{\psi}_s)}{kT}\right] \qquad \text{for } n\text{-type} \tag{51b}$$

其中 σ_p 及 σ_n 分別為電洞及電子之捕捉截面(capture cross section)，而 υ 為平均熱速度，這些結果顯示捕捉截面和能量無關。由圖 17 利用 $\upsilon = 10^7$ cm/s，得到捕捉截面[24] $\sigma_p = 4.3\times10^{-16}$ cm²以及 $\sigma_n = 8.1\times10^{-16}$ cm²。矽在(111)方向之時間常數隨表面電位變化情形類似(100)，且測量到的捕捉截面較小 $\sigma_p = 2.2\times10^{-16}$ cm²和 $\sigma_n = 5.9\times10^{-16}$ cm²。

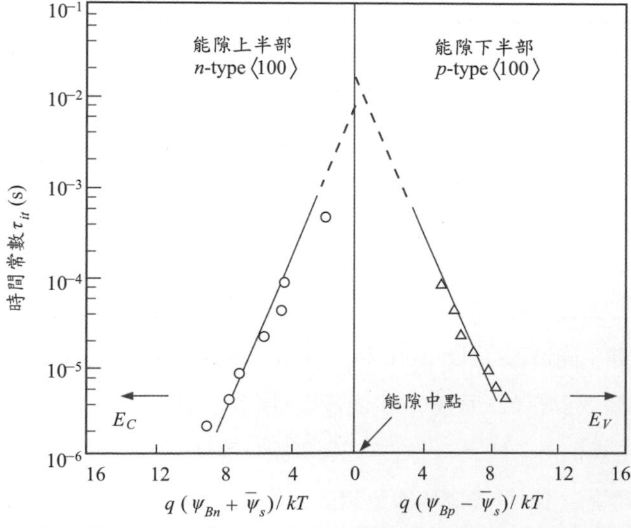

圖17 缺陷時間常數 τ_{it} 對應能量的變化圖形。$T = 300$ K。(參考文獻24)

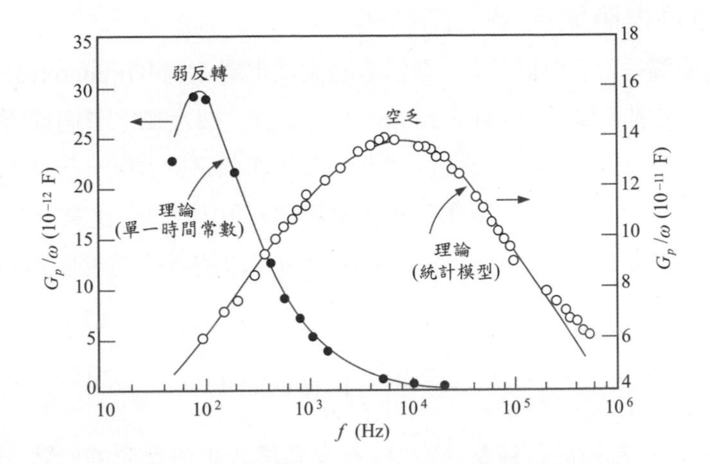

圖18 Si-SiO_2 MOS 電容器偏壓在空乏區(細線)以及弱反轉區(粗線)之 G_p/ω 對應頻率圖形。圓圈代表實驗結果，而線條爲理論計算。(參考文獻24)

我們也必須考慮由於表面電荷影響表面電位之統計變動，其包含固定氧化層電荷 Q_f 以及介面缺陷電荷 Q_{it}。由式(51b)得知 ψ_s 的微小變動將引起 τ_{it} 的大量變化。假設表面電荷在介面處為隨機分佈，在半導體表面的電場將橫越介面平面變動。圖 18 顯示 Si-SiO_2 MOS電容器偏壓在空乏以及弱反轉情況下，G_p/ω 之計算值為頻率的函數，包含連續的介面缺陷以及表面電荷（ $Q_{it}+Q_f$ ）之統計(波松)分佈，所導致的時間常數離散(dispersion)效應。實驗的結果也顯示在圖內（空心與實心圓圈），與統計結果極為一致，說明統計模型的重要性。

圖 18 也暗示電荷或電位擾動的影響。在空乏區，電位擾動會擴大頻率的範圍，但峰值頻率則不受影響，這是最重要的萃取參數。另一方面，電位擾動在弱反轉區的影響更為強烈。這是因為電位擾動將使局部區域轉為空乏，因此在那些區域的電導不均衡。所以即使 G_p/ω 曲線沒有擴大且時間常數為單一值，其偏移量仍和電荷擾動有關。為避免這個問題，則不在反轉區量測缺陷能譜，而是將 n 型以及 p 型元件都在空乏區測量，並各取涵蓋能隙的一半來獲得之。

4.3.3氧化層電荷及功函數差

氧化層電荷除了介面缺陷，還包含固定氧化層電荷(fixed oxide charge) Q_f、移動離子電荷(mobile ionic charge)Q_m，以及氧化層捕獲電荷(oxide trapped charge)Q_{ot}，如圖 12 所示。這些將依序討論。一般而言，不像介面缺陷電荷，這些氧化層電荷和偏壓無關，所以他們引起閘極偏壓方向的偏移，如圖 19a 所示。任一氧化層電荷所造成的平帶電壓偏離，可由高斯定律得到

$$\Delta V = -\frac{1}{C_i}\left[\frac{1}{d}\int_0^d x\rho(x)dx\right] \tag{52}$$

式中 $\rho(x)$ 為單位體積電荷密度，電壓偏移效果依電荷的位置加權，即越靠近氧化層-半導體介面，將引起更多的偏移，正氧化層電荷定性的影響可以解釋於圖 19b-d。正電荷相當於額外的正閘極偏壓在半導體上，所以需要更多的負閘極偏壓來完成與原來相同的能帶彎曲，注意在新的平帶狀態（圖19d），氧化層電場不再是零。

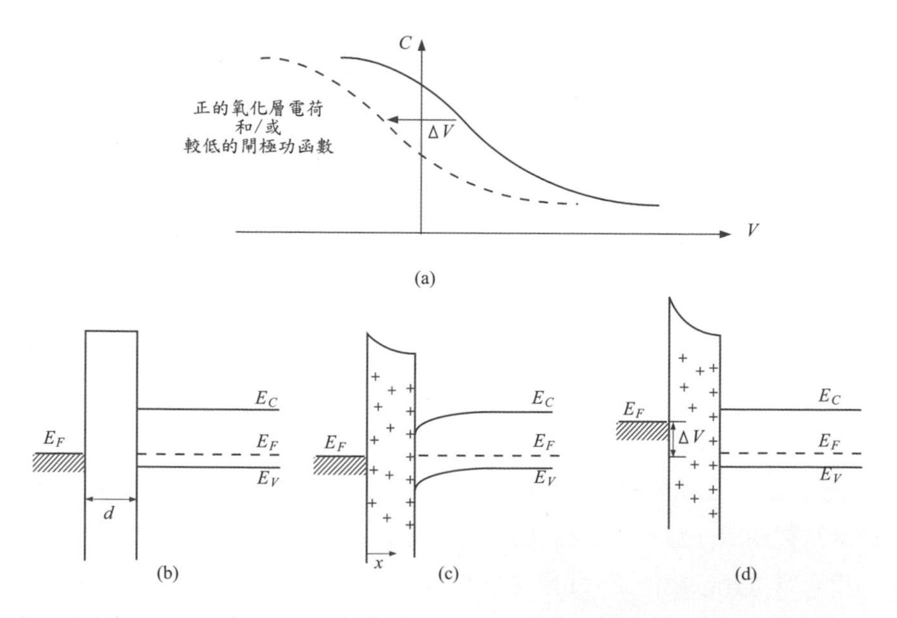

圖19(a)高頻 C-V 曲線(p型半導體)，由於正的氧化層電荷 C-V 沿電壓軸偏移，(b)平帶狀態下，原始的能帶圖，(c)包含正氧化層電荷以及(d)新的平帶偏壓。

固定氧化層電荷 Q_f 有下列的特性：位置非常的靠近 $Si\text{-}SiO_2$ 介面[9]；一般而言為正；它的密度不太受氧化層厚度、雜質的型態及濃度所影響，但是和氧化與退火條件，以及矽表面方位有關。固定氧化層電荷的由來，被認為是 $Si\text{-}SiO_2$ 介面附近過量的矽（三價矽）或電子從過多的氧中心流失（非橋接的氧）造成。在電性量測方面，Q_f 可以視為位於 $Si\text{-}SiO_2$ 介面的電荷薄片

$$\Delta V_f = -\frac{Q_f}{C_i} \tag{53}$$

移動離子電荷可以在氧化層內來回移動，和偏壓情況有關，而且導致電位偏移。通常在升溫時偏移程度增加。在極端的情況下，當閘極電壓掃至相反的極性，可以看到延滯(hysteresis)現象。司諾(Snow)[28]等人首次證明鹼離子，例如鈉，與在熱成長 SiO_2 薄膜中對於氧鈍化元件(oxide-passivated devices)的不穩定性有關。半導體元件在高溫及高電壓操作下的可靠度(relibaility)問題，也可能和微量的鹼金屬離子污染有關，電壓偏移量由式(52)表示為

$$\Delta V_m = -\frac{Q_m}{C_i} \tag{54}$$

其中 Q_m 為 $Si\text{-}SiO_2$ 介面上，單位面積移動離子之有效淨電荷，並且利用實際的移動離子 $\rho(x)$。

為防止氧化層在元件的生命中遭受移動離子電荷的污染，可以利用不滲透的薄膜來保護，例如非結晶體或微小結晶體之氮化矽。對於非結晶體 Si_3N_4，其鈉滲透量非常的少。其它的鈉阻障層還包括 Al_2O_3 以及含磷的玻璃。

氧化層捕獲電荷和 SiO_2 內的缺陷有關。氧化層缺陷通常一開始為中性，之後被引入氧化層內的電子及電洞充電，任何經過氧化層的電流(下節即將討論)、熱載子注入，或光子激發都有可能發生。因氧化層捕獲電荷所產生的偏移，再度由式(52)得到

$$\Delta V_{ot} = -\frac{Q_{ot}}{C_i} \tag{55}$$

其中 Q_{ot} 為 $Si\text{-}SiO_2$ 介面上之單位面積有效淨電荷。

所有氧化層電荷所造成的總電壓偏移量為

$$\Delta V = \Delta V_f + \Delta V_m + \Delta V_{ot} = -\frac{Q_f + Q_m + Q_{ot}}{C_i} \tag{56}$$

功函數差 之前所討論的理想 MIS 電容假設 p 型半導體的功函數差

$$\phi_{ms} \equiv \phi_m - \left(\chi + \frac{E_g}{2q} + \psi_{Bp} \right) \tag{57}$$

為零，如果 ϕ_{ms} 的值不等於零，則實驗的 $C\text{-}V$ 曲線將從理論曲線偏移，相當於一施加閘極偏壓，如圖 20 所示，這偏移量不含氧化層電荷，所以淨平帶電壓變成

$$V_{FB} = \phi_{ms} - \frac{Q_f + Q_m + Q_{ot}}{C_i} \tag{58}$$

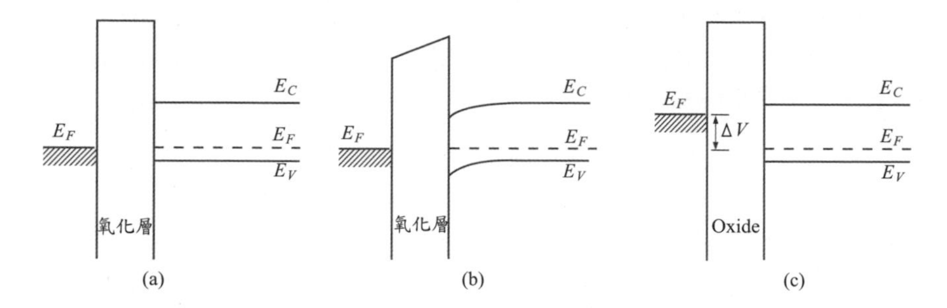

圖20 (a)平帶狀態下的能帶圖，(b)包含較低的閘極功函數，零偏壓，以及(c)新的平帶偏壓。

圖 21 顯示平帶電壓與不同方法所決定的金屬功函數之相互關係。$Si\text{-}SiO_2$ 介面的能帶由電子光發射測量法[30] (electron photoemission) 求得；發現 SiO_2 能隙大約為 9 ev，以及電子親和力($q\chi_i$)為 0.9 ev。不同的金屬中[29]，由光反應對應光子能量的關係圖，$h\nu$軸的截距相當於金屬 - SiO_2 位能障礙 $q\phi_B$。ϕ_B 以及χ_i的和可以得到金屬功函數 (參考圖 2)。由光反應以及電容曲線所得到的金屬功函數極為一致。

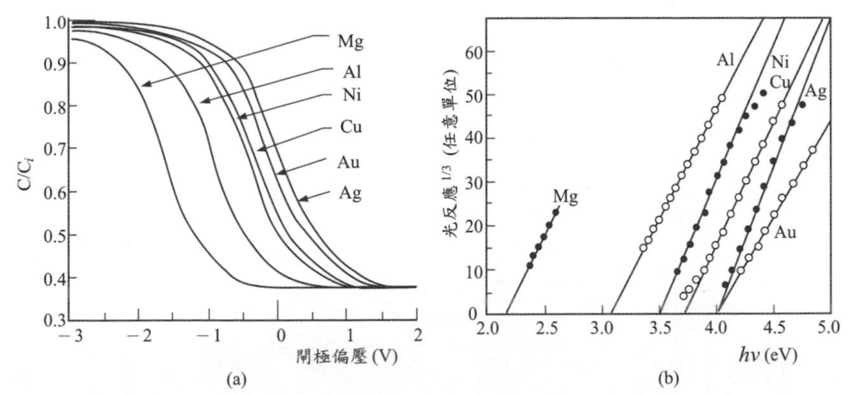

圖21 (a)由電容測量之平帶電壓，以及(b)從光反應之位障高度之相互關係。(參考文獻29)

現代的積體電路製程，重摻雜的多晶矽用來取代鋁當成閘極電極。對於 n^+ 多晶矽閘極，費米能階基本上與導電帶底部 E_c 一致，且有效功函數等於矽之電子親和力 (χ_i=4.05V)。對於 p^+ 多晶矽閘極，費米能階與價電帶頂端E_v一致，且有效功函數 ϕ_m 等於 χ_i 加上 E_g/q(5.08 V)。這是MOSFET使用多晶矽閘極的優點之一，因為相同的材料可以藉由摻雜給予不同的功函數。圖 22 顯示鋁、銅、p^+ 以及 n^+ 多晶矽閘極之功函數差為矽摻雜濃度的函數。藉由適當的選擇閘極電極，n 及 p 型矽表面都可以在聚積和反轉之間變化。

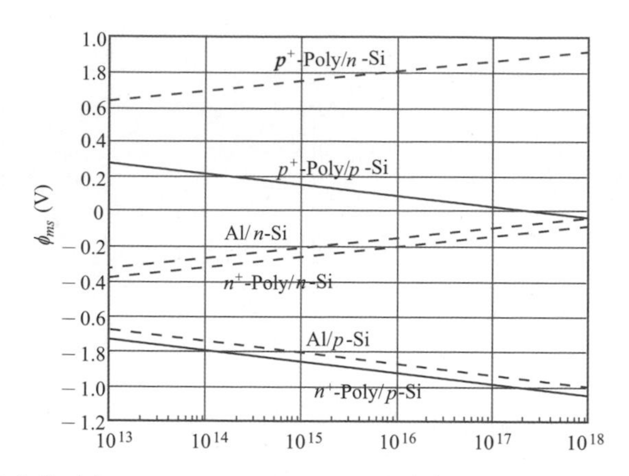

圖22 簡併多晶矽(degenerate polysilicon)與鋁閘極在 p 型以及 n 型 Si 上面的功函數差 ϕ_{ms} 對應摻雜濃度關係圖。

4.3.4載子傳輸

理想電容器假設絕緣體薄膜的電導為零。然而實際上絕緣體在電場或溫度足夠高的時候，呈現某些程度的載子傳導。在偏壓的情況下估計絕緣體內的電場，我們得到

$$\mathscr{E}_i = \mathscr{E}_s\left(\frac{\varepsilon_s}{\varepsilon_i}\right) \approx \frac{V}{d} \tag{59}$$

其 $\mathscr{E}_i$ 以及 $\mathscr{E}_s$ 分別為絕緣體及半導體內的電場，且 ε_i 及 ε_s 為對應的介電常數。此方程式也假設氧化層電荷可以忽略，且平帶電壓以及半導體能帶彎曲 ψ_s 和外加偏壓比起來很小。表二總結絕緣體內的基本傳導過程。並且強調電壓及溫度和每一過程的關係。這些關係在實驗上經常用來判定傳導機制。

高電場下，穿隧(tunneling)為絕緣體最常見的傳導機制。穿隧發射為量子力學的結果，其電子波函數可以穿過位能障礙（參見1.5.7節）。穿隧和外加偏壓有最強烈的關係，但基本上和溫度無關。依據圖 23，穿隧可以分成直接穿隧(direct tunneling)和福勒－諾德漢穿隧(Fowler-Nordheim tunneling)，其載子只穿隧過部分位障寬度[31]。

表二 絕緣體內的基本傳導過程

過程	表示式	電壓和溫度相關性
Tunneling	$J \propto \mathscr{E}_i^2 \exp\left[-\frac{4\sqrt{2m^*}(q\phi_B)^{3/2}}{3q\hbar\mathscr{E}_i}\right]$	$\propto V^2 \exp\left(\frac{-b}{V}\right)$
Thermionic emission	$J = A^{**}T^2 \exp\left[\frac{-q(\phi_B - \sqrt{q\mathscr{E}_i/4\pi\varepsilon_i})}{kT}\right]$	$\propto T^2 \exp\left[\frac{q}{kT}(a\sqrt{V} - \phi_B)\right]$
Frenkel-Poole emission	$J \propto \mathscr{E}_i \exp\left[\frac{-q(\phi_B - \sqrt{q\mathscr{E}_i/\pi\varepsilon_i})}{kT}\right]$	$\propto V \exp\left[\frac{q}{kT}(2a\sqrt{V} - \phi_B)\right]$
Ohmic	$J \propto \mathscr{E}_i \exp\left(\frac{-\Delta E_{ac}}{kT}\right)$	$\propto V \exp\left(\frac{-c}{T}\right)$
Ionic conduction	$J \propto \frac{\mathscr{E}_i}{T} \exp\left(\frac{-\Delta E_{ai}}{kT}\right)$	$\propto \frac{V}{T} \exp\left(\frac{-d'}{T}\right)$
Space-charge-limited	$J = \frac{9\varepsilon_i \mu V^2}{8d^3}$	$\propto V^2$

A^{**}=有效李查遜常數，ϕ_B=位障高度，$\mathscr{E}_i$=絕緣層內的電場，ε_i=絕緣層內的介電常數，m^*=有效質量，d =絕緣層厚度，ΔE_{ac} =電子的活化能，ΔE_{ai} =離子的活化能，$V \approx \mathscr{E}_i d$，$a \equiv \sqrt{q/4\pi\varepsilon_i d}$ 、b、c及d為常數。

蕭特基發射(Schottky emission)發射過程和第三章所討論的過程類似，其中熱離子發射越過金屬-絕緣體位障或絕緣體-半導體位障，而導致載子傳輸。在表二中，從 ϕ_B 扣掉的部分源自於影像力(image-force)降低 (參見 3.2.4節)。由表中公式可知，將 $\ln(J/T^2)$ 對 $1/T$ 做圖產生一條直線，可其斜率由淨位障高度決定。

夫倫克爾-普爾(Frenkel-Poole)發射[32,33] 如圖 23d 所示，源自於捕獲的電子發射至導電帶，電子從缺陷內經由熱激發補充。缺陷狀態之庫倫電位表示方式類似蕭特基發射，然而，位障高度為缺陷位能井的深度。由於正電荷不能移動，因此位障降低量為蕭特基發射的兩倍。

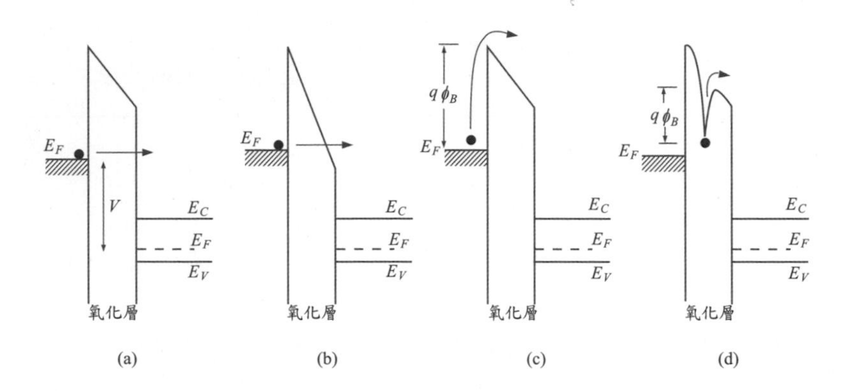

圖23 能帶圖顯示(a)直接穿隧，(b)福勒－諾德漢(F-N)穿隧，(c)熱離子發射，以及(d)夫倫克爾-普爾發射 的傳導機制

在低電壓以及高溫時，電流為熱激發之電子從一孤立的態位跳躍到鄰近的態位所產生。這機制產生歐姆特性並與溫度呈現指數關係。

離子傳導度(ionic conduction)和擴散過程類似。一般而言，因離子不能很容易地由絕緣體內注入或摘取出來，因此直流離子導電度隨外加電場的施加時間而減少。最初的電流流動後，正、負空間電荷將在金屬-絕緣體以及半導體-絕緣體介面附近建立，引起電位分佈的變形。當外加電場移除，大的內部電場維持不變，引起部分但非全部的離子流回平衡位置，因此 *I-V* 軌跡出現延滯現象。

空間電荷限制電流(space-charge-limited current) 起源於載子注入輕摻雜的半導體或絕緣體，在那裡並沒有補償電荷。以單一極性(unipolar)的電流，且沒有缺陷的情況而言，其大小正比於外加電壓的平方。注意在此會與空間電荷限制電流的移動率區(mobility regime)有關(參見 1.5.8 節)，因移動率在絕緣體內一般來說非常小。

對於超薄絕緣體而言穿隧機率增加，因此傳導機制類似金屬-半導體接觸 (參見 3.3.6 節)，其中在半導體表面所測量的位障取代絕緣體，而電流則是熱離子發射電流再乘以穿隧因子。

對於某一特定的絕緣體來說，每個傳導機制可能主宰一確定的溫度以及電壓範圍。而每一機制間也不能與另一機制清楚的獨立出來，所以應該小心地檢查。例如大的空間電荷效應(large space-charge effect)，已發現穿隧特性非常類似蕭特基型式的發射[34]。圖 24 顯示 Si_3N_4、Al_2O_3 以及 SiO_2 等三種不同絕緣體之電流密度- $1/T$ 圖。在此傳導可以一般性地分成三個溫度範圍。高溫(及高電場)下，電流 J_1 源自於夫倫克爾–普爾發射。低溫時，傳導為穿隧機制(J_2)，對溫度不敏感。也可以觀察到穿隧電流強烈取決於位障高度，和絕緣體的能隙有關。居中的溫度，本質上電流 J_3 為歐姆(ohmic)特性。

圖 25 的例子顯示不同偏壓下的不同傳導機制。注意相反極性的二曲線實際上完全相同。些微的不同(特別在低電場)，相信主要來自金–氮化矽以及氮化矽–矽介面的位障高度差異。在高電場時電流隨電場方根之指數變化，為夫倫克爾–普爾發射的一項特徵。在低電場時為歐姆特性。室

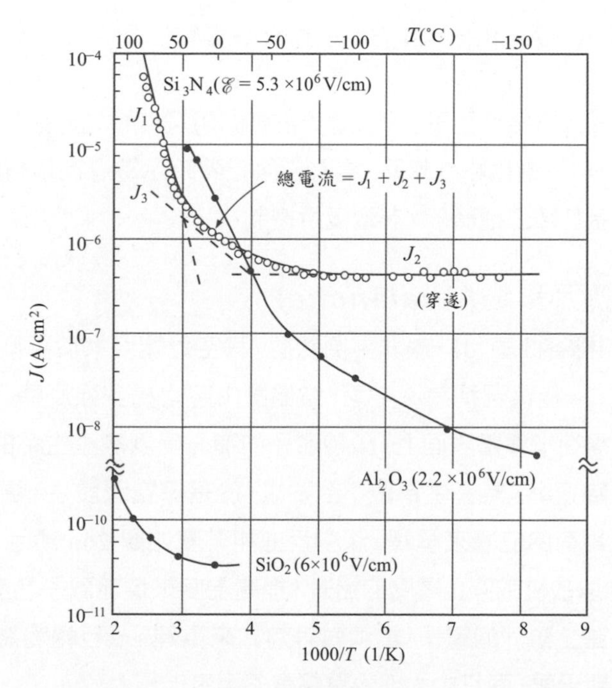

圖24 Si_3N_4，Al_2O_3，以及 SiO_2 薄膜之電流密度對應 $1/T$ 圖(參考文獻35-37)

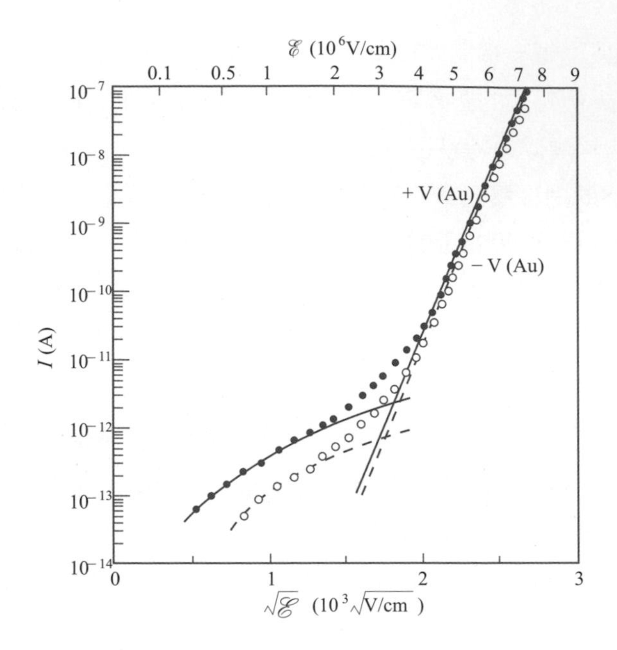

圖25 在室溫下 Au-Si_3N_4-Si 電容器之電流-電壓特性(參考文獻35)

溫時在已知的電場作用下發現，電流密度對電場的特性，基本上和膜厚、電極材料，以及電極極性無關，這些結果強烈暗示電流為塊材所控制，而非像蕭特基位障二極體般，為電極所控制。

4.3.5 非平衡及累增(Avalanche)

回到圖7的電容曲線(d)，為非平衡狀態，其空乏寬度大於平衡狀態下的最大值 W_{Dm}。這種情況稱為深空乏。當偏壓由空乏掃到強反轉，大量少數載子濃度必需在半導體表面上。少數載子的補充受到熱產生率的限制。對於快速的掃瞄速率，熱產生率跟不上要求，於是深空乏發生。這現象也可以由圖 8 之電荷的位置來解釋，深空乏的能帶圖如圖 26a 所示。平衡狀態(圖 26b)能以放慢或停止電壓的抬升、提高溫度來增加載子熱產生率，或是藉由照光產生額外的電子-電洞對等方式來重建。一旦轉變為平衡狀態，電場將重新分配，而其中大部分電壓會落至氧化層上。

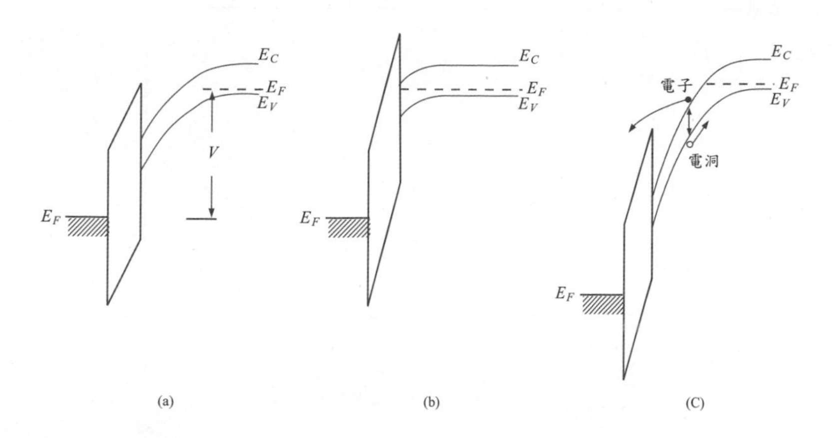

圖26 MOS 電容器之能帶圖，在(a)深空乏（非平衡狀態），(b)平衡狀態，以及(c)深空乏且較高的偏壓下，電子累增注入氧化層。

如果以夠大的偏壓進入深空乏，累增倍乘(Avalanche multiplication)以及崩潰可能在半導體的部分發生(圖26c)，類似 p-n 接面。崩潰電壓定義為，沿著半導體表面至空乏層邊緣的路徑積分，使得游離化積分等於一之閘極電壓。MOS 電容器在深空乏情況下之累增崩潰電壓，已利用二維模型[38]為基礎計算出來。圖 27 顯示不同摻雜程度以及氧化層厚度的結果，有趣的是比較第二章圖 16a 的 p-n 接面崩潰電壓。記住，對於電場相似的半導體，由於氧化層會分配到額外的電壓，因此，MOS 結構會有較高的偏壓。圖27指出幾個有趣的特色。首先崩潰電壓 V_{BD} 為摻雜程度的函數，再度增加之前有一個谷底，由於摻雜增加電場，V_{BD} 的減少如 p-n 接面有相同的趨勢。最低點後增加是因為高摻雜程度，在半導體表面有較高的電場，而崩潰時引起更大的電壓橫跨氧化層，導致更高的端點電壓。另一點為較低的雜質濃度，MOS 崩潰竟然小於 p-n 接面，這是因為這項研究包含邊際效應。接近閘極電極周邊，因二維效果電場較高，導致較低的崩潰電壓[9]。

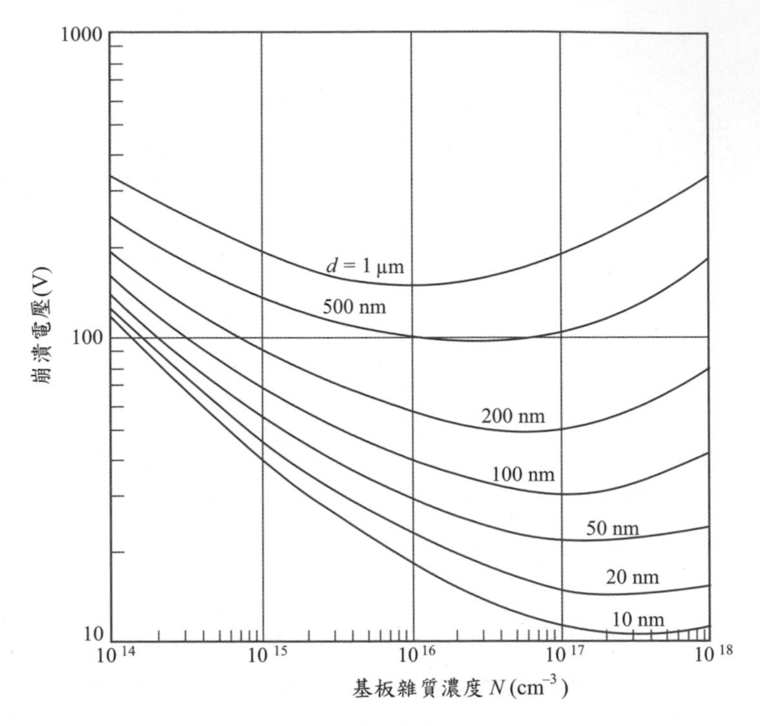

圖27 MOS電容器在深空乏狀態下的崩潰電壓對應矽摻雜濃度關係圖，以氧化層厚度作爲參數。邊際效應引起較低的崩潰也同時包含在內。(參考文獻38)

因為累增倍乘，載子的注入[39] 使得可靠度也成為一個問題，如圖26c 所示。載子在表面空乏層由累增倍乘所產生，以本例子而言為電子，將擁有足夠的能量克服介面能障並且進入氧化層。電子注入的能障為 3.2eV (即=4.1-0.9)，而電洞注入（在n型基底上）為 4.7eV {即 $[E_g(SiO_2)+q\chi_i]-[E_g(Si)+q\chi_{si}]$} 因為有較低的能障所以電子有較高的注入機率。熱電子進入氧化層通常在氧化層內的塊材以及介面缺陷產生固定的電荷[9]。

熱載子或累增注入和許多 MOS 元件的操作有密切的關係。例如，MOSFET 通道載子可以被源極–汲極的電場加速，有足夠的能量克服 $Si\text{-}SiO_2$ 介面能障。因元件特性在操作期間產生變化，並不需要這些效果。另一方面，這些現象可利用在非揮發性半導體記憶體（參見 6.7 節）

另一個熱載子來源為游離輻射，例如 X-ray [40]或 γ-ray [41]。游離輻射在氧化層內藉由打斷 Si-O 鍵產生電子-電洞對。在暴露輻射時橫跨氧化層的電場將使得產生的電子與電洞往相反方向移動。由於電子比電洞的移動率高，電子快速的向正極漂移，於是多數將流入外部的電路；電洞則緩慢的朝負極漂移並且部分被捕獲。所捕獲的電洞即為常見的輻射引發之正氧化層電荷。這些所捕獲的電洞也對游離輻射造成介面缺陷密度的增加有關[9]。

照光下，MIS 電容曲線主要的效應為，強反轉區的電容，隨著照光強度增加接近低頻值。此現象主要是由於兩種基本機制，其一為在反轉層內少數載子產生之時間常數減少[12]。其二為光子所產生的電子-電洞對，在固定外加電壓下引起表面電位 ψ_s 的減少。ψ_s 的減少造成空乏區寬度減少以及電容增加。在高的測量頻率下，為第二種機制主導。而對於快速的閘極掃瞄(sweep)[圖 17 曲線(d)]所引起的深空乏狀態，因為有額外的電子-電洞對能夠補充載子來維持平衡，所以曲線(d)將回復為曲線(c)。

4.3.6 聚積及反轉層厚度

對一個 MIS 電容器而言，最大電容等於 ε_i/d，意謂著電荷在電極兩側依附到絕緣體兩介面。雖然此假設在金屬-絕緣體介面上有效。詳細的檢查絕緣體-半導體介面，顯示出可能導致相當大的錯誤，特別是薄的氧化層。這是因為電荷在半導體部分，聚積或強反轉之電荷分佈為介面距離的函數。考慮到這些效應將會減少最大的電容值 ε_i/d。為簡化的緣故，我們將在下一節討論聚積，但結果也能應用在強反轉狀態。

古典模型 電荷分佈由波松方程式控制。利用波茲曼統計

$$p(x) = N_A \exp\left(-\frac{q\psi_p}{kT}\right) \tag{60}$$

(對於聚積 ψ_p 為負)，波松方程式變成

$$\frac{d^2\psi_p}{dx^2} = -\frac{\rho}{\varepsilon_s} \approx -\frac{qN_A}{\varepsilon_s}\exp\left(-\frac{q\psi_p}{kT}\right) \tag{61}$$

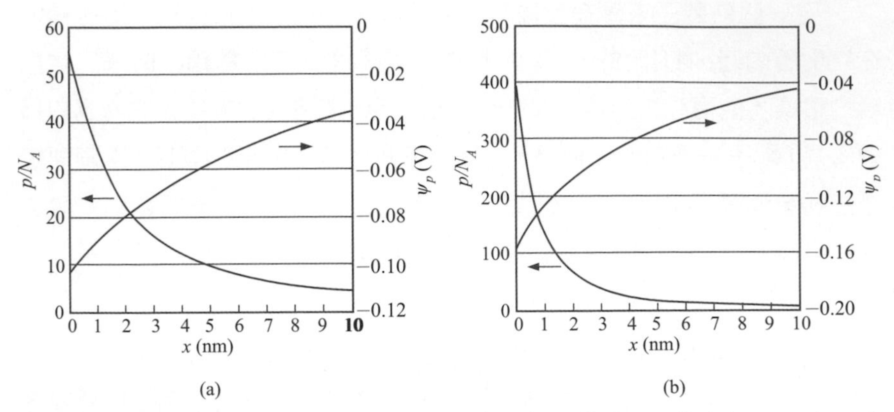

圖28 以古典方法計算電位以及載子分佈。表面電位 ψ_s 爲(a) $4kT/q$ 以及(b) $6kT/q$ 時。

上述方程式的解為[42]

$$\psi_p(x) = -\frac{kT}{q}\ln\left(\sec^2\left\{\cos^{-1}\left[\exp\left(\frac{q\psi_p}{2kT}\right)\right]-\frac{x}{\sqrt{2}L_D}\right\}\right) \tag{62}$$

總聚積層厚度等於 $\pi L_D/\sqrt{2}$（其中 ψ_p 接近零）為幾十 nm 之數量級。然而大多數的載子侷限在非常靠近表面的地方。圖 28 顯示兩種不同偏壓的電位及載子分佈。顯示出儘管濃度峰值在表面上，伸展出幾耐米數量級的有效距離，這伸展也是偏壓的函數；更高的偏壓迫使載子更靠近介面。

量子力學模型　量子力學中因絕緣體的高位障，和載子相關連的波函數在絕緣體-半導體介面處接近零。結果，載子濃度峰值離介面處為一有限的距離，這距離大約為 1 nm。圖 29 顯示量子力學計算的結果。巨觀上，這效果可以解釋為氧化層電容的退化(degradation)（或可視作較厚的氧化層）。考慮不同的介電常數，1 nm的矽等於3 nm的 SiO_2。這些數量加到氧化層厚度而且降低電容。古典計算也顯示在圖中，量子效應比古典模型引起更為明顯的退化。其他進一步引起電容減少的因素為，大量生產技術廣為使用的多晶矽閘極。即使多晶矽為簡併摻雜，空乏層及聚積層厚度仍然是個有限值(不會為零)。

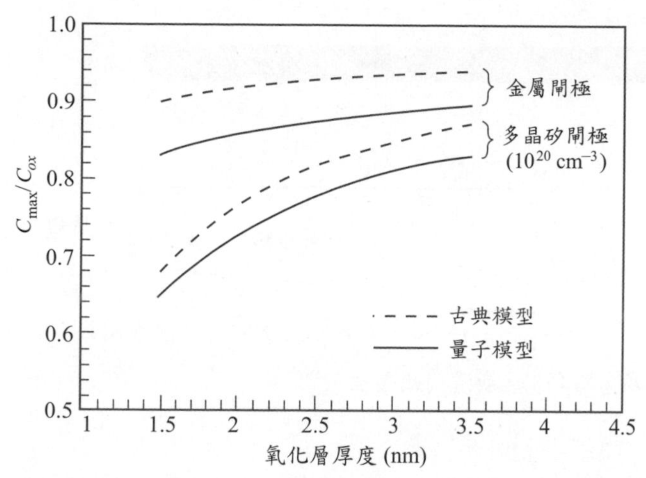

圖29 量子效應造成電容減少之量子力學計算。同時也顯示古典模型的結果以及多晶矽閘極的空乏影響。

4.3.7 介電崩潰 (Dielectric Breakdown)

可靠度[44,45] (reliability) 為一 MOS 元件共同的考量。在大的偏壓下，部分電流將經由絕緣體傳導，通常大多為穿隧電流，這些精力充沛的載子引起介電薄膜內塊材的缺陷。當這些缺陷達到一個臨界密度程度，災難性的崩潰發生。微觀上浸透理論(percolation)用來解釋崩潰 (圖30)，精力充沛的載子通過，缺陷隨機地發生，當缺陷密集地足以形成一個連結閘極至半導體的連續鍵，傳導途徑產生，而且災難性的崩潰發生。

崩潰時間 (time to breakdown) t_{BD} 為量測可靠度的定值量之一，其表示直到崩潰發生的總應力時間(total stress time)。而另一項定量值稱為崩潰電荷 q_{BD} (charge to breakdown)，為 t_{BD} 時間內，經過元件的總電荷(對電流積分)。明顯地 t_{BD} 及 q_{BD} 兩者都是外加偏壓的函數。圖31顯示不同氧化層厚度 t_{BD} 對應氧化層電場的例子。 q_{BD} 的圖顯示類似的形狀及趨勢。少數的關鍵點可以在圖中注意到，首先 t_{BD} 為偏壓的函數。即使微小的偏壓，花費非常久的時間，最後氧化層將會崩潰。相反地，施加大電場則能維持一非常短暫的時間而沒有崩潰。

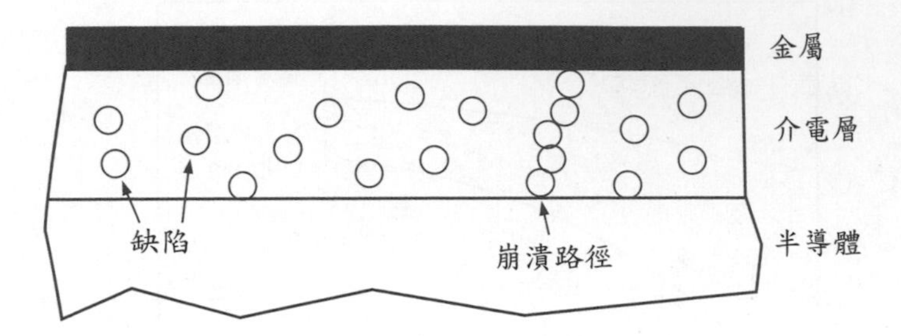

圖30 滲透理論 (percolation theory)：當隨機分佈的缺陷在閘極以及半導體之間形成一個漏電路徑時，崩潰因此發生。

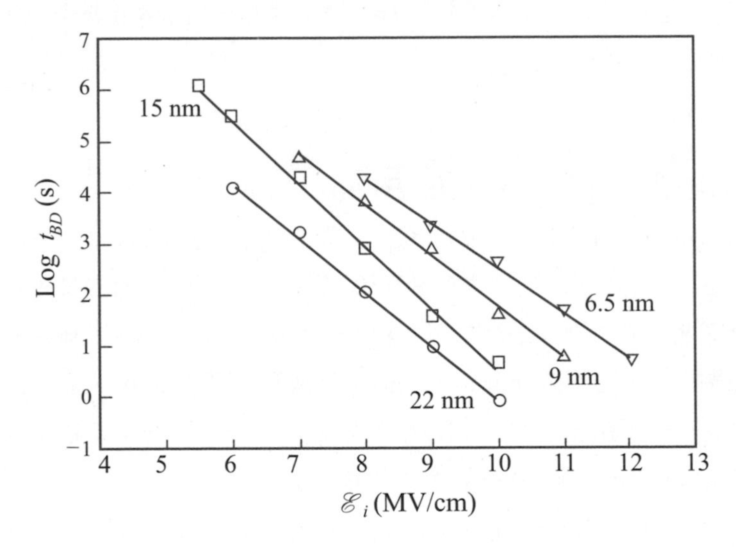

圖31 在不同的氧化層厚度下，崩潰時間 t_{BD} 對氧化層電場之關係。(參考文獻46)

為快速地尋找崩潰電場，通常會增加電壓直到偵測到大的電流。對於一般的測量，增加率通常在 1 V/s的數量級。圖顯示這個時間架構，崩潰電場大約為 10 MV/cm。當氧化層厚度變的更薄，崩潰電場增加，如圖 31 標示。然而最新的結果顯示，當厚度低於 4 nm以下，因穿隧電流增加將導致崩潰電場降低[44]。

參考文獻

1 J. L. Moll, "Variable Capacitance with Large Capacity Change," *Wescon Conv. Rec.,* Pt. 3, p. 32 (1959).

2 W. G. Pfann and C. G. B. Garrett, "Semiconductor Varactor Using Space-Charge Layers,"*Proc. IRE*, **47**, 2011 (1959).

3 D. R. Frankl, "Some Effects of Material Parameters on the Design of Surface Space Charge Varactors,"*Solid-State Electron.,* **2**, 71 (1961).

4 R. Lindner, "Semiconductor Surface Varactor,"*Bell Syst. Tech. J.,* **41**, 803 (1962).

5 J. R. Ligenza and W. G. Spitzer, "The Mechanisms for Silicon Oxidation in Steam and Oxygen,"*J. Phys. Chem. Solids,* **14**, 131 (1960).

6 D. Kahng and M. M. Atalla, "Silicon-Silicon Dioxide Field Induced Surface Devices,"*IRE-AIEE Solid-State Device Res. Conf.,* Carnegie Inst. of Technology, Pittsburgh, PA, 1960.

7 L. M. Terman, "An Investigation of Surface States at a Silicon/Silicon Dioxide Interface Employing Metal-Oxide-Silicon Diodes,"*Solid-State Electron.,* **5**, 285 (1962).

8 K. Lehovec and A. Slobodskoy, "Field-Effect Capacitance Analysis of Surface States on Silicon,"*Phys. Status Solidi,* **3**, 447 (1963).

9 E. H. Nicollian and J. R. Brews, *MOS Physics and Technology*, Wiley, New York, 1982.

10 C. G. B. Garrett and W. H. Brattain, "Physical Theory of Semiconductor Surfaces,"*Phys. Rev.,* **99**, 376 (1955).

11 S. R. Hofstein and G. Warfield, "Physical Limitation on the Frequency Response of a Semiconductor Surface Inversion Layer,"*Solid-State Electron.,* **8**, 321 (1965).

12 A. S. Grove, B. E. Deal, E. H. Snow, and C. T. Sah, "Investigation of Thermally Oxidized Silicon Surfaces Using Metal-Oxide-Semiconductor Structures,"*Solid-State Electron.,* **8**, 145 (1965).

13 A. S. Grove, E. H. Snow, B. E. Deal, and C. T. Sah, "Simple Physical Model for the Space-Charge Capacitance of Metal-Oxide-Semiconductor Structures,"*J. Appl. Phys.,* **33**, 2458 (1964).

14 J. R. Brews, "A Simplified High-Frequency MOS Capacitance Formula,"*Solid-State Electron.,* **20**, 607 (1977).

15 A. Goetzberger, "Ideal MOS Curves for Silicon,"*Bell Syst. Tech. J.,* **45**, 1097 (1966).

16 B. E. Deal, "Standardized Terminology for Oxide Charges Associated with Thermally

Oxidized Silicon,"*IEEE Trans. Electron Dev.,* **ED-27**, 606 (1980).

17 I. Tamm, "Uber eine mogliche Art der Elektronenbindung an Kristalloberflachen,",*Phys. Z. Sowjetunion*, **1**, 733 (1933).

18 W. Shockley, "On the Surface States Associated with a Periodic Potential,"*Phys. Rev.,* **56**, 317 (1939).

19 W. Shockley and G. L. Pearson, "Modulation of Conductance of Thin Films of Semiconductors by Surface Charges,"*Phys. Rev.,* **74**, 232 (1948).

20 F. G. Allen and G. W. Gobeli, "Work Function, Photoelectric Threshold and Surface States of Atomically Clean Silicon,"*Phys. Rev.,* **127**, 150 (1962).

21 E. H. Nicollian and A. Goetzberger, "MOS Conductance Technique for Measuring Surface State Parameters,"*Appl. Phys. Lett.,* **7**, 216 (1965).

22 C. N. Berglund, "Surface States at Steam-Grown Silicon-Silicon Dioxide Interface,"*IEEE Trans. Electron Dev.,* **ED-13**, 701 (1966).

23 R. Castagne and A. Vapaille, "Description of the SiO2-Si Interface Properties by Means of Very Low Frequency MOS Capacitance Measurements,"*Surface Sci.,* **28**, 157 (1971).

24 E. H. Nicollian and A. Goetzberger, "The Si-SiO2 Interface-Electrical Properties as Determined by the MIS Conductance Technique,"*Bell Syst. Tech. J.,* **46**, 1055 (1967).

25 M. H. White and J. R. Cricchi, "Characterization of Thin-Oxide MNOS Memory Transistors,"*IEEE Trans. Electron Dev.,* **ED-19**, 1280 (1972).

26 B. E. Deal, M. Sklar, A. S. Grove, and E. H. Snow, "Characteristics of the Surface-State Charge (Qss) of Thermally Oxidized Silicon,"*J. Electrochem. Soc.,* **114**, 266 (1967).

27 J. R. Ligenza, "Effect of Crystal Orientation on Oxidation Rates of Silicon in High Pressure Steam,"*J. Phys. Chem.,* **65**, 2011 (1961).

28 E. H. Snow, A. S. Grove, B. E. Deal, and C. T. Sah, "Ion Transport Phenomena in Insulating Films,"*J. Appl. Phys.,* **36**, 1664 (1965).

29 B. E. Deal, E. H. Snow, and C. A. Mead, "Barrier Energies in Metal-Silicon Dioxide-Silicon Structures,"*J. Phys. Chem. Solids,* **27**, 1873 (1966).

30 R. Williams, "Photoemission of Electrons from Silicon into Silicon Dioxide,"*Phys. Rev.,* **140**, A569 (1965).

31 K. L. Jensen, "Electron Emission Theory and its Application: Fowler-Nordheim Equation and Beyond,"*J. Vac. Sci. Technol. B,* **21**, 1528 (2003).

32 J. Frenkel, "On the Theory of Electric Breakdown of Dielectrics and Electronic Semiconductors,"Tech. Phys. USSR, 5, 685 (1938); "On Pre-Breakdown Phenomena in

Insulators and Electronic Semiconductors,"*Phys. Rev.,* **54**, 647 (1938).

33 Y. Takahashi and K. Ohnishi, "Estimation of Insulation Layer Conductance in MNOS Structure,"*IEEE Trans. Electron Dev.,* **ED-40**, 2006 (1993).

34 J. J. O'Dwyer, *The Theory of Electrical Conduction and Breakdown in Solid Dielectrics*, Clarendon, Oxford, 1973.

35 S. M. Sze, "Current Transport and Maximum Dielectric Strength of Silicon Nitride Films:"*J. Appl. Phys.,* **38**, 2951 (1967).

36 W. C. Johnson, "Study of Electronic Transport and Breakdown in Thin Insulating Films,"*Tech. Rep.* No.7, Princeton University, 1979.

37 M. Av-Ron, M. Shatzkes, T. H. DiStefano, and I. B. Cadoff, "The Nature of Electron Tunneling in SiO2,"in S. T. Pantelider, Ed., *The Physics of SiO2 and Its Interfaces*, Pergamon, New York, 1978, p. 46.

38 A. Rusu and C. Bulucea, "Deep-Depletion Breakdown Voltage of SiO2/Si MOS Capacitors,"*IEEE Trans. Electron Dev.,* **ED-26**, 201 (1979).

39 E. H. Nicollian, A. Goetzberger, and C. N. Berglund, "Avalanche Injection Currents and Charging Phenomena in Thermal SiO2,"*Appl. Phys. Lett.,* **15**, 174 (1969).

40 D. R. Collins and C. T. Sah, "Effects of X-Ray Irradiation on the Characteristics of MOS Structures,"*Appl. Phys. Lett.,* **8**, 124 (1966).

41 E. H. Snow, A. S. Grove, and D. J. Fitzgerald, "Effect of Ionization Radiation on Oxidized Silicon Surfaces and Planar Devices,"*Proc. IEEE,* **55**, 1168 (1967).

42 J. Colinge and C. A. Colinge, *Physics of Semiconductor Devices*, Kluwer, Boston, 2002.

43 Y. Taur, D. A. Buchanan, W. Chen, D. J. Frank, K. E. Ismail, S. Lo, G. A. Sai-Halasz, R. G. Viswanathan, H. C. Wann, S. J. Wind, and H. Wong, "CMOS Scaling into the Nanometer Regime"*Proc. IEEE*, **85**, 486 (1997).

44 J. S. Suehle, "Ultrathin Gate Oxide Reliability: Physical Models, Statistics, and Characterization,"*IEEE Trans. Electron Dev.,* **ED-49**, 958 (2002).

45 J. H. Stathis, "Physical and Predictive Models of Ultrathin Oxide Reliability in CMOS Devices and Circuits,"*IEEE Trans. Device Mater. Reliab.*, **1**, 43 (2001).

46 J. S. Suehle and P. Chaparala, "LowElectric Field Breakdownof Thin SiO2 Films Under Static and Dynamic Stress,"*IEEE Trans. Electron Dev.,* **ED-44**, 801 (1997).

習題

1. 對一個 $d = 10$ nm，$N_A = 5\times10^{17}$ cm^{-3} 之理想 Si-SiO$_2$ MOS 電容，求(a)能使得矽表面變為本質特性，以及(b)能造成為強反轉時，所需要的外加電壓與在 Si-SiO$_2$ 介面的電場大小。

2. 對一個 $N_D = 10^{16}$ cm^{-3} 之 n- 型矽在溫度 300 K 下，繪出空間電荷密度 $|Q_S|$ 的變化對於表面電位 ψ_S 之函數。參考圖5(第248頁)。請在圖上標明 $2\psi_B$ 的值以及 Q_S 在開始強反轉下的強度。

3. 請推導平帶條件下半導體-空乏層的微分電容。(方程式23)。

4. 推導在空乏狀態時，近似的理想 MOS C-V 曲線部分表示式(即在圖7，251頁。
(提示：表示式應為 $\frac{C}{C_i} = \frac{1}{\sqrt{1+\gamma V}}$ 或者 $\frac{C}{C_i} = \frac{1}{1+\sqrt{\gamma V}}$ ，其中 $\gamma \equiv 2\epsilon_i^2/qN_A\epsilon_s d^2$ ，V為施加在金屬板上的外加電壓)

5. 求一 $N_A = 10^{16}$ cm^{-3}，$d = 10$ nm 以及 $V_G = 1.77$ V 之理想 MOS 二極體反轉層內每單位面積的電荷。

6. 對一 $N_A = 10^{16}$ cm^{-3} 以及 $d = 8$ nm 的金屬-二氧化矽-矽 (metal-SiO$_2$-Si) 電容，計算在高頻條件下 C-V 曲線中的最小電容值。

7. 一個理想的矽 MOS 電容有一個 5 nm 厚的氧化層以及摻雜 $N_A = 10^{17}$ cm^{-3} 。當表面電位比費米能階與本質費米能階的位能之差大 10% 時，求反轉層的寬度。

8. 繪出一個 MOS 電容，其反轉層內每單位面積下電子的數目(N_I)對表面電場(E_s)的關係圖。基板的摻雜為 10^{17} cm^{-3} 。請使用 log-log 做圖，且其 N_I 的範圍需包含從 10^9 至 10^{13} cm^{-2}，以及 E_s 的範圍從 10^5 到 10^6 V/cm。另外，就 $E_s = 2.5\times10^5$ V/cm 時，寫出 N_I 的值。

9. 一氧化層厚度為100 nm以及特殊摻雜輪廓 $p-\pi-p^+$ 之理想的矽 MOS(MO $-p-\pi-p^+$)電容，其頂端 p- 層的摻雜為 10^{16} cm^{-3}，厚度為 1.5 μm，而 π- 層的厚度為 3 μm。求脈衝條件下，此結構的崩潰電壓。

10. 請繪出溫度300 K下一個 $N_A = 5\times10^{15}\text{cm}^{-3}$ ，$d = 3$ nm 的矽-二氧化矽電容(Si-SiO$_2$ MOS)之理想C-V 曲線(請標明 C_i，C_{min}，C_{FB} 以及 V_T)。若當金屬功函數為 4.5 ev，$q\chi = 4.05$ eV，$Q_f/q = 10^{11}\text{cm}^{-2}$，$Q_m/q = 10^{10}$ cm^{-2}，$Q_{ot}/q = 5\times10^{10}$ cm^{-2} 和 $Q_{it} = 0$ 時，請繪出其相對應之 C-V 曲線(請標明 V_{FB} 以及新的 V_T)

11. 從圖25(278頁)之高電場部分，估算此材料的介電常數。

12. 假設在氧化層內之氧化層捕獲電荷 Q_{ot} 為面積密度是 5×10^{11} cm^{-2} 的片電荷層，並位居於距離金屬–氧化層介面上方的 y=5 nm 之處。氧化層的厚度為 10 nm，求 Q_{ot} 所造成之平帶電壓的變化。

13. 推導方程式38以及39。求 (G/ω) 的最大值。

14. 兩個 MOS 電容，其氧化層厚度皆為 15 nm。其中一個為 n^+ 多晶矽閘極以及 p-型基板，而另一個為 p^+ 多晶閘極以及 n- 型基板。若這兩個電容的起始電壓 $V_{Tn}=|V_{Tp}|=0.5$ V，以及 $Q_f=Q_m=Q_{ot}=Q_{it}=0$，求各基板摻雜濃度 N_A 與 N_D。

15. (a) 請計算一個具有均勻正電荷分佈於氧化層內所對應之平帶電壓的改變。其中氧化層的厚度為 0.2 μm，且離子電荷的密度為 10^{12} cm^{-2}。

(b) 在如同 (a) 小題般所述的相同總離子密度以及相同氧化層厚度之前提下，但正電荷的分佈改成為三角分佈狀，其中高電荷密度的區域是靠近金屬端，而靠近矽端的電荷密度為零，請計算此時 V_{FB} 的改變。

16. 下圖為矽之 MOS 電容器的 C-V 曲線。曲線的平移乃由於二氧化矽–矽 (SiO_2-Si) 介面處的固定氧化層電荷所造成。此電容器的閘極為 n^+ - 多晶。求固定氧化層電荷的數目。

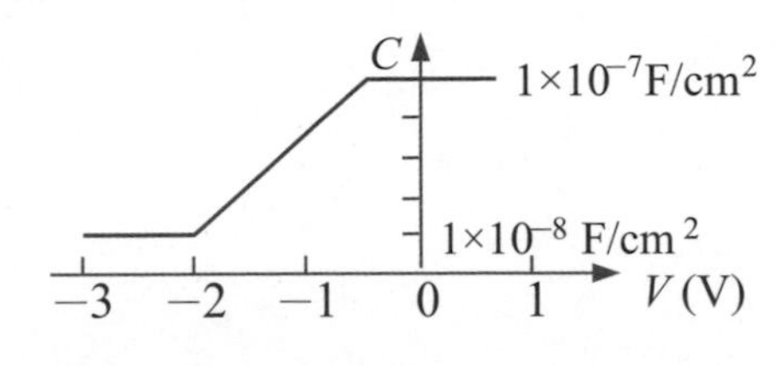

17. 以弱反轉區域的圖18(第為基礎，求與介面缺陷相關的電阻。

18. 一氧化層厚度為 10 nm 以及摻雜 $N_A=10^{16}$ cm^{-3} 的 MOS 電容器。此電容器之閘極正偏壓於 2V 且表面電位為 0.91 V。當電容器照光時，額外產生一 10^{12} 電子數/cm^2 片電荷層在二氧化矽–矽的介面。請計算高頻電容改變的百分比；即 $\left[\dfrac{\text{C(under illumination)}}{\text{C(no illumination)}}-1\right]$。

PART III

第三部份

電晶體

第五章 雙載子電晶體

第六章 金氧半場效電晶體（MOSFET）

第七章 接面場效電晶體、金屬半導體場效電晶體以及調變摻雜場效電晶體

5

雙載子電晶體

5.1 簡介
5.2 靜態特性
5.3 微波特性
5.4 相關元件結構
5.5 異質接面雙載子電晶體

5.1 簡介

電晶體源自於轉換電阻器（transfer resistor），是一種由第三端點來控制另外兩端點間電阻之三端點元件。雙載子（bipolar）電晶體是最重要半導體元件之一，於 1947 年由貝爾實驗室（Bell laboratories）的研究團隊所發明。它對一般的電子工業，特別是固態研究方面，造成了空前的衝擊。在 1947 年以前，半導體僅應用在熱阻器（Thermistor），光二極體（photodiode），和整流器（rectifier）等所有的兩端點元件。1948 年巴丁（Bardeen）和巴拉添（Brattain）宣布了點接觸（point-contact）電晶體[1]的實驗觀察報告。隔年，蕭克萊（Shockley）發表了關於接面二極體及電晶體的經典文章[2]。於是 *p-n* 接面的少數載子注入理論成為接面電晶體的基礎。而第一個接面雙載子電晶體則於 1951 年被驗證出來[3]。

之後電晶體理論持續延伸至高頻、高功率及開關特性。而在電晶體製作技術上也有了許多突破，特別在晶體成長、磊晶（epitaxy）、擴散（diffusion）、離子佈值（ion implantation）、微影（lithography）

、乾式蝕刻（dry etch）、表面鈍化（surface passivation）、平坦化（planarization）和多層金屬連線（multi-level）等領域[4]。這些突破不但增加了電晶體的功率及頻率效能，而且也增進可靠度。雙載子電晶體的歷史發展在參考文獻 5 和 6 中有詳細的敘述。除此之外，半導體物理、電晶體理論及電晶體技術的應用，開拓了我們的知識而且同樣地改良了其它半導體元件。

雙載子電晶體為現今最重要元件之一，例如應用在高速電腦、汽車、人造衛星、現代通訊及電力系統等方面。有關雙載子電晶體的物理、設計及應用，也已有許多著作。較近期的參考書也列於參考文獻 7 到 10。

5.2 靜態特性

5.2.1 基本電流–電壓關係

本節我們將探討雙載子電晶體基本的直流特性。圖 1 表示 *n-p-n* 及 *p-n-p* 電晶體的符號及表示法。箭頭表示操作在正常模式下的電流方向，亦即射極（emitter）接順向偏壓，而集極（collector）接逆向偏壓。其它偏壓條件則概述在表一裡。依照輸入與輸出電路的共同接地點不同，雙載子電晶體可接成三種電路結構。圖 2 表示 *n-p-n* 電晶體的共基極（common-base）、共射極（common-emitter）及共集極（common-collector）結構。其中電流與電壓亦為正常模式下的操作情形。對 *p-n-p* 電晶體而言，則全部的符號及極性必須相反。在下列的討論裡，我們將僅探討 *n-p-n* 電晶體；而將極性與物理參數做適當的變換，其結果亦可適用於 *p-n-p* 電晶體。

表一 雙載子電晶體之操作模式

操作模式	射極偏壓	集極偏壓
正常（normal）/主動（active）	順向	逆向
飽和（saturation）	順向	順向
截止（cutoff）	逆向	逆向
反轉（inverse）	逆向	順向

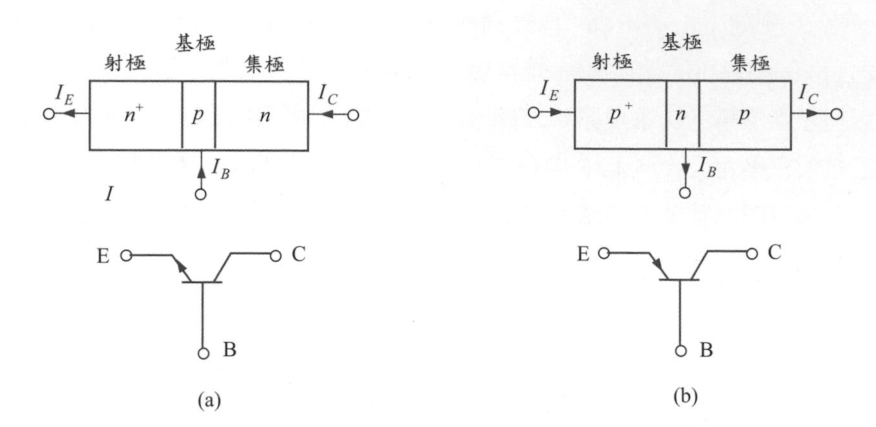

圖1（a）*p-n-p* 電晶體與（b）*n-p-n* 電晶體的符號及表示法。

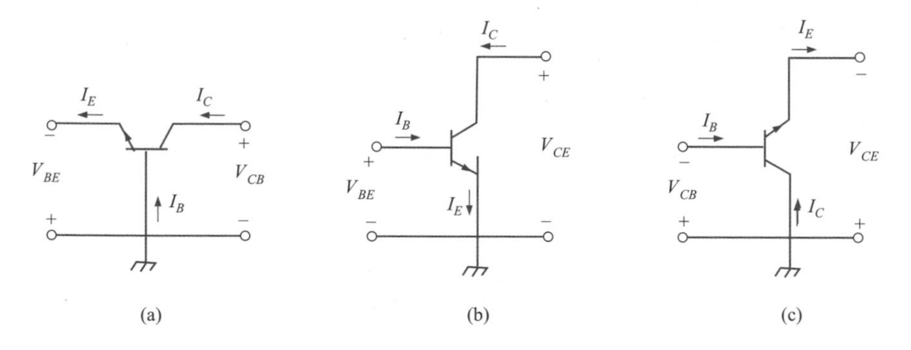

圖2 在正常模式下，三種 *n-p-n* 電晶體施加偏壓下的電路結構：(a)共基極，(b)共射極，及(c)共集極。

圖 3a 為 *n-p-n* 電晶體連接成共基極結構且施加正常模式偏壓之示意圖。圖 3b 為具均勻雜質密度之電晶體的摻雜輪廓圖形。在此可看出，典型的設計上會要求射極的摻雜濃度比基極高，而集極具有最低的摻雜濃度。圖 3c 顯示在正常操作條件下所對應的能帶圖。圖 3a 和 b 也指出在施加正常模式的偏壓下所有的電流組成。這些電流的解釋如下：

I_{nE}: 在射極–基極接面所注入的電子擴散電流

I_{nC}: 到達集極端的電子擴散電流

I_{rB}: （$= I_{nE} - I_{nC}$）在基極處因複合所損耗的電子流

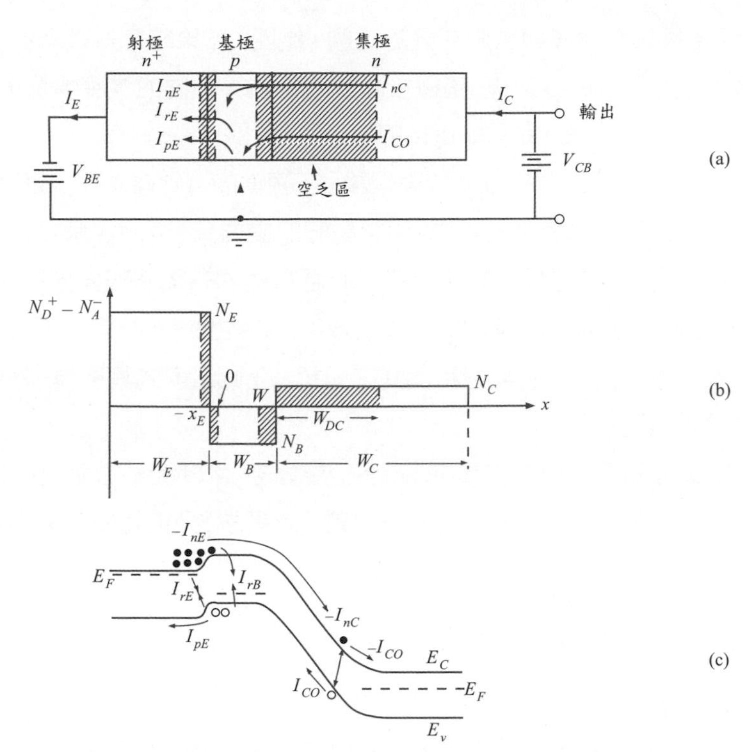

圖3 n-p-n 電晶體施加偏壓在正常操作條件下。(a)共基極結構之連接與偏壓示意圖。(b)具陡峭雜質分佈的摻雜分佈與臨界範圍。(c)能帶圖。電流成分如(a)和(b)所示。注意在(c)中，因爲電子帶負電，因此電子流是負的。

I_{pE}: 在射極-基極接面的電洞擴散電流

I_{rE}: 在射極-基極接面的複合電流

I_{CO}: 在集極-基極接面的逆向電流

就定性的解釋上，首先只考慮雙載子電晶體在基本的操作下主要的電流成分。當射極-基極接面為順向偏壓時，此 p-n 接面電流是由電子與電洞電流所構成。電子會經由擴散注入到基極，並穿過基極而由集極所收集（圖 3c ）。由於基極為 p 型，對電子而言具有較高的位能，因此並不會收集電子。另一方面，源自於基極的電洞擴散電流則為基極電流，且並不影響集極端電流大小。因此，集極電流 I_C 與基極電流 I_B 的比例，即是基極–射極接面擴散電子與電洞成分的比例。然而，如果電子對電洞的注入比例很大，像是在 n^+-p 射極–基極接面這種摻雜了不同的濃度情況下，則電流增益 I_C / I_B 大於 1 是可能實現的。

參考第二章所討論的 p-n 接面理論，在適當的邊界條件下，我們可以簡單地推導出其穩態特性。為了說明電晶體的主要特性，我們假設射極與集極接面的電流–電壓關係為理想的二極體方程式[2]，即忽略表面複合–產生、串聯電阻，和高階注入等效應。這些效應將於之後探討。以下將推導兩個最重要的模式，即主動與飽和模式之分析。在此二模式其射極–基極接面皆為順向偏壓。

如圖 3b 所示，所有的電壓降跨在接面空乏區上。在基極的中性區（從 $x = 0$ 到 $x = W$），所注入的少數載子（電子）分佈是由連續方程式所決定。

$$0 = -\frac{n_p - n_{po}}{\tau_n} + D_n \frac{d^2 n_p}{dx^2} \tag{1}$$

上式的一般解為:

$$n_p(x) = n_{po} + C_1 \exp\left(\frac{x}{L_n}\right) + C_2 \exp\left(\frac{-x}{L_n}\right) \tag{2}$$

其中 C_1 及 C_2 為常數，而 $L_n \equiv \sqrt{D_n \tau_n}$ 為基極內的電子擴散長度。C_1 及 C_2 是由 n_p（0）及 n_p（W）的邊界條件所決定，可得

$$C_1 = \left\{ n_p(W) - n_{po} - [n_p(0) - n_{po}] \exp\left(\frac{-W}{L_n}\right) \right\} \Big/ 2\sinh\left(\frac{W}{L_n}\right) \tag{3}$$

$$C_2 = \left\{ [n_p(0) - n_{po}] \exp\left(\frac{W}{L_n}\right) - [n_p(W) - n_{po}] \right\} \Big/ 2\sinh\left(\frac{W}{L_n}\right) \tag{4}$$

在基極的中性區其兩端的邊界條件與接面偏壓的關係為：

$$n_p(0) = n_{po} \exp\left(\frac{qV_{BE}}{kT}\right) \tag{5}$$

$$n_p(W) = n_{po} \exp\left(\frac{qV_{BC}}{kT}\right) \tag{6}$$

利用此邊界條件，不但可以知道電子的分佈，也可以得到擴散電流。則射極端的電子電流 I_{nE} 與集極端的電子電流 I_{nC} 為：

$$I_{nE} = A_E qD_n \left.\frac{dn_p}{dx}\right|_{x=0}$$
$$= \frac{A_E qD_n n_{po}}{L_n}\coth\left(\frac{W}{L_n}\right)\left\{\left[\exp\left(\frac{qV_{BE}}{kT}\right)-1\right]-\mathrm{sech}\left(\frac{W}{L_n}\right)\left[\exp\left(\frac{qV_{BC}}{kT}\right)-1\right]\right\} \quad (7)$$

$$I_{nC} = A_E qD_n \left.\frac{dn_p}{dx}\right|_{x=W}$$
$$= \frac{A_E qD_n n_{po}}{L_n}\mathrm{cosech}\left(\frac{W}{L_n}\right)\left\{\left[\exp\left(\frac{qV_{BE}}{kT}\right)-1\right]-\coth\left(\frac{W}{L_n}\right)\left[\exp\left(\frac{qV_{BC}}{kT}\right)-1\right]\right\} \quad (8)$$

其中 A_E 為射極–基極接面的截面面積。這些電流在正常模式與飽和模式下皆成立。在正常模式下，$V_{BC} < 0$ 以及 n_p（W）= 0，可得兩端的電子電流為：

$$I_{nE} = \frac{A_E qD_n n_{po}}{L_n}\coth\left(\frac{W}{L_n}\right)\exp\left(\frac{qV_{BE}}{kT}\right) \quad (9)$$

$$I_{nC} = \frac{A_E qD_n n_{po}}{L_n}\mathrm{cosech}\left(\frac{W}{L_n}\right)\exp\left(\frac{qV_{BE}}{kT}\right) \quad (10)$$

I_{nC} / I_{nE} 的比例稱之為基極傳輸因子（base transport factor）α_T。I_{nE} 與 I_{nC} 的差異主要是部分的電流提供給基極電流。可以發現當 $W << L_n$ 時，I_{nE} 非常接近 I_{nC}。在 W 很小的極限下，

$$I_{nE} \approx I_{nC} \approx \frac{A_E qD_n n_{po}}{W}\exp\left(\frac{qV_{BE}}{kT}\right) \approx \frac{A_E qD_n n_i^2}{WN_B}\exp\left(\frac{qV_{BE}}{kT}\right) \quad (11)$$

且 α_T~1。式（11）可以簡化成簡單形式

$$I_{nE} \approx I_{nC} \approx \frac{2A_E D_n Q_B}{W^2} \quad (12)$$

其中 Q_B 為注入到基極的額外載子，

$$Q_B = q\int_0^W [n_p(x)-n_{po}]dx$$
$$\approx \frac{qWn_{po}}{2}\exp\left(\frac{qV_{BE}}{kT}\right) \quad (13)$$

在另一個極端的情況，如果 $W \to \infty$ 或 $W / L_n >> 1$，則集極的電子電流 I_{nC} 為零，射極與集極之間無法傳達任何訊息，因此電晶體會失去功用。

為了改善基極傳輸因子，可改變基極的摻雜濃度分佈，取代均勻的摻雜，如圖 4 所示[11]。具有此種基極摻雜分佈的電晶體，其基極的內建電場能夠產生漂移作用而增強基極內部的電子傳輸，因此亦稱為漂移電晶體（drift transistor）。在基極的摻雜濃度 N_B 以及電洞密度與費米能階之關係為

$$p(x) \approx N_B(x) = n_i \exp\left(\frac{E_i - E_F}{kT}\right) \tag{14}$$

因為費米能階 E_F 在中性的基極區為水平，我們可以得到內建電場

$$\mathscr{E}(x) = \frac{dE_i}{qdx} = \frac{kT}{qN_B}\frac{dN_B}{dx} \tag{15}$$

現在電子電流包含了漂移成分，而總電流變成

$$I_n(x) = A_E q\left(\mu_n n_p \mathscr{E} + D_n \frac{dn_p}{dx}\right) \tag{16}$$

將式（15）帶入到式（16），可得

$$I_n(x) = A_E q D_n\left(\frac{n_p}{N_B}\frac{dN_B}{dx} + \frac{dn_p}{dx}\right) \tag{17}$$

由邊界條件 n_p（W）= 0，式（17）的穩態解為

$$n_p(x) = \frac{I_n(x)}{A_E q D_n}\frac{1}{N_B(x)}\int_x^W N_B(x)dx \tag{18}$$

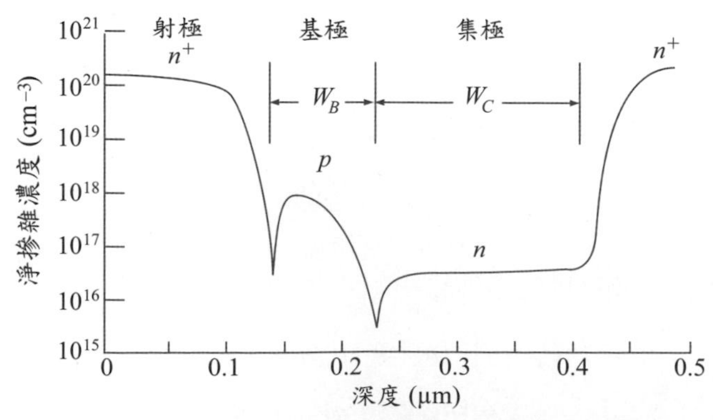

圖4 典型的矽雙載子電晶體之摻雜分佈圖形。在基極爲梯度的雜質分佈，而集極後方爲高摻雜區。

而在 $x = 0$ 的電子濃度為

$$n_p(0) = \frac{I_{nE}}{A_E q D_n N_B(0)} \int_0^W N_B(x)dx \approx n_{po}(0)\exp\left(\frac{qV_{BE}}{kT}\right) \quad (19)$$

利用 $N_B(0)n_{po}(0) = n_i^2$ 關係，可得電子電流

$$I_{nE} = \frac{A_E q D_n n_i^2}{\int_0^W N_B(x)dx}\exp\left(\frac{qV_{BE}}{kT}\right) = \frac{A_E q D_n n_i^2}{N_b'}\exp\left(\frac{qV_{BE}}{kT}\right) \quad (20)$$

上式中的積分

$$N_b' \equiv \int_0^W N_B(x)dx \quad (21)$$

為基極中性區內每單位面積的總雜質劑量。N'_b 又稱之為甘梅數（Gummel number）[12]。對典型的矽雙載子電晶體而言，甘梅數約 10^{12} 到10^{13} cm^{-2}。

比較式（20）與式（11），可以注意到注入的電子電流 I_{nE} 與基極區域的總摻雜劑量或甘梅數有關。而實際的摻雜分佈並不會影響 I_{nE}，其主要的作用是形成內建電場，使集極端的電子電流 I_{nC} 增加且改善 α_T。

從基極注入到射極的電洞擴散電流為基極電流的主要成分。其電洞分佈以及電流方程式與一般的 p-n 接面狀況相似。假設 $W_E < L_p$ 時，則電洞電流為

$$I_{pE} = \frac{A_E q D_{pE} p_{noE}}{W_E}\left[\exp\left(\frac{qV_{BE}}{kT}\right) - 1\right] \quad (22)$$

其中 D_{pE} 和 p_{noE} 為射極中的電洞擴散係數與平衡狀態的電洞濃度。

基極電流的另一成分為在基極-射極接面的復合電流。此電流在小偏壓操作下特別重要。此區有兩種復合機制，其一為蕭克萊-瑞得-厚爾（Shockley-Read-Hall）復合，已於第 1、2 章中詳細討論。第二種為電洞注入到高摻雜 n^+ 區域（射極），所發生的歐傑（Auger）復合。歐傑復合發生時電子與電洞做直接復合，並且將能量轉換到另外一個自由電子[13]。這樣的過程牽涉到兩個電子與一個電洞，是一種累增倍乘（avalanche multiplication）的反向過程。而歐傑生命期 τ_A 為 $1 / G_n N_D^2$，其中 N_D 為射極摻雜濃度，G_n 為復合率（在室溫下的矽為 $1\sim2\times10^{-31}$ cm^6/s）。相似

地，若於高摻雜 p^+ 區域產生複合時，亦牽涉兩個電洞與一個電子，其 τ_A 為 $1/G_pN_A^2$。對於 n 型射極，並考慮此兩種復合過程，其有效少數載子生命期為

$$\frac{1}{\tau}=\frac{1}{\tau_n}+\frac{1}{\tau_A} \tag{23}$$

其中 τ_n 為蕭克萊–瑞得–厚爾復合的生命期。而基極–射極復合電流正比於［參考第 2 章，式（74）］

$$I_{rE}\propto\frac{1}{\tau}\exp\left(\frac{qV_{BE}}{mkT}\right) \tag{24}$$

式中 m 趨近於 2。當射極的摻雜濃度高至某一程度時，將會變成以歐傑復合機制主導，使得基極的復合電流增加而造成射極效率的劣化。除此之外，較短的生命期 τ 會使得在射極裡的擴散長度比射極寬度 W_E［式（22）］還短，造成較大的電洞擴散電流（基極電流的一部分）。

最後，我們將探討集極–基極接面。由先前的討論，我們可得知在飽和操作模式下，從集極注入的電子與從射極注入的電子數類似。而在正常操作模式下，基極–集極的逆向電流變的非常簡單，可由標準的 p-n 接面電流得到

$$I_{CO}\approx A_Cq\left(\frac{D_{pC}p_{noC}}{W_C-W_{DC}}+\frac{D_nn_{po}}{W}\right) \tag{25}$$

式中 A_C 為集極–基極的截面面積，D_{pc} 和 p_{noC} 為集極的電洞擴散係數與平衡狀態的電洞濃度，並且假設（W_C-W_{DC}）$< L_P$。然而，此逆向電流可依據基極–射極的偏壓大小而變大或變小（稱之為 I_{CEO} 和 I_{CBO}），這是因為它在 $x = 0$ 的邊界條件改變的緣故。因此，式（25）只有在射極–基極很窄情況下成立，即當 $V_{BE} = 0$ 時。此現象將會在之後詳細探討。記住，在一般元件中集極–基極接面面積 A_C 通常比射極–基極接面面積 A_E 大許多，此將表示在之後的章節。另外，在式（25）中也不包含在空乏區的產生電流。

5.2.2 電流增益

將已分析的每一個電流成份整合起來，我們可以得到圖 3 中每一端點的電流

$$I_E = I_{nE} + I_{rE} + I_{pE} \tag{26}$$

$$I_C = I_{nC} + I_{CO} \tag{27}$$

$$I_B = I_{pE} + I_{rE} + (I_{nE} - I_{nC}) - I_{CO} \tag{28}$$

由克希荷夫定律（Kirchhoff's law）及電流方向，可得知

$$I_E = I_C + I_B \tag{29}$$

圖 5 表示在正常操作模式下，典型的基極與集極特性，為基極–射極電壓 V_{BE} 的函數。圖中顯示四個區域：（1）低電流的非理想區域，在此區復合電流是非常明顯的，且基極電流會隨著 $\exp(qV_{BE}/mkT)$ 改變 $m \approx 2$；（2）理想區域；（3）中注入區域，其部分的電壓降落在基極電阻 R_B 上進而使特性改變；以及（4）高注入區域。為了改善在低電流區域的電流特性，必須減少空乏區內部及半導體表面的缺陷密度。另外基極的摻雜分佈和其它元件參數也需要做調整，以使得基極電阻和高階注入效應減至最小。

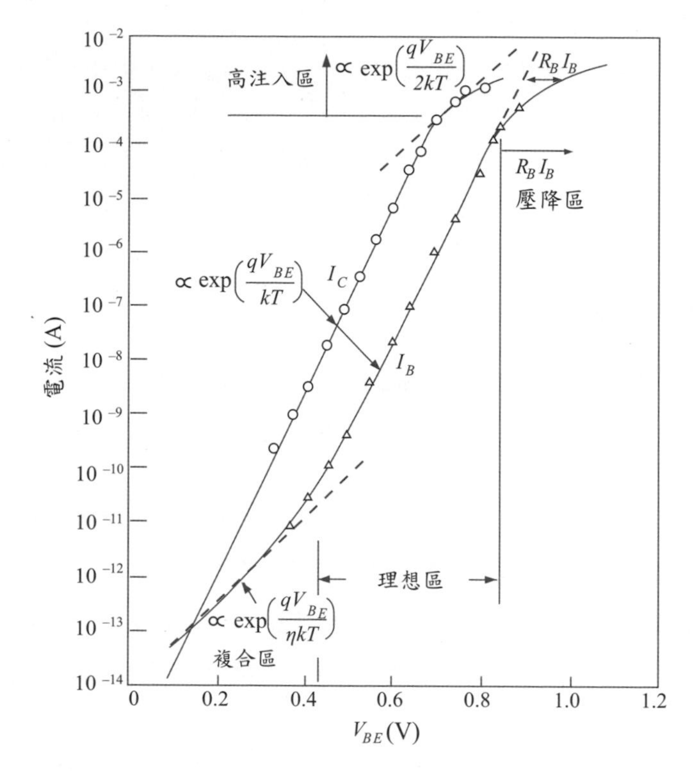

圖5　集極及基極電流與基極-射極電壓的關係圖。（參考文獻14）

表二　雙載子電晶體之常見參數

射極注入效率	$\gamma \equiv I_{nE} / I_E$
基極傳輸因子	$\alpha_T \equiv I_{nC} / I_{nE}$
共基極電流增益，h_{FB}	$\alpha_0 \equiv I_{nC} / I_E = \gamma\alpha_T \approx I_C / I_E$
共基極電流增益，小訊號 h_{fb}	$\alpha \equiv dI_C / dI_E$
共射極電流增益，h_{FE}	$\beta_0 \equiv \alpha_0 /(1-\alpha_0) \approx I_C / I_B$
共射極電流增益，小訊號 h_{fe}	$\beta \equiv dI_C / dI_B$

電流增益的概念也精確地顯示在圖 5 之中。由圖 5 可看出電流增益 $\approx I_C / I_B$ 非常的大，且其比例在大部分的電流範圍裡幾乎是常數。常見的雙載子電晶體參數列在表二之中。共基極電流增益 α_0 也稱之為 h_{FB}，其

可由四端點混合參數推想而得（下標符號的 F 與 B 個別指的是順向及共基極的意思）。與射極電流的關係為

$$I_C = \alpha_0 I_E + I_{CBO} \tag{30}$$

當 $I_E = 0$ 時，I_{CBO} 為 I_{CO}，或稱為射極開路。由上式及式（27），我們可得

$$\alpha_0 \equiv h_{FB} = \frac{I_C - I_{CBO}}{I_E} = \frac{I_{nC}}{I_E} = \left(\frac{I_{nC}}{I_{nE}}\right)\left(\frac{I_{nE}}{I_E}\right) = \alpha_T \gamma \tag{31}$$

上式的第一項 I_{nC} / I_{nE} 為到達集極端的電子電流比例，稱之為基極傳輸因子 α_T。第二項 I_{nE}/I_E 則定義為射極注入效率 γ。

在共射極結構中，其靜態的共射極電流增益 β_0（也稱之為 h_{FE}）與基極電流的關係為

$$I_C = \beta_0 I_B + I_{CEO} \tag{32}$$

當 $I_B = 0$ 時，I_{CEO} 為 I_{CO}，或稱為基極開路（open base）。由式（30），可得

$$I_C = \alpha_0 (I_C + I_B) + I_{CBO} = \frac{\alpha_0}{1-\alpha_0} I_B + \frac{I_{CBO}}{1-\alpha_0} \tag{33}$$

由以上兩個方程式，我們可得知電流增益 α_0 與 β_0 彼此的關係為

$$\beta_0 \equiv h_{FE} = \frac{\alpha_0}{1-\alpha_0} \tag{34}$$

而兩個飽合電流的關係為

$$I_{CEO} = \frac{I_{CBO}}{1-\alpha_0} \tag{35}$$

由於在一個設計良好的雙載子電晶體中，α_0 的值會近似於1，所以 I_{CEO} 會比 I_{CBO} 大上許多。而電流增益 β_0 也會比一大很多。例如，如果 α_0 是 0.99，則 β_0 為 99；如果 α_0 是 0.998，則 β_0 為 499。

在正常操作下，基極傳輸因子可由式（9）及（10）得到

$$\alpha_T \equiv \frac{I_{nC}}{I_{nE}} = \frac{1}{\cosh(W/L_n)} \approx 1 - \frac{W^2}{2L_n^2} \tag{36}$$

假設在理想區域裡，復合電流是可以忽略的，射極效率會變成

$$\gamma \equiv \frac{I_{nE}}{I_E} \approx \frac{I_{nE}}{I_{nE} + I_{pE}} \approx \left[1 + \frac{p_{noE} D_{pE} L_n}{n_{po} D_n W_E} \tanh\left(\frac{W}{L_n}\right)\right]^{1} \tag{37}$$

注意，式中的 α_T 與 γ 均略小於 1；其與 1 之差距表示必須由基極接觸端提供電子電流。就基極寬度小於十分之一的擴散長度之雙載子電晶體而言，其 $\alpha_T > 0.995$；其電流增益幾乎完全由射極效率決定。在 $\alpha_T \sim 1$ 的情況下，

$$h_{FE} = \frac{\gamma}{1-\gamma} = \frac{n_{po}D_nW_E}{p_{noE}D_{pE}L_n}\coth\left(\frac{W}{L_n}\right) \propto \frac{n_{po}}{p_{noE}W} \propto \frac{N_E}{N_BW} \propto \frac{N_E}{N'_b} \tag{38}$$

因此，在已知射極濃度 N_E 下，靜態的共射極電流增益 h_{FE} 與甘梅數 N'_b 成反比。由於電晶體的基極離子摻雜劑量會直接正比於 N'_b；所以隨摻雜劑量減少，h_{FE} 增加[15]。

一般而言，電流增益 h_{FE} 會隨著集極電流改變。代表性的圖形顯示於圖 6，係利用式（32）並根據圖 5 而求得。在非常低的集極電流下，其射極空乏區的復合電流與表面漏電流的貢獻，相較於跨越基極的少數載子擴散電流來的大，因此效率很低。在此區域，電流增益 h_{FE} 隨著集極電流增加之關係如下

$$h_{FE} \approx \frac{I_C}{I_B} \propto \frac{\exp(qV_{BE}/kT)}{\exp(qV_{BE}/mkT)} \propto \exp\left[\frac{qV_{BE}}{kT}\left(1-\frac{1}{m}\right)\right] \propto I_C^{(1-1/m)} \tag{39}$$

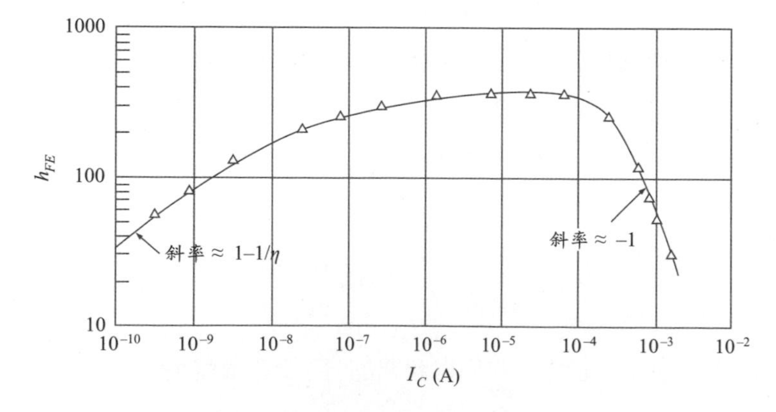

圖6　根據圖5的電晶體資料所繪之電流增益對集極電流的關係。

藉由降低塊材及表面的缺陷，則可改善在低電流時的 h_{FE} 值[16]。當基極電流進入理想區域時，h_{FE} 增加並趨於穩定。若持續提高集極電流，則注入到基極的少數載子密度將接近於此處的多數載子密度（高階注入情況），所注入的載子會有效地增加基極摻雜，其結果會造成射極效率的降低。解擴散與漂移電流之連續方程式以及電流方程式可以得到詳細的分析。參照韋式效應（Webster effect）[17]，可知電流增益會隨著 I_C 增加而降低。如圖 6 所示，在高階注入的 h_{FE} 隨著 $(I_C)^{-1}$ 變化：

$$h_{FE} \approx \frac{I_C}{I_B} \propto \frac{\exp(qV_{BE}/2kT)}{\exp(qV_{BE}/kT)} \propto \exp\left(\frac{-qV_{BE}}{2kT}\right) \propto (I_C)^{-1} \tag{40}$$

此高電流情況將在後面詳細討論。

當輸入為電壓源而輸出為電流源，可獲得另一重要參數，稱之為轉導（transconductance）g_m，其定義為 dI_C/dV_{BE}。由式（10）可知，既然 I_C 為 V_{BE} 的指數關係，可得轉導為

$$g_m \equiv \frac{dI_C}{dV_{BE}} = \left(\frac{q}{kT}\right) I_C \tag{41}$$

因此，g_m 正比於 I_C，此為雙載子電晶體一獨特的特性。在高電流 I_C 下，其高轉導為主要的特徵之一。另外一方面，為了達到大的 g_m 值，其條件是較小的寄生射極電阻，因為外質轉導 g_{mx} 與本質轉導 g_{mi} 的關係為

$$g_{mx} \equiv \frac{g_{mi}}{1+R_E g_{mi}} \tag{42}$$

由此可看出在結構設計上，射極電阻必須降低。

5.2.3 輸出特性

在 5.2.2 節中，我們看出電晶體三個端點的電流主要為擴散電流，其與基極區域內少數載子分佈具有密切關係。就具有高射極效率的電晶體而言，可以忽略復合電流，並且射極與集極的直流電流方程式在 $x = 0$ 與 $x = W$ 處可簡化為少數載子梯度（dn_p/dx）的比例項。因此，我們可以概述一個電晶體的基本關係如下：

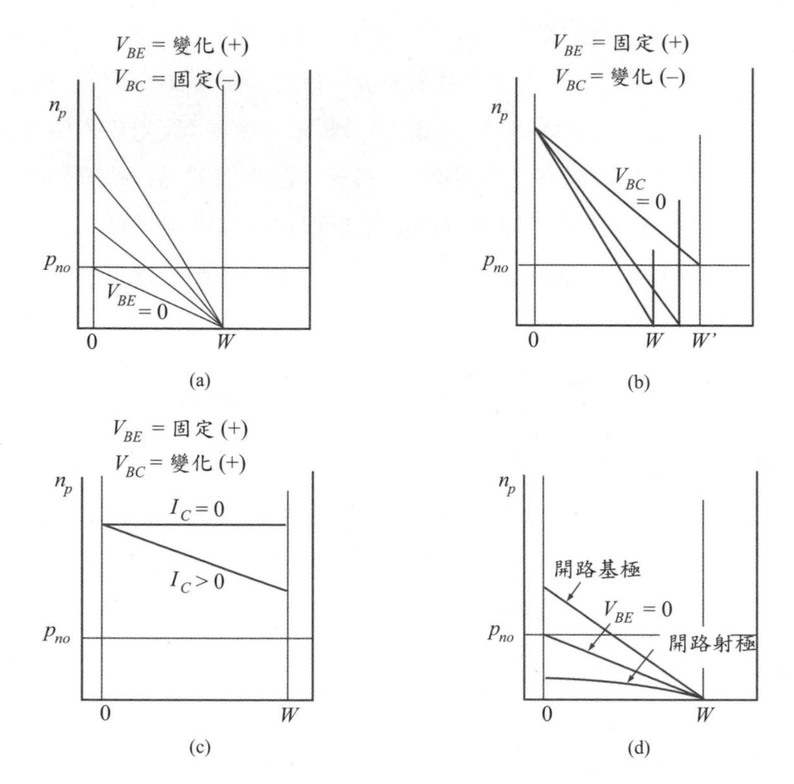

圖7 *n-p-n* 型電晶體於不同偏壓下其中性基極區域的電子密度分佈。(a)(b)正常模式。(c)飽和模式。(d)不同的射極/基極偏壓所影響的基極–集極逆向電流 I_{CO}。(+)表示順向偏壓接面。(-)表示逆向偏壓接面。(參考文獻18)

1.經由 $\exp(qV/kT)$ 項，施加電壓以控制邊界的載子密度。

2.射極與集極電流可由接面邊界，即 $x = 0$ 與 $x = W$，的少數載子密度梯度求得。

3.基極電流為射極與集極電流之差值 [式(29)]。

圖 7 表示各種外加偏壓下，*n-p-n* 電晶體基極區域的電子分佈情形。利用這些圖形，可解釋各種直流特性。

圖 8 表示共基極與共射極結構的一組輸出特性曲線。就共基極結構而言(圖 8a)，集極電流實際上等於射極電流（$\alpha_0 \approx 1$）。集極電流保持不變，與 V_{CB} 無關，即使電壓降為零而集極端仍有過量電子被汲取，電

子分佈情形如圖 7b 所示。對於負的 V_{CB}（正的 V_{BC}），基極-集極接面為順向偏壓，且此電晶體操作在飽和模式下。在 $x = W$ 的電子濃度大幅提升（圖7c），使擴散電流迅速降為零。此正是反映式（8）中含 V_{BC} 的負號項。

利用射極開路電路，可量測到集極飽和電流 I_{CBO}。由於在 $x = 0$ 之射極接面的電子梯度為零（對應的射極電流為零），造成 $x = W$ 處的電子梯度減少（如圖 7d 所示），使得電流小於一般 p-n 接面的逆向電流。因此電流 I_{CBO} 小於當射極接面為短路時($V_{EB} = 0$)，式(25) 所計算的近似值。

當 V_{CB} 增加到 V_{BCBO} 時，集極電流開始急速增加（如圖 8a 所示）。一般而言，這項增加是由於集極-基極接面的累增崩潰造成的，這種崩潰電壓類似於第2章所討論的 p-n 接面情形。在非常窄的基極寬度或非常低摻雜的基極時，崩潰現象也可能由於貫穿效應（punch-through effect）造成，也就是在足夠的 V_{CB} 時，會使中性基極寬度降為零，以及集極空乏區域與射極空乏區域直接接觸。此時，集極對射極而言為短路，並且可流過大量電流。

現在，我們考慮共射極結構的輸出特性。圖 8b 表示典型的 n-p-n 電晶體的輸出特性曲線（I_C 對 V_{CE} 之關係）。注意到電流增益（h_{FE}）頗大，且電流隨著 V_{CE} 增加而增大。飽和電流 I_{CEO}，［當基極電流為零時（基極開路）的集極電流］比 I_{CBO} 大很多，一如式（35）所示。實際上，在基極開路時會稍微向正的電位浮動，因此增加了其電子濃度及斜率，如圖 7d 所示。

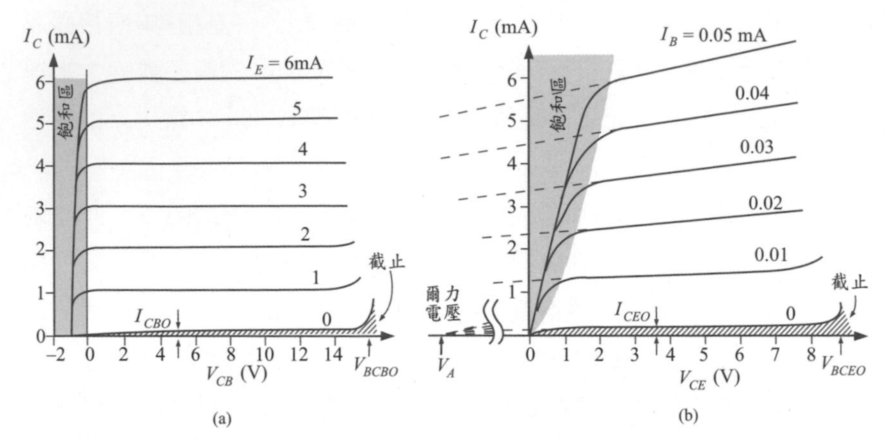

圖8 *n-p-n* 型電晶體其(a)共基極結構，和(b)共射極結構之輸出特性。圖中並指出崩潰電壓與爾力(Early)電壓 V_A(電流外插至x軸)。

當 V_{CE} 增加，中性的基極寬度 W 減少，造成 β_0 的增大(如圖 7b 所示)。在共射極的輸出特性中顯示無法趨於飽和，是由於 β_0 隨著 V_{CE} 大量增加之故，這種現象稱為爾力效應[19](Early effect)。在輸出曲線延長線相交點的電壓 V_A，稱之為爾力電壓(Early voltage)。在電晶體的基極寬度 W_B 遠大於基極的空乏區域時，對於均勻摻雜的基極，爾力電壓可寫為[20]

$$V_A \equiv \frac{qD_n(W_B)n_i^2(W_B)W_B}{\varepsilon_s}\int_0^{W_B}\frac{N_B(x)}{D_n(x)n_i^2(x)}dx \approx \frac{qN_BW_B^2}{\varepsilon_s} \tag{43}$$

就小基極寬度而言，小的爾力電壓等於小的輸出電阻(dI_C/dV_{CE})，其為電路應用上不希望擁有的。如果基極寬度夠小，貫穿效應就會發生，此現象與累增崩潰相似。另一方面，因為小的甘梅數會有較高的電流增益[如式(38)所示]，在爾力電壓與電流增益兩者間必須取得一個平衡。

對於很小的集極–射極電壓，集極電流迅速降為零。電壓 V_{CE} 被分配於兩個接面，形成射極端很小的順向偏壓以及集極端很大的逆向偏壓。為保持一固定的基極電流，則跨越於射極接面的電位必須完全保持不變。因此當 V_{CE} 減小到某一定值(對於矽電晶體 ~ 1 V)以下時，集極接面將趨於零偏壓。若繼續降低 V_{CE} 值，則集極實際上為順向逆偏，並進入飽和模式（如圖 7c ）。由於在 $x = W$ 的電子梯度下降，故集極電流急速降低。

在基極開路時，可求出如下的崩潰電壓。由集極–基極接面的崩潰電壓著手，因為此電壓非常接近共基極的崩潰電壓 V_{BCBO}（射極開路）。設 M 為集極接面的倍乘因子（multiplication factor），並可近似為

$$M = \frac{1}{1-\left(V_{CB}/V_{BCBO}\right)^n} \quad (44)$$

式中n為常數；對矽而言，此值介於 2 到 6 之間。當基極為開路時，可得 $I_E = I_C = I$。當電流 I_{CO} 與 $\alpha_0 I_E$ 流過集極接面時，乘以 M 值（如圖 9 所示），可得

$$M\left(\alpha_0 I + I_{CBO}\right) = I \quad (45)$$

或

$$I = \frac{MI_{CBO}}{1-\alpha_0 M} \quad (46)$$

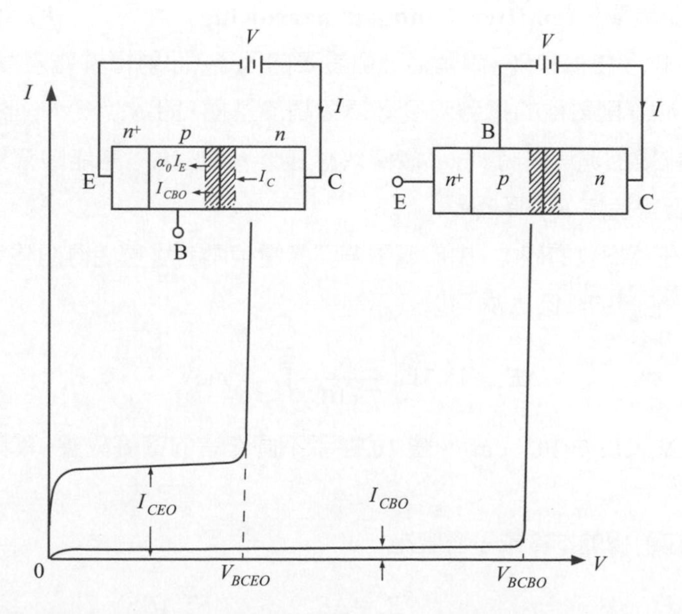

圖9 射極開路的共基極結構之崩潰電壓 V_{BCBO} 與飽和電流 I_{CBO}，以及對應之基極開路的共射極結構 V_{BCEO} 與 I_{CEO}。（參考文獻21）

當 $\alpha_0 M = 1$ 時，電流 I 僅受到外部電阻的限制。相同地，在基極開路情況下，$V_{CE} \approx V_{CB}$，由於 V_{BE} 是順向偏壓且很小，所以電流所受之限制亦同。根據 $\alpha_0 M = 1$ 與式(44)的條件，則共射極結構的崩潰電壓 V_{BCEO} 為

$$V_{BCEO} = V_{BCBO}(1-\alpha_0)^{1/n}$$
$$= V_{BCBO}\beta_0^{-1/n} \tag{47}$$

V_{BCEO} 值因此遠小於接面崩潰電壓 V_{BCBO}。定性上而言，這是由雙載子增益所造成的正向回饋。

現在可以清楚知道為何摻雜分佈必須像是圖 4 所示。射極高摻雜是為了提升注入效應。為了改善傳輸因子，基極為非均勻摻雜。為了高的爾力電壓，其摻雜也必須合理的高。為了獲得高崩潰電壓，集極要有最低的摻雜濃度。(註解：V_B 表崩潰電壓；V_{BCBO} 表共基極，射極開路時，集極與基極間的崩潰電壓；V_{BCEO} 表共射極，基極開路時，集極與射極間的崩潰電壓)

5.2.4 非理想效應

射極能隙窄化(emitter bandgap narrowing) 利用式(38)計算電流增益時，除了甘梅數外，尚有另一個重要的因子，即射極摻雜濃度 N_E。為了改善 h_{FE}，則射極的摻雜濃度必須遠高於基極，即 $N_E >> N_B$。然而，當射極摻雜變的非常高時，除了歐傑效應之外，還必須考慮能隙窄化效應；此兩者皆會造成 h_{FE} 降低。

在高摻雜的矽中，由於導電帶與價電帶兩者變寬使得能隙窄化。依照經驗，能隙的降低 ΔE_g 可以表示為[22]

$$\Delta E_g = 18.7 \ln\left(\frac{N}{7\times10^{17}}\right) \quad \text{meV} \tag{48}$$

式中 N 大於 7×10^{17} cm^{-3}。圖 10 顯示不同作者的實驗數據，其與式(48)極為吻合。

此刻在射極的本質載子密度為

$$n_{iE}^2 = N_C N_V \exp\left(-\frac{E_g - \Delta E_g}{kT}\right) = n_i^2 \exp\left(\frac{\Delta E_g}{kT}\right) \tag{49}$$

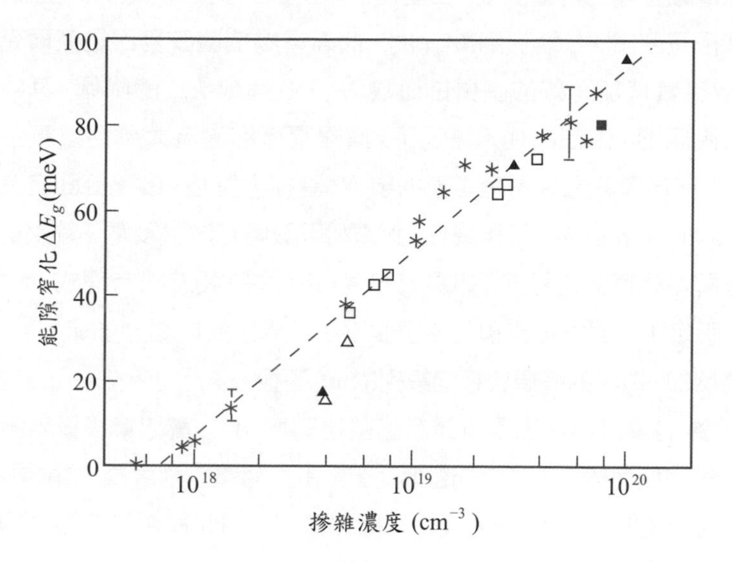

圖10 矽能隙窄化之實驗數據與經驗趨勢。(參考文獻23)

式中 n_i 為沒有能隙窄化效應下的本質載子密度。在射極的少數載子濃度變成

$$p_{noE}=\frac{n_{iE}^2}{N_E}=\frac{n_i^2}{N_E}\exp\left(\frac{\Delta E_g}{kT}\right) \tag{49a}$$

可以發現此淨效應為射極的少數載子濃度增加。一般能隙窄化亦可解釋為降低了射極的摻雜濃度。

$$N_{ef}=N_E\exp\left(-\frac{\Delta E_g}{kT}\right) \tag{50}$$

在任何情況下，此最終淨結果會使基極到射極的電洞擴散電流增加，依據式(38)，電流增益減少為

$$h_{FE}\propto\frac{n_{po}}{p_{noE}}\propto\exp\left(-\frac{\Delta E_g}{kT}\right) \tag{51}$$

克爾克效應(Kirk effect) 近代的雙載子電晶體係使用輕摻雜的磊晶集極區域，在高電流情況下，集極內部的淨電荷量變化會很明顯。此情況會

使得高電場區域的位置改變，由基極–集極接面移至集極的 n^+ 基板[24]。有效的基極寬度由 W_B 增加到 W_B+W_C。此高電場位置改變即是克爾克效應[25]，此效應會增加有效的基極甘梅數 N'_b，並造成 h_{FE} 的降低。其中重要而值得說明的，係在高注入情況下，集極區域的電流大到足以產生大電場，使得在古典觀念中清楚定義的射極–基極與基極–集極接面之過渡區域（transition region）不再成立。必須利用數值方法以及電子端點的邊界條件去解基本微分方程式（如電流密度，連續性，和波松方程式）。圖 11 表示在固定 V_{CB} 與各種集極電流密度下所計算出的電場分佈結果。注意，當電流增加，電場的峰值會移向集極的 n^+ 基板。

如圖 11 所指出，因電流誘發的基極寬度 W_{CIB} 會依集極摻雜濃度和集極電流密度而變。在高電流密度下，當注入的電子密度高於集極摻雜，靜電荷密度寬度會改變使得極性也因此改變。因此很明顯的接面會移到集極內部。此現象定性地在圖 12 說明。

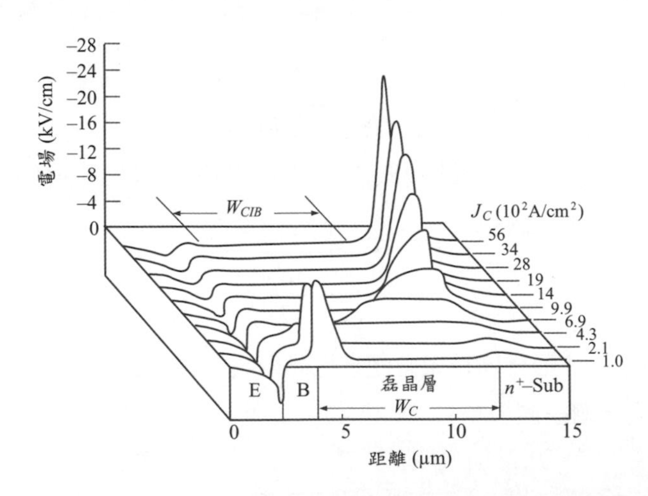

圖11　對於各種集極電流密度其電場分佈爲距離的函數，圖中顯示了克爾克效應。（參考文獻24）

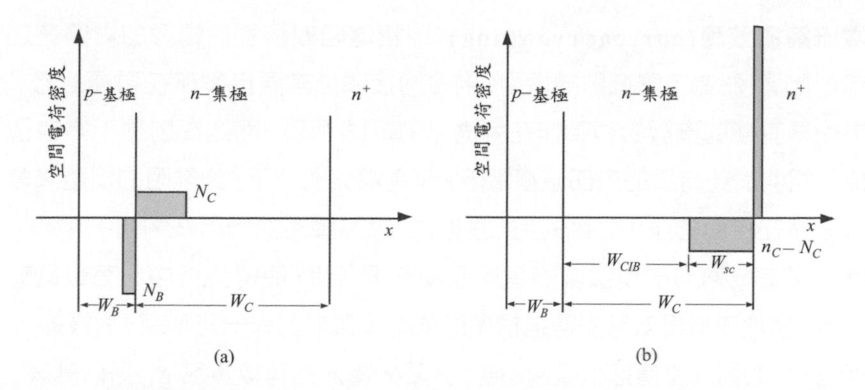

圖12　空間電荷區域，圖中顯示出在高電流下基極寬度變寬（克爾克效應）。（a）低集極電流。（b）高集極電流，基極寬度 = W_B+W_{CIB}。

就以第一階關係而言，注入的電子密度 n_C 與集極電流密度的關係為

$$J_C = qn_C \upsilon_s \tag{52}$$

在此假設電子在高電場下是以飽和速度 v_s 行進。淨空間電荷密度變成 n_C-N_C，而此接近 n^+ 基板的新空間電荷區域 W_{SC} 為

$$W_{sc} = \sqrt{\frac{2\varepsilon_s V_{CB}}{q(n_C - N_C)}} \tag{53}$$

可得電流誘發的基極寬度為

$$W_{CIB} = W_C - W_{sc} = W_C - \sqrt{\frac{2\varepsilon_s \upsilon_s V_{CB}}{J_C - qN_C\upsilon_s}} \tag{54}$$

很容易地可以確認克爾克效應開始時之臨界集極電流，即 $W_{CIB} = 0$。令式（54）為零，可得此臨界電流密度為

$$J_K \equiv q\upsilon_s\left(N_C + \frac{2\varepsilon_s V_{CB}}{qW_C^2}\right) \tag{55}$$

式（54）可重寫為另一形式

$$W_{CIB} = W_C\left(1 - \sqrt{\frac{J_K - q\upsilon_s N_C}{J_C - q\upsilon_s N_C}}\right) \tag{56}$$

當 J_C 變成大於 J_K，W_{CIB} 開始增加；且當 J_C 遠大於 J_K 時，W_{CIB} 會趨近於 W_C。

電流擁擠效應(current crowding) 射極電阻效應對於轉導的影響在之前討論過了。為了降低射極電阻，射極的接觸通常直接製作在射極上方。這使得基極的接觸必須製作在旁邊，如圖 13 所示，而此在射極下方會造成一相關於此結構的內部基極電阻。在高電流情況下，此電阻的電壓降會降低跨在接面的淨 V_{BE} 值，且更嚴重地，電壓降將傾向跨在射極的中心。此結果造成通過射極區域的基極電流不再均勻，使得接近中心有較低的密度。此電流擁擠效應使得射極帶的寬度 S 設計上有一些限制。對寬的 S 而言，中心區域會傳送小電流。傳送大部分電流的有效寬度 S_{ef} 可估計為[22]

$$\frac{S_{ef}}{S}=\frac{\sin Z\cos Z}{Z} \tag{57}$$

可求得式中的 Z 為

$$Z\tan Z=\frac{qI_B R_{\square} S}{8XkT} \tag{58}$$

$R_{\square}$ 為基極片電阻，可得

$$R_{\square}=1\Big/\int_0^W q\mu N_B(x)dx \tag{59}$$

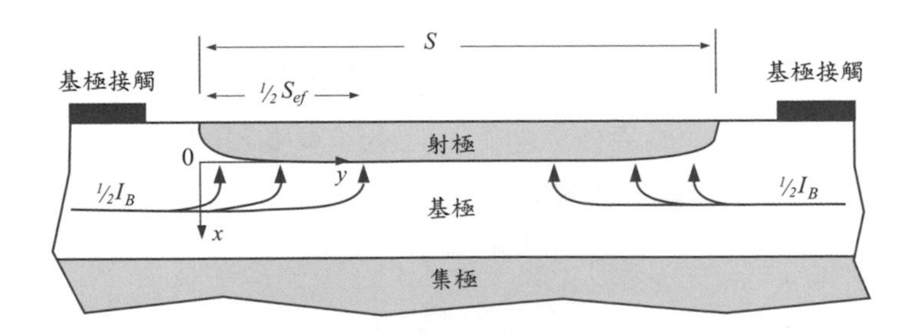

圖13　雙邊基極接觸結構的剖面圖，圖中顯示出在高基極電流下電流擁擠現象。

且 X 為垂直於 S 的射極寬度大小，所以射極面積為 SX。當基極電流 I_B 增加，Z 上升且 S_{ef}/S 的比例減少。

由於電流的分佈特性，很難利用解析解計算出在電流擁擠效應下的基極電阻。此外，亦必須考慮串聯的接面的 I-V 關係。我們只能分析沒有電流擁擠效應時，小電流的狀況。在高電流時，所計算出電流擁擠效應下的基極電阻對應值已發表在文獻上[22]。

考慮一般具有兩邊基極接觸的結構。在沒有電流擁擠的情況下，此結構一半的基極電流為橫向距離的函數，隨距離增加線性下降。

$$I_B(y) = \frac{1}{2} I_B\left(1 - \frac{2y}{S}\right) \tag{60}$$

考慮系統的總功率，可得等效的基極電阻，

$$I_B^2 R_B = 2\int_0^{S/2} \frac{I_B^2(y) R_\square}{X} dy \tag{61}$$

由式（60）與式（61）可獲得基極電阻為

$$R_B = \frac{R_\square S}{12X} \tag{62}$$

此基極電阻對於後面將討論的微波元件特性，仍為一個重要參數。

5.3 微波特性

雙載子電晶體應用在高速元件上是非常具有吸引力。對於高速電路而言，雙載子電晶體不只具有高速響應功能，雙載子電晶體的高轉導 g_m 產生之大電流驅動能力也是主要的品質指數（figure-of-merit）之一。在實際電路中，由於金屬連線間的寄生電容非常明顯，因此高電流的驅動能力特別重要。在本節中，將探討雙載子電晶體的小訊號與大訊號的高速特性。

5.3.1 截止頻率

截止頻率 f_T（Cutoff frequency）為微波電晶體的一項重要參數。f_T 定義為共射極而且短路電流增益 h_{fe}（$\equiv dI_C / dI_B$）為1時之頻率[26]。任意電晶體的截止頻率可利用圖 14a 的等效電路得到。對任意已知轉導 g_m 與總輸入電容 C'_{in} 的電晶體，小訊號的輸出與輸入電流為

$$i_{out} = \frac{dI_{out}}{dV_{in}} \upsilon_{in} = g_m \upsilon_{in} \tag{63}$$

$$i_{in} = \upsilon_{in} \omega C'_{in} \tag{64}$$

（注意符號所代表的因次：C' 為總電容而 C 為每單位面積的電容）。計算式（64）與式（63），可得一般的表示式為

$$f_T = \frac{g_m}{2\pi C'_{in}} \tag{65}$$

在雙載子電晶體中（圖 14），各電容組成的總和可表示為

$$C'_{in} = C'_{par} + C'_{dn} + C'_{dp} + C'_{DE} + C'_{DC} + C'_{sc} \tag{66}$$

且這些電容分別為

C'_{par}：寄生電容
C'_{dn}：電子造成的擴散電容（注入到基極）
C'_{dp}：電洞造成的擴散電容（注入到射極）
C'_{DE}：射極－基極的空乏電容
C'_{DC}：集極－基極的空乏電容
C'_{sc}：集極區域因注入的電子所形成的空間電荷電容

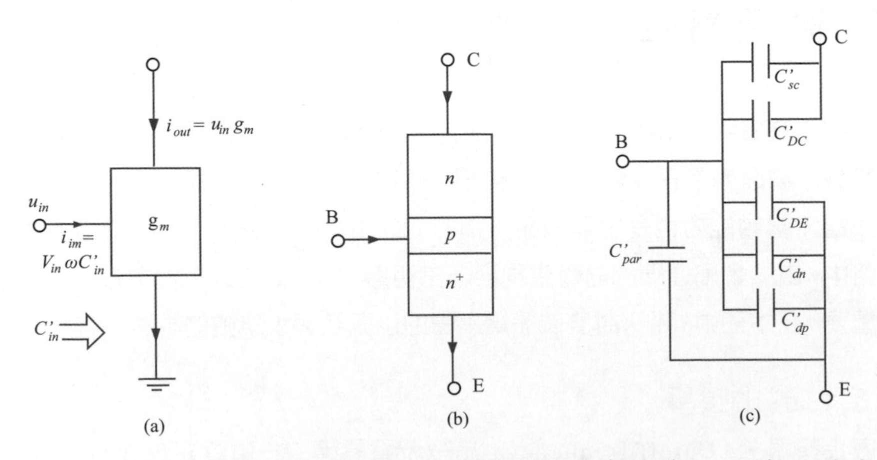

圖14 分析截止頻率之示意圖。（a）電晶體具有轉導 g_m 及輸入電容 C'_{in}。（b）n-p-n 型雙載子電晶體的表示法，和（c）其輸入電容成分。

截止頻率可重新寫成

$$f_T = \frac{1}{2\pi\sum(C'/g_m)} = \frac{1}{2\pi\sum\tau} \tag{67}$$

式中τ為每一個的電容 C'/g_m 的充電時間或是延遲時間。

有些電容成分的解釋已經在第二章討論過了，例如空乏電容 C'_{DE} 與 C'_{DC}。在此，我們先探討由電子注入到基極所形成的擴散電容。由第二章的式（91），並利用 $g_m = qI_C/kT$，可得

$$\begin{aligned}\frac{C'_{dn}}{g_m} &= \left(\frac{qW^2 I_C}{2kTD_n}\right)\frac{1}{g_m} \\ &= \frac{W^2}{\eta D_n}\end{aligned} \tag{68}$$

式中對於均勻摻雜基極而言 $\eta = 2$。就非均勻摻雜的基極而言，如圖 4 所示，充電時間會因為漂移作用而降低，因子 η 的值會變大。若內建電場 $\mathscr{E}_{bi}$ 為一常數，則此因子可估計為[27]

$$\eta \approx 2\left[1+\left(\frac{\mathscr{E}_{bi}}{\mathscr{E}_0}\right)^{3/2}\right] \tag{69}$$

式中 $\mathscr{E}_0 = 2D_n/\mu_n W = 2kT/qW$。若 $\mathscr{E}_{bi}/\mathscr{E}_0 = 2$，則 η 約為 7；因此在較大的內建電場時，充電時間能顯著地降低。就實際電晶體使用基極佈植以及／或是擴散技術而言，可以得到基極摻雜分佈的形狀。相較於箱型摻雜分佈，具有高斯與指數摻雜分佈的基極可使其充電時間減少，如圖 15 所示。

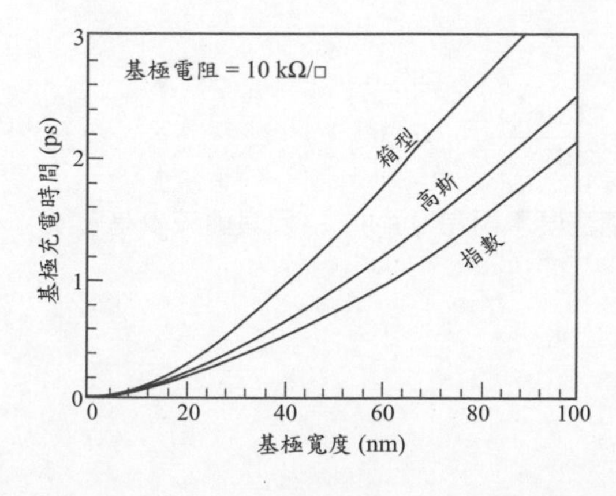

圖15 藉由高斯（Gaussian）與指數的基極摻雜分佈來減少其基極的充電時間。（參考文獻28）

同樣地，電洞擴散亦會進入到射極形成擴散電容。再由第二章式(91)，可得到充電時間為

$$\begin{aligned}\frac{C'_{dp}}{g_m} &= (C'_{dp})\frac{kT}{q}\left(\frac{1}{I_C}\right)\\ &= \left[\frac{A_E q^2 W_E p_{noE}\exp(qV_{BE}/kT)}{2kT}\right]\frac{kT}{q}\left[\frac{W}{A_E q D_n n_{po}\exp(qV_{BE}/kT)}\right] = \frac{N_B W_E W}{2N_E D_n}\end{aligned} \tag{70}$$

在實際的元件中，射極與基極摻雜濃度都相當高，在過渡區域的空乏區會類似於一個線性的梯度接面。式（70）可簡化為

$$\frac{C'_{dp}}{g_m} \approx \frac{W_E W}{\theta D_n} \tag{71}$$

式中 θ 值介於 2 到 5 之間。如預期地，此表示式的形式與式（68）相同。

最後，討論由注入到集極空乏區的電子所形成的空間電荷電容。此電容不同於一般傳統的空乏電容 C_{DC}。概念上而言，C_{DC} 定義為 dQ_{SC}/dV_{CB}，其空間電荷的增加是由空乏區寬度變大所提供的。另一方面，C_{SC} 定義為dQ_{SC}/dV_{BE}，此空間電荷的增加是直接來自於集極電流密度 J_C [式（52)]所注入的電子。圖 16 表示具有電子注入與沒有電子注入時的空間電荷密度變化。因為在空間電荷區域的波松方程式的解與總電位 V_{CB} 有關，且當此偏壓固定時，可知[29]

$$N_C W_{DC}^2 = \frac{2\varepsilon_s V_{CB}}{q} = (N_C - n_C)(W_{DC} + \Delta W_{DC})^2 \tag{72}$$

從上式可得

$$\frac{n_C}{N_C} \approx \frac{2\Delta W_{DC}}{W_{DC}} \tag{73}$$

由於 ΔW_{DC} 的變化，注入的電荷密度不再為 $qn_C W_{DC}$，且其值減少為

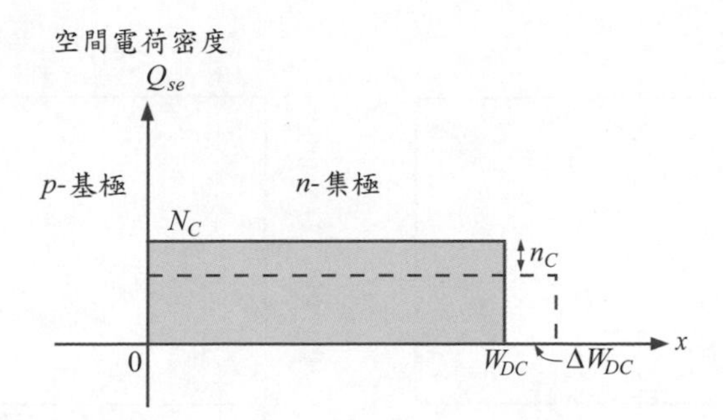

圖16 由於注入電子所造成的空間電荷密度與寬度的改變（虛線）。$n_C = J_C / qv_s$。

$$
\begin{aligned}
Q_{sc} &= qn_C W_{DC} - q(N_C - n_C)\Delta W_{DC} \\
&\approx \frac{qn_C W_{DC}}{2} \approx \frac{W_{DC} J_C}{2\upsilon_s}
\end{aligned} \tag{74}
$$

與 C'_{SC} 相關的注入時間為

$$
\begin{aligned}
\frac{C'_{sc}}{g_m} &= \left(\frac{A_E dQ_{sc}}{dV_{BE}}\right)\left(\frac{dV_{BE}}{dI_C}\right) = \frac{dQ_{sc}}{dJ_C} \\
&= \frac{W_{DC}}{2\upsilon_s}
\end{aligned} \tag{75}
$$

此因子為非直觀的，尤其當充電時間在文獻中稱為傳渡時間（transit time）。

另外還有一個源自於集極端的延遲，它是與 C/g_m 無關的固定延遲時間 $R_C C'_{DC}$，在此 R_C 為總集極電阻。因此，截止頻率 f_T 可寫成

$$
f_T = \left\{2\pi\left[\frac{kT(C'_{par} + C'_{DE} + C'_{DC})}{qI_C} + \frac{W^2}{\eta D_n} + \frac{W_E W}{\theta D_n} + \frac{W_{DC}}{2\upsilon_s} + R_C C'_{DC}\right]\right\}^{-1} \tag{76}
$$

由此表示式可知，第一項的延遲時間是與電流相關；會隨著電流增加而減少。就高頻應用而言，雙載子電晶體在高頻時必須利用大電流操作，並在其它不希望的高電流效應發生之前完成操作。很明顯地，電晶體也必須有非常窄的基極厚度，如同狹窄的集極空乏區區域一樣。

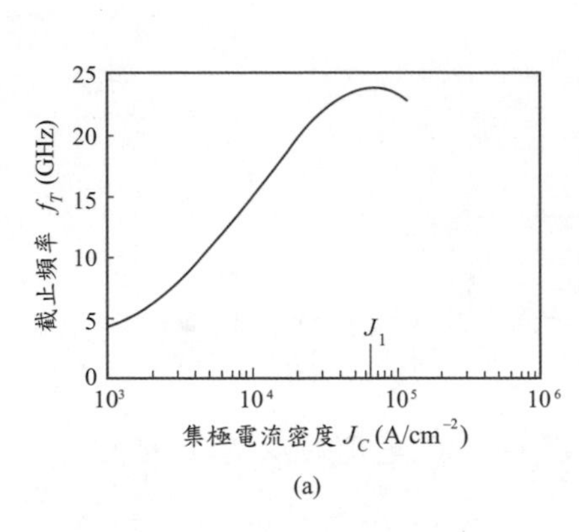

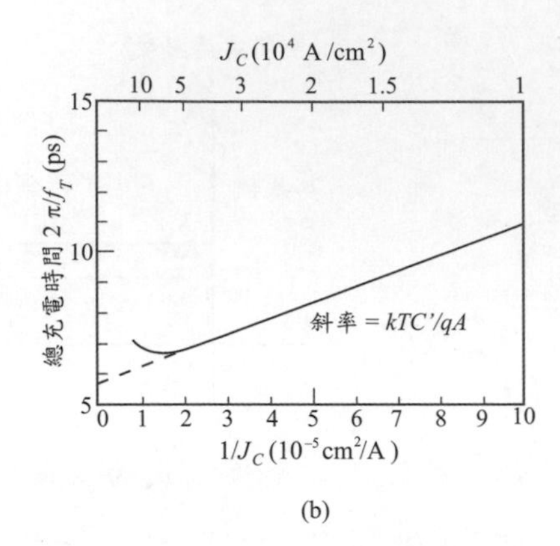

圖17 (a)截止頻率爲集極電流密度的函數。(b)$1/f_T$對$1/J_C$之關係圖，可藉此分離其與電流的關係項。(參考文獻30)

圖 17a 表示，實驗的截止頻率 f_T 為一集極電流的函數。在小電流密度的情況下，f_T 會如同式(76)所預測，會隨著 J_C 上升而增加。在此區域裡，集極電流主要為漂移電流成分，所以

$$J_C \approx q\mu_n N_C \mathscr{E}_C \tag{77}$$

上式中 E_C 為集極磊晶層的內建電場。當電流增加時，f_T 會到達一最大值，然後大約在 J_1 時快速地降低。其中 J_1 為最大均勻電場 $E_C=(\psi_{bi}+V_{CB})/W_C$ 可以存在的電流，而 ψ_{bi} 為集極的總內建電位[24]。超過這點時，電流無法完全被漂移項帶走並穿越整個集極磊晶區。由式(77)可求出電流 J_1 為

$$J_1 = \frac{q\mu_n N_C(\psi_{bi}+V_{CB})}{W_C} \tag{78}$$

此電流值必須設計低於克爾克效應開始發生的值。在此特別需要指出，當 V_{CB} 增加時，對應的 J_1 值亦隨著增加。圖 17b 顯示 $2\pi/f_T$ 對應 $1/J_C$ 的圖形，藉由斜率可將式(76)中與電流有關的部分分開，並藉由外插至 $1/J_C$ 為零可得到和電流無關的部份。

就高速元件而言，$W_{DC}/2\upsilon_s$ 為一項非常重要的因子。若要小的集極

空乏寬度則需較高的集極摻雜濃度，可是卻會面臨較低的崩潰電壓。因此，必須在截止頻率 f_T 與崩潰電壓 V_{BCEO} 間做取捨。事實上，這意味著以特定的材料所製作的電晶體，其 f_T 與 V_{BCEO} 的乘積值仍為一定值。對於以矽材料做為集極，而矽鍺（SiGe）為基極的異質接面雙載子電晶體（heterojunction bipolar transistor, HBT）而言，則 f_T 與 V_{BCEO} 乘積的理論值約為 400 GHz-V（假設與 $W_{DC}/2v_s$ 相比較，其它所有的延遲時間可以忽略）[31]。

5.3.2 小訊號特性

為描述微波特性，廣泛地採用散射參數（亦稱為 s 參數），此乃因為高頻率時，這些參數相較於其它參數易於量測[32]。圖 18 為一般雙埠網路，並利用 s 參數的定義來表示入射波（a_1,a_2）與反射波（b_1,b_2）。描述雙埠網路的線性方程式為

$$\begin{bmatrix} b_1 \\ b_2 \end{bmatrix} = \begin{bmatrix} s_{11} & s_{12} \\ s_{21} & s_{22} \end{bmatrix} \begin{bmatrix} a_1 \\ a_2 \end{bmatrix} \tag{79}$$

其中 s 參數的 s_{11}，s_{22}，s_{12}，和 s_{21} 為

$$s_{11} = \frac{b_1}{a_1}\Big|_{a2=0} = \text{輸出端具有匹配負載的輸入反射係數}$$

（$Z_L = Z_0$ 設定 $a_2 = 0$，其中Z_0為特徵阻抗）

$$s_{22} = \frac{b_2}{a_2}\Big|_{a1=0} = \text{輸入端具有匹配負載的輸出反射係數}$$

（$Z_S = Z_0$ 設定 $a_1 = 0$）

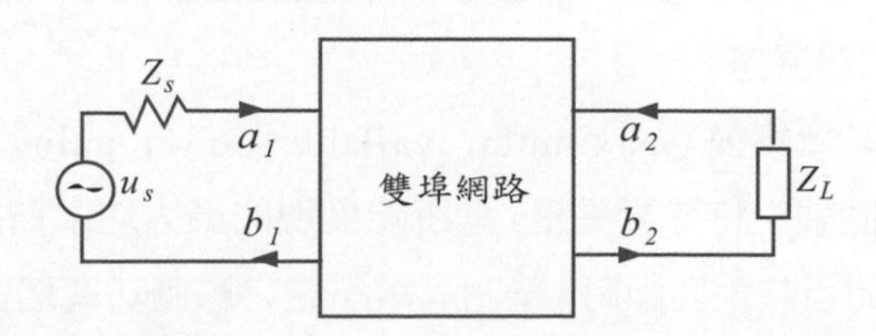

圖18 雙埠網路，並利用s參數表示之入射波（a_1，a_2）與反射波（b_1，b_2）。

$$s_{21} = \frac{b_2}{a_1}\Big|_{a2=0} = \text{為輸出端具有匹配負載的順向-傳輸增益}$$

$$s_{12} = \frac{b_1}{a_2}\Big|_{a1=0} = \text{為輸入端具有匹配負載的逆向-傳輸增益}$$

使用 s 參數，我們可定義出許多微波電晶體的特徵值。功率增益（power gain）G_p 為傳送到負載的功率對輸入到網路的功率之比值；

$$G_p = \frac{|s_{21}|^2(1-\Gamma_L^2)}{(1-|s_{11}|^2)+\Gamma_L^2(|s_{22}|^2-D^2)-2\,\mathrm{Re}(\Gamma_L N)} \tag{80}$$

式中

$$\Gamma_L \equiv \frac{Z_L - Z_0}{Z_L + Z_0} \tag{81}$$

$$D \equiv s_{11}s_{22} - s_{12}s_{21} \tag{82}$$

$$N \equiv s_{22} - Ds_{11}^* \tag{83}$$

於式（80）中之 R_e 表示實數部分，以及星號（*）表示共軛複數。

穩定因子 K 指出，電晶體於施加被動負載以及無外部回饋之電源阻抗時，是否將產生振盪。此因子可寫為

$$K = \frac{1+|D|^2-|s_{11}|^2-|s_{22}|^2}{2|s_{12}s_{21}|} \tag{84}$$

若 K 遠大於 1，則元件為無條件穩定（unconditionally stable）。即在沒有外部回饋下，只要有被動負載或電源阻抗，就不會造成振盪。若 K 小於 1 時，元件頗具潛在的不穩定性。只要加上任意被動負載和電源阻抗之組合，就將引起振盪。

最大可用功率增益（maximum available power gain）G_{pmax} 的定義為一個無外部回饋之特殊電晶體，其所能實現的最大功率增益。可由當輸入與輸出為同時且共軛匹配時，量測其電晶體之順向功率增益值來獲得。此最大可用功率增益僅能在無條件穩定的電晶體下（$K > 1$）被定義：

$$G_{p\max} = \left| \frac{s_{21}}{s_{12}} (K + \sqrt{K^2 - 1}) \right| \tag{85}$$

當 $K < 1$ 時，括號項變為複數而且 G_{pmax} 無法定義。

單向增益（unilateral gain）為調整電晶體周圍的無損耗倒反回饋網路下，且逆向功率增益設定為零時的回饋放大器的順向功率增益。單向增益為與接頭電抗和共同接頭圖形結構無關。此增益定義為

$$U = \frac{|s_{11}s_{22}s_{12}s_{21}|}{(1 - |s_{11}|^2)(1 - |s_{22}|^2)} \tag{86}$$

此刻，我們將結合元件內部參數於上述的雙埠分析中。圖 19 表示高頻雙載子電晶體的簡化等效電路。圖中的元件參數參見先前的定義。C'_E 與 C'_C 為總射極與總集極電容。小訊號下共基極的電流增益 α 定義為

$$\alpha \equiv h_{fb} = \frac{dI_C}{dI_E} = \frac{i_C}{i_E} \tag{87}$$

同理，小訊號共射極電流增益 β 定義為

$$\beta \equiv h_{fe} = \frac{dI_C}{dI_B} = \frac{i_C}{i_B} \tag{88}$$

由式（30），（32），（87）及（88）可得

$$\alpha = \alpha_0 + I_E \frac{d\alpha_0}{dI_E} \tag{89}$$

$$\beta = \beta_0 + I_B \frac{d\beta_0}{dI_B} \tag{90}$$

和

$$\beta = \frac{\alpha}{1 - \alpha} \tag{91}$$

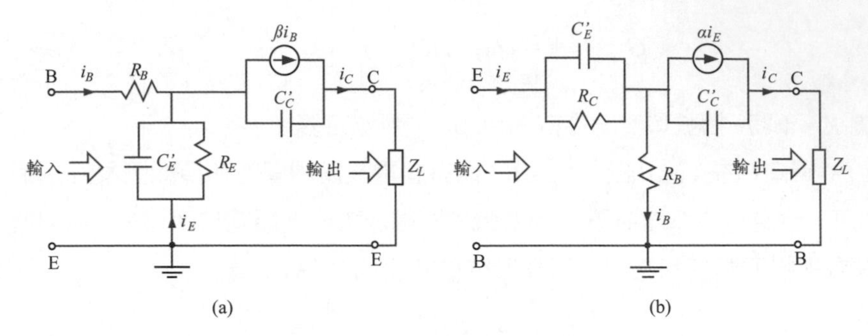

圖19 (a)共射極和(b)共基極結構之簡化小訊號等效電路。

在低電流準位，α_0 與 β_0 皆隨著電流增加（圖 6），同時 α 與 β 均大於對應的靜態值。然而，於高電流準位下，反方向為正確的。

由這些等效電路可知，功率增益可以用這些元件參數來表示，而不需要 s 參數。功率增益可以表示成

$$G_p = \frac{i_C^2 Z_L}{4 i_B^2 R_B} = \frac{\beta^2 Z_L}{4R_B} \tag{92}$$

對於 $f < f_T$，可近似為 $\beta \approx f_T / f$。功率增益變為

$$G_p \approx \left(\frac{Z_L}{4R_B}\right)\frac{f_T^2}{f^2} \tag{93}$$

若選擇阻抗 $Z_L C'_C = 1/2\pi f_T$ 時，可得最大可用功率增益為

$$G_{p\max} = \frac{f_T}{8\pi R_B C'_C f^2} \tag{94}$$

就圖 19b 中所示的等效電路，單向增益可寫為[33]

$$U \equiv \frac{|\alpha(f)|^2}{8\pi f R_B C'_C \left\{-\mathrm{Im}[\alpha(f)] + 2\pi f R_E C'_C / \left(1 + 4\pi^2 f^2 R_E^2 C_E'^2\right)\right\}} \tag{95}$$

式中 $\mathrm{Im}[\alpha(f)]$ 為 α 的虛數部分。相似的，若 $\alpha(f)$ 可表示為 $\alpha_0/(1+\mathrm{j}f/f_T)$，且若 $f<f_T$ 時，$\mathrm{Im}[\alpha(f)]$ 可近似為 $-\alpha_0 f/f_T$。則單向增益可寫為

$$U \approx \frac{\alpha_0}{16\pi^2 R_B C'_C f^2[(1/2\pi f_T) + (R_E C'_C/\alpha_0)]} \tag{96}$$

因為 $\alpha_0 \approx 1$，且如果與 $1/2\pi f_T$ 比較，$R_E C'$ 為很小，則式（96）可簡化為

$$U \approx \frac{f_T}{8\pi R_B C'_C f^2} \tag{97}$$

另一重要的品質指數為最大振盪頻率（maximum frequency of oscillation）f_{max}，其為單向增益變為1時的頻率。由式（97），f_{max} 的外插值可寫為

$$f_{\max} = \sqrt{\frac{f_T}{8\pi R_B C'_C}} \tag{98}$$

由上式得知，單向增益與最大振盪頻率皆同時隨著 R_B 的減少而增加，這就是為何射極條狀寬度 S 為微波應用上重要的臨界尺寸。

$$G_{p\max} = \frac{f_{\max}}{f^2} \tag{99}$$

另一重要的品質指數為雜訊指數（Noise figure），其定義為電晶體輸出端全部的雜訊電壓與電源電阻 R_S 之熱雜訊在輸出端造成的雜訊電壓這兩項雜訊的均方值比例。在較低頻率下，電晶體的主要雜訊係由於表面效應所產生的 $1/f$ 雜訊頻譜。在中頻與高頻下，雜訊指數可寫為[34]

$$NF = 1 + \frac{R_B}{R_s} + \frac{R_E}{2R_s} + \frac{(1-\alpha_0)(R_s + R_B + R_E)^2[1+(1-\alpha_0)^{-1}(f/f_\alpha)^2]}{2\alpha_0 R_E R_s} \tag{100}$$

由式（100）可知，在 $f << f_\alpha$ 的中頻時，雜訊指數為由 R_B，R_E，（$1-\alpha_0$）和 R_S 所決定的常數值。而最佳的終端電阻值 R_S，可由 $d(NF)/R_S = 0$ 的條件求得，其相對應的雜訊指數可視為 NF_{min}。在低雜訊設計上，低的（$1-\alpha_0$）值，即高的 α_0 值，是非常重要的。在超過轉角（corner）頻率 $f = \sqrt{1-a_0} f_a$ 的高頻下，雜訊指數大約隨著 f_2 增加。

5.3.3 切換特性

切換電晶體是設計為當作開關元件，使元件在短時間內由高阻抗（關閉）變成低阻抗（開啓）的狀態[35]。由於切換為一種大訊號的暫態過程，而微波電晶體一般是屬於小訊號放大作用，因此切換電晶體與微波電晶體的基本工作條件是不同的。一般常見的例子即是數位電路上的切換。通常在

開啓的狀態下元件操作在飽和模式，此時與理想開關的功能是最相近的。然而當切換時元件是否在飽和模式，對於雙載子電晶體的響應時間會有額外的限制。以下我們將探討共射極結構，輸入基極電流的方形波如圖20c所示。

在主動區域中，基極所儲存的電荷 Q_B 可由式（12）得到。在飽和區域中，Q_B 會提高且超過集極電流不再增加時的值（圖 20b）。由於 Q_B 的改變引起暫態反應。電晶體的基極電流開啓之後，Q_B 會趨近於一穩態 $J_B\tau_n$ 的值，根據

$$Q_B = J_B\tau_n\left[1-\exp\left(\frac{-t}{\tau_n}\right)\right] \tag{101}$$

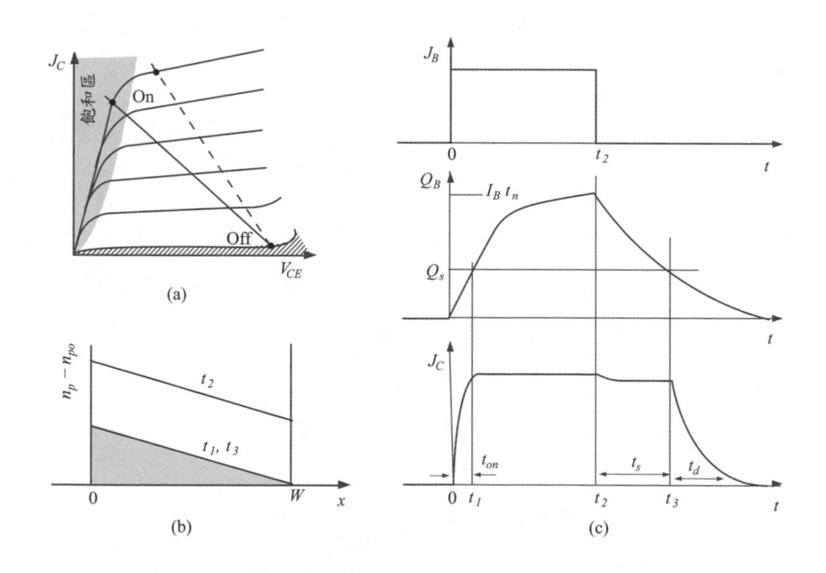

圖20 （a）在共射極結構下開啓與關閉的操作點，虛線指限制正常操作模式下開啓狀態以避開儲存時間 t_s。（b）不同時間下基極之少數載子分佈。（c）Q_B 和J_C 對應於一方形基極電流輸入之反應。

其中 t_{on} 為 Q_B 增加至飽和值 Q_S 所需之時間。飽和狀態是由基極電荷是否大於正常模式的的值來判斷[式(12)]

$$Q_s = \frac{J_C W^2}{2D_n} \tag{102}$$

在飽和區域中，J_C 主要是由集極串聯電阻來決定（$\approx V_{CE}/R_C$）。因此，開啓時間為

$$t_{on} = \tau_n \ln\left[\frac{1}{1-(Q_s/J_B\tau_n)}\right] \tag{103}$$

開啓時間通常會比關閉時間（為圖 20c 中 t_s 及 t_d 的總和）較短。

在 t_2 時基極電流開始關閉，Q_B 隨著一時間常數 τ_n 呈指數下降。儲存時間 t_s 為 Q_B 由 $J_B\tau_n$ 降到 Q_S 時所間隔的時間。

$$t_s = \tau_n \ln\left(\frac{J_B\tau_n}{Q_s}\right) \tag{104}$$

在這段期間內，J_C 並不會明顯地改變。t_3 之後，J_C 隨著一時間常數 τ_n 呈指數下降。所以，集極電流由極大值掉到 10 % 所需的延遲時間為 2.3 τ_n。而 t_s 及 t_d 的和即為總關閉時間。

在數位電路中，關閉時間會嚴重地受到開關速度的限制，而且有些部份也會受到在順偏情況下由集極注入到基極的超量電荷所影響。有一方法可減低此少數載子的注入，即是在集極–基極接面間並聯一蕭特基位障夾（Schottky-barrier clamp）（如圖 21）。此蕭特基二極體可以限制基極與集極間的順向偏壓，大量降低基極電荷由 Q_B 至 Q_S。蕭特基二極體本身可以省略少數載子的儲存，所以可當作一多數載子元件。

另一方法是藉由縮短基極內少數載子的生命期，來改善開關速度。如上述的方程式可知，開啓時間及關閉時間都直接與 τ_n 相關。就矽電晶體而言，可摻入金雜質作為能隙中央的結合中心。而此方法的缺點是復合電流會造成電流增益減低。

還有一方法是藉由選擇適當的負載與偏壓，使得開啓狀態是處在飽和區外，如圖 20a 虛線所示。在此情況下，儲存時間 t_s 會降為零，但其它的延遲時間依舊存在。

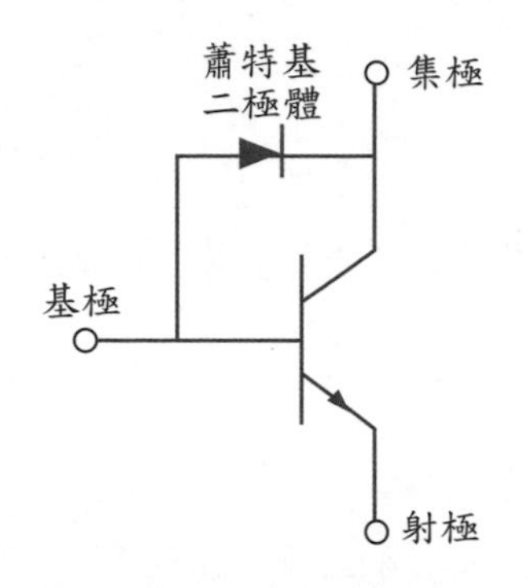

圖21 藉由蕭特基二極體夾減低飽和狀態時由集極注入至基極的少數載子之雙載子電晶體。

5.3.4 元件幾何與效能

平面式的矽 n-p-n 雙載子電晶體之一般結構如圖 22 所示。大部分使用化合物半導體的雙載子電晶體都屬於異質接面元件，而此類元件會在最後一節中討論。由於電子的移動率一般比電洞的移動率要高，因此所有的高效能電晶體皆為 n-p-n 型。因為雙載子電晶體中，電流在半導體塊材流動方式與場效電晶體表面流動的方式不同，雙載子電晶體是屬於垂直元件（除了低效能的側向結構，皆為垂直電流）。相同地，因為射極電阻比集極電阻重要[參見式（42）]，所以射極的接觸是直接製作在射極接面上，而集極則是透過一埋入式的 n^+ 層當接觸端。為了減少基極電阻，基極接觸通常是製作在條狀射極的兩端。

如圖 22 所示，現今的雙載子電晶體已做了許多技術的改良。最重要的是將多晶矽整合在射極接面。此多晶矽射極在設計上有許多的優點。就製程觀點而言，因為雜質在多晶矽裡的擴散是非常快的，可以藉由已摻雜的多晶矽層，精準地利用外擴散方式來形成單晶區域的 n^+ 層。此擴散的接面深度可以控制在小於 30 nm。就效能觀點而言，已發現利用多晶矽射極可以產生較高的電流增益[36]。此現象可用不同的可能機制來解釋，而其皆會抑制基極（電洞）電流，而不影響集極（電子）電流。第一個解釋是由於多晶矽與矽的表面有一層超薄的氧化層能減少穿隧的電洞電流。此氧化層的最佳厚度大約為 1 nm。第二個解釋是由於在多晶矽層裡面少數載子的移動率較低。第三個可能的機制是由於在晶粒邊界上雜質的分離，在這些區域型成了少數載子的位能能障。在任意情況下，使用多晶射極來改善增益是毫無爭議的，而且大部分高效能的矽雙載子電晶體皆使用這個設計。

其它改良的模組包含了自我對準基極接觸的雙重多晶結構（圖 22c）。 p^+ 基極是利用 p^+ 多晶層內的雜質向外擴散而形成，並且與射極窗口自我對準。由圖可知，自我對準不僅減少了外質的基極電阻，也減少了集極–基極與集極–基板所有區域的電容。

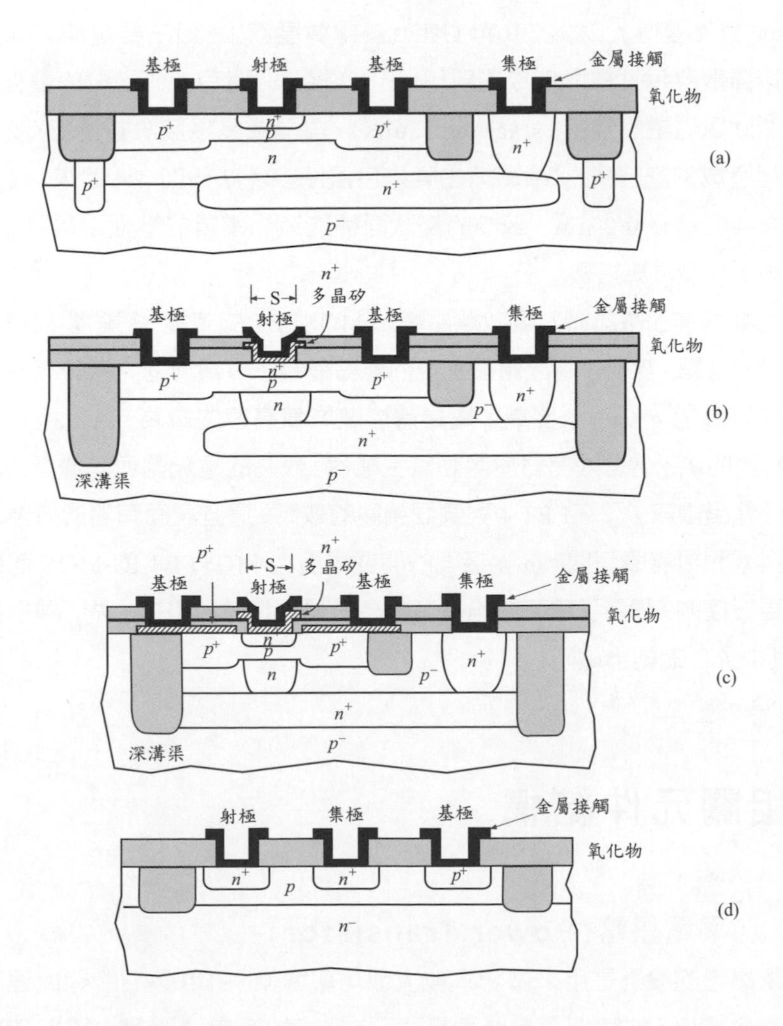

圖22　矽雙載子電晶體之橫截面：(a)傳統結構。(b)具有深溝渠絕緣之現代單一多晶結構。(c)現代雙重多晶自我對準結構。(d)低效能側向結構。

圖 22b 與 c 所示，選擇性摻雜的集極，亦稱之為支架集極(pedestal collector)，也能減少集極-基極電容。最後，深溝渠技術能大大地改善集極寄生邊緣電容，且同時減少了整個元件的面積。

就高頻應用而言，元件尺寸能垂直且水平地縮小。擴散製程與離子摻雜技術的開發只能幫助減少垂直尺寸，而微影與蝕刻的改進技術能幫助減少水平尺寸。垂直微縮主要在基極寬度，改善 f_T。近來，基極寬度能小於 30 nm，且能獲得 f_T 大約為100 GHz。基極寬度減小，最主要是能消除沿著差排擴散穿越基極而造成的射極-集極短路[37]。還有一些必要的製程，像是消除氧化誘發疊差（stacking faults），磊晶成長誘發滑動錯位，及其它製程造成的缺陷[38]。水平微縮主要是包含減少條狀窗口 S。近來，條狀大小大約能達到 0.2 μm。較小的條狀面積能減小本質的基極電阻，因此能改善 f_{max} 及雜訊指數。

比較雙載子電晶體對場效電晶體如 MOSFET 的效能。每個製程都有它自己的優點。雙載子電晶體最主要的優點包含了高轉導 g_m，或較高的歸一 g_m（較高的 g_m/I）。雙載子電晶體能做成較高速的電路，甚至達到與FET相同的 f_T。這是因為對於驅動寄生電容，較高的電流是較有優勢的。雙載子電晶體減少了在FET中與表面相關的效應，這些表面有關的效應直接與良率和可靠度有關。p-n 接面的開啓電壓比 MOSFET 的 MOS 起始電壓更好控制。雙載子電晶體也具有較高的類比增益，可由 g_mR_{out} 乘積獲得，其中 R_{out} 為輸出電阻。

5.4 相關元件結構

5.4.1 功率電晶體(Power Transistor)

功率電晶體的設計是用來做功率放大或功率切換，所以必須能夠處理高電壓和大電流。就微波電晶體而言，其強調的地方為速度及小訊號功率增益。然而，在設計功率電晶體上，由於功率-頻率的乘積主要受到材料參數的限制[39]，因此在功率與速度之間必須有所取捨。典型的功率輸出會隨著$1/f^2$ 變化，此原因主要源自於累增崩潰電場與載子飽和速度的限制[39]。在脈衝波情況下，其功率輸出可高於操作在連續波（cw）下。例如，在 1 GHz脈衝波操作下，功率輸出約為 500 W。然而在連續波操作時，可達到的條件在 2 GHz 時為 60 W，5 GHz 時 6 W，以及 10 GHz 時 1.5 W。

高電壓限制 高電壓操作是由崩潰所限制，其典型的值是在截止狀態，即 V_{BCEO}。如之前所探討，如果電流增益較低則崩潰電壓較高[式（47）]。因此若要延伸電壓操作範圍，可降低電流增益。另一方法是在基極與射極間增加額外的電阻以降低電流增益。

高電流效應 在高電流操作下，有許多不希望的效應發生。我們已探討過由於克爾克效應造成基極變寬現象。而另一因素是因本質基極電阻而產生朝向射極邊界的電流擁擠效應（圖 13）。然而為了獲得高崩潰電壓，則必須降低集極摻雜 N_c。低的 N_c 不僅會加重克爾克效應，並且還會引起集極的導電率調變而產生一準飽和（quasi-saturation）區域。

準飽和區域如圖 23a 所示。物理上，它是當注入的電子密度高於集極摻雜時，由集極的導電率調變所造成。這與造成克爾克效應的原因相同。不同的地方是克爾克效應是發生在高 V_{CE} 時，載子以飽和速度移動，而在準飽和區，載子的傳輸是在低 V_{CE} 下的移動率區域。回顧圖 7，飽和是定義為當基極–集極接面在順向偏壓的操作。這會使得在靠近集極端的基極邊界有一高電子濃度。在準飽和情況下，電子濃度分佈是相似的，但其產生是由於另一項因素，即導電率調變所產生的。其對照如圖 23b-d 所描畫。注意就飽和與準飽和狀態，$n(0)$（在基極–集極接面）是相似的。因此，在準飽和狀態時的電流與正常模式比較是較低的。

準飽和的標準可由以下來分析。在高階注入時，電場設定為[40]

$$\mathscr{E}(x) = \frac{kT}{qn(x)}\frac{dn(x)}{dx} \tag{105}$$

包含愛因斯坦關係式之電流方程式為

$$\begin{aligned} J_C &= q\mu_n n\mathscr{E} + qD_n\frac{dn}{dx} \\ &= 2qD_n\frac{dn}{dx} \end{aligned} \tag{106}$$

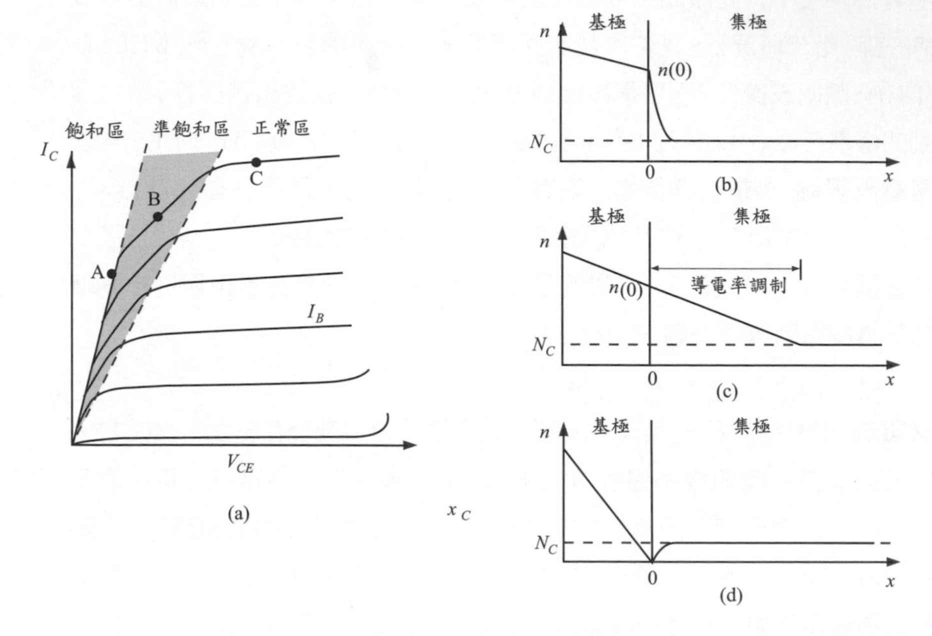

圖23　(a)共射極 I-V 特性，圖中顯示出在高電流和低 V_{CE} 之準飽和狀態，對應於(b)飽和模式(A點)，(c)準飽和模式(B點)，和(d)正常模式(C點)之電子濃度分佈。注意 $x = 0$ 的位置是在基極–集極接面。

因此，電子密度分佈為一線性形狀

$$n(x) = n(0) - \frac{J_C}{2qD_n} x \tag{107}$$

超過導電率調變的距離，如圖 23c 所示。跨在等距離的電壓降為

$$V_{cm} = \int \mathscr{E} dx = \frac{kT}{q} \ln\left[\frac{n(0)}{N_C}\right] \tag{108}$$

準飽和的外部 V_{CE} 變成

$$V_{CE} = V_{BE} + \frac{kT}{q} \ln\left[\frac{n(0)}{N_C}\right] + I_C R_C \tag{109}$$

由此可看出，當準飽和範圍超過右邊第二項的總數，則一般的飽和在 $V_{CE} = V_{BE} + I_{CRC}$ 開始發生。

熱散逸 就功率電晶體而言，當功率消散時溫度必然會升高。而高溫將導致電晶體電流的升高。這種正向回饋會造成局部的嚴重損害，此現象稱之為熱散逸（thermal runaway）。為了改善電晶體的效能，封裝設計上必須提供適當的熱衰減以提高熱傳導效率。另一有效的方法是強迫電流均勻分佈並橫跨整個元件範圍。可將整個射極面積分開成較小的面積相互並聯而形成交錯式的布局，再透過一射極電阻連結每個元件來達成。任何不希望增加的電流經過此特殊射極結構而將會被此電阻所限制。此串連的電阻稱之為穩定電阻或是射極鎮流電阻器。

二次崩潰 在大電流與高電壓的區域，功率電晶體經常會受到一種稱為二次崩潰作用（second breakbown）的限制，這是由於內部電流的突然受到壓縮而顯現出的元件電壓急速下降。桑頓（Thornton）和西蒙（Simmons）首次提出有關於二次崩潰現象的報告[41]，直到現在高功率半導體元件已被廣泛地研究[42,43]。就高功率元件而言，這類元件必須工作於特定安全範圍內，則可避免二次崩潰作用而引起的永久損害。

圖 24 表示共射極之電晶體在二次崩潰情況下的一般特性[44]。當外加射極–集極電壓達到如式（47）所示的 V_{BCEO} 值時，發生累增崩潰現象（第一次崩潰）。當電壓繼續增加，則二次崩潰開始發生。這項實驗結果一般可包括下列四項階段：第一階段為在崩潰電壓時，所導致的電流不穩定性；第二階段是由高至低的切換電壓區域；第三階段為低電壓高電流區；第四階段則為永久破壞。在不穩定狀況下（第一階段），跨越於接面的電壓出現崩潰現象。在崩潰作用的第二個過程中，在熱點的電阻變的非常低。在第三個低電壓過程裡，半導體處於高溫下，同時在崩潰點附近變為本質體（n_i = 摻雜濃度）。當電流持續增加，崩潰點熔解，即進入破壞的第四個步驟。

在實際應用上，功率元件常處於暫態的偏壓情況，使得高功率只能在短暫時間內散逸。當考慮能量（功率×時間）時，應用脈衝比在直流操作下較能承受高功率。不穩定現象的產生，主要是由溫度效應引起。當功率為 $P = I_C V_{CE}$ 的脈衝波施於電晶體後，隨著呈現一時間延遲，然後觸發元

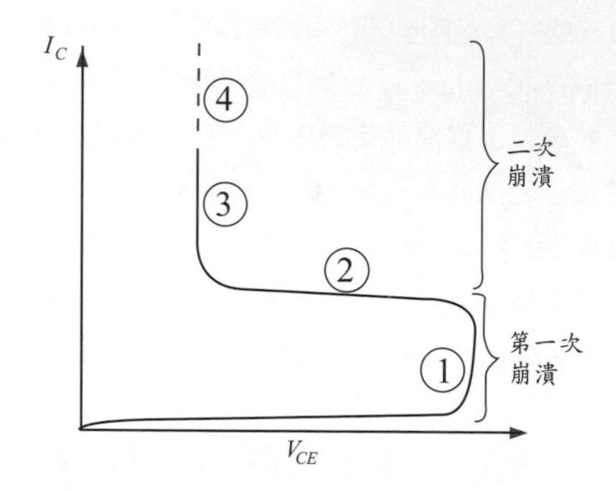

圖24　共射極 *I-V* 特性顯示在高電壓及高電流下的二次崩潰。

件進入二次崩潰狀況。這段時間稱為觸發時間（triggering time）。圖 25 表示不同周圍溫度下，觸發時間對外加脈衝功率之典型圖形。設在相同的觸發時間 τ 時，處於二次崩潰前的熱點溫度下，此觸發溫度（triggering temperature）T_{tr} 與脈衝功率 P 之間的近似關係式，由熱關係可得

$$P = C_3(T_{tr} - T_0) \tag{110}$$

式中 T_0 為周遭溫度，且 C_3 為與熱衰減效率有關的常數。因此，在低的周圍溫度下，可允許較高的功率散逸。由圖25得知，於已知的周遭溫度下，脈衝功率與觸發時間之間的關係近似為

$$\tau \propto \exp(-C_4 P) \tag{111}$$

式中 C_4 為另一常數。由此關係式指出，在破壞發生前，高功率的操作能使用一短暫時間。觸發溫度 T_{tr} 會隨著各種元件參數和幾何形狀而變化。對於大部分的矽二極體與電晶體而言，T_{tr} 即為使本質濃度 n_i（T_{tr}）等

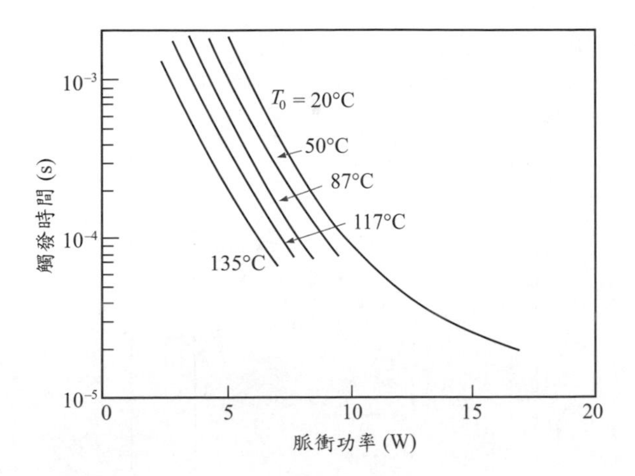

圖25　在不同周遭溫度 T_0 下，二次崩潰觸發時間與施加脈衝功率之關係圖。（參考文獻45）

於集極摻雜濃度時的溫度（參見第一章，圖 9）。熱點一般是位於元件的中央附近。對於不同的摻雜濃度則改變 T_{tr} 值，而不同元件幾何圖形 C_3 及 C_4 也會改變，造成觸發時間隨功率大量的變化。

安全操作範圍面積　合併以上的現象，為了保護電晶體免於永久的損害，必須定義出安全操作範圍面積（SOA）。圖 26 表示矽功率電晶體於共射極結構下工作之典型範例。對於其電路而言，集極負載曲線必須低於圖中標示的適用曲線極限值。這些數據是根據 150 ℃ 的峰值接面溫度 T_j 計算的。直流 SOA 的熱極限值是由元件的熱電阻決定，可寫成[46]

$$R_{th} = \frac{T_j - T_0}{P} \tag{112}$$

因此，熱極限定義了最大容許接面溫度及功率的極限值：如果 T_j 與 R_{th} 假設為常數，而固定的功率使得在 $\ln(I_C)$ 與 $\ln(V_{CE})$ 之間存在一斜率為 −1 的直線關係。在高電壓與低電流下，會造成條狀中央區域溫度大量升高。此項溫度升高，會造成二次崩潰現象，一般而言其斜率值在

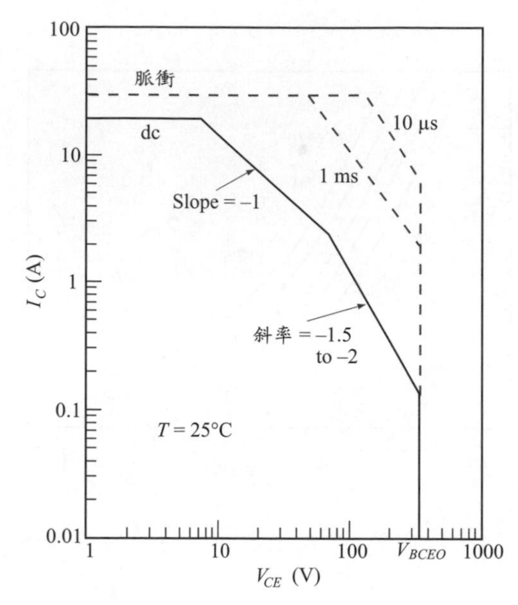

圖26 功率電晶體安全操作範圍面積（SOA）範例。在高溫時，SOA會減少。（參考文獻46）

–1.5 至 –2 之間。在較低的電流，此元件於 SOA 最終受到第一次崩潰電壓 V_{BCBO} 的限制，如圖中的垂直直線部分。在脈衝操作下，SOA可延伸至較高的電流值。在較高的周圍溫度下，熱限制降低了元件所能夠處理的功率，且此電流限制降低，導致較小的 SOA 。

5.4.2 基本電路邏輯

基本的雙載子電晶體反相器或是類比放大器其最簡單的形式如圖 27a 所示。當輸入高時，則電晶體導通。高集極電流跨過負載電阻 R_L 並產生一IR電壓降，因此輸出電壓會被拉下來。雙載子電晶體比場效電晶體較具有優勢的地方，是在於當元件轉換進入高速操作時仍有較高的轉導。但缺點是當雙載子電晶體切換進 / 出飽和模式時會產生延遲。以下為一些主要雙載子電晶體的邏輯討論。

射極耦合邏輯ECL 射極耦合邏輯（emitter-coupled logic, ECL）雖然功率損耗較高，但仍為一種具高速高效能的電路（圖 27b ）。

在速度的考量下，電晶體經由此方式的排列與控制施加偏壓條件，決不會操作在飽和區域。施加一參考基極電壓於參考電晶體 Q2 上，且電流流經 R_E 為固定常數。此常數電流藉由射極電阻 R_E 將分給 Q1 及 Q2 的電流耦合在一起。

積體注入邏輯IIL 自從1972問世後，此整合注入邏輯 [integrated-injection logic, IIL或 I^2L，也稱之為合併電晶體邏輯（merged-transistor logic,MTL）已廣泛地使用在IC邏輯及記憶體設計上。此邏輯使用了互補型雙載子電晶體，即 *n-p-n* 與 *p-n-p* 型兩種形式（圖 27d）。結構尚包含了水平式 *p-n-p* 電晶體，且其 *p*-集極與垂直式 *n-p-n* 電晶體的基極合併在一起。此邏輯單位不需要電阻器。元件間可以靠的非常近且不需要隔離。因此，對於大型複雜電路而言，I^2L 包含了電路佈局容易且高密集度的特性。水平式 *p-n-p* 電晶體 Q1 扮演注入到 Q2 基極的電流源。電晶體 Q2 則具有多重集極輸出接觸。

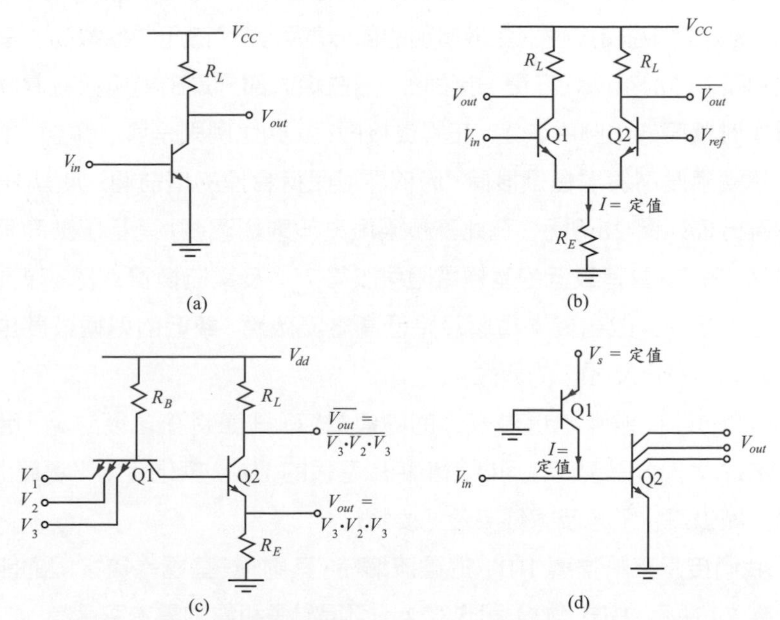

圖27 雙載子積體電路邏輯（a）基本反相器與放大器。（b）射極耦合邏輯 ECL。（c）電晶體–電晶體邏輯 TTL。（d）積體注入邏輯 IIL 或 I^2L。

雙載子互補式金氧半電晶體 (bipolar complementary metal oxide semiconductor, BiCMOS) 在 BiCMOS 技術中，理想設計是將雙載子電晶體與互補型（ n- 通道與 p- 通道）MOSFET 整合在一起。因為 MOSFET 與雙載子電晶體都有它各自的優點，對不同的最優化條件可衍生許多邏輯結構。

5.5 異質接面雙載子電晶體 (heterojunction bipolar transistor, HBT)

在雙載子電晶體中，電流增益的基本原則是源自於射極–基極接面的注入效率，對 n-p-n 電晶體而言，即是電子電流對電洞電流的比例 I_n/I_p。異質接面雙載子電晶體係在射極整合一較大能隙的異質接面當作射極–基極接面[47-49]。其注入效率大幅地改善（參見 2.7.1 節），也使得電流增益增大。然而，在實際的電路上，這超大的增益並不如改善其它元件參數來的有吸引力。只要電流增益足夠大，額外增加的部分就可與其它元件參數的改良做取捨。如式（38）所示，在單一接面裡，增益絕大部分是由射極摻雜濃度對基極摻雜濃度的比例所決定。在異質接面裡，此比例則是可以調整，事實上當基極濃度高於射極濃度時，仍依然可保持合理的增益值。典型 HBT 的摻雜分佈如圖 28 所示，在此基極濃度高於射極濃度。高基極濃度有幾個優點。首先，具有較低的基極電阻可改善 f_{max} 及電流擁擠效應。較高的基極濃度也可以改善爾力電壓及降低高電流效應。較低的射極濃度也具有降低能隙窄化及 C_{BE} 的優點。
此外，大的射極能隙能提供較大的內建電位，細節將在之後討論。應用上，HBT 大部分是製作在可做為半絕緣基板的 III-V 族化合物半導體上。這將可減少寄生電容及大幅改善速度特性。

我們接下來將推導 HBT 的電流增益，其射極–基極異質接面的能帶圖如圖 29 所示。由式（11）和式（22），可得電子和電洞電流密度為

$$J_n = \frac{qD_n n_{iB}^2}{WN_B}\exp\left(\frac{qV_{BE}}{kT}\right) \tag{113}$$

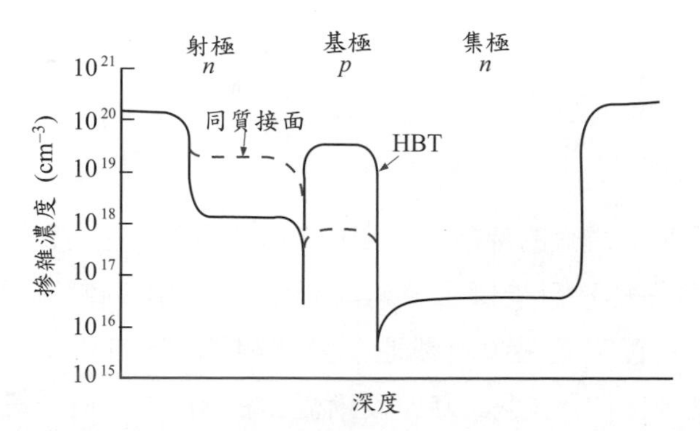

圖28 同質接面與異質接面雙載子電晶體摻雜分佈的比較。

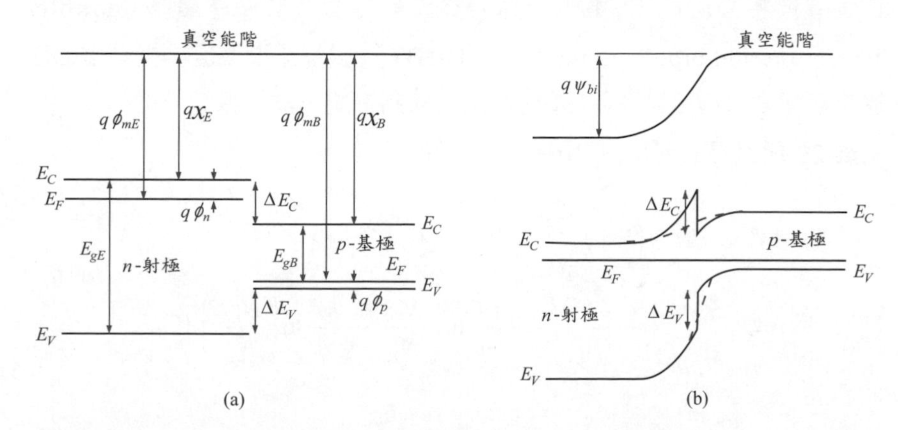

圖29 較大能隙之 n 型射極與較小能隙之 p 型基極異質接面間(a)接合前，和(b)接面形成後之能帶圖。在(b)裡，原本於陡峭異質接面之額外能障在漸變式異質接面下可以被消除。

$$J_p = \frac{qD_{pE}n_{iE}^2}{W_E N_E}\exp\left(\frac{qV_{BE}}{kT}\right) \tag{114}$$

式中 $n_{iB}{}^2$ 及 $n_{iE}{}^2$ 個別對應基極及射極的本質濃度。回顧 p-n 接面，每一個電流成分只由接受端的特性所決定。即對於由 n- 射極端注入的電子而言，式(13)之參數是由基極所決定。相同的道理，對電洞而言則是由射極的特性所決定。記住，此大的射極之能隙會減少電洞電流，而卻不會影響

到電子電流。因此，可得電流增益為

$$\left.\frac{J_n}{J_p}\right|_{HBT}=\left(\frac{n_{iB}^2}{n_{iE}^2}\right)\left.\frac{J_n}{J_p}\right|_{\text{同質接面}}=\left[\exp\left(\frac{\Delta E_g}{kT}\right)\right]\left.\frac{J_n}{J_p}\right|_{\text{同質接面}} \tag{115}$$

此式提供了其它所有的參數，如相同的摻雜濃度。有一點要注意的是由 ΔE_C 所產生的額外能障必須消除，否則其它限制電流傳導的機制將會出現。若在空乏區中緩慢地改變的組成，形成所謂的漸變式之 HBT，則此能障即可消除。陡峭及漸變式的 HBT 之位能圖如圖 30a 及 b 所示。根據式（115），電流增益的改善是由能隙的總改變量 ΔE_g 所決定，與 ΔE_C 及 ΔE_V 無關。為了比較，圖 30 中還包括了整合了第二個異質接面於基極–集極接面的雙異質接面雙載子電晶體（double-heterojunction bipolar transistor, DHBT），以及逐漸改變中性基極的能隙之漸變式基極雙載子電晶體。此兩結構將在之後詳細探討。

由圖 29 所計算的射極–基極接面之內建電位為

$$\begin{aligned}\psi_{bi}=\phi_{mB}-\phi_{mE}&=\left(\chi_B+\frac{E_{gB}}{q}-\phi_p\right)-(\chi_E+\phi_n)\\&=\frac{E_{gB}+\Delta E_C}{q}-\frac{kT}{q}\ln\left(\frac{N_{VB}}{N_B}\right)-\frac{kT}{q}\ln\left(\frac{N_{CE}}{N_E}\right)\end{aligned} \tag{116}$$

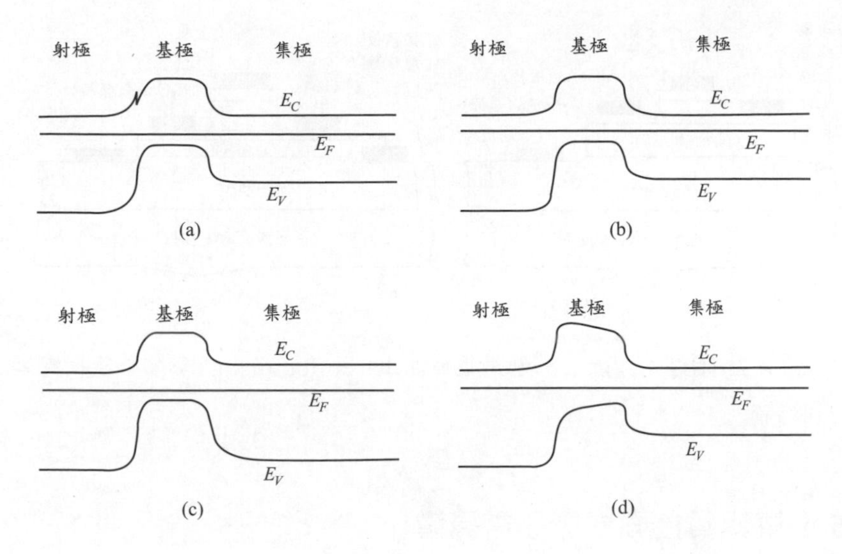

圖30（a）陡峭 HBT，（b）漸變式 HBT，（c）漸變式 DHBT，和（d）漸變式基極之雙載子電晶體能帶圖。

式中 N_{VB} 及 N_{CE} 分別為基極的價電帶有效態位密度以及射極的導電帶有效態位密度。同樣也使用$\Delta E_C = q(\chi_B - \chi_E)$ 關係式。其它異質接面的方程式請參見2.7.1節。

圖 31a 為一典型 HBT 結構。最普遍的HBT應用，會使用三種材料。此將根據材料的晶體晶格與能隙是否相匹配來選擇（參見第一章圖 32）。這些材料有（1）GaAs–基底（射極 / 基極 = InAlAs / InGaAs），（2）InP -基底（射極 / 基極 = InP / InGaAs），和（3）Si-基底（射極 / 基極 = Si / SiGe）。為了精準的控制組成及厚度，因此所有的 III-V 族的 HBT 皆是利用 MBE 或MOCVD 來成長。就大多數研究發表結果來看，以 Si 基底的 HBT 像是 Si-Ge 異質結構仍不太成熟，實際上反而是漸變式基極型的雙載子電晶體為主（參見以下5.5.2節）[50]。

就電路應用而言，集極的電容是主要關鍵。集極在上的結構設計用來縮小此電容值，其結構如圖 31b 所示。因為射極–基極接面變大，所以此設計的缺點會有較低的電流增益。另外，還有一項製程上的困難，就是製作基極接觸必須要蝕刻較厚的集極到薄基極層。

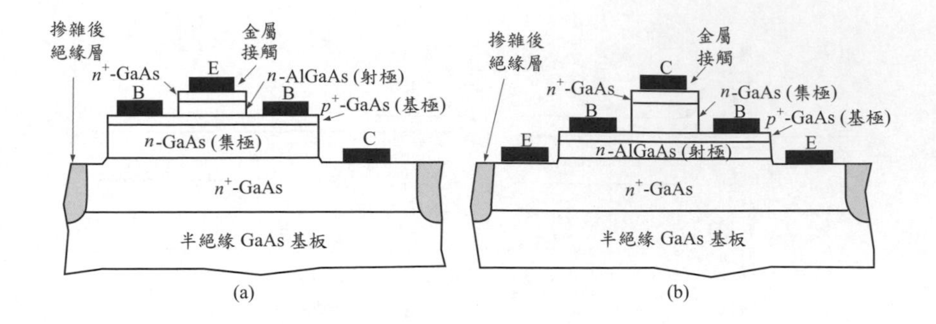

圖31(a)典型 HBT 結構。(b)利用集極在上(collector-up)來縮小集極電容之特別結構。

5.5.1 雙異質接面雙載子電晶體

HBT 在共射極結構上有一個缺點就是會有一偏移補償電壓(圖 32a)。原因是因為在低 V_{CE} 區域,即飽和區域,基極-射極和基極-集極接面都是順向偏壓。因為在 HBT 中,基極-射極電流是被抑制的,所以基極-集極電流會貢獻一負集極端的電流。

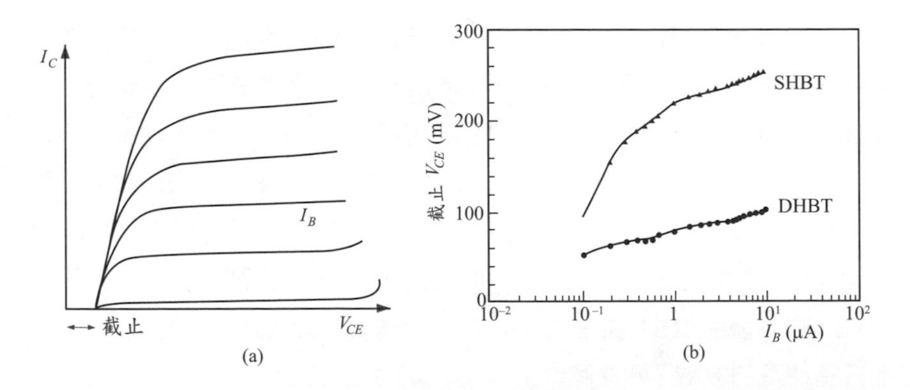

圖32(a)存在於 HBT 之偏移補償電壓 V_{CE}(b)InAlAs/InGaAs 之單 HBT與雙 HBT 的偏移補償電壓比較。(參考文獻51)

此情況在基極–集極接面面積遠大於基極–射極接面面積下會更嚴重（圖 31a）。此缺點可用另一異質接面來當作基極–集極接面，製作出相對於單 HBT（SHBT）的雙異質接面雙載子電晶體（DHBT）來消除。InAlAs/InGaAs 之 DHBT 及 SHBT 的補償電壓比較如圖 32b 所示。DHBT 的其它優點包含了因大的集極能隙所獲得之高崩潰電壓。相同地，對於高的射極能隙，具有高能隙的集極也可降低飽和模式下由基極到集極的電洞注入，因此可減少少數載子的儲存。在 DHBT 中，集極摻雜濃度較高可以減少高電流效應，像是克爾克效應及準飽和現象。

5.5.2 漸變式基極雙載子電晶體

在漸變式基極雙載子電晶體中，其漸變式的組成是在中性基極區裡而非接面。此設計的功能完全不同於 HBT。在此，漸變式的成分會形成一輔助電子漂移的準電場（圖 30d）。其目的與5.3.1節所討論的非均勻基極摻雜是相同的，不過在這裡所產生的準電場是更有效的。當摻雜梯度所造成的總位能變化為 $2kT/q$（~ 50 mV）等級時，由此能隙工程所改變的位能可大於 100 mV。

漸變式雙載子電晶體的優點有：高電子流和電流增益，減少充電時間獲得較高的 f_T，及增加爾力電壓。接下來是用 SiGe 漸變式基極雙載子電晶體為範例，靠近射極為 Si 而靠近集極端為 Ge，其能隙會減少 ΔE_g。假設在這段距離內的梯度是線性的。其結果可以表示為距離函數的本質濃度方程式，

$$n_i^2(\text{Si}_{1-x}\text{Ge}_x) = n_i^2(\text{Si})\exp\left(\frac{\Delta E_g}{kT}\frac{x}{W_B}\right) \tag{117}$$

由式（20），可得電子飽和電流密度 J_{n0} 為[20]

$$\begin{aligned} J_{n0}(\text{SiGe}) &= q\bigg/\int_0^{W_B}\frac{N_B(x)}{D_n(x)n_i^2(x)}dx \\ &= \frac{qD_n n_i^2(\text{Si})}{N_B W_B}\left[\frac{\Delta E_g/kT}{1-\exp(-\Delta E_g/kT)}\right] \end{aligned} \tag{118}$$

因為電洞電流保持不變，比較矽基底元件，其電流與電流增益的改善倍數為

$$\frac{J_{n0}(\text{SiGe})}{J_{n0}(\text{Si})}=\frac{\beta_0(\text{SiGe})}{\beta_0(\text{Si})}=\frac{\Delta E_g/kT}{1-\exp(-\Delta E_g/kT)} \qquad (119)$$

漸變式基極雙載子電晶體因基極充電時間減少，可得到一較高的 f_T 為[20]

$$\tau_B(\text{SiGe})=\frac{1}{D_n}\int_0^{W_B}\exp\left(\frac{\Delta E_g}{kT}\frac{x}{W_B}\right)\int_x^{W_B}\exp\left(\frac{-\Delta E_g}{kT}\frac{x'}{W_B}\right)dx'dx$$
$$=\frac{W_B^2}{2D_n}\left(\frac{2kT}{\Delta E_g}\left\{1-\frac{kT}{\Delta E_g}\left[1-\exp\left(\frac{-\Delta E_g}{kT}\right)\right]\right\}\right) \qquad (120)$$

比較均勻矽或鍺基極結構，通常其 $W_B{}^2/2D_n$ 項會隨著括弧內的因子而減小。最後，所計算的爾力電壓為

$$V_A(\text{SiGe})=\frac{qN_BW_B\exp(\Delta E_g/kT)}{\varepsilon_s}\int_0^{W_B}\exp\left(\frac{-\Delta E_g}{kT}\frac{x}{W_B}\right)dx$$
$$=\frac{qN_BW_B^2}{\varepsilon_s}\left\{\frac{kT}{\Delta E_g}\left[\exp\left(\frac{\Delta E_g}{kT}\right)-1\right]\right\} \qquad (121)$$

注意，受括弧內的因子所造成的改善是非常顯著的。

5.5.3 熱電子電晶體

熱電子是電子的能量高於費米能量數個 kT 以上，因此電子不再處於晶格的熱平衡狀態。藉由此額外的動能，電子能以一較快的速度行進，提高其速度及較大的電流。對熱電子而言，其群速為高於導電帶能量的函數，其關係如圖 33a 所示。圖中指出這些群速會高於平衡狀態時的數倍。以陡峭 HBT 為結構之熱電子電晶體如圖 33b 所示。

s

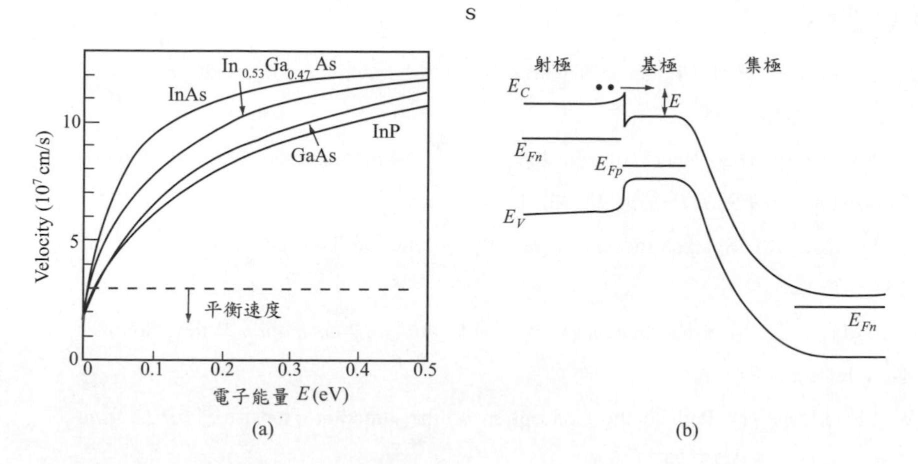

圖33（a）電子速度（群速）爲導電帶以上能量的函數。（參考文獻52）（b）具陡峭HBT 結構之熱電子電晶體能帶圖。

有許多其它種類的熱電子電晶體已經被提出來，其能帶圖描述於圖34 中。這些電晶體主要不同的地方在於發射熱電子到基極的方式[53]。注入的機制包括穿遂方式穿過一高能隙的材料[54]，在金屬基極的電晶體利用熱離子發射方式越過的蕭特基射極[33]，或者是在平面摻雜位障電晶體中越過三角形位能[55]。到目前為止，熱電子電晶體在速度上的優勢仍未被證實。在應用上則是做為一電子能譜儀，藉由改變集極-基極間異質接面的能障來過濾或選擇不同能量的電子，分析熱電子的能量與其性質之關係。

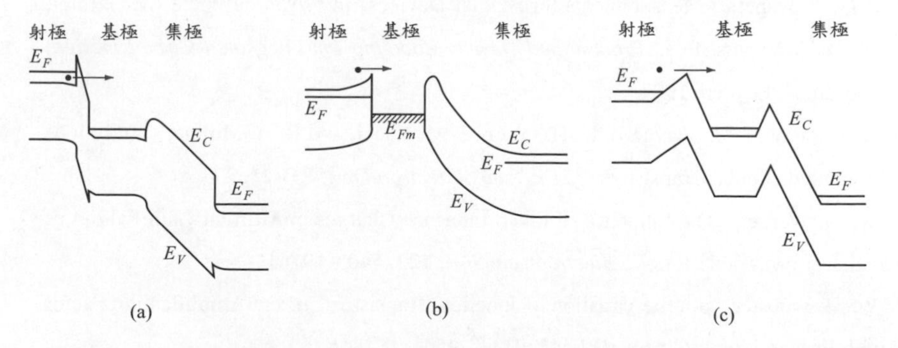

圖34 其它熱電子電晶體的形式。熱電子可由下列三種方式產生：（a）穿遂一能障；（b）熱離子發射越過蕭特基能障；及（c）越過一平面摻雜位障。

參考文獻

1 J. Bardeen and W. H. Brattain, "The Transistor, A Semiconductor Triode,"*Phys. Rev.,* **74**, 230 (1948).

2 W. Shockley, "The Theory of *p-n* Junctions in Semiconductors and *p-n* Junction Transistors,"*Bell Syst. Tech. J.,* **28**, 435 (1949).

3 W. Shockley, M. Sparks, and G. K. Teal, "*p-n* Junction Transistors,"*Phys. Rev.,* **83**, 151 (1951).

4 G. S. May and S. M. Sze, *Fundamentals of Semiconductor Fabrication*, Wiley, Hoboken, New Jersey, 2004.

5 W. Shockley, "The Path to the Conception of the Junction Transistor,"*IEEE Trans. Electron Dev.,* **ED-23**, 597 (1976).

6 M. Riordan and L. Hoddeson, *Crystal Fire*, Norton, New York, 1998.

7 D. J. Roulston, *Bipolar Semiconductor Devices*, McGraw-Hill, New York, 1990.

8 M. Reisch, *High-Frequency Bipolar Transistors*, Springer Verlag, New York, 2003.

9 W. Liu, *Handbook of III-V Heterojunction Bipolar Transistors*, Wiley, New York, 1998.

10 M. F. Chang, Ed., *Current Trends in Heterojunction Bipolar Transistors*, World Scientific, Singapore, 1996.

11 J. L. Moll and I. M. Ross, "The Dependence of Transistor Parameters on the Distribution of Base Layer Resistivity," *Proc. IRE,* **44**,72 (1956).

12 H. K. Gummel, "Measurement of the Number of Impurities in the Base Layer of a Transistor,"*Proc. IRE*, **49**, 834 (1961).

13 S. K. Ghandi, *Semiconductor Power Devices*, Wiley, New York, 1977.

14 P. G. A. Jespers, "Measurements for Bipolar Devices,"in F. Van de Wiele, W. L. Engl, and P. G. Jespers, Eds., *Process and Device Modeling for Integrated Circuit Design*, Noordhoff, Leyden, 1977.

15 R. S. Payne, R. J. Scavuzzo, K. H. Olson, J. M. Nacci, and R. A. Moline, "Fully Ion-Implanted Bipolar Transistors,"*IEEE Trans. Electron Dev.,* **ED-21**, 273 (1974).

16 W. M. Werner, "The Influence of Fixed Interface Charges on Current Gain Fallout of Planar n-p-n Transistors,"*J. Electrochem. Soc.,* **123**, 540 (1976).

17 W. M. Webster, "p-n the Variation of Junction-Transistor Current Amplification Factor with Emitter Current,"*Proc. IRE*, **42**, 914 (1954).

18 M. J. Morant, *Introduction to Semiconductor Devices*, Addison-Wesley, Reading,

Mass., 1964.

19 J. M. Early, "Effects of Space-Charge Layer Widening in Junction Transistors,"*Proc. IRE*, **40**, 1401（1952）.

20 Y. Taur and T. H. Ning, *Fundamentals of Modern VLSI Devices*, Cambridge University Press, Cambridge, 1998.

21 W. W. Gartner, *Transistors, Principle, Design, and Application*, D. Van Nostrand, Princeton, New Jersey, 1960.

22 J. R. Hauser, "The Effects of Distributed Base Potential on Emitter-Current Injection Density and Effective Base Resistance for Strip Transistor Geometries,"*IEEE Trans. Electron Dev.,* **ED-11**, 238（1964）.

23 J. del Alamo, S. Swirhun, and R. M. Swanson, "Simultaneous Measurement of Hole Lifetime, Hole Mobility and Bandgap Narrowing in Heavily Doped *n*-Type Silicon,"*Tech. Dig. IEEE IEDM*, 290（1985）.

24 H. C. Poon, H. K. Gummel, and D. L. Scharfetter, "High Injection in Epitaxial Transistors,"*IEEE Trans. Electron Dev.,* **ED-16**, 455（1969）.

25 C. T. Kirk, "Theory of Transistor Cutoff Frequency（fT）Fall-Off at High Current Density,"*IEEE Trans. Electron Dev.,* **ED-9**, 164（1962）.

26 R. L. Pritchard, J. B. Angell, R. B. Adler, J. M. Early, and W. M. Webster, "Transistor Internal Parameters for Small-Signal Representation,"*Proc. IRE*, **49**, 725（1961）.

27 A. N. Daw, R. N. Mitra, and N. K. D. Choudhury, "Cutoff Frequency of a Drift Transistor,"*Solid-State Electron.,* **10**, 359（1967）.

28 K. Suzuki, "Optimized Base Doping Profile for Minimum Base Transit Time,"*IEEE Trans. Electron Dev.,* **ED-38**, 2128（1991）.

29 R. G. Meyer and R. S. Muller, "Charge-Control Analysis of the Collector-Base Space-Charge-Region Contribution to Bipolar-Transistor Time Constantτ T,"*IEEE Trans. Electron Dev.,* **ED-34**, 450（1987）.

30 W. D. van Noort, L. K. Nanver, and J. W. Slotboom, "Arsenic-Spike Epilayer Technology Applied to Bipolar Transistors,"*IEEE Trans. Electron Dev.,* **ED-48**, 2500（2001）.

31 K. K. Ng, M. R. Frei, and C. A. King, "Reevaluation of the fTBVCEO limit on Si Bipolar Transistors,"*IEEE Trans. Electron Dev.,* **ED-45**, 1854（1998）.

32 K. Kurokawa, "Power Waves and the Scattering Matrix,"*IEEE Trans. Microwave Theory Tech.,* **MTT-13**, 194（1965）.

33 S. M. Sze and H. K. Gummel, "Appraisal of Semiconductor-Metal-Semiconductor

Transistors,"*Solid-State Electron.,* **9**, 751 (1966).

34 E. G. Nielson, "Behavior of Noise Figure in Junction Transistors,"*Proc. IRE,* **45**, 957 (1957).

35 J. L. Moll, "Large-Signal Transient Response of Junction Transistors,"*Proc. IRE*, **42**, 1773 (1954).

36 I. R. C. Post, P. Ashburn, and G. R. Wolstenholme, "Polysilicon Emitters for Bipolar Transistors: A Review and Re-Evaluation of Theory and Experiment,"*IEEE Trans. Electron Dev.,* **ED-39**, 1717 (1992).

37 A. C. M. Wang and S. Kakihana, "Leakage and hFE Degradation in Microwave Bipolar Transistors,"*IEEE Trans. Electron Dev.,* **ED-21**, 667 (1974).

38 L. C. Parrillo, R. S. Payne, T. F. Seidel, M. Robinson, G. W. Reutlinger, D. E. Post, and R. L. Field, "The Reduction of Emitter-Collector Shorts in a High-Speed, All Implanted, Bipolar Technology,"*Tech. Dig. IEEE IEDM,* 348 (1979).

39 E. O. Johnson, "Physical Limitations on Frequency and Power Parameters of Transistors,"*IEEE Int. Conv. Rec.,* Pt. 5, p. 27 (1965).

40 J. G. Kassakian, M. F. Schlecht, and G. C. Verghese, *Principles of Power Electronics*, Addison-Wesley, New York, 1991.

41 C. G. Thornton and C. D. Simmons, "New High Current Mode of Transistor Operation,"*IRE Trans. Electron Devices,* **ED-5**, 6 (1958).

42 H. A. Schafft, "Second-Breakdown Comprehensive Review,"*Proc. IEEE,* **55**, 1272 (1967).

43 N. Klein, "Electrical Breakdown in Solids,"in L. Marton, Ed., *Advances in Electronics and Electron Physics, Academic,* New York, 1968.

44 L. Dunn and K. I. Nuttall, p-n Investigation of the Voltage Sustained by Epitaxial Bipolar Transistors in Current Mode Second Breakdown,"*Int. J. Electron.,* **45**, 353 (1978).

45 H. Melchior and M. J. 0. Strutt, "Secondary Breakdown in Transistors,"*Proc. IEEE,* **52**, 439 (1964).

46 F. F. Oettinger, D. L. Blackburn, and S. Rubin, "Thermal Characterization of Power Transistors,"*IEEE Trans. Electron Dev.,* **ED-23**, 831 (1976).

47 W. Shockley, "Circuit Element Utilizing Semiconductive Material,"U.S. Patent 2,569,347 (1951).

48 H. Kroemer, "Theory of a Wide-Gap Emitter for Transistors,"Proc. IRE, 45, 1535 (1957).

49 H. Kroemer, "Eeterostructure Bipolar Transistors and Integrated Circuits,"*Proc. IEEE,* **70**, 13（1982）.

50 E. Kasper and D. J. Paul, *Silicon Quantum Integrated Circuits,* Springer Verlag, Heidelberg, 2005.

51 T. Won, S. Iyer, S. Agarwala, and H. Morko "Collector Offset Voltage of Heterojunction Bipolar Transistors Grown by Molecular Beam Epitaxy,"*IEEE Electron Dev. Lett.*, **EDL-10**, 274（1989）.

52 A. F. J. Levi, "Nonequilibrium Electron Transport in Heterojunction Bipolar Transistors,"in B. Jalali and S. J. Pearton, Eds., *InP HBTs: Growth, Processing, and Applications,* Artech House, Boston, 1995.

53 J. L. Moll, "Comparison of Hot Electrons and Related Amplifiers,"*IEEE Trans. Electron Dev.*, **ED-10**, 299（1963）.

54 C. A. Mead, "Tunnel-Emission Amplifiers,"*Proc. IRE*, **48**, 359（1960）.

55 J. R. Hayes and A. F. J. Levi, "Dynamics of extreme nonequilibrium electron transport in GaAs,"*IEEE J. Quan. Electron.,* **QE-22**, 1744（1986）.

習題

1. 一個矽 p^+-n-p 電晶體，其射極、基極以及集極的濃度分別為 5×10^{18}，10^{16} 以及 10^{15} cm^{-3}。基極的寬度為 1.0 μm，以及元件的截面積為 3 mm^2。若 V_{EB} = 0.5 V 和 V_{CB} = 5 V（逆向偏壓）。(a) 請計算中性基極的寬度，(b) 少數載子在射極–基極接面中的濃度，以及 (c) 在中性基極區中之少數載子的電荷量。

2. 一矽陡峭摻雜之 n^+-p-n 雙載子電晶體，其射極、基極以及集極的濃度分別為 10^{19}，3×10^{16} 以及 5×10^{15} cm^{-3}。求基極–集極之上限電壓，此時使得射極偏壓不再控制集極電流（由於貫穿或者是累增崩潰之故）。假設基極寬度（在冶金接面之間）為 0.5 μm。

3. 在 n-p-n 電晶體中，對一具有一般的基極摻雜雜質 $N(x)$ 而言，由式17所給予的電子流密度並具邊界條件 $x = W$ 之處 $n_p = 0$ 之下，請證明式(18)。

4. 一具有 3 μm 厚 p-層與 9 μm 厚 p-層的 n^+-p-π-p^+ 二極體。要在 p- 區域中產生累增崩潰以及在 p- 區域中達到速度飽和，其偏壓必須夠高才行。求此所需要之最小偏壓。

5. 流過集極–基極接面之逆向偏壓空乏區的集極電流為一漂移電流。(a) 假設載子在飽和速度下，請證明基極–集極空乏區內所注入的載子濃度為常數。(b) 請繪出集極–基極接面之空乏區內電場隨電流密度增加的分佈，假設基極與集極兩者分別均勻地摻雜 N_B 以及 N_C，且 $N_B >> N_C$。集極–基極電壓被固定在 V_{CB}。(c) 電流密度在多少下可使得電場達到一個定值。

6. 推導外質轉導式(42)，g_m 由於射極電阻 R_E 導致劣化的表示式。

7. 若我們要設計一具有截止頻率 f_T 為25 GHz的雙載子電晶體，那麼中性基極將為何?假設 D_p 為10 cm^2/s，並忽略射極與集極延遲。

8. 考慮一 $Si_{1-x}Ge_x$/Si HBT，在基極區域中 x = 10%（而在射極以及集極中為 0%）。基極的能隙較矽能隙小 9.8%。若基極電流僅由射極注射效率造成，那麼在0與100 °C 之間共射極電流增益的預期改變為何?

9. 一異質接面雙載子電晶體（HBT）射極能隙為 1.62 eV 以及基極能隙為 1.42 eV。一同質接面電晶體（BJT）射極與基極能隙為 1.42 eV；其射極摻雜濃度為 10^{18} cm^{-3} 而基極摻雜濃度為 10^{15} cm^{-3}。若HBT與BJT有相同的射極摻雜濃度以及共射極電流增益為 β_0。那麼HBT基極摻雜的最低限制值為何?(atoms/cm^3)（提示:假設基極傳輸因子非常接近一,以及 β_0 主要由射極效率所決定。且假設射極與基極之擴散係數,導電帶與價電帶中能態密度相同並與摻雜無關。此外,中性基極寬度 W 遠小於基極擴散長度且等於或小於射極擴散長度)。

10. 請決定電子從陡峭之射極-基極 InP/InGaAs 異質接面注射進入至基極區域的速度。假設 InGaAs 能帶為一拋物線。請決定接近射極之基極區中電子速度的角分佈(angular distribution)。(提示:InP/InGaAs接面 ΔE_C eV,以及 InP 的 m^* 接近 $0.045m_0$)

金氧半場效電晶體（MOSFET）

6.1 簡介
6.2 基本元件特性
6.3 非均勻摻雜與埋入式通道元件
6.4 元件微縮與短通道效應
6.5 MOSFET結構
6.6 電路應用
6.7 非揮發性記憶體元件
6.8 單電子電晶體

6.1 簡介

金屬-氧化物-半導體場效電晶體（metal-oxide-semiconductor field-effect transistor, MOSFET）在現今先進積體電路技術中扮演著極為重要的角色，其應用層面包括了微處理器以及半導體記憶體，同時也可做為重要的功率元件。在 1930 年初期，李列菲爾德（Lilienfeld）[1-3]與海爾（Heil）[4]率先提出表面場效電晶體的工作原理。1940年後期蕭克萊（Shockley）與皮爾森（Pearson）[5]繼續從事這方面之研究。而至 1960 年時期，里吉納（Ligenza）與史匹哲（Spitzer）利用矽熱氧化成氧化矽之方式製作出第一個金氧半（MOS）結構[6]。藉由矽-氧化矽結構，亞特拉（Atalla）提出基本的 MOSFET 結構[7]。接著姜（Kahng）和亞特拉於

1960 年發表第一顆MOSFET[8]。關於MOSFET的發展歷史記載於文獻9-10。接著有埃安多拉（Ihantol）和摩拉（Moll）[11]、薩（Sah）[12]、與赫斯登（Hofstein）和海門（Heiman）[13]研究元件的基本特性。至於技術、應用和元件物理方面在許多書上都有被詳細的介紹[14-17]。

圖 1 為自 1970 年起積體電路產業中閘極長度隨年代微縮的情形。在可預見的未來裡，其尺寸依然會維持此速度繼續往下微縮。由於電晶體效能與密度必須不斷地提升，因而趨使元件尺寸必須向下微縮，而積體電路晶片上的單位數目亦呈指數增加。但是此成長速率將會因製程困難度與成本而降低。約於 2000 年，使用 0.1 -μm 技術製造的元件已應用於市場上，而此時單位晶片上的電晶體數目達十億顆。

本章首先考慮的基本元件為長通道 MOSFET；此時沿著通道的縱向電場不至於大到產生速度飽和。所以在此狀況下，載子的速度受限於移動率，或者說移動率為定值。當通道長度變短時，由二維電位與高電場傳導所造成的短通道效應就變的相當重要，例如速度飽和與彈道傳輸。學者也提出不同的元件結構來克服這些問題，進而改善 MOSFET 的工作效能。此外，本章將討論一些具代表性的結構，如非揮發性記憶體與多層閘極結構的 MOSFET。

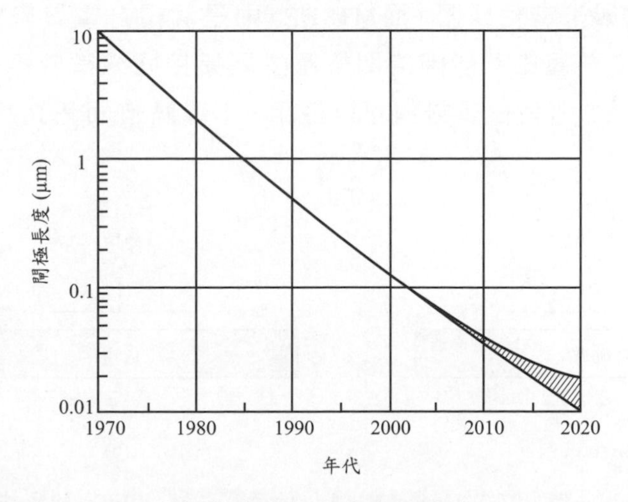

圖1 積體電路的最小閘極長度隨年代演進之關係。

6.1.1 場效電晶體：族系

由於 MOSFET 為場效電晶體中最重要的元件，所以在此節先介紹場效電晶體（FET）與電位效應電晶體（potential-effect transistor, PET）的差別。一般來說，電晶體皆為三端點元件，其中通道電阻位於兩個端點中間，並且由第三端點控制（MOSFET在基底則有第四個端點）。而通道的控制方式為 FET 與 PET 的最大差別。如圖 2，FET 控制通道的方式主要是利用電場（故名為場效電晶體）；而 PET 則是利用通道電位（故名為位效應電晶體）。FET 通道內的載子藉由控制端點閘極（gate）的控制由源極（source）流向汲極（drain）；反觀 PET，相對應的端點稱為射極、集極與基極。雙載子電晶體即為 PET 中最具代表性的元件。

圖 3 為整個場效電晶體的族系。圖中第一層的三個元件分別為絕緣閘極場效電晶體（insulated-gate FET, IGFET）、接面場效電晶體（junction FET, JFET）與金屬-半導體場效電晶體（metal-semiconductor FET, MESFET），主要的差別在於閘極電容形成的方式不同。IGFET是利用絕緣體當做閘極電容。而 JFET 與 MESFET 的閘極電容分別利用 p-n 接面產生的空乏層及蕭特基位障。圖中 IGFET 衍生出金屬-絕緣體-半導體場效電晶體（MOSFET / MISFET）和異質接面場效電晶體（heterojunction FET, HFET）。MOSFET 是生成氧化層來當絕緣體，而MISFET則是沉積介電質來當絕緣體。HFET 主要藉由高能隙的閘極產生異質接面來當做絕緣體。儘管 MOSFET 中有很多材料可以使用，半導體方面有鍺[18]、矽和

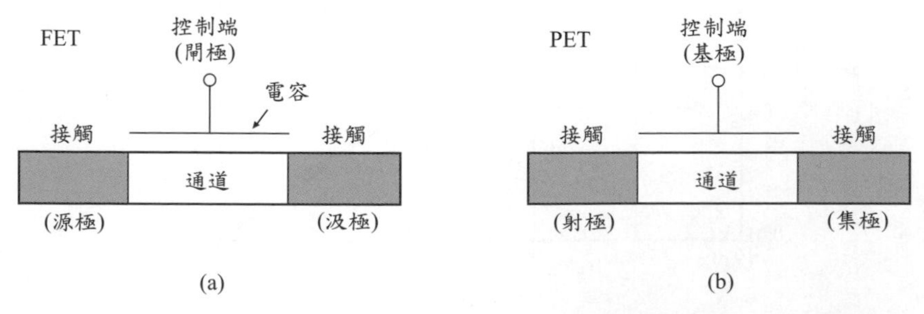

圖2 (a) 場效電晶體（FET），與 (b) 電位效應電晶體（PET）的元件結構。

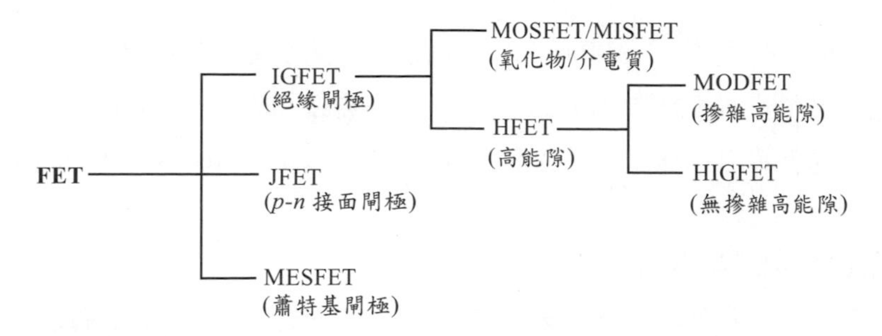

圖3 場效電晶體(FET)之族系。

砷化鎵[19]，氧化物方面則有氧化矽、氮化矽和氧化鋁，但在 MOSFET 結構中最重要的還是氧化矽-矽系統。因此本章將著重於氧化矽-矽的結構。其他的，如 JFET、MESFET 與 HFET 將會在之後的章節討論。

場效電晶體的特性廣泛地被應用在類比開關、高輸入阻抗放大器與微波放大器，特別是數位積體電路。對雙載子電晶體來說，由於 FET 具有較高的輸入阻抗，所以使得 FET 的輸入與標準之微波系統更容易匹配。而 FET 在高電流情況下具有負溫度係數；即其電流值會隨著溫度升高而下降。該特性使得整個元件區域面積內的溫度分佈較為均勻，同時可以防止FET 發生類似雙載子電晶體元件之熱散逸或二次崩潰，所以即使主動區的面積很大或是許多元件並聯在一起，元件仍可保持熱穩定狀態。又因為順偏的 p-n 接面是不存在的，故 FET 沒有少數載子聚積的問題，因此有較高的大信號切換速度。此外，這類的元件基本上滿足平方定理或線性元件特性，在交互調變以及交叉調變結果會小於一般雙載子電晶體。

6.1.2 場效電晶體的種類

要將 FET 分類有許多種方法。首先可以以通道內的載子來分類，分為 n 型通道與 p 型通道元件。n 型通道是由電子形成，電導值會隨著閘極正偏壓加大而增加；p 型通道則是由電洞形成，其電導值變化與 n 型通道相似，只是改為施加負偏壓。此外，當電晶體的閘極偏壓等於零時也是一個很重要的狀態。當閘極偏壓為零時，如果通道內的電導值很低，需要外加閘極偏壓才能形成導電的通道，那這種 FET 我們稱為加強模式(enhancement-mode)或常態關閉(normally-off)。另外，當閘極偏壓為零時，通道內已經具有導電性或需要透過外加閘極偏壓來關閉電晶體，那則稱為空乏模式（depletion-mode）或常態開啓（normally-on）。上述四種電晶體的輸出特性以及轉換特性（transfer characteristics）如圖 4 所示。

在場效電晶體分類中，通道性質亦是很重要的分類方式。如圖5所示，通道型式可分為表面反轉層通道與埋入式通道。表面反轉層通道可視為厚度約 5 nm 的二維片電荷層。相較之下，埋入式通道的厚度較厚，且隨著表面空乏層厚度而改變，因其當電晶體關閉時，其電晶體通道將完全被表面空乏層所消耗。在所有 FET 種類中，MESFET 與 JFET 一直是埋入式通道元件，而調變摻雜場效電晶體（modulation-doped FET , MODFET）是表面通道元件。在 MOSFET 與 MISFET 裡則是兩者都可以使用，但在實際應用上大多數還是採用表面通道元件。

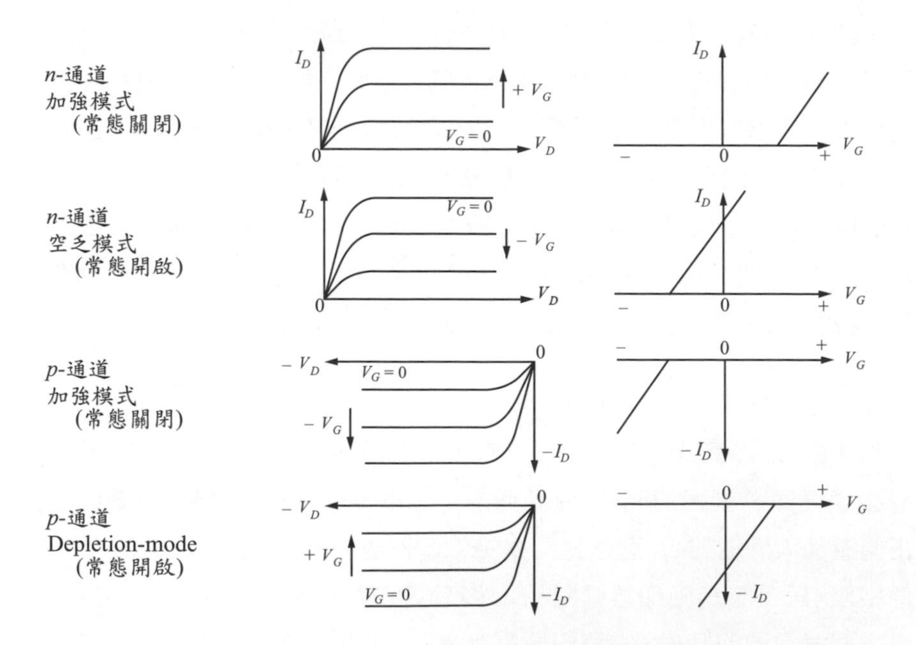

圖4 MOSFET 之四種輸出以及轉換特性。

這兩種通道方式有其各自的優點。埋入式通道基本上由塊材傳導，而與表面的表面的缺陷與散射機制影響無關，因此擁有較佳的載子移動率。然而由於通道離閘極的距離太遠，導致閘極控制能力下降，所以會有較低的電導。注意，通常空乏模式元件皆使用埋入式通道，但理論上亦可藉由改變閘極材料來獲得適當的功函數與起始電壓，而得到相同之結果。

6.2 基本元件特性

於本章中我們都以 n 型通道元件為例。若要研究 p 型通道元件，只要將 p 型半導體的參數代入以及改變電壓極性，所有的假設與公式都成立。MOSFET 的基本結構如圖 6 所示。它是一個四端點元件，是由一個擁有兩個以離子佈植形成的 n^+ 區域（稱之源極與汲極）與 p 型半導體基底所組成。絕緣層上方的金屬稱之為閘極，可由高摻雜濃度的多晶矽或矽化物與多晶矽的組合來形成。因為矽–氧化矽的介面品質很好，所以閘極絕緣體一般都採用經熱氧化產生的氧化矽。基本的元件參數有通道長度 L（為兩個 n^+-p 冶金接面之間的距離）；通道寬度 Z；絕緣層厚度 d；接面深度 r_j 以及基底摻雜 N_A。矽的積體電路設計中，MOSFET常使用厚氧化物[稱為場效氧化物（field oxide），來與閘極氧化物區分]或以填滿絕緣體的溝渠圍繞而使其與鄰近元件隔離。

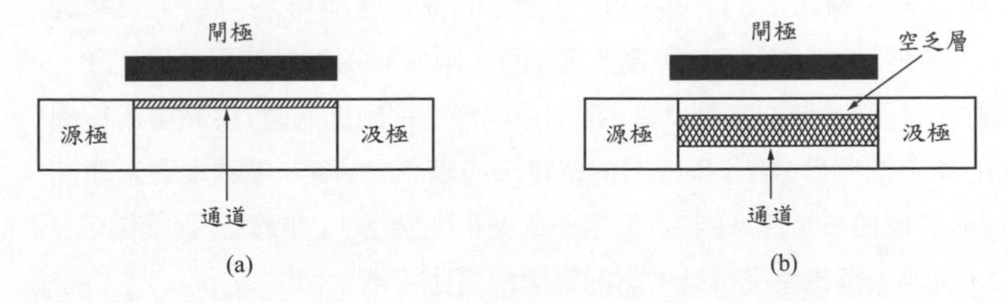

圖5 FET之通道型式：（a）表面反轉通道；（b）埋入式通道。

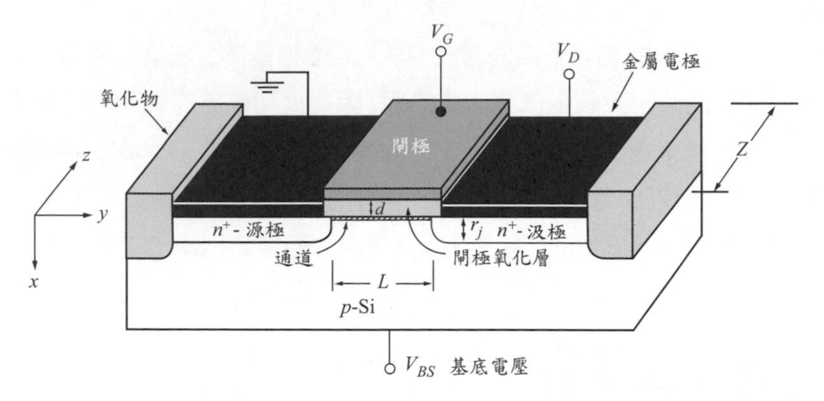

圖6 MOSFET之示意圖。

在本章裡，源極接點將作為電壓的參考點。當閘極無或處極低之外加偏壓時，通道呈現關閉狀態，源極到汲極電極之間相當於兩個背對背相接的 p-n 接面。當外加一足夠大的正電壓於閘極上時，於在兩個 n^+ 型區域之間將形成表面反轉層（或通道）。於是源極與汲極藉由此一表面 n-通道相互連結，並容許大量電流通過。而通道的電導可藉由閘極電壓的變化來加以調節。背面的基板可接一參考電壓、或逆向偏壓，而此基板偏壓亦會影響通道電導。

6.2.1 通道內的反轉電荷

當汲極上施加電壓時，MOS 結構將處於非穩定狀態；此時少數載子準費米能階 E_{Fn} 會被拉低。為了更清楚說明能帶彎曲的情形，如圖 7a 所示，將 MOSFET 旋轉 90°。圖 7b 為二維能帶於平帶，即零偏壓（ $V_G=V_D=V_{BS}=0$ ）下之平衡狀態。而在閘極施加偏壓的平衡狀況下，如圖 7c 所示，會造成表面反轉。當閘極與汲極都施加偏壓，此時會處於圖 7d 的非平衡狀態，電子與電洞的準費米能階將會分離；電洞準費米能階 E_{Fp} 依然位於本體費米能階，而電子準費米能階 E_{Fn} 則降低到汲極電位。圖 7d 說明汲極端達反轉時所需的閘極電壓比平衡狀態的 $\psi_S(inv) \approx 2\psi_B$ 還要高*；換句話說，汲極端的反轉電荷因汲極偏壓而降低。這是因為施加的汲極偏壓拉低 E_{Fn} ，而反轉層只有在表面電位滿足 [$E_{Fn}-E_i(0)$]$>q\psi_B$

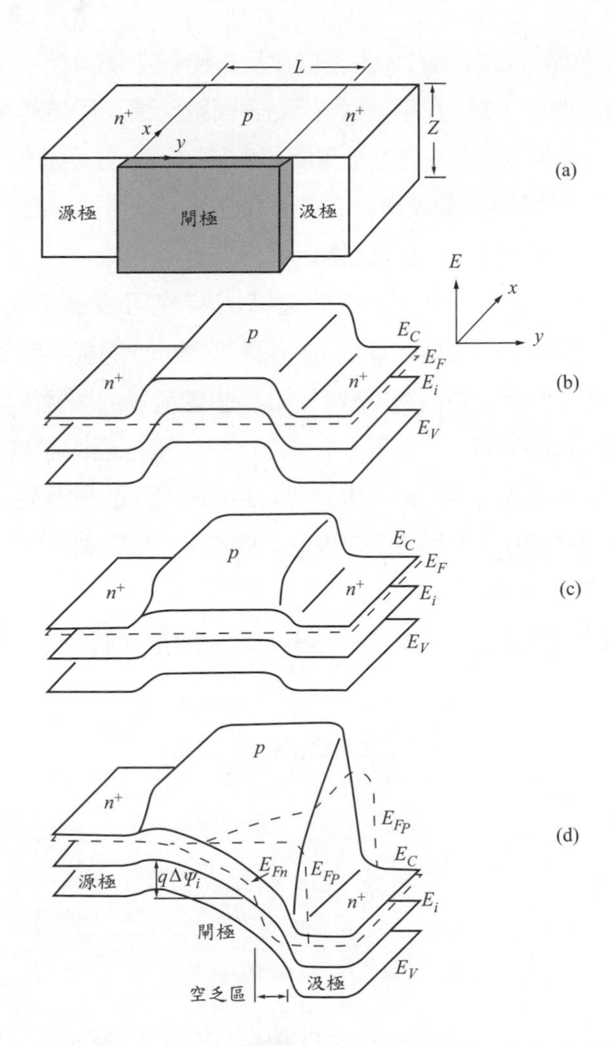

圖7 *n* 型通道MOSFET之二維能帶圖：(a) 元件結構；(b) 平帶零偏壓下的平衡狀態；(c) 正閘極偏壓下的平衡狀態 (V_D=0)；(d) 在閘極與汲極偏壓下的非平衡狀態。(參考文獻20)

的情況下才能夠形成，其中 $E_i(0)$ 為 x=0 處的本質費米能階。

annotation ・註釋

*一般假設 $\psi_s = 2\psi_B$ 是弱反轉剛開始進入強反轉時。通常強反轉區 ψ_s 還要大於數個 kT。這可由第四章圖 5 中得知。

圖 8 為靠近汲極端的 p 型基底於反轉時在平衡與非平衡狀態下之電荷分佈與能帶變化圖。在平衡狀況下，表面空乏區在反轉時達到最大寬度 W_{DM}；在非平衡狀況時，空乏區寬度將大於 W_{DM}，並且隨汲極偏壓 V_D 變化。在接近強反轉時，於汲極端的表面電位 $\psi_S(y)$ 可近似為

$$\psi_s(\text{反轉}) \approx V_D + 2\,\psi_B \tag{1}$$

在非平衡狀態下，表面空間電荷的特性可根據下列兩個假設推知：（1）多數載子的準費米能階 E_{Fp} 與基底相同，而且不隨著基板到表面的距離變化（即沿 x 方向為常數）；（2）少數載子的準費米能階 E_{Fn} 則因汲極偏壓作用而降低，且隨著 y 方向變化。在第一個假設裏，當表面反轉時，多數載子在表面空間電荷中為可忽略的一項，故只產生些微的誤差；第二個假設裏，因為少數載子在表面反轉時，對於表面空間電荷來說是很重要的一項，故此假設是可以成立的。

根據上述的假設，位於汲極端的表面空間電荷區，其一維波松方程式可寫為

$$\frac{d^2\psi_p}{dx^2} = \frac{q}{\varepsilon_s}(N_A - p + n) \tag{2}$$

式中

$$p_{po} = N_A = \frac{n_i^2}{n_{po}} \tag{3}$$

$$p = N_A \exp(-\beta\psi_p) \tag{4}$$

$$n = n_{po}\exp(\beta\psi_p - \beta V_D) \tag{5}$$

以及 $\beta \equiv q/kT$

由於少數載子位於反轉層中，其電量可寫為

$$\begin{aligned}|Q_n| &\equiv q\int_0^{x_i} n(x)dx = q\int_{\psi_s}^{\psi_B} \frac{n(\psi_p)\,d\psi_p}{d\psi_p/dx} \\ &= q\int_{\psi_s}^{\psi_B} \frac{n_{po}\exp(\beta\psi_p - \beta V_D)\,d\psi_p}{(\sqrt{2}kT/qL_D)F(\beta\psi_p, V_D, n_{po}/p_{po})}\end{aligned} \tag{6}$$

其中 x_i 表示為 $q\psi_p(x) = E_{Fn}\text{-}E_i(x) = q\psi_B$ 的地點；而函數 F 定義為（見第四章）

$$F\left(\beta\psi_p, V_D, \frac{n_{po}}{p_{po}}\right) \equiv \sqrt{\exp(-\beta\psi_p) + \beta\psi_p - 1 + \frac{n_{po}}{p_{po}}\exp(-\beta V_D)[\exp(\beta\psi_p) - \beta\psi_p\exp(\beta V_D) - 1]} \quad (7)$$

在矽的實際摻雜濃度範圍內，x_i 的數值非常小，大約介於 3 至 30 nm。式（6）雖然可以準確的描述反轉層內的少數載子，但也只能做約略的估算。

為了得到解析解，我們利用第四章的式（14），汲極端沿 x 方向的表面電場可表示為

$$\mathscr{E}_s = -\frac{d\psi_p}{dx}\bigg|_{x=0} = \pm\frac{\sqrt{2}kT}{qL_D}F\left(\beta\psi_s, V_D, \frac{n_{po}}{p_{po}}\right) \quad (8)$$

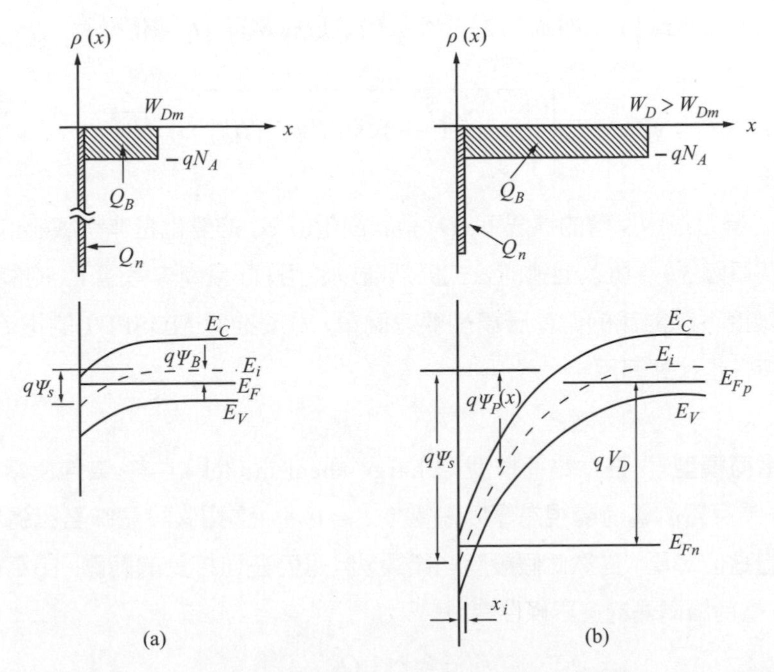

圖8 p 型基板之汲極端在反轉情況下的電荷分佈與能帶變化。（a）平衡狀態，與（b）非平衡狀態。（參考文獻21）

藉由高斯定律（Gauss' law），半導體的總表面電荷為

$$Q_s = -\varepsilon_s \mathscr{E}_s = \mp \frac{\sqrt{2}\varepsilon_s kT}{qL} F\left(\beta\psi_s, V_D, \frac{n_{po}}{p_{po}}\right) \tag{9}$$

式中的 L_D 為狄拜長度

$$L_D \equiv \sqrt{\frac{kT\varepsilon_s}{N_A q^2}} \tag{10}$$

在強反轉層中每單位面積的表面電荷，可寫為

$$Q_n = Q_s - Q_B \tag{11}$$

式中空乏區電荷為

$$Q_B = -qN_A W_D = -\sqrt{2qN_A\varepsilon_s(V_D + 2\psi_B)} \tag{12}$$

由式（9）、式（11）與式（12），在汲極端反轉電荷 Q_n 可化簡為

$$|Q_n| \approx \sqrt{2}qN_A L_D\left[\sqrt{\beta\psi_s + (\frac{n_{po}}{p_{po}})\exp(\beta\psi_s - \beta V_D)} - \sqrt{\beta\psi_s}\right] \tag{13}$$

但是在強反轉的情況下，Q_n 對表面電位 ψ_S 的變化是非常敏感的（見第四章圖 5），所以上述的公式仍然難以使用，而且尚未考慮 V_G 的關係。所以接下來討論的電荷層模型較為簡單，對於推導 MOSFET 的電流-電壓特性也比較有用。

片電荷模型　在片電荷模型（charge-sheet model）中[22]，當強反轉發生時，將反轉的電荷層視為厚度為零（$x_i = 0$）。這個假設意味著跨過電荷層的電位為零。雖然此假設有些錯誤，但是仍在可接受的範圍。由高斯定律，電荷層兩側的邊界條件為：

$$\mathscr{E}_{ox}\varepsilon_{ox} = \mathscr{E}_s\varepsilon_s - Q_n \tag{14}$$

為了表達整個通道內的 $Q_n(y)$，表面電位可由式（1）改寫為

$$\psi_s(y) \approx \Delta\psi_i(y) + 2\psi_B \tag{15}$$

式中的 $\Delta\psi_i$ 為通道內的某處對源極的電位差；

$$\Delta\psi_i(y) \equiv \frac{E_i(x=0, y=0) - E_i(x=0, y)}{q} \tag{16}$$

（見圖 7d 的標記）其與汲極端的 V_D 相同。電場即可表示為

$$\mathscr{E}_{ox} = \frac{V_G - \psi_s}{d} = \frac{V_G - (\Delta\psi_i + 2\psi_B)}{d} \tag{17}$$

$$\mathscr{E}_s = \sqrt{\frac{2qN_A(\Delta\psi_i + 2\psi_B)}{\varepsilon_s}} \tag{18}$$

在式（17）的假設裏，理想 MOS 結構是沒有功函數差的。式（18）則簡單的表示空乏區邊緣的最大電場。結合式（14）-（18），並且將 $C_{ox}=\varepsilon_{ox}/d$ 代入可得

$$|Q_n(y)| = [V_G - \Delta\psi_i(y) - 2\psi_B]C_{ox} - \sqrt{2\varepsilon_s qN_A[\Delta\psi_i(y) + 2\psi_B]} \tag{19}$$

經由前面的推導，在電流傳導時，式（19）已可合理的應用於通道電荷上。

6.2.2 電流-電壓特性

我們將於下列的理想條件下，推導出基本的 MOSFET 特性：（1）閘極結構如第四章定義的理想 MOS 二極體結構，即無介面缺陷或移動氧化層電荷；（2）僅考慮漂移電流；（3）通道內摻雜為均勻分佈；（4）逆向漏電流可忽略；（5）通道中閘極電壓所產生的橫向電場（transverse field）（x 方向的電場 $\mathscr{E}_x$，垂直於電流方向）遠大於由汲極所產生的縱向電場（Longitudinal field）（y 方向的電場 $\mathscr{E}_y$，平行於電流方向）。上述中的最後一項條件又稱為漸變通道近似法（Gradual-channel approximation）。在這要注意的是，無固定氧化層電荷與功函數差的假設

已不存在於第一個理想條件裏，因此當閘極施加偏壓令 MOSFET 達到平帶時，V_{FB} 已將它們所造成的影響考慮進去。在反轉電荷公式裏的 V_G 將由 V_G-V_{FB} 所替代

$$|Q_n(y)| = [V_G - V_{FB} - \Delta\psi_i(y) - 2\psi_B]C_{ox} - \sqrt{2\varepsilon_s qN_A[\Delta\psi_i(y) + 2\psi_B]} \quad (20)$$

在理想條件下，位於通道內所有 y 方向的電流可表示成

$$I_D(y) = Z|Q_n(y)|\upsilon(y) \quad (21)$$

其中 $\upsilon(y)$ 是載子的平均速度。由於通道內的電流可視為連續且為常數，對式（21）由 0 積到 L 可得

$$I_D = \frac{Z}{L}\int_0^L |Q_n(y)|\upsilon(y)dy \quad (22)$$

因為橫向電場 $\mathscr{E}_y(y)$ 是可變的，載子速度 $\upsilon(y)$ 為位置 y 方向的函數，因此對計算式（22）來說，$\upsilon(y)$ 與 $\mathscr{E}_y(y)$ 的關係很重要。我們首先考慮低縱向電場 $\mathscr{E}_y(y)$ 的情況下，此時的移動率為定值。對短通道長度來說，較高的電場會造成速度飽和與彈道傳輸。這些有趣的現象將於之後討論。

定值移動率（constant1mobility） 在這個假設下，令 $\upsilon = \mathscr{E}\mu$，將式（20）代入式（22）可得

$$I_D = \frac{Z\mu_n}{L}\int_0^L |Q_n(y)|\mathscr{E}(y)dy = \frac{Z\mu_n}{L}\int_0^L |Q_n(y)|\frac{d\Delta\psi_i(y)}{dy}dy = \frac{Z\mu_n}{L}\int_0^{V_D} |Q_n(\Delta\psi_i)|d\Delta\psi_i$$

$$= \frac{Z}{L}\mu_n C_{ox}\left\{\left(V_G - V_{FB} - 2\psi_B - \frac{V_D}{2}\right)V_D - \frac{2}{3}\frac{\sqrt{2\varepsilon_s qN_A}}{C_{ox}}[(V_D + 2\psi_B)^{3/2} - (2\psi_B)^{3/2}]\right\} \quad (23)$$

觀察式（23）可知，當施加閘極偏壓 V_G 時，汲極電流一開始會隨著汲極偏壓增加呈線性上升（線性區），之後會逐漸緩和（非線性區），最後達到一個飽和值（飽和區）。圖 9 為理想 MOSFET 的基本輸出特性。圖中右邊的虛線指出當電流達到飽和（即 I_{Dsat}）時汲極電壓的位置（即 V_{Dsat}）。當 V_D 很小時，I_D 隨著 V_D 做線性變化。位於圖9中兩條虛線之間，我們稱為非線性區。

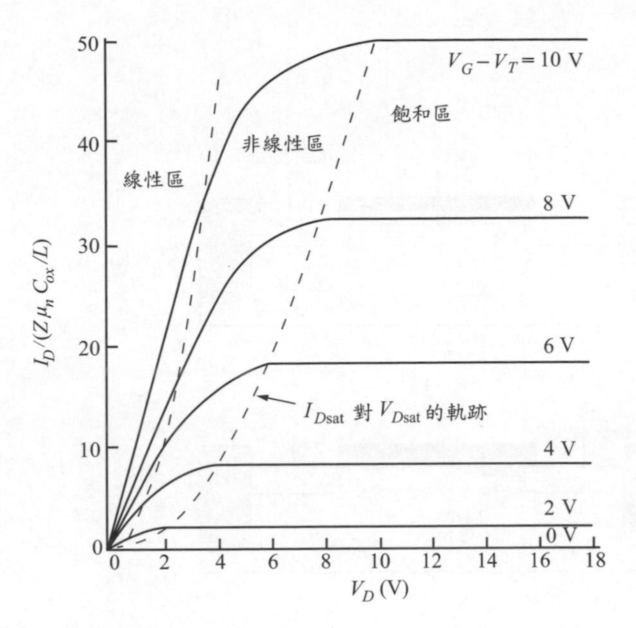

圖9 MOSFET 的理想汲極電流特性（I_D-V_D 圖）；虛線則區分出線性區、非線性區與飽和區。

藉由圖 10 有助於定性上地瞭解元件在操作時的情況。考慮閘極施加正電壓且大到足以令半導體表面產生反轉。若此時在汲極端施加一小電壓，電流會經由導電的通道由源極流向汲極。此時通道的作用如同電阻一般，且汲極電流 I_D 與汲極電壓 V_D 成正比關係，我們稱為線性區。當汲極電壓持續增大時，電流與電壓的關係不再是線性，因這時靠近汲極端的電荷會因通道電位 $\Delta\psi_i$ 而減少（式20）。當汲極電壓增加至汲極端的反轉電荷 $Q_n(L)$ 減少到幾乎為零，此 $Q_n \approx 0$ 的位置稱之為夾止點（pinch-off point），如圖 10b 所示。[就電流的連續性而言，由於處於高電場與高載子速度下，因此實際上 $Q_n(L)$ 只是很小但並不為零。]若此時在繼續施加汲極偏壓，汲極電流基本上不再改變。因為當$V_D > V_{Dsat}$ 時，其夾止點位置由原本之近汲極端開始向源極端移動，而夾止點的電壓值 V_{Dsat} 仍始終保持不變，因此自源極端通過有效通道長度值 L' 而抵達夾止點之載子量及其電流仍將維持定值（圖 10c）。然而，假如通道長度的變化量與原始長度的比例達到

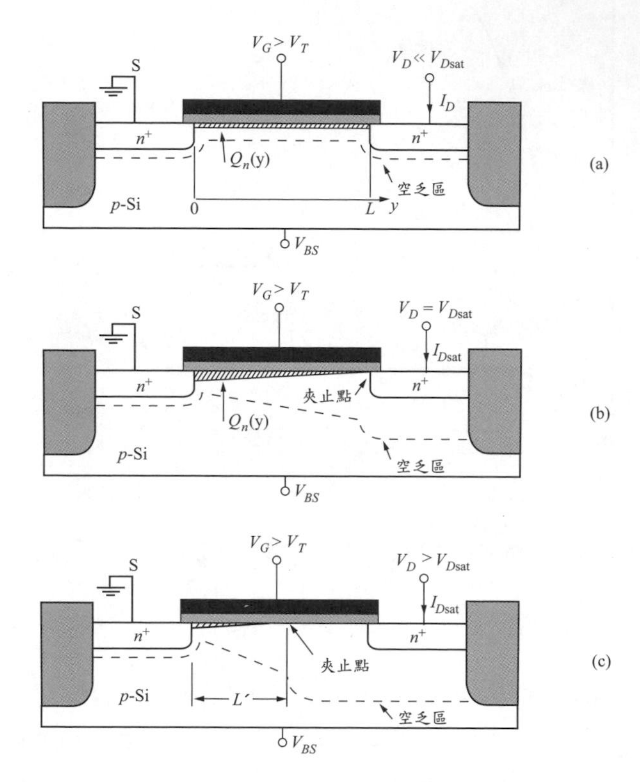

圖10 MOSFET操作於：(a) 線性區 (低汲極電壓)，(b) 開始進入飽和區，以及 (c) 過飽和時 (有效長度縮減) 的情形。

某種程度時，汲極電流會因有效長度的縮短而增加。此現象會於短通道效應中討論。

現在讓我們來討論線性區、非線性區與飽和區的電流公式。首先考慮小 V_D 之線性區，我們將式 (23) 對 V_D 做冪集數展開，並取第一項後可得

$$I_D = \frac{Z}{L}\mu_n C_{ox}\left\{\left(V_G - V_{FB} - 2\psi_B - \frac{V_D}{2}\right)V_D - \frac{2}{3}\frac{\sqrt{2\varepsilon_s q N_A}}{C_{ox}}\left(3\sqrt{\frac{\psi_B}{2}}V_D\right)\right\}$$
$$= \frac{Z}{L}\mu_n C_{ox}\left(V_G - V_T - \frac{V_D}{2}\right)V_D \qquad \text{for} \qquad V_D \ll (V_G - V_T) \tag{24}$$

式中的 V_T 為起始電壓（threshold voltage），此為 MOSFET 的重要參數。又可寫作

$$V_T = V_{FB} + 2\psi_B + \frac{\sqrt{2\varepsilon_s q N_A (2\psi_B)}}{C_{ox}} \tag{25}$$

起始電壓將於下節討論。

式（23）指出電流一開始會增加，之後會隨著 V_D 增加達到最大值並且飽和。飽和現象是因位於汲極端附近的反轉層電荷 $Q_n(L)$ 變為零。截止點的產生是由於閘極與半導體間的相對電壓減少。此點的汲極電壓與汲極電流分別標示為 V_{Dsat} 以及 I_{Dsat}。夾止點之後的電流與 V_D 無關，故我們稱之為飽和區。當 $Q_n(L) = 0$ 時，可由式（20）求得 V_{Dsat}

$$V_{Dsat} = \Delta\psi_i(L) = V_G - V_{FB} - 2\psi_B + K^2\left[1-\sqrt{1+\frac{2(V_G - V_{FB})}{K^2}}\right] \tag{26}$$

式中 $K \equiv \sqrt{\varepsilon_s q N_A / C_{ox}}$，若令 $dI_D/dV_D = 0$，也可以得到與上式相同的解。將式（26）代入式（23）中可得飽和電流 I_{Dsat}

$$I_{Dsat} = \frac{Z}{2ML}\mu_n C_{ox}(V_G - V_T)^2 \tag{27}$$

M 為摻雜濃度與氧化層厚度的函數

$$M \equiv 1 + \frac{K}{2\sqrt{\psi_B}} \tag{28}$$

正常 M 的值會比 1 稍大，若使用超薄氧化層和低摻雜濃度，其值會比較接近 1。而 V_{Dsat} 可更簡單的表示為

$$V_{Dsat} = \frac{V_G - V_T}{M} \tag{29}$$

由式（27）可得飽和區的轉導（transconductance）

$$g_m = \left.\frac{dI_D}{dV_G}\right|_{V_D > V_{Dsat}} = \frac{Z}{ML}\mu_n C_{ox}(V_G - V_T) \tag{30}$$

以定值移動率為前提下，根據式（27）可知飽和區電流為（V_G-V_T）^{2} 的函數，所以圖 9 中的電流隨閘極偏壓增加呈現平方倍關係

最後，非線性區的電流公式可表示為

$$I_D = \frac{Z}{L}\mu_n C_{ox}\left(V_G - V_T - \frac{MV_D}{2}\right)V_D \tag{31}$$

為了方便萃取起始電壓，我們將式（20）近似為

$$|Q_n(y)| = C_{ox}[V_G - V_T - M\Delta\psi_i(y)] \tag{32}$$

將上式代入式（22）中，可得到與式（31）相同的形式。但在線性區中，會與先前的結果有些微的差距。對於接下來要討論的場依移動率與速度飽和情況下，上述簡單的電荷解釋在分析上會比較有幫助。

速度–電場關係 當科技不斷的進步，為了增加元件的效能與密度，通道長度越來越短。結果造成通道內的縱向電場 $\mathscr{E}_y$ 也一並增加。圖 11 為高電場下的 υ-$\mathscr{E}$ 關係圖。移動率 μ 定義為 $\upsilon/\mathscr{E}$，且低電場下的移動率為定值。通常低電場移動率（low-field mobility）都使用在長通道元件裏。在高電場的情況下，載子速度將達到飽和速度 υ_s。在定值移動率區與速度飽和區間，載子速度可表達成

$$\upsilon(\mathscr{E}) = \frac{\mu_n\mathscr{E}}{[1+(\mu_n\mathscr{E}/\upsilon_s)^n]^{1/n}} = \frac{\mu_n\mathscr{E}}{[1+(\mathscr{E}/\mathscr{E}_c)^n]^{1/n}} \tag{33}$$

式中的 μ_n 為低電場移動率。曲線的形狀會因 n 的值而改變，但是 μ_n、υ_s 和臨界電場 $\mathscr{E}_c$（$\equiv \upsilon_s/\mu_n$）則不會變。在矽中，電子為 $n = 2$，而電洞 $n = 1$。飽和速度 υ_s 在室溫下約 1×10^7 cm/s。

當端點電壓V_D由零開始增加，電流會因電場與載子速度的增加而上升。最後載子速度會達到一個最大值υ_s，此時的電流亦會達到一飽和定值。要注意的是，此電流飽和的機制與定值移動率造成的飽和電流是完全不同的。此飽和機制是由於載子的速度飽和，而且在夾止點形成前就可能會發生。

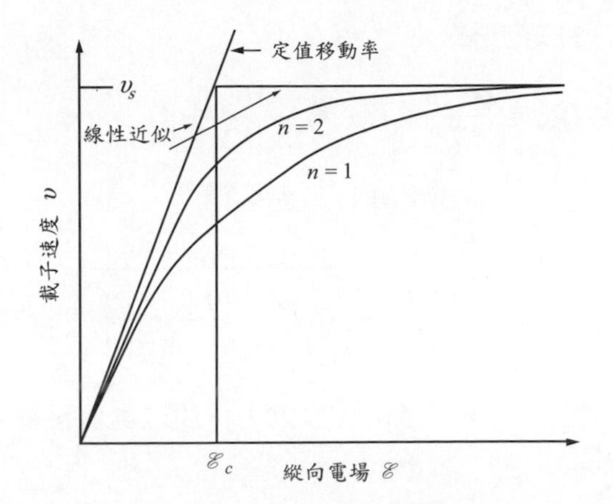

圖11 式（33）中 $n=1$ 和 2 之載子速度與縱向電場關係以及此二段線性近似；臨界電場 $\mathscr{E}_c \equiv v_s/\mu$，其中 μ 爲低電場下的移動率。

在推導 I-V 特性前，首先要瞭解 v-$\mathscr{E}$ 關係（圖 11）的重要性。當式（33）中的 $n=2$ 時，就數學上來說分析是很複雜的。幸運的是，圖中二段線性近似（Two-piece linear approximation）與式（33）中 $n=1$ 的條件下，數學運算是較容易的，而且可以得到簡單的解。因為這兩個極端的情況幾乎涵蓋實際上不同類型的載子的特性，所以我們將這兩個假設都列入考慮。

場依移動率（field-dependent mobility）：二段線性近似 在二段線性近似中，定值移動率模型只適用到汲極電場超出 $\mathscr{E}_c$ 之前。相反地，式（23）中的 V_{Dsat} 發生的比定值移動率模型早，所以只要將 V_{Dsat} 求出即可。將式（32）代入式（21）可得

$$I_D(y) = ZC_{ox}\mu_n\mathscr{E}(V_G - V_T - M\Delta\psi_i) \tag{34}$$

我們知道最大的電場位於汲極，當汲極電壓持續增加，直到 $\mathscr{E}(L) = \mathscr{E}_c$ 時，電流將達到飽和。此情況下式（34）可改寫為

$$I_{Dsat} = ZC_{ox}\mu_n\mathscr{E}_c(V_G - V_T - MV_{Dsat}) \tag{35}$$

我們還需要一條方程式來解這兩個未知數，所以利用式（32）和（22），可

以得到類似式（31）的形式

$$I_{\text{Dsat}} = \frac{ZC_{ox}\mu_n}{L}\left(V_G - V_T - \frac{MV_{\text{Dsat}}}{2}\right)V_{\text{Dsat}} \tag{36}$$

令式（36）等於式（35），可求得 V_{Dsat} 為

$$V_{\text{Dsat}} = L\mathscr{E}_c + \frac{V_G - V_T}{M} - \sqrt{(L\mathscr{E}_c)^2 + \left(\frac{V_G - V_T}{M}\right)^2} \tag{37}$$

此 V_{Dsat} 永遠小於（ V_G-V_T ）/ M [式（29）]，所以場依移動率總是帶來較低的 I_{Dsat}。

場依移動率：經驗方程式 接下來討論速度與電場的關係，令式（33）中的 n = 1，將其代入式（21）可得

$$I_D\left(\mathscr{E}_c + \frac{d\Delta\psi_i}{dy}\right) = ZC_{ox}\mu_n\mathscr{E}_c(V_G - V_T - M\Delta\psi_i)\frac{d\Delta\psi_i}{dy} \tag{38}$$

等號右邊的形式與定值移動率模型很類似。將上式從源極積分到汲極後得到

$$I_D = \frac{ZC_{ox}\mu_n\mathscr{E}_c}{L\mathscr{E}_c + V_D}\left(V_G - V_T - \frac{MV_D}{2}\right)V_D \tag{39}$$

若將上式的 $L+V_D/\mathscr{E}_c$ 改寫成L，可發現與式（ 31 ）相似。此外，令 $dI_D/dV_D = 0$便可得到 V_{Dsat}

$$V_{\text{Dsat}} = L\mathscr{E}_c\left[\sqrt{1 + \frac{2(V_G - V_T)}{ML\mathscr{E}_c}} - 1\right] \tag{40}$$

一旦知道 V_{Dsat}，便可由式（39）計算出 I_{Dsat}。

速度飽和 藉由以上的假設，我們發現在極短通道元件中，電流會受到速度飽和的限制。當我們令 $\upsilon = \upsilon_s$ 的情況下，因為電流的連續性，所以 Q_n 將是個定值，並可近似成$(V_G$-$V_T)C_{ox}$。式（22）將改寫為

$$\begin{aligned} I_{\text{Dsat}} &= \frac{Z}{L}\int_0^L |Q_n(y)|\upsilon(y)dy = \frac{Z}{L}|Q_n|\upsilon_s L \\ &= Z(V_G - V_T)C_{ox}\upsilon_s \end{aligned} \tag{41}$$

轉導則為

$$g_m \equiv \frac{dI_{Dsat}}{dV_G} = ZC_{ox}\upsilon_s \qquad (42)$$

並且與閘極偏壓無關。

圖 12 為相同元件的 I-V 特性，可看出定值移動率和速度飽和存在幾項的差異。首先是速度飽和造成元件的 I_{Dsat} 和 V_{Dsat} 變低，但線性區則沒什麼變化。而 g_m（每增加單位 V_G 時的電流變化量）也成為定值，即與 V_G 無關。最後，在式（41）中可以發現飽和電流不再跟通道長度有關。

實驗數據證實此理論相當令人滿意。實際上，圖11指出載子速度不可能完全達到 υ_s。同樣地，通道內的橫向電場也不是平均分佈。因此源極的低電場要達到 $\mathscr{E}_c$ 是很困難的，對電流最大值而言將會是一個瓶頸。因此通常都會在式(41)和式(42)前面乘以一個修正值加以修正，此值約 0.5~1.0。

彈道傳輸 上述的速度飽和是在有許多的散射之高電場情況下達成穩態且平衡的現象。然而，當通道長度很短，短到與平均自由徑相同或更短時，通道內的載子將不再受到散射。載子能夠從電場中獲得能量，卻不

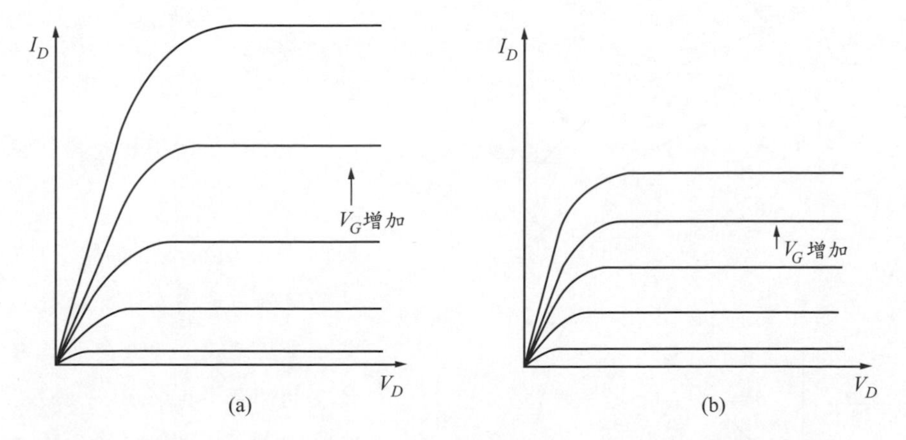

圖12（a）定值移動率，與（b）速度飽和之 I-V 特性比較。其它的參數皆相同。

會因為散射而喪失能量至晶格，所以載子速度會遠高於飽和速度。此效應於 1.5.3 節中有介紹過，稱之為彈道傳輸（ballistic transport）或速度過衝（velocity overshoot）。彈道傳輸對通道長度縮小後所產生的現象來說非常重要，它解釋了為何電流與轉導會高於飽和速度造成的結果。文獻 24-28 為彈道傳輸相關的理論與解釋。

利用電腦模擬，可看出這些元件裏的電場與速度都非常不均勻。圖 13 為通道內的能帶變化與速度分佈。橫向電場沿著通道（ dE_c/dy ）變化，其最大值位於汲極端。因此彈道效應總是在汲極端發生，其速度能夠超出飽和速度 υ_s 。（對室溫下的矽而言，$\upsilon_s \approx \upsilon_{th}$ 熱速度）而越靠近源極，速度便會下降。為了得到電流連續性，通道電位與反轉電荷必須做修正，因此整個通道內的速度和電荷的乘積要維持常數。藉由這樣的論證，在極短通道長度中電流的瓶頸處應該具有電荷最大值與電場最小值，也就是說電位最大值的位置在就靠近源極端之處，如圖 13a 所示。

為了分析彈道區中的飽和電流，我們將式（22）應用於電位最大值的位置上。並且由廣義的形式出發

$$I_{D\mathrm{sat}} = Z|Q_n|\upsilon_{eff} \tag{43}$$

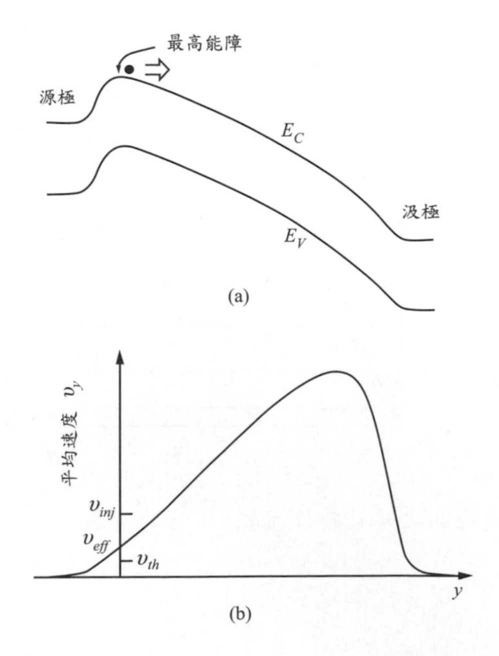

圖13 (a) 汲極施加偏壓下，電流的限制與最高電位有關 (b) 載子平均速度（y軸）與通道內位置的關係；其中υ_{eff}介於υ_{inj}與υ_{th}之間，且在汲極端的速度會大於υ_{inj}

式中的 $|Q_n|$ 在源極端具有最大值 $C_{ox}(V_G\text{-}V_T)$，而 υ_{eff} 為有效載子平均速度，其值應該與最後實驗上的飽和電流吻合。所以最關鍵的參數就是 υ_{eff}。

根據熱平衡的條件下，υ_{eff} 的最大值僅為熱速度 υ_{th} [= $(2kT/\pi m^*)^{1/2}$]。當系統處於高反轉層電荷濃度時，隨機速度是能夠超出熱速度。這是一種量子力學效應，稱之為載子簡併（carrier degeneracy）[25]，其載子能量會被推到比熱能還高的能態。這個較高的值稱之為注入速度（injection velocity）υ_{inj}，如以載子存在的能量態以及費米能量之間的關係表示之，即為[24]

$$\upsilon_{inj}=\sqrt{\frac{2kT}{\pi m^*}}\frac{F_{1/2}[(E_F-E_n)/kT]}{\ln\{1+\exp[(E_F-E_n)/kT]\}} \tag{44}$$

式中的 $F_{1/2}$ 是費米-狄拉克積分（見 1.4.1 節）。在微小反轉電荷或 $E_F\text{-}E_n$ 很小下，式（44）可變成 $\sqrt{2kT/\pi m^*}$，並且 $\upsilon_{inj}=\upsilon_{th}$。如果反轉電荷很多時，那式（44）將簡化為

$$\upsilon_{inj}=\frac{8\hbar}{3m^*}\sqrt{\frac{|Q_n|}{2\pi q}}=\frac{8\hbar}{3m^*}\sqrt{\frac{C_{ox}(V_G-V_T)}{2\pi q}} \tag{45}$$

而且是反轉電荷或超額量閘極電壓（gate overdrive）的函數。理論上 υ_{inj} 為反轉電荷的函數如圖 14 所示。電流最大值為 $Q_n\upsilon_{inj}$ 的乘積，可得到彈道 MOSFET 的最終驅動電流，此關係亦顯示於圖 14 裡。

式（43）的飽和電流公式可重新寫為

$$\begin{aligned}I_{Dsat}&=r_nZ|Q_n|\upsilon_{inj}\\&=\frac{8r_nZ\hbar}{3m^*}\frac{[C_{ox}(V_G-V_T)]^{3/2}}{\sqrt{2\pi q}}\end{aligned} \tag{46}$$

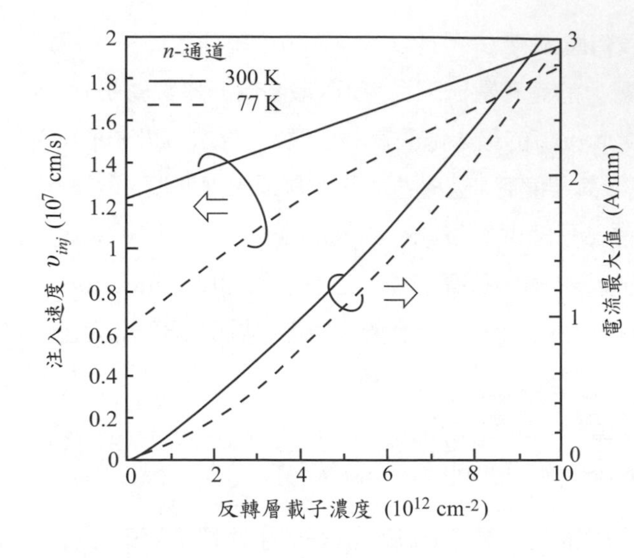

圖14 注入速度 υ_{inj} 與反轉層載子濃度關係圖；最大電流爲 υ_{inj} 與反轉電荷的乘積（參考文獻 24）

式中的 r_n 為彈道指標（index of ballisticity）（ $=\upsilon_{eff}/\upsilon_{inj}$ ）。在最大程度的彈道傳輸中，$r_n=1$，其為在 $L\to 0$ 之情況下所得的極值電流值，而其轉導為

$$g_m=\frac{4r_nZ\hbar}{m^*}\sqrt{\frac{C_{ox}(V_G-V_T)}{2\pi q}} \tag{47}$$

可看出 $I_{D\text{sat}}$ 和 g_m 都與通道長度無關。

彈道指標也可以利用通道載子自汲極返回源極之背向散射R來解釋。此外，因為移動率與散射有關，所以 r_n 與低電場移動率 μ_n 之間一定存在某些關係。可表示為[26]

$$\begin{aligned} r_n &= \frac{\upsilon_{eff}}{\upsilon_{inj}}=\frac{1-R}{1+R} \\ &= \left[\frac{1}{\upsilon_{inj}}+\frac{1}{\mu_n\mathscr{E}(0^+)}\right]^{-1} \end{aligned} \tag{48}$$

其中 $\mathscr{E}(0^+)$ 為一朝向汲極端方向，下降一個 kT 位能之最大電場。可利用這個解釋精確地說明一些實驗的數據與模擬趨勢。如低溫環境下 $I_{D\text{sat}}$ 會增加，或相同溫度下，即使處在彈道區，較高的低電場移動率會帶來較高

的 I_{Dsat}。這些現象都可以透過式（48）中移動率的改善來解釋。在這個模型中必須強調，即使靠近汲極端的區域發生彈道傳輸，但靠近電位最大值位置上的電場卻太低以致不能造成彈道傳輸，所以使得 υ_{inj} 限定電流最大值。汲極端的高彈道速度產生的電流不會產生比 υ_{inj} 還高的電流，但藉由再次平衡整個系統，將有助於達到利用 υ_{inj} 所設定之最大值。

不同通道長度下 V_G 與 I_{Dsat} 的關係也是相當引人注目。在長通道與定值移動率情況下，I_{Dsat} 正比於（V_G-V_T）^{2}。在短通道與速度飽和情況下，I_{Dsat} 則正比於（V_G-V_T）。在彈道傳輸的限制下，I_{Dsat} 正比於（V_G-V_T）$^{3/2}$。

6.2.3 起始電壓

我們現在開始討論起始電壓。考慮當閘極與半導體間存在氧化層電荷 Q_f 與功函數差時，此時式（25）的平帶電壓項將被修正為

$$\begin{aligned} V_T &= V_{FB} + 2\psi_B + \frac{\sqrt{2\varepsilon_s qN_A(2\psi_B)}}{C_{ox}} \\ &= \left(\phi_{ms} - \frac{Q_f}{C_{ox}}\right) + 2\psi_B + \frac{\sqrt{4\varepsilon_s qN_A\psi_B}}{C_{ox}} \end{aligned} \tag{49}$$

由上式可看出，起始電壓定義為達到平帶後並開始產生反轉電荷層所須要外加的閘極偏壓。而產生反轉電荷層所須偏壓為半導體（$2\psi_B$）與氧化層跨壓的總合。式（49）中的根號項為空乏區的總電荷。

當基底施加偏壓時（對 n 型通道而言 V_B 是負的），起始電壓會變成

$$V_T = V_{FB} + 2\psi_B + \frac{\sqrt{2\varepsilon_s qN_A(2\psi_B - V_{BS})}}{C_{ox}} \tag{50}$$

而起始電壓因基底偏壓的改變量則為

$$\Delta V_T = V_T(V_{BS}) - V_T(V_{BS}=0) = \frac{\sqrt{2\varepsilon_s qN_A}}{C_{ox}}(\sqrt{2\psi_B - V_{BS}} - \sqrt{2\psi_B}) \tag{51}$$

實際上，通常需要選擇低基底摻雜濃度與超薄氧化層，來降低因基底偏壓

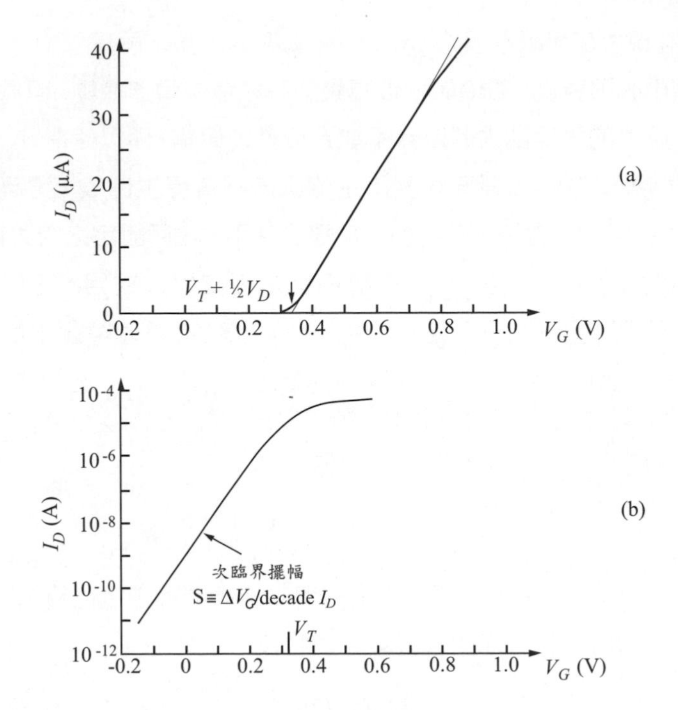

圖15　線性區（$V_D << V_G$）的轉換特性（I_D-V_G 圖）：（a）可藉由線性的 I_D 圖中求得 V_T。在大 V_G 下，由於載子移動率變小，因此將不再保持線性關係。（b）對數的 I_D 圖可觀察次臨界擺幅特性。

造成的起始電壓漂移。

為了萃取起始電壓，我們選擇小汲極電壓下的線性區（$V_D << V_G$），而 I_D-V_G 圖如圖 15a 所示。根據式（24）可推斷出，圖 15a 中的 I_D 曲線截距值$V_G = V_T + 1/2V_D$。當 I_D 為線性軸時，臨界電壓以下的 I_D 值都幾乎為零。如果要觀察臨界電壓以下的 I_D 特性時，只要將 I_D 改為對數軸即可（圖 15b）。

6.2.4 次臨界區

當閘極偏壓低於起始偏壓，或半導體表面處於弱反轉或空乏時，此時的汲極電流我們稱之為次臨界電流（subthreshold current）[29,30]。次臨界區可清楚地描述電流與閘極偏壓的關係，對低電壓和低功率的應用特別重要，例如當 MOSFET 作為數位邏輯電路的開關與記憶體的應用。

在弱反轉與空乏時，因為電子非常少，所以漂移電流非常低。此時的汲極電流是由擴散電流主導，並且如同在均勻基極摻雜之雙載子電晶體導出的集極電流。考慮通道內的電子濃度為梯度分佈，此時的擴散電流為

$$I_D = -ZqD_n \frac{dN'(y)}{dy} \approx ZqD_n \frac{N'(0) - N'(L)}{L} \tag{52}$$

N' 為空乏寬度內每單位面積的電子濃度。靠近源極端的電子濃度為

$$N'(0) = \int_0^{W_D} n(x)dx = n_{po} \int_{\psi}^{0} \exp(\beta\psi_p) d\psi_p \tag{53}$$

因為空乏區內的電位分佈為已知，所以電子密度是可計算出[31]

$$N'(0) \approx \left(\frac{1}{\beta}\right) \sqrt{\frac{\varepsilon_s}{2q\psi_s N_A}} n_{po} \exp(\beta\psi_s) \tag{54}$$

我們也可透過假設表面電荷層的有效厚度厚度為x_i得到相似的結果。因為電子密度是以指數關係隨電位 ψ_p 變化，而在所對應之距離 x_i，ψ_p 下降 kT/q。因此 x_i 為 $kT/q\mathscr{E}_s$，$\mathscr{E}_s$ 為半導體表面電場。由此假設，我們會得到相同的結果

$$\begin{aligned} N'(0) &= x_i \times n(x=0) = \left(\frac{kT}{q\mathscr{E}_s}\right) n_{po} \exp(\beta\,\psi_s) \\ &= \left(\frac{kT}{q}\right) \sqrt{\frac{\varepsilon_s}{2q\psi_s N_A}} n_{po} \exp(\beta\,\psi_s) \end{aligned} \tag{55}$$

汲極端的電子濃度會隨著汲極電壓成指數下降

$$N'(L) = N'(0) \exp(-\beta V_D) \tag{56}$$

將式（55）與式（56）代入式（52）可得

$$\begin{aligned} I_D &= \frac{Z\mu_n}{L\beta^2} \sqrt{\frac{q\varepsilon_s N_A}{2\psi_s}} \left(\frac{n_i}{N_A}\right)^2 \exp(\beta\psi_s)[1 - \exp(-\beta V_D)] \\ &\approx \frac{Z\mu_n}{L\beta^2} \sqrt{\frac{q\varepsilon_s N_A}{2\psi_s}} \left(\frac{n_i}{N_A}\right)^2 \exp(\beta\psi_s) \end{aligned} \tag{57}$$

當 $V_D >> kT/q$，式（57）指出在次臨界區的汲極電流以指數關係隨 ψ_s 改變，同時在汲極電壓大於 $3kT/q$ 後，電流將與 V_D 無關。為了瞭解電流與閘極偏壓的關聯性，首先需要 V_G 與 ψ_s 的關係。

由第四章的式（33），我們可得到以下關係

$$V_G - V_{FB} = \psi_s + \frac{\sqrt{2\varepsilon_s \psi_s q N_A}}{C_{ox}} \tag{58}$$

雖然從式（58）得到的 ψ_s 比較複雜，不過一旦求出 ψ_s，便可算出次臨界電流（subthreshold current）。

透過次臨界擺幅[次臨界斜率（subthreshold slope）的倒數]，我們可以清楚地了解電晶體關閉時的特性，定義為汲極電流上升一次方所需的閘極電壓。首先，由式（58）可求出 V_G 與 ψ_s 變化的關係

$$\frac{dV_G}{d\psi_s} = 1 + \frac{1}{C_{ox}}\sqrt{\frac{\varepsilon_s q N_A}{2\psi_s}} = \frac{C_{ox} + C_D}{C_{ox}} \tag{59}$$

藉由上述的定義，便可計算次臨界擺幅（subthreshold swing）：

$$\begin{aligned} S &\equiv (\ln 10)\frac{dV_G}{d(\ln I_D)} = (\ln 10)\frac{dV_G}{d(\beta\psi_s)} \\ &= (\ln 10)\left(\frac{kT}{q}\right)\left(\frac{C_{ox} + C_D}{C_{ox}}\right) \end{aligned} \tag{60}$$

由於式（57）位於根號裏的 ψ_s 與指數項相比便變的微不足道，故此項可視為常數。

從式（60）中，可分為以下兩種情況。在氧化層厚度幾乎為零的情況下，其指數的特性與 p-n 接面的擴散電流完全相同。當氧化層厚度不為零時，次臨界擺幅會因兩個串聯電容構成的分壓器而下降，其比例為（$C_{ox}+C_D$）/ C_{ox}。而分壓器正如式（59）中所示。

在具有介面缺陷濃度 D_{it} 的情況下，其電容 C_{it}（$= q^2 D_{it}$）與空乏層電容 C_D 為並聯模式。利用式（60），將 C_D 代換成（C_D+C_{it}）後可得

$$\begin{aligned} S(\text{with } D_{it}) &= (\ln 10)\left(\frac{kT}{q}\right)\left(\frac{C_{ox} + C_D + C_{it}}{C_{ox}}\right) \\ &= S(\text{without } D_{it}) \times \frac{C_{ox} + C_D + C_{it}}{C_{ox} + C_D} \end{aligned} \tag{61}$$

假如元件的其他參數已知，如摻雜濃度和氧化層厚度，那麼便可藉由量測次臨界擺幅來得到介面缺陷濃度。除了利用MOS電容量測，次臨界擺幅提供了另一個可以量測 D_{it} 的選擇。一般而言，直流的 I-V 量測比交流的電容和電導量測簡單，且可應用在三端點電晶體上（不一定要具有基底接觸）。

若要得到陡峭的次臨界斜率（小 S 值），則可選擇低通道摻雜濃度，薄氧化層，低介面缺陷濃度以及低溫環境下操作。當基底上施加偏壓時，除了改變起始電壓，ψ_S 也會隨 V_{BS} 增加。結果造成空乏層電容縮小，因此 S 也會縮小。

在圖 15a 中的起始電壓處，汲極電流並不會像式（24）所預料的明顯關閉。因為在起始電壓下的電流是由擴散電流所主導，當我們作出 6.6.2 節中的假設後，這現象就一直被忽略。為了討論構成擴散的效應，我們參考圖 7 中的非平衡狀態。包含漂移和擴散組成的總汲極電流密度為

$$J_D(x,y) = q\mu_n n\mathscr{E}_y + qD_n\frac{dn}{dy} = D_n n(x,y)\frac{dE_{Fn}}{dy} \qquad (62)$$

由漸變通道近似法導出的汲極電流

$$\begin{aligned} I_D &= Z\int_0^{x_i} J_D(x,y)dx = \frac{ZD_n}{L}\int_0^L \frac{dE_{Fn}}{dy}\int_0^{x_i} n(x,y)dxdy \\ &= \frac{Z}{L}\frac{\varepsilon_s\mu_n}{L_D}\int_0^{V_D}\int_{\psi_B}^{\psi_s}\frac{\exp(\beta\psi_p - \beta\Delta\psi_i)}{F(\beta\psi_p, \Delta\psi_i, n_{po}/p_{po})}d\psi_p d\Delta\psi_i \end{aligned} \qquad (63)$$

閘極電壓 V_G 與表面電位 ψ_S 的關係

$$\begin{aligned} V_G - V_{FB} &= -\frac{Q_s}{C_{ox}} + \psi_s \\ &= \frac{2\varepsilon_s kT}{C_{ox}qL_D}F\left(\beta\psi_s, \Delta\psi_i, \frac{n_{po}}{p_{po}}\right) + \psi_s \end{aligned} \qquad (64)$$

當閘極偏壓高於起始狀態時，式（63）將會變成式（23）。但在閘極電壓接近或低於起始狀態和接近夾止點時，式（23）會變得較為不準確。若元件的尺寸與參數都為已知，式（63）可以準確地計算線性區到飽和區整個汲極電壓範圍之汲極電流。

6.2.5 移動率行為

因為通道內載子被侷限在反轉層裏，所以反轉層厚度預期會影響漂移速度 υ 與移動率 μ。當施以微弱的縱向電場 $\mathscr{E}_y$（平行半導體表面的電場）時，漂移速度隨 $\mathscr{E}_y$ 做線性變化，而比例常數就是低電場移動率。由實驗量測得知，低電場移動率為橫向電場 $\mathscr{E}_x$ 的唯一函數（此橫向電場與電流方向垂直），與 $\mathscr{E}_y$ 無關[32]。此相依性與摻雜濃度或氧化層厚度並無直接關係，而是與它們對反轉層電場 $\mathscr{E}_x$ 造成的影響有關。圖 16 為量測的結果，若測量許多不同氧化層厚度及摻雜濃度的元件，可以發現與移動率有關係的就只有橫向電場 $\mathscr{E}_x$。在固定的溫度下，移動率隨有效橫向電場增加而減少；有效橫向電場則定義為在反轉層內整個電子分佈的平均電場，即寫為

$$(\mathscr{E}_x)_{\text{eff}} = \frac{1}{\varepsilon_s}\left(Q_B + \frac{1}{2}Q_n\right) \tag{65}$$

可以看到平均反轉載子受到空乏層電荷 Q_B 與一半的反轉層電子 Q_n 影響。在式（24）與式（27）中的電流公式，有效移動率是適用的；但是與定值移動率為假設下所導出的 g_m [式（30）]卻有些微的不同。

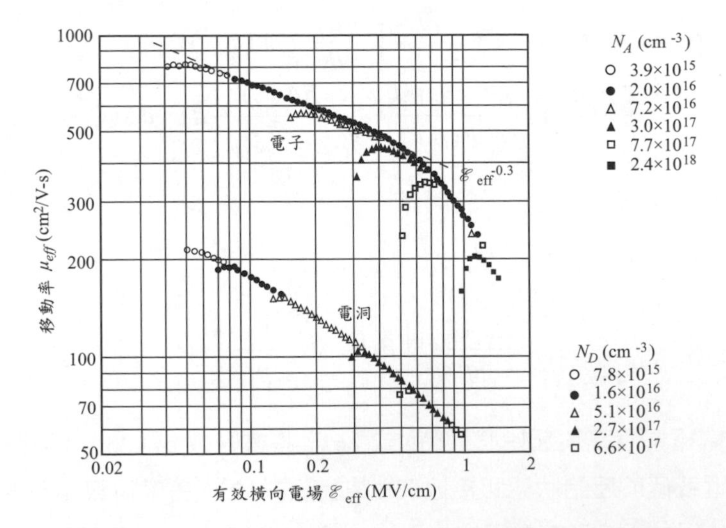

圖16　室溫下矽（100）面電子與電洞的反轉層移動率與有效垂直電場的關係。（參考文獻33）

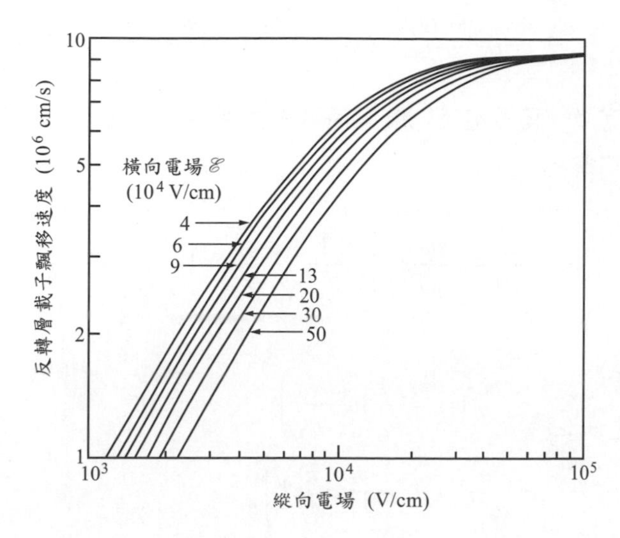

圖17　不同橫向電場下電子飄移速度與縱向電場之關係圖。低縱向電場之斜率則爲移動率。（參考文獻34）

當縱向電場增加時，υ-$\mathscr{E}$ 就會脫離線性關係。這種場依移動率在式（33）與圖 11 中都已詳加討論過。圖 17 為在不同的 $\mathscr{E}_x$ 下，電子漂移速度與 $\mathscr{E}_y$ 的關係。在任何電場下移動率都定義為 $\upsilon/\mathscr{E}_y$，並隨著 $\mathscr{E}_y$ 減少。最後將造成速度飽和，這結果類似在矽本體的情形。圖 16 中 $\mathscr{E}_x$ 對低電場移動率的影響也表現在這張圖上。也可以瞭解飽和速度 υ_s 與低電場移動率和 $\mathscr{E}_x$ 無關。

6.2.6 溫度相依性

溫度會直接影響元件參數與效能，特別是在移動率、起始電壓和臨界特性等方面。在閘極偏壓符合強反轉與溫度為 300 K 的情況下，反轉層內的有效移動率隨著溫度以 T^{-2} 次冪呈相依性變化[32]。這結果顯示在低溫下會有較高的電流與轉導。

為了得到起始電壓與溫度的關係，我們利用式（49）

$$V_T = \phi_{ms} - \frac{Q_f}{C_{ox}} + 2\psi_B + \frac{\sqrt{4\varepsilon_s q N_A \psi_B}}{C_{ox}} \tag{66}$$

因為功函數差 ϕ_{ms} 和固定氧化層電荷基本上和溫度無關，故將式（66）對溫度微分後可得[35]

$$\frac{dV_T}{dT} = \frac{d\psi_B}{dT}\left(2 + \frac{1}{C_{ox}}\sqrt{\frac{\varepsilon_s q N_A}{\psi_B}}\right) \tag{67}$$

根據基本公式

$$\psi_B = \frac{kT}{q}\ln\left(\frac{N_A}{n}\right) \tag{68}$$

$$n_i^2 \propto T^3 \exp\left(\frac{-E_{g0}}{kT}\right) \tag{69}$$

其中 E_{g0} 為 $T = 0$ 時的能隙，我們可以得到

$$\frac{d\psi_B}{dT} \approx \frac{1}{T}\left(\psi_B - \frac{E_{g0}}{2q}\right) \tag{70}$$

圖 18 是以不同厚度的氧化層為參數，在室溫下計算的結果，為基底摻雜濃度的函數。$|dV_T/dT|$ 的量會隨著摻雜濃度增加而增加，並與氧化層的厚度有關。

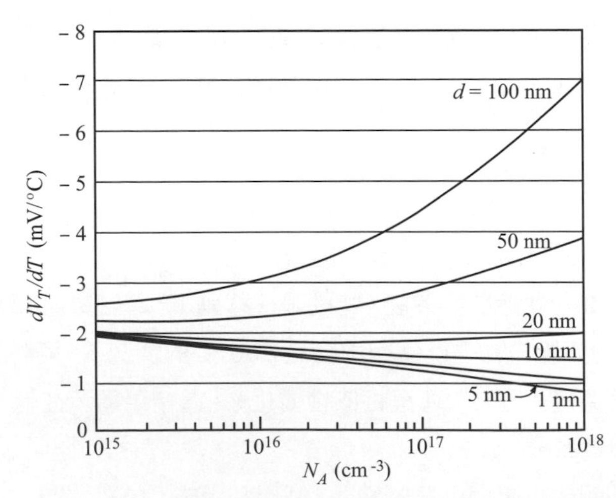

圖18　以氧化的層厚度爲參數，Si-SiO_2 結構的臨界電壓飄移（dV_T/dT）與基板摻雜關係圖。

隨著溫度下降，MOSFET 的特性會改善，特別是在次臨界區。圖 19 是在不同的溫度下，長通道 MOSFET（L = 9 μm）的轉換特性。當溫度自 296 K 降至 77 K 時，起始電壓 V_T 由 0.25 V 大約增加至 0.5 V。此項 V_T 的增加類似圖 18 所示。最明顯的改善為次臨界擺幅S的降低，從296 K的 80 mV/（decade）降為77 K的22 mV/（decade）。在 77 K 的次臨界擺幅的改善約為4倍；這種改善主要是來自於式（60）的 kT/q 項。在 77 K 時的其他改善之處，尚包含較高的移動率與電流，較大的轉導，較低的功率消耗，較低的接面漏電流與較低的金屬線電阻。主要的缺點是 MOSFET 必須放入適當的冷卻劑內（如液態氮），以及額外的低溫設備。

6.3 非均勻摻雜與埋入式通道元件

在 6.2 節裡，假設通道內的摻雜濃度為常數。然而在實際的元件，通常摻雜都是非均勻的，因為近代的 MOSFET 技術裡，離子佈植被廣泛地使用以改善元件特性。譬如，深層低階摻雜可以縮小汲極-基底電容與基底偏壓效應。另外，藉由矽-二氧化矽介面的低階摻雜，可以用來調整起始電壓，

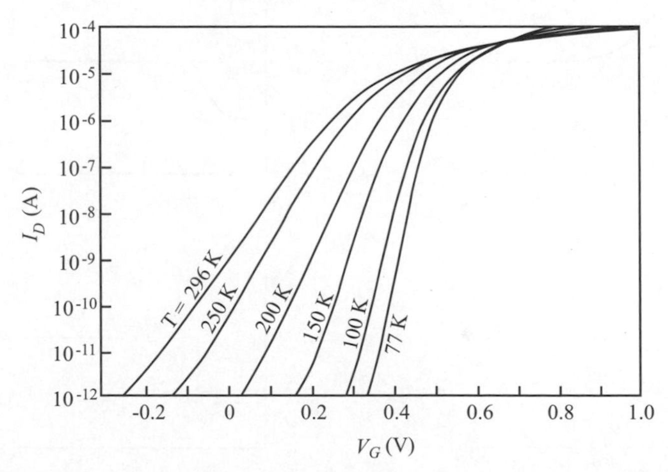

圖19　以溫度爲參數時，長通道 MOSFET（L = 9 μm）之次臨界特性。（參考文獻 36）

以及降低電場並改善移動率，而深層高階摻雜也可以減少源 / 汲極間的貫穿效應。這兩種常見的摻雜形式，分別稱為高-低與低-高分佈。如圖 20 所示，圖中的佈階分佈近似值是為了讓分析更容易。

我們接下來研究非均勻通道摻雜對元件特性的影響，特別是起始電壓和空乏區寬度，因為它們會影響次臨界擺幅與基底偏壓效應。所以由空乏區內的摻雜分佈來決定 V_T 是很重要的。當考慮電容與基底敏感度，即起始電壓與基底逆向偏壓的相依性，此時空乏區外的摻雜分佈就顯得重要。根據以上的敘述，一般的起始電壓公式可寫為

$$\begin{aligned} V_T &= V_{FB} + \psi_s + \frac{Q_B}{C_{ox}} \\ &= V_{FB} + 2\psi_B + \frac{q}{C_{ox}}\int_0^{W_{Dm}} N(x)dx \end{aligned} \tag{71}$$

其中 Q_B 為空乏區電荷。當開始強反轉時，利用波松方程式求出的 W_{Dm}，定義為最大空乏區寬度，並為上式的積分上限。

$$\psi_s = 2\psi_B = \frac{q}{\varepsilon_s}\int_0^{W_{Dm}} xN(x)dx \tag{72}$$

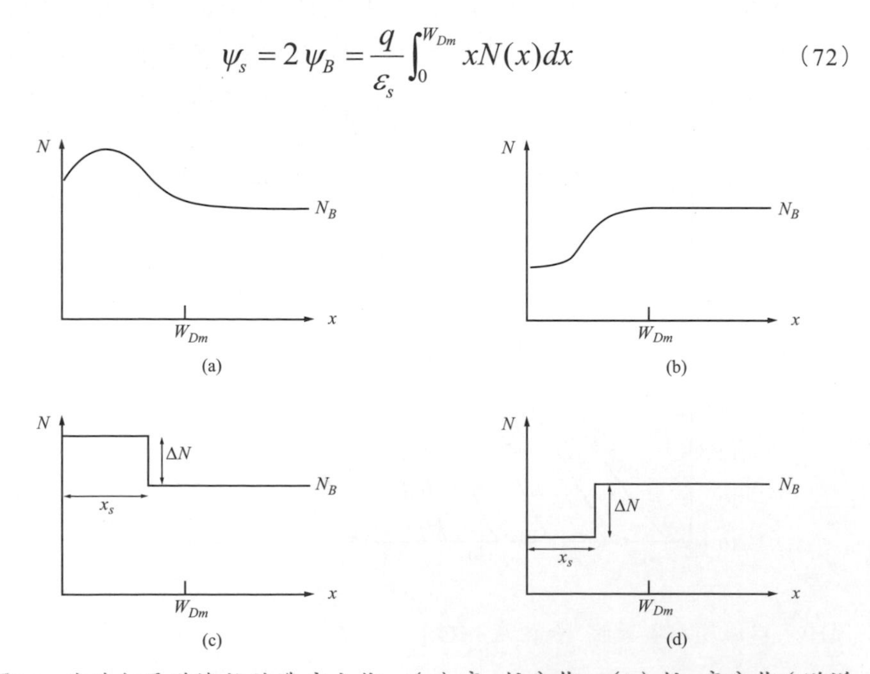

圖20　非均勻通道摻雜的濃度分佈：(a) 高-低分佈；(b) 低-高分佈 (逆增式濃度分佈)；(c) - (d) 近似後的階梯分佈。

對非均勻摻雜分佈來說，ψ_B 和 V_{FB} 的定義變得更為重要且複雜。幸運的是，利用 N_B 的背景摻雜對這些數值來說足夠準確，特別是當表面電位 $\psi_S = 2\psi_B$，因它與摻雜程度的關係相當微弱。

6.3.1 高-低分佈

為了得到離子佈植造成的起始電壓漂移，我們將考慮圖 20c 中的理想階梯分佈。原本的佈植分佈經熱退火後，可近似為階梯深度為 x_s 的階梯函數，其值約等於原來佈植的投射距離和標準差異的總合。對較寬的 x_s 而言，強反轉情況下的最大空乏區寬度位於 x_s 之內，所以表面區域可視為高濃度的均勻摻雜。此時可由式（50）求得起始電壓。如果 $W_{Dm} > x_s$，由式（71）可得到起始電壓

$$\begin{aligned} V_T &= V_{FB} + 2\psi_B + \frac{qN_B W_{Dm} - q\Delta N x_s}{C_{ox}} \\ &= V_{FB} + 2\psi_B + \frac{1}{C_{ox}}\sqrt{2q\varepsilon_s N_B\left(2\psi_B + \frac{q\Delta N x_s^2}{2\varepsilon_s}\right)} - \frac{q\Delta N x_s}{C_{ox}} \end{aligned} \tag{73}$$

在強反轉 $\psi_S = 2\psi_B$ 下，由式（72）得到的空乏區寬度為

$$W_{Dm} = \sqrt{\frac{2\varepsilon_s}{qN_B}\left(2\psi_B - \frac{q\Delta N x_s^2}{2\varepsilon_s}\right)} \tag{74}$$

根據上式，我們瞭解增加表面摻雜會增加 V_T 和縮小 W_{Dm}。

注意到對於相同的摻雜劑量，隨著額外的摻雜靠近表面 V_T 漂移達到最大。對於劑量分佈為 δ 函數（delta function）並位於 $Si\text{-}SiO_2$ 介面時（$x_s = 0$），起始電壓改變量可簡單表示為

$$\Delta V_T \approx \frac{qD_I}{C_{ox}} \tag{75}$$

其中 D_I 為總劑量 $\triangle N_{xs}$。此近似稱為起始調整，與調變功函數差 ψ_{ms} 或改變固定氧化層電荷總量的效果相同。

前面敘述的階梯分佈近似法，可求出一階（First-order）結果。為求得更正確的 V_T 值，我們必須考慮實際的摻雜分佈，因為階梯深度 x_s 無法

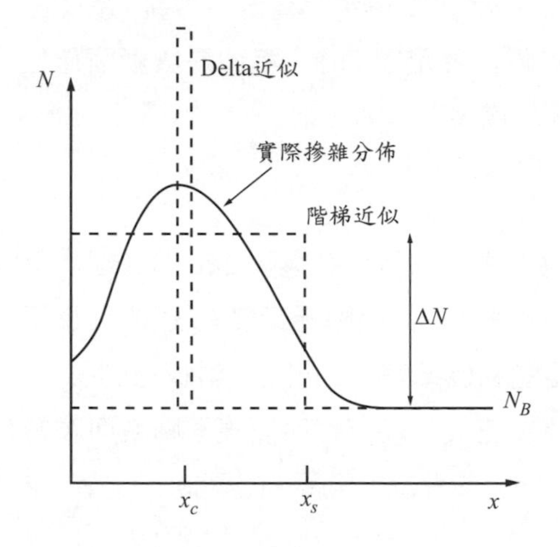

圖21 利用步階與 delta 分佈模擬實際的摻雜濃度近似值

完整的定義非均勻摻雜分佈。圖 21 表示一非均勻摻雜分佈 $N(x)$ 的分佈情形。對於一典型的例子，其起始電壓隨著摻雜劑量 D_I 和劑量中心位置 x_s 變化。因此，實際摻雜可用位於 x_c 的 δ 函數代替，並寫為

$$D_I = \int_0^{W_{Dm}} \Delta N(x)dx \qquad (76)$$

$$x_c = \frac{1}{D_I}\int_0^{W_{Dm}} x\Delta N(x)dx \qquad (77)$$

此時式（73）與（74）可表達成

$$V_T = V_{FB} + 2\psi_B + \frac{1}{C_{ox}}\sqrt{2q\varepsilon_s N_B\left(2\psi_B - \frac{qx_c D_I}{\varepsilon_s}\right)} + \frac{qD_I}{C_{ox}} \qquad (78)$$

$$W_{Dm} = \sqrt{\frac{2\varepsilon_s}{qN_B}\left(2\psi_B - \frac{qD_I x_c}{\varepsilon_s}\right)} \qquad (79)$$

當摻雜的劑量與中心位置分別為 D_I 與 x_c 時，觀察起始電壓漂移和空乏區寬度變化是很有趣的。對 $x_c = 0$，摻雜就像矽-二氧化矽介面的δ函數，所以可從式（78）得到與式（75）相同的結果 $\Delta V_T = qD_I/C_{ox}$。當 x_c 增加，劑量對於 V_T 改變的影響變得較為輕微，此時空乏區寬度 W_{Dm} 也會縮小。最後 x_c 達空乏區邊緣，而 W_{Dm} 被止住了且隨佈值中心 x_c 而增加。當

x_c 開始等於 W_{Dm} 時的情況可由式（79）得到：

$$D_I(x_c = W_{Dm}) = \frac{N_B(W_{Dm0}^2 - x_c^2)}{2x_c} \tag{80}$$

其中 W_{Dm0} 是背景摻雜為 N_B 的原始 W_{Dm}。最後當 x_c 大於 W_{Dm} 時，對起始電壓和空乏區寬度就沒任何影響。

接下來討論次臨界擺幅和基底敏感度。在 6.2.4 節裡，我們利用閘極氧化層電容 C_{ox} 與空乏區電容 C_D 的關係解釋過次臨界擺幅特性。一旦知道空乏區寬度，就可以計算出次臨界擺幅。對於高-低分佈來說，增加摻雜會降低 W_{Dm} 並增加 C_D，結果將造成較大（不陡峭）的次臨界擺幅。只要將計算 V_T 裡的 ψ_B 替換為 $2\psi_B+V_{BS}$ 便可得到基底敏感度。

6.3.2 低-高分佈

圖 20b 為低-高分佈，又可稱為逆增式濃度分佈，與高-低分佈相似，差別在基底摻雜高於表面摻雜，所以起始電壓與空乏區寬度的公式只要將式（73）與（74）的 ΔN 項變號即可

$$\begin{aligned} V_T &= V_{FB} + 2\psi_B + \frac{qN_B W_{Dm} - q\Delta N x_s}{C_{ox}} \\ &= V_{FB} + 2\psi_B + \frac{1}{C_{ox}}\sqrt{2q\varepsilon_s N_B\left(2\psi_B + \frac{q\Delta N x_s^2}{2\varepsilon_s}\right)} - \frac{q\Delta N x_s}{C_{ox}} \end{aligned} \tag{81}$$

和

$$W_{Dm} = \sqrt{\frac{2\varepsilon_s}{qN_B}\left(2\psi_B + \frac{q\Delta N x_s^2}{2\varepsilon_s}\right)} \tag{82}$$

若表面摻雜濃度降低，起始電壓會因而降低，而空乏區寬度將會增加。

6.3.3 埋入式通道元件

在極端的低-高分佈裏，表面摻雜的類型將會與基底摻雜相反。若表面摻雜層沒有完全空乏，此時將存在著一中性區域，電流便可經此流過這個埋入式通道。這類型的元件稱之埋入式通道元件[37-40]。圖 22a 為 n 型埋入式通道 MOSFET 的截面圖。閘極電壓可以改變表面空乏層，藉此控制通道

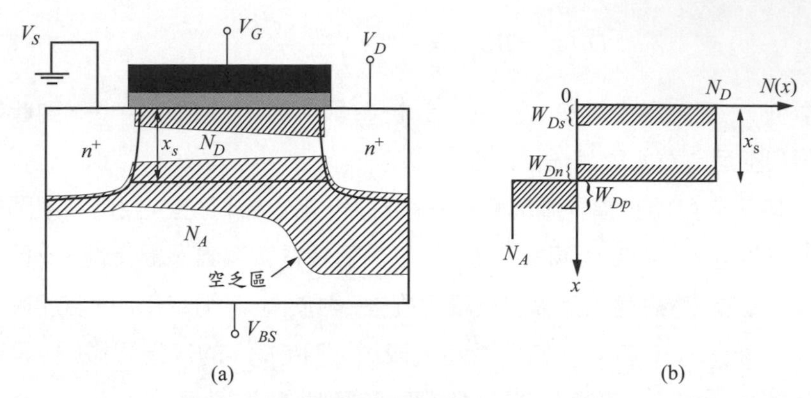

圖22 (a) 埋入式通道元件於偏壓下的剖面圖；(b) 其空乏區與通道摻雜分佈。

的厚度與電流。當閘極正偏壓增大時，通道將完全開啓，並且在表面產生一附加的表面反轉層（類似一般的表面通道），結果將會產生兩條平行的通道。

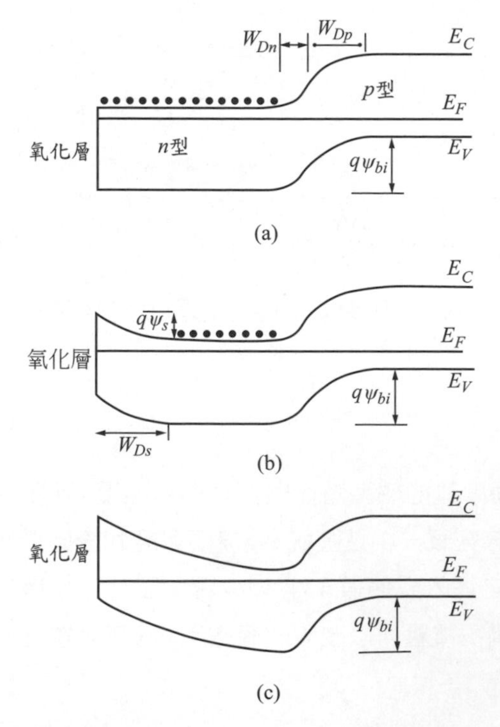

圖23 埋入式通道MOSFET在偏壓下的能帶圖：(a) 平帶時 ($V_G = V_{FB}^*$)；(b) 表面空乏時；與 (c) 起始時 ($V_G = V_T$)。

表面反轉通道在之前已經被討論過了，所以不須再詳細闡述。我們現在將焦點置於埋入式通道元件，圖 22b 為其摻雜分佈，而能帶圖則如圖23所示。通道的淨厚度為 x_s 扣除表面空乏寬度 W_{Ds} 與底部 p-n 接面空乏寬度 W_{Dn}。表面空乏區與 V_G 的關係和第四章中式（27）一樣，在此則修正為

$$W_{Ds} = \sqrt{\frac{2\varepsilon_s}{qN_D}(V_{FB}^* - V_G) + \frac{\varepsilon_s^2}{C_{ox}^2}} - \frac{\varepsilon_s}{C_{ox}} \tag{83}$$

此處平帶電壓 V_{FB}^* 的定義有些微的不同（圖 23a ）。我們現在所提及的是當表面為 n 型，而基底為 p 型的平帶電壓。所以新的平帶電壓將重新定義為

$$V_{FB}^* = V_{FB} + \psi_{bi} \tag{84}$$

式中 V_{FB} 是以 p 型基底作為參考平帶電壓。底部 p-n 接面的空乏區寬度則為

$$W_{Dn} = \sqrt{\frac{2\varepsilon_s \psi_{bi}}{qN_D}\left(\frac{N_A}{N_D + N_A}\right)} \tag{85}$$

當通道寬度被完全空乏之時，定義為起始電壓。此時狀態為

$$x_s = W_{Ds} + W_{Dn} \tag{86}$$

可得到起始電壓[40]；

$$V_T = V_{FB}^* - qN_D x_s\left(\frac{x_s}{2\varepsilon_s} + \frac{1}{C_{ox}}\right) + \left(\frac{x_s}{\varepsilon_s} + \frac{1}{C_{ox}}\right)\sqrt{\frac{2q\varepsilon_s N_D N_A \psi_{bi}}{N_D + N_A}} - \frac{N_A \psi_{bi}}{N_D + N_A} \tag{87}$$

一旦得知通道尺寸，將可輕易計算出通道內的電荷。根據所施加的閘極偏壓範圍，我們可以求得不同的塊體電荷 Q_B 和表面反轉電荷 Q_I。

$$Q = Q_B = (x_s - W_{Ds} - W_{Dn})N_D \qquad V_T < V_G < V_{FB}^* \tag{88}$$

和

$$\begin{aligned} Q &= Q_B + Q_I \\ &= (x_s - W_{Dn})N_D + C_{ox}(V_G - V_{FB}^*) \qquad V_{FB}^* < V_G \end{aligned} \tag{89}$$

當給定一通道電荷，計算汲極電流的方式與之前所推導的類似。但是跟表面通道元件相比，埋入式通道MOSFET的公式會較為複雜，主要是因為閘極對於通道的耦合（或閘極電容）變得與閘極偏壓有關。其 I-V 特性如圖24 所示。

若要得到精確的汲極電流，只要將式（22）中的電荷項替換即可。在不同 V_G 下所得到的結果將在表一做個總整理。這些結果是以長通道定值移動率為前提下得到的。而由速度飽和造成的飽和電流可大約估計為 $Q\upsilon_s W$。

埋入式通道 MOSFET 一般都是常態開啓（空乏模式）；在理論上，只要藉由選擇適當的金屬功函數，也是能夠製作常態關閉元件（加強模式）。同樣的當給定一 N_D，起始電壓會隨著埋入式通道深度 x_s 增加而變的更負。因為在 MOS 中存在著最大空乏寬度，所以如果摻雜濃度 N_D 或 / 與埋入式通道深度 x_s 足夠大，W_{Ds} 將可以達到最大值卻不會夾止通道。但通道分佈也存在一個限制，否則電晶體便無法關閉。此條件可由 x_s 與 N_D 的關係求出：

$$x_s\big|_{\max} = \sqrt{\frac{2\varepsilon_s}{qN_D}}\left(\sqrt{2\psi_B} + \sqrt{\frac{N_A\psi_{bi}}{N_D + N_A}}\right) \tag{90}$$

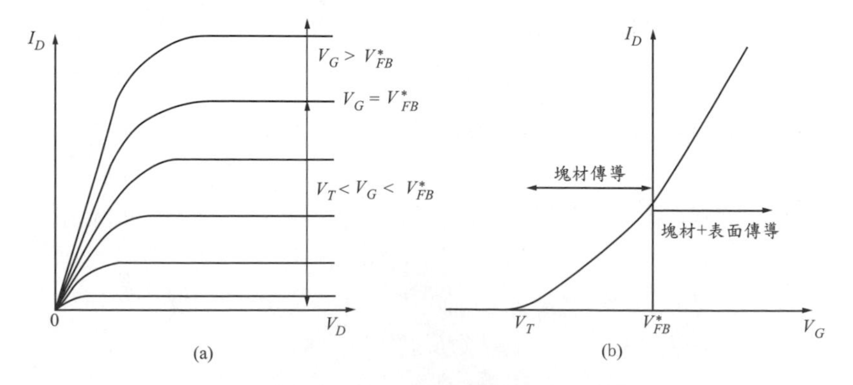

圖24 埋入式通道MOSFET之：（a）輸出特性；（b）線性區（小V_D時）的轉換特性（I_D-V_G），圖中並標明元件的起始電壓V_T與平帶電壓V^*_{FB}。

由於基底偏壓效應可視為底部閘極，所以在埋入式通道元件中的影響變得更為直接。若考慮此效應的影響，則上述公式中的 ψ_{bi} 將置換為 ψ_{bi}-V_{BS}（V_{BS} 為負值）。特別是 V_T [式（87）]與 W_{Dn} [式（85）]將會隨著基底偏壓而變化，因此我們可利用基底偏壓將元件開起或關閉，或者將元件在空乏模式與加強模式之間做切換。

接下來我們回頭討論埋入式通道元件的次臨界電流。當閘極負偏壓夠大時，通道將會夾止，此時的 $x_s = W_{Ds}+W_{Dn}$（圖 23c）。而低於起始電壓的電流傳導是由於存在部分空乏電子的區域，所以此時的電流主要由漂移電子主導。因此埋入式通道MOSFET的次臨界（次夾止）電流與表面通道MOSFET的次臨界電流相似。所以次臨界電流與閘極電壓呈現指數關係，而次臨界擺幅S則可由式（60）中的電容比例求得，但是電容必須稍微修正。從圖 23c 中可看出，電子濃度最大值位於 $x \approx x_s - W_{Dn}$ 上。所以式（60）中的 C_D 將替換為基底的 p-n 接面空乏電容[ε_s/（W_{Dn}+W_{Dp}）]，而 C_{ox} 便由 C_{ox} 和表面空乏區電容 ε / W_{Ds} 的串聯電容代替。將這些電容代入後可得

$$S = (\ln 10)\frac{kT}{q}\left[1+\frac{\varepsilon_{ox}W_{Ds}+\varepsilon_s d}{\varepsilon_{ox}(W_{Dn}+W_{Dp})}\right] \qquad (91)$$

式中為起始狀態下的空乏層 W_{Ds}、W_{Dn} 和 W_{Dp}（$V_G = V_T$）。次臨界擺幅通常比一般的表面通道元件來得大。

因為埋入式通道元件的載子不會受到表面散射和其它表面效應影響，所以具有比表面通道元件更高的載子移動率。短通道效應的影響也會減少（將於之後討論），例如熱載子引起的可靠度問題。另一方面，由於閘極和通道間的距離越來越遠，與閘極偏壓相關的轉導則會變的更小和不穩定。假如閘極以蕭特基接面或 p-n 接面代替，元件就分別變成 MESFET 或 JFET，這些都會於下一章討論。

表一　基於長通道定移動率之埋入式通道 MOSFET 電流方程式（參考文獻 15 及 17）

$V_T \le V_G \le V_{FB}^*$

$$I_D = \frac{W}{L}\frac{\mu_B C_{ox}}{1+\sigma}\left[(V_G - V_T)V_D - \frac{1}{2}\alpha V_D^2\right], \qquad V_D \le V_{Dsat}$$

$$= \frac{W}{L}\frac{\mu_B C_{ox}}{1+\sigma}\frac{(V_G-V_T)^2}{2\alpha}, \qquad V_D \le V_{Dsat}$$

$V_G \ge V_{FB}^*$

$$I_D = \frac{W}{L}\frac{\mu_B C_{ox}}{1+\sigma}\left\{(V_G - V_T)V_D - \frac{1}{2}\alpha V_D^2 + (r-1)\left[(V_G - V_{FB}^*)V_D - \frac{1}{2}V_D^2\right]\right\}, \quad V_D < V_G - V_{FB}^*$$

$$= \frac{W}{L}\frac{\mu_B C_{ox}}{1+\sigma}\left[(V_G - V_T)V_D - \frac{1}{2}\alpha V_D^2 + \frac{1}{2}(r-1)(V_G - V_{FB}^*)^2\right], \quad V_G - V_{FB}^* \le V_D < V_{Dsat}$$

$$= \frac{W}{L}\frac{\mu_B C_{ox}}{1+\sigma}\left[\frac{(V_G-V_T)^2}{2\alpha} + \frac{1}{2}(r-1)(V_G - V_{FB}^*)^2\right], \qquad V_D \ge V_{Dsat}$$

其中

$V_{Dsat} = (V_G - V_T)/\alpha$　　$\sigma = \dfrac{C_{ox}X_s}{\varepsilon_s}\left(\dfrac{C_{ox}X_s}{2\varepsilon_s} + 1\right)$　　$\alpha = 1 + (1+\sigma)\dfrac{\gamma}{4\sqrt{\psi_{bi}}}$

μ_B = 塊材移動率

μ_s = 表面移動率　　$r = (1+\sigma)\dfrac{\mu_s}{\mu_B}$　　$\gamma = \dfrac{\sqrt{2\varepsilon_s q N_A}}{C_{ox}}$

6.4 元件微縮與短通道效應

自 1959 年進入積體電路時代後，最小的特徵長度已被縮小超過兩個數量級。我們預期最小尺寸仍會繼續縮小，如圖 1 所示。而 MOSFET 尺寸的微縮，前提為必須維持長–通道下的特性。當通道長度縮減時，源極與汲極的空乏寬度幾乎相當於通道長度，並且會發生源 / 汲極間的貫穿效應。所以需要較高的通道摻雜來避免這些效應。但較高的通道摻雜會使得起始電壓變大，為了適當的控制起始電壓，必須使用較薄的氧化層。由此可知，元件裡的各項參數是相互關聯的，而且某些微縮是為了改善元件的效能。

即使微縮規則再完美，當通道長度一旦縮減，勢必發生偏離長–通道特性的行為。首先是短通道效應，將導致通道內的二維電位分佈與高電場效應。此時通道內的電位分佈隨著橫向電場 $\mathscr{E}_x$（由閘極電壓與背面基底偏壓控制）和縱向電場 $\mathscr{E}_y$（由汲極電壓控制）改變。換句話說，電位分佈變為二維，故漸變通道近似法（即 $\mathscr{E}_x >> \mathscr{E}_y$）將不再適用。這樣的二維電位分佈也將造成許多令人困擾的電性特性。

當電場增加後，通道移動率就隨著電場變化，最後會達到速度飽和。（移動率特性已在 6.2.5 節討論過）當電場繼續增加，在汲極附近會發生載子倍乘現象，導致基底電流和寄生雙載子電晶體作用。高電場也會引起熱載子注入氧化層，造成氧化層電荷並且導致起始電壓漂移與轉導下降。

上述由短通道效應造成的現象可歸納整理為：（1）隨著通道長度改變，V_T 不再是常數；（2）起始電壓前後的 I_D，都不再隨著 V_D 增加而達飽和；（3）I_D 與 $1/L$ 不再是比例關係；（4）元件特性會隨操作時間增加而變差。因為短通道效應使元件操作複雜與元件特性衰退，這些效應必須消除或減至最小，這樣短通道元件才能保有長通道元件的電性。在這節，我們將討論 MOSFET 微縮，與元件微縮後伴隨而來的短通道效應。（關於上述的第3項，其高電場移動率與速度飽和已在 6.2.2 節討論過）

表二 MOSFET 的微縮參數

元件參數	定電場微縮	實際微縮	微縮限制
L	$1/\kappa$	/	/
$\mathscr{E}$	1	>1	/
d	$1/\kappa$	$>1/\kappa$	穿遂電流，缺陷
r_j	$1/\kappa$	$>1/\kappa$	電阻
V_T	$1/\kappa$	$>>1/\kappa$	關閉電流
V_D	$1/\kappa$	$>>1/\kappa$	系統，V_T
N_A	κ	$<\kappa$	接面崩潰

在理想的定電場微縮下，元件裡的參數依照相同的微縮因子微縮。但實際上，微縮因子會受到其他原因受到限制。

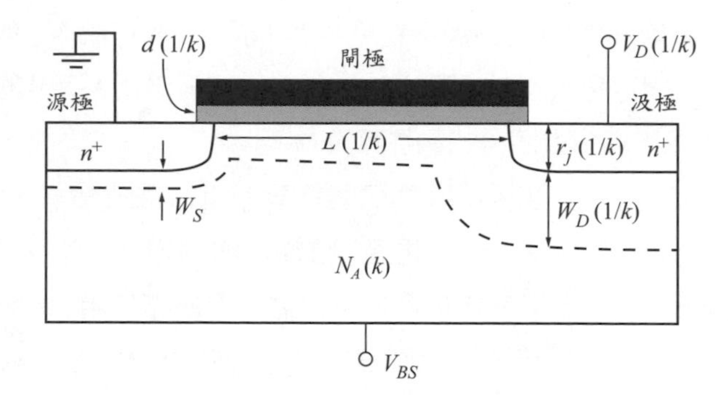

圖25 以電場為定值下 MOSFET 結構微縮之物理參數。

6.4.1 元件微縮

為了避免短通道效應，最理想的微縮規則就是將長通道 MOSFET 的尺寸與電壓一起縮小，這樣才能使內部的電場保持固定[41]。表二和圖 25 為 MOSFET 在定電場下的微縮規則以及概念圖。所有的尺寸，包含通道長度與寬度、氧化層厚度和接面深度，都依微縮因子（scaling factor）κ 縮小。當摻雜濃度隨 κ 增加，所有的電壓隨 κ 縮小，因此造成接面空乏寬度隨 κ縮小。注意次臨界擺幅 S 基本上仍維，並且與 $1+C_D/C_{ox}$ 成比例關係，因此這兩個電容會依相同的因子 κ 放大。

可惜的是理想的微縮規則仍然被其他無法微縮的要素所阻礙著。首先是接面的內建電位與開始產生弱反轉的表面電位無法微縮（在摻雜濃度增加 10 倍時，僅改變約 10 %）。介於空乏與強反轉的之間的閘極電壓範圍約為 0.5 V。這些限制主要是由於能隙與熱能 kT 仍為定值。當氧化層厚度微縮至數個奈米尺寸時，缺陷的因素造成技術上的困難。此外，閘極氧化層的穿隧漏電也是另一個基本現制。在 4.3.6 節中討論過的量子侷限效應，會使得載子位置與介面有一段距離（約 1 nm），閘極電容值會因此而降低。源極與汲極的串聯電阻也會因 r_j 縮小而增加。當元件的電流增大時，此現象是非常不利的。為了防止 p-n 接面崩潰，通道摻雜濃度也不能一直增加。由於系統的考量及高速度的需求，所以在工作電壓方面的微縮歷程很慢。表二列出各項參數微縮時的限制，其為定電場微縮下所產生的實際非理想微縮因子。根據這些限制，使得微縮時電場不再維持定值，而是隨著閘極長度縮小而增加。

由於上述實際的限制，其它的微縮規則亦相繼被提出。其中包含定電壓微縮[42]，準定電壓微縮[43]，以及廣義微縮等[44]。而另外一個特殊的微縮規則，即具有彈性的微縮因子亦被提出[45]。其允許不同的元件參數能夠各自調整，只須元件所有的特性能夠維持即可。因此，元件裡的所有參數不用再依同一個因子 κ 微縮。而最小通道長度可由長通道特性中觀察得知，其表示為[45]：

$$L \geq C_1[r_j d(W_S + W_D)^2]^{1/3} \quad (92)$$

其中 C_1 為常數，W_S+W_D 為一維陡峭接面情況下源極和汲極空乏區寬度的總合：

$$W_D = \sqrt{\frac{2\varepsilon_s}{qN_A}(V_D + \psi_{bi} - V_{BS})} \quad (93)$$

當 $V_D = 0$，W_D 等於 W_S。此變化規則亦顯示於文獻 46 中。

先前我們經討論過以定電場微縮為前提時，非理想因素對元件所造成的不利結果。然而，藉由整合一些不同領域的技術的話還是能夠幫助元件繼續微縮。首先是將超薄基底導入三維的 MOSFET 結構裡，這將有效的消除貫穿效應的電流流動路徑，減輕通道摻雜濃度（詳見6.5.5節）。此外，有些研究著重於高介電常數的閘極介電層之使用。使用高介電常數介電質，一來可以不必一直減少厚度，更可以改善缺陷濃度與減少穿隧電流。在下個世代的電晶體裡，我們可以藉由這些技術來將短通道效應的影響降至最低。

6.4.2 源 / 汲極電荷共享

目前為止，通道電荷分析都是在一維情況下，此時反轉電荷與空乏區電荷完全受到閘極的控制，所以其可視為電荷密度看待。若將通道視為二維，此時空乏區電荷必須考慮 n^+- 源極與汲極的影響，如圖 26a 所示。當元件偏離長通道特性時，依電荷守恆原則，在閘極、通道以及源 / 汲極區內的總電荷[47]

$$Q'_M + Q'_n + Q'_B = 0 \quad (94)$$

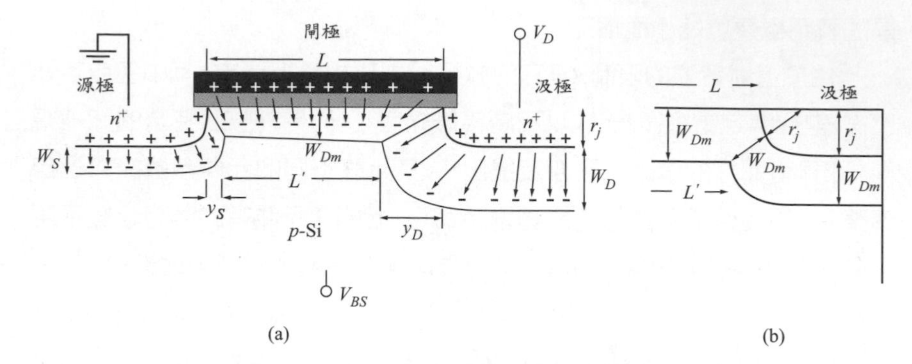

圖26 (a) $V_D>$,0 以及 (b) $V_D=0$ (其中 $W_D \approx W_S \approx W_{Dm}$) 的電荷守恆模型。(參考文獻 47)

式中 Q'_M 為閘極上的全部電荷，Q'_n 為全部反轉層電荷，以及 Q'_B 為空乏區內已游離的全部雜質。這當然是假設氧化層與介面上沒有任何的電荷情況下。起始電壓可視為在最大空乏寬度內空乏所有塊材電荷 Q_B 所需要的電壓。故

$$V_T = V_{FB} + 2\psi_B + \frac{Q'_B}{C_{ox}A} \tag{95}$$

式中 A 為閘極面積 $Z \times L$。對長通道元件而言，$Q'_B = q_A N_A W_{Dm}$，其中 W_{Dm} 為最大空乏區寬度，

$$W_{Dm} = \sqrt{\frac{2\varepsilon_s(2\psi_B - V_{BS})}{qN_A}} \tag{96}$$

在一維情況下分析就已足夠。

對於短通道元件，Q'_B 對起始電壓的影響降低；此乃因為在通道的源極與汲極端附近，一些起源於塊材電荷的電力線終止於源極或汲極，而不是閘極 (圖 26a)。因為橫向 (與通道垂直) 電場強烈地影響表面的電位分佈，因此水平方向的空乏寬度 y_S 和 y_D 分別小於垂直方向的空乏寬度 W_S 和 W_D。

起始電壓的一階估算可透過電荷分割。塊材的總空乏電荷可視為梯形計算[47]

$$Q_B' = ZqN_A W_{Dm}\left(\frac{L+L'}{2}\right) \tag{97}$$

當汲極偏壓很小時，我們可以假設 $W_D \approx W_S \approx W_{Dm}$，而藉由一簡單的三角形分析（圖 26b）得

$$L' = L - 2(\sqrt{r_j^2 + 2W_{Dm}r_j} - r_j) \tag{98}$$

與長通道元件相較後的起始電壓變化量為

$$\begin{aligned}\Delta V_T &= \frac{1}{C_{ox}}\left(\frac{Q_B'}{ZL} - qN_A W_{Dm}\right) = -\frac{qN_A W_{Dm}}{C_{ox}}\left(1-\frac{L+L'}{2L}\right) \\ &= -\frac{qN_A W_{Dm} r_j}{C_{ox}L}\left(\sqrt{1+\frac{2W_{Dm}}{r_j}}-1\right)\end{aligned} \tag{99}$$

式中的負號代表 V_T 降低，而電晶體變得較容易開啓。若考慮汲極電壓與基底偏壓的影響，式（99）將修改為

$$\Delta V_T = -\frac{qN_A W_{Dm} r_j}{2C_{ox}L}\left[\left(\sqrt{1+\frac{2y_S}{r_j}}-1\right)+\left(\sqrt{1+\frac{2y_D}{r_j}}-1\right)\right] \tag{100}$$

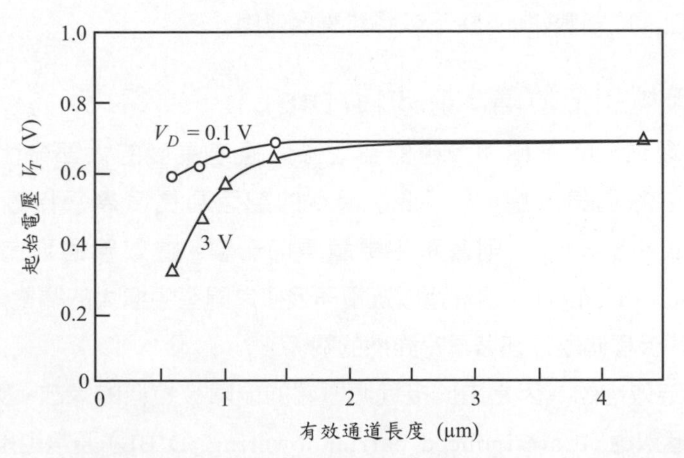

圖27 起始電壓隨著通道長度與汲極偏壓的變化關係。（參考文獻 49）

y_S 與 y_D 分別為

$$y_S \approx \sqrt{\frac{2\varepsilon_s}{qN_A}(\psi_{bi} - \psi_s - V_{BS})} \tag{101a}$$

$$y_D \approx \sqrt{\frac{2\varepsilon_s}{qN_A}(\psi_{bi} + V_D - \psi_s - V_{BS})} \tag{101b}$$

注意此時的起始電壓變成含有 L 與 V_D 的函數。圖27顯示起始電壓與通道長度以和汲極偏壓兩者的關係

6.4.3 通道長度調變(channel-length modulation)

圖 26a 也顯示，處於 y_D 的載子將有效地被高電場排除掉。y_S 是一過渡區，而位於 y_S 的載子濃度高於通道內的載子濃度。若考慮通道漂移區域，此時有效通道長度將可寫為

$$L_{\text{eff}} = L' = L - y_S - y_D \tag{102}$$

這因素將造成有效通道長度變得與汲極偏壓有關係，可部份地說明汲極電流不再隨汲極偏壓增加而達到飽和之現象。不過通道長度的改變對電流的影響只是線性的，而由汲極偏壓造成位障降低的現象更為顯著，因為電流和位障成指數關係，接下來將討論此效應。

6.4.4 汲極引發位障降低效應(DIBL)

我們已經指出當源極與汲極的空乏區佔通道長度的大部分比例時，將會發生短通道效應。一旦源 / 汲極的空乏區長度幾乎接近通道長度時（$y_S+y_D \approx L$），則會產生更嚴重的影響。這效應通稱為貫穿效應(punch-through)。這會造成源極與汲極之間產生極大的漏電流，而且此電流與汲極偏壓存在著極為強烈的關係。

貫穿效應的成因是由於接近源極端的能障被拉低的緣故，汲極引發能帶降低效應(drain-induced barrier lowering, DIBL)通常也是因此發生的。當汲極相當接近源極時，汲極電壓將會影響源極端的能障，因此位於此處的通道載子濃度便不再固定。這可由圖 28 中沿半導體表面的能帶

圖證明。對長通道元件來說，汲極電壓能夠改變有效通道長度，但是源極端的能障依然保持固定。然而對短通道元件來說，此能障將不再為定值。源極能障降低會造成額外的電子注入，因此大量地增加電流。電流增加的現象將在電晶體起始後以及次臨界區域出現。

圖 28 為發生貫穿效應時，半導體表面的能帶情形。在實際的元件裡，通常是因為降低源 / 汲極接面深度 r_j 以下的基底摻雜濃度降低。而降低基底摻雜濃度會增加空乏區寬度，因此貫穿效應將會藉由塊材路徑發生。

當元件產生嚴重貫穿效應時的電壓–電流特性，如圖 29a 所示。當 $V_D = 0$ 時，y_S 與 y_D 的總合為0.26 μm，甚至大於通道長度（0.23 μm）。這時汲極接面的空乏區將會與源極接面的空乏區接合，元件便操作於貫穿效應的情況下。在這樣的情況下，源極區域的多數載子（此例子為電子）將可以注入通道內的空乏區，藉由電場的加速流動並且被汲極收集。產生貫穿效應下的汲極電壓可寫為

$$V_{pt} \approx \frac{qN_A(L-y_S)^2}{2\varepsilon_s} - \psi_{bi} \qquad (103)$$

汲極電流為空間電荷限制電流所主導：

$$I_D \approx \frac{9\varepsilon_s \mu_n A V_D^2}{8L^3} \qquad (104)$$

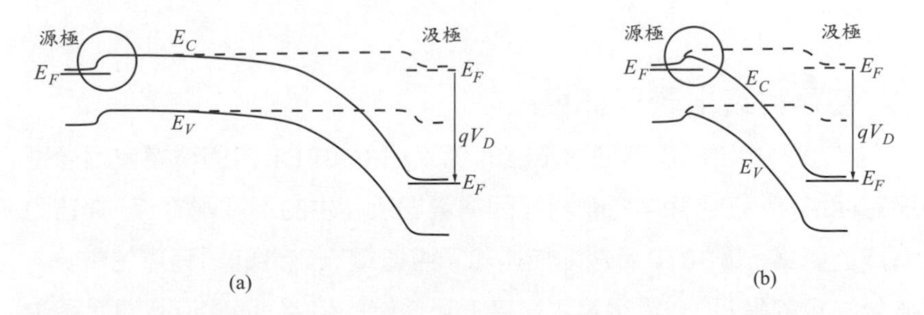

圖28 半導體表面沿源極到汲極的能帶圖：(a) 長通道時，以及 (b) 短通道之 MOSFET，後者產生 DIBL 效應。虛線與實線分別爲 V_D=0、$V_D > 0$ 時的情形。

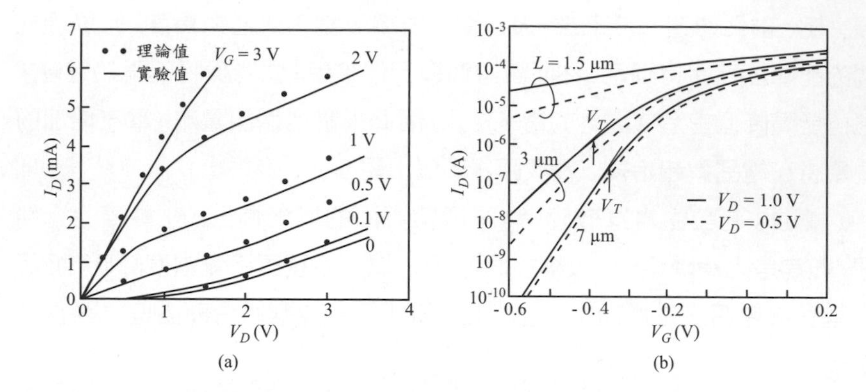

圖29 DIBL效應下 MOSFET 的汲極電流特性：(a)起始後（L = 0.23 μm、d = 25.8 nm、N_A = 7 × 10^{16} cm^{-3}）；(b)起始前(d = 13 nm、N_A = 10^{14} cm^{-3})。（參考文獻 50）

其中 A 為貫穿效應路徑的截面積。空間電荷限制電流與反轉層電流平行，並且以 $V_D{}^2$ 的比例增加。圖中的計算值是在二維條件下利用電腦計算出來的，其中包含了貫穿效應與場依移動率效應。

圖 29b 是在不同的通道長度下，DIBL效應對次臨界電流的影響。當元件通道長度為7μm時，顯示出長通道特性，也就是在 $V_D > 3kT/q$ 時，次臨界電流仍與汲極電壓無關。當 L = 3 μm，電流就與 V_D 有關，並且造成 V_T的漂移（在不同 V_D下的 I-V 特性，可看到實線與虛線已不再重疊）。此外，次臨界擺幅會也增加。對於更短的通道，L = 1.5 μm，長通道特性已經完全喪失。次臨界擺幅將變得更糟，而且元件也無法再關閉。

6.4.5 倍乘與氧化層可靠度

先前我們指出由於非理想微縮的緣故，MOSFET 內的電場會因通道的縮短而增加。在這節中將會討論因高電場所產生的不規則電流，與它們所造成的影響。圖 30 中清楚地描述除了通道電流之外的所有寄生電流。在這要注意的是，最強電場發生在接近汲極端的位置，而此位置便是產生不規則電流的來源。

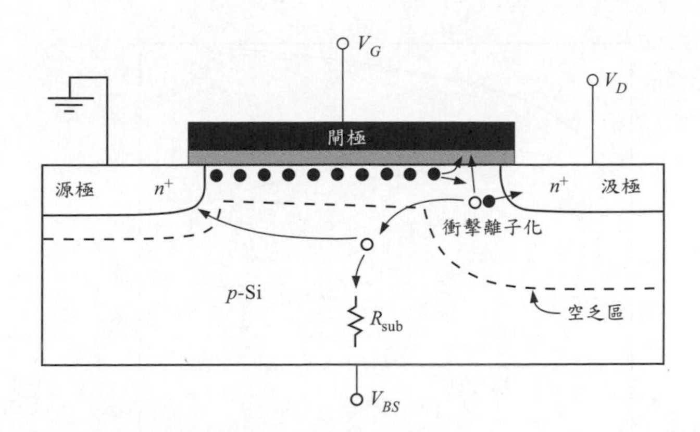

圖30 高電場下 MOSFET 的電流路徑。

首先，當通道載子（電子）流經過高電場區域時，它們從電場獲得額外的能量，而且沒有流失至晶格。這些充滿能量的載子稱之為熱載子（hot carrier），其獲得的動能可由傳導電帶 E_C 向上算起。如果額外的能量高於Si/SiO_2 能障（3.1 eV），載子便可以跨過氧化層而到達閘極，進而造成閘極電流上升。

另一個由高電場區域產生的現象稱為衝擊離子化（impact ionization），將會產生額外的電子–電洞對。這些額外的電子會直接被汲極收集，使得通道電流增加。對於衝擊產生之電洞其路徑較多，其中有一小部分流向閘極，與先前提及的熱電子類似。而大多數生成的電洞則流向基底。對短通道元件來說，有些電洞將會往源極移動。這些電洞流向源極與基底的比例和基底接觸的優劣有關。一個完美的基底接觸（$R_{sub} = 0$）可以收集所有的電洞，而且沒有任何的電洞會到達源極。接下來解釋當電洞流向閘極或源極將會造成的效應。

圖 31 為 MOSFET 的接點電流，包括了閘極電流與基底電流。這裡要注意，熱電子與熱電洞越過能障造成的閘極電流和以載子穿隧過能障所造成的閘極電流是不同的。熱載子閘極電流的峰值發生在 $V_G \approx V_D$ 時。一般來說此電流非常小，與通道電流相比幾乎可以忽略，所以並不會造成任何問題。但是它們所造成的損害卻產生影響。我們已知熱電子會產生氧化層電荷與介面缺陷[52]。鑒於此原因，元件特性將會隨著操作時間而改變。

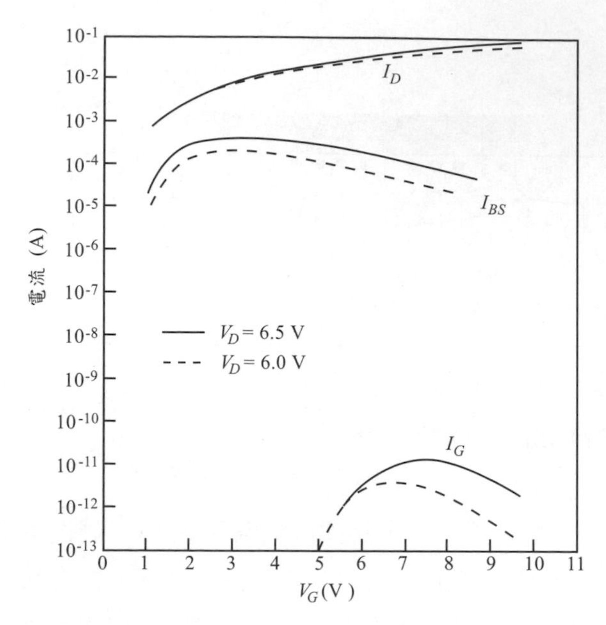

圖31 MOSFET 中汲極電流、基板電流與閘極電流對閘極電壓的關係圖，$L/W = 0.8/30$ μm。（參考文獻 51）

特別是臨界電壓漂移至更高值，而轉導 g_m 則會降低，這都是因為介面缺陷的緣故，並且通道移動率也會減小。次臨界擺幅則會因介面缺陷濃度增加而變大。為了減少氧化層電荷，氧化層內與水有關的缺陷（water-related traps）濃度必須盡可能的縮小[53]，因為這些缺陷會捕獲熱載子。為了確保 MOSFET 在合理的時間內操作無誤，必須將元件生命期定量化，其定義為：當元件處於一偏壓條件下，其元件參數的變化量在下不會超出給定的範圍。在 MOSFET 技術中，這是一項必備的規格。

圖 31 亦顯示一般的基底電流特性。基底電流與閘極偏壓呈現一個獨特的鐘型關係[54]。一開始先隨著閘極偏壓增加，當達到最大值後隨之下降。而最大值通常發生在 $V_G \approx V_D/2$ 處。接下來將解釋為何 I_{BS} 會發生最大值。首先假設高電場區域內的衝擊離子化均勻地發生，此時基底電流可寫為

$$I_{BS} \approx I_D \alpha(\mathscr{E}) y_D \tag{105}$$

其中 α 為游離化係數，為單位距離內所產生的電子－電洞對數目，並且與電場存在著強烈的關係；y_D 則為高電場或夾止區。對給定一個 V_D，當V_G 增加時，I_{Dsat} 與 V_{Dsat} 都會跟著增加（$V_{Dsat} \approx V_G\text{-}V_T$）。但當 V_{Dsat} 增加時，橫向電場［≈（$V_D\text{-}V_{Dsat}/y_D$）］卻會降低，所以會造成 α 縮小。因此我們得到兩個互相矛盾的因素。I_{BS} 一開始會增加是因為汲極電流隨著 V_G 增加，但是在更大的 V_G 時，I_{BS} 降低的現象是由α的減少造成的。而 I_{BS} 在這兩個因素相互平衡時則具有最大值。基底電流可表示為

$$I_{BS} = C_2 I_D (V_D - V_{Dsat}) \exp\left(\frac{-C_3}{V_D - V_{Dsat}}\right) \tag{106}$$

其中 C_2 和 C_3 為常數。

由於短通道元件的源極與汲極的距離非常近，所以累增產生的電洞流向源極的機會將會增加[55]。此電洞流產生了寄生 *n-p-n* 雙載子電晶體作用，元件的源極－基底－汲極可等效為射極－基極－集極電路，而電洞流則構成基極電流。對於流向源極的電洞，可視為電子注入基底。這些電子將會被汲極收集走，並成為額外的汲極電流。而雙載子電流增益 I_n/I_p 可約略地從 N_D/N_A 的比值求出。或者可由另一角度觀之：基底電流產生一基底電壓 $I_{BS} \times R_{sub}$，此時源極－基底可視為順偏下的 *p-n* 接面，因此電子將注入至基底。較高的基底電位還會造成其他的效應，像是降低表面通道的起始電壓，並且增加表面通道電流。這些效應都會增加汲極電流，而且會隨著 R_{sub} 的增加與 L 的縮短變得更加嚴重。最極端的例子，在缺少基底接觸（$R_{sub} = \infty$）的 MOSFET 中，如 SOI 與 TFT 結構（詳見 6.5.4 節），其輸出曲線中的 I_D 會隨著 V_D 的增加突然上升。此輸出特性中的現象稱之為扭結效應（kink effect）。

當寄生 *n-p-n* 雙載子行為更嚴重時，基底電流甚至會引起源極－汲極崩潰。此現象與雙載子崩潰的情形相似，當源極和汲極間的距離遠短於汲極和基底接觸的距離時，基極便可視為開路，而 MOSFET 的源極－汲極崩潰可以用寄生開－基極雙載子崩潰表示［第五章的式（47）］

$$V_{BDS} = V_{BDx}(1-\alpha_{npn})^{1/n} \tag{107}$$

V_{BDx} 為汲極–基底的 p-n 接面崩潰電壓，n 用來描述二極體的崩潰特性形式。而共基極電流增益 α_{npn}，為基極傳輸因子 α_T 與射極效率 γ 的乘積。假設 $\gamma \approx 1$，可得到

$$\begin{aligned}\alpha_{npn} &= \alpha_T \gamma \approx \alpha_T \\ &\approx 1 - \frac{L^2}{2L_n^2}\end{aligned} \tag{108}$$

其中 L 為有效基極寬度，L_n 為基底中的電子漂移長度。根據以上的公式，短通道 MOSFET 中源極與汲極間的崩潰電壓為

$$V_{BDS} \approx \frac{V_{BDx}}{2^{1/n}}\left(\frac{L}{L_n}\right)^{2/n} \tag{109}$$

當 n 等於 5.4 時，式（109）與數據非常吻合[55]。不同的接面曲率擁有不同的崩潰電壓可由 V_{BDx} 與 r_j 的關係來解釋，其已於第二章中討論過。為了降低寄生電晶體效應，必須盡可能地降低基底電阻 R_{sub}，如此才能維持 $I_{BS} \times R_{sub}$ 小於 0.6 V。於是短通道 MOSFET 的崩潰電壓將不再受到寄生雙載子效應限制，因此可在較高的電壓與更可靠的情況下操作。

由於汲極與閘極的重疊區域會形成閘極二極體（gated diode）結構。因此在薄氧化層與陡峭接面的情況時，於某些偏壓下會發生崩潰現象，並導致汲極漏電流流向基底。這種閘極二極體崩潰電流稱為閘極引發的汲極漏電流（gate-induced drain leakage, GIDL），其機制已於 2.4.3 節中詳細討論過。對 n 型通道元件施加一個固定汲極偏壓時，正常的通道電流會隨著閘極偏壓減少而降低進入次臨界區。在某些閘極偏壓下，汲極電流將變成 GIDL 電流，並且隨著閘極負偏壓的增加而上升。短通道元件通常於 $V_G = 0$ 就已經存在 GIDL 電流，因此在關閉狀態時又多添加一項漏電流。

6.5 MOSFET結構

到目前為止，矽 MOSFET 一直是電子工業裡的要角。為了更好的效能與更高的密度，MOSFET 的通道長度與其他尺寸都不斷地在縮小（見圖 1）。

事實上，元件微縮的困難度持續增加，所得到的效能增益也趨於飽和，因此微縮極限成為一項熱門的討論話題[57]。以下列舉可能會阻礙微縮的因素，包括：統計上的摻雜微擾與表面電荷的敏感度、短通道效應造成的種種影響、量子侷限效應對反轉層與閘極電容的距離限制、源/汲極串聯電阻等。最近已有資料指出通道長度低於 20 nm 是可行的，即使利用平面結構技術[58-59]。然而，在實際的應用上，就算採用三維結構，微縮的極限也大約在 10 nm 左右。

目前已發表許多可控制短通道效應並增進 MOSFET 效能的元件結構。接下來利用一些高效能與特殊應用上的代表性元件。我們將 MOSFET 結構中的重要因素逐項討論，分別為通道摻雜、閘極堆疊與源/汲極設計。

6.5.1 通道摻雜分佈

圖 32 為採用平面技術典型的高效能 MOSFET 結構。半導體表面下的通道摻雜濃度呈現 p^{-}-p-p 分佈。這種逆增式濃度分佈（retrograde profile）通常是利用多重劑量和能量的離子佈植來形成。較低的表面摻雜濃度可降低垂直電場，因此可獲得較高的移動率，另外也可降低起始電壓。而表面下的高濃度的部分可有效的控制貫穿效應與短通道效應。接面深度以下則為低濃度摻雜，因此可降低接面電容，作用和基底偏壓影響起始電壓一樣。

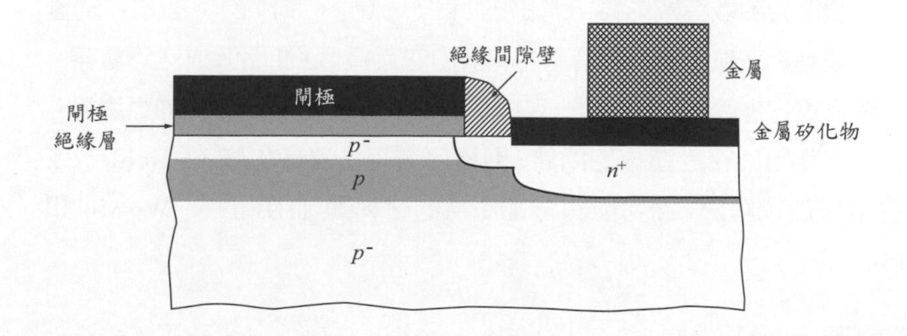

圖32　具逆增式通道濃度分佈、二次摻雜源極/汲極接面與自我對準金屬矽化物源/汲極接觸的高效能 MOSFET 平面結構圖。

6.5.2閘極堆疊

閘極堆疊(gate stack)主要是由閘極介電質與閘極接觸材料所組成。自從 MOSFET 問世以來,SiO_2 一直被用來做為的閘極介電質的材料。事實上,理想的 Si-SiO_2 介面是製作成功的 MOSFET 其中一項重要的因素。然而當氧化層厚度微縮至 2 nm 以下,基本的穿隧問題以及技術上消除缺陷的困難度使得必須要尋找其他的替代方法。目前最主要的解決方法是尋找高介電常數的材料,我們稱之高介電常數介電質(high-*K* dielectric)。當電容值相同的情況下,高介電常數介電質可擁有較厚的厚度,因此可減少電場與製程上的缺陷問題。利用介電常數可計算出等效氧化層厚度(equivalent constant thickness, EOT),其定義 EOT = 厚度×(SiO_2 之 K 值)/ K。通常選擇高介電常數的材料有 Al_2O_3、HfO_2、ZrO_2、Y_2O_3、La_2O_3、Ta_2O_5 與 TiO_2。這些材料介電常數介於 9 至 30 之間,其中 TiO_2 甚至大於 80。若這些材料經證實可以成功地應用在閘極介電質上,則可輕易地將等效氧化層厚度推至 1 nm 以下(SiO_2 之 K 值 = 3.9)。雖然如此,讀者仍須記住至於量子效應對閘極電容的限制。其已於 4.3.6 節中討論過。

以多晶矽作為閘極材料已有一段很長的時間了。多晶矽閘極的好處在於能與矽的製程相容,並且可承受自我對準源 / 汲極佈植後的高溫退火。另一個重要的關鍵是功函數可由摻雜 n 型或 p 型來調整。像這樣的調整對講究對稱的 CMOS 技術來說是很重要的。唯一的限制就多晶矽閘極的高電阻。這並不會對 DC 特性造成不利結果(閘極終端為一絕緣體)。但是卻會對高頻參數造成影響,例如雜訊和 f_{max}(見 6.6.1 節)。多晶矽閘極另一個缺點為在氧化層介面會產生有限的空乏寬度,進而造成空乏電容。有效閘極電容會因此縮小,此一現象會隨氧化層厚度變薄而變的更嚴重。為了避免電阻與空乏造成的問題,閘極可選用金屬矽化物(silicide)或是金屬來加以解決,而可能有機會使用的材料為 TiN、TaN、W、Mo 和 NiSi。

6.5.3 源 / 汲極設計

圖 32 為源 / 汲極結構圖,一般接面是由兩個部分組成。靠近通道的延伸區域具有較淺的接面深度,目的是要減少短通道效應。此接面的摻雜濃度也比較淡,以降低金屬橫向點電場,減少熱載子產生的劣化效應,此摻雜方

式稱為輕摻雜汲極（lightly doped drain, LDD）。離通道較遠的接面則比較深，主要是要縮小串聯電阻。

先前已指出陡峭或是梯度的源/汲極摻雜濃度分佈是縮小串聯電阻的關鍵[60]。可從圖 33 中瞭解其原因。實際上分佈不可能是完美的陡接面，所以在電流擴散至源/汲極主體前會存在一個聚集層區（ n 型的）。這項聚集區電阻 R_{ac} 和摻雜達到一臨界值前的過渡距離有關。

源/汲極設計的重要里程碑，就是在 1990 年初期時發展金屬矽化物接觸。跟金屬接觸不同，金屬矽化物可以與閘極自我對準（self-aligned），如圖 32 所示，因此金屬接觸點與通道間會有最小的片電阻（ R_{sh} ）。如此一來，也可降低金屬導線和源/汲極的接觸電阻，因為金屬和金屬矽化物的接觸電阻非常小。而自我對準金屬矽化物（self-aligned silicide）製程亦被創造出salicide一詞。接下來將介紹自我對準金屬矽化物製程。在閘極被定義出來後，會在閘極側端形成絕緣間隙壁（spacer）。之後沉積上一層均勻的金屬層，作為矽化之用，此時閘極和源/汲極是相互導通的。經過低溫（450 ℃）的熱反應後，源/汲極上的金屬會與矽相互作用而形成金屬矽化物。

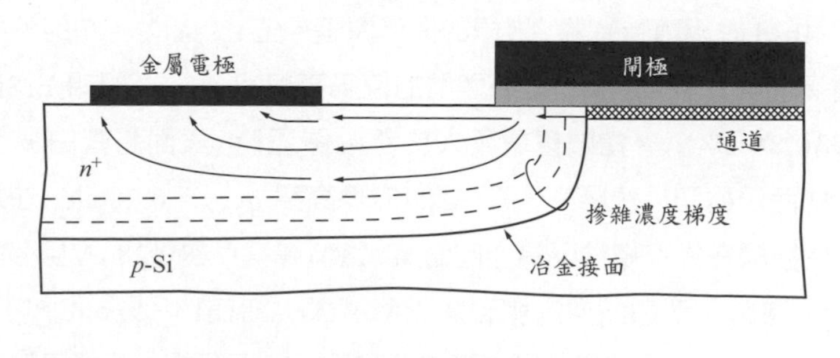

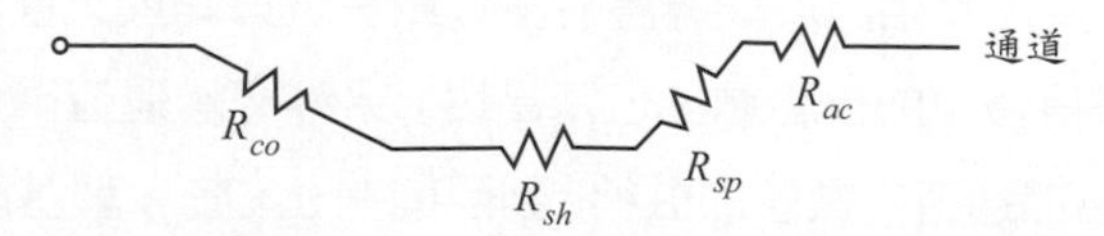

圖33 為源/汲極串聯電阻內的各項寄生電阻。R_{ac} 是因濃度梯度產生的聚集層電阻；R_{sp} 為展阻（spreading resistance）；R_{sh} 為片電阻；R_{co} 為接觸電阻。（參考文獻 60）

至於閘極上方的金屬矽化物的形成則取決於在閘極堆疊時是否有一絕緣層覆蓋於閘極上方。覆蓋於閘極間隙壁絕緣層與場氧化層（區隔電晶體用）上的金屬並不會反應，因其沒有與矽接觸。最後再藉由選擇性化學蝕刻去除金屬，而不會蝕刻金屬矽化物，各端點間的導通部分也因此被去除。注意圖 32，金屬矽化物 / 矽的介面會有輕微下凹的情形。這是因為在金屬矽化物形成的過程中會消耗矽。可用的金屬矽化物種類有 $CoSi_2$、$NiSi_2$、$TiSi_2$ 以及 PtS_i 等。

蕭特基位障源 / 汲極 對 MOSFET 的製程與效能來說，在源 / 汲極利用蕭特基位障接觸比 p-n 接面具有更多的優勢。圖34a 為 MOSFET 中使用蕭特基源極和汲極的結構圖[61]。因為蕭特基接觸可做到非常淺的接面深度，所以可將短通道效應降到最低。而且也沒有 n-p-n 雙載子電晶體造成的效應，例如雙載子崩潰和CMOS電路中的閉鎖（latch-up）現象[62]。避開高溫離子佈值活化也可維持較好的氧化層品質以及擁有較好的幾何控制。此外，蕭特基位障接觸也可用在其它不易製作 p-n 接面的半導體上，如 CdS。

圖 34b-d 說明蕭特基源 / 汲極的操作原理。在 $V_G = V_D = 0$ 的熱平衡下，對電洞而言，金屬與 p 型半導體間的位障高度為 $q\phi_{Bp}$（例如 ErSi-Si 接觸時為0.84 eV）[63]。當閘極電壓大於起始電壓時，表面將會由 p 型反轉成n 型，而源極和反轉層（電子）間的位障高度 $q\phi_{Bn} = 0.28$ eV。注意圖 34d，源極接觸在操作條件下為逆向偏壓。當位障高度為0.28 eV且在室溫的環境下，熱離子型態的逆向飽和電流密度大小約在10^3 A/cm^2。為了增加電流密度，必須選擇相對於半導體的多數載子之擁有最大位障高度的金屬，如此才能獲得最小的少數載子位障高度。另外穿隧過位障所產生的額外電流也能夠增加通道內載子的供給。到目前為止，在 p 型基底上製作 n 型通道的 MOSFET 比在 n 型基底上製作 p 型通道元件還要困難，原因是金屬矽化物與金屬對於 p 型矽來說其位障通常都不高。

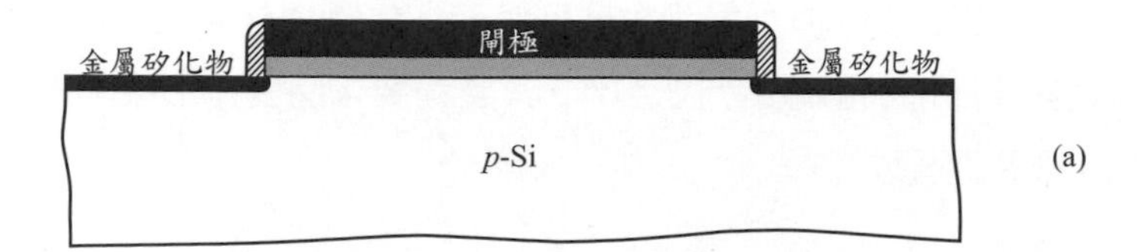

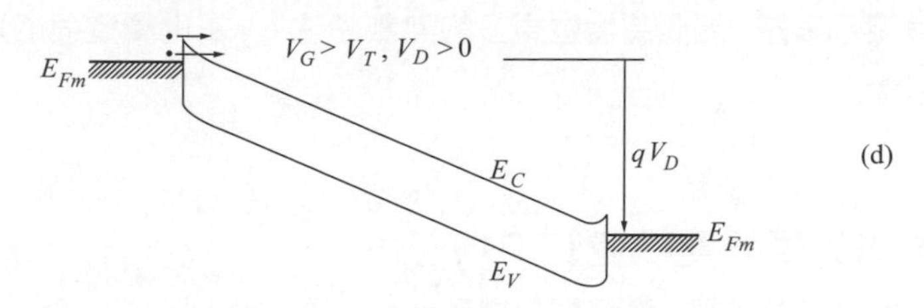

圖34　MOSFET之源/汲極的蕭特基能障：(a)元件截面圖；(b)-(d)爲沿著半導體表面，不同偏壓下的能帶圖。

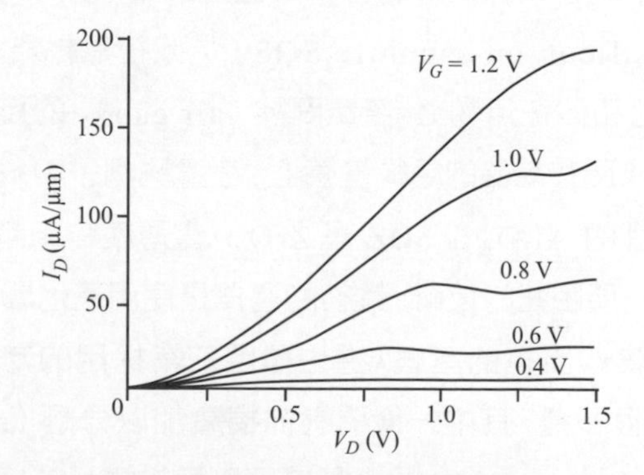

圖35　n型通道的蕭特基能障源/汲極MOSFET之I-V特性。(參考文獻63)

由於位障高度有限，所以蕭特基源/汲極的缺點就是串聯電阻太高和汲極漏電流太大。典型的I-V曲線顯示出在較低的汲極偏壓時不易產生電流（圖 35）。在圖 34 中，可看到金屬或金屬矽化物會延伸到閘極下方。若利用自我對準佈值和擴散的方法製作，其製程要求將會比形成半導體的源 / 汲極接面還要困難。

增高式源 / 汲極 增高式源 / 汲極（raised source/drain）是一項先進的設計，其特色是在源 / 汲極上成長一層重摻雜的磊晶層（圖 36a）。目的是藉由縮小接面深度來控制短通道效應。注意閘極間隙壁絕緣層下方的延伸區依舊是連續著。另一個類似的元件稱為嵌入式通道（recessed-channel）MOSFET，其接面深度 r_j 為零或負值（圖 36b）[64]。但是埋藏式通道存在著一個缺點，特別是在次微米元件裡，原因是轉角處的氧化層形狀與厚度不易掌控。如此將發生更多的熱載子注入，氧化層電荷的現象也變的更嚴重。

6.5.4 SOI與薄膜電晶體(TFT)

SOI 與薄膜電晶體不同，絕緣層上覆矽（silicon-on-insulate, SOI）晶圓其上之矽是高品質的單晶結構，可用於製作高效能與高密度的積體電路[65]。SOI 結構可以不同種類的絕緣層材料與基底形成，包括氧化層上覆矽、矽在藍寶石上（silicon-on-sapphire,SOS）、矽在氧化鋯（silicon-on-zirconia,SOZ）上和矽在無物上[空氣間隙（air gap）]的技術中，單晶矽薄膜是藉由磊晶成長在結晶的絕緣基底上。在這些例子中，絕緣體就是基底本身，如 SOS 裡的 Al_2O_3 和 SOZ 裡 ZrO_2。當薄膜越來越薄時，如何維持薄膜的品質是一項困難的技術。最初的選擇是使用氧化層作為絕緣體，再用另一片晶圓當作支撐的基底，這也是目前常採用的方式。製作 SOI 結構的方法還有很多種。其中一種稱為佈植氧加以分離（separation by implantation of oxygen, SIMOX），是將高劑量的氧利佈植到矽晶圓裡，接著利用熱退火來形成埋藏二氧化矽層。另一種技術則需要將兩片晶圓黏合在一起，其中一片具有氧化層，然後再削薄上方的晶圓直到留下一層薄薄的矽。也可在氧化層上橫向磊晶成長矽。而雷射再結晶技術能夠將原本在氧化層上的非結晶矽轉變成單晶矽，或是將多結晶形成更大的晶粒大小。

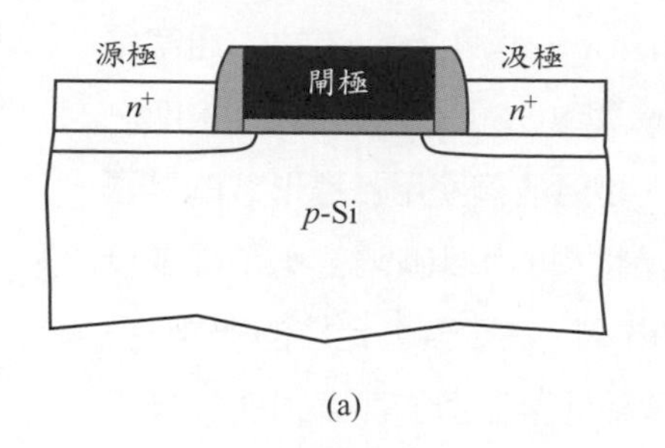

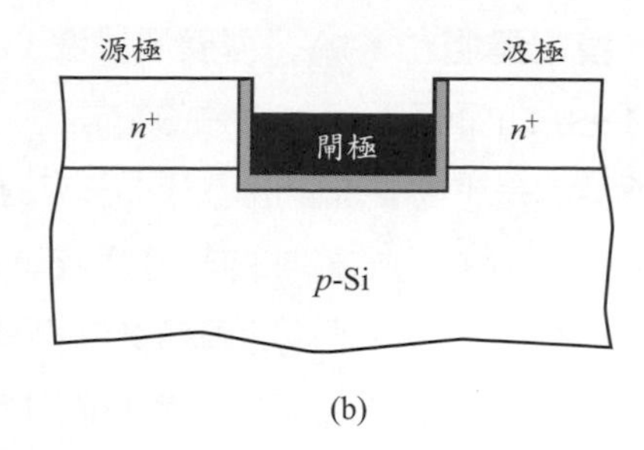

圖36 降低源／汲極的接面深度與串聯電阻的結構：(a) 增高式源／汲極；(b) 埋藏式通道。

圖 37a 為製作於 SOI 基底上的 n 型通道 MOSFET，其 I-V 特性則如圖 37b 所示。圖中 I_D 在尾端翹起的現象，是因為缺少基底連結造成的浮體效應（floating body effect）所引起的，此現象稱為扭結效應（kink effect）。

由於 SOI 基底具有較薄的主動層，因此能夠改善 MOSFET 在微縮時所產生的現象。像是減輕貫穿效應引起的問題，這樣便可以降低通道的摻雜濃度。次臨界擺幅也會改善。而埋藏氧化層提供了主動層與基底間的良好絕緣，可降低對基底的電容，進而提升速度。元件間的隔離技術也很簡單，只要將包圍在元件外的薄膜移除即可。所以能夠增加電路密度。利用這樣的隔離方式，而不是平面技術中的接面隔離，將可消除 CMOS 電路中的閉鎖現象。但 SOI 的缺點就是晶圓價格太高，品質不穩定以及扭結效應，而且氧化層的熱傳導能力非常差。

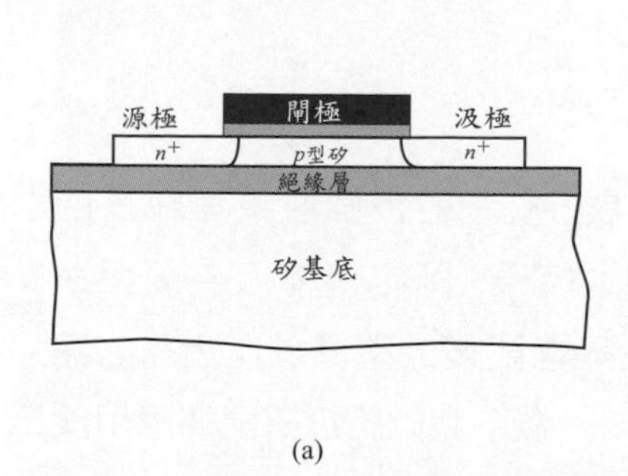

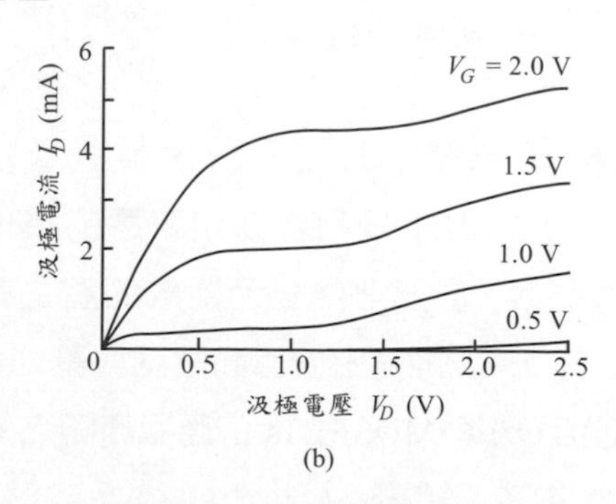

圖37 (a) 典型 SOI 晶圓上的 MOSFET 結構圖；(b) 其汲極電流特性。（參考文獻66）

薄膜電晶體(TFT) 薄膜電晶體(thin film transistor, TFT)通常是MOSFET而不是其他種類的電晶體。其結構與SOI上的MOSFET相似,不同的是主動層是以沉積方式形成的薄膜,而且能夠使用各種形式的基底[67]。以沉積的方式形成的半導體層為非結晶材料,所以缺陷會比單晶還要多,這也導致TFT中的傳輸機制變得更加複雜。為了改善元件的效能,重複性和可靠度,必須將塊材與介面缺陷濃度降低至合理的範圍。由於TFT的移動率比較低,所以電流不大;而缺陷也會造成較大的漏電流。而主要的應用是在於大面積與可彎曲的基底上,這是傳統半導體製程做不到的。最好的例子就是大尺寸的顯示器,因為需要電晶體陣列來控制發光元件陣列。在這樣的應用中,元件的電流或速度等特性並不是最關鍵的因素。

6.5.5 三維結構

在元件微縮中,最理想的設計就是將MOSFET製作在超薄主動層上,目的就是為了要將主動層完全空乏。而環繞式閘極便是一項極為有效的設計,其結構至少能夠圍住主動區兩側。圖38為三維結構中的兩個例子。可依電流模型來將它們做分類;分別為水平式電晶體[68-69]和垂直式電晶體[70]。這兩種結構的製作都非常困難,而水平式結構與SOI較為相似,故在此方面發表較多的文獻。在這些結構中,有大多數的通道表面都位於垂直的側壁上。當側壁經過蝕刻,以及成長或沉積閘極介電層後,要維持良好的表面平滑性是製程上的一大挑戰。而形成源/汲極接面也不再是像利用離子佈植這麼簡單。金屬矽化物的形成也變得更加困難。不管未來是採用那一種結構,都須尚待觀察。

6.5.6 功率MOSFET

功率MOSFET一般都使用較厚的氧化層,較深的接面並具有較長的通道長度。這通常會對元件效能產生不利結果,例如轉導(g_m)與速度(f_T)。然而,由於行動電話與基地台等需要極大電壓操作產品之需求增加,功率MOSFETs的應用亦隨之上升。以下我們將介紹兩種應用於RF上的功率結構。

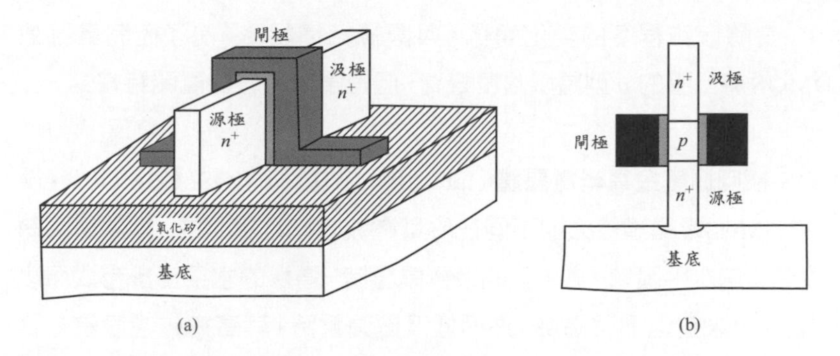

圖38　三維 MOSFET 的結構示意圖：(a) 水平結構；(b) 垂直結構。注意其共通性爲閘極包覆著非常薄的通道本體。

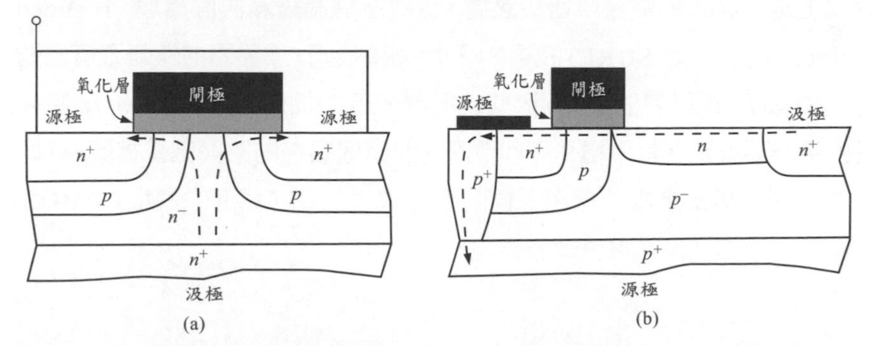

圖39 (a) 垂直DMOS電晶體與 (b) LDMOS 電晶體，虛線爲電流路徑；在 LDMOS 電晶體中，通常會將源極與基板相連結以減少接線產生的電感。

DMOS 圖 39a 為雙擴散金氧半電晶體（double-diffused MOS, DMOS），所以通道長度係決定於較高擴散速率的 p 型摻質（如硼）與源極n^+ 型摻質（如磷）之對比。這項技術不需要使用微影光罩便可得到非常短的通道。p 型擴散可當成通道摻雜，並且可有效控制貫穿效應。在通道之後的是輕摻雜的 n- 型漂移區。此漂移區與通道相比是較長的，藉由維持均勻的電場可減小此區域電場的極值[71]。而汲極通常都位於下方並與基底接觸。由於靠近汲極端的電場與漂移區的一樣，所以與傳統的 MOSFET 相較之下，累增崩潰，倍乘，和氧化層電荷的現象都會減少。

然而，由於 DMOS 中通道內的摻雜不再是常數，所以控制起始電壓 V_T 將變得很困難[72]。因為 V_T 是沿著半導體的表面摻雜濃度來決定，

所以 V_T 會隨摻雜程度的變化變化。與傳統結構相比，為了控制貫穿效應，DMOS 電晶體的 p 型區域濃度較高，但會帶來較差的關閉特性。

LDMOS：橫向擴散金氧半電晶體（laterally diffused MOS, LDMOS）（圖 39b）與DMOS電晶體最大的不同在於其電流方向是水平的。其漂移區為一佈植形成的水平區域。當處於高汲極偏壓時，這樣的水平安排方式可以使 p^+ 基底用來空乏漂移區域。然而低汲極偏壓時，其高摻雜濃度會有著較低的串聯電阻。此漂移區域的作用就類似一個非線性的電阻。低汲極電壓時的電阻可由 $1/nq\mu$ 來決定。而在高汲極偏壓下，該區域是處於完全空乏故造成一個大的電壓降跨於該處。這觀念稱為縮減表面電場（reduced surface field, RESURF）技術[73]。利用這項技術，漂移區的摻雜濃度便能夠比 DMOS 電晶體的更高，因此也獲得較低的開啓電阻。LDMOS 電晶體的另一項優點為其源極是可利用深 p 型擴散區在內部與基底相連結，此方式可避免外部金屬連線和源極間產生太大的寄生電感。因此 LDMOS 電晶體可獲得較高速度的效能表現。

6.6 電路應用

6.6.1 等效電路與微波效能

MOSFET 理想上是個具有無限大的輸入阻抗及輸出端為電流產生器之轉導放大器。但實際上存在其它非理想效應。圖 40為共源極（common-Source）的等效電路。閘極電阻 R_G 與氧化層上閘極所使用的材料有關。輸入阻抗 R_{in} 為閘極絕緣層的穿隧電流造成的，此外也包括經由缺陷傳導的電流。因此想當然地其為與氧化層厚度的函數。對熱成長的二氧化矽層來說，閘極與通道間的漏電流小到可以忽略；因此輸入阻抗非常大，而這是MOSFET的主要優點之一。然而當氧化層厚度低於 5 nm 時，穿隧電流就成為非常重要的因素。閘極電容 $C'_G (= C'_{GS}+C'_{GD})$ 主要來自 C_{ox} 乘以主動通道面積 $Z\times L$。在實際的元件裏，閘極會稍微延伸到源極與汲極上方，而這些重疊電容將會增加總 C'_G 值。這種邊際效應對回饋電容 C_{GD} 是個很重要的貢獻。事實上，汲極電流不會真的隨著汲極電壓增加而達到飽和，所以會有汲極輸出電阻 R_{DS}。這效應特別容易發生在短通道元件上，與先前討論的短通道效應一樣。輸出電容 C'_{DS} 主要是兩個經由半導體塊材的 p-n 接面電容串聯所組成的。

在飽和區中，V_D 與 R_D 會些微影響汲極飽和電流。而 R_S 將會影響有效閘極偏壓，故外質轉導為

$$g_{mx} = \frac{g_m}{1 + R_S g_m} \tag{110}$$

為了分析微波性能，我們依照 5.3.1 節中的步驟來求取截止頻率 f_T，其定義為電流增益為 1 時的頻率（汲極電流與閘極電流的比例），

$$f_T = \frac{g_m}{2\pi(C'_G + C'_{par})} = \frac{g_m}{2\pi(ZLC_{ox} + C'_{par})} \tag{111}$$

其中 C'_{par} 為總輸入寄生電容。（註腳*為完整的 f_T 公式，包含 R_S 與 R_D），有趣的是如果 C'_{par} 只是由閘 / 汲極與閘 / 源極的重疊區域所造成，那麼對氧化層厚度的相依性則會與 g_m 一樣，即 f_T 對於 C_{ox} 或氧化層厚度無關。在理想的狀況下沒有任何寄生現象，截止頻率則為

$$\begin{aligned} f_T &= \frac{g_m}{2\pi ZLC_{ox}} \\ &= \frac{\upsilon}{2\pi L} = \frac{1}{2\pi\tau_t} \end{aligned} \tag{112}$$

式中的 τ_t 為通過通道長度的傳渡時間（transit time）。如此理想的情況在實際上是不可能，但利用 $\upsilon = \upsilon_s$，可藉由此方程估計 f_T 的上限值。在這樣的限制下，f_T 也再次地與氧化層厚度或 g_m 無關。然而，實際的元件還是具有寄生現象，所以 g_m 依然很重要。

annotation ・**註釋**

*在源極和汲極電阻非常大的情況下，更完整的表示式為

$$f_T = \frac{g_m}{2\pi\left[C'_G\left(1 + \frac{R_D + R_S}{R_{DS}}\right) + C'_{GD} g_m (R_D + R_S) + C'_{par}\right]}$$

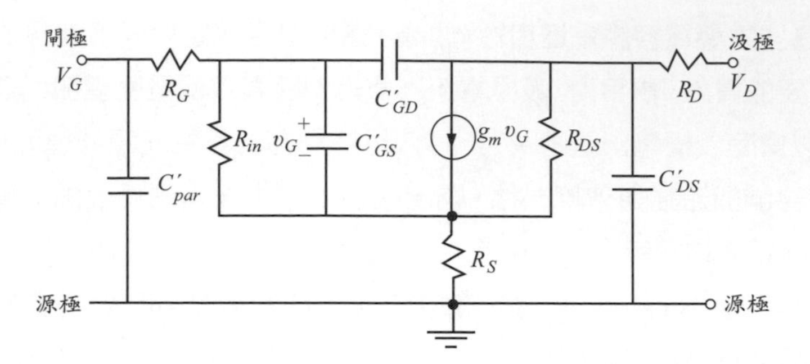

圖40 為共源極組態的 MOSFET 小訊號等效電路。v_G 為 V_G 的小訊號。圖中所有標示電容其單位為法拉/單位面積。

微波效能另一項品質指數（figure-of-merit）為最大振盪頻率（maximum frequency of oscillation）$f_{\max}$，其為單方面增益（unilateral gain）為 1 時的頻率。可寫成

$$f_{\max} = \sqrt{\frac{f_T}{8\pi R_G C'_{GD}}}. \tag{113}$$

所以對高頻率效能來說，g_m、R_G 以及所有的寄生電容是元件中最重要的參數。

6.6.2 基本電路區塊

本節中我們提出由基本數位電路組成的邏輯與記憶體電路。最基本的邏輯電路為反向器（inverter）。圖 41 為不同的 MOSFET 反向器。最常見的是互補式金氧半場效電晶體（Complementary MOS, CMOS）反向器，顯然是由一對 n 型與 p 型通道電晶體所組成的。當輸入的電位不論是高或低，在串連電路內其中的一個電晶體會處於關閉狀態，此時僅有微小的穩態電流（即次臨界電流）流過，所以該邏輯電路功率消耗非常低。事實上，由於絕緣的閘極能夠承受任何極性的電壓，這也成為 MOSFET 應用的其中一項優點。若不在輸入端前放置大電阻，雙載子電晶體與 MESFET 是很難做到這樣的設計。在 NMOS 邏輯電路，如圖 41b 所示，可以使用空乏

模式 n 型通道電晶體來取代 p 型通道電晶體。這樣的優點為製作技術比較簡單，而在消耗高直流功率的情況下也不會使用 p 型通道元件。由於閘極與源極連接在一起，故可將空乏模式元件視為二端點非線性電阻，與圖 41c 中的簡單電阻負載相比則有相當的改善。

圖 42 所示為兩種由 MOSFET 組成的基本記憶胞，分別為靜態隨機存取記憶體（static random-access memory, SRAM）和動態隨機存取記憶體（dynamic random-assess memory, DRAM）。SRAM 結構為兩個背對背相互連接的 CMOS 反向器。它是個閉鎖與穩定的記憶胞，但需要四顆電晶體[若要控制字元線（word line）與位元線（bit line）則須六顆]。而 DRAM 記憶胞只需要一個電晶體，因此 DRAM 擁有很高的記憶密度。其記憶資訊的方式是將電荷儲存於電容器兩邊。因為非理想的電容器存在著漏電問題，所以記憶胞必須週期性的更新，其頻率約為 100 Hz。

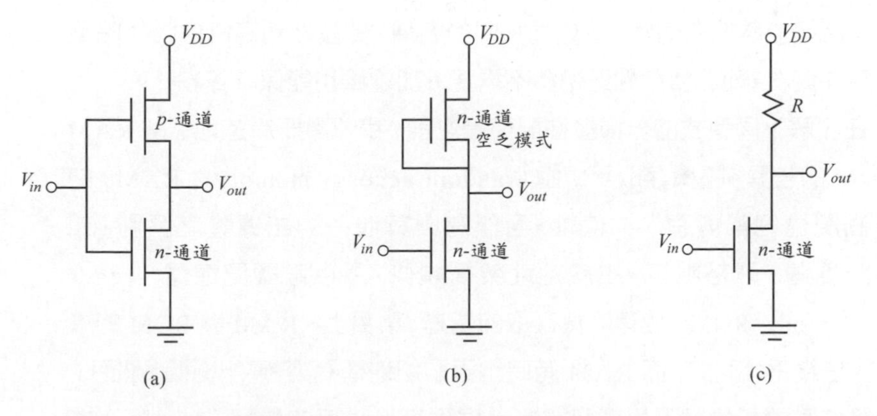

圖41　各種形式的反向器：（a）CMOS 邏輯電路；（b）NMOS 邏輯電路搭配空乏型電晶體負載；（c）NMOS 邏輯電路搭配電阻負載。

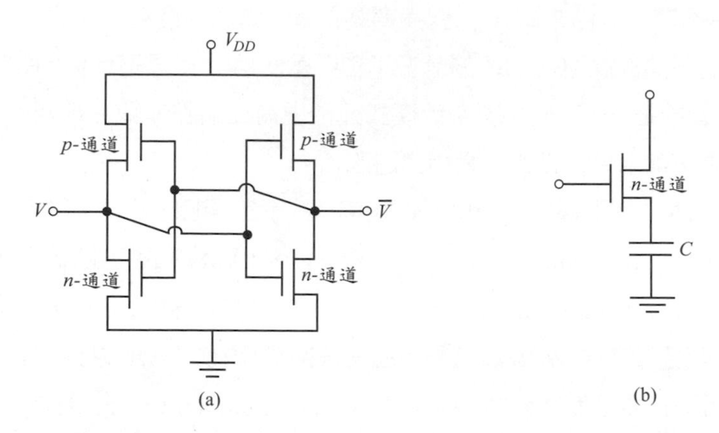

圖42 (a) SRAM 與 (b) DRAM 記憶胞之基本電路。

6.7 非揮發性記憶體元件

圖 43 為半導體記憶元件的分類。一開始分成兩類，差別是當移除電源時，元件是否還能維持原有狀態。如同它們的名稱，揮發性記憶體會因移除電源而喪失資料，而非揮發性記憶體不需要外加電壓也能保存資料[74-76]。

在了解不同型式的非揮發性記憶體之前，我們需要清楚地了解 RAM 和 ROM 的差異。隨機存取記憶體（random-access memory, RAM）的每一個記憶胞都擁有 x-y 位址，可作為與其他系列記憶體之區別，如磁性記憶體。嚴格說來，由於定址架構類似，所以唯讀記憶體（read-only memory, ROM）也有隨機存取的能力。事實上，RAM 與 ROM 的讀取步驟是幾乎相同的。而 RAM 有時也更貼切地稱為讀-寫記憶體。然而，非揮發性唯讀記憶體很早就已開始發展到某種程度的重寫（rewrite）能力。所以 RAM 和 ROM 之間最主要的不同就是抹除與寫入的難易度以及次數。對於 RAM 其重寫和讀取的次數幾乎相同。但 ROM 的讀取次數一般都比重寫來得多。它擁有的重寫能力各不相同，其範圍從沒有任何寫入能力的純 ROM，到可完整操作的 EEPROM。因為 ROM 的尺寸比 RAM 小，而且更有成本效益，所以使用在不需經常性重寫的地方，依此背景，不同類型的非揮發性記憶體解釋如下：

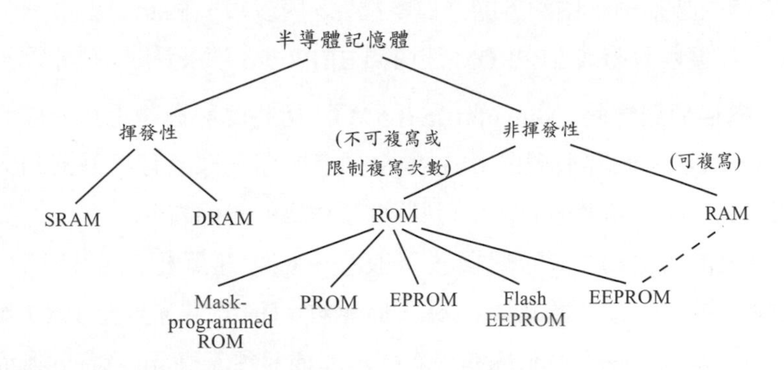

圖43 半導體記憶體的分類。

罩幕程式唯讀記憶體(mask-programmed ROM)：此記憶體內部的資料是由製造者所決定，一旦製作出來便無法再寫入。罩幕程式 ROM 有時也可簡稱為 ROM。

可程式唯讀記憶體(programmable ROM, PROM)：可程式唯讀記憶體有時稱為場可程式唯讀記憶體（field-programmable ROM）或可熔鏈結唯讀記憶體（fusible-link ROM）。其連結矩陣可以藉由熔斷與熔合的技術來寫入資訊。一旦寫入完畢，其記憶體的功能就與 ROM 相同。

電子可程式唯讀記憶體(electrically programmable ROM, EPROM)：電子可程式唯讀記憶體的寫入方式是在施加汲極與控制閘極偏壓的情況下，利用熱電子注入或穿隧方式進入浮停閘極來達到的。照射紫外光或 X- 光則可將所有的記憶體完全抹除。但是無法做到選擇性抹除。

快閃可電抹除可程式唯讀記憶體(Flash EEPROM)：快閃 EEPROM 與下面的電子可抹除可程式唯讀記憶體（EEPROM）皆是利用電子來進行抹除，但不同之處在於其一次只對一個大區塊內的記憶單元群同時抹除。快閃 EEPROM 保持了單一個電晶體記憶胞，但卻損失了位元的選擇能力，因此其為 EPROM 及 EEPROM 間的折衷產物。

電子可抹除可程式唯讀記憶體(electrically erasable / programmable ROM, EEPROM)：在電子可抹除可程式唯讀記憶體中，不僅可以利用電子抹除，更可以藉由位元位址來達到選擇性抹除。為了能夠選擇性抹除，每個記憶胞內必須多一個額外的選擇電晶體，所以每一個記憶胞將會有兩個電晶體。這也是造成 EEPROM 沒快閃 EEPROM 那麼受歡迎的原因。

非揮發隨機存取記憶體(Nonvolatile RAM)：可將此記憶體視為非揮發性的SRAM或寫入時間很短的 EEPROM，但是卻一樣擁有很好的耐久度。如果技術可能做到上述的特點，那將會是很棒的記憶體。

當傳統的 MOSFET 的閘極予以改良，便可在閘極內部持續長時間的儲存電荷，此新穎結構稱為非揮發性記憶元件。自從 1967 年姜（Kahng）與施（Sze）兩位學者首次提出非揮發性記憶元件後[77]，各種不同的元件結構相繼被製作出來，而非揮發性記憶體也已經廣泛地應用於商業產品上。

非揮發性記憶元件可分為兩類，分別為浮停閘極（floating gate）元件與電荷捕獲元件（圖 44）。在這兩種元件裡，電荷從矽基底注入並穿過第一層絕緣體，最後儲存在浮停閘極或氮-氧介面。儲存的電荷會造成起始電壓漂移，此時元件則處於高啓始狀態（寫入）。對設計優良的記憶元件而言，電荷保存的時間可超過 100 年。若欲抹除儲存電荷，只要在閘極施加電壓或其他方法（例如紫外光）便可回到低啓始狀態（抹除）。

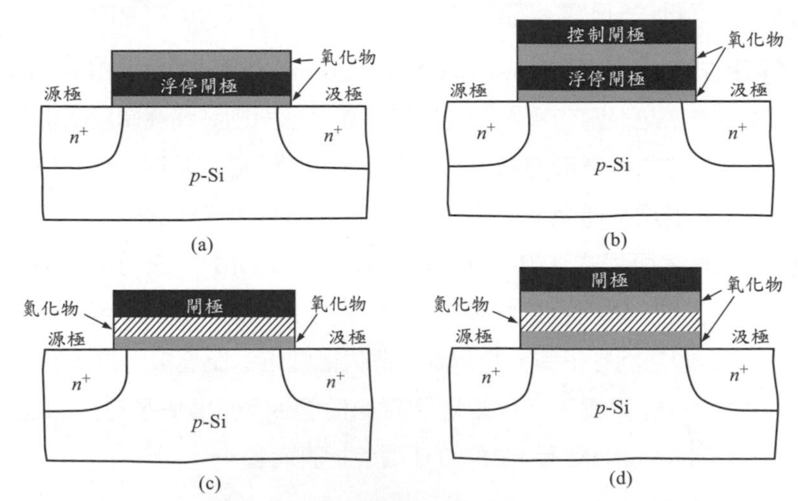

圖44 非揮發性記憶體的種類：浮停閘極元件，如（a）FAMOS 電晶體，以及（b）堆疊式閘極電晶體；電荷捕獲元件，如（c）MNOS 電晶體，以及（d）SONOS 電晶體。

6.7.1 浮停閘極元件

在浮停閘極記憶體元件中，是利用電荷注入浮停閘極中來改變起始電壓。其寫入的方式有兩種，分別為熱載子注入與福勒－諾德漢穿隧（Fowler-Nordheim tunneling）。圖 45a 為熱載子注入的機制。側向電場的最大值靠近汲極端，所以通道載子（電子）可從電場獲得能量成為熱載子。只要載子能量高過 Si/SiO_2 介面的位障時，便能夠注入至浮停閘極。在同一時間，高電場也會發生衝擊離子化。而這些產生出來的二次熱電子也會注入到浮停閘極。閘極電流則因這些熱載子注入電流而升高，如圖 31 所示，其現象與一般的 MOSFET 相同。而閘極電流的最大值發生於 $V_{FG} \approx V_D$，其中 V_{FG} 為浮停閘極的電位能。

圖 45b 為最初的熱載子注入方式，主要是藉由汲極–基底累增來產生熱載子。此方式中的浮停閘極處於負電位能，因此熱電洞得以注入*。後來發現這種注入方式效率太低，也因此不再被使用。

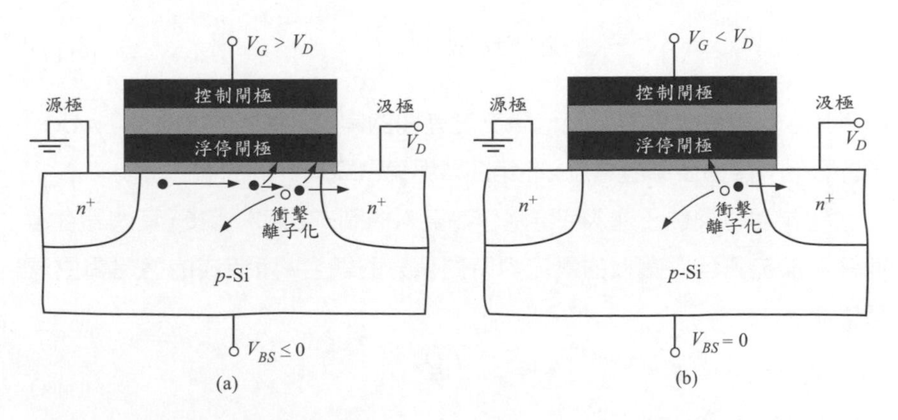

圖45 利用熱載子充電的浮停閘極。(a) 當 $V_G > V_D$ 時，熱電子由通道以及衝擊離子化產生；(b) 當 $V_G < V_D$ 時，汲極端累增產生熱電洞。注意兩張圖的閘極偏壓不同。

annotation • **註釋**

*原來的設計應為 p 通道元件，因為以熱電子注入的方式比熱電洞來說更有效率。圖中顯示皆為 n 通道元件是為了讓讀者更好比較。

除了熱載子注入，電子也可以利用穿隧的方式注入。在這樣的寫入模式中，跨越底部氧化層的電場是最關鍵的因素。當施加正偏壓於控制閘極上時，兩層絕緣體（圖 44b）中的電場可由高斯定律求得

$$\varepsilon_1\mathscr{E}_1=\varepsilon_2\mathscr{E}_2+Q \tag{114}$$

而

$$V_G=V_1+V_2=d_1\mathscr{E}_1+d_2\mathscr{E}_2 \tag{115}$$

下標 1 和 2 分別代表底部與上方的氧化層，Q（負值）則為浮停閘極內的儲存電荷。由式（114）與式（115）我們可以得到

$$\mathscr{E}_1=\frac{V_G}{d_1+d_2(\varepsilon_1/\varepsilon_2)}+\frac{Q}{\varepsilon_1+\varepsilon_2(d_1/d_2)} \tag{116}$$

絕緣層中的傳輸電流與電場存在著強烈的關係。當傳輸方式以福勒－諾德漢穿隧方式進行時，電流密度的形式為

$$J=C_4\mathscr{E}_1^{\,2}\exp\left(\frac{-\mathscr{E}_0}{\mathscr{E}_1}\right) \tag{117}$$

C_4 與 $\mathscr{E}_0$ 為與有效質量以及位障高度有關的常數。發生於 SiO_2 和 Al_2O_3 中的福勒－諾德漢穿隧電流，在第四章與第八章有詳細討論。

不論是以熱載子注入或穿隧作為寫入機制，在寫入過後，其總儲存電荷會等於流入浮停閘極的電流對時間積分的總合。所造成的啓始電壓漂移量為

$$\Delta V_T=-\frac{d_2Q}{\varepsilon_2} \tag{118}$$

觀察 I_D-V_G 量測結果（圖 46），可看出起始電壓漂移。由另一角度來說，起始電壓的漂移可由量測汲極電導而得知。這是因為 V_T 的變化會改變 MOSFET 的通道電導 g_D。小汲極電壓情況下，n 型通道 MOSFET 電導為

$$g_D=\frac{I_D}{V_D}=\frac{Z}{L}\mu C_{ox}(V_G-V_T), \qquad V_G>V_T \tag{119}$$

當浮停閘極內儲存外來的電荷 Q（負電荷），則 g_D-V_G 圖向右漂移量為 ΔV_T。

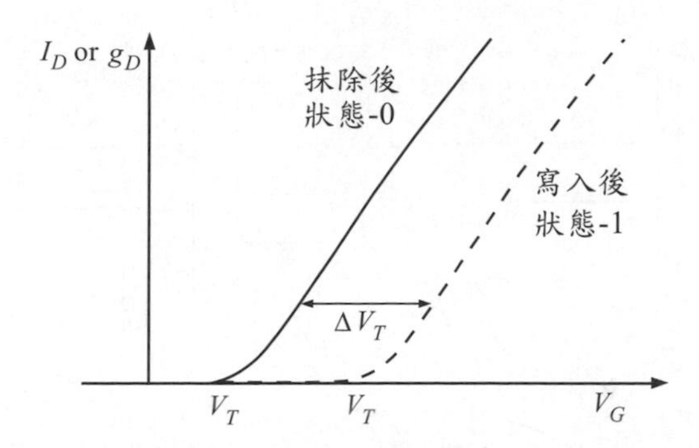

圖46 n 型通道堆疊閘極電晶體的汲極電流特性，其中 ΔV_T 爲寫入與抹除後的起始電壓變化。

若要抹除儲存電荷，只要在控制閘極上施加負偏壓或在源 / 汲極上施加正偏壓。抹除機制與上述的穿隧機制剛好相反，儲存電子是由浮停閘極穿隧至基底。

我們可用圖 47 的能帶圖來理解浮停閘極從寫入到抹除的機制。圖 47b 中，電子可以熱載子越過位障或直接穿隧過位障的方式注入。注入後的負電荷將聚積於浮停閘極內，與圖 47a 的初始狀態比較，可看出圖 47c 的起始電壓明顯升高。最後，當電子由浮停閘極穿隧回到基底時，便完成整個抹除動作（圖 47d）。

當元件操作於寫入與抹除時，藉由施加閘極偏壓來有效地控制浮停閘極的電位是很重要的。在浮停閘極記憶體中一項重要的參數，稱之為耦合比例（coupling ratio），其定義為控制閘極上的電壓有效偶合至浮停閘極電容的比例。耦合比例可由電容的比例求得

$$R_{CG} = \frac{C_2'}{C_1' + C_2'} \tag{120}$$

其中 C_1' 與 C_2' 分別為底部與上方絕緣層的電容。實際上，控制閘極與浮停閘極的面積沒有必要相等。由於控制閘極多半會覆蓋住浮停閘極，因此上方電容具有較大的面積，這與圖 44 與圖 45 所示並不相同。C_1' 與 C_2' 代表他們的所有淨電容值。因此浮停閘極其電位為

$$V_{FG} = R_{CG} V_G \tag{121}$$

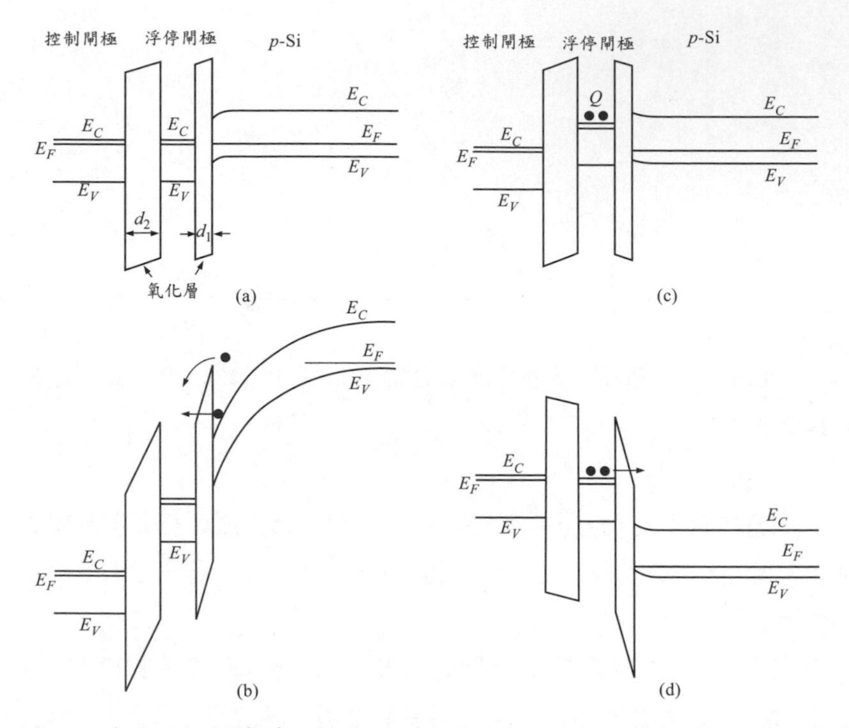

圖47　堆疊閘極記憶體於操作下之能帶圖：(a) 初始狀態；(b) 利用熱電子或電子穿遂充電；(c) 充電後，浮停閘極的位能因爲負電荷 Q 的存入而升高，且 $_1V_T$ 增加；(d) 以穿遂方式將電子排出達到抹除效果。

在實際的元件中，底部的穿隧氧化層厚度約為 8 nm，而堆疊於浮停閘上方的等效氧化層厚度一般約為 14 nm。較大的頂部面積造成每單位面積上的電容差異，而耦合比例通常介於 0.5 至 0.6 之間。

在元件結構的發展上，第一個 EPROM 是以重摻雜的多晶矽作為浮停閘極材料（圖 44a）。而此元件採用圖 45b 的汲極－基底累增方式，稱為浮停閘極累增注入式金氧半電晶體（floating-gate avalanche-injection MOS, FAMOS）記憶體[78]。其多晶矽閘極被埋入閘極氧化物內，並且完全隔離。為了將電荷注入浮停閘極（寫入），汲極須加壓至累增崩潰，因累增崩潰產生的電洞便會進入浮停閘極（見 421 頁的註腳）。若要抹除 FAMOS 記憶體，可使用紫外光或 X- 光。因為缺少外部閘極，所以無法使用電性方式抹除。

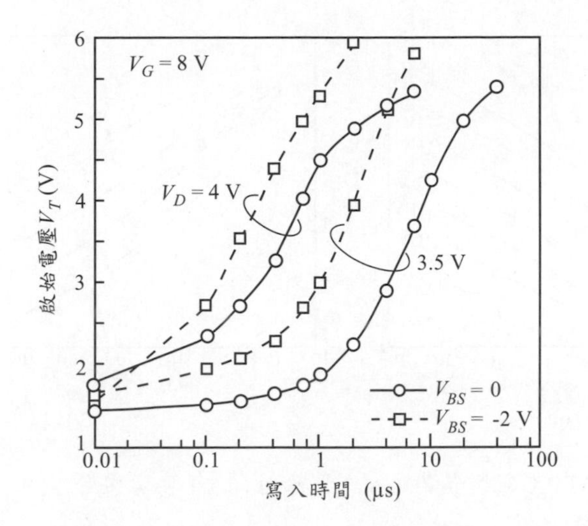

圖48 浮停閘極記憶體利用熱電子注入的寫入特性。（參考文獻80）

為了使元件能夠電性方式抹除，具有雙層多晶矽閘極的結構因而被設計出來（圖 44b）[79]。加入控制閘極（control gate）後，元件不只能夠電性抹除，寫入效率也因此改善。利用熱載子注入的寫入暫態特性如圖 48 所示。

EEPROM 通常都是以穿隧作為寫入方式。浮停閘極穿隧氧化層電晶體（floating-gate tunnel oxide, FLOTOX）目前已應用於商業上的元件，其穿隧過程只被限制在汲極上方的一小塊區域，如圖 49 所示。FLOTOX 電晶體的寫入與抹除特性顯示於圖 50。

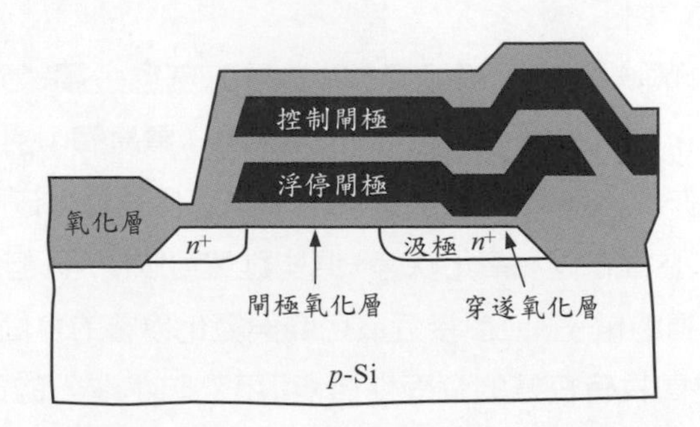

圖49 FLOTOX電晶體結構圖；其寫入與抹除方式都利用穿遂機制。（參考文獻81）

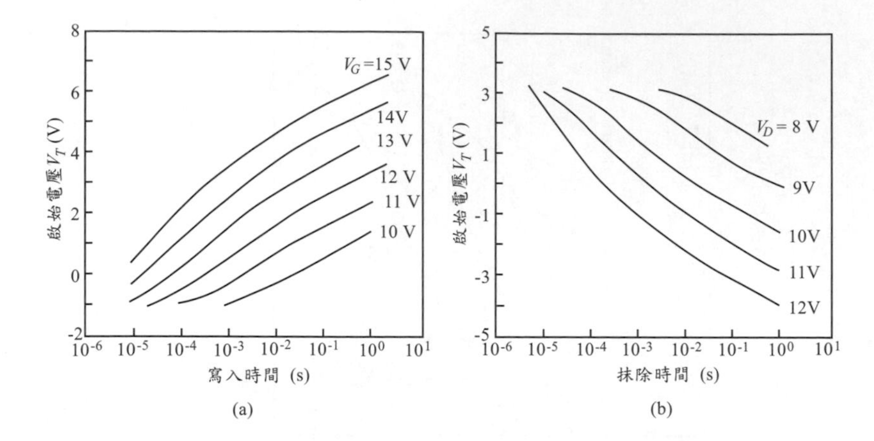

圖50 典型的 FLOTPX 記憶體其寫入與抹除時間。(參考文獻 76)

在寫入之後，非揮發性記憶體必須長時間保存內部的資料。保存時間(retention time)定義為當儲存電荷降低至初始值的 50% 時所耗的時間，可寫為

$$t_R = \frac{\ln(2)}{v\exp(q\phi_B/kT)} \qquad (122)$$

式中 ν 為介電鬆弛頻率(dielectric relaxation frequency)，ϕ_B 為浮停閘極到氧化層間的位障高度。保存時間對溫度非常敏感。當 ϕ_B = 1.7 V 時，125℃ 與 170℃ 的保存時間分別為 100 年與 1 年[82]。

6.7.2 電荷補獲元件

MNOS電晶體 如同一般的記憶體元件，當電流流過金屬-氮化物-氧化物-半導體(metal-nitride-oxide-silicon, MNOS)電晶體中的介電質時，氮化矽層可用來作為捕獲電子的材料[83]。另一些可代替氮化矽層薄膜的絕緣體，像是氧化鋁、氧化鉭和氧化鈦等，這些雖然可以使用，但還不普遍。而被氮化矽層捕獲的電子，位於接近氧化層與氮化矽層的介面上。因為氧化物與半導體之間具有較好的介面性質，可用來防止注入的電荷逆向穿隧，使記憶體能有較好的電荷保留能力。此氧化層的厚度取決於電荷的保存時間與寫入的電壓和時間。

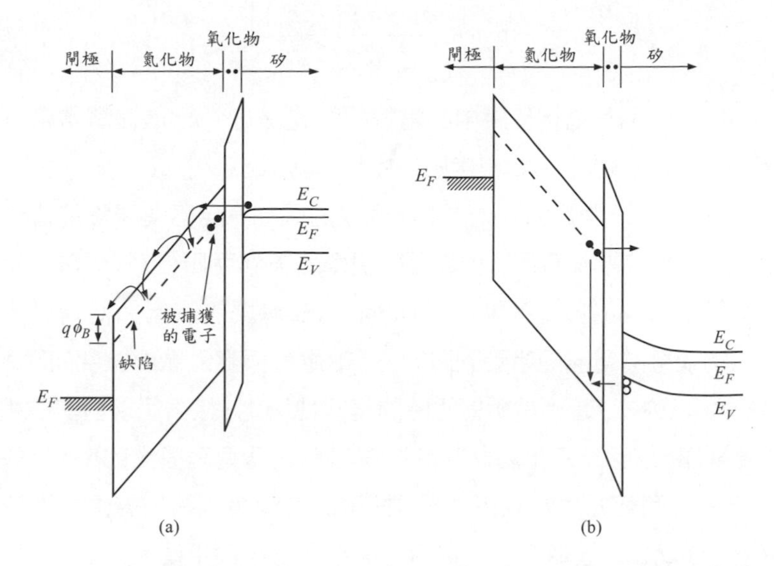

圖51　MNOS 記憶體的操作。（a）寫入：電子穿遂過氧化層並被捕獲於氮化層中。（b）抹除：電洞藉由穿遂氧化層與氮化層中的電子復合，或經穿遂機制將氮化層中的電子排出。

圖 51 為操作於寫入和抹除時的基本能帶圖。在寫入的過程中，會於閘極上施加大的正偏壓。電流的傳導是由基底射入閘極的電子所造成的。此傳導機制在兩層介電層中非常不同，必須將這兩層考慮為串聯的形式。而電流 J_{ox} 主要是藉由穿隧的方式通過氧化層。注意電子的穿隧會先通過四邊形的氧化層位障，再穿過三角形的氮化矽層位障。這種形式的穿隧機制被視為是修改的福勒－諾德漢穿隧（modified fowler-Nordheim tunneling），將其與穿過單一三角位障的福勒－諾德漢穿隧做對照。其形式為

$$J_{ox} = C_5 \mathscr{E}_{ox}^2 \exp\left(-\frac{C_6}{\mathscr{E}_{ox}}\right) \tag{123}$$

其中 $\mathscr{E}_{ox}$ 為氧化層電場，C_5 和 C_6 則是常數。而穿越過氮化矽層的電流 J_n，會受到夫倫克爾–普爾傳輸（Frenkel-Poole transport）的影響，此電流的形式為

$$J_n = C_7 \mathscr{E}_n \exp\left[\frac{-q(\phi_B - \sqrt{q\mathscr{E}_n/\pi\varepsilon_n})}{kT}\right] \qquad (124)$$

其中 $\mathscr{E}_n$ 和 ε_n 分別為氮化矽層中的電場及介電係數，ϕ_B 是在導電帶下方的缺陷能階（約 1.3 V），C_7 為常數[=3×10^{-9}（Ω-cm）$^{-1}$]。

一般所知在一開始的寫入過程，修改的福勒－諾德漢穿隧能產生較大的電流，然而當電流通過氮化矽層時便會因夫倫克爾–普爾傳輸而受到限制。當氮化層中的負電荷開始增加，氧化層電場會降低而使得修改的福勒－諾德漢穿隧電流開始受到限制。起始電壓與寫入脈衝寬度的關係，如圖 52 所示。最初，起始電壓會隨時間呈線性變化，接著呈現對數的相依性，最後則趨於飽和。氧化層厚度的選擇對寫入速率有很大的影響；較薄的氧化層能夠有較短的寫入時間。但捕獲的電荷會因氧化層太薄而穿隧回到基底，因此寫入速率必須與電荷的保存取得一個平衡。

兩個介電層的總體閘極電容 C_G 相當於兩介電層的串聯電容值。

$$C_G = \frac{1}{(1/C_n) + (1/C_{ox})} = \frac{C_{ox}C_n}{C_{ox} + C_n} \qquad (125)$$

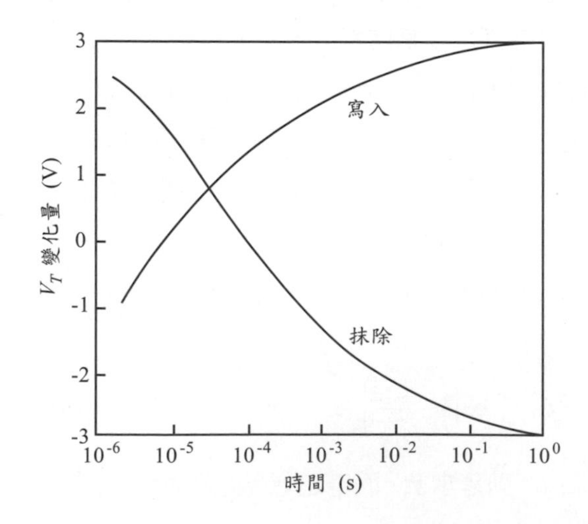

圖52 MNOS 的寫入與抹除速率(參考文獻 83)

$C_{ox}=\varepsilon_{ox}/d_{ox}$ 和 $C_n=\varepsilon_n/d_n$ 分別為氧化層和氮化矽層的電容。接近氮化矽層－氧化層介面的捕獲電荷密度 Q_n，由氮化矽層的捕獲能力所決定，並且與穿過氮化矽層的夫倫克爾－普爾電流積分總合成正比。而最終的起始電壓改變量為

$$\Delta V_T=-\frac{Q}{C_n} \tag{126}$$

在抹除的過程中，會於閘極上施加大的負偏壓（如圖 51b）。傳統的觀念上，認為排除電荷過程是缺陷內的電子穿隧回到基底所造成的。但新的論證顯示主要的過程是由於電洞從基底穿隧後與被捕獲的電子複合。排除電荷過程中的起始電壓與脈衝寬度的關係，也如圖 52 所示。

由於 MNOS 電晶體具有不錯的寫入和抹除速率，因此在非揮發性 RAM 裡是個相當具有潛力的元件。因為它的氧化層厚度極小與缺乏浮停閘極，所以擁有很好的抗輻射能力。但是 MNOS 電晶體的缺點是需要較大的寫入和抹除電壓，而且元件與元件間的起始電壓均勻性並不佳。穿隧電流的衝擊會逐漸增加半導體表面的介面缺陷密度，而使得電子藉由缺陷造成的漏電路徑或穿隧回到基底，因而捕獲效率的減少。於是經過多次的寫入和抹除循環後，會導致起始電壓的記憶窗口變窄。MNOS 元件可靠度的主要問題即為電荷會經由很薄的氧化層而不斷流失。有一點必須指出的是，MNOS 元件與浮停閘極結構不同之處，在於為了使被捕獲的電荷均勻分佈，寫入的電流區域必須涵蓋整個通道。在浮停閘極元件中，電荷注入到浮停閘極後，可在閘極材內重新分佈，因此可由通道中的任何一個地方注入。

SONOS電晶體　矽－氧化矽－氮化矽－氧化矽－矽（silicon-oxide-nitride-oxide-Silicon, SONOS）電晶體有時也可稱為金屬－氧化物－氮化物－氧化物－半導體（metel-oxide-nitride-oxide-silicon, MONOS）電晶體。SONOS 電晶體與 MNOS 電晶體其實很類似，差異在 SONOS 電晶體的閘極與氮化物層間多了一層阻絕氧化層（blocking oxide），稱為氧化物－氮化物－氧化物（oxide-nitride-oxide, ONO）堆疊結構。此上層氧化層

之厚度通常與下層氧化層相同。阻絕氧化層的作用是防止電子在抹除時從金屬注入氮化層，因此能夠使用較薄的氮化層，這會降低寫入電壓並且有比較好的保存時間。現在 SONOS 電晶體已取代舊有的 MNOS 結構，但是操作原理依然不變。

6.8 單電子電晶體

隨著科技的發展至奈米的尺度，使得我們能夠進行以往無法實現的實驗。其中一種是單電子電晶體（single-electron transistor, SET）[84]中電荷量子化效應（charge-quantization effect），此效應發現於 1987 年[85]。圖 53a 為 SET 的電路結構。結構中有一個極微小的單電子島（single-electron island）。單電子島透過可讓電子穿隧的電容分別連結至汲極與源極。第三端點為絕緣閘極，目的是用來控制源極與汲極間的電流，類似 FET 中閘極的功用。

電荷的量子化行為可直接從單電子島中觀察。將單一電子傳送到單電子島，或由單電子島傳出所需的最小能量為 $q^2/2C_\Sigma$，其中 C_Σ 為總電容，

$$C_\Sigma = C_S + C_D + C_G \tag{127}$$

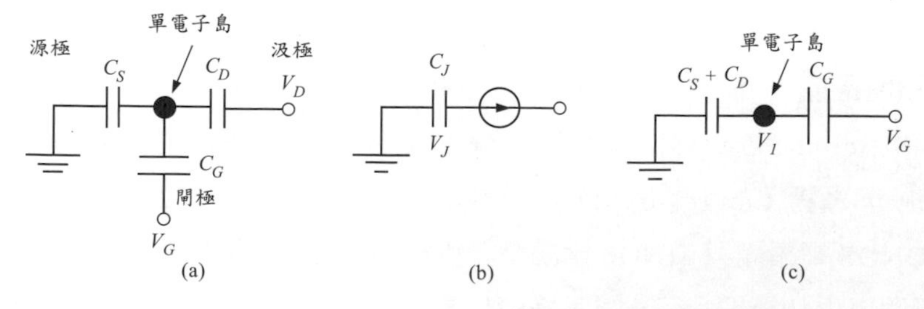

圖53 (a) 單電子電晶體，(b) 穿遂電容充電，與(c) 單電子盒的電路示意圖。

為了能夠實驗中觀察到，其能量必須遠大於熱能

$$\frac{q^2}{2C_\Sigma} > 100kT \tag{128}$$

在室溫的條件下，C_Σ 的數量級必須在aF（10^{-18} F）。這迫使單電子島的大小要低於 1-2 nm。不過有趣的是，單電子島不必使用半導體材料，大多數的研究報告都是利用金屬點來形成。使用小的半導體量子點有許多限制，因為半導體形成的量子點內的電子數（< 100 個）遠少於金屬量子點的電子數目（約 10^7 個）。此外，半導體量子點會有能階量子化的現象，這會造成 I_D-V_D 特性的改變[86]，但所影響的卻不是 SET 最重要的特徵，所以將不在這討論。實際上，SET 不需要任何半導體材料，只要金屬與絕緣體即可。

單電子島與源 / 汲極間的電容可分別看成穿隧電阻 R_{TS} 和 R_{TD}。為了傳導足夠的電流，這些電阻要非常小（利用超薄絕緣層）。根據測不準原理，可以容易知道穿遂電阻 R 需要為

$$R_{TS} \approx R_{TD} > \frac{h}{q^2} \tag{129}$$

（$h/q^2 = 25.8$ kΩ），而電阻應當超過 1 MΩ

圖 54 為 SET 的基本電流－電壓特性。首先，在圖 54a 中可看到在不同 V_G 下的 I_D 電流。在小於電流轉折處 V_D 值時，電流幾乎完全被抑制。這個 V_D 稱之為起始汲極電壓，主要是由庫侖阻絕（Coulomb blockade）造成的，此現象將於稍後解釋。另一個重要的特徵是庫侖阻絕會因閘極偏壓而變化。在某些 V_G 下，庫倫阻絕將完全消失。如圖 54b 所示，這些可重複數次的循環稱為庫侖阻絕振盪（Coulomb-blockade oscillation）。這和一般電晶體有非常大的差異，因為後者的閘極只能單純地將電流開啓或關閉。

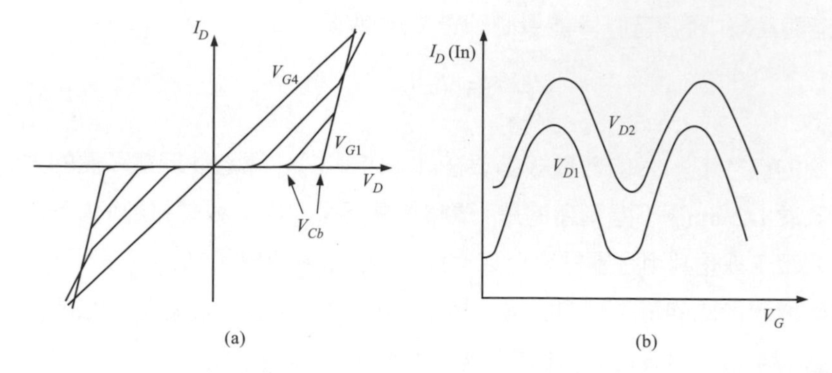

圖54 (a) 變化不同 V_G 下 SET 的 I-V 特性。庫倫阻絕電壓會隨 V_G 變化。(b) 汲極電流(對數座標)在不同 V_D 下與 V_G 的關係。注意 V_G 會隨著 V_D 而改變。

為了解釋上述特性，最好回到最簡單的結構：圖 53b 中的穿隧電容。此電容是利用微小電流源來進行充電，所以接面電壓 V_j 必須增加，直到電子能夠穿隧。庫侖阻絕的基本原理在於單一個電子要達成穿隧必須先提升 V_j 到某一特定值，使電子可以獲得一最小的能量，而這最小的能量為 $q^2/2C_j$，其為單一電子穿隧後的能量改變量。這也是電子穿隧過跨壓為 V_j 的電容所能獲得的能量，表示為

$$\frac{q^2}{2C_j} = qV_j \tag{130}$$

因此若要一個電子能夠穿隧，V_j 必須達到 $q/2C_j$。而這項起始電壓便是庫倫阻絕的基礎。另外，藉由考慮 N_i 個電子轉移所需的充電能量，亦可得到相同的結果，

$$\begin{aligned} E_{ch} &= \frac{(Q_o - N_i q)^2}{2C_j} - \frac{Q_o^2}{2C_j} \\ &= \frac{N_i^2 q^2}{2C_j} - N_i q V_j \end{aligned} \tag{131}$$

式中的 $Q_o = V_j / C_j$，是穿隧前原本的電荷量。要轉換到不同狀態的基本要求，就是 E_{ch} 必須是負值並且為最小值。

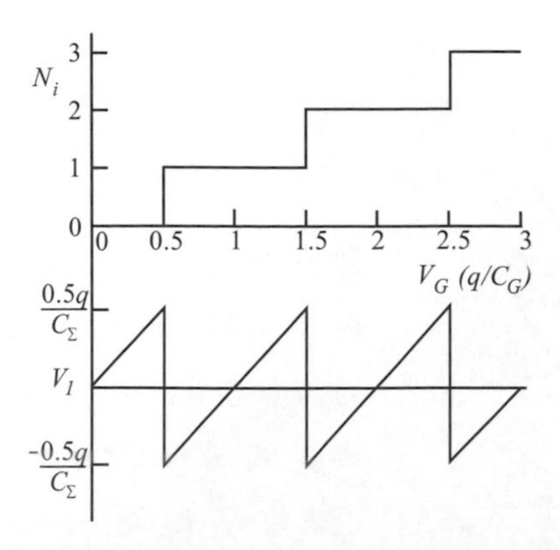

圖 55 單電子盒的充電與 V_G（q/C_G）的關係，並與單電子島電壓 V_I 有關。

接下來，我們考慮單電子島位於兩個電容之間所構成之單電子盒模型，如同將 SET 中的源極與汲極繫在一起（圖 53c）。雖然微縮一 C_G/C_Σ 因子，當閘極電壓增加，單電子島的電壓也隨之增加。當穿隧接面的電壓超過 $q/2C_\Sigma$ 後，電子便開始穿隧。一旦電子穿隧進入中間的單電子島，其電位將會降低 q/C_Σ。圖 55 為單電子島的充電和電位隨閘極電壓變化的關係。可看出在倍數的值 N_i 可以共存時，其閘極電壓為

$$V_G = \frac{q}{C_G}\left(N_i + \frac{1}{2}\right) \tag{132}$$

此條件意味著簡併：倍數的 N_i 可同時存在，卻不需要改變能量，而且單一電子可自由的進出單電子島。假如汲極施加一微小偏壓，電子便能夠由源極穿隧進入單電子島，最後由單電子島流向汲極。因為符合此條件的 V_G 時其 SET 中的庫倫阻絕已經消失。

另外，也可藉由考慮單電子盒模型的充電能量導出式（132）

$$E_{ch} = \frac{N_i^2 q^2}{2C_\Sigma} - \frac{N_i q V_G C_G}{C_\Sigma} \tag{133}$$

藉由 $E_{ch}(N_i+1) = E_{ch}(N_i)$ 的相等關係，可得到式（132）。另一個了解的方式是畫出不同 V_G 下 E_{ch} 與電荷（$N_i q$）的關係圖，如圖 56 所示。記住該 N_i 只能為整數，在某些 V_G 下，E_{ch} 的最小值可同時對應到兩個 N_i 值，此情況便是簡併。這代表系統能夠在兩個不具有能障的狀態間作變換。

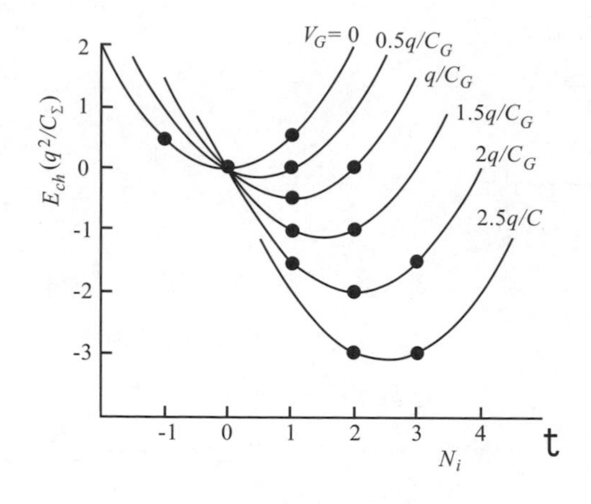

圖56 變化不同 V_G 可由 E_{ch} 和 N_i 的關係判定單電子盒中的 N_i。可看出 E_{ch} 的最小值與 V_G 有關，且會落在單一或雙重的 N_i 上。

我們現在回到 SET，並解釋其中最重要的兩個現象：庫倫阻絕與其電壓，以及庫倫阻絕振盪。當電流從源極傳導至汲極，電子必須穿遂經過兩個接面，但其中只有一個接面能夠控制電流。利用圖 57 中的能帶圖，假如“瓶頸”位於源極和單電子島間的接面，當接面電壓超過 $q/2C_\Sigma$ 後，電子將開始穿遂，其條件為

$$\frac{V_D C_D}{C_\Sigma} + \frac{V_G C_G}{C_\Sigma} \geq \frac{q}{2C_\Sigma} \tag{134}$$

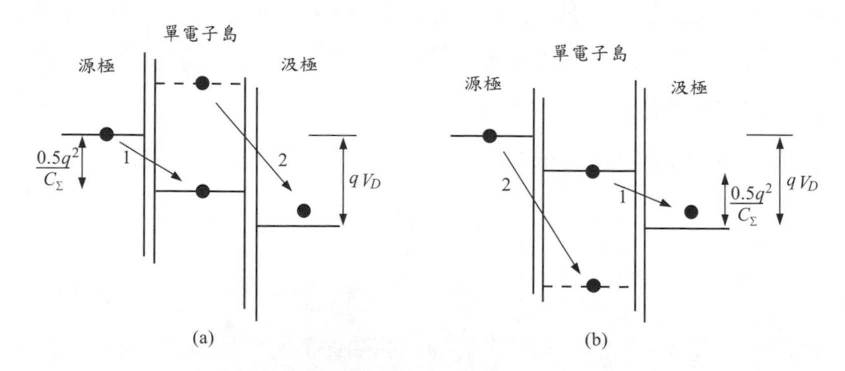

圖57 能帶圖顯示進行連續穿遂時，其觸發過程發生於接面上：（a）單電子島與源極之間。（b）單電子島與汲極之間。事件-1發生於事件 -2 前。注意在每一個穿隧事件發生後，單電子島的位能將改變 q/C_Σ。

若為最小 V_D 值，則

$$V_{Cb} = \frac{q}{2C_D} - \frac{V_G C_G}{C_D} \tag{135}$$

阻絕電壓與 V_G 的關係如圖 58 所示，如同具有負斜率[式（136）]的直線

$$\frac{dV_{Cb}}{dV_G} = -\frac{C_G}{C_D} \tag{136}$$

相反地，如果穿隧過程是從單電子島–汲極接面開始，電子開始流動的條件為

$$V_D - \left(\frac{V_D C_D}{C_\Sigma} + \frac{V_G C_G}{C_\Sigma} \right) \geq \frac{q}{2C_\Sigma} \tag{137}$$

即可得到另一個形式

$$V_{Cb} = \frac{(q/2) + V_G C_G}{C_G + C_S} \tag{138}$$

並具有正斜率

$$\frac{dV_{Cb}}{dV_G} = \frac{C_G}{C_G + C_S} \tag{139}$$

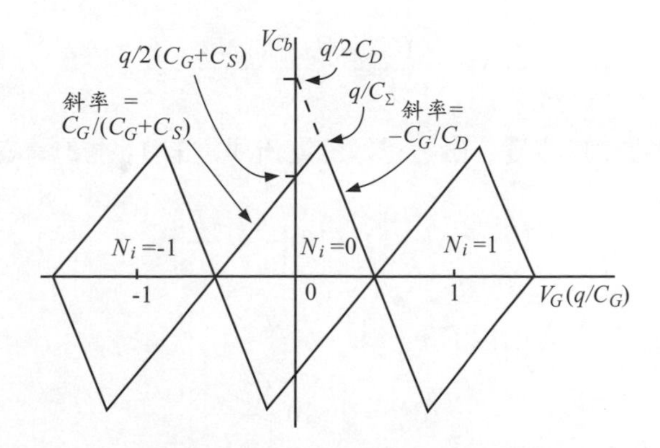

圖58 庫倫阻絕電壓 V_{Cb} 與 V_G 的關係爲一庫侖阻絕鑽石方塊。

注意到因為電流輪廓與庫侖阻絕鑽石方塊相似[87]，所以 SET 同時擁有正轉導與負轉導，且與 V_G 範圍有關。此特徵與一般電晶體不同。由式（135）與（138）兩條實線中，q/C_Σ 的截距便是 V_{Cb} 的最大值。

另外，將充電能量設定為負值也可求出庫倫阻絕電壓，以單電子島-源極接面或單電子島-汲極接面為電流限制接面：

$$E_{ch}(N_i=1)=\frac{q^2}{2C_\Sigma}-q\left(\frac{V_DC_D}{C_\Sigma}+\frac{V_GC_G}{C_\Sigma}\right)\le 0 \tag{140}$$

$$E_{ch}(N_i=1)=\frac{q^2}{2C_\Sigma}-q\left[V_D-\left(\frac{V_DC_D}{C_\Sigma}+\frac{V_GC_G}{C_\Sigma}\right)\right]\le 0 \tag{141}$$

這些公式推導出的結果分別與式（135）和（138）相同。

在 V_{Cb} 之上與之下，SET 的電流可充分地藉由正統理論（orthodox theory）描述[88]，此狀態下的穿隧速率為

$$T=\frac{\Delta E_{ch}}{q^2R_T[1-\exp(-\Delta E_{ch}/kT)]} \tag{142}$$

式中 R_T 為（ $R_{TS}+R_{TD}$ ）的總合，而 ΔE_{ch} 為不同 N_i 狀態下充電能量的變化。SET 的缺點就是除了 V_G，汲極也能夠控制電流。如圖 54b 所示，汲極偏壓造成 V_G 的變化量為[88]

$$\Delta V_G=\frac{(C_G+C_S-C_D)V_D}{2C_G} \tag{143}$$

在庫倫阻絕區中，改變一個數量級的電流所需的 V_G 可計算為

$$\Delta V_G\approx(\ln 10)\left(\frac{C_\Sigma}{C_G}\frac{kT}{q}\right) \tag{144}$$

同樣地，相同的改變所需的 V_D 為

$$\Delta V_D\approx(\ln 10)\left(\frac{2kT}{q}\right) \tag{145}$$

若要電晶體的閘極控制能力高過於汲極控制能力，則 C_G/C_Σ 需要大於 0.5。

就應用上而言，SET 要表現邏輯功能是可行的。因為它同時擁有正與負的轉導，所以只需要單一類型的元件便可形成互補式邏輯電路。然而，穿隧造成的電流與轉導都比較小，所以限制了它在實際電路上的應用。SET 的另一個問題就是單電子島對周圍的寄生電荷非常敏感。若將圖 44b 結構中的浮停閘極縮小成單電子島，那 SET 便有機會應用在非揮發性記憶體上。（正確的說法應該是記憶胞使用單電子盒或單電子儲存，而不包含 SET。）少量的電子可儲存或排出單電子島中，藉此控制 MOSFET 的起始電壓。因為浮停閘極島中電荷為少量並且不連續，所以起始電壓為量子化且具有記憶多重態位的能力，此為 SET 之優點。

參考文獻

1 J. E. Lilienfeld, "Method and Apparatus for Controlling Electric Currents,"U.S. Patent 1,745,175. Filed 1926. Granted 1930.

2 J. E. Lilienfeld, "Amplifier for Electric Currents,"U.S. Patent 1,877,140. Filed 1928. Granted 1932.

3 J. E. Lilienfeld, "Device for Controlling Electric Current,"U.S. Patent 1,900,018. Filed 1928. Granted 1933.

4 0. Heil, "Improvements in or Relating to Electrical Amplifiers and other Control Arrangements and Devices,"British Patent 439,457. Filed and granted 1935.

5 W. Shockley and G. L. Pearson, "Modulation of Conductance of Thin Films of Semiconductors by Surface Charges,"*Phys. Rev.,* **74**, 232（1948）.

6 J. R. Ligenza and W. G. Spitzer, "The Mechanisms for Silicon Oxidation in Steam and Oxygen,"*J. Phys. Chem. Solids,* **14**, 131（1960）.

7 M. M. Atalla. "Semiconductor Devices Having Dielectric Coatings,"U.S. Patent 3,206,670. Filed 1960. Granted 1965.

8 D. Kahng and M. M. Atalla, "Silicon-Silicon Dioxide Field Induced Surface Devices,"*IRE-AIEE Solid-State Device Res. Conf.,*（Carnegie Inst. of Tech., Pittsburgh, PA）, 1960.

9 D. Kahng, "Historical Perspective on the Development of MOS Transistors and Related Devices,"*IEEE Trans. Electron Dev.,* **ED-23**, 655（1976）.

10 C. T. Sah, "Evolution of the MOS Transistor-From Conception to VLSI,"*Proc. IEEE,* **76**, 1280（1988）.

11 H. K. J. Ihantola and J. L. Moll, "Design Theory of a Surface Field-Effect Transistor,"Solid-State Electron., **7**, 423（1964）.

12 C. T. Sah, "Characteristics of the Metal-Oxide-Semiconductor Transistors,"*IEEE Trans. Electron Dev.,* **ED-11**, 324（1964）.

13 S. R. Hofstein and F. P. Heiman, "The Silicon Insulated-Gate Field-Effect Transistor,"*Proc. IEEE,* **51**, 1190（1963）.

14 J. R. Brews, "Physics of the MOS Transistor,"in D. Kahng, Ed., *Applied Solid State Science,* Suppl. 2A, Academic, New York, 1981.

15 Y. Tsividis, *Operation and Modeling of the MOS Transistor,* 2nd Ed., Oxford University Press, Oxford, 1999.

16 Y. Taur and T. H. Ning, *Fundamentals of Modern VLSI Devices,* Cambridge University

Press, Cambridge, 1998.

17 R. M. Warner, Jr. and B. L. Grung, *MOSFET Theory and Design,* Oxford University Press, Oxford, 1999.

18 L. L. Chang and H. N. Yu, "The Germanium Insulated-Gate Field-Effect Transistor (FET)," *Proc. IEEE*, **53**, 316 (1965).

19 P. D. Ye, G. D. Wilk, J. Kwo, B. Yang, H. J. L. Gossmann, M. Frei, S. N. G. Chu, J. P. Mannaerts, M. Sergent, M. Hong, K. K. Ng, and J. Bude, "GaAs MOSFET with Oxide Gate Dielectric Grown by Atomic Layer Deposition," *IEEE Electron Dev. Lett.,* **EDL-24**, 209, (2003).

20 H. C. Pao and C. T. Sah, "Effects of Diffusion Current on Characteristics of Metal-Oxide (Insulator)-Semiconductor Transistors (MOST)," *IEEE Trans. Electron Dev.,* **ED-12**, 139 (1965).

21 A. S. Grove and D. J. Fitzgerald, "Surface Effects on *p-n* Junctions: Characteristics of Surface Space-Charge Regions under Nonequilibrium Conditions," *Solid-State Electron.,* **9**, 783 (1966).

22 J. R. Brews, "Charge-Sheet Model of the MOSFET," *Solid-State Electron.,* **21**, 345 (1978).

23 D. M. Caughey and R. E. Thomas, "Carrier Mobilities in Silicon Empirically Related to Doping and Field," *Proc. IEEE,* **55**, 2192 (1967).

24 K. Natori, "Pallistic Metal-Oxide-Semiconductor Field Effect Transistor," *J. Appl. Phys.,* **76**, 4879 (1994).

25 K. Natori, "Scaling Limit of the MOS Transistor-A Ballistic MOSFET," *IEICE Trans. Electron.,* **E84-C**, 1029 (2001).

26 M. Lundstrom, "Elementary Scattering Theory of the Si MOSFET," *IEEE Electron Dev. Lett.,* **EDL-18**, 361 (1997).

27 F. Assad, Z. Ren, D. Vasileska, S. Datta, and M. Lundstrom, "On the Performance Limits for Si MOSFET's: A Theoretical Study," *IEEE Trans. Electron Dev.,* **ED-47**, 232 (2000).

28 M. Lundstrom, "Essential Physics of Carrier Transport in Nanoscale MOSFETs," *IEEE Trans. Electron Dev.,* **ED-49**, 133 (2002).

29 M. B. Barron, "Low Level Currents in Insulated Gate Field Effect Transistors," *Solid-State Electron.,* **15**, 293 (1972).

30 W. M. Gosney, "Subthreshold Drain Leakage Current in MOS Field-Effect Transistors," *IEEE Trans. Electron Dev.,* **ED-19**, 213 (1972).

31 G. W. Taylor, "Subthreshold Conduction in MOSFET's,"*IEEE Trans. Electron Dev.,* **ED-25**, 337 (1978).

32 A. G. Sabnis and J. T. Clemens, "Characterization of the Electron Mobility in the Inverted <100> Si Surface,"*Tech. Dig. IEEE IEDM,* p.18, 1979.

33 S. Takagi, A. Toriumi, M. Iwase, and H. Tango, "On the Universality of Inversion Layer Mobility in Si MOSFET's: Part I Effects of Substrate Impurity Concentration,"*IEEE Trans. Electron Dev.,* **ED-41**, 2357 (1994).

34 J. A. Cooper, Jr. and D. F. Nelson, "High-Field Drift Velocity of Electrons at the Si-SiO2 Interface as Determined by a Time-of-Flight Technique,"*J. Appl. Phys.,* **54**, 1445 (1983).

35 L. Vadasz and A. S. Grove, "Temperature Dependence of MOS Transistor Characteristics Below Saturation,"*IEEE Trans. Electron Dev.,* **ED-13**, 863 (1966).

36 F. Gaensslen, V. L. Rideout, E. J. Walker, and J. J. Walker, "Very Small MOSFET's for Low-Temperature Operation,"*IEEE Trans. Electron Dev.,* **ED-24**, 218 (1977).

37 G. Merckel, "on Implanted MOS Transistors Depletion Mode Devices,"in F. Van de Wiele, W. L. Engle, and P. G. Jespers, Eds., *Process and Device Modeling for IC Design,* Noordhoff, Leyden, 1977.

38 J. S. T. Huang and G. W. Taylor, "Modeling of an Ion-Implanted Silicon-Gate Depletion-Mode IGFET,"*IEEE Trans. Electron Dev.,* **ED-22,** 995 (1975).

39 T. E. Hendrikson, "Simplified Model for Subpinchoff Condition in Depletion Mode IGFET,"*IEEE Trans. Electron Dev.,* **ED-25**, 435 (1978).

40 M. J. van der Tol and S. G. Chamberlain, "Potential and Electron Distribution Model for the Buried-Channel MOSFET,"*IEEE Trans. Electron Dev.,* **ED-36**, 670 (1989).

41 R. H. Dennard, F. H. Gaensslen, H. Yu, V. L. Rideout, E. Bassons, and A. R. LeBlanc, "Design of Ion-Implanted MOSFET with Very Small Physical Dimensions,"*IEEE J. Solid State Circuits,* **SC-9**, 256 (1974).

42 P. K. Chatterjee, W. R. Hunter, T. C. Holloway, and Y. T. Lin,"The Impact of Scaling Laws on the Choice of n-channel or p-channel for MOS VLSI,"*IEEE Electron Dev. Lett.,* **EDL-1**, 220 (1980).

43 J. Meindl, "Circuit Scaling Limits for Ultra Large Scale Integration,"*Digest Int. Solid-State Circuits Conf.,* **36**, Feb. 1981.

44 G. Baccarani, M. R. Wordeman, and R. H. Dennard, "Generalized Scaling Theory and its Application to a 1/4 Micrometer MOSFET Design,"*IEEE Trans. Electron Dev.,* **ED-31**,

452 (1984).

45 J. R. Brews, W. Fichtner, E. H. Nicollian, and S. M. Sze,"Generalized Guide for MOSFET Miniaturization,"*IEEE Electron Dev. Lett.,* **EDL-1**, 2 (1980).

46 K. K. Ng, S. A. Eshraghi, and T. D. Stanik,n "An Improved Generalized Guide for MOSFET Scaling,"*IEEE Trans. Electron Dev.,* **ED-40**, 1895 (1993).

47 L. D. Yau, "A Simple Theory to Predict the Threshold Voltage of Short-Channel IGFET ,"*Solid-State Electron.,* **17**, 1059 (1974).

48 W. Fichtner and H. W. Potzl, "MOS Modeling by Analytical Approximations. I. Subthreshold Current and Threshold Voltage,"*Int. J. Electron.,* **46**, 33 (1979).

49 Y. Taur, G. J. Hu, R. H. Dennard, L. M. Terman, C. Y. Ting, and K. E. Petrillo, " Self-Aligned 1 mm Channel CMOS Technology with Retrograde n-well and Thin Epitaxy,"*IEEE Trans. Electron Dev.,* **ED-32**, 203 (1985).

50 W. Fichtner, "Scaling Calculation for MOSFET's,"*IEEE Solid State Circuits and Technology Workshop on Scaling and Microlithography,* New York, Apr. 22, 1980.

51 K. K. Ng and G. W. Taylor, "Effects of Hot-Carrier Trapping in n- and p-Channel MOSFET,"*IEEE Trans. Electron Dev.,* **ED-30**, 871 (1983).

52 T. H. Ning, C. M. Osburn, and H. N. Yu, "Effect of Electron Trapping on IGFET Characteristics,"*J. Electron. Mater.,* **6**, 65 (1977).

53 E. H. Nicollian and C. N. Berglund, "Avalanche Injection of Electrons into Insulating SiO2 Using MOS Structures,"*J. Appl. Phys.,* **41**, 3052 (1970).

54 T. Kamata, K. Tanabashi, and K. Kobayashi, "Substrate Current Due to Impact Ionization in MOSFET,"*Jpn. J. Appl. Phys.,* **15**, 1127 (1976).

55 E. Sun, J. Moll, J. Berger, and B. Alders, "Breakdown Mechanism in Short-Channel MOS Transistors,"*Tech. Dig. IEEE IEDM,* p. 478, 1978.

56 T. Y. Chan, A. T. Wu, P. K. Ko, and C. Hu, "Effects of the Gate-to-Drain/Source Overlap on MOSFET Characteristics,"*IEEE Electron Dev. Lett.,* **EDL-8**, 326 (1987).

57 D. J. Frank, R. H. Dennard, E. Nowak, P. M. Solomon, Y. Taur, and H. P. Wong, "Device Scaling Limits of Si MOSFETs and Their Application Dependencies,"*Proc. IEEE,* **89**, 259 (2001).

58 B. Yu, H. Wang, A. Joshi, Q. Xiang, E. Ibok, M. Lin, "5nm Gate Length Planar CMOS Transistor,"*Tech. Dig. IEEE IEDM,* p.937, 2001.

59 A. Hokazono, K. Ohuchi, M. Takayanagi, Y. Watanabe, S. Magoshi, Y. Kato, T. Shimizu, S. Mori, H. Oguma, T. Sasaki, et al., "4 nm Gate Length CMOSFETs Utilizing Low Thermal

Budget Process with Poly-SiGe and Ni Salicide,"*Tech. Dig. IEEE IEDM,* p.639, 2002.

60 K. K. Ng and W. T. Lynch, "Analysis of the Gate-Voltage-Dependent Series Resistance of MOSFETs,"*IEEE Trans. Electron Dev.,* **ED-33**, 965（1986）.

61 M. P. Lepselter and S. M. Sze, "AB-IGFET: An Insulated-Gate Field-Effect Transistor Using Schottky Barrier Contacts as Source and Drain,"*Proc. IEEE,* **56**, 1088（1968）.

62 R. R. Troutman, *Latchup in CMOS Technology: The Problem and its Cure*, Kluwer, Norwell, Massachusetts, 1986.

63 J. Kedzierski, P. Xuan, E. H. Anderson, J. Bokor, T. J. King, and C. Hu, "Complementary Silicide Source/Drain Thin-Body MOSFETs for the 20nm Gate Length Regime,"*Tech. Dig. IEEE IEDM,* p.57, 2000.

64 S. Nishimatsu, Y. Kawamoto, H. Masuda, R. Hori, and O. Minato, "rooved Gate MOSFET,"*Jpn. J. Appl. Phys.,* **16**; Suppl. **16-1**, 179（1977）.

65 G. K. Celler and S. Cristoloveanu, "Frontiers of Silicon-on-Insulator,"*J. Appl. Phys.,* **93**, 1（2003）.

66 K. A. Jenkins, J. Y. C. Sun, and J. Gautier, "History Dependence of Output Characteristics of Silicon-on-Insulator（SOI）MOSFET,"*IEEE Electron Dev. Lett.,* **EDL-17**, 7（1996）.

67 C. R. Kagan and P. Andry, Eds., *Thin-Film Transistors,* Marcel Dekker, New York, 2003.

68 D. Hisamoto, T. Kaga, and E. Takeda, "Umpact of the Vertical DELTA"Structure on Planar Device Technology,"*IEEE Trans. Electron Dev.,* **ED-38**, 1399（1991）.

69 B. S. Doyle, S. Datta, M. Doczy, S. Hareland, B. Jin, J. Kavalieros, T. Linton, A. Murthy, R. Rios, and R. Chau, "High Performance Fully-Depleted Tri-Gate CMOS Transistors,"*IEEE Electron Dev. Lett.,* **EDL-24**, 263（2003）.

70 J. M. Hergenrother, G. D. Wilk, T. Nigam, F. P. Klemens, D. Monroe, P. J. Silverman, T. W. Sorsch, B. Busch, M. L. Green, M. R. Baker, et. al., "50 nm Vertical Replacement-Gate（VRG）nMOSFETs with ALD HfO2 and Al2O3 Gate Dielectrics,"*Tech. Dig. IEEE IEDM*, p.51, 2001.

71 T. Masuhara and R. S. Muller, "Analytical Technique for the Design of DMOS Transistors,"*Jpn. J. Appl. Phys.,* **16**, 173（1976）.

72 M. D. Pocha, A. G. Gonzalez, and R. W. Dutton, "Threshold Voltage Controllability in Double-Diffused MOS Transistors,"*IEEE Trans. Electron Dev.,* **ED-21**, 778（1974）.

73 A. W. Ludikhuize, "Review of RESURF Technology,"*Proc. 12th Int. Symp. Power Semiconductor Devices & ICs,* p.11, 2000.

74 P. Cappelletti, C. Golla, P. Olivo, and E. Zanoni, Eds., *Flash Memories*, Kluwer, Norwell,

Massachusetts, 1999.

75 C. Hu, Ed., *Nonvolatile Semiconductor Memories: Technologies, Design, and Applications*, IEEE Press, Piscataway, New Jersey, 1991.

76 W. D. Brown and J. E. Brewer, Eds., *Nonvolatile Semiconductor Memory Technology*, IEEE Press, Piscataway, New Jersey, 1998.

77 D. Kahng and S. M. Sze, "A Floating Gate and Its Application to Memory Devices,"*Bell Syst. Tech. J.,* **46**, 1288（1967）.

78 D. Frohman-Bentchkowsky, "FAMOS-A New Semiconductor Charge Storage Device,"*Solid-State Electron.,* **17**, 517（1974）.

79 H. Iizuka, F. Masuoka, T. Sato, and M. Ishikawa, "Electrically Alterable Avalanche-Injection-Type MOS Read-Only Memory with Stacked-Gate Structures,"*IEEE Trans. Electron Dev.,* **ED-23**, 379（1976）.

80 S. Mahapatra, S. Shukuri, and J. Bude, "CHISEL Flash EEPROM Part I: Performance and Scaling,"*IEEE Trans. Electron Dev.,* **ED-49**, 1296（2002）.

81 S. K. Lai and V. K. Dham, "VLSI Electrically Erasable Programmable Read Only Memory,"in N. G. Einspruch, Ed., *VLSI handbook*, Academic Press, Orlando, FL, 1985.

82 Y. Nishi and H. Iizuka, "Nonvolatile Memories,"in D. Kahng, Ed., *Applied Solid State Science,* Suppl. 2A, Academic, New York, 1981.

83 Y. Kamigaki and S. Minami, "MNOS Nonvolatile Semiconductor Memory Technology: Present and Future,"*IEICE Trans. Electron.,* **E84-C**, 713（2001）.

84 D. V. Averin and K. K. Likharev, "Coulomb Blockade of Single-Electron Tunneling, and Coherent Oscillations in Small Tunnel Junctions,"*J. Low Temp. Phys.,* **62**, 345（1986）.

85 T. A. Fulton and G. J. Dolan, "Observation of Single-Electron Charging Effects in Small Tunnel Junctions,"*Phys. Rev. Lett.,* **59**, 109（1987）.

86 M. A. Kastner, "Artificial Atoms,"*Physics Today,* 24（Jan. 1993）.

87 Y. A. Pashkin, Y. Nakamura and J. S. Tsai,"Room-Temperature Al Single-Electron Transistor Made by Electron-Beam Lithography,"*Appl. Phys. Lett.,* **76**, 2256（2000）.

88 K. Uchida, K. Matsuzawa, J. Koga, R. Ohba, S. Takagi and A. Toriumi, "Analytical Single-Electron Transistor（SET）Model for Design and Analysis of Realistic SET Circuits,"*Jpn. J. Appl. Phys.,* **39**, 2321（2000）.

習題

1. 請由式(20)及式(21)推導出式(23)(第368頁)。
2. 一方形MOSFET($Z/L = 1$),在 $V_G = 3$ V 及 $V_D = 0.4$ V 的操作下,可量得 I_D 值為 18.7 μA。如果在同樣的 $V_G = 3$ V 及 $V_D = 0.4$ V 的條件下,欲獲得 I_D 值為 1.6 mA,則該元件的最小Z值為何?假設其複晶矽閘極長度為 0.6 μm 及 n^+ 源極和汲極深度為閘極下 0.05 μm。
3. 考慮一次微米MOSFET其 $L = 0.25$ μm,$Z = 5$ μm,$N_A = 10^{17}$ cm^{-3},$\mu_n = 500$ cm^2/V-s,$C_{ox} = 3.45\times10^{-7}$ F/cm^2 及 $V_T = 0.5$ V,試計算在 $V_G = 1$ V 及 $V_D = 0.1$ V 的條件下時,其通道電導值。
4. 在某個偏壓條件下之一 MOSFET,其通道長度為10 μm,其通道電流 I_D 值為 1 mA 且其閘極電流值為 1 μA。如果除了能調整通道長度,而欲維持在相同的元件參數設定及相同的偏壓條件下,則欲減低其閘極電流至 $10^{-6}I_D$,試計算通道長度值。
5. 考慮一 MOSFET 其有足夠的汲極電壓達到飽和狀態(在移動率為常數狀態下),在 $V_G = 1$ V 下其電流值 50 μA,而 $V_G = 3$ V 時電流值為 200 μA,求其起始電壓值。
6. (a)為避免 n 型通道 MOSFET 的熱電子效應,我們假設所允許的最大氧化層電場為1.45×10^6 V/cm,而矽摻雜值為 10^{18} cm^{-3},試求符合該情況下之表面電位 ψ_s 值。(b)對於複晶矽閘極,假設 $Q_{it} = Q_{ox} = Q_f = Q_m = 0$ 的條件下,試計算 $d = 8$ nm 的 MOSFET 其起始電壓值。
7. 有一 n 型通道MOSFET欲設定其起始電壓為 +0.5 V 及閘極氧化層為 15 nm。請使用 n^+ 複晶矽作為其閘極材料且不考慮元件中之氧化層內電荷、介面補獲電荷及移動離子電荷影響下,計算出能符合此設定之通道摻雜值。
8. 為了防止元件之間的相互影響,必須利用場氧化層進行隔離,如果此與場氧化層厚度相關的"場氧化層電晶體"之起始電壓值必須大於 20 V,試計算其場氧化層的最小厚度($N_A = 10^{17}$ cm^{-3},$Q_f/q = 10^{11}$ cm^{-3} 以及利用局部導體連線的 n^+ 複晶矽來當做此元件閘極電極)
9. 假設一 n 型通道 MOSFET 其 $N_A = 10^{17}$ cm^{-3},$Q_f/q = 2\times10^{10}$ cm^{-2},及其 $d = 10$ nm,如硼離子被佈植以增加 1 V 之起始電壓值。假設其離子佈植會在 Si-SiO_2 界面形成一帶負電荷的片層狀,試計算所需離子佈植的量。

10. 一 n 型通道 MOSFET 其 $q\psi_B$ 為 0.5 eV，當施予 –1V 之基底偏壓 V_{BS} 時，其起始電壓改變量 ΔV_T 為 1 V，則當基底偏壓 V_{BS} 為–3 V 時起始電壓改變量 ΔV_T 為何？

11. 一 MOSFET（$N_A = 10^{17}$ cm^{-3},$d = 5$ nm）其起始電壓為0.5 V，次臨界擺幅值為 100 mV/decade，且在起始電壓V_T操作下，所得之汲極電流為0.1 μA。如欲減低在 $V_G = 0$ 時之漏電流至10^{-13} A，試計算其所應施加之逆向基底至源極偏壓值？

12. 理想的MOSFET次臨界電流為

$I_D = A(\beta\psi_s)^{-1/2}\exp(\beta\psi s)$ 其中$\beta\psi s = \beta V_G - \frac{a^2}{2\beta}[\sqrt{1+\frac{4}{a^2}(\beta V_G - 1)}-1)$, ψ_s 是表面位能，$\beta \equiv q/kT$，$a \equiv \sqrt{2}(\varepsilon_s/\varepsilon_{ox})(t_{ox}/L_D)$，$L_D$ 為Debye長度=$\sqrt{\varepsilon_s/qN_A\beta}$，$A$為常數。

試證明次臨界擺幅值為：$S \equiv (\ln 10)\cdot\frac{dV_G}{d(\ln I_D)} = \frac{kT}{q}(\ln 10)\cdot\left(1+\frac{C_D}{C_{ox}}\right)$

其中 $C_D \equiv \sqrt{\frac{q\varepsilon_s N_A}{2\psi_s}}$， $C_{ox} \equiv \varepsilon_{ox}/t_{ox}$ ，and $a >> C_D/C_{ox}$

13. 對於一閘極氧化層為 10 nm 及基底摻雜為 10^{17} cm^{-3} 之 MOSFET，試計算其次臨界擺幅值。

14. 假設一矽 MOSFET 其 $N_A = 5\times10^{16}$ cm^{-3}、$d = 10$ nm 及介面補獲電荷密度為 10^{11} cm^{-2}，在基底接地的情況下試計算其次臨界擺幅值。

15. 一理想化的離子佈值階梯式參雜輪廓為 $N_S = 10^{16}$ cm^{-3}，$N_B = 10^{15}$ cm^{-3}，及 $x_s = 0.3$ μm，請計算（1）佈植劑量 D_I（2）其佈植的中心濃度（3）相對於有著均勻性佈值N_B 之情況，其佈植所造成之起始電壓飄移（$d = 100$ nm）。

16. 試推導式（79）。

17. 參照圖21（386頁），假設$N_B = 7.5\times10^{15}$ cm^{-3},$d = 35$ nm，一逆向背偏壓 1 V，且離子佈植劑量為 $D_I = 6\times10^{11}$ cm^{-2}，試計算發生空乏層邊緣被鉗緊至離子佈值區域時之中心的深度（以奈米為單位）

18. 針對兩種 n-MOSFET，試計算隨通道寬度（I_D/Z）微縮後相對的汲極端電流之微縮情形；其一透過定電壓微縮，另一是定電場微縮，假設元件都操作於速度飽和導通下，原始的元件參數為 L = 1 μm，d = 10 nm，V_D = 5V，（I_D/Z） = 500 μA/μm。微縮係數為 $\kappa = 5$。

19. 對於 MOSFET 定電壓微縮之方式，其微縮倍數為 $\kappa = 10$，若原始元件的佈植劑量為 10^{15} cm^{-3}，則當元件微縮後其佈植劑量為何？（以 cm^{-3}為單位）

20. 當一 MOSFET 元件長度依其電場微縮情況而微縮，其微縮係數為 10 (1) 試計算微縮後之切換能量所對應的改變倍數及 (2) 計算微縮後的功率–延遲之乘積，假設在原先大尺寸元件之乘積為1 J。

21. 一複合 20 nm 之 Ta_2O_5 ($\varepsilon_i/\varepsilon_o = 25$)及2 nm之 SiO_2 之結構，夾以下上電極，試計算其等效 SiO_2 的厚度值 (以nm為單位)。

22. 一 DRAM 之操作必需控制其資料更新之最小時間於 4 ms 之內，而每個儲存電容之值為 50 fF，且得達成完全充飽於 5 V。試估計在一動態電容所能容忍的範圍下，而所能允許漏電量之最糟條件 (即電容內的電荷儲存量漏掉至其原先 50 %)

23. 對於一 DRAM 操作假設我們最少必須有10^5的電子儲存於 MOS 電容結構中，如果其於晶圓表面之電容面積為 0.25 μm^2，而氧化層厚度為 5 nm，並於兩伏特操作即達成完全充飽，則對於一個矩形深渠式電容，最少需要多少的深度？

24. 對於一浮停閘極非揮發性記憶體元件，其下方絕緣層介電係數為4而厚度為 10 nm，浮停閘極上方的絕緣層介電係數為 10、厚度為 100 nm，如果電流密度滿足 $J_1 = \sigma\mathscr{E}_1$，其中 $\sigma = 10^{-7}$ S/cm，且沒電流通過上面絕緣層，試計算在控制閘極電壓10 V，於一足夠長時間之下，以致 J_1 達可足以忽略之程度，而造成之起始電壓飄移值？

25. 考慮一 NVSM 其截面圖如下。元件通道寬度為1 μm。假設場氧化層造成鳥嘴有著線性的邊緣如圖，其閘極氧化層厚度 (在基板和浮停閘極之間) 為 35 nm，其中作為複晶矽之間絕緣層之氧化層厚度為 50 nm，而場氧化層厚度為 0.6 μm。物理性閘極長度為 1.2 μm，其金屬性接面落於閘極下方 0.15 μm 極有效的通道長度為 0.7 μm。浮停閘極為 0.3 μm 厚，試計算 (a) 控制閘極到浮停閘極之電容值 (b) 汲極端至浮停閘極之電容值，假設通道電容一半屬源極電容，另一半屬汲極電容 (c) 如果浮停閘極至基板之電容值為 0.14 fF，試計算控制閘極至浮停閘極之耦合比例 R_{CG}，而汲極至浮停閘極之耦合比例 R_D。

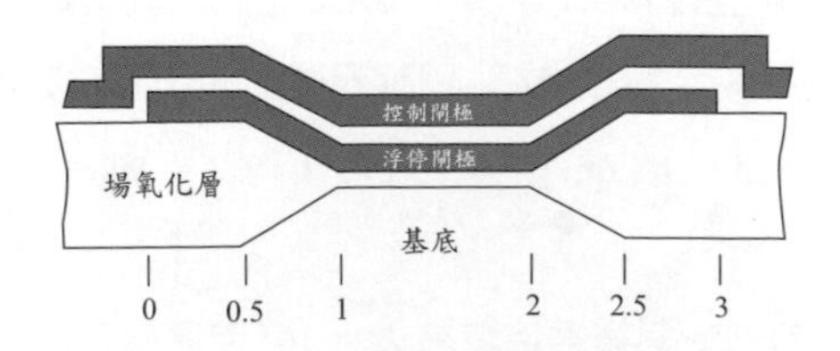

26. 對於一浮停閘極矽非揮性記憶體，其第一層絕緣層 (熱成長之二氧化矽) 之厚度與

介電係數為 3 nm 及 3.9，而第二層絕緣層為 30 nm 及 30，試估計當一閘極電壓 5.52 V 被施加 1 ms，其浮停閘極中儲存電荷密度為多少電荷/cm^2?假設第二層絕緣層絕緣效果極佳，沒有電流可流過，而第一層的電流是透過福勒－諾德漢穿隧進入浮停閘極。

27. 一浮停閘極非揮發性半導體記憶體元件，其總電容為 3.71 fF，其控制閘極至浮停閘極間之電容量為 2.59 fF，一汲極端至浮停極電容量為 0.49 fF，而浮停閘極至基板間電容量為 0.14 fF。試問要造成0.5的起始電壓飄移需要多少的電子量?（由控制閘極端量測）。

28. 對於一 EEPROM 其浮停閘極和控制閘極，源極，汲極，以及基板之電容值個別為 C_{CG} = 2.59 fF，C_S = C_D = 0.49 fF，及C_B = 0.14 fF。假設當控制閘極以及浮停閘極彼此相連時，其起始電壓可量得為 1.5V，假設在記憶體寫入時，控制閘極施予 12 V電壓，汲極施予 7 V 之電壓，當載子寫入後此時浮停閘極上之電壓值為何?而在載子在以上寫入條件寫入後，對於以一汲極基底電壓 2V 讀取，所觀察之起始電壓飄移值為何?

7

接面場效電晶體、金屬半導體場效電晶體以及調變摻雜場效電晶體

7.1 簡介
7.2 JFET 和 MESFET
7.3 MODFET

7.1 簡介

在本章中，我們將討論金氧半場效電晶體（MOSFET）之外其它的場效電晶體（field-effect transistor, FET）。回到第六章裡面，參考圖 3（第 359 頁）中所描述的場效電晶體族系，我們指出所有的場效電晶體均是利用一個閘極，並透過某種型式的電容與通道耦合。MOSFET 中，是透過一個氧化層來形成此電容，然而接面場效電晶體（junction FET, JFET）和金屬半導體場效電晶體（metal-semiconductor FET, MESFET）中的電容形成，則是憑藉接面內的空乏層效應；其中 JFET 是透過一個 *p-n* 接面，而 MESFET 則是透過蕭特基接面(金屬-半導體接面)。在異質接面場效電晶體（heterojunction FET, HFET）的分支中，一層具有較大的能隙材料利用磊晶的技術成長在通道層上，並利用它來當作一個絕緣層。記住，一個材料的導電性基本上與能隙的大小有相關，對於絕緣材料通常會具有一個較大的能隙。利用磊晶方式製作的異質接面能夠產生一個理想的介面。當缺乏理想的氧化層半導體界面的情況下，特別是在矽之外的其他半導體的製作上，應用此磊晶技術是必要的。在 HFET 中，高

能隙材料可選擇被摻雜或不摻雜。在有摻雜的高能隙材料中，由摻雜物產生的載子轉移到異質介面處並且形成一層高移動率的通道層，這是因為通道層本身是不摻雜的，能避免雜質散射的效應。這種技術稱為調變摻雜（modulation doping)。將此技術應用於場效電晶體的閘極上時，則為調變摻雜場效電晶體(modulation-doped FET, MODFET)，並且具有一些有趣的特性。而當 HFET 使用未摻雜的高能隙材料時，此種元件則稱之為異質接面絕緣閘極場效電晶體（heterojunction insulated-gate FET, HIGFET）。HIGFET 並未使用到調變摻雜技術，只是單純地將高能隙材料當作絕緣體。這種元件的行為和 MOSFET 是一樣的，故在此章節中並未再作進一步的討論。所以本章節主要專注在討論 JFET、MESFET 和 MODFET 等元件。

這上述的三種元件中，JFET 和 MESFET 具有相似的操作原理。它們基本上均是利用塊材，或是埋入式通道來傳導，並且利用閘極下的空乏區寬度來調變電流路徑。它們也與埋入式通道的 MOSFET 相似，只是後者的閘極能被施予一順向偏壓以延伸在表面的聚積層，而使得表面通道形成並且平行於埋藏的通道。然而，在 JFET 和 MESFET 中，其操作電壓是不能高於或接近平帶電壓，否則過量的電流將會流過閘極。所以在此先討論 JFET 和 MESFET，並且共用相同的方程式。而 MODFET 因為其在異質介面處具有一個二維的通道區，故獨立討論。

7.2 JFET和MESFET

於 1952 年時，蕭克萊（Shockley）首先提出並分析 JFET 元件[1]，此元件基本上是一個利用電壓來控制的電阻器。基於蕭克萊的理論論述，達塞（Dacey）和羅斯(Ross）發表了第一個可工作的 JFET，並在接的研究中把電場與載子移動率的相關效應考慮進去[2,3]。

1966 年時，米德（Mead）提出與首次展示了 MESFET 元件[4]。不久之後，霍伯（Hopper）和雷赫爾（Lehrer）於 1967 年將 GaAs 磊晶層成長在半絕緣之 GaAs 基板上，展示了元件應用在微波上的性能[5]。

JFET 和 MESFET 共同的優點為，它們可以避掉 MOSFET 中氧化層-半導體間介面的問題，像是由熱電子注入以及捕捉所產生之介面缺陷與可靠度的問題。然而，其在輸入閘極上能夠允許的電壓範圍卻會受到限制。與 JFET 比較，MESFET 在某些製程以及性能上擁有較大的優勢。舉例來說，相較於利用擴散或離子佈植後再退火所製作而成的 *p-n* 接面，金屬閘極只需在低溫下製作即可。在沿著通道寬度的低閘極電阻以及低電壓降 *IR* 對微波性能而言是一個非常重要的因素，這會影響元件的雜訊與f_{max}。對於高速元件的應用，金屬閘極在定義短通道長度上有較好的控制能力。對於功率元件的應用上，它也可以作為一個有效的熱衰減器。另一方面， JFET 有較強壯的接面，使得元件具有更高的崩潰電壓與功率的忍受力。此外，*p-n* 接面因為具有較大的內建電位，有助於形成加強模式的元件。而這較大的電位也能夠降低在同樣的操作電壓下的閘極漏電流。*p-n* 接面在製程上是一種較需控制的結構；然而對於某些半導體而言，例如一些 *p* 型的材料，一個好的蕭特基位障卻並不容易形成。JFET 對於閘極的結構上有較大的自由度，例如使用異質接面或是具有緩衝層的閘極，這可用來改善某方面的性能。

7.2.1 I-V 特性

在圖 1 的示意結構中，我們能發現 JFET 與 MESFET 有些相似處。圖中的元件皆以 *n* 型的通道為例。電晶體是由導電通道層以及與其相接的兩歐姆接觸端所組成，其中一端為源極，另一端則為汲極。當相對於源極的正電壓 V_D 被施加於汲極端時，電子會從源極端流到汲極端。因此源極的作用可視為載子提供源，而汲極端則可視為接收端。第三電極為閘極，其形成個一整流接面，並藉由改變空乏區的寬度來控制淨通道的展開大小。 JFET 利用 *p-n* 接面來當做整流閘極，而 MESFET 則是利用蕭特基位障接面。元件基本上可視為一電壓控制的電阻器，其電阻變化是藉由改變延伸到通道區的空乏層寬度來控制。

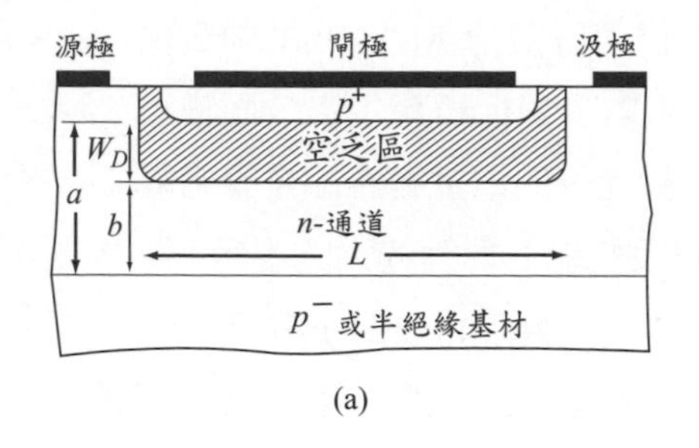

(a)

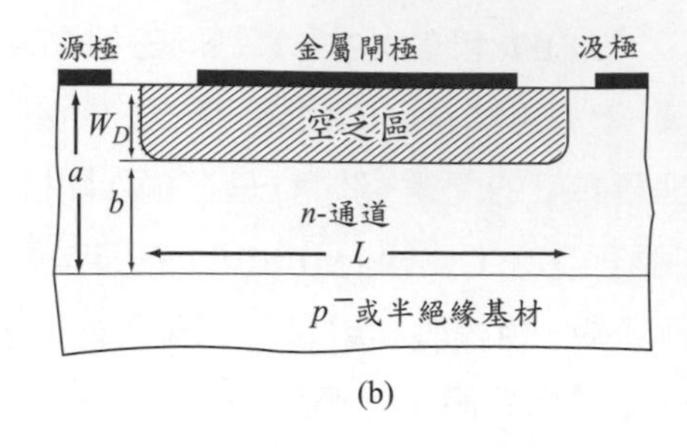

(b)

圖1 (a) JFET和 (b) MESFET之結構示意圖，其兩者的相似處爲淨通道展開的大小 b 是由空乏區寬度 W_D 來控制。

圖 1 中元件的基本幾何參數分別為通道長度 L（也可稱之為閘極長度），通道深度 a，空乏層寬度 W_D，淨通道展開大小 b 和通道寬度 Z（此指垂直進入紙面的方向，圖中未顯示。）。在此所使用的電壓極性，均適用於 n 型通道的場效電晶體，當電壓操作於 p 型通道的場效電晶體時，極性則為相反。閘極電壓 V_G 與汲極電壓 V_D 為相對於源極所測得的電壓，而源極通常則是接地。當 $V_G = V_D = 0$ 時，元件達到一平衡狀態且無任何電流流動。大多數的 JFET 與 MESFET 均為空乏模式的元件，也就是說：當 $V_G = 0$ 時元件為常態開啓（normally-on），又或者可解釋為起始電壓 V_T 為負值。當施加的 V_G 大於起始電壓時，通道的電流大小會隨著汲極電壓的增大而增大。最後當汲極電壓 V_D 大到某個程度時，此時電流將會達到一飽和的狀態值 I_{Dsat}。

對於 JFET，通道通常會被兩個閘極所包圍。在圖 1a 中，元件的底部應該還會有第二個閘極。但接下來我們將只做單一閘極的分析。因為雙閘極元件結構對稱的關係，可視為兩個單一閘極的結構，而推導出來的電流或是轉導為實際值的二分之一。

圖 2 顯示 JFET 或 MESFET 的基本電流–電壓特性（在不同的閘極電壓下，汲極電流對汲極電壓的關係）。我們將圖中的特性曲線分成三個部份：在汲極電壓很小時，I_D 正比於 V_D 的線性區；非線性區；以及汲極電

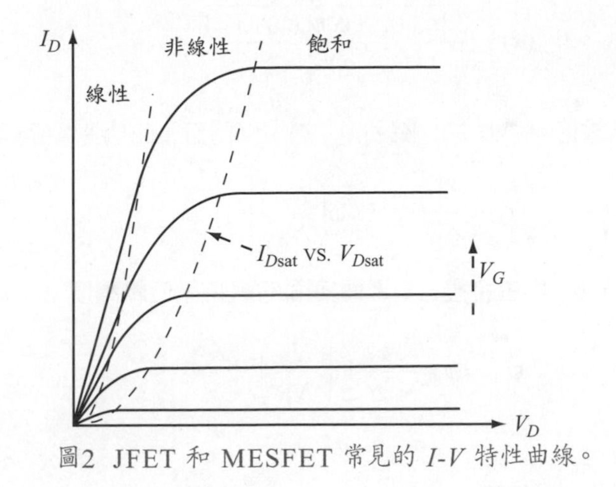

圖2 JFET 和 MESFET 常見的 I-V 特性曲線。

流值保持定值而與 V_D 無關的飽和區。當閘極電壓變的更負時，飽和電流 I_{Dsat} 以及對應之飽和電壓 V_{Dsat} 均會逐漸減少。圖 2 中的 I_{Dsat}-V_{Dsat} 即為進入飽和區時所對應之飽和電壓與飽和電流。

接下來我們將推導 JFET 與 MESFET 的 I-V 特性。將基於以下的假設:(1) 通道層為均勻摻雜；(2) 漸變通道近似（gradual-channel approximation）($\mathscr{E}_x \ll \mathscr{E}_y$)；(3) 陡峭接面的空乏層；(4) 忽略閘極電流。我們先從與通道尺寸相關的通道電荷分布開始。當元件在給定一閘極與汲極偏壓，其通道尺寸與電位詳細分佈的情形如圖 3 所示。這些是推導 I-V 特性的基礎。

通道電荷分布 對於均勻摻雜的 n 型通道，在漸變通道近似下，空乏區寬度 W_D 只隨著通道（x-方向）逐漸變化，因此可利用一維波松方程式在 y 方向求解：

$$\frac{d\mathscr{E}_y}{dy} = -\frac{d^2\Delta\psi_i}{dy^2} = \frac{qN_D}{\varepsilon_s} \qquad (1)$$

其中 $\mathscr{E}_y$ 是 y 方向電場。根據單面陡峭接面的空乏近似，從源極算起距離 x 的地方，其空乏層寬度為

$$W_D(x)=\sqrt{\frac{2\varepsilon_s[\psi_{bi}+\Delta\psi_i(x)-V_G]}{qN_D}} \tag{2}$$

其中 ψ_{bi} 為內建電位。對 JFET 來說，ψ_{bi} 為 p^+-n 接面的內建電位，其值為

$$\psi_{bi}\approx\frac{1}{q}\left[E_g-kT\ln\left(\frac{N_C}{N_D}\right)\right] \tag{3}$$

若是 MESFET，ψ_{bi} 則由金屬－半導體接面的蕭特基位障高度 ϕ_{Bn} 來決定

$$\psi_{bi}=\phi_{Bn}-\frac{kT}{q}\ln\left(\frac{N_C}{N_D}\right) \tag{4}$$

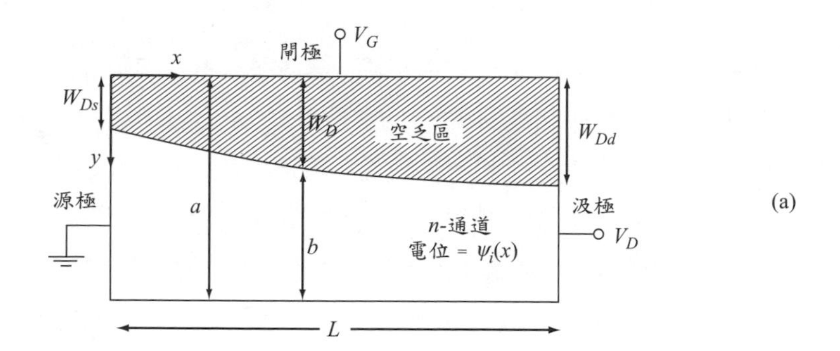

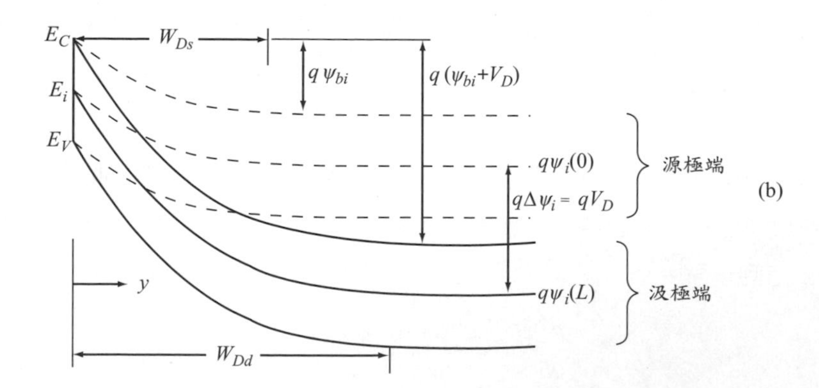

圖3 (a) 汲極與閘極偏壓下的通道尺寸。(b) 源極末端(虛線)與汲極末端(實線)在 y 方向的能帶圖。

$\Delta\psi_i(x)$ 為電中性的通道電位 $[-E_i(x)/q]$ 相對於源極的電位差。所以在汲極末端，$\Delta\psi_i(L) = V_D$。而在源極與汲極的空乏區寬度分別為

$$W_{Ds} = W_D(0) = \sqrt{\frac{2\varepsilon_s(\psi_{bi} - V_G)}{qN_D}} \tag{5}$$

$$W_{Dd} = W_D(L) = \sqrt{\frac{2\varepsilon_s(\psi_{bi} + V_D - V_G)}{qN_D}} \tag{6}$$

藉由閘極偏壓來增加電流其限制之最大值在 $V_G = \psi_{bi}$，此條件相當於 $W_{Ds} = 0$。而實際上，由於閘極接面過量的順向電流會使得此平帶條件不會發生。至於 W_{Dd} 其能達到最大值為 a，此時汲極末端的半導體皆發生能帶彎曲，而其相對應的電壓稱為夾止電位（pinch-off potential），定義為

$$\psi_P \equiv \frac{qN_D a^2}{2\varepsilon_s} \tag{7}$$

通道的電荷密度決定電流的傳導能力，其正比於淨通道展開大小

$$Q_n(x) = qN_D(a - W_D) \tag{8}$$

簡單來說，通道電流為電荷乘以其速度 υ

$$I_D(x) = ZQ_n(x)\upsilon(x) \tag{9}$$

由於通道中的電流必為連續，所以跟通道位置無關。將式 (9) 由源極到汲極積分產生

$$I_D = \frac{Z}{L}\int_0^L Q_n(x)\upsilon(x)dx \tag{10}$$

要計算式 (10) 需要知道在外加電場下的載子速度，所以速度–電場的關係非常重要。接下來的分析中，我們會使用不同的假設描述此關係式。再回到圖 2，我們會發現飽和電流是來自於兩種非常不同的機制。第一種機制是由於通道夾止，即淨通道完全被空乏區寬度夾止。這被認為是長通道的行為，可以藉由定值移動率，即 $\upsilon = \mu\mathscr{E}$，簡單地描述其作用。第二種可能的機制特別適用於短通道元件：當電場足夠高使得移動率不再是固定值，最後速度會增加到固定值，稱為飽和速度。此現象發在通道尚未被夾止的時候。這些效應將會在接下來的章節討論。

定值移動率（constant mobility） 在定值移動率的條件下，假設載子速度與電場的關係式 $\upsilon = \mu\mathscr{E}_x$ 沒有任何限制。利用這個關係式以及 $\mathscr{E}_x = d\Delta\psi_i/dx$ 一起帶入式（10），並積分後可得下式

$$\begin{aligned} I_D &= \frac{Zq\mu N_D}{L}\int_0^{V_D}\left[a-\sqrt{\frac{2\varepsilon_s(\psi_{bi}+\Delta\psi_i-V_G)}{qN_D}}\right]d\Delta\psi_i \\ &= G_i\left\{V_D-\frac{2}{3\sqrt{\psi_P}}[(\psi_{bi}+V_D-V_G)^{3/2}-(\psi_{bi}-V_G)^{3/2}]\right\} \end{aligned} \tag{11}$$

其中

$$G_i \equiv \frac{Zq\mu N_D a}{L} \tag{12}$$

代表 $W_D= 0$ 時整體通道的電導。

在線性區中，$V_D \ll V_G$ 且 $V_D \ll \psi_{bi}$，式（11）可簡化為

$$I_{D\text{lin}} = G_i\left(1-\sqrt{\frac{\psi_{bi}-V_G}{\psi_P}}\right)V_D \tag{13}$$

上式可觀察到其歐姆特性。式（13）能進一步地利用在 $V_G=V_T$ 附近進行泰勒展開，並簡化為

$$I_{D\text{lin}} \approx \frac{G_i}{2\psi_P}(V_G-V_T)V_D \qquad\qquad V_G \approx V_T \tag{14}$$

其中

$$V_T = \psi_{bi}-\psi_P \tag{15}$$

V_T 即為決定電晶體開與關的閘極起始電壓。

當汲極電壓持續增加，根據式（11）所示電流將進入非線性區。電流會達到一個峰值，電流超過峰值後又開始下降。雖然電流的下降並不符合物理的概念，但卻符合當 $W_{Dd} = a$ 時的夾止條件。夾止開始發生的 V_D 為:

$$V_{D\text{sat}} = \psi_P-\psi_{bi}+V_G = V_G-V_T \tag{16}$$

把 $V_{D\text{sat}}$ 代入式（11）可得飽和電流。

$$I_{D\text{sat}} = G_i\left[\frac{\psi_P}{3} - (\psi_{bi} - V_G)\left(1 - \frac{2}{3}\sqrt{\frac{\psi_{bi} - V_G}{\psi_P}}\right)\right] \tag{17}$$

由上式可知，飽和區電流值的極大值為 $G_i\psi_P/3$，但在實際的情況下，因為過量的閘極電流會使得這個極大值是達不到的。轉導(transconductance)的表示式為：

$$g_m \equiv \frac{dI_{D\text{sat}}}{dV_G} = G_i\left(1 - \sqrt{\frac{\psi_{bi} - V_G}{\psi_P}}\right) \tag{18}$$

定性上來說，當汲極偏壓高於 $V_{D\text{sat}}$ 時，夾止點開始向源極端移動。然而，在夾止點的電位始終保持為 $V_{D\text{sat}}$ 而與 V_D 無關。當電流飽和發生時，在漂移區的電場保持定值。在實際元件中的 $I_{D\text{sat}}$，並不會隨著 V_D 而完全飽和。這是因為有效通道長度的減少，有效通道長度為源極到夾止點的距離。再次使用泰勒展開式，將式(17) 在 $V_G = V_T$ 附近展開並簡化可得：

$$I_{D\text{sat}} \approx \frac{G_i}{4\psi_P}(V_G - V_T)^2 \qquad V_G \approx V_T \tag{19}$$

以及

$$g_m \approx \frac{G_i}{2\psi_P}(V_G - V_T) \qquad V_G \approx V_T \tag{20}$$

由式(14)、(19)、和(20)可以看出只有在起始電壓附近(即 $V_G \approx V_T$)時其特性才會與 MOSFET 元件相似。這是因為 JFET 和 MESFET 的閘極電容(或者說空乏層寬度)會隨著閘極偏壓而改變，但在 MOSFET(閘極為介電材料)中卻是固定的。換句話說，MOSFET 元件中的通道電荷與 V_G 為線性的關係，而在 JFET 和 MESFET 則不然[式(8)]。

三維塊材通道(例如 JFET 與 MESFET)與二維的片電荷通道(例如 MOSFET 與 MODFET)最主要的差別在於電流是由淨通道展開的大小所控制。因此，電流的表示式能利用物理尺寸來敘述。這也許可以幫助我們釐清問題。利用以下的關係式

$$\frac{dW_D}{d\Delta\psi_i} = \frac{\varepsilon_s}{qN_DW_D} \tag{21}$$

式 (10) 可變為

$$I_D = \frac{Z\mu q^2 N_D^2}{\varepsilon_s L}\int_{W_{Ds}}^{W_{Dd}} (a - W_D)W_D dW_D = \frac{Z\mu q^2 N_D^2 a^3}{6\varepsilon_s L}[3(u_d^2 - u_s^2) - 2(u_d^3 - u_s^3)] \tag{22}$$

其中歸一化的無因次單位定義為：

$$u_d \equiv \frac{W_{Dd}}{a} = \sqrt{\frac{\psi_{bi} + V_D - V_G}{\psi_P}} \tag{23}$$

$$u_s \equiv \frac{W_{Ds}}{a} = \sqrt{\frac{\psi_{bi} - V_G}{\psi_P}} \tag{24}$$

式 (11) 也可以直接轉換為式 (22)。在線性區中，對於小的 V_D 方程式可以更近一步簡化為：

$$I_{D\text{lin}} = G_i(1 - u_s)V_D \tag{25}$$

當通道夾止時能之電流即為飽和電流，設定 $u_d = 1$，則飽和電流值為

$$I_{D\text{sat}} = \frac{Z\mu q^2 N_D^2 a^3}{6\varepsilon_s L}(1 - 3u_s^2 + 2u_s^3) \tag{26}$$

因此，轉導為：

$$g_m = \frac{dI_{D\text{sat}}}{dV_G} = \frac{dI_{D\text{sat}}}{du_s} \times \frac{du_s}{dV_G} = G_i(1 - u_s) \tag{27}$$

速度-電場關係 在長通道的元件中，因為電場強度夠低，故載子的速度可視為正比於電場強度，也就是移動率為定值。當 FET 為短通道元件時，則會發現實驗的結果跟基本理論有顯著的差別。產生差異的主要原因在於短通道中的內部電場強度較強。圖 4 中描述了矽材料內部漂移速度與電場的定性關係。在低電場下，漂移速度隨電場強度線性增加，而其斜率對應到一個固定的移動率（$\mu = \upsilon/\mathscr{E}$）。高電場時，載子的速度將會偏離線性關係。速度與電場的斜率變得比在低電場時的外插值還來的低，而且最後會達到一飽和速度 υ_s。因此對於短通道元件，必須考慮這些效應。

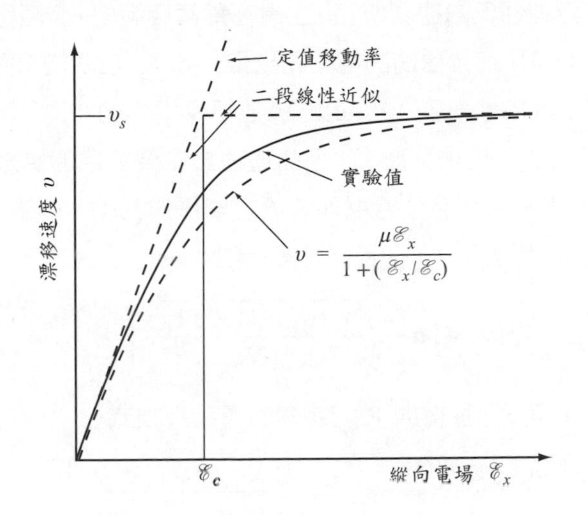

圖4 對於 Si 或沒有轉移電子效應的半導體材料其漂移速度與電場之關係。

以矽材料為例，當電場大於 5×10^4 V/cm 時，漂移速度會趨近於 10^7 cm/s 的飽和值。對一些半導體，例如 GaAs 和 InP，漂移速度會先達到一個峰值，接著開始下降並到約 $6\text{-}8\times10^6$ cm/s 的飽和速度。這個負電阻的現象是因為轉移電子效應（transferred-electron effect）所導致的。它的速度-電場關係過於複雜以致於不能產生一個解析的結果，因此本章中不考慮此現象。

在本節，我們將討論兩種簡單的速度-電場關係，第一種為圖 4 所示的二段線性近似（two-piece linear approximation）。第二種為經驗式，令漂移速度在定值移動率區轉變到飽和速度區為一平滑曲線，其方程式為

$$\upsilon(\mathscr{E}_x) = \frac{\mu\mathscr{E}_x}{1+(\mu\mathscr{E}_x/\upsilon_s)} = \frac{\mu\mathscr{E}_x}{1+(\mathscr{E}_x/\mathscr{E}_c)} \tag{28}$$

其中 $\mathscr{E}_x = d\Delta\psi_i/dx$，為通道的縱向電場。如上述所示，這兩種關係式中都包含了一個重要的參數，即臨界電場（critical field）值，$\mathscr{E}_c$。

場依移動率 (field-dependent monbility):二段線性近似 我們首先討論基於二段線性近似關係的速度飽和。注意在這個模型中,定值移動率的推導結果 [即式 (11)] 在汲極端的電場達到最大值 $\mathscr{E}_c$ 之前皆為有效的。但二段線性近關係的 V_{Dsat} 值,小於定值移動率模型中的 V_{Dsat},於是電流會在一個較低的新 I_{Dsat} 值達到飽和。因此這裡最主要的目的便是在於計算這個新的 V_{Dsat}。我們從包含了電場與電流之關係的式 (9) 開始,並帶入 $\upsilon = \mu\mathscr{E}$。令 $\mathscr{E} = \mathscr{E}_c$ 和 $I_D = I_{Dsat}$,我們可得

$$I_{Dsat} = Zq\mu N_D\mathscr{E}_c\left[a - \sqrt{\frac{2\varepsilon_s(\psi_{bi} + V_{Dsat} - V_G)}{qN_D}}\right] \tag{29}$$

將上式與式 (11) 相等,可獲得與 V_{Dsat} 相關的超越方程式

$$\mathscr{E}_c L = \frac{V_{Dsat} - [2/(3\sqrt{\psi_P})][(\psi_{bi} + V_{Dsat} - V_G)^{3/2} - (\psi_{bi} - V_G)^{3/2}]}{1 - \sqrt{(\psi_{bi} + V_{Dsat} - V_G)/\psi_P}} \tag{30}$$

檢視上式可知,當 V_D 達到 $\mathscr{E}_c L$ 或是 $V_D/L \approx \mathscr{E}_c$,電流就會達到飽和。一但 V_{Dsat} 已知,便可由式 (11) 計算 I_{Dsat}。另外還可發現由於 V_{Dsat} 的值會小於定值移動率模型下所得到的值,因此電流會在通道夾止前達到飽合。

場依移動率:經驗方程式 我們接下來將基於經驗方程式 $\upsilon(\mathscr{E})$,也就是先前所提及的式 (28),來推導電流方程式。代入 υ 到式 (9) 中,並對 $x = 0$ 到 L 積分,可得到

$$\int_0^L I_D\left(1 + \frac{\mathscr{E}_x}{\mathscr{E}_c}\right)dx = \int_0^L ZQ_n\mu\mathscr{E}_x dx \tag{31}$$

注意上式右邊與由定值移動率模型的方程式 [式 (10)] 相似。在左邊的值則為 $I_D(L + V_D/\mathscr{E}_c)$。積分式(31)後得到

$$I_D = \frac{G_i}{1 + (V_D/\mathscr{E}_c L)}\left\{V_D - \frac{2}{3\sqrt{\psi_P}}[(\psi_{bi} + V_D - V_G)^{3/2} - (\psi_{bi} - V_G)^{3/2}]\right\} \tag{32}$$

相較於式(11),新的結果得到比定值移動率模型縮小 $(1 + V_D/\mathscr{E}_c L)$ 倍的電流值。為了計算 V_{Dsat},我們對式 (32) 微分,令 $dI_D/dV_D = 0$ 來尋找電流的峰值。結果產生 V_{Dsat} 之超越方程式

$$\mathscr{E}_c L = \sqrt{\frac{\psi_{bi} + V_{Dsat} - V_G}{\psi_P}(\mathscr{E}_c L + V_{Dsat}) - \frac{2}{3\sqrt{\psi_P}}[(\psi_{bi} + V_{Dsat} - V_G)^{3/2} - (\psi_{bi} - V_G)^{3/2}]} \tag{33}$$

由上述方程式針對不同的 $\mathscr{E}_c L$ 值所計算出 V_{Dsat} 的解繪製於圖 5。最上面的那條曲線（$\mathscr{E}_c L = \infty$）為定值移動率模型的限制。注意隨著 $\mathscr{E}_c L$ 的減少，飽和汲極電流會在較小的汲極電壓下達到。

為了得到飽和汲極電流值，可用 V_{Dsat} 的解［式(33)］取代式（32）其中某幾項而得到：

$$I_{Dsat} = G_i \mathscr{E}_c L\left(1 - \sqrt{\frac{\psi_{bi} + V_{Dsat} - V_G}{\psi_P}}\right) = G_i \mathscr{E}_c L(1 - u_{dm}) \tag{34}$$

其中 u_{dm} 為移動率 u_d 在電壓為 V_{Dsat} 時所得到的值。飽和區的轉導值可利用式（33）與（34）的微分計算得知。（請記住 V_{Dsat} 亦為 V_G 的函數）：

$$g_m = \frac{dI_{Dsat}}{dV_G} = \frac{G_i}{\sqrt{\psi_P}}\left(\frac{\sqrt{\psi_{bi} + V_{Dsat} - V_G} - \sqrt{\psi_{bi} - V_G}}{1 + (V_D / \mathscr{E}_c L)}\right) = \frac{G_i(u_{dm} - u_s)}{1 + (\psi_P / \mathscr{E}_c L)(u_{dm}^2 - u_s^2)} \tag{35}$$

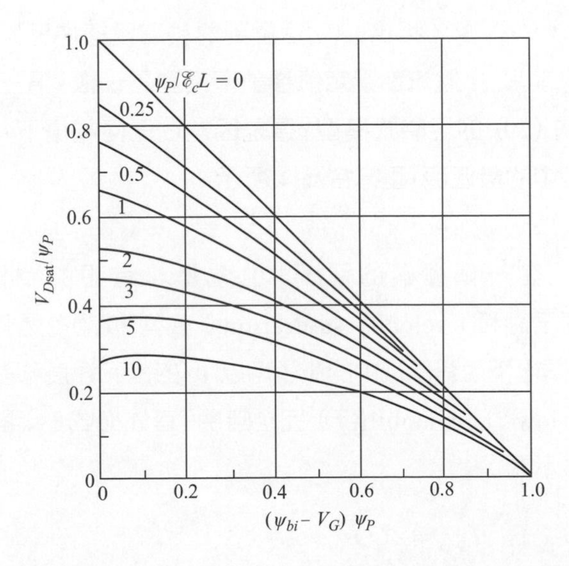

圖5　對於不同的 $\psi_P/\mathscr{E}_c L$ 值，由式(33)所計算出來的 V_{Dsat} 解。(參考文獻6)

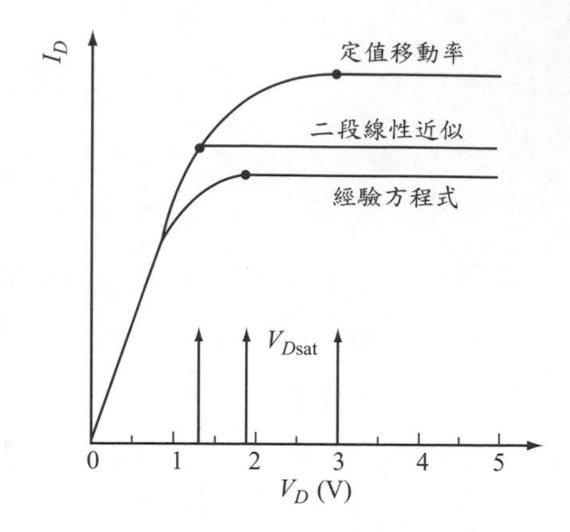

圖6 固定 V_G(=0)下，在三種 υ-$\mathscr{E}$ 關係的模型下所得的I-V曲線。

當 $\mathscr{E}_c L = \infty$ 且 $u_{dm} = 1$ 時，上面的表示式將會簡化為定值移動率模型的式 (27)。

介紹完上述三個速度–電場關係的模型後，現在我們有足夠的資訊來比較它們對 I-V 特性上的影響。下面我們取單一條 I-V 曲線做例子；固定V_G(= 0)，而其他的參數值分別為：$\psi_P = 4$ V，$\psi_{bi} = 1$ V和 $\mathscr{E}_c L = 2$ V，其結果顯示於圖 6。定值移動率，二段線性近似，與經驗方程式的計算的 V_{Dsat} 值分別為 3 V，1.3 V 和 1.9 V。注意到對於二段線性近似模型的曲線，在達到 V_{Dsat} 前其 I_D 電流都跟定值移動率模型是一樣。這三條曲線中的最低電流為式 (29) 的經驗式模型，這是因為在任何電場下，其對應之速度為三個模型中的最低值，正符合圖 4 所示。

速度飽和 在一個極端的情況，也就是非常短的閘極限制下 ($L \ll V_D/\mathscr{E}_c$)，速度飽和 (velocity saturation) 模型[7]被認為是有效的。在這個假設中，在閘極下所有區域中的載子均以 υ_s 的飽和速度移動，而且與低電場移動率 (low-field mobility) 完全無關。首先從式 (9) 開始，飽和電流能被簡單表示為

$$\begin{aligned} I_{Dsat} &= ZQ_n\upsilon_s \\ &= Zq(a-W_{Ds})N_D\upsilon_s \end{aligned} \tag{36}$$

因此元件的最大電流值為 $ZqaN_D\upsilon_s$，此值是經由定值移動率模型中的 $G_i\psi_p/3$ 化簡而來。在此選擇源極端的空乏層寬度 W_{Ds} 而不是汲極端，其原因與我們在下一節(電偶層形成)詳細討論之載子濃度與速度特性有關。此方程式有趣的特徵是：飽和電流值完全與通道長度無關。關於轉導的表示式為

$$g_m = \frac{dI_{Dsat}}{dV_G} = -ZqN_D\upsilon_s\frac{dW_{Ds}}{dV_G} = \frac{Z\varepsilon_s\upsilon_s}{W_{Ds}} \tag{37}$$

由於 ε_s/W_{Ds} 就是閘極跟源極間的電容 C_{GS}，因此此式可再近一步簡化為類似 FET 的方程式。

$$g_m = ZC_{GS}\upsilon_s \tag{38}$$

由上述方程可看出轉導為定值，而且跟閘極偏壓以及通道長度無關。圖 7 比較了定值移動率與速度飽和的輸出特性曲線。注意到在速度飽和模型下所得到的飽和電流與飽和電壓均較小，但是線性區的結果仍然相似。不同 V_G 的 I-V 曲線以等間格形式出現，也說明了速度飽和下的轉導 g_m 為定值的特性。速度飽和限制提供了非常簡單的推演與結果，加深我們對短通道限制的理解。事實上，這個簡單的方程式與目前最先進的短通道元件相當符合。

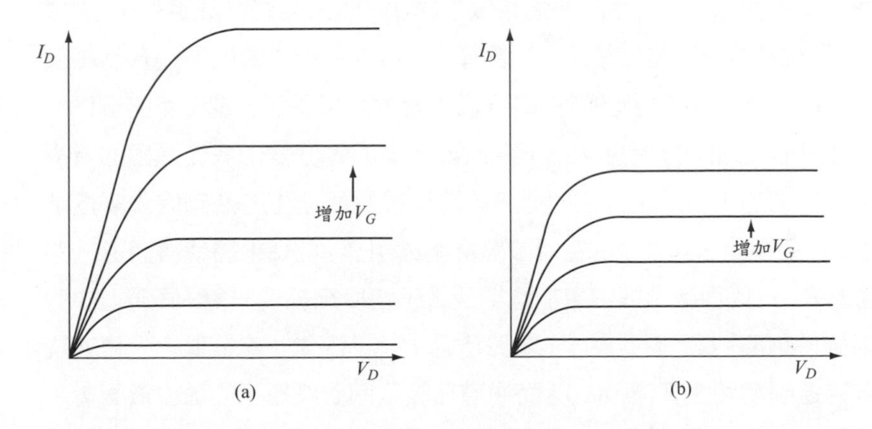

圖7 在(a) 定值移動率，與(b) 速度飽和模型下，定性比較 I-V 曲線。

即使速度飽和在場效電晶體中限制了最大載子速度，但仍然有兩個特別的效應會使得載子在部分通道中的高電場區下能有較高的速度。第一個效應與材料的特性有關，例如在 GaAs、InP 中，會把轉移電子效應顯現出來。根據第一章中圖 20a（第 42 頁）所表示的速度–電場關係可知，在適度的電場下，漂移速度實際大於飽和速度。若把這種負電阻效應併入其中來模擬 *I-V* 特性，分析將會變的非常困難。第二個效應則出現在極短的通道元件中，也就是當通道長度相當或小於散射的平均自由徑時。請讀者參考第一章中關於彈道傳輸效應（ballistic transport）的討論（第 40 頁）。對非常短的閘極而言，電子沒有充足的時間與距離在通道的高電場區域中達到傳輸平衡[8]。因此，電子進入高電場區域後，在減緩至平衡值之前會被加速到一個更高的速度。因此載子會過衝（overshoot）到高於穩定態兩倍的速度，並在載子移動了一段距離後方能減緩到平衡值。這個過衝的現象將會縮短電子的傳送時間。過衝現象通常被設計用來改善元件的高頻響應，特別是在 GaAs 的 FET 上。此現象與低電場下的載子移動率有間接的關係，因為它們都是由散射所決定。在相同通道長度下，有較高載子移動率的材料，會有更嚴重的彈道傳輸效應。

電偶層形成（dipole-layer formation） 當電壓操作大於 V_{Dsat} 時，會發生一個與速度飽合相關的有趣現象。由於當汲極偏壓大於 V_{Dsat} 時，空乏層會持續擴張，同時淨通道也開始縮小。而因為速度固定在 v_s 的關係，為了維持相同的飽和電流，在通道較狹窄處的載子濃度須提升到高於所摻雜的濃度來維持相同的電流。下面將針對此現象作更進一步的解釋。

當小於飽和汲極偏壓 V_{Dsat} 時，沿著通道的電位變化為從源極的零電位到汲極端的 V_D。因此，在通道內因閘極接觸而產生的逆向偏壓會逐漸地增加，使得源極到汲極的空乏區寬度變的更寬。此結果將使得通道展開 b 逐漸變小，因而必須藉由增加電場及電子速度來補償，讓整個通道中的電流維持定值。當汲極電壓 V_D 增加超過 V_{Dsat} 時，電子會在靠近汲極的閘極末端達到飽和速度（圖 8a）。而通道在被限制到閘極下的最小截面 b_1。在這點的電場將會達到臨界值 $\mathscr{E}_c$，且 I_D 會開始飽和。然而，只要電場強

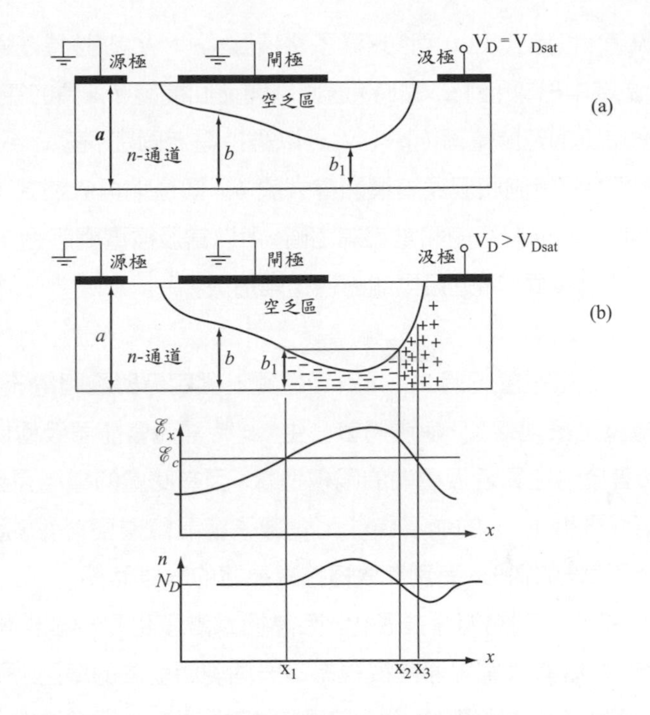

圖8 (a) 當元件操作在 $V_D = V_{Dsat}$ 且速度飽和時的剖面示意圖。(b) 當 $V_D > V_{Dsat}$ 時，電偶層形成，圖中顯示在準電中性通道中的電場和載子濃度之分布曲線。(參考文獻 9)

度沒超過臨界值 $\mathscr{E}_c$，電子濃度 $n(x)$ 仍保持與摻雜濃度 N_D 相同。圖 8b 顯示了當 $V_D > V_{Dsat}$ 時的情形。飽和電流值如下式所示:

$$I_{Dsat} = Zq\upsilon_s n(x)b(x) \tag{39}$$

假如汲極電壓增加超過 V_{Dsat} 時，在汲極端的空乏區域會變的更大。圖中的 x_1 點為電子會達到飽和速度且通道展開大小為 b_1 的位置，此點在汲極電壓持續增加時會往源極端移動。這裡有三個需要注意的位置; x_1，x_2，以及 x_3。其中 x_1 和 x_2 是通道展開大小為b_1的位置，x_1 和 x_3 為電場 $\mathscr{E} = \mathscr{E}_c$ 的位置。也就是說，在 x_1 到 x_2 之間的區域，其通道展開小於 b_1，而在 x_1 到 x_3 之間的區域，載子的移動速度為 υ_s。由於速度達到飽和，在 x_1 到 x_2 區間的電子濃度必須改變來補償通道展開的變化，如此才能保持固定的電流值。根據式 (39) 可知，電子聚積層 ($n > N_D$) 必須在通道展開小於 b_1 的區域中形成。到 x_2 點時，通道展開又回復為 b_1，負的空間電荷會則會轉變為正的空間電荷 ($n < N_D$) 以維持電流固定。在 x_2 到 x_3 的區間，電子速度仍保持飽和但通道展開會大於 b_1。同樣地再依照式 (39)，載子濃度須小於 N_D 來保持飽和電流為定值。所以當汲極電壓超過 V_{Dsat} 時，電偶層會在閘極後面，靠近汲極端的通道中形成。

崩潰 在汲極電壓超過 V_{Dsat} 時，汲極電流假定仍與飽和電流相同。然而當汲極電壓持續地增加，崩潰將會發生，此時電流會隨著汲極偏壓突然上升。崩潰會發生在靠近汲極端的閘極邊緣，因為此處的電場是最高的。本質上來說，分析 FET 的崩潰條件比雙載子電晶體還更複雜，這是由於 FET 是一個二維的情形，有別於雙極性電晶體的一維狀態。

崩潰的基本機制為衝擊離子化。因為衝擊離子化是一個與電場極為相關的函數，所以最大電場通常被視為第一個判斷崩潰的準則。利用 x 方向的簡單一維分析，並將閘極–汲極之間的結構視為一個逆偏的二極體，則汲極的崩潰電壓 V_{DB} 會跟閘極接面的崩潰相似，並且與相對於閘極的汲極電壓呈線性關係；

$$V_{DB} = V_B - V_G \tag{40}$$

其中 V_B 為閘極二極體的崩潰電壓，它是通道摻雜濃度的函數。圖 9a 呈現了式 (40) 的一般崩潰行為。圖中顯示在更高的 V_G，汲極的崩潰電壓也以相同的量增加。在一般矽材料的 JFET 中，皆有這樣的特性。但對於製作在 GaAs 上的 MESFET，其崩潰的機制更為複雜。如圖 9b 所示，通常這些元件的崩潰電壓會更小，且跟 V_G 的關係不會再如同式 (40) 一般，而是相反的趨勢。這些額外的效應在之後將繼續討論。

在 MOSFET 中，源極與汲極均為高摻雜區，且在閘極的邊緣處與閘極有相互重疊的區域。然而 JFET 與 MESFET 則不相同，其閘極和源極/汲極接觸 (或是在接觸底下的高摻雜區) 中間會有間隔存在。在考慮到崩潰時，閘極–汲極間的間隔距離 L_{GD} 是一個關鍵因素。這個間隔的摻雜量

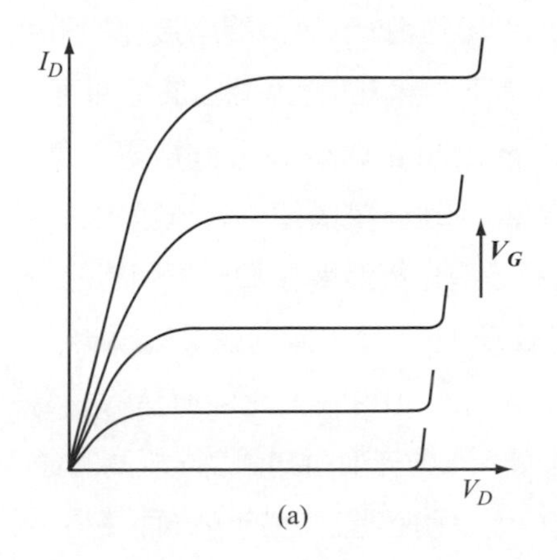

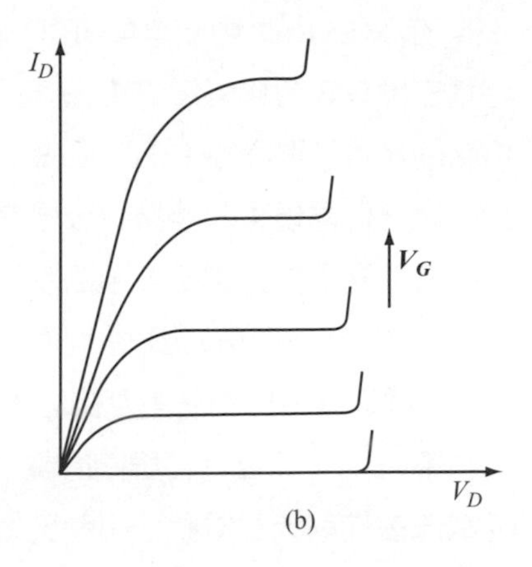

圖9 汲極崩潰電壓的實驗結果：(a) 在 Si 材料的JFET中崩潰電壓會隨著 V_G 而增加，然而(b) 在 GaAs 的 MESFET 中崩潰電壓會隨著 V_G 而減小。

跟通道是一樣的。若此閘極–汲極間隔中有一些表面缺陷存在時，將會消耗掉部分的通道摻雜，並且影響到電場分布。在某些例子中，它們反而能改善崩潰電壓。由二維模擬的結果，如圖 10 所示，其電場的分佈是表面電位的函數，而此表面電位是由缺陷所產生的。當沒有表面缺陷的存在時（即 $\psi_s = 0$），電場的最高值在閘極的邊緣，並且發生崩潰。在這個特例中，當表面電位為 0.65 V 時，在閘極邊緣處的電場值有下降的情況，因此能夠提升崩潰電壓。利用一維的分析，在閘極邊緣處電場值可以表示為[10]

$$\mathscr{E}(L) = \frac{qN_D}{\varepsilon_s}\sqrt{\frac{2\varepsilon_s}{qN_D}(\psi_{bi} + V_D - V_G) - \frac{N'_{st}}{N_D}L_{GD}^2} \quad (41)$$

其中 N'_{st} 為表面缺陷密度［這個方程式暗示 L_{GD} 大於一維的空乏層寬度，因此在 $N'_{st} = 0$ 的情況下，$\mathscr{E}(L)$ 和 V_{DB} 跟 L_{GD} 無關。］。而當表面電位增加到 1.0 V 時，在汲極接觸端的電場增加，這是因為曲線下的面積等於總施加的電壓，此值必須守恆。假若汲極接觸端的電場增加到一個關鍵值，則崩潰會在此處發生，因此同樣的再次降低了崩潰電壓。由於 GaAs 缺乏一般的保護層(舉例來說，Si 是以二氧化矽作為保護層)，所以在 GaAs 的 MESFET 中的崩潰情形比較難以控制，且跟 Si 的 JFET 相比有著不同的崩潰行為。

在 MESFET 中，其中一項降低崩潰電壓的因素，為與閘極接觸的蕭特基位障有關的穿越電流[11]。在高電場作用下，穿越的電流源自於和溫度相關的熱離子場發射（thermionic-field emission）機制。此閘極電流會引起累增倍乘現象並且導致汲極崩潰電壓的降低。當通道的電流較大時，內部的節點會提升到更高溫的狀態，這將會提早觸發閘極電流所引起的累增崩潰。此情形正如圖 9b 中所示，在較高 V_G 下有較低的崩潰電壓 V_{DB}。另一項造成降低崩潰電壓的因素是 GaAs 的 MESFET 元件擁有的較高移動率，比 Si 元件有著更高的電流以及轉導。同先前所討論的，較高的通道電流會在較低的電壓下引發累增現象，或是引起溫度上的效應而使得崩潰提早觸發。

崩潰電壓能夠藉由擴大閘極和汲極之間的區域來加以改善。此外，為使得這個功效能達到最大值，應該盡可能的讓電場分佈均勻。可以引入橫向的摻雜梯度技術來達到此項要求。或者可使用另一種方法，稱之為降低表面電場（reduced surface field, RESURF）[12]，也就是在底下置入一 p 型層，如此在高的汲極偏壓下，n 型層將會被完全空乏。

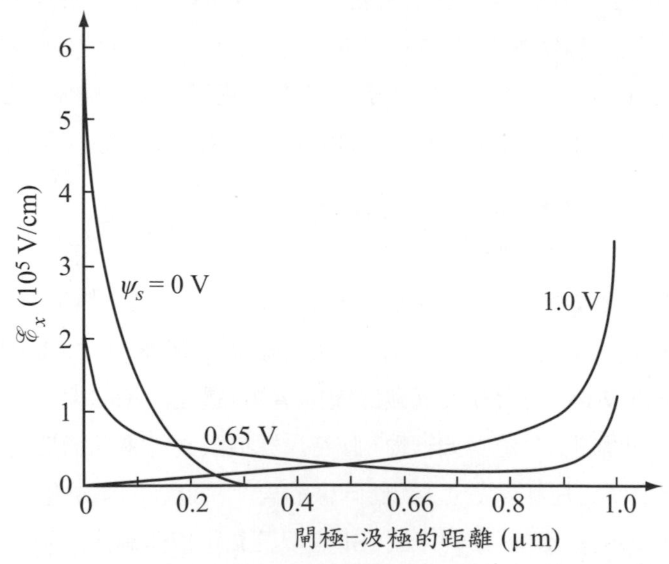

圖10 由於表面缺陷的存在，在閘極-汲極間隔中的電場分布情形與表面電位 ψ_s 有關。$V_D = 4$ V，$V_G = 0$ V。(參考文獻10)

7.2.2 任意摻雜與加強模式

任意摻雜分布 若是一通道區域內之摻雜為任意分布[13]，可由第二章中的式 (40) 得知空乏寬度內其淨位能變化與摻雜濃度的關係

$$\psi_{bi} - V_G = \frac{q}{\varepsilon_s}\int_0^{W_D} yN_D(y)dy \tag{42}$$

積分上限的最大值是發生在 $W_D = a$，此時所對應的電壓為先前所定義的夾止位能，其表示如下

$$\psi_P = \frac{q}{\varepsilon_s}\int_0^{a} yN_D(y)dy \tag{43}$$

接下來我們考慮電流－電壓特性以及轉導。定義總電荷密度，其到 y_1 位置的積分形式，表示如下

$$Q(y_1) \equiv q\int_0^{y_1} N_D(y)dy \tag{44}$$

上式可用來簡化方程式。基於式 (9)，汲極電流可被修改為

$$\begin{aligned} I_D &= Zq\upsilon\int_{W_D}^{a} N_D(y)dy \\ &= Z\upsilon[Q(a) - Q(W_D)] \end{aligned} \tag{45}$$

記住在汲極偏壓下，υ 跟 W_D 都是隨著通道的位置 x 改變。兩邊同時做從 $x = 0$ 到 L 的積分，可得

$$\int_0^L I_D dx = I_D L = Z\int_0^L \upsilon[Q(a) - Q(W_D)]dx \tag{46a}$$

或

$$I_D = \frac{Z}{L}\int_0^L \upsilon[Q(a) - Q(W_D)]dx \tag{46b}$$

式 (46b) 即為計算汲極電流的基本方程式。

在線性區中，由於較小的電場，或者說較小的汲極偏壓作用下，其漂移速度總是在定值移動率的範圍裏。將 υ 以 $\upsilon = \mu\mathscr{E} = \mu d\Delta\psi_i/dx$ 取代可得到下式

$$\begin{aligned} I_{D\text{lin}} &= \frac{Z}{L}\int_0^L \mu\,\frac{d\Delta\psi_i}{dx}[Q(a) - Q(W_D)]dx = \frac{Z\mu}{L}\int_0^{V_D}[Q(a) - Q(W_D)]d\Delta\psi_i \\ &\approx \frac{Z\mu}{L}[Q(a) - Q(W_{Ds})]V_D \end{aligned} \tag{47}$$

對於飽和區，我們首先考慮由夾止（$W_D = a$）造成的飽和現象（不是速度飽和）。再次從式（46b）開始，並利用式（21）將 W_D 轉換為變數，則汲極電流為

$$
\begin{aligned}
I_{Dsat} &= \frac{Z\mu}{L}\int_{W_{Ds}}^{a}[Q(a)-Q(W_D)]\frac{d\Delta\psi_i}{dW_D}dW_D \\
&= \frac{Zq\mu}{\varepsilon_s L}\int_{W_{Ds}}^{a}[Q(a)-Q(W_D)]W_D N_D dW_D
\end{aligned}
\tag{48}
$$

使用類似式（21）的關係式

$$
\frac{dW_D}{dV_G} = \frac{-\varepsilon_s}{qW_D N_D} \tag{49}
$$

並對式（48）微分可得轉導

$$
\begin{aligned}
g_m &= \frac{dI_{Dsat}}{dV_G} = \frac{dI_{Dsat}}{dW_D}\times\frac{dW_D}{dV_G} = \frac{-Zq\mu}{\varepsilon_s L}[Q(a)-Q(W_{Ds})]W_D N_D\times\frac{dW_D}{dV_G} \\
&= \frac{Z\mu}{L}[Q(a)-Q(W_{Ds})]
\end{aligned}
\tag{50}
$$

由上式可知 g_m 等於從 $y = W_{Ds}$ 到 a 的半導體矩形部份之電導。

對短通道元件而言，電流飽和是由速度飽和所決定，汲極電流可簡單表示為

$$
I_{Dsat} = Zq\upsilon_s\int_{W_{Ds}}^{a}N_D(y)dy = Z\upsilon_s[Q(a)-Q(W_{Ds})] \tag{51}
$$

要獲得轉導，需對式（51）微分

$$
\frac{dI_{Dsat}}{dW_{Ds}} = -Zq\upsilon_s N_D(W_{Ds}) \tag{52}
$$

因此轉導為

$$
\begin{aligned}
g_m &= \frac{dI_{Dsat}}{dW_{Ds}}\times\frac{dW_{Ds}}{dV_G} = -Zq\upsilon_s N_D\times\frac{-\varepsilon_s}{qW_{Ds}N_D} \\
&= \frac{Z\upsilon_s\varepsilon_s}{W_{Ds}}
\end{aligned}
\tag{53}
$$

與式（37）完全相同。

在實際應用上，我們會希望元件能夠有較好的線性趨勢（即 g_m 為定值），其意謂著汲極飽和電流 $I_{D\text{sat}}$ 會隨著閘極電壓 V_G 做線性變化。藉由控制摻雜分布可達成線性的轉換特性；這些摻雜分布的空乏寬度 $W_D(V_G)$ 隨著閘極電壓變化非常小。各種摻雜分佈的轉換特性顯示於圖 11。只需適當地將變化參數取至其極限時，也就是在 $x = a$ 為 δ- 摻雜（delta doping），則圖中兩種非均勻摻雜分布類型均可趨於線性關係。利用上述摻雜方式產生的結果與定值移動率情形迥然不同，其摻雜分布對轉換特性的影響很小。雖然式 (53) 暗示降低閘極電壓將造成 g_m 的減小，然而重要的參數 g_m/C_{GS} 依然不受影響，其中 C_{GS} 為閘極–源極間的電容。這是因為由 $C_{GS} = \varepsilon_s/W_D$ 以及式 (53) 得到

$$\frac{g_m}{C_{GS}} = Z\upsilon_s = \text{定值} \tag{54}$$

實驗的結果顯示具有漸變式通道摻雜（graded channel doping）[14]或階梯摻雜（step doping）[15]的 FET 可改善其直線特性。

加強模式（enhancement-Mode）元件 一般來說，通常埋入式通道 FET 皆為常態開啓元件。事實上常態開啓與常態關閉（normally-off）元件其基本電流–電壓特性是相似的，只有起始電壓值除外。圖 12 比較了這兩種模式的操作特性。由圖可以看出其中主要的差異為起始電壓沿著 V_G 軸上有一平移。常態開啓元件在 $V_G = 0$ 的條下並無電流導通，直到 $V_G > V_T$ 時電流才開始流動。

對於高速低功率的應用，常態關閉元件（或者說加強模式）是非常有吸引力的。常態關閉元件在 $V_G = 0$ 時並不會產生傳導通道；也就是說，閘極接面的內建電位 ψ_{bi} 足夠將通道區域完全空乏。數學上，因常態關閉元件之起始電壓 V_T 為正，由式 (15) 可推知

$$\psi_{bi} > \psi_P > \frac{qN_D a^2}{2\varepsilon_s} \tag{55}$$

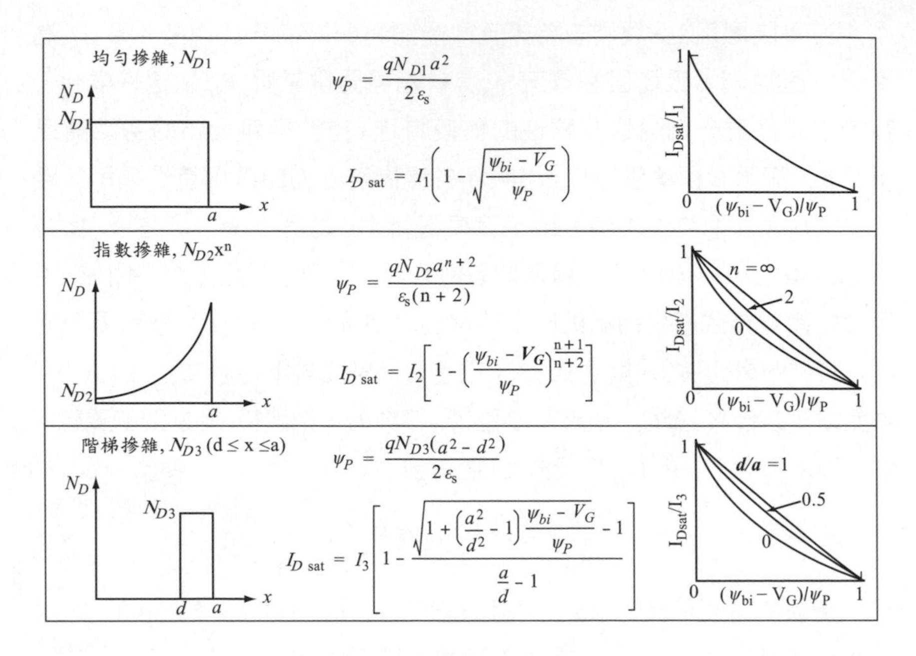

圖11 各種摻雜分布的 I_{Dsat} 表示式與轉換特性。其假設於速度飽和的模型下。(參考文獻7)

由於內建電位 ψ_{bi} 有相當於能隙的限制，這會在通道的摻雜與通道寬度的設計上造成限制，進而影響元件所能提供之最大電流。對於一均勻摻雜的通道，在速度飽和限制下，其最大電流為

$$I_D < ZqN_D a\upsilon_s \tag{56}$$

若是所施加的閘極偏壓等於內建電位，則能獲得此項電流限制。然而由於過量的閘電流極產生，此偏壓條件在實際上並不能達到。

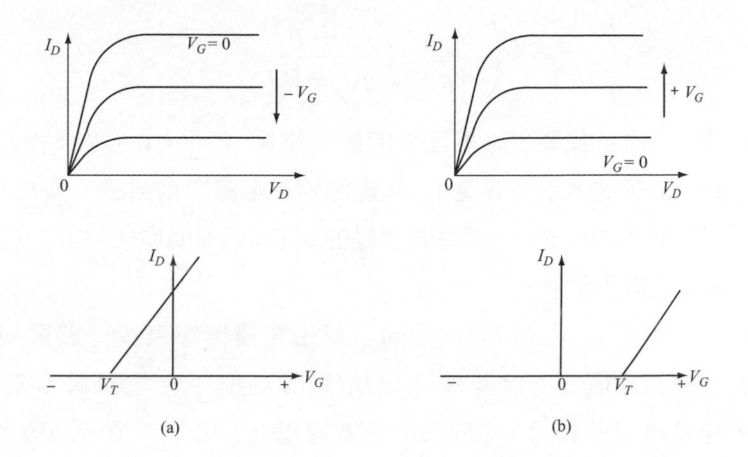

圖12　不同元件的 I-V 特性曲線比較。(a) 常態開啓(空乏模式) FET，以及 (b)常態關閉(加強模式) FET。

7.2.3 微波性能

小信號等效電路　對於場效電晶體，特別是 GaAs 這種 MESFET，在低雜訊的放大、高效率的功率產生或是高速邏輯的應用上是非常有用的。我們首先來討論 MESFET 或 JFET 的小訊號等效電路。對於操作在飽和區之共源極小訊號集總元件（lumped-element）之電路如圖 13 所示。在構成 FET 的本質元件中，$C'_{GS}+C'_{GD}$ 為閘極–通道的總電容（$=C'_G$）；R_{ch} 為通道電阻；R_{DS} 則為輸出電阻，其反應了未飽和之汲極電流與汲極電壓。外質(寄生的)的元件則包含了源極與汲極的串連電阻 R_S 和 R_D、閘極電阻 R_G、寄生的輸入電容 C'_{par} 以及輸出 (汲極–源極) 電容 C'_{DS}。

對於閘極到通道的接面其漏電流可以表示為

$$I_G = I_0\left[\exp\left(\frac{qV_G}{\eta kT}\right)-1\right] \tag{57}$$

其中 η 為二極體之理想因子（ideality factor）(其值之範圍在 $1<\eta<2$)，而 I_0 為飽和電流。因此可知輸入電阻為

$$R_{in} \equiv \left(\frac{dI_G}{dV_G}\right)^{-1} = \frac{\eta kT}{q(I_0 + I_G)} \tag{58}$$

而當 I_G 趨近於零時，室溫下的輸入電阻在 I_0=10^{-10} A 時約等於 250 MΩ。當閘極處於負偏壓下，其電阻值甚至會變得更高（負I_G）。雖然不像理想的 MOSFET 一樣有個絕緣的閘極，但很明顯地，FET 仍然有一個非常高的輸入電阻。

由於源極與汲極的串連電阻無法藉由閘極電壓來進行調變，使得閘極與源極和汲極間的接觸會引入 IR 壓降。這些 IR 壓降將會減少元件的汲極電導以及轉導，而內部的有效電壓 V_D 和 V_G，將分別被 [V_D - I_D(R_S + R_D)] 以及（V_G - I_DR_S）所取代。在線性區，R_S 和 R_D 電阻與通道電阻串聯，因此量測到的總汲極–源極電阻為（R_S + R_D + R_{ch}）。在飽和區中，汲極電阻 R_D 則會使得發生電流飽和所需的汲極電壓增加。當達到汲極電壓的條件 $V_D > V_{Dsat}$ 後，V_D 的大小將不再影響汲極電流。同理，在飽和區中所量測到的轉導只會受到源極電阻的影響。也就是說 R_D 不會再進一步地影響 g_m，所以量測到的外在轉導等於：

$$g_{mx} = \frac{g_m}{1 + R_S g_m} \tag{59}$$

截止頻率　截止頻率（cutoff frequency）f_T 和最大振盪頻率（maximum frequency of oscillation）$f_{\max}$ 通常用來評估元件高速的能力。f_T 定義為當小訊號輸入的閘極電流等於本質FET的汲極電流時，單位增益（unity gain）的頻率。$f_{\max}$ 則為元件能提供功率增益（power gain）之最大頻率。在數位電路中速度為主要考量，所以 f_T 是一個較適合的品質指數（figure-of-merit），而 $f_{\max}$ 則較適合於類比電路的應用。
基於單位增益下，可利用在 5.3.1 節（第 315 頁）中所討論的表示式：

$$f_T = \frac{g_m}{2\pi C'_{in}} = \frac{g_m}{2\pi(C'_G + C'_{par})} \tag{60}$$

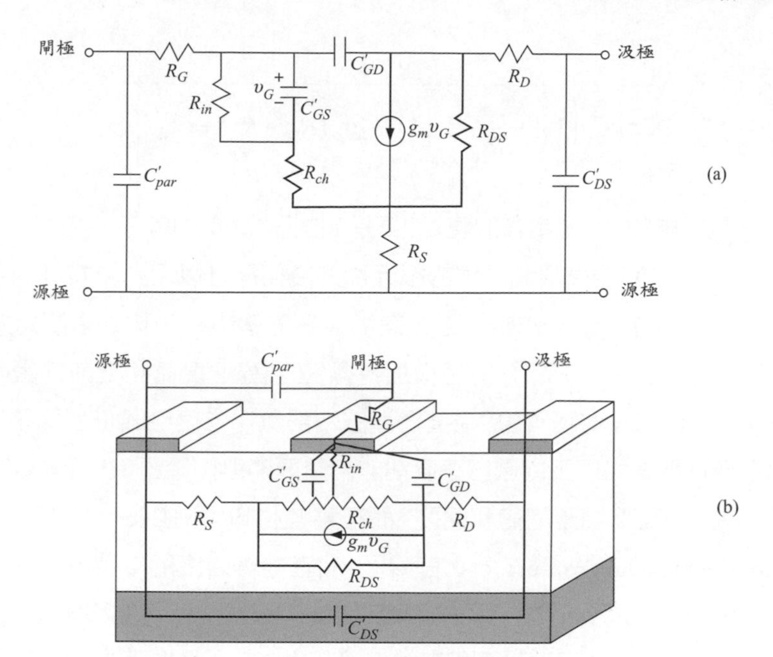

圖13 (a) MESFET 和 JFET 的小訊號等效電路圖。其中 v_G 代表小訊號的 V_G。圖中標明的電容符號是以法拉爲單位的總電容，而不是單位面積的電容值。(b) 電路元件與物理結構的對照關係圖。

其中 C'_{in} 為總輸入電容（圖 13），C'_G 為 C'_{GS} 和 C'_{GD} 的總和。對於沒有寄生電容的理想情況（$C'_{par} = 0$），式子可改寫為

$$f_T = \frac{g_m}{2\pi C'_G} = \frac{v}{2\pi L} \tag{61}$$

此方程式在物理上的含意為 f_T 與 L/v 的比率有關，這是因為載子要從源極傳輸到汲極必須經過一段傳渡時間（transit time）。短通道元件中，漂移速度 v 等於飽和速度 v_s，當閘極長度為 1 μm 時，此傳渡時間約為 10 ps（10^{-11} s）的數量級。實際上，由於寄生輸入電容 C'_{par} 為 C'_G 的一小部分，因此 f_T 會稍微小於理論的最大值。

式 (60) 為忽略寄生電容的近似式。將源極、汲極電阻以及閘極–汲極電容考量進去，一個更完整的的方程式可表示為：

$$f_T = \frac{g_m}{2\pi\left[C'_G\left(1+\frac{R_D+R_S}{R_{DS}}\right)+C'_{GD}g_m(R_D+R_S)+C'_{par}\right]} \tag{62}$$

注意式中的 g_m 是本質的值，而不是如式子 (59) 中的 g_{mx}。

FET 元件的速度限制同樣的跟元件的幾何尺寸以及材料特性有關。在元件幾何尺寸方面，閘極長度 L 為最重要的參數。減少 L 值能夠降低閘極總電容 [$C'_G \propto (Z\times L)$]，並且增加轉導(在到達速度飽和之前)，因而能改善 f_T。對於載子傳輸，由於沿著通道的內部電場強度隨著位置而不同，因此在任何電場強度下的漂移速度都非常重要。其中包含了在低電場下的載子移動率，高電場時的飽和速度；而在某些材料中，由於轉移電子效應（transferred-electron effect）的關係，會在中等強度的電場下出現峰值速度。就 Si 和 GaAs 而言，電子相較於電洞有較高的低電場移動率，因此只有 n 通道的 FET 元件被使用在微波應用上。在低電場下 GaAs 的移動率大約比 Si 高五倍，因此預期 GaAs 具有較高的頻率 f_T 值。而在相同的閘極長度下，InP 具有較高的峰值速度，可以預期地 InP 擁有比 GaAs 更高的 f_T。無論如何，就這些材料而言，當閘極長度為 0.5 μm 或者更短時，其 f_T 值將會超過 30 GHz。

最大振盪頻率 f_{max} 定義為元件之單向增益（unilateral gain）為 1 時的頻率。單向增益 U 隨著頻率的平方值而減小，其表示式為

$$U \approx \left(\frac{f_{max}}{f}\right)^2 \tag{63}$$

而

$$f_{max} = \frac{f_T}{2\sqrt{r_1 + f_T\tau_3}} \tag{64}$$

其中 r_1 為輸入與輸出電阻的比率，

$$r_1 \equiv \frac{R_G + R_{ch} + R_S}{R_{DS}} \tag{65}$$

而通道電阻 R_{ch} 則表示為[16]

$$R_{ch} = \frac{1}{g_m} \frac{(3\alpha^3 + 15\alpha^2 + 10\alpha + 2)(1-\alpha)}{10(1+\alpha)(1+2\alpha)^2} \tag{66}$$

式中 α 是一個與 V_{Dsat} 有關的汲極偏壓量，

$$\alpha = 1 - \frac{V_D}{V_{Dsat}} \qquad (V_D \le V_{Dsat}) \tag{67}$$

因此對飽和區而言，$\alpha = 0$，$R_{ch} = 1/5g_m$。τ_3 則為一時間常數

$$\tau_3 \equiv 2\pi R_G C'_{GD} \tag{68}$$

以小的 r_1 而言，式 (64) 能被簡化為一個較熟悉的形式

$$f_{max} \approx \sqrt{\frac{f_T}{8\pi R_G C'_{GD}}} \tag{69}$$

當頻率增加時，單向增益將降低為 6 dB /倍頻(dB/octave)。而當頻率為 f_{max} 時，則達到單位功率增益。為使 f_{max} 增加至最大，則本質FET的頻率 f_T 與電阻比例 R_{ch} / R_{DS} 必須調整至最佳化。此外，外質電阻 R_G 、R_S 以及回饋電容 C'_{GD} 也必須最小化。

功率–頻率限制 在功率元件的應用方面，高電壓和高電流兩者都是必需的。然而，此兩項需求在元件的設計上卻是互相衝突，另外也必須與元件速度妥協，所以為了求得最好的效果，其中的取捨需要加以考量。為了得到高電流，通道的摻雜總劑量（ $N_D \times a$ ）需要加以提高。但為了保持高崩潰電壓，N_D 又不能太高且 L 不能太短。要達到高 f_T ，其必然的結果是 L 須盡可能的縮小，且 N_D 增加。而最後一項限制將在接下來的討論中出現。

為了使閘極電極對通道的電流具有足夠的控制能力，則閘極長度必須稍大於通道深度[17]，此即

$$\frac{L}{a} \ge \pi \tag{70}$$

所以為了縮短 L，通道深度 a 必須同時減小，此意謂著需要更高的摻

雜來維持合理的電流值。有鑑於此，一些元件的微縮規則被提出來。這些規則包含了定值 LN_D 微縮、定值 $L^{1/2}N_D$ 微縮[18] 以及定值 L^2N_D 微縮[19]。就實際的 Si 和 GaAs 的 MESFET 元件而言，為了避免崩潰現象，最高的摻雜濃度約為 5×10^{17} cm^{-3}。若用簡單的速度飽和模型 $I_{Dsat}/Z = qN_Dav_s$ 來估計，v_s 為 1×10^7 cm/s，要維持 3 A/cm 的電流，在此摻雜濃度下所限制的最小閘極長度約為 0.1 μm，而其所對應之 f_T 最大值約為 100 GHz 的數量級。

在高功率的環境操作下，元件的溫度會因而升高。溫度升高會使得移動率[20] 和飽和速度減少，這是因為移動率隨著 $[T(K)]^{-2}$ 變化，而速度隨著 $[T(K)]^{-1}$ 變化。所以 FET 擁有一個負的溫度係數關係使得元件在高功率操作下能處於熱穩定狀態。

圖 14 顯示現今技術下 GaAs 的 FET 元件其功率–頻率特性。在高頻的範圍可使用 MODFET 元件，並降低功率輸出的情況下達到。當元件進

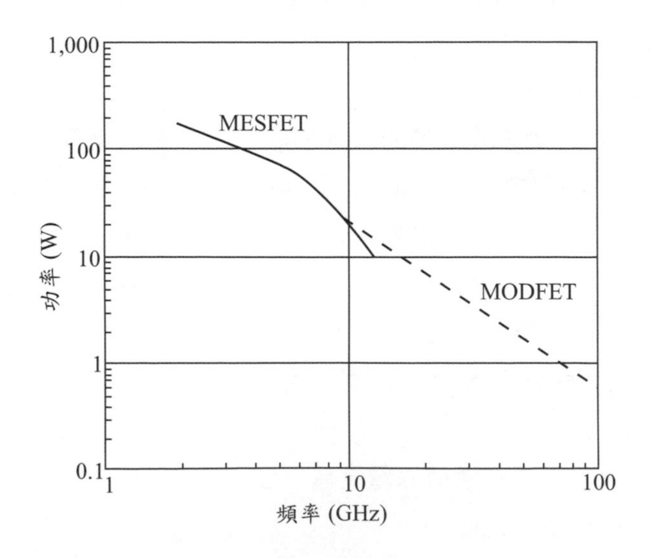

圖14 現今技術下 GaAs 的 FET 元件所能達到之功率對操作頻率特性圖。在高頻範圍可使用 MODFET 元件來操作。(參考文獻21)

一步微縮到次微米尺度時，藉由改善元件設計以及減少寄生現象，可以製作出更高頻的高功率 FET 元件。若使用的半導體材料有更大的能隙，例如 SiC 和 GaN，同樣也能使功率-頻率曲線向上移動。對於 GaN 元件，其曲線上升的幅度超過 10 倍以上[22]。

雜訊行為 由於 MESFET 和 JFET 僅有多數載子參與動作，且這些載子的傳輸是透過整個塊材的通道，表面或是介面散射並無參與作用，所以為低雜訊元件。然而在實際的元件中，外質電阻的存在是無法避免的，因此元件的雜訊行為主要是由寄生電阻所造成。

雜訊分析所使用的等效電路顯示於圖 15。雜訊源 i_{ng}、i_{nd}、e_{ng} 和 e_{ns} 分別代表感應的閘極雜訊、感應的汲極雜訊、閘極電阻 R_G 的熱雜訊（thermal noise）以及源極電阻 R_S 的熱雜訊。而 e_s 和 Z_s 為訊號源之電壓與阻抗。圖中的虛線區域為對應之本質 FET 等效電路。雜訊指數（noise figure）的定義為總雜訊功率對源極阻抗單獨產生之雜訊功率比例，因此雜訊指數也會跟元件外部的電路系統有關。在此介紹一個重要參數，稱之為最小雜訊指數（minimum noise figure），其為源極阻抗與負載阻抗對雜訊效能（noise performance）做最佳匹配時所獲得的雜訊指數。對於實際的元件，最小雜訊指數可由其等效電路求得[24]

$$F_{\min} \approx 1 + 2\pi C_1 f C'_{GS} \sqrt{\frac{R_G + R_S}{g_m}} \tag{71}$$

其中 C_1 為一常數，其值為 2.5 s/F。顯然地，為了得到低雜訊效能，必須減小寄生的閘極電阻與源極電阻。在固定頻率下，雜訊會隨著閘極長度的縮短而減小 $[C'_{GS} \propto (Z \times L)]$。必須記住 R_G（見圖 13b）和 g_m 是跟元件的寬度 Z 成正比，然而 R_S 則是跟Z成反比。因此寬度縮小雜訊也會隨著減小。

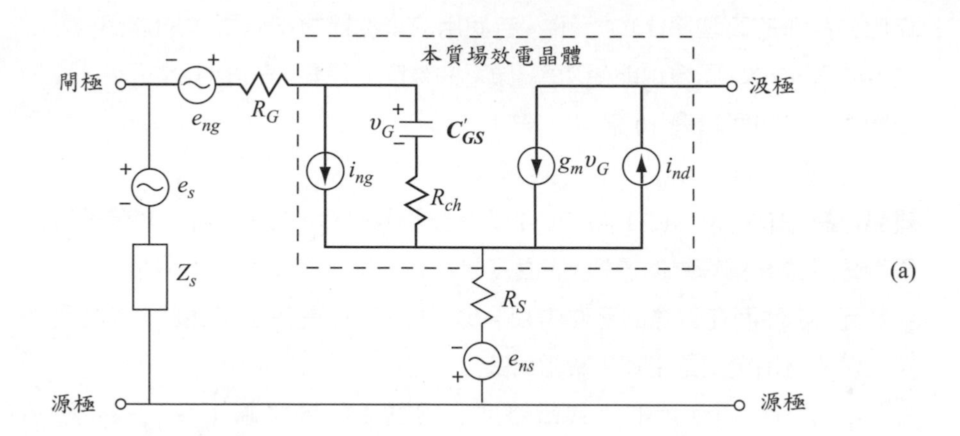

圖15 分析 FET 雜訊的等效電路。(參考文獻 23)

在相同樣的結構下，可發現漸變式通道 FET (graded-channelFET) (圖 11) 比均勻摻雜的元件有較小的雜訊(降低 1 至3 dB)[7]。此雜訊差異與g_m有關。 g_m 的降低(並非是指 g_m/C'_{GS} 使 f_T 降低)使得漸變式通道FET會產生更佳的雜訊性能。

7.2.4 元件結構

高性能的 MESFET 之結構圖形如圖 16 所示。在MESFET結構中主要分為兩種類型：離子佈植式平面 (ion-implanted planar) 結構和嵌入式通道 (recessed-channel) 結構[或是嵌入式閘極 (recessed-gate)]。對於化合半導體，例如 GaAs，所有元件均具有一半絕緣層 (semiinsulating, SI) 作為基材。

在離子佈植式平面結構的製程中 (圖16a)，主動區的形成主要是藉由離子佈植的方式過度補償 SI 基材上的深層能階雜質。藉由上述製程，主動區被垂直和水平的半絕緣層隔離出來。為了使源極與汲極的寄生電阻減至最小，其深 n^+ 佈植區需盡可能地靠近閘極。這可以用各種不同的自我對準製程來達到目的。在閘極優先的自我對準製程中，閘極首先形成，

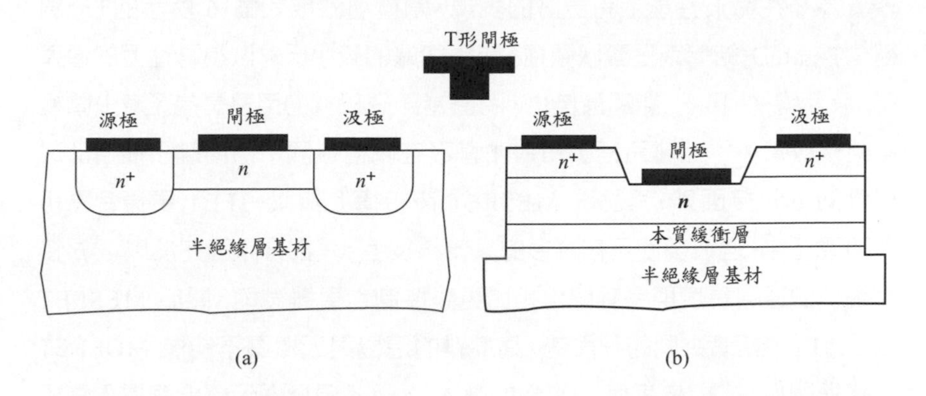

圖16 基本的 MESFET 結構:(a) 離子佈植式平面結構。(b) 嵌入式通道(或稱嵌入式閘極)結構。插圖爲 T 形閘極(或是蕈狀閘極),能適用於這兩種結構。

之後再利用閘極進行自我對準形,並以離子佈植製作源極/汲極。在此製程中,由於離子佈植需要高溫退火來活化摻雜,所以閘極材料的選擇必須能承受高溫製程,例如 Ti-W 合金、WSi_2 和 $TaSi_2$ 等。至於第二個方法則是歐姆優先,也就是源極/汲極的離子佈植和退火在閘極形成之前先行完成。這種製程能夠減輕先前對閘極材料的要求。

在嵌入式通道製程中(圖 16b),主動層是利用磊晶的方式在 SI 基材上成長。一開始會先在基材上成長一層本質緩衝層,接著才開始成長主動通道層。緩衝層的功用是為了消除因 SI 基材而產生之缺陷。最後再將 n^+ 磊晶層成長於主動 n 通道層上方藉此來降低源極和汲極的接觸電阻。而在源極與汲極之間的區域,利用選擇性蝕刻方式移除 n^+ 層來形成閘極。有時候,此蝕刻過程會利用量測源極和汲極間的電流值來加以監控,這是為了能更精確地控制最後的通道電流大小。使用嵌入式通道結構的其中一項優點為 n 型通道層能更遠離表面,如此可將一些表面效應(像是暫態響應[25] 和其他的可靠度問題)的影響減至最小。然而此結構的缺點之一為需要一個額外的步驟來隔離源極和汲極,其步驟可能為平台蝕刻的製程(如圖所示)或是一個絕緣的離子佈植,將半導體轉換成高阻值的材料。

為了在微波性能上有更好的表現，閘極可做成如圖16 所示的T形閘極（T-gate）結構或是蕈狀閘極。閘極底端的較小尺寸做為電性上的通道長度，使得 f_T 和 g_m 能夠最佳化，而頂端部分較寬的用意是為了減少閘極電阻來改善 f_{max} 和雜訊指數。JFET 除了在閘極接觸下方用離子佈植形成額外的 *p-n* 接面外，其餘跟 MESFET 在結構上類似。JFET 更適合應用在功率元件，但很少使用在現今的高頻科技上。其部分原因在於以 *p-n* 接面製作的通道長度與金屬閘極相比更難控制也更難微縮。關於 MESFET 以及 JFET 兩者共同的缺點為：高摻雜的源極與汲極區不能像 MOSFET 一樣與閘極重疊（參考第 358 頁的圖 6）。假如源極與汲極能夠侵入閘極下方，在閘極與源極或汲極之間將會形成較短或較易洩漏的路徑。因此這兩種元件的源極與汲極的串聯電阻高於 MOSFET。

7.3 MODFET

調變摻雜場效電晶體（MODFET）也被稱做高電子移動率電晶體（high-electron-mobility transistor, HEMT），二維電子氣體場效電晶體（two-dimensional electron-gas field-effect transistor, TEGFET），或者是選擇性摻雜異質接面電晶體（selectively doped heterojunction transistor, SDHT）。有時候會更簡單的總稱為異質接面場效電晶體（heterojunction field-effect transistor, HFET）。MODFET 其獨有的特徵為異質結構（heterostructure），也就是對寬能隙的材料進行摻雜使載子擴散到未摻雜的窄能隙層中，而通道就在此異質介面形成。這種調變摻雜的結果會使得載子位於未摻雜的異質介面的通道中，而與摻雜區域的空間分離。因此雜質散射效應消失而造成元件的高移動率。

1969 年江崎（Esaki）與朱（Tsu）首次考慮載子在超晶格層中平行傳輸的行為[26]。在 1970 年代，由於分子束磊晶（molecular beam epitaxy, MBE）和有機金屬化學氣相沉積（metal organic chemical vapor depo sition, MOCVD）技術的發展，使得異質結構、量子井以及超晶格等得以實現與使用。1978 年丁格爾（Dingle）等人首先發表了在 AlGaAs/GaAs 調變摻雜超晶格中有增強移動率的現象[27]。隨後史托莫（Stormer）等人亦在 1979 年發現了類似的效應於單一的 AlGaAs/GaAs 異質接面上[28]。然而這些研究都是研究兩端點元件，並沒有可控制的閘極。直到1980年，此效應才被三村（Mimura）等人應用到場效電晶體上[29,30]，在稍晚的同年，德拉格布得夫（Delagebeaudeuf）等人也做出相同的應用[31]。自此之後，MODFET 變成一個主要的研究課題並且發展出成熟的商業產品，如同 MESFET 般應用在高速電路上。若要對 MODFET 有更深入的了解，讀者可自行參閱相關文獻 32-35。

調變摻雜最主要的好處為具有較高的移動率。圖 17 證明了此現象，其比較塊材（與 MESFET 和 JFET 相關）與調變摻雜通道的移動率。在此可以發現，縱使 MESFET 或是 JFET 的通道被摻雜到一個相當高的程度（$> 10^{17}$ cm^{-3}），調變摻雜不管在任何溫度下都有更高的移動率。另外有趣的是調變摻雜通道的雜質濃度通常會小於 10^{14} cm^{-3}（但並非故意地），與低摻雜的塊材樣品相似。在塊材的移動率跟溫度的關係中，可看到其移動率有一峰值，而在高溫和低溫的環境下移動率皆會下降（參見 1.5.1 節第 31 頁）。塊材的移動率隨著溫度升高而下降的原因為聲子散射的關係。在低溫時，塊材的移動率則是被雜質散射所限制；如同預期地，移動率跟摻雜程度有關，同樣也會隨著溫度降低而下降。在調變摻雜通道中，當溫度大於 ~80 K 時，其移動率與低摻雜的塊材樣品相差不遠。然而，移動率在更低的溫度下卻會逐漸提高，這是因為雜質散射效應在低溫下為主導的因素，但調變摻雜通道卻不會受到此效應的影響。由於二維電子氣的屏蔽效應（screening effect），使得調變摻雜通道的傳導路徑被侷限在一個小於 10 nm 且具有高體積密度的橫截面中[33]。

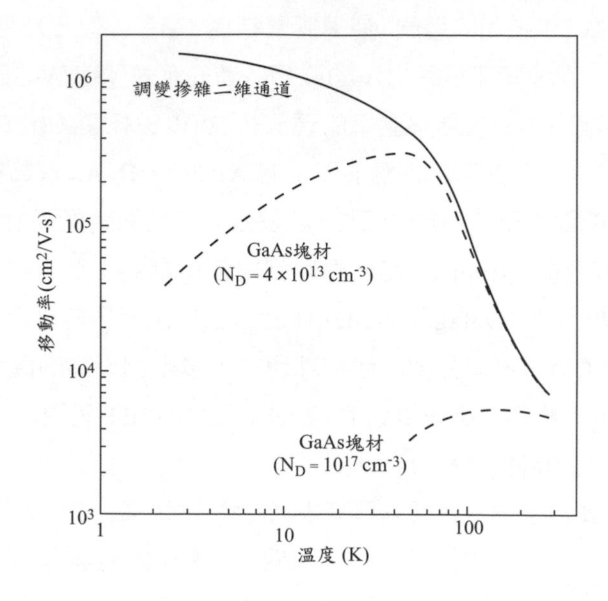

圖17 比較調變摻雜二維通道與不同摻雜條件的 GaAs 塊材在低電場下的電子移動率。(參考文獻 36)

7.3.1 基本元件結構

MODFET 中最常見的異質接面為 AlGaAs/GaAs、AlGaAs/InGaAs 以及 InAlAs/InGaAs 的異質介面。圖 18 顯示 AlGaAs/GaAs 系統的基本 MODFET 結構。圖中顯示在閘極下方有一層摻雜的 AlGaAs 位障層，而 GaAs 的通道層並未摻雜。調變摻雜的原理為將載子從摻雜的位障層轉移並留在異質介面中，使其遠離摻雜區以避免雜質散射。一般典型的摻雜位障層厚度約在 30 nm 左右。而位在靠近通道介面處的位障層內經常會使用 δ- 摻雜的電荷薄層來取代均勻的摻雜。在最頂層會使用 n^+-GaAs 層使源極和汲極有更好的歐姆接觸。這些接觸通常會用含有 Ge的合金來製作，例如 AuGe。至於源極/汲極的深 n^+ 區域則是藉由離子佈植或是在形成合金的步驟中導入製作。如同 MESFET，金屬閘極有時候會被製成 T 形閘極的形狀，藉此降低閘極電阻。大部分關於 MODFET 的研究皆為 n 通道元件，因為電子有較高的移動率。

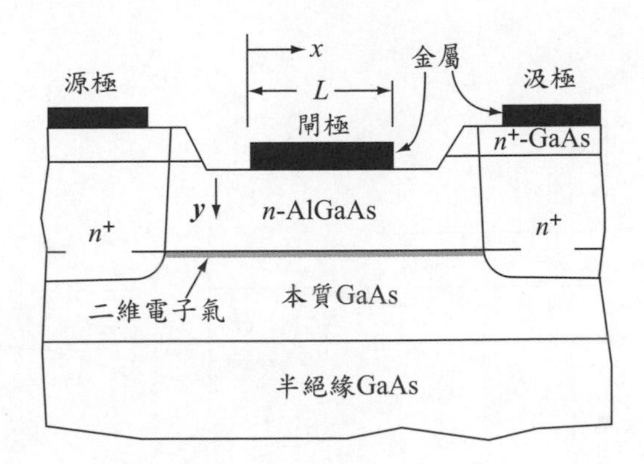

圖18 典型的 MODFET 結構，其使用基本的 AlGaAs/GaAs 系統。

7.3.2 *I-V* 特性

基於調變摻雜的原理，位障層中的雜質完全離子化，載子也完全空乏。參考圖 19 的能帶圖，對於任意的摻雜分布，空乏區內電位的變化可表示為（參考 2.2.3 節中第 106 頁）

$$\psi_P = \frac{q}{\varepsilon_s}\int_0^{y_o} N_D(y)\,y\,dy \tag{72}$$

就均勻摻雜而言，其內建電位變為

$$\psi_P = \frac{qN_D y_o^2}{2\,\varepsilon_s} \tag{73}$$

對於平面摻雜，若其位於距閘極 y_1 的片電荷層為 n_{sh}，則可如下表示

$$\psi_P = \frac{qn_{sh}y_1}{\varepsilon_s} \tag{74}$$

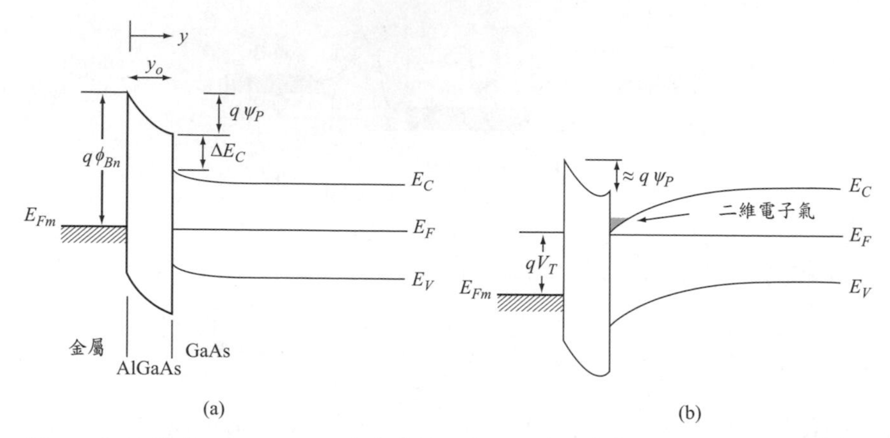

圖19 加強模式 MODFET 的能帶圖，其分別處於(a) 平衡狀態，以及(b) 起始狀態下。

相較於均勻摻雜的 AlGaAs 層，此摻雜方式的優點為減少缺陷，缺陷被認為是在低溫下引起電流異常衰退的原因。接近通道的鄰近摻雜亦可獲得較低的起始電壓。

如同其他場效電晶體，起始電壓為非常重要的參數，起始電壓即為源極和汲極間的通道開始形成時所施加的閘極偏壓。參考圖 19b，由一階近似得知，它發生在 GaAs 表面的費米能階 E_F 與其導電帶邊緣 E_C 重疊時。相對應的偏壓條件如下：

$$V_T \approx \phi_{Bn} - \psi_P - \frac{\Delta E_C}{q} \tag{75}$$

由此可看出藉由改變摻雜分佈及位障高度 ψ_{Bn}，可改變 V_T 使其為正值或負值。圖 19 中的例子具有正 V_T 值，其電晶體稱為加強模式(常態關閉)元件，反之則為空乏模式(常態開啓)元件。

一旦起始電壓已知，其餘 I-V 特性的推導就與 MOSFET 相似。在這裡直接跳過一些中間的步驟，直接引用最後的結果，讀者若有需要可參考 MOSFET 章節來了解更多詳細的推導過程。

當閘極電壓大於起始電壓時，通道內由閘極感應產生的電荷層其電容耦合關係如下

$$Q_n = C_o(V_G - V_T) \tag{76}$$

其中

$$C_o = \frac{\varepsilon_s}{y_o + \Delta y} \tag{77}$$

Δy 為二維電子氣的通道厚度，估計約為 8 nm。當施加一汲極偏壓 V_D，通道內的電位將隨位置而做變化。我們令電位相對於源極變化的函數為 $\Delta\psi(x)$，則此相對電位沿通道方向從源極 0 變化至汲極 V_D。通道電荷與位置的關係可表示為

$$Q_n(x) = C_o[V_G - V_T - \Delta\psi(x)] \tag{78}$$

在任何位置的通道電流為

$$I_D(x) = ZQ_n(x)\upsilon(x) \tag{79}$$

由於穿過通道的電流為定值，將上述方程由源極到汲極積分得到

$$I_D = \frac{Z}{L}\int_0^L Q_n(x)\upsilon(x)dx \tag{80}$$

如同其他的 FET，我們將對不同的假設的速度–電場關係來推導電流方程式。

定值移動率 在定值移動率下，漂移速度可以簡單的表示為

$$\begin{aligned}\upsilon(x) &= \mu_n \mathscr{E}(x) \\ &= \mu_n \frac{d\Delta\psi}{dx}\end{aligned} \tag{81}$$

把式 (81) 帶入式 (80) 並且適當的改變變數，我們可得

$$I_D = \frac{Z\mu_n C_o}{L}\left[(V_G - V_T)V_D - \frac{V_D^2}{2}\right] \tag{82}$$

加強模式 MODFET 的輸出特性顯示於圖 20。當 $V_D \ll (V_G - V_T)$ 時，操作處於線性區，則式 (82) 可以簡化為歐姆關係

$$I_{D\text{lin}} = \frac{Z\mu_n C_o (V_G - V_T)V_D}{L} \tag{83}$$

在大 V_D 時，位於汲極端的 $Q_n(L)$ 縮減為零［式 (78)］，此意味元件處於夾止條件，而電流達到飽和不再隨 V_D 增加。飽和汲極偏壓為

$$V_{D\text{sat}} = V_G - V_T \tag{84}$$

而飽和汲極電流

$$I_{D\text{sat}} = \frac{Z\mu_n C_o}{2L}(V_G - V_T)^2 \tag{85}$$

由上式，可求出轉導如下

$$g_m \equiv \frac{dI_{D\text{sat}}}{dV_G} = \frac{Z\mu_n C_o (V_G - V_T)}{L} \tag{86}$$

場依移動率　現今科技技術下的元件，由於載子的漂移速度不再隨電場線性地增加，在達到夾止狀態之前，電流就已經隨著 V_D 提早飽和。換句話說，在高電場下，移動率變得與電場相關。對於具有高移動率的元

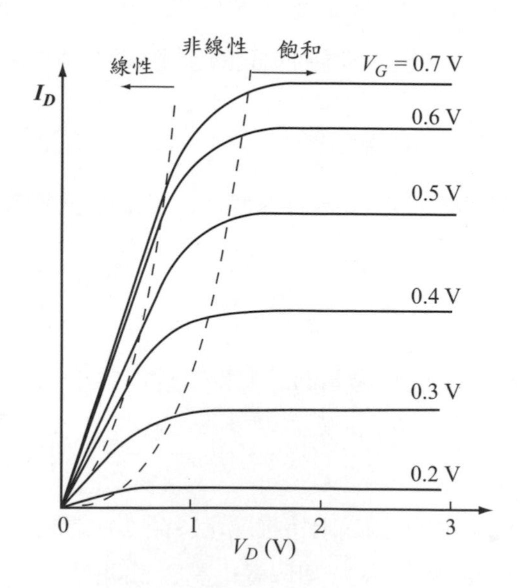

圖20 加強模式 MODFET 的輸出特性。

件，如 MODFET，此現象更加嚴重。圖 21 顯示電子的速率–電場關係，其中指出二段線性近似與臨界電場 $\mathscr{E}_c$ 的位置。研究報告指出在 300 K 時 AlGaAs/GaAs 異質介面的低電場移動率一般約為 10^4 cm^2/V-s，而在 77 K 時約為 2×10^5 cm^2/V-s，在 4 K 時約為 2×10^6 cm^2/V-s。如之前所討論的，低溫下 MODFET 元件的移動率有相當顯著地增加。但是低溫時υ_s 的改善卻非常有限，範圍約從 30 到 100 %。高移動率同時意謂著低 $\mathscr{E}_c$，使得元件要達到速度飽和所需的汲極偏壓減少。利用 MOSFET 的方程式，由於通道摻雜量很小，我們令 $M = 1$（第 367 頁），則在 MOSFET 章節（第六章）中的式(36) 與式 (37) 變為

$$I_{Dsat} = \frac{ZC_o\mu_n}{L}\left(V_G - V_T - \frac{V_{Dsat}}{2}\right)V_{Dsat} \tag{87}$$

$$V_{Dsat} = L\mathscr{E}_c + (V_G - V_T) - \sqrt{(L\mathscr{E}_c)^2 + (V_G - V_T)^2} \tag{88}$$

速度飽和 對於短通道元件而言，其操作幾乎完全在速度飽和區，因此可以使用速度飽和模型的簡單方程式。在此關係下飽和電流變為

$$\begin{aligned} I_{Dsat} &= ZQ_n\upsilon_s \\ &= ZC_o(V_G - V_T)\upsilon_s \end{aligned} \tag{89}$$

同時可得到轉導為

$$g_m \equiv \frac{dI_{Dsat}}{dV_G} = ZC_o\upsilon_s \tag{90}$$

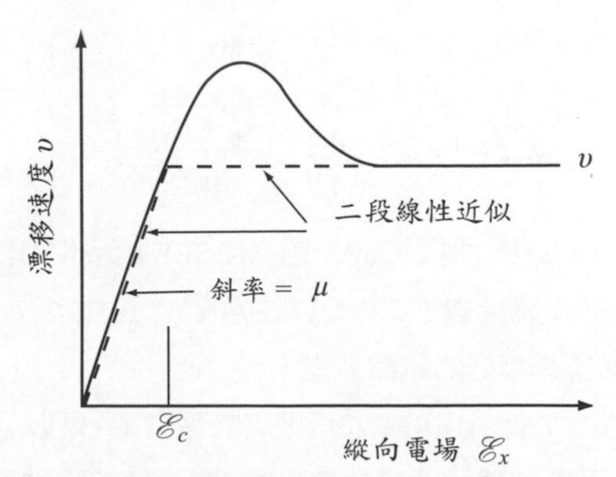

圖21 通道電荷的 υ-$\mathscr{E}$ 關係。圖中顯示材料（像是 GaAs ）的轉移電子效應(transfer-electron effect)，也指出了二段線性近似的位置。

需注意的是在此極端情況下，I_{Dsat} 與 L 無關，而 g_m 與 L 以及 V_G 無關。

在大 V_G 時，圖 20 中所顯示的 g_m 開始減小。AlGaAs/GaAs 異質介面可限制最大的載子密度 Q_n/q 約為 1×10^{12} cm^{-2}。當 V_G 大於這個限制值時（$1\times10^{12}q/C_o = 0.8$ V），電荷會在 AlGaAs 層中感應，造成移動率大幅降低。

7.3.3 等效電路和微波性能

關於小訊號等效電路中的 f_T、f_{max} 以及雜訊等參數，我們可以比照先前的 MOSFET 或是本章前半部 MESFET/JFET 討論方式來分析。由等效電路中，因為寄生源極電阻的存在，會使得外部的轉導降低為

$$g_{mx} = \frac{g_m}{1+R_S g_m} \tag{91}$$

截止頻率 f_T 和最大的振盪頻率 f_{max} 分別為

$$f_T = \frac{g_m}{2\pi\left[C'_G\left(1+\dfrac{R_D+R_S}{R_{DS}}\right)+C'_{GD}g_m(R_D+R_S)+C'_{par}\right]} \approx \frac{g_m}{2\ (ZLC_o+C'_{par})} \tag{92}$$

$$f_{max} \approx \sqrt{\frac{f_T}{8\pi R_G C'_{GD}}} \tag{93}$$

最小的雜訊指數則為[33]

$$F_{min} \approx 1+2\pi C_2 f C'_{GS}\sqrt{\frac{R_G+R_S}{g_m}} \tag{94}$$

其中 C_2 = 1.6 s/F，而與 GaAs 的 MESFET 元件 C_2 = 2.5 s/F 相比較，前者有更小的雜訊指數 [式(71)]。注意 C'_{GS} 正比於 L，因此元件的通道長度越短的就會有越好的雜訊效能。

因為 MODFET 比 MESFET 有更高的移動率，所以元件會有較快的速度。雖然這些元件的飽和速度相差不遠，但更高的移動率能促使元件朝向完全速度飽和的性能極限。所以在相同的通道長度下，更高的移動率總

是能得到較高的電流值和轉導。其應用在類比電路上的一些實例為低雜訊的小訊號放大器、功率放大器，振盪器和混合器。而在數位上的應用則有高速邏輯電路和 RAM。和其他 FET 元件相比 MODFET 也有較好的雜訊效能，這個改善源自於它擁有較高的電流以及轉導。

跟 MESFET 相比，由於額外的 AlGaAs 位障層，MODFET 能承受更高的閘極偏壓。也因為它在通道深度方面沒有限制，這會使得它具有更好的尺寸微縮能力［$L/a \geq \pi$，式 (70)］。另一個優點為較低的操作電壓，這是因為低的 $\mathscr{E}_c$ 值就能驅使元件達到速度飽和。MODFET 的缺點為在異質介面處的最大片電荷密度有一個極限存在，這會使得最大的驅動電流受到限制。

我們在先前已經指出 MODFET 與 HIGFET 的不同處，即位障層中是否有摻雜物存在。現在我們來討論將摻雜物引入位障層所帶來的優點。圖 22 中比較了這兩個不同元件的能帶圖。在比較時所設定的條件為：讓這兩個元件有相同的通道電荷或通道電流，而不管需要多少閘極電壓。注意在此條件之下，圖中從元件通道到右邊區域的情況都是相同的。不同的地方在於位障層與左半部份。我們可發現有摻雜的位障層，具有兩個主要的功能。第一，能降低起始電壓。第二，由於位障層中的內建電位 ψ_P，造成總位障的提昇而更能侷限住載子。在過高的閘極電流產生之前，更高的位障能使元件操作在更高的閘極偏壓下。

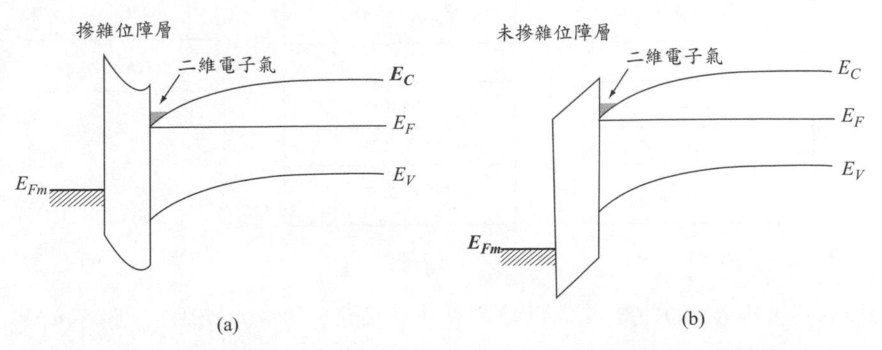

圖22　(a) 摻雜位障層（例如 MODFET），以及(b) 未摻雜位障層（例如 HIGFET）在含有等量通道電荷條件下的比較。

7.3.4 先進元件結構

MODFET 技術的發展主要致力於通道材料上，藉由通道材料的改善來進一步的改善電子移動率。利用 $In_xGa_{1-x}As$ 取代 GaAs 所製作的 MODFET 元件已在加速追趕，因為它有更小的有效質量。另一優點為有更小的能隙來產生更大的 ΔE_C。它較高的衛星能帶使得轉移電子效應較小，因此會導致移動率減小。這些優點與銦的含量有直接的關係，較高的銦含量表現出較好的元件性能。

將銦導入 GaAs 中會引起與 GaAs 基板間的晶格不匹配（lattice mismatch）（參考第 66 頁的圖 32）。然而若磊晶層厚度小於臨界厚度（critical thickness）（參考第 67 頁中的討論），使得磊晶層處於應變之下，要成長出良好品質的異質磊晶層仍屬可能。此技術產生了偽晶的（pseudomorphic）InGaAs 通道層，而利用此技術所製作的元件稱之為偽晶式調變摻雜場效電晶體（P-MODFET）[或者又稱偽晶式高電子移動率電晶體（P-HEMT）]。圖 23 中列出傳統的 MODFET 和 P-

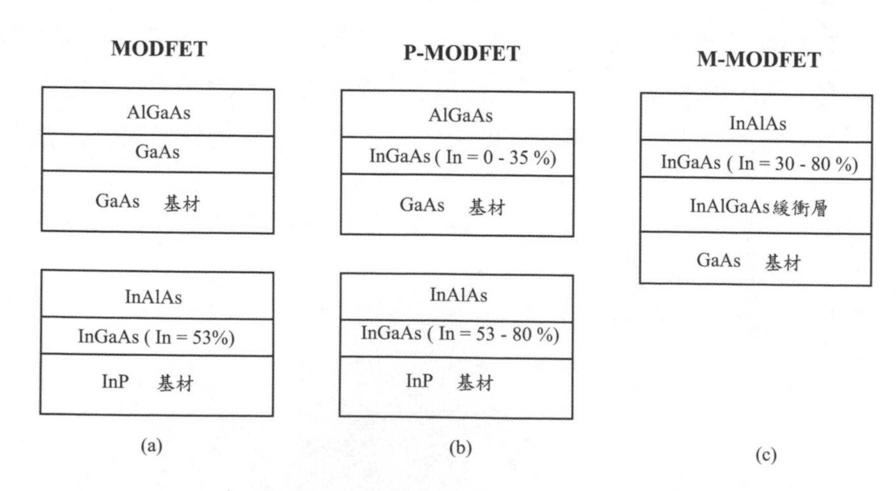

圖23 不同的 MODFET 結構：(a) 傳統未發生應變的 MODFET 製做 GaAs 和 InP 基材上，(b) 偽晶式 MODFET（P-MODFET），和 (c) 形變式 MODFET（M-MODFET）。圖中並指出各結構的 In 含量。

MODFET 元件，使用 InGaAs 和 InP 兩種不同的基材，其摻雜的 In 含量範圍 (%)。對於 GaAs 基材，P-MODFET 所能摻雜的最大，In 含量為 35 %。而在 InP 基材上，對於未產生應變的傳統 MODFET 其銦含量的起始值就高達 53 %，而在 P-MODFET 元件中的含銦量甚至達到80%。有鑑於此，使用 InP 為基材的 MODFET 元件在總是有較高的性能。然而，使用 InP 基材其成本較高。除此之外，InP 基材在製程中容易發生碎裂的情況，且晶片的尺寸也比較小。這些都會造成製作成本的增加。一般來說，*p*-MODFET 其應變變化在製程中較為敏感。因此製程中的熱預算需盡可能的減小，以防止偽晶層的鬆弛，或是差排（dislocation）的產生，這些會使得載子移動率減小。

除了上述的方式，最近還發展出一種新的結構，其描述於圖 23c，利用此方法也能獲得高 In 含量的 GaAs 基材。在這個方法中，將一層厚的緩衝層以漸變補償的摻雜方式成長於GaAs基材上。這層厚緩衝層的作用是將晶格常數（lattice constant）逐漸改變，使其從 GaAs 基材變化到之後我們所要成長的 InGaAs 通道層。藉由此摻雜方式，所有的差排缺陷都會被限制在緩衝層中。因此 InGaAs 通道層就不會有任何應變與差排缺陷的存在。這種技術可允許的 In 含量高達 80 %。應用此技術製作的 MODFET 則稱之為形變式調變摻雜場效電晶體（M-MODFET）。

另外還有一種 MODFET 的材料系統，即以 AlGan/GaN 為基礎的異質接面，在最近受到很多人的注意。GaN 擁有大的能隙（3.4 eV），且由於它具有小的游離化係數和高的崩潰電壓[37]，因此在功率元件的應用上特別受到矚目。AlGaN/GaN 系統有一個有趣的特性，即是除了調變摻雜以外，由於自發極化與壓電極化效應的關係，造成額外載子的產生，因此元件具有更高的電流能力。在某些例子中，AlGaN 位障層是沒有摻雜的，其額外的載子濃度是依賴這些極化效應所產生。

總結此節，我們描述了各種不同的元件結構，其各有不同的優點。圖24a 顯示了反轉型 MODFET（inverted MODFET）的結構，在這種結構中的閘極是直接成長在通道層之上，而非位障層，至於位障層則直接成長於基板上。在調變摻雜中，內建電位 ψ_P 是由高 E_g 層的厚度所決定［式 (72)］，所以高 E_g 層不希望太薄。而通道層卻沒有這個限制，因此可以比位障層還薄。這使得元件能有更大的閘極電容值，於是獲得更高的轉導以及 f_T。其另一個優點為，因為不需透過高 E_g 層來接觸，所以源極和汲極的接觸電阻能夠得到改善。量子井 MODFET（quantum-well MODFET），有時也會稱之為雙異質接面 MODFET（double-heterojunction MODFET），其結構顯示於圖 24b。由於有兩個平行的異質介面，最大的片電荷層和電流也因此增加兩倍。還有另一個優點為，此通道層是被兩個位障層包圍形成一個三明治結構，使得載子有更好的侷限性。基於這個原則，多層量子井結構同樣也被製作出來。而對於超晶格 MODFET（superlattice MODFET）元件，其超晶格是被用來作為位障層（圖24c）。在超晶格材料中，窄 E_g 層是有摻雜的而寬 E_g 層並未摻雜。這個結構能消除在 AlGaAs 層中的缺陷，且同樣會在摻雜的 AlGaAs 層中形成平行的導電路徑。

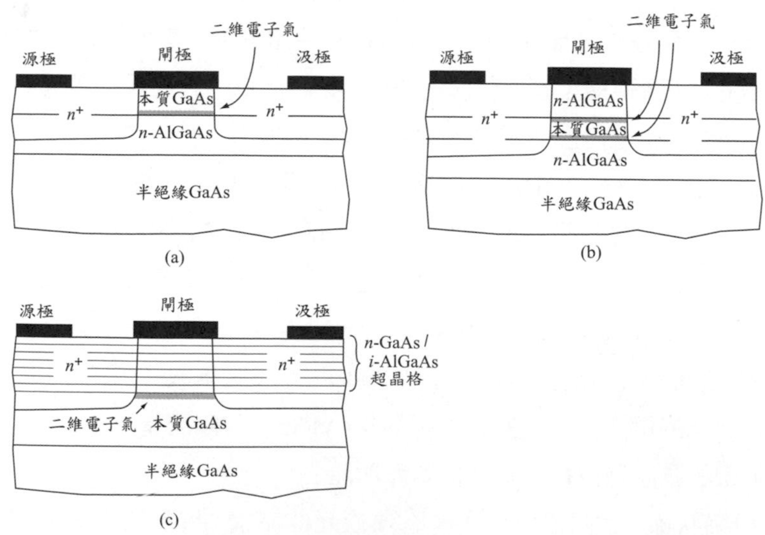

圖24 一些不同 MODFET 結構：(a) 反轉型 MODFET，(b) 量子井 MODFET，以及(c) 超晶格 MODFET。

參考文獻

1 W. Shockley, "Unipolar Field-Effect Transistor,"*Proc. IRE*, **40**, 1365（1952）.

2 G. C. Dacey and I. M. Ross, “Unipolar Field-Effect Transistor,"*Proc. IRE*, **41**, 970（1953）.

3 G. C. Dacey and I. M. Ross, “The Field-Effect Transistor,"*Bell Syst. Tech. J.,* **34**, 1149（1955）.

4 C. A. Mead, "Schottky Barrier Gate Field-Effect Transistor,"*Proc. IEEE*, **54**, 307（1966）.

5 W. W. Hooper and W. I. Lehrer, "An Epitaxial GaAs Field-Effect Transistor,"*Proc. IEEE*, **55**, 1237（1967）.

6 K. Lehovec and R. Zuleez, “Voltage-Current Characteristics of GaAs JFETs in the Hot Electron Range,"*Solid-State Electron.,* **13**, 1415（1970）.

7 R. E. Williams and D. W. Shaw, "Draded Channel FET Improved Linearity and Noise Figure,"*IEEE Trans. Electron Dev.,* **ED-25**, 600（1978）.

8 J. Ruch, “Electron Dynamics in Short Channel Field Effect Transistors,"*IEEE Trans. Electron Dev.,* **ED-19**, 652（1972）.

9 K. Lehovec and R. Miller, “Field Distribution in Junction Field Effect Transistors at Large Drain Voltages,"*IEEE Trans. Electron Dev.,* **ED-22**, 273（1975）.

10 H. Mizuta, K. Yamaguchi, and S. Takahashi, “Surface Potential Effect on Gate-Drain Avalanche Breakdown in GaAs MESFET's,"*IEEE Trans. Electron Dev.,* **ED-34**, 2027（1987）.

11 R. J. Trew and U. K. Mishra, "Gate Breakdown in MESFET and HEMT ,"*IEEE Electron Dev. Lett.,* **EDL-12**, 524（1991）.

12 A. W. Ludikhuize, “A Review of RESURF Technology,"*Proc. 12th Int. Symp. Power Semiconductor Devices & ICs*, p.11, 2000.

13 R. R. Bockemuehl, “Analysis of Field-Effect Transistors with Arbitrary Charge Distribution,"*IEEE Trans. Electron Dev.,* **ED-10**, 31（1963）.

14 R. E. Williams and D. W. Shaw, "GaAs FETs with Graded Channel Doping Profiles,"*Electron. Lett.,* **13**, 408（1977）.

15 R. A. Pucel, "Profile Design for Distortion Reduction in Microwave Field-Effect Transistors,"*Electron. Lett.,* **14**, 204（1978）.

16 W, Liu, *Fundamentals of III-V Devices: HBTs, MESFETs, and HFETs/HEMTs*, Wiley, New York, 1999.

17 T. J. Maloney and J. Frey, “Frequency Limits of GaAs and InP Field-Effect Transistors at

300 K and 77 K with Typical Active Layer Doping,"*IEEE Trans. Electron Dev.,* **ED-23**, 519 (1976).

18 K. Yokoyama, M. Tomizawa, and A. Yoshii, "Scaled Performance for Submicron GaAs MESFET,"*IEEE Electron Dev. Lett.,* **EDL-6**, 536 (1985).

19 M. F. Abusaid and J. R. Hauser, "Calculations of High-Speed Performance for Submicrometer Ion-Implanted GaAs MESFET Devices,"*IEEE Trans. Electron Dev.,* **ED-33**, 913 (1986).

20 L. J. Sevin, *Field Effect Transistors*, McGraw-Hill, New York, 1965.

21 R. J. Trew, "SiC and GaN Transistors-Is There One Winner for Microwave Power Applications"*Proc. IEEE*, **90**, 1032 (2002).

22 J. Shealy, J. Smart, M. Poulton, R. Sadler, D. Grider, S. Gibb, B. Hosse, B. Sousa, D. Halchin, V. Steel, et al.,"Gallium Nitride (GaN) HEMT's Progress and Potential for Commercial Applications,"*IEEE GaAs Integrated Circuits Symp.,* p. 243, 2002.

23 R. A. Pucel, H. A. Haus, and H. Statz, "Signal and Noise Properties of GaAs Microwave Field-Effect Transistors,"in L. Martin, Ed., *Advances in Electronics and Electron Physics*, Vol. **38**, Academic, New York, p. 195, 1975.

24 H. Fukui, "Optimal Noise Figure of Microwave GaAs MESFETs,"*IEEE Trans. Electron Dev.,* **ED-26**, 1032 (1979).

25 S. C. Binari, P. B. Klein, and T. E. Kazior, "Trapping Effects in GaN and SiC Microwave FETs,"*Proc. IEEE*, **90**, 1048 (2002).

26 L. Esaki and R. Tsu, "Superlattice and Negative Conductivity in Semiconductors,"*IBM Research*, RC 2418, March 1969.

27 R. Dingle, H. L. Stormer, A. C. Gossard, and W. Wiegmann, "Electron Mobilities in Modulation-Doped Semiconductor Heterojunction Superlattices,"*Appl. Phys. Lett.,* **33**, 665 (1978).

28 H. L. Stormer, R. Dingle, A. C. Gossard, W. Wiegmann, and M. D. Sturge, "Two-Dimensional Electron Gas at a Semiconductor-Semiconductor Interface,"*Solid State Commun.*, **29**, 705 (1979).

29 T. Mimura, S. Hiyamizu, T. Fujii, and K. Nanbu, "A New Field-Effect Transistor with Selectively Doped GaAs/n-$Al_xGa_{1-x}As$ Heterojunctions,"*Jpn. J. Appl. Phys.,* **19**, L225 (1980).

30 T. Mimura, "The Early History of the High Electron Mobility Transistor (HEMT),"*IEEE Trans. Microwave Theory Tech.,* **50**, 780 (2002).

31 D. Delagebeaudeuf, P. Delescluse, P. Etienne, M. Laviron, J. Chaplart, and N. T. Linh,

"Two-Dimensional Electron Gas M.E.S.F.E.T. Structure,"*Electron. Lett.*, **16**, 667 (1980).

32 H. Daembkes, Ed., *Modulation-Doped Field-Effect Transistors: Principle, Design and Technology*, IEEE Press, Piscataway, New Jersey, 1991.

33 H. Morkoc, H. Unlu, and G. Ji, *Principles and Technology of MODFETs: Principles, Design and Technology*, vols. 1 and 2, Wiley, New York, 1991.

34 C. Y. Chang and F. Kai, *GaAs High-Speed Devices*, Wiley, New York, 1994.

35 M. Golio and D. M. Kingsriter, Eds, *RF and Microwave Semiconductor Devices Handbook*, CRC Press, Boca Raton, Florida, 2002.

36 P. H. Ladbrooke, "GaAs MESFETs and High Mobility Transistors (HEMT)," in H. Thomas, D. V. Morgan, B. Thomas, J. E. Aubrey, and G. B. Morgan, Eds., *Gallium Arsenide for Devices and Integrated Circuits*, Peregrinus, London,1986.

37 U. K. Mishra, P. Parikh, and Y. F. Wu, "AlGaN/GaN HEMTs Overview of Device Operation and Applications,"*Proc. IEEE*, **90**, 1022 (2002).

習題

1. 對於一冪次摻雜（$N = N_{D2}x^n$，其中 N_{D2} 及 n 為常數）之 JEFT 元件，試尋在 $n \rightarrow \infty$ 的情況下，其 I_D 對 V_G 及 g_m 之關係。

2. 一 GaAs 的 n 通道 MESFET 元件製於半絕緣基板上。該元件之通道為$N_D = 10^{17}$ cm^{-3} 之均勻摻雜，且 $\phi_{Bn} = 0.9$ V，$a = 0.2$ μm，$L = 1$ μm 及 $Z = 10$ μm。

(a) 此為加強模式或是空乏模式的元件？

(b) 試求其起始電壓值為？

(c) 試求在 $V_G = 0$ 之飽和電流？

（對於假設載子移動率為 5,000 cm^2/V-s 之定值的情況。）

3. 請導出式 (19)。[將式 (15) 中的 ψ_{bi} 代入式 (17) 中。]

4. 請設計一 GaAs 的 MESFET 元件，其最大轉導為 200 mS/mm，且在零閘極–源極偏壓下的汲極飽和電流 I_{Dsat} 於為 200 mA/mm。

（假設 $I_{Dsat} = \beta(V_G - V_T)^2$，$\beta \equiv Z\mu\varepsilon_s / 2aL, \mu = 5{,}000$ cm^2/V-s、$L = 1$ μm，和 $\psi_{bi} = 0.6$ V）

5. 試證明：(a) 對於 MESFET 元件，其在線性區操作下所量測之汲極端電導為 $g_{D0} / [1 + (R_S + R_D)\ g_{D0}]$；(b)在飽和區操作時，所量得之轉導為 $g_m / 1 + (R_S g_m)$，其中 R_S 和 R_D 分別為源極及汲極電阻。

6. 一 InP 的 MESFET 元件，其 $N_D = 2\times10^{17}$ cm^{-3}, $L = 1.5$ μm, $L/a = 5$，以及 $Z = 75$ μm，假設 $\upsilon_s = 6\times10^6$ cm/s, $\psi_{bi} = 0.7$ V，試利用飽和速度模型，計算在 $V_G = -1$ V 及 $V_D = 0.2$ V 時的截止頻率(此時靠近汲極端的通道恰好夾止)。

7. 對於一超大型積體電路，其每個 MESFET 閘極所允許之最大功率為 0.5 mW。假設時脈頻率為 5 GHz 而節點電容為 32 fF，試計算 V_{DD} 之上限值 (以伏特為單位)。

8. 一 InP 的 MESFET 元件，其 $N_D = 10^{17}$ cm^{-3}，$L = 1.5$ μm，$a = 0.3$ μm，$Z = 75$ μm，假設 $\upsilon_s = 6\times10^6$ cm/s，$\psi_{bi} = 0.7$ V，操作施加電壓為 -1 V，及介電係數 $\varepsilon_s = 12.4\varepsilon_o$，請由飽和速度模型，求其截止頻率。

9. 一 AlGaAs/GaAs 異質接面其二維電子氣濃度在 $V_G = 0$ 時為 1.25×10^{12}8cm^{-2}，試計算其未摻雜隔離層之厚度 d_s。(假設 n-AlGaAs 中，最初 50 nm 的摻雜為 1×10^{18} cm^{-3}，而剩餘的厚度 d_s 皆未摻雜。蕭特基位障高度為 0.89 V，$\Delta E_C\ / q = 0.23$ V，AlGaAs 相對介電常數為 12.3。)

10. (a) 試求 AlGaAs-GaAs 異質結構FET在傳統及 δ- 摻雜兩種情況下之起始電壓值。

(b) 試求 AlGaAs 兩個單層的厚度變動所造成之起始電壓變化。

(假設 AlGaAs 一個單層厚度 ≈3 Å，蕭特基位障高度為 0.9 V，而導電帶不連續值為 0.3 eV；傳統 HEFT 為 10^{18} cm^{-3} 的均勻摻雜，厚度 40 nm；δ- 摻雜位於距金半界面 40 nm 處，片電荷密度 1.5×10^{12} cm^{-2}；令 AlGaAs 介電係數為 10^{-12} F/cm。)

11. 在一 AlGaAs/GaAs 的 MODFET 元件中，其 n 型 $Al_{0.3}Ga_{0.7}As$ 層厚度為 50 nm，摻雜量為 10^{18} cm^{-3}。假設未摻雜隔離層為 2 nm，位障高度為 0.85 eV，且導電帶不連續值為 0.22 eV。此三元化合物之介電常數為 12.2。試計算在 $V_G = 0$ 時，源極之二維電子氣濃度。

12. 考慮一 AlGaAs/GaAs 的 MODFET，其 AlGaAs 為 50 nm，且未摻雜的 AlGaAs 隔離層厚度為 10 nm。假設其起始電壓為 -1.3 V，$N_D = 5\times10^{17}$ cm^{-3}，$\Delta E_C = 0.25$ eV，通道寬度為 8 nm，而介電常數為 12.3，試計算其蕭特基位障高度與在 $V_G = 0$ 時的二維電子氣濃度。

APPENDIX

附錄

- 符號表
- 國際單位系統(SI Units)
- 單位前綴詞
- 希臘字母
- 物理常數
- 重要半導體的特性
- Si與GaAs之特性
- SiO_2 與 Si_3N_4 之特性

符號表

符號	說明	單位
a	晶格常數	Å
A	面積	cm^2
A	自由電子之有效李查遜常數	A/cm^2-K^2
A^*, A^{**}	有效李查遜常數	A/cm^2-K^2
B	頻寬	Hz
$\mathscr{B}$	磁感應強度	Wb/cm^2, V-s/cm^2
c	真空中之光速	cm/s
c_s	聲速	cm/s
C_d	單位面積擴散電容	F/cm^2
C_D	單位面積空乏層電容	F/cm^2
C_{FB}	單位面積之平帶電容	F/cm^2
C_i	單位面積絕緣層電容	F/cm^2
C_{it}	單位面積介面缺陷電容	F/cm^2
C_{ox}	單位面積氧化層電容	F/cm^2
C_v	比熱	J/g-K
C'	電容	F
d, d_{ox}	氧化層厚度	cm
d_i	絕緣層厚度	cm
D	擴散係數	cm^2/s
D_a	雙載子擴散係數	cm^2/s
D_{it}	介面缺陷密度	cm^{-2}-eV^{-1}
D_n	電子擴散係數	cm^2/s
D_p	電洞擴散係數	cm^2/s
$\mathscr{D}$	電位移	C/cm^2
E	能量	eV
E_a	活化能	eV
E_A	受體游離能	eV
E_C	導電帶底部邊緣	eV
E_D	施體游離能	eV

符號	說明	單位
E_F	費米能階	eV
E_{Fm}	金屬費米能階	eV
E_{Fn}	電子之準費米(imref)能階	eV
E_{Fp}	電洞之準費米(imerf)能階	eV
E_g	能隙	eV
E_i	本質費米能階	eV
E_p	光頻聲子能量	eV
E_t	缺陷能階	eV
E_V	價電帶頂部邊緣	eV
$\mathscr{E}$	電場	V/cm
$\mathscr{E}_c$	臨界電場	V/cm
$\mathscr{E}_m$	最大電場	V/cm
f	頻率	Hz
f_{max}	最大振動頻率(單向增益為 1 時的頻率)	Hz
f_T	截止頻率	Hz
F	費米-狄拉克分佈函數	—
$F_{1/2}$	費米-狄拉克積分	—
F_C	電子之費米-狄拉克分佈函數	—
F_F	填充因子	—
F_V	電洞之費米-狄拉克分佈函數	—
g_m	轉導	S
g_{mi}	本質轉導	S
g_{mx}	外質轉導	S
G	電導率	S
G_a	增益	—
G_e	產生速率	cm^{-3}-s^{-1}
G_n	電子之產生率	cm^{-3}-s^{-1}
G_p	電洞之產生率	cm^{-3}-s^{-1}
G_P	功率增益	—
G_{th}	熱產生速率	cm^{-3}-s^{-1}
h	普朗克常數	J-s
h_{fb}	小訊號共基極電流增益, $=\alpha$	—
h_{FB}	共基極電流增益, $=\alpha_0$	—
h_{fe}	小訊號共射極電流增益, $=\beta$	—
h_{FE}	共射極電流增益, $=\beta_0$	—

符號	說明	單位
$\hbar$	約化普朗克常數，$h/2\pi$	J-s
$\mathscr{H}$	磁場	A/cm
i	本質(未摻雜的)材料	—
I	電流	A
I_0	飽和電流	A
I_F	順向電流	A
I_h	保持電流	A
I_n	電子電流	A
I_p	電洞電流	A
I_{ph}	光電流	A
I_{re}	復合電流	A
I_R	逆向電流	A
I_{sc}	光響應的短路電流	A
J	電流密度	A/cm^2
J_0	飽和電流密度	A/cm^2
J_F	順向電流密度	A/cm^2
J_{ge}	產生電流密度	A/cm^2
J_n	電子電流密度	A/cm^2
J_p	電洞電流密度	A/cm^2
J_{ph}	光電流密度	A/cm^2
J_{re}	復合電流密度	A/cm^2
J_R	逆向電流密度	A/cm^2
J_{sc}	短路電流密度	A/cm^2
J_t	穿隧電流密度	A/cm^2
J_T	啟始電流密度	A/cm^2
k	波茲曼常數	J/K
k	波向量	cm^{-1}
k_e	消光係數，即折射率的虛部	—
k_{ph}	聲子波數	cm^{-1}
K	介電常數, $\varepsilon/\varepsilon_0$	—
K_i	絕緣層介電常數	—
K_{ox}	氧化層介電常數	—
K_s	半導體介電常數	—
L	長度	cm

符號	說明	單位
L	電感	H
L_a	雙載子擴散長度	cm
L_d	擴散長度	cm
L_D	狄拜長度	cm
L_n	電子擴散長度	cm
L_p	電洞擴散長度	cm
m_0	電子靜止質量	kg
m^*	有效質量	kg
m_c^*	導電有效質量	kg
m_{ce}^*	電子之導電有效質量	kg
m_{ch}^*	電洞之導電有效質量	kg
m_{de}^*	電子之態位密度有效質量	kg
m_{dh}^*	電洞之態位密度有效質量	kg
m_e^*	電子有效質量	kg
m_h^*	電洞有效質量	kg
m_{hh}^*	重電洞之有效質量	kg
m_l^*	電子縱向有效質量	kg
m_{lh}^*	輕電洞之有效質量	kg
m_t^*	電子橫向有效質量	kg
M	倍乘因子	—
M_C	導電帶內等效最低值數目	—
M_n	電子倍乘因子	—
M_p	電洞倍乘因子	—
n	自由電子濃度	cm^{-3}
n	n 型半導體的(具有施體雜質)	—
n_i	本質載子濃度	cm^{-3}
n_n	n 型半導體的電子濃度(多數載子)	cm^{-3}
n_{no}	熱平衡時的 n_n	cm^{-3}
n_p	p 型半導體的電子濃度(少數載子)	cm^{-3}
n_{po}	熱平衡時的 n_p	cm ^{3}
n_r	折射率的實部	—
$\bar{n}$	複數折射率=n_r+ik_e	—
N	摻雜濃度	cm ^{3}
N	態位密度	eV ^{1}-cm ^{3}
N_A	受體雜質濃度	cm ^{3}

符號	說明	單位
N_A^-	游離化的受體雜質濃度	cm^{-3}
N_b	甘梅數	cm^{-2}
N_C	導電帶中的有效態位密度	cm^{-3}
N_D	施體雜質濃度	cm^{-3}
N_D^+	游離的施體雜質濃度	cm^{-3}
N_t	塊材缺陷密度	cm^{-3}
N_V	價電帶中的有效態位密度	cm^{-3}
N^*	單位面積密度	cm^{-2}
N_{it}^*	單位面積介面缺陷密度	cm^{-2}
N_{st}^*	單位面積表面缺陷密度	cm^{-2}
p	自由電洞濃度	cm^{-3}
p	p 型半導體的(具有受體雜質)	—
p	動量	J-s/cm
p_n	n 型半導體的電洞濃度(少數載子)	cm^{-3}
p_{no}	熱平衡時的 p_n	cm^{-3}
p_p	p 型半導體的電洞濃度(多數載子)	cm^{-3}
p_{po}	熱平衡時的 p_p	cm^{-3}
P	壓力	N/cm^2
P	功率	W
P_{op}	光學功率密度或強度	W/cm^2
P_{opt}	總光學功率	W
q	單位電子電荷量=1.6×10^{-19} C(絕對值)	C
Q	電容器以及電感器的品質因子	—
Q	電荷密度	C/cm^2
Q_D	空乏區的空間電荷密度	C/cm^2
Q_f	固定氧化層電荷密度	C/cm^2
Q_{it}	介面缺陷電荷密度	C/cm^2
Q_m	移動離子電荷密度	C/cm^2
Q_{ot}	氧化層補獲電荷	C/cm^2
r_F	動態順向電阻	Ω
r_H	霍爾因子	—
r_R	動態逆向電阻	Ω
R	光的反射	—
R	電阻	Ω
R_c	特徵接觸電阻	$\Omega\text{-}cm^2$

符號	說明	單位
R_{CG}	浮停閘極的耦合比例	—
R_e	復合速率	cm^{-3}-s^{-1}
R_{ec}	復合係數	cm^3/s
R_H	霍爾係數	cm^3/C
R_L	負載電阻	Ω
R_{nr}	非輻射的復合速率	cm^{-3}-s^{-1}
R_r	輻射的復合速率	cm^{-3}-s^{-1}
$R_{\square}$	每平方的片電阻	Ω/□
$\mathscr{R}$	響應	A/W
S	應變	—
S	次臨界擺幅	V/decade of current
S_n	電子表面復合速度	cm/s
S_p	電洞表面復合速度	cm/s
t	時間	s
t_r	傳渡時間	s
T	絕對溫度	K
T	應力	N/cm^2
T	光的穿透	—
T_e	電子溫度	K
T_t	穿隧機率	—
U	淨復合/產生速率，$U=R-G$	cm^{-3}-s^{-1}
υ	載子速度	cm/s
υ_d	漂移速度	cm/s
υ_g	群速度	cm/s
υ_n	電子速度	cm/s
υ_p	電洞速度	cm/s
υ_{ph}	聲子速度	cm/s
υ_s	飽合速度	cm/s
υ_{th}	熱速度	cm/s
V	施加電壓	V
V_A	爾力電壓	V
V_B	崩潰電壓	V
V_{BCBO}	基極開路時集極 射極間之崩潰電壓	V
V_{BCEO}	開路基極時集極-射極間之崩潰電壓	V

符號	說明	單位
V_{BS}	背向基板電壓	V
V_{CC}, V_{DD}	供應電壓	V
V_F	順向偏壓	V
V_{FB}	平帶電壓	V
V_h	保持電壓	V
V_H	霍爾電壓	V
V_{oc}	光響應的開路電壓	V
V_P	夾止電壓	V
V_{PT}	貫穿電壓	V
V_R	逆向偏壓	V
V_T	啟始電壓	V
W	厚度	cm
W_B	基極厚度	cm
W_D	空乏層(區)寬度	cm
W_{Dm}	最大空乏層(區)寬度	cm
W_{Dn}	n 型材料的空乏層(區)寬度	cm
W_{Dp}	p 型材料的空乏層(區)寬度	cm
x	距離或厚度	cm
Y	楊氏係數(彈性模數)	N/cm^2
Z	阻抗	Ω
α	光學吸收係數	cm^{-1}
α	小訊號之共基極電流增益$=h_{fb}$	—
α	游離化係數	cm^{-1}
α_0	共基極電流增益$=h_{FB}$	—
α_n	電子之游離化係數	cm^{-1}
α_p	電洞之游離化係數	cm^{-1}
α_T	基極傳輸因子	—
β	小訊號之共射極電流增益$=h_{fe}$	—
β_0	共射極電流增益$=h_{FE}$	—
β_{th}	熱電位的倒數$=q/kT$	V^{-1}
γ	射極注入效率	—

符號	說明	單位
Δn	超過平時的超量電子濃度	cm^{-3}
Δp	超過平時的超量電洞濃度	cm^{-3}
	介電係數	F/cm, C/V-cm
ε_0	真空介電係數	F/cm, C/V-cm
ε_i	絕緣體之介電係數	F/cm, C/V-cm
ε_{ox}	氧化層之介電係數	F/cm, C/V-cm
ε_s	半導體之介電係數	F/cm, C/V-cm
η	量子效率	—
η	在順向偏壓下整流器的理想因子	—
η_{ex}	外部量子效率	—
η_{in}	內部量子效率	—
θ	角度	rad, °
κ	熱導率	W/cm-K
λ	波長	cm
λ_m	平均自由徑	cm
λ_{ph}	聲子平均自由徑	cm
μ	漂移移動率($\equiv \upsilon/\mathscr{E}$)	$cm^2/V\text{-}s$
μ	磁導率	H/cm
μ_0	真空導磁率	H/cm
μ_d	微分移動率($\equiv d\upsilon/d\mathscr{E}$)	$cm^2/V\text{-}s$
μ_H	霍爾移動率	$cm^2/V\text{-}s$
μ_n	電子移動率	$cm^2/V\text{-}s$
μ_p	電洞移動率	$cm^2/V\text{-}s$
ν	光頻率	Hz, s^{-1}
ν	波松比	—
ν	輕摻雜的 n 型材料	—
π	輕摻雜的 p 型材料	—
ρ	電阻率	Ω-cm

符號	說明	單位
ρ	電荷密度	C/cm^3
σ	導電率	S-cm^{-1}
σ	補獲截面	cm^2
σ_n	電子	cm^2
σ_p	電洞	cm^2
τ	載子生命期	s
τ_a	雙載子生命期	s
τ_A	歐傑生命期	s
τ_e	能量鬆弛時間	s
τ_g	載子產生的生命期	s
τ_m	散射的平均自由徑	s
τ_n	電子的載子生命期	s
τ_{nr}	非輻射復合的載子生命期	s
τ_p	電洞的載子生命期	s
τ_r	輻射復合的載子生命期	s
τ_R	介電鬆弛時間	s
τ_s	儲存時間	s
τ_t	傳渡時間	s
ϕ	功函數或位障高度	V
ϕ_B	位障高度	V
ϕ_{Bn}	n 型半導體的蕭特基位障高度	V
ϕ_{Bp}	p 型半導體的蕭特基位障高度	V
ϕ_m	金屬功函數	V
ϕ_{ms}	金屬與半導體之間的功函數差($\phi_m-\phi_s$)	V
ϕ_n	n 型半導體中從導電帶邊緣算起的費米位差，即$(E_C-E_F)/q$。若是簡併材料則為負值(見圖)	
ϕ_p	p 型半導體中從價電帶邊緣算起的費米位差，即$(E_F-E_V)/q$。若是簡併材料則為負值(見圖)	

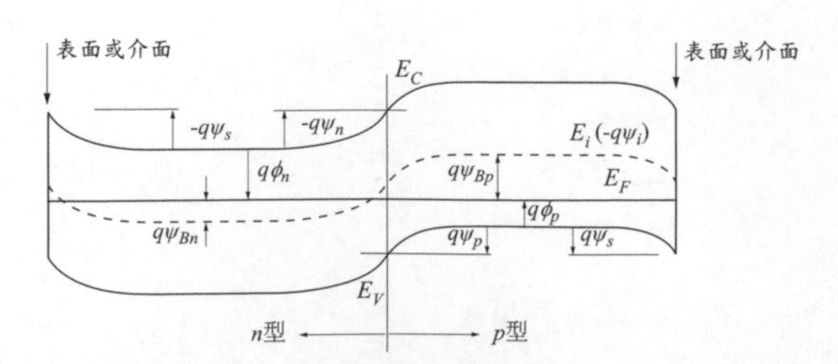

圖 1 半導體位能之定義與其表示符號。注意這裡表面位能是相對於塊材，能帶向下彎曲時則數值為正。而當 E_F 位於能隙之外(簡併態)時，ϕ_n 與 ϕ_p 表示為負值。

符號	說明	單位
ϕ_s	半導體功函數	—
ϕ_{th}	熱位能, kT/q	V
Φ	光通量	s^{-1}
χ	電子親和力	V
χ_s	半導體的電子親和力	V
ψ	波函數	—
ψ_{bi}	平衡時的內建電位(總是為正)	V
ψ_B	塊材中費米能階與本質費米能階之間的位差= $\|E_F-E_i\|/q$	V
ψ_{Bn}	n 型材料的 ψ_B(見圖)	V
ψ_{Bp}	p 型材料的 ψ_B(見圖)	V
ψ_i	半導體的位能，$-E_i/q$	V
ψ_n	n 型邊界上，相對於 n 型塊材的電位差 (n 型材料的能帶彎曲造成，能帶圖中向下彎曲為正)(見圖)	V
ψ_p	p 型邊界上，相對於 p 型塊材的電位差 (p 型材料的能帶彎曲造成，能帶圖中向下彎曲為正)(見圖)	V
ψ_s	相對於塊材的表面位能 (能帶彎曲造成，能帶圖中往下彎曲為正)(見圖)	V
ω	角頻率=2π 戓 $2\pi\nu$	Hz

附錄B

國際單位系統(SI Units)

度量	單位	符號	因次
長度	公尺(meter)*	m*	
質量	公斤(kilogram)	kg	
時間	秒(second)	s	
溫度	開(kelvin)	K	
電流	安培(ampere)	A	C/s
頻率	赫茲(hertz)	Hz	s^{-1}
力	牛頓(newton)	N	kg-m/s^2, J/m
壓力、應力	帕斯卡(pascal)	Pa	N/m^2
能量	焦耳(joule)#	J#	N-m, W-s
功率	瓦特(watt)	W	J/s, V-A
電荷量	庫侖(coulomb)	C	A-s
電位	伏特(volt)	V	J/C, W/A
電導	西門子(siemens)	S	A/V, 1/Ω
電阻	歐姆(ohm)	Ω	V/A
電容	法拉(farad)	F	C/V
磁通量	韋伯(weber)	Wb	V-s
磁感應	特斯拉(tesla)	T	Wb/m^2
電感	亨利(henry)	H	Wb/A

#在半導體領域中經常使用公分(cm)來表示長度，而以電子伏特(eV)表示能量。 (1 cm=10^{-2} m，1 eV=1.6×10^{-19} J)

附錄C

單位前綴詞

乘方	字首	符號
10^{18}	exa	E
10^{15}	pexa	P
10^{12}	tera	T
10^{9}	giga	G
10^{6}	mega	M
10^{3}	kilo	k
10^{2}	hecto	h
10	deka	da
10^{-1}	deci	d
10^{-2}	centi	c
10^{-3}	milli	m
10^{-6}	micro	μ
10^{-9}	nano	n
10^{-12}	pico	p
10^{-15}	femto	f
10^{-18}	atto	a

#取自國際度衡量委員會(不採用重複字首，例如：用 p 表示 10^{-12}，而非$\mu\mu$。

希臘字母

字母	小寫	大寫
Alpha	α	Α
Beta	β	Β
Gamma	γ	Γ
Delta	δ	Δ
Epsilon	ε	Ε
Zeta	ζ	Ζ
Eta	η	Η
Theta	θ	Θ
Iota	ι	Ι
Kappa	κ	Κ
Lambda	λ	Λ
Mu	μ	Μ
Nu	ν	Ν
Xi	ξ	Ξ
Omicron	ο	Ο
Pi	π	Π
Rho	ρ	Ρ
Sigma	σ	Σ
Tau	τ	Τ
Upsilon	υ	ϒ
Phi	ϕ	Φ
Chi	χ	Χ
Psi	ψ	Ψ
Omega	ω	Ω

附錄E

物理常數

度量	符號	數值
大氣壓力		1.01325×10^{5} N/cm^{2}
亞佛加厥常數	N_{AV}	6.02204×10^{23} mol^{-1}
波爾半徑	a_B	0.52917 Å
波茲曼常數	k	1.38066×10^{-23} J/K (R/N_{AV}) 8.6174×10^{-5} eV/K
電子靜止質量	m_0	$9.1095\times10^{\ 31}$ kg
電子伏特	eV	1 eV=1.60218×10^{-19} J
基本電荷量	q	1 60218×10^{-19} C
氣體常數	R	1.98719 cal/mol-K
磁通量子($h/2q$)	2	$.0678\times10^{-15}$ Wb
真空中磁導率	μ_0	1.25663×10^{-8} H/cm（$4\pi\times10^{-9}$）
真空介電係數	ε_0	8.85418×10^{-14} F/cm ($1/\mu_0 c^2$)
普朗克常數	h	6.62617×10^{-34} J-s 4.1357×10^{-15} eV-s
質子靜止質量	M_p	1.67264×10^{-27} kg
約化普朗克常數($h/2\pi$)	$\hbar$	$1.05458\times10^{\ 34}$ J-s 6.5821×10^{-16} eV-s
真空中光速	c	2.99792×10^{10} cm/s
300 K 時的熱電壓	kT/q	0.0259 V

重要半導體的特性

半導體	晶格結構	300K 時的晶格常數 (Å)	能隙(eV) 300 K	能隙(eV) 0 K	能帶	300 K 時的移動率 (cm^2/V-s) μ_n	μ_p	有效質量 m_n^*/m_0	m_p^*/m_0	$\varepsilon_s/\varepsilon_0$
C 碳(鑽石)	D	3.56683	5.47	5.48	I	1,800	1,200	0.2	0.25	5.7
Ge 鍺	D	5.64613	0.66	0.74	I	3,900	1,900	1.64^l, 0.082^t	0.04^{lh}, 0.28^{hh}	16.0
Si 矽	D	5.43102	1.12	1.17	I	1,450	500	0.98^l, 0.19^t	0.16^{lh}, 0.49^{hh}	11.9
IV-IV SiC 碳化矽	W	a=3.086, c=15.117	2.996	3.03	I	400	50	0.60	1.00	9.66
III-V AlAs 砷化鋁	Z	5.6605	2.36	2.23	I	180		0.11	0.22	10.1
AlP 磷化鋁	Z	5.4635	2.42	2.51	I	60	450	0.212	0.145	9.8
AlSb 銻化鋁	Z	6.1355	1.58	1.68	I	200	420	0.12	0.98	14.4
BN 氮化硼	Z	3.6157	6.4		I	200	500	0.26	0.36	7.1
" "	W	a=2.55,c=4.17	5.8		D			0.24	0.88	6.85
BP 磷化硼	Z	4.5383	2.0		I	40	500	0.67	0.042	11
GaAs 砷化鎵	Z	5.6533	1.42	1.52	D	8,000	400	0.063	0.076^{lh}, 0.5^{hh}	12.9
GaN 氮化鎵	W	a=3.189,c=5.182	3.44	3.50	D	400	10	0.27	0.8	10.4
GaP 磷化鎵	Z	5.4512	2.26	2.34	I	110	75	0.82	0.60	11.1
GaSb 銻化鎵	Z	6.0959	0.72	0.81	D	5,000	850	0.042	0.40	15.7
InAs 砷化銦	Z	6.0584	0.36	0.42	D	33,000	460	0.023	0.40	15.1
InP 磷化銦	Z	5.8686	1.35	1.42	D	4,600	150	0.077	0.64	12.6
InSb 銻化銦	Z	6.4794	0.17	0.23	D	80,000	1,250	0.0145	0.40	16.8
II-IV CdS 硫化鎘	Z	5.825	2.5		D			0.14	0.51	5.4
" "	W	a=4.136,c=6.714	2.49		D	350	40	0.20	0.7	9.1
CdSe 硒化鎘	Z	6.050	1.70	1.85	D	800		0.13	0.45	10.0
CdTe 碲化鎘	Z	6.482	1.56		D	1,050	100			10.2
ZnO 氧化鋅	R	4.580	3.35	3.42	D	200	180	0.27		9.0
ZnS 硫化鋅	Z	5.410	3.66	3.84	D	600		0.39	0.23	8.4
" "	W	a=3.822,c=6.26	3.78		D	280	800	0.287	0.49	9.6
IV-VI PbS 硫化鉛	R	5.9362	0.41	0.286	I	600	700	0.25	0.25	17.0
PbTe 碲化鉛	R	6.4620	0.31	0.19	I	6,000	4,000	0.17	0.20	30.0

D=鑽石，W=纖鋅礦，Z=閃鋅礦，R=岩鹽 結構。 I、D=非直接、直接 能隙。 l、t、lh、hh=縱向、橫向、輕電洞、重電洞 之有效質量。

附錄G

Si與GaAs之特性

特性	Si	GaAs
原子密度(cm^{-3})	5.02×10^{22}	4.43×10^{22}
原子重量	28.09	144.64
晶體結構	鑽石結構	閃鋅結構
密度(g/cm^3)	2.329	5.317
晶格常數(Å)	5.43102	5.6533
電子親和力 χ(V)	11.9	12.9
能隙(eV)	4.05 1.12(非直接)	4.07 1.42(直接)
導電帶的有效狀態位密度, N_C (cm^{-3})	2.8×10^{19}	4.7×10^{17}
價電帶的有效狀態位密度, N_V (cm^{-3})	2.65×10^{19}	7.0×10^{18}
本質載子濃度 n_i (cm^{-3})	9.65×10^{9}	2.1×10^{6}
有效質量(m^*/m_0) 電子	$m_l^*=0.98$ $m_t^*=0.19$	0.063
電洞	$m_{lh}^*=0.16$ $m_{hh}^*=0.49$	$m_{lh}^*=0.076$ $m_{hh}^*=0.50$
漂移移動率(cm^2/V-s) 電子 μ_n	1,450	8,000
電洞 μ_p	500	400
飽和速度(cm/s)	1×10^{7}	7×10^{6}
崩潰電場(V/cm)	$2.5\text{-}8\times10^{5}$	$3\text{-}9\times10^{5}$
少數載子生命期(s)	$\approx10^{-3}$	$\approx10^{-8}$
折射率	3.42	3.3
光頻聲子能量(eV)	0.063	0.035
熔點(℃)	1414	1240
線性熱膨脹係數 $\Delta L/L\Delta T$(℃$^{-1}$)	2.59×10^{-6}	5.75×10^{-6}
熱導率(W/cm-K)	1.56	0.46
熱擴散率(cm^2/s)	0.9	0.31
比熱(J/g-℃)	0.713	0.327
熱容量(J/mol-℃)	20.07	47.02
楊氏係數(GPa)	130	85.5

注意：所有數值皆為室溫下之特性

SiO_2與Si_3N_4之特性

特性	SiO_2	Si_3N_4
結構	非晶態	非晶態
密度(g/cm^3)	2.27	3.1
介電常數	3.9	7.5
介電強度 (V/cm)	$\approx 10^7$	$\approx 10^7$
電子親和力, χ (eV)	0.9	
能隙, E_g (eV)	9	≈ 5
紅外線吸收帶（μm）	9.3	11.5-12.0
熔點(℃)	≈ 1700	
分子密度 (cm^{-3})	2.3×10^{22}	
分子重量	60.08	
折射率	1.46	2.05
電阻率 (Ω-cm)	10^{14}-10^{16}	$\approx 10^{14}$
比熱 (J/g-℃)	1.0	
熱導率 (W/cm-K)	0.014	
熱擴散率 (cm^2/s)	0.006	
線性熱膨脹係數 (℃$^{-1}$)	5.0×10^{-7}	

注意：上述皆為室溫下之特性

INDEX

索引

1/f noise 1/f 雜訊(閃爍雜訊) 143,325

Abrupt junction陡峭接面 96,100,101,102,103,116,128,129,130,131,132,134,135,136,147,148,168,395,404,453

Absorption coefficient 吸收係數 60,61,68,69,75,77

Acceptor impurity 受體雜質 23,24,36,89

Acceptor interface trap受體介面缺陷 173,260

Acceptor level 受體能階 23,24,51

Accumulation 聚積 71,130,137,155,243,244,245,247,248,251,265,267,273,281,282,355,423,450,466

Acoustic mode 聲頻模式 59,60

Acoustics phonon 聲頻聲子 31,32,41

Activation energy 活化能 208,212,213,217,275

Ambipolar diffusion coefficient 雙載子擴散常數 112

Analog gain 類比增益 330

Anisotype heterojunction 非同型異質接面 151,152,153,155

Arbitrary doping profile 任意摻雜分佈 106

Auger effect 歐傑效應 310

Auger lifetime歐傑生命期 299

Auger process歐傑過程 47,48

Auger recombination歐傑復合 299,300

Avalanche 累增 2,3,95,115,123,125,126,127,128,129,130,131,136,144,145,162,211,224,256,278,279,280,299,307,308,331,333,350,403,413,421,424,468

Avalanche breakdown累增崩潰 2,126,127,129,130,131,136,145,162,211,224,279,307,308,331,333,350,413,424,468

Avalanche multiplication 累增倍乘 95,115,123,125,126,279,280,299,468

Back scattering 背向散射 374

Ballasting resistor 鎮流電阻器 333

Ballistic transport 彈道傳輸 42,353,364,371,372,374,375,464

Band structure 能帶結構 12,13,14,41,48,59,62,69

Bandgap 能隙 3,6,7,12,13,14,15,16,20,21,23,24,28,30,43,46,47,48,49,50,51,59,61,62,66,68,70,71,89,90,91,115,123,125,126,130,142,148,151,152,153,154,155,163,167,176,206,210,211,216,230,245,259,260,261,267,268,269,272,277,310,311,327,338,339,340,341,342,343,345,350,354,355,382,394,449,450,472,479,482,492,493,510

Direct 直接 7,15,47,48,49,61,66,71,148

Indirect 非直接 15,48,49,66,71

Bandgap narrowing 能隙窄化 310,311,338

Band-to-band excitation 能帶到能帶的激發 130,215

Band-to-band transition能帶到能帶的躍遷 47,48,60,62

Band-to-band tunneling能帶到能帶的穿隧 126,145

BARITT diode位障注入渡時二極體 3

Barrier height 位障高度 56,165,166,167,171,172,173,175,176,177,178,179,181,182,184,185,186,187,189,190,191,193,194,206,207,208,209,210,211,213,214,215,216,217,218,219,220,221,224,228,229,230,239,273,275,277,408,409,422,426,454,486,498,499

Barrier lowering位障降低 179,180,181,182,183,186,194,209,211,239,373,398

Barrier-height adjustment 位障高度調整 184

Base charging time 基極充電時間 317,344

Base resistance 基極電阻 301,314,315,317,328,329,330,331,338

Base transport factor 基極傳輸因子 297,298,302,303,351,404

Base width 基極寬度 304,307,308,312,313,317,330,350,351,404

bcc reciprocal lattice體心立方倒置晶格 11

BiCMOS雙載子互補式金氧半電晶體 338

Bipolar transistor雙載子電晶體 2,3,78,126,151,155,224,225,291,292,293,294,295,299,302,303,304,305,311,315,316,319,321,323,326,328,328,329,330,336,337,338,339,340,341,342,343,344,350,354,355,377,393,403,408,416,466

Double-heterojunction雙異質接面 340,342,343

Graded-base 漸變式基極 340,341,343,344

Heterojunction 異質接面 155,292,231,338,339,350

Bloch function 布拉區函數 12

Bloch theorem 布拉區理論 12

Body-centered cubic reciprocal lattice 體心立方倒置晶格 11

Boltzmann approximation 波茲曼近似 109

Boltzmann distribution 波茲曼分佈 39

Breakdown 崩潰 3,46,95,101,107,115,117,123,124,125,126,127,128,129,130,131,132,133,134,135,136,137,138,144,145,149,150,162,163,188,210,211,222,224,279,280,283,284,288,307,308,309,321,331,333,334,335,336,343,350,355,393,394,403,404,408,413,424,451,466,467,468,477,478

Breakdown voltage 崩潰電壓 46,126,127,128,129,130,131,133,134,135,136,137,138,145,149,150,162,163,188,210,279,280,288,307,308,309,310,321,331,333,336,343,404,451,466,467,468,477,493

Brillouin zone 布里淵區 11,12,13,15,16,41,59,88,90

Broken-gap heterojunction 破碎能隙(broken-gap)異質接面 68

Built-in field 內建電場 298,299,317,320

Built-in potential 內建電位 96,97,100,103,105,106,109,135,147,152,161,163,172,181,188,214, 239,320,338,341,394,451,454,471,472,485,491,493

Buried channel 埋入式通道 352,356,357,383,385,387,388,389,390,391,392,450,471

Buried-channel FET 埋入式通道場效電晶體 473

Buried-channel MOSFET 埋入式通道MOSFET 387,388,390,391,392

Capacitance 電容 2,101,102,106,107,108,120,121,122,123,144,146,147,148,149,150,152,161, 162,163,166,170,207,208,214,221,222,224,226,227,239,243,244,248,250,251,252,253,255, 256,257,260,261,262,263,264,265,266,267,268,272,273,278,281,282,283,288,289,315,316, 317,318,323,329,329,330,338,341,354,378,379,383,384,387,390,391,394,405,406,411,414, 415,416,423,428,429,430,431,432,433,446,447,449,457,463,471,473,475,476,477,486,494, 498

Gate 閘極 354,390,394,405,406,414,423,428,457,494

gate-channel閘極-通道 473

gate-drain閘極-汲極 475

gate-source閘極-源極 471

input 輸入 263,316,473,475

output 輸出 415

parasitic input 寄生輸入 475

Capacitor 電容器 2,93,241,242,243,244,249,250,257,259,269,274,278,279,280,281,289,417

metal-insulator-semiconductor 金屬-絕緣體-半導體 2,93,241,242

MIS金屬－絕緣體－半導體 2,93,207,241,242,354

Capture cross section捕獲截面 49

Carrier degeneracy 載子簡併 373

Carrier lifetime 載子生命期 47,49,50,51,52,71,76,77,81,91,121,145,148,149,163,252,300

Channel doping profile 通道摻雜分佈 389

Channel length 通道長度 353,357,364,365,368,371,372,374,375,393,394,394,395,397,398,399, 400,405,412,413,414,415,444,446,451,452,457,463,464,482,490

effective 有效 365,397,402,403,461

Channel potential 通道電位 354,365,372,455

Channel resistance 通道電阻 354,473,474,477

Channel width 通道寬度 357,389,446,451,452,472,499

Channel-length modulation 通道長度調變 398

Charge neutrality 電中性 18,23,26,27,28,112,119,150,260,261,455,465

Charge retention 電荷保存 420

Charge sharing 電荷共享 395

Charge to breakdown 崩潰電荷 283

Charge-control model 電荷控制模型 140
Charge-sheet model 片電荷模型 362
Charge-storage diode 電荷儲存二極體 149,188
Charge-trapping device 電荷補獲元件 426
Close-packed lattice 最密堆積晶格 7
CMOS 互補式金氧半場效電晶體 416
Collector-up 集極在上 341,342
Common-base 共基極 293,294,295,302,303,306,308,309,322,324
Common-base current gain 共基極電流增益 302,404
Common-collector 共集極 293,294
Common-emitter 共射極 293,294,302,303,304,306,307,308,309,315,323,324,325,326,332,333,
334,335,342,350
Common-emitter current gain 共射極電流增益 302,303,304,323,351
Conductance電導 36,39,51,77,121,122,123,260,262,263,266,267,269,274,355,357,358,379,422,
445,456,470,474,498
Conduction band 導電帶 3,13,14,15,17,18,19,21,24,47,51,54,68,69,70,71,87,88,89,90,91,
166,168,189,190,191,215,229,239,267,273,275,310,341,344,345,350,401,428,429,486,499
Conductivity effective mass 導電有效質量 23,31,34
Conductivity mobility導電移動率 34
Conductivity modulation導電率調變 331,333
Constant mobility 定値移動率 364,367,368,369,370,371,375,380,390,455,456,459,460,461,462,
463,469,471,487
Constant-current phase 定電流相 138,139,142
Constant-field scaling 定電場微縮 393,395,447
Constant-voltage scaling定電壓微縮 395,447
Contact potential 接觸電位 166
Continuity equation 連續方程式 73,75,111,121,138,140,296,305
Correction factor 修正因子 35,41
Coulomb blockade 庫倫阻絶 433,434,435,437,438
Coulomb scattering 庫倫散射 32
Coulomb-blockade diamond庫侖阻絶鑽石方塊 435,436
Coulomb-blockade oscillation 庫倫阻絶振盪 434
Coulomb-blockade voltage 庫倫阻絶電壓 432,435,436

Coupling ratio 耦合比例 423,424,446
Critical field 臨界(電)場 129,130,368,369,459,489
Critical thickness 臨界厚度 67,68,492
Crystal 晶體 5,6,7,9,10,12,24,27,45,87,90,134,221,260,267,271,292
Crystal plane 晶面 7,87,129,267
Current crowding電流擁擠 231,313,314,331,339
Current equation電流方程式 97,207,300,305,332,460,487
Current gain 電流增益 78,155,296,301,302,303,304,305,309,308,310,311,315,322,323,327,328,331,338,339,340,342,343,344,350,403,404,415
common-base 共基極 302,404
common-emitter共射極 302,303,304,323,350
Cutoff frequency (fT) 截止頻率 226,227,239,315,316,319,320,321,350,415,474,490,498
Cylindrical *p-n* junction 圓柱形或球形區域內的*p-n*接面 135
Dawson's integral 道森積分 196
de Broglie wavelength 德布洛依波長 70,71,72
Debye length 狄拜長度 102,103,104,247,251,362
Deep depletion 深空乏 251,252,253,256,278,279,280,281
Deep-level impurity深層能階雜質 170
Degenerate 簡併 13,19,20,21,22,24,29,39,53,64,74,88,97,152,193,198,202,203,228,260,274,282,373,433,510
Density of states 態位密度 18,20,24,26,56,72,88,189,341
Density-of-state effective mass態位密度有效質量 18,20
Depletion 空乏 17,90,137,149,150,227,243,244,245,247,248,251,252,253,269,278,283,288,376,377,387,388,389,394,396,407,413,415,468,471,485
Depletion approximation空乏近似 57,100,106,181,194,252,453
Depletion charge 空乏電荷 96,105,396
Depletion layer 空乏層 74,96,100,109,115,118,120,128,167,168,173,183,196,199,204,205,210,225,250,279,280,282,288,354,356,357,387,391,445,449,451,453,464
Depletion mode 空乏模式 156,356,357,391,417,452,473,486,498
Depletion region 空乏區 57,95,96,98,100,102,106,107,108,111,115,116,117,119,121,126,133,134,135,136,139,154,161,163,166,170,188,189,193,196,198,227,246,249,250,252,253,254,255,269,295,296,301,304,307,317,318,319,340,351,359,360,363,366,375,377,384,388,389,390,396,399,400,402,465,485
Depletion width 空乏寬度 164,169,252,253,255,256,278,321,377,389,390,392,394,396,406,469,471
Depletion-layer capacitance 空乏層電容 101,102,106,107,108,120,147,162,170,214,250,261,

266,378,379

Depletion-layer charge 空乏層電荷 380

Device building block 元件建構區塊 1,93

DHBT 雙異質接面雙載子電晶體 340,342,343

Diamond lattice鑽石晶格 7,13,87

DIBL汲極引發能帶降低效應 398

Dielectric breakdown 介電崩潰 283

Dielectric constant 介電常數 23,152,162,163,164,182,183,216,222,256,274,275,282,288,395,406,498,499

Dielectric relaxation frequency介電鬆弛頻率 426

Dielectric relaxation time介電鬆弛時間 182

Differential negative resistance 微分負電阻 42

Differential resistance 微分電阻 2,124,225,226

Diffusion 擴散 50,51,52,53,54,64,74,79,91,136,154,188,193,194,195,196,197,204,205,206,208,210,218,222,223,224,227,231,276,292,296,305,317,328,329,330,379,407,410,413,414,451,482

Diffusion capacitance 擴散電容 102,120,121,122,123,316,317

Diffusion coefficient擴散係數 52,53,91,300,301,351

ambipolar雙載子 112

Diffusion conductance擴散電導 121,122,123

Diffusion current 擴散電流 52,53,54,97,112,113,116,117,118,144,154,155,205,295,296,297,299,300,304,305,307,311,377,378,379

Diffusion equation 擴散方程式 138

Diffusion length 擴散長度 52,53,77,111,141,163,296,300,304,351

Diffusion potential 擴散電位 97

Diffusion theory 擴散理論 188,193,194,195,196,197

Diffusivity 擴散係數 52,53,91,300,301,351

Diode 二極體 114,117,119,124,126,133,134,145,146,148,149,162,188,198,211,222,224,225,227,239,289,296,334,350,363,404,466,473

charge-storage 電荷儲存 149,188

fast-recovery 快速回復 147

gated 閘極 137,138,405,466

IMPATT 衝擊離子化累增渡時 3,144

light-emitting 發光 3,151,208

metal-insulator-semiconductor tunnel 金屬-絕緣體-半導體(MIS)穿隧二極體 207

metal-semiconductor 金屬-半導體 148,210,222
MIS tunnel 金屬-絕緣體-半導體穿隧 207
resonant-tunneling 共振穿隧 2
Schottky 蕭特基 185,187,188,202,210,211,221,224,225,226,227,239,327
Schottky-barrier 蕭特基位障 17,54,181,198,204,215,239,278
snapback 突返 149
step-recovery 步階復合式 149
tunnel 穿隧 2,125,144
TUNNETT (tunnel-injection transit-time) 穿隧注入渡時 3
Zener 曾納 145
Dipole layer 電偶層 109,464,465,466
Dipole-layer formation 電偶層形成 463
Direct bandgap 直接能隙 7,15,47,48,49,61,66,71,148
Direct lattice 直接晶格 8,9,10,11,87
Direct tunneling 直接穿隧 274,276,423
DMOS transistor 雙擴散金氧半電晶體 413
Donor impurity 施體雜質 23,24,27,88
Donor interface trap 施體介面缺陷 260
Donor level 施體能階 23,24,51,170,171
Doping gradient 摻雜梯度 104,107,343,468
Doping profile 摻雜濃度分佈 95,143,146,147,149,298,407
Doping superlattice 摻雜(*n-i-p-i*)的超晶格 71
Double-diffused MOS transistor 雙擴散金氧半電晶體 413
Double-heterojunction bipolar transistor 雙異質接面雙載子電晶體 338,340
Drain resistance 汲極電阻 416,474,475,498
Drain-induced barrier lowering 汲極引發位障降低 398
DRAM動態隨機存取記憶體 2,417
Drift 漂移 31
Drift current 漂移電流 3,4,53,57,97,118,305,319,350,363,377
Drift mobility漂移移動率 33,34,39,79
Drift transistor 漂移電晶體 298
Drift velocity 漂移速度 31,40,41,42,43,44,79,380,381,4585,459,464,469,475,476,487,488
Dynamic random-assess memory 動態隨機存取記憶體 2,418

Dynamic resistance 動態電阻 145

Early voltage 爾力電壓 307,308,309,339,343,344

ECL (Emitter-Coupled Logic) 射極耦合邏輯 337

Edge effect 邊際效應 135,137,138,210,211,222,279,280,415

EEPROM 電子可抹除可程式唯讀記憶體 419

Effective channel length 有效通道長度 365,397,398,399,457

Effective density of states 有效態位密度 18,20,357

Effective mass 有效質量 12,14,15,18,20,31,32,33,55,87,88,190,191,240,275,422,492

conductivity 導電 23,31

density-of-state 態位密度 18,20

Effective mobility 有效移動率 380,381

Effective Richardson constant 有效李查遜常數 53,74,320

Effective temperature 有效溫度 41

Effective transverse field 有效橫向電場 380

Einstein relation 愛因斯坦關係式 53,74,322

E-k relationship 能量-動量關係 12

Electrically erasable/programmable ROM 電子可抹除可程式唯讀記憶體 419

Electrically programmable ROM 電子可程式唯讀記憶體 419

Electron affinity 電子親和力 68

Electron gas 電子氣 482,483,487,498,499

Electron temperature 電子溫度 194

Electronegativity 電負度 177,178

Emitter efficiency 射極效率 300,303,304,305,351,404

Emitter injection efficiency 射極注入效率 302,303

Emitter resistance 射極電阻 305,313,328,333,337,350

Emitter-coupled logic 射極耦合邏輯 337

Energy band 能帶 1,5,6,12,13,14,15,23,24,26,31,41,47,48,50,54,59,60,61,62,63,64,68,69,70,71,73,96,105,110,119,120,125,126,130,145,152,153,155,156,163,164,165,166,167,168,169,171,172,173,176,180,181,182,186,190,195,202,204,205,207,215,216,227,239,242,243,244,245,248,249,253,254,263,264,270,272,274,276,278,279,294,295,339,340,341,345,351,358,359,360,361,372,388,389,398,399,409,423,424,427,434,454,455,485,486,491,492,510

Energy gap (also see bandgap) 能隙 3,5,6,7,12,13,14,15,16,20,21,23,24,28,30,43,46,47,48,49,50,51,59,61,62,66,68,70,71,89,90,91,115,123,125,126,130,142,148,151,152,153,154,155,163,167,176,206,210,211,216,230,245,259,260,261,267,268,269,272,277,310,311,327,338,339,340,341,342,343,345,350,354,355,383,394,449,450,472,479,482,492,493,510

Energy-momentum relationship 能量-動量關係 12

Enhancement mode 加強模式 355,356,390,391,451,469,471,473,486,487,488,498
EOT 等效氧化層厚度 406,424
EPROM 電子可程式唯讀記憶體 419
Equivalent circuit 等效電路 123,261,262,263,264,265,267,268,316,323,324,414,416,473,475,479,480,490
Equivalent oxide thickness 等效氧化層厚度 406,424
ESD (electrostatic discharge) 靜電放電防護元件 145
Eutectic temperature 共晶溫度 178,179,213,221
Excess carrier 超量載子 48,51,52,75,77,78,79,91
Extinction coefficient 消光係數 60
Extrinsic Debye length 外質狄拜長度 247
Extrinsic transconductance 外質轉導 178,179,213,221
Face-centered cubic lattice 面心立方晶格 7,59
FAMOS 浮停閘極累增注入式金氧半電晶體 424
Fast-recovery diode 快速回復二極體 147
fcc lattice 面心立方晶格 7,59
Fermi level 費米能階 18,19,20,21,24,27,28,29,30,64,74,88,97,109,110,111,119,152,162,166,168,170,172,173,174,176,179,189,194,198,202,207,216,239,243,245,259,261,273,288,298,358,359,360,362,486
Fermi-Dirac distribution 費米-狄拉克分佈 18,24,26,56,72,88,199
Fermi-Dirac integral 費米-狄拉克積分 18,19,20,373
Fermi-Dirac statistics 費米-狄拉克統計 54
FET 場效電晶體 2,241,291,328,330,336,352,354,355,356,449,450,452,464,473,479,482,486
Fick's law 費克定律 52
Field emission 場發射 202,468
Field oxide 場效氧化物 357
Field-dependent mobility 場依移動率 368,369,370,381,400,460,488
Field-effect transistor 場效電晶體 2,241,291,328,330,336,352,354,355,356,449,450,452,464,473,479,482,486
Field-programmable ROM 場可程式唯讀記憶體 419
Figure-of-merit 價值指標 226
Fixed oxide charge 固定氧化層電荷 259,269,270,271,289,363,382,385
Flash EEPROM 快閃可電抹除可程式唯讀記憶體 419
Flat-band 平帶 226,243,245,247,248,250,251,257,263,270,272,288,358,359,364,375,388,455

Flat-band voltage 平帶電壓 251,270,272,273,274,289,375,389,391,450

Flicker noise 閃爍雜訊 142

Floating gate 浮停閘極 2,419,420,421,422,423,424,425,426,429,437,447

Floating-gate avalanche-injection MOS 浮停閘極累增注入式金氧半 424

Floating-gate tunnel oxide transistor 浮停閘極穿隧氧化層電晶體 425

FLOTOX 浮停閘極穿隧氧化層 425

f_{max} 最大振盪頻率 325,416,474,476

Forward-transmission gain 順向-傳輸增益 322

Four-point probe 四點探針 35

Fowler theory 福勒理論 215

Fowler-Nordheim tunneling 福勒－諾德漢穿隧 274,421,422,427,428,447

modified 修改的 427,428

Fractional quantum Hall effect分數量子化霍爾效應 36

Free-carrier conduction 自由載子(電子和電洞)傳導 64

Frenkel-Poole current夫倫克爾-普爾電流 429

Frenkel-Poole emission 夫倫克爾-普爾發射 276,277

Frenkel-Poole transport 夫倫克爾-普爾傳輸 427,428

Frequency 頻率 3,58,59,60,122,123,142,143,150,170,215,250,251,252,253,261,262,264,266,267,269,281,293,315,320,324,325,330,415,416,417,426,427,474,476,477,478,479,498

Frequency of oscillation 振盪頻率 322,416,474,476,490

f_T (cutoff frequency) 截止頻率 226,227,239,315,316,319,320,350,415,417,474,490,498

Functional device 功能性元件 2

Fusible-link ROM 可熔鏈結唯讀記憶體 419

Gate capacitance 閘極電容 354,390,394,405,406,414,423,428,457,494

Gate current 閘極電流 401,402,415,421,444,453,457,468,474,491

Gate dielectric 閘極介電質 406

Gate length 閘極長度 353,395,444,446,452,475,476,477,478,479

Gate oxide 閘極氧化層 358,387,394,425,444,445,446

Gate resistance 閘極電阻 415,451,473,479,484

Gate stack 閘極堆疊 405,406,407,408

Gated diode 閘極二極體 137,138,404,466

Gate-drain capacitance 閘極-汲極電容 475

Gate-induced drain leakage 閘極引發的汲極漏電流 138,404

Gauss' law 高斯定律 74,173,247,270,362,422
Generalized scaling 廣義微縮 395
Generation 產生 45,47,48,49,51,58,62,75,90,95,115,116,117,118,162,252,296,331,334,367,422,472,473,479,491,493
Generation current 產生電流 115,116,118,148,161,301,410
Generation lifetime 產生生命期 51,116
Generation rate 產生速率 45,48,51,75,90,116
GIDL 閘極引發的汲極漏電流 138,404
g_m (transconductance) 轉導 305,313,315,316,330,336,350,367,371,372,374,381,383,392,402,412,414,415,436,437,452,457,458,461,463,468,469,470,474,486,488,489,490,491,494,498
Graded HBT 漸變式的HBT 340
Graded-base漸變式基極 340,341,342,343,344
Graded-base bipolar transistor 漸變式基極雙載子電晶體 340,343,344
Graded-channel FET 漸變式通道FET 480
Gradient voltage 梯度電壓 106,107
Gradual-channel approximation 漸變通道近似 363,379,393,453
Ground-state degeneracy 基態簡併 24,88,260
Group velocity 群速度 12,15
Guard ring 防護環 210,211,222,223,224
Gummel number 甘梅數 299,304,308,310,311
Hall coefficient 霍爾係數 38,39,89
Hall effect 霍爾效應 34,36,38
Hall factor 霍爾因子 38,39
Hall field 霍爾電場 36,38
Hall mobility 霍爾移動率 34,39
Hall voltage 霍爾電壓 38,39
Haynes-Shockley experiment 海恩-蕭克萊實驗 79,91
HBT 異質接面雙載子電晶體 155,292,320,338,339,340,342,350
Heat sink 熱衰減 333,334,451
HEMT (see also MODEET) 高電子移動率電晶體 482
P-HEMT 偽晶式高電子移動率電晶體 492
Heteroepitaxy 異質磊晶 67,68,492
Heterojunction 異質接面 1,2,5,6,66,68,71,91,95,151,152,153,155,156,163,164,230,292,320,327,338,339,340,341,342,345,351,354,449,450,451,482,483,484,493,494,498

anisotype 非同型 151,152,153,155
broken-gap 破碎能隙 68
isotype 同型 151,155,156
staggered 錯開的 68
straddling 跨坐的 68
Heterojunction bipolar transistor 異質接面雙載子電晶體 155,292,320,338,339,351
Heterojunction field-effect transistor (HFET) 異質接面場效電晶體 354,449,482
Heterojunction insulated-gate FET (HIGFET) 異質接面絕緣閘極場效電晶體 450
Heterostructure異質結構 69,70,342,482,483,499
Hexagonal close-packed lattice 六方最密堆積晶格 7
High-electron-mobility transistor 高電子移動率電晶體 482
High-field property 高電場特性 40
High-injection 高注入 301,302,311
High-K dielectric 高介電常數介電質 395,407
High-level injection 高階注入 50,115,117,118,119,150,296,301,305,332
High-low profile 高-低分佈 384,385,387
High-threshold state 高啓始狀態 421
Hot carrier 熱載子 134,280,281,392,401,402,403,408,422,424
Hot spot 熱點 334,335
Hot-carrier injection 熱載子注入 271,393,411,422,423,426
Hot-electron injection 熱電子注入 259,420,423,426,451
Hot-electron transistor 熱電子電晶體 344,345,346
Hot-electron trapping 熱電子注入以及捕捉 451
Hydrogen-atom model 氫原子模型 23
Hyper-abrupt 超陡峭 147,148,163
Ideality factor 理想因子 118,144,186,199,200,201,207,208,239,473
IGBT(insulated-gate bipolar transistor) 絕緣閘極雙載子電晶體 3
IGFET(insulated-gate FET) 絕緣閘極場效電晶體 354,451
IIL, I2L (Integrated-Injection Logic) 積體注入邏輯 337,338
Image charge 影像電荷 115,179
Image force 影像力 179,180,181,193,194
Image-force dielectric constant 影像力介電常數 182,183,216
Image-force lowering 影像力降低 167,172,179,180,184,185,190,208,210,212,216,275

Image-force permittivity 影像力介電係數 183

Impact ionization 衝擊離子化 3,40,43,44,47,75,126,256,402,403,422,466

IMPATT diode 衝擊離子化累增渡時二極體 3,144

Impurity 雜質 17,18,23,24,26,27,28,31,32,33,36,37,40,42,50,88,89,100,102,104,107,126,129,131,134,142,161,162,163,170,184,193,197,215,217,260,271,279,280,294,295,299,328,350,396,480,483,485

Impurity gradient 雜質梯度 131,161

Impurity scattering 雜質散射 39,42,450,482,483,484

Index of ballisticity 彈道指標 374

Indirect bandgap 非直接能隙 15,48,49,66,71

Injection efficiency 注入效率 208,302,303,338

Injection ratio 注入比例 155,204,205,206,207,239

Injection velocity 注入速度 373,374

Input capacitance 輸入電容 263,315,316,473,475

Input reflection coefficient 輸入反射係數 321

Input resistance 輸入電阻 473,474

Insulated-gate bipolar transistor 絶緣閘極雙載子電晶體 3

Insulated-gate FET 絶緣閘極場效電晶體 354,450

Integrated-injection logic 積體注入邏輯 337,338

Interface scattering 介面散射 479

Interface state 介面態位 167,171,172

Interface trap 介面缺陷 143,173,188,208,242,259,260,261,262,263,264,266,267,268,269,270,280,289,363,378,379,401,402,412,429,455

acceptor 受體 173,260

donor 施體 260

Interface-trap density 介面缺陷密度 172,173,259,261,263,267,281,429

Interface-trap lifetime 介面缺陷的生命期 261

Interface-trapped charge 介面缺陷電荷 172,173,259,260,261,263,269,270

Intervalley scattering 能谷間散射(在兩個不同能谷間的散射) 32

Intravalley scattering 能谷內散射(在同一個能谷內的散射) 32

Intrinsic concentration 本質濃度 51,116,118,335,339,343

Intrinsic transconductance 本質轉導 305

Inversion 反轉 243,244,245,247,248,249,250,251,252,253,254,256,264,269,273,278,281,288,289,293,357,358,359,360,361,362,365,376,377,381,384,385,389,394,409

Inversion charge 反轉電荷 358,362,364,365,372,373,374,375,389,395
Inversion layer 反轉層 252,253,255,281,288,356,358,360,361,362,367,373,374,380,381,388,396,400,406,409
Inverted MODFET 反轉型MODFET 493,494
Inverter 反相器 336,337,338
Ionic conduction 離子傳導 276
Ionization coefficient 游離化係數 403,493
Ionization energy 游離能階 23
Ionization integral 游離化積分 126,127,128,279
Ionization rate 游離率 23,43,44,45,46,47,127,128,129,134
Isotype heterojunction 同型異質接面 151,152,153,155,156
JFET 接面場效電晶體 2,291,354,449,482
Junction curvature 接面曲率 135,210,404
Junction FET 接面場效電晶體 2,291,358,453,486
Junction transistor 接面電晶體 292,351,482
Kink effect 扭結效應 403,411
Kirchhoff 's law 克希荷夫定律 301
Kirk effect 克爾克效應 311,312,313,320,331,342
Latch-up 閉鎖 408,411,417
Laterally diffused MOS transistor 橫向擴散金氧半電晶體
Lattice conduction 晶格傳導
Lattice constant 晶格常數 7,8,9,11,66,67,87,493
Lattice mismatch 晶格不匹配 66,91,492
Lattice temperature 晶格溫度 24,41,65,136,194
Lattice vibration 晶格振動 59
LDD 輕摻雜汲極 407
LDMOS 橫向擴散金氧半電晶體 414
Light-emitting diode (LED) 發光二極體 3,151,208
Lifetime 生命期 47,49,50,51,71,76,77,81,90,91,116,121,142,145,148,149,162,163,252,261,300,327,402
Lightly doped drain 輕摻雜汲極 407
Linear region 線性區 364,365,366,368,371,376,379,390,391,452,456,458,463,469,474,487,498
Linearity 線性 36,40,41,50,104,113,114,130,137,146,149,157,199,213,314,317,320,332,343,355,364,365,369,376,380,381,398,414,417,428,446,453,457,458,459,460,463,466,471,488,

489
Linearly graded 線性漸變 103,104,105,106,107,116,129,130,131,132,135,136,146,147,161
Longitudinal elastic constant 縱向彈性常數 31
Longitudinal field 縱向電場 353,363,368,369,380,381,393,459
Lorentz force 羅侖茲力 36,38
Low-field mobility 低電場移動率 41,47,368,374,380,381,462,476,489
Low-high profile 低-高分佈 384,387
Low-level injection 低階注入 48,49,75,81,90,109,111,119,143,239
Low-threshold state 低啓始狀態 420
Magnetoresistance effect 磁電阻效應 40,74
Mask-programmed ROM 罩幕程式唯讀記憶體 419
Mass-action law 群體作用定律 22,27
Matthiessen rule 馬西森定則 32
Maximum available power gain 最大可用功率增益 322,324
Maximum field 最大電場 98,104,129,132,133,161,170,181,182,184,185,186,363,374,466
Maximum frequency of oscillation (f_{max}) 最大振盪頻率 325,416,474,476
Maxwell equation 馬克斯威爾方程式 73
MBE 分子束磊晶 482
Mean free path 平均自由徑 32,42,54,64,70,197,371,464
Merged-transistor logic 合併電晶體邏輯 337
MESFET 金屬半導體場效應電晶體 166
Metal-base transistor金屬基極的電晶體 345
Metal-insulator-semiconductor capacitor金屬-絶緣體-半導體電容器 93,241,242
Metal-insulator-semiconductor FET 金屬-絶緣體-半導體場效電晶體 354
Metal-insulator-semiconductor tunnel diode金屬-絶緣體-半導體穿隧二極體 207
Metal-nitride-oxide-silicon transistor 金屬-氮化物-氧化物-半導體 電晶體 420,426,427,428,429,430
Metal-oxide-nitride-oxide-silicon transistor 金屬-氧化物-氮化物-氧化物-矽 電晶體 429
Metal-oxide-semiconductor field-effect transistor 金屬-氧化物-半導體場效電晶體 352
Metal-oxide-silicon金屬-氧化物-矽 241
Metal-semiconductor contact 金屬-半導體接觸 1,93,146,157,165,166,167,168,173,181,186,187,207,208,210,217,222,227,228,239,276
Metal-semiconductor diode 金屬-半導體二極體 148,210,222
Metal- semiconductor FET 金屬半導體場效電晶體 291,449

Metal-semiconductor junction 金屬－半導體接面 3,54,449,454

Metamorphic MODFET 形變式調變摻雜場效電晶體 493

Microwave 微波 2,3,7,126,146,149,166,221,222,224,226,292,315,320,321,324,325,330,355,414,415,450,476

Microwave performance 微波性能 416,451,473,482,490

Miller indices 米勒指數 9,10,87

Minimum noise figure 最小雜訊指數 479

Minority-carrier injection 少數載子注入 204,206,208,292

Minority-carrier lifetime 少數載子生命期 50,51,76,77,81,91,145,148,149,163,300

Minority-carrier storage time 少數載子儲存時間 207

MIS 金屬-絕緣體-半導體 2,207

MIS capacitor 金屬-絕緣體-半導體電容器 241

MISFET 金屬絕緣場效電晶體 354,355,356

Mixer 混合器 146,491

M-MODFET (Metamorphic MODFET) 形變式調變摻雜場效電晶體 493

MNOS Transistor(metal-nitride-oxide-silicon Transistor)金屬-氮化層-氧化層-矽電晶體 420,426,427,428,429,430

Mobile ionic charge 移動離子電荷 259,270,271,444

Mobile oxide charge 移動氧化層電荷 363

Mobility 移動率 3,7,31,32,33,34,36,40,41,43,52,53,58,74,89,90,163,188,198,226,276,281,328,331,353,357,364,367,368,369,370,371,374,375,376,380,381,383,384,390,391,392,393,400,402,405,412,444,450,455,456,458,459,460,461,462,463,464,468,469,471,476,478,482,483,484,487,488,489,490,492,491,498

- conductivity 導電率 34
- constant 定值 364,367,368,369,370,371,375,380,390,455,456,459,460,461,462,463,469,471,487
- drift 漂移 34,39,79
- effective 有效的 380
- field-dependent 場依 368,369,370,381,400,460,488
- Hall 霍爾 34,39
- low-field 低電場 41,57,368,374,380,381,462,476,489
- negative differential 負微分 42

MOCVD 有機金屬化學氣相沉積 482

MODFET 調變摻雜場效電晶體 2,291,356,450,482,492,493

- double-heterojunction 雙異質接面 494
- metamorphic 形變式 493

M-MODFET 形變式調變摻雜場效電晶體 493
P-MODFET 偽晶式調變摻雜場效電晶體 492
quantum-well 量子井 494
superlattice 超晶格 494
Modified Fowler-Nordheim tunneling 修改的福勒-諾德漢穿隧 427,428
Modulation doping 調變摻雜 2,291,356,449,450,482,483,484,485,492,493
Modulation-doped channel 調變摻雜通道 483
Modulation-doped field-effect transistor (FET) 調變摻雜場效電晶體 2,291,356,449,450,482,492,493
Modulation-doped superlattice 調變摻雜超晶格 483
MONOS transistor 金屬-氧化物-氮化物-氧化物-半導體 電晶體 429
MOS 金氧半 2,3,241,291,338,352,413,414,416,424,449
MOSFET 金氧半場效電晶體 2,241,291,352,416,449
buried-channel 埋入式通道 387,388,390,391,392,450
long-channel 長通道 353,383,394
power 功率 412
three-dimensional 三維 395,413
Mott barrier 莫特位障 165,227
Mott-Gurney law 莫特-甘尼定律 58
Multiplication 倍乘 44,95,115,123,125,126,130,280,281,299,393,400,413,468
Multiplication factor 倍乘因子 127,163,309
Nanostructure 奈米結構 6,66
n-channel n通道 338,356,358,374,417,418,476,481,484,498
Negative differential mobility 負微分移動率 42
Negative differential resistance 負微分電阻 2,124
Negative resistance 負電阻 1,2,459,464
Negative temperature coefficient 負溫度係數 145,355
Neutral level 中性能階 171,172,173,176,260,261
Neutron irradiation 中子輻射 51
Noise 雜訊 95,138,142,143,325,330,406,451,473,479,480,490,491
1/f 1/f 142,143,325
flicker 閃爍 142,143
Johnson 強生 142

shot 散粒 142,143
thermal 熱 142,325,479
white 白 142
Noise current 雜訊電流 143
Noise figure 雜訊指數 325,330,479,482,490
minimum 最小 479
Noise source 雜訊源 479
Nonlinear region 非線性區 364,365,366,368,452,456
Nonvolatile memory 非揮發性記憶體 2,352,353,418,420,426,437,446
Nonvolatile RAM 非揮發隨機存取記憶體 420
Normally-off 常態關閉 355,356,390,471,473,486
Normally-on 常態開啓 356,390,452,471,473,486
Occupation probability 佔據機率 18,88,199
Ohmic contact 歐姆接觸 1,165,166,187,198,202,204,225,228,229,230,232,239,240,242,451
One-sided abrupt junction 單邊陡峭接面 96,100,101,102,103,128,129,130,131,132,134,135,147,163,168
ONO 氧化物-氮化物-氧化物 429
On-state 開啓狀態 326,327
Open-base 開路基極 306
Open-circuit voltage 開路電壓 208
Optical excitation 光學激發 73,75
Optical mode 光頻模式 59,60
Optical phonon 光頻聲子 32,41,45,59,90,134,190,197
Optical-fiber communication 光纖通訊 3
Optical-phonon energy 光頻聲子能量 41
Optical-phonon scattering 光頻聲子散射 32,190,197
Orthodox theory 正統理論 436
Orthogonalized plane-wave method 正交平面波法 13
Oscillator 振盪器 65,491
Output capacitance 輸出電容 415
Output reflection coefficient 輸出反射係數 321
Output resistance 輸出電阻 308,330,415,473,476
Overshoot 過衝 42,44,372,464

Oxide charge 氧化層電荷 242,259,269,270,271,272,275,282,363,375,382,385,393,401,402,410,413

Oxide trapped charge 氧化層捕獲電荷 259,272

Parasitic input capacitance 寄生輸入電容 475

Pauling' s electronegativity 庖立電負度 177,178

p-channel *p*型通道 355,357,408,416,417,452

PET 電位效應電晶體 354

P-HEMT 偽晶式調變摻雜場效電晶體 492

Phonon 聲子 6,12,31,32,33,39,40,41,45,58,59,60,61,64,65,90,134,190,197,483

Phonon mean free path 聲子平均自由徑 64

Phonon scattering 聲子散射 32,33,39,40,190,197,483

Phonon spectra 聲子頻譜 58

Phonon velocity 聲子速度 64

Phonon-phonon scattering 聲子輔助型散射 65

Photoconductive effect 光電導效應 51

Photocurrent 光電流 215

Photodetector 光偵測器 3,126,151,166

Photoelectric measurement 光電量測 182,183,215,216,239,538

Photoelectromagnetic effect 光電磁效應 51,52

Photoemission spectroscopy 光電子發射能譜 176

Photoresponse 光響應 215,216,217

p-i-n diode *p-i-n*二極體 149,150

Pinch-off 夾止 365,366,367,368,379,390,391,403,455,456,457,458,460,469,470,488,498

Pinch-off potential 夾止電位 455

Planar process 平面製程 135,222

Planar-doped-barrier transistor 平面摻雜位障電晶體

P-MODFET 偽晶式調變摻雜場效電晶體 492

p-n junction *p-n*接面 1,2,3,45,65,95,96,97,100,111,115,123,124,125,135,138,139,140,143,144,145,146,148,154,161,162,167,168,170,187,188,192,205,210,221,222,224,239,253,254,256,280,292,295,296,299,300,307,339,354,355,358,378,389,391,394,403,404,408,415,449,451,482

Point contact 點接觸 165,221,225,226,292

Point-contact rectifier 點接觸整流器 165,221

Poisson equation 波松方程式 57,74,98,100,101,103,104,128,135,146,147,152,168,246,249,253,282,312,318,360,384,453

Poly-emitter 多晶矽射極 328
Positive temperature coefficient 正溫度係數 126,145
Potential-effect transistor 電位效應電晶體 354
Power 功率 61,2,3,64,65,124,126,145,150,224,292,293,315,322,323,324,330,331,332,333,334,335,336,337,352,377,383,412,416,417,446,451,471,473,474,477,478,479,482,491,493,498
Power gain 功率增益 322,323,324,330,474,477
Power transistor 功率電晶體 330,333,335,337
Primitive basis vector 原始基底向量 9
Primitive cell 原始晶胞 7,8,9,10,11,12,59,87
Programmable ROM (PROM) 可程式唯讀記憶體 419
Pseudomorphic MODEET 偽晶式調變摻雜場效電晶體 429
Pseudopotential method 虛位能法 13
Punch-through 貫穿 133,134,307,308,350,384,392,395,398,399,400,405,411,413,414
Quantized energy 量子化能量 70
Quantum dot 量子點 71,72,73,431
Quantumwell 量子井 68,69,70,71,72,73,151,483,494
Quantum wire 量子線 71,72,73
Quasi-constant-voltage scaling 準定電壓微縮 395
Quasi-Fermi level 準費米能階 74,109,110,111,119,189,194,207,358,360
Quasi-neutral region 準中性區 119,205,207,225
Quasi-saturation 準飽和 331,332,343
Radius of curvature 曲率半徑 135,136
Raised source/drain 增高式源/汲極 410,411
Random-access memory (RAM) 隨機存取記憶體 2,417,418,420
Raman scattering 拉曼散射 59
Read-write memory 讀-寫 記憶體 418
Real-space-transfer 實空間轉移 3
Recessed-channel 嵌入式通道 410,480,481
Recessed-gate 嵌入式閘極 480,481
Reciprocal lattice 倒置晶格 10,11,12,87
Recombination 復合 21,47,48,49,50,51,75,79,80,81,90,91,112,115,116,117,118,119,144,148,149,150,299,300,301,303,304,305,327,427
Recombination center 復合中心 49,50,90,148

Recombination coefficient 復合係數 48

Recombination current 復合電流 115,117,118,144,150,299,300,301,303,304,305,327

Recombination lifetime 復合生命期 51,90,300

Recombination rate 復合速率 47,49,75,90,112,117s

Recombination velocity 復合速度 80,81,91

Rectifier 整流器 144,145,165,221,292

Reflection 反射 55,62,190,197,321

Reflection coefficient 反射係數 62,63,321

Refractive index 折射率 59,60

Resistance 電阻 1,2,17,34,35,36,37,40,42,64,74,77,89,95,115,117,119,124,142,145, 146,149,150,151,165,202,204,222,223,224,225,226,228,229,230,231,241,242, 261,262,292,296,301,305,308,309,314,315,318,319,325,327,328,329,330,331, 333,335,336,338,350,354,365,383,393,394,404,405,406,407,409,411,414,415, 416,417,431,450,451,459,464,473,474,475,476,477,479,480,481,482,484,490, 494,498

Channel 通道 354,473,474,477

differential 微分的 2,124,225,226

differential negative 微分負的 42

drain 汲極 416,474,475,498

gate 閘極 415,451,473,479,484

input 輸入 473,474

negative differential 負微分的 2,124

output 輸出 308,330,415,473,476

source 源極 474,479,490

thermal 熱的 335

tunneling 穿隧 431

Resistivity 電阻率 17,34,35,36,37,40,64,89,225

Resistor 電阻器 336

voltage-controlled 電壓控制的 450,451

Resonant-tunneling diode 共振穿隧二極體 2

RESURF 降低表面電場 468

Retention time 保存時間 426,430

Retrograde profile 逆增式濃度分佈 384,387,405

Richardson constant 李查遜常數 190

Effective 有效 55,190,196,197,198,208,213,276

Rock-salt lattice 岩鹽晶格 7
ROM 唯讀記憶體 418,419
Safe operating area 安全操作範圍面積 335,337
Salicide 金屬矽化物 178,179,217,220,405,406,407,408,409,412
Saturation current 飽和電流 114,124,143,144,145,185,192,194,199,239,307,310,343,367,368,371,372,373,390,408,415,453,455,456,458,462,463,464,465,466,471,473,489,498
Saturation mode 飽和模式 296,297,306,307,309,326,332,336,343
Saturation region 飽和區 29,57,58,224,308,326,327,331,332,336,342,364,365,366,367,368,379,415,453,457,461,470,473,474,477,489,498
Saturation velocity 飽和速度 41,42,43,74,313,331,350,368,372,381,455,458,459,462,464,465,475,476,478,490,498
Saturation voltage 飽和電壓 453,463
Scaling 微縮 330,352,353,392,393,394,395,400,405,406,411,412,433,445,446,478,479,482,491
Scaling factor 微縮因子 393,394
Scaling limit 微縮極限 405
Scattering 散射 31,32,33,38,42,52,57,64,65,134,197,357,371,372,374,464
Coulomb 庫侖 32
impurity 雜質 39,42,450,482,483,484
interface 介面 479
intervalley 能谷間 32
intravalley 能谷內 32
optical-phonon 光頻聲子 32,190,197
phonon 聲子 33,39,40,483
Raman 拉曼 59
surface 表面 391
Scattering parameter 散射參數 321
Schottkv barrier 蕭特基位障 165,175,176,178,181,184,194,197,200,201,202,205,212,217,219,254,256,354,408,451,454,468,498,499
Schottky diode 蕭特基二極體 185,187,188,202,210,211,224,225,226,227,239,327,328
Schottky effect 蕭特基效應 179,181,182,195
Schottky emission 蕭特基發射 210,276
Schottky junction 蕭特基接面 391,451
Schottky source/drain 蕭特基源極/汲極 408
Schottky-barrier clamp 蕭特基位障夾 327
Schottky-barrier diode 蕭特基位障二極體 17,54,181,198,204,215,279

Schottky-barrier lowering 蕭特基位障降低 179,186,194,209,239

Schotiky-barrier solar cell 蕭特基位障太陽能電池 208

Schottky-barrier source/drain 蕭特基位障源極/汲極

Schrodinger equation 薛丁格方程式 12,13,56,69

SDHT (selectively doped heterojunction transistor) 選擇性摻雜異質接面電晶體 482

Second breakdown 二次崩潰 333,334,335,355

Self-aligned silicide 自我對準金屬矽化物 405,407

Sensor 感測器 1,3,4,36

Separation by implantation of oxygen 佈植氧加以分離 410

Series resistance 串聯電阻 95,115,117,119,222,224,225,226,296,327,394,405,407,409,411,414, 482

Drain 汲極 327,394,405,407,482

Source 源極 394,405,407,482

SET (single electron transistor) 單電子電晶體 352,430

Shallow impurity 淺層雜質 23,33

Sheet resistance 片電阻 35,231,314,407

Shockley equation 蕭克萊方程式 109,114,116,143

Shockley-Read-Hall recombination 蕭克萊-瑞得-厚爾復合 300

Shockley-Read-Hall statistics 蕭克萊-瑞得-厚爾統計 49

Short-channel effect 短通道效應 352,353,366,391,392,393,394,395,398,405,406,408,410,415

Short-circuit current 短路電流 52,315

Shot noise 散粒雜訊 142,143

Silicide 金屬矽化物 178,179,218,220,405,406,407,408,409,412

Silicon-on-insulator 絕緣層上覆矽 410

Silicon-on-nothing 矽在無物上 410

Silicon-on-sapphire 矽在藍寶石上 410

SIMOX 佈植氧加以分離 410

Single-electron box 單電子盒 430,433,437

Single-electron island 單電子島 430,433,434,435,436,437

Single-electron transistor 單電子電晶體 352,430

Snapback diode 突返二極體 149

SOA (safe operating area) 安全操作範圍 335,337

Solar cell 太陽能電池 3,151,166,208

SONOS Transistor 矽-氧化矽-氮化矽-氧化矽-矽 電晶體 429
SOS (silicon on sapphire) 矽在藍寶石上 410
Source resistance 源極電阻 474,479,490
Space charge 空間電荷 57,58,70,96,98,102,105,108,120,133,165,170,172,173,244,246,247,248,
249,252,277,278,389,313,316,318,319,360,399,400,466
Space-charge capacitance 空間電荷電容 316,318
Space-charge density 空間電荷密度 57,172,173,246,247,248,252,389,313,318,319
Space-charge effect 空間電荷效應 57,173,278
Space-charge-limited current 空間電荷限制電流 57,58,277,399,400
S-parameter s參數 321,324
Specific contact resistance 特徵接觸電阻 228,229,230
Specific heat 比熱 64,373,421
Spectrometer 電子能譜儀 345
Spherical *p-n* junction 球形區域内的*p-n*接面 135
Spin-orbit interaction 自旋軌道的交互作 13
Spontaneous polarization 自發極化 493
Spreading resistance 展阻 221,225,230,407
SRAM 靜態隨機存取記憶體 417
Stabilizing resistor 穩定電阻 331
Staggered heterojunction 錯開的異質接面 68
Static random-access memory 靜態隨機存取記憶體 417
Step-recovery diode 步復式二極體 149
Stevenson-Keyes method 史蒂文生-凱耶斯法 77
Storage phase 儲存相位 149
Storage time 儲存時間 50,188,206,207,326,327
Straddling heterojunction 跨坐的異質接面 68
Strained layer 應變層 67
Strong inversion 強反轉 245,247,248,249,250,251,252,253,254,256,264,265,278,281,288,359,
360,362,381,384,385,394
Substrate bias 基底電壓 358,403,447
Substrate current 基底電流 393,401,402,403
Subthreshold 次臨界 376,378,379,383,384,387,391,394,399,400,402,404,411,416,445
Subthreshold current 次臨界電流 376,378,391,400,416,445

Subthreshold slope 次臨界斜率 378,379

Subthreshold swing 次臨界擺幅 376,378,379,383,384,387,391,394,400,402,411,445

Superlattice 超晶格 68,69,70,71,151,482,483,494

doping 摻雜 483

Superlattice MODFET 超晶格MODFET 494

Surface channel 表面通道 115,356,388,390,391,403,450

Surface electric field 表面電場 247,288,361,377,414,468

Surface field-effect transistor 表面場效電晶體 352

Surface potential 表面電位 181,244,245,247,248,250,253,255,261,263,264,265,268,269,281, 282,288,289,358,362,362,363,379,385,394,444,467,468

Surface recombination velocity 表面復合速度 80,81,91

Surface scattering 表面散射 391

Surface trap 表面缺陷 81,152,467,468

Switching 切換 3,138,139,140,141,142,144,147,148,326,332,333,355,391,446

Switching time 切換時間 145,149

Taylor's expansion 泰勒展開 456,457

TEGFET 二維電子氣體場效電晶體 482

Temperature coefficient 溫度係數 15,126,145,355,478

Temperature dependence 溫度相依性 115,116,216,381

Temperature gradient 溫度梯度 63,64

Tetrahedral phase 四面體相 7

TFT 薄膜電晶體 410,412

T-gate T形閘極 481,482,484

Thermal conductivity 熱導率 64,65

Thermal generation 熱產生 47,54,253,279

Thermal generation rate 熱產生速率 48

Thermal noise 熱雜訊 142,325,479

Thermal runaway熱散逸 65,124,333,355

Thermal velocity 熱速度 32,268,372,373

Thermally stable 熱穩定 221,355,478

Thermionic emission 熱離子發射 53,54,55,154,156,181,188,189,190,194,196,197,198,199,202, 228,276,277,345

Thermionic-emission current 熱離子發射電流 192,204,277

Thermionic-emission theory 熱離子發射理論 189,194

Thermoelectric power熱電能功率 64

Thin-film transistor 薄膜電晶體 410,412

Three-dimensional MOSFET 三維MOSFET 413

Threshold adjust 起始調整 385

Threshold voltage 起始電壓 330,357,367,368,375,379,381,383,384,385,386,387,389,390,391,392,393,396,397,398,403,405,408,413,421,423,428,429,432,437,444,445,452,456,457,471,486,491,498,499

Threshold-voltage shift 起始電壓漂移 376,385,393,420,422,445,446,447

Thyristor 閘流體 3,149

Time to breakdown 崩潰時間 284,285

Transconductance(g_m) 轉導 305,314,315,316,330,350,367,371,372,374,381,383,391,393,402,412,414,415,436,347,452,457,458,461,463,468,469,470,474,476,488,489,490,491,494,498

Extrinsic 外質的 305,350,415

Intrinsic 本質的 305

Transfer resistor 轉換電阻器 292

Transfer-electron effect 轉移電子效應 3,41,42,459,464,476,489,492

Transferred-electron device 轉移電子元件 3

Transient time 暫態時間(穿巡時間) 138,141,142

Transistor 電晶體 2,224,292,293,294,295,296,298,304,305,306,307,308,315,316,317,319,322,323,325,326,327,328,333,334,335,336,337,338,345,350,353,355,356,378,379,390,395,397,399,404,408,412,416,417,419,420,425,431,451

Bipolar 雙載子 2,3,78,126,151,155,224,225,291,292,293,294,295,299,302,303,304,305,311,315,316,319,320,322,325,327,328,329,330,336,338,339,340,341,342,343,344,351,356,357,379,395,406,411,420,468

DMOS雙擴散金氧半 418

double-diffused MOS 雙擴散金氧半 418

double-heterojunction bipolar 雙異質接面雙載子 338,340

drift 漂移 31

field-effect 場效 2,241,291,328,330,336,356,357,358,451,452,454,466,475,481,488

floating-gate tunnel oxide 浮停閘極穿隧氧化層 425

graded-base bipolar 漸變式濃度基極雙載子 338,341,342

heterojunction bipolar 異質接面雙載子 155,292,320,338,339,351

heterojunction field-effect 異質接面場效 354,449,482

high-electron-mobility 高電子移動率 482,492

hot-electron 熱電子 344,345,346

insulated-gate bipolar 絶緣閘極雙載子 3

junction 接面 292,351,484
laterally diffused MOS (LDMOS) 橫向擴散金氧半 418,419
metal-base 金屬基極 345
metal-oxide-semiconductor field-effect 金屬-氧化物-半導體 場效 356
modulation-doped field-effect 調變摻雜場效電晶體 2,291,360,453,454,486,496,497
planar-doped-barrier 平面摻雜位障 345
potential—effect 電位效應 354
power 功率 330,333,335,337
selectively doped heterojunction 選擇性摻雜異質接面 482
silicon-oxide-nitride-oxide-silicon 矽-氧化矽-氮化矽-氧化矽-矽 429
single-electron 單電子 352,430
SONOS 矽-氧化矽-氮化矽-氧化矽-矽 429
thin-film 薄膜 410,412
Transistor-transistor logic 電晶體-電晶體間邏輯 337
Transit time 傳渡時間 2,182,183,319,415,475
Transport factor 傳輸因子 297,298,302,303,309,351,404
Transport velocity 傳輸速度 205
Transverse field 橫向電場 363,364,371,372,380,381,392,403
Triangular barrier 三角位障 427
Triggering temperature 觸發溫度 334
Triggering time 觸發時間 334,335
TTL (transistor-transistor logic) 電晶體-電晶體邏輯 337
Tunnel diode 穿隧二極體 2,125,144
Tunneling 穿隧 55,56,115,123,125,126,129,131,187,197,200,202,203,275,277,278,328,401,406,408,419,422,423,424,425,426,427,428,429,430,432,433,434,435,437
band-to-band能帶到能帶 126,145
direct 直接 275,277,423
Fowler-Nordheim 福勒－諾德漢穿隧 275,421,422,427,428,447
Tunneling current 穿隧電流 125,198,199,200,201,202,203,278,284,286,395,414,422,428,429
Tunneling probability 穿隧機率 56,199,207,208,277
Tunneling resistance 穿隧電阻 431
TUNNETT diode 穿隧注入轉換時間二極體 3
Turn-off time 關閉時間 327

Turn-on time 開啓時間 327

Turnover voltage 翻轉電壓 124

Two-dimensional electron-gas field-effect transistor 二維電子氣場效電晶體

Two-piece linear approximation 二段線性近似 369,459,460,462,489

Uncertainty principle 測不準原理 431

Unilateral gain 單方面增益 416

Valence band 價電帶 13,14,15,17,20,21,23,24,47,51,68,69,70,71,168,175,176,216,243,267, 274,310,341,351

Varactor 變容器 146.147.148.163

Variable attenuator 可變衰減器 149

Variable reactor 可變的電抗器 146

Variable resistor 可變電阻器 146,241

Variolosser 為可變衰減器 149

Varistor 可變電阻器 146,241

Velocity overshoot速度過衝 42,44,372

Velocity saturation 速度飽和 57,58,350,353,364,368,370,371,375,381,390,393,445,460,462, 463,464,465,470,472,476,478,489,490,491

Velocity-field relationship 速度-電場的關係 41,42,455

Vertical transistor 垂直電晶體

Voltage regulator 電壓調節器 145,146

Voltage-controlled resistor 電壓控制的電阻器 451

Weak inversion 弱反轉 245,247,248,250,252,269,270,359,376,377,394

Webster effect 韋式效應 305

Wentzel-Kramers-Brillouin (WKB) approximation 溫茲爾-卡門爾-布里淵近似 56

White noise 白雜訊 142

Wigner-Seitz cell 威格納-塞茲晶胞 10,11,12

Work function 功函數 152,155,166,167,168,171,172,175,176,177,178,179,180,181,230,242,250, 270,273,274,289,357,390,406

Work-function difference 功函數差 250,270,272,274,275,363,375,382,385

Wurtzite lattice 纖鋅礦 7,8,10,11

Zener diode 曾納二極體 145

Zener voltage 曾納電壓 145

Zincblende lattice 與閃鋅礦晶格 7

半導體元件物理學

Physics of Semiconductor Devices

第三版・上冊

作者：施敏、伍國珏
譯者：張鼎張、劉柏村
發行人：陳信宏
社長：盧鴻興
行政編輯：程惠芳
出版者：國立交通大學出版社
地址：新竹市大學路1001號
讀者服務：03-5736308、03-5131542
（週一至週五上午8:30至下午5:00）
傳真：03-5731764
網址：http://press.nctu.edu.tw/
e-mail:press@nctu.edu.tw
出版日期：98年4月一版
109年5月一版四刷
定價：900元
ISBN：978-986-84395-1-1
GPN：1009701986
展售門市查詢：http://press.nctu.edu.tw

國家圖書館出版品預行編目資料

半導體元件物理學 / 施敏,伍國珏著：張鼎張,劉柏村譯著
— 第三版 — 新竹市：交大出版社,
民97.08 冊： 17×23 公分
含索引
譯自：Physics of semiconductor devices 3th ed.
ISBN 978-986-84395-1-1(上冊：平裝)

1.半導體 2.電晶體
448.65 97013838